Hans Breuer

dtv-Atlas Chemie

Band 1
Allgemeine und anorganische Chemie

Mit 117 Abbildungsseiten in Farbe

Graphische Gestaltung der Abbildungen
Rosemarie Breuer

W0266303

Deutscher Taschenbuch Verlag

Übersetzungen
Frankreich: Le Livre de Poche/Librairie générale Française, Paris
Italien: Ulrico Hoepli, Mailand
Spanien: Alianza Editorial, Madrid
Ungarn: Athenaeum 2000 Kiadó, Budapest

Unseren Söhnen Klaus, Hannes und Florian gewidmet

Originalausgabe
1. Auflage Oktober 1981
10., korrigierte und aktualisierte Auflage September 2006
Das Werk ist urheberrechtlich geschützt. Sämtliche,
auch auszugsweise Verwertungen bleiben vorbehalten.
© 1981 Deutscher Taschenbuch Verlag GmbH & Co. KG, München
www.dtv.de
Umschlagkonzept: Balk & Brumshagen
Umschlagfoto: Peggy Barnett 2006
Gesamtherstellung: Appl, Wemding
Offsetreproduktionen: Mediendesign Menrath, Eglfing/Obb.
Printed in Germany
ISBN-13: 978-3-423-03217-9
ISBN-10: 3-423-03217-0

Aus dem Vorwort zur 1. Auflage

Der vorliegende Band 1 des ›dtv-Atlas zur Chemie‹ skizziert zuerst die allgemeinen Grundlagen und stellt dann die einzelnen Elemente und ihre wichtigsten Verbindungen aus dem anorganischen Bereich dar. Der Chemie des Kohlenstoffs ist der 2. Band gewidmet.
Natürlich kann auf diesen wenigen Seiten und Tafeln nur ein Bruchteil dargestellt werden. (...) Nur mit Hilfe einer strengen Gliederung und weitgehender Schematisierung ist es möglich, die wichtigsten Zusammenhänge und Einzelfaktoren kurz und übersichtlich – eben in Atlasform – zu präsentieren.
Der Atlas zur Chemie wendet sich an einen breiten Leserkreis: Schüler, Laboranten, Techniker, Studenten und Lehrer. Aber auch an alle jene, die sich über den neuesten Stand in der Chemie informieren wollen oder knappe Erläuterungen und Übersichten zu Stichworten suchen. Den Atlas zur Chemie kann man von vorne nach hinten lesen, doch eignet er sich gleichfalls für gezieltes, punktweises Studium. (...) Für weitergehende Information empfehle ich folgende Quellen:
Ullmanns Encyklopädie der technischen Chemie, Verlag Chemie, Weinheim/Bergstraße, 1972 ff.
Handbook of Chemistry and Physics, Chemical Rubber Corp. Press, USA (Zahlenwerte, erscheint jährlich).
Meiner lieben Rosemarie danke ich für ihre geduldige Mitarbeit. Großen Dank schulde ich auch Herrn Professor Dr. Günther Scherowsky, der das Manuskript gründlich durchgesehen hat. Ohne seine Anregungen und Hilfestellungen wäre vieles nicht gelungen.
Es war und ist ein Vergnügen, mit den Damen und Herren des Deutschen Taschenbuch Verlages – insbesondere mit dem »Hauptbeteiligten«, Herrn Winfried Groth – bei einem so komplexen Projekt zusammenzuarbeiten.
Viele haben geholfen, den Atlas zur Chemie herauszubringen, doch Verantwortung für Inhalt und Gestaltung liegt ausschließlich bei mir. Für Anregungen, Hinweise und Kritik bin ich dankbar und werde jeder einzelnen nachgehen.

Schloß Urschendorf bei Wien, im Frühjahr 1981 — Hans Breuer

Zur 9. Auflage: Der Inhalt dieses Bandes wurde erneut genau durchgesehen, überarbeitet, aktualisiert und ergänzt. Das jetzt sehr ausführliche Register erleichtert den Zugriff. Natürlich bietet der erste Band des ›dtv-Atlas Chemie‹ nur eine Zusammenfassung, ein Kompendium der anorganischen Chemie. Die Zusammenstellung zusätzlicher Informationsquellen – zu Beginn des Anhangs – macht es Ihnen leicht, tiefer ins Detail einzudringen. Dort finden Sie vor allem auch die Internet-Adressen, die Ihnen den elektronischen Zugriff zur neuesten Information in der Chemie ermöglichen. Die einzelnen Informationsquellen habe ich jeweils kurz kommentiert. Es ist nur eine sehr knappe Auswahl, sonst würden Sie bereits hier in der Informationsflut ertrinken.
Selbstverständlich werde ich weiterhin jede Zuschrift beantworten.

Stellenbosch, Jahrtausendwende — Hans Breuer

Die 10. Auflage wurde sorgfältig durchgesehen und ergänzt. Besondere Aufmerksamkeit galt der neuen, internationalen Nomenklatur, den inzwischen synthetisierten neuen Elementen sowie dem Vorkommen und den Produktionszahlen der Elemente.

Stellenbosch, Frühjahr 2006 — Hans Breuer

Abkürzungen und symbolische Darstellungen

Sdp.	Siedepunkt
Smp.	Schmelzpunkt
(aq.)	in wäßriger Lösung
konz.	konzentriert

Chemische Reaktion

$A + B \rightarrow C + D$	A und B reagieren zu C und D (Hinreaktion)
$A + B \rightleftharpoons C + D$	A und B reagieren zu C und D und umgekehrt (Hin- und Rückreaktion, Ausbildung eines Gleichgewichts)

Kernreaktion

$X_1(a, b)X_2$	X_1	Ausgangsnuklid
	X_2	Endnuklid
	a	absorbierte Teilchen oder Quanten
	b	emittierte Teilchen oder Quanten

Übergänge

$A_1 \xrightarrow{x\,^\circ C} A_2$	bei Temperatur x geht Zustand A_1 in Zustand A_2 über
$X_1 \xrightarrow{y} X_2$	Nuklid X_1 zerfällt unter Emission der Teilchen y in Nuklid X_2

Darstellung von Nukliden in der Nuklidkarte

stabiles Nuklid (grau):

S 32	Elementsymbol, Nukleonenzahl
95,0	natürliche Isotopenhäufigkeit in %

instabiles Nuklid (rot = vorwiegend Positronenstrahler):

S 31		S 35	Bi 211
2,61 s	Halbwertszeit	87,5 d	2,13 min
β^+, γ	Zerfallsweise	β^-	α, γ

(blau = vorwiegend Elektronenstrahler;
grün = Spontanspaltung;
weiß = Isomerenübergang;
gelb = vorwiegend Alphastrahler)

Einheitenzeichen

A	Ampere
Bq	Becquerel
°C	Grad Celsius
J	Joule
K	Kelvin
Pa	Pascal
W	Watt
a	Jahr
atm	physikalische Atmosphäre (veraltet)
bar	Bar
cal	Kalorie (veraltet)
eV	Elektronvolt
h	Stunde
min	Minute
mol	Mol
s	Sekunde
u	atomare Masseneinheit

Formelzeichen für Größen und Konstanten

A	Nukleonenzahl (Massenzahl)
A_r	relative Atommasse
F	Faraday-Konstante
I	elektrische Stromstärke
K_c	Dissoziationskonstante
N_A	Avogadro-Konstante
Q	Elektrizitätsmenge
R	molare Gaskonstante
S	Entropie
T	thermodynamische Temperatur
T_c	kritische Temperatur
Z	Protonenzahl (Ordnungszahl, Kernladungszahl)
c_H	Wasserstoffionen-Konzentration
m	Masse
n	Stoffmenge
p	Druck
p_c	kritischer Druck
pH	Wasserstoffexponent
p_K	$= -\log K_c$
t	Celsius-Temperatur
α	Dissoziationsgrad
ΔH	Enthalpieänderung, Reaktionsenthalpie
π	osmotischer Druck
λ	Wellenlänge
ν	Frequenz; stöchiometrische Zahl
ϱ	Dichte

Vorsätze für Einheiten (SI-Präfixe)

a	Atto	10^{-18}
f	Femto	10^{-15}
p	Piko	10^{-12}
n	Nano	10^{-9}
µ	Mikro	10^{-6}
m	Milli	10^{-3}
c	Zenti	10^{-2}
d	Dezi	10^{-1}
k	Kilo	10^{3}
M	Mega	10^{6}
G	Giga	10^{9}
T	Tera	10^{12}

Umrechnungsfaktoren

1 atm	= 1,01325 bar
1 bar	$= 10^5$ Pa
1 cal	= 4,1868 J
1 Ci	$= 3{,}7 \cdot 10^{10}$ Bq
x °C	$= (x + 273{,}15)$ K
1 eV	$= 1{,}602 \cdot 10^{-19}$ J
1 J	= 0,2388 cal
1 J	$= 6{,}241 \cdot 10^{18}$ eV
1 Pa	$= 10^{-5}$ bar

Konstanten

F	Faraday-Konstante	$= 9{,}648 \cdot 10^4\ C \cdot mol^{-1}$
N_A	Avogadro-Konstante	$= 6{,}022 \cdot 10^{23}\ mol^{-1}$
R	Molare Gaskonstante	$= 8{,}314\ J \cdot mol^{-1} \cdot K^{-1}$
c	Lichtgeschwindigkeit	$= 2{,}998 \cdot 10^8\ m \cdot s^{-1}$
e	Elementarladung	$= 1{,}602 \cdot 10^{-19}$ C
h	Planck-Konstante	$= 6{,}626 \cdot 10^{-34}\ J \cdot s$
m_e	Elektronenmasse	$= 9{,}109 \cdot 10^{-31}$ kg
m_H	Masse des leichten Wasserstoffatoms	$= 1{,}673 \cdot 10^{-27}$ kg

Inhalt

Perioden	I A	II A	III B	IV B	V B	VI B	VII B	VIII B	
	(1)	(2)	(3)	(4)	(5)	(6)	(7)	(8)	(9)
1.	1 **H** Wasserstoff 1,0079								
2.	3 **Li** Lithium 6,941	4 **Be** Beryllium 9,01218							
3.	11 **Na** Natrium 22,98977	12 **Mg** Magnesium 24,305							
4.	19 **K** Kalium 39,098	20 **Ca** Calcium 40,08	21 **Sc** Scandium 44,9559	22 **Ti** Titan 47,90	23 **V** Vanadium 50,9415	24 **Cr** Chrom 51,996	25 **Mn** Mangan 54,9380	26 **Fe** Eisen 55,845	27 **Co** Cobalt 58,9332
5.	37 **Rb** Rubidium 85,4678	38 **Sr** Strontium 87,62	39 **Y** Yttrium 88,9059	40 **Zr** Zirconium 91,22	41 **Nb** Niob 92,9064	42 **Mo** Molybdän 95,94	42 **Tc** Technetium *	44 **Ru** Ruthenium 101,07	45 **Rh** Rhodium 102,9055
6.	55 **Cs** Caesium 132,9055	56 **Ba** Barium 137,327	57-71 1 ▷ Lanthanoide	72 **Hf** Hafnium 178,49	73 **Ta** Tantal 180,9479	74 **W** Wolfram 183,84	75 **Re** Rhenium 186,207	76 **Os** Osmium 190,23	77 **Ir** Iridium 192,22
7.	87 **Fr** Francium *	88 **Ra** Radium *	89-103 2 ▷ Actinoide	104 **Rf** Rutherfordium *	105 **Db** Dubnium *	106 **Sg** Seaborgium *	107 **Bh** Bohrium *	108 **Hs** Hassium *	109 **Mt** Meitnerium *

Transfermium-Elemente

1 ▷	57 **La** Lanthan 138,9055	58 **Ce** Cer 140,12	59 **Pr** Praseodym 140,9077	60 **Nd** Neodym 144,24	61 **Pm** Promethium *	62 **Sm** Samarium 150,36	63 **Eu** Europium 151,96
2 ▷	89 **Ac** Actinium *	90 **Th** Thorium 232,0381	91 **Pa** Protactinium 231,0359	92 **U** Uran 238,029	93 **Np** Neptunium *	94 **Pu** Plutonium *	95 **Am** Americium *

Protonenzahl (Ordnungszahl) – 24
Cr – Elementsymbol
Chrom – Elementname
relative Atommasse – 51,996
(* = instabil)

Hauptgruppen

Nebengruppen

	I B	II B	III A	IV A	V A	VI A	VII A	VIII A	Perioden
(10)	(11)	(12)	(13)	(14)	(15)	(16)	(17)	(18)	
								2 He Helium 4,00260	1.
			5 B Bor 10,81	6 C Kohlenstoff 12,011	7 N Stickstoff 14,0067	8 O Sauerstoff 15,9994	9 F Fluor 18,99840	10 Ne Neon 20,1797	2.
			13 Al Aluminium 26,98154	14 Si Silicium 28,086	15 P Phosphor 30,97376	16 S Schwefel 32,065	17 Cl Chlor 35,453	18 Ar Argon 39,948	3.
28 Ni Nickel 58,70	29 Cu Kupfer 63,546	30 Zn Zink 65,409	31 Ga Gallium 69,72	32 Ge Germanium 72,64	33 As Arsen 74,9216	34 Se Selen 78,96	35 Br Brom 79,904	36 Kr Krypton 83,80	4.
46 Pd Palladium 106,42	47 Ag Silber 107,868	48 Cd Cadmium 112,411	49 In Indium 114,82	50 Sn Zinn 118,710	51 Sb Antimon 121,760	52 Te Tellur 127,60	53 I Iod 126,9045	54 Xe Xenon 131,293	5.
78 Pt Platin 195,084	79 Au Gold 196,9665	80 Hg Quecksilber 200,59	81 Tl Thallium 204,383	82 Pb Blei 207,2	83 Bi Bismut 208,9804	84 Po Polonium *	85 At Astat *	86 Rn Radon *	6.
110 Ds Darm-stadtium *	111 Rg Roent-genium *	112 *	113 *	114 *	115 *	116 *	117 *	118 *	7.

64 Gd Gadolinium 157,25	65 Tb Terbium 158,925	66 Dy Dysprosium 162,50	67 Ho Holmium 164,930	68 Er Erbium 167,26	69 Tm Thulium 168,9342	70 Yb Ytterbium 173,04	71 Lu Lutetium 174,97
96 Cm Curium *	97 Bk Berkelium *	98 Cf Californium *	99 Es Einsteinium *	100 Fm Fermium *	101 Md Mendele-vium *	102 No Nobelium *	103 Lr Lawrencium *

Transurane

Transfermium-Elemente

(1), (2), (3), (4), . . ., (18): Einteilung der **IUPAC** (International Union of Pure and Applied Chemistry)

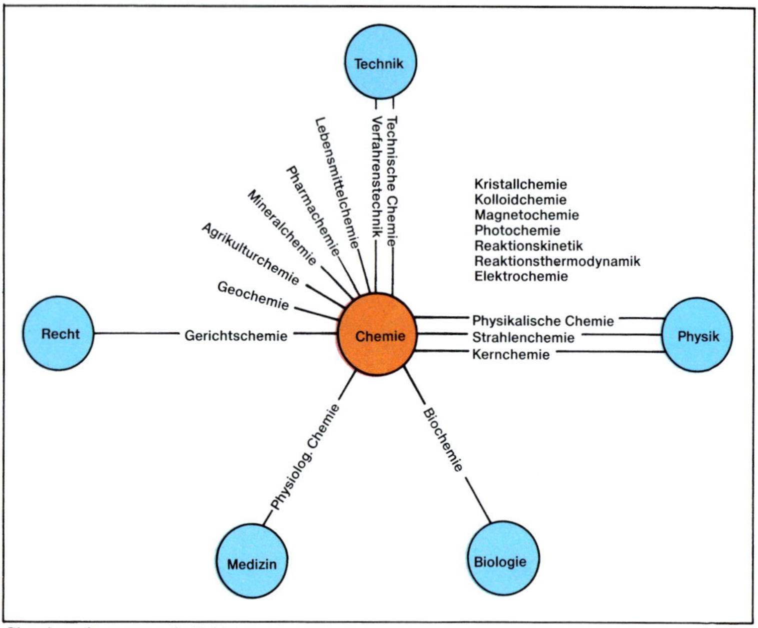

Chemie und angrenzende Gebiete

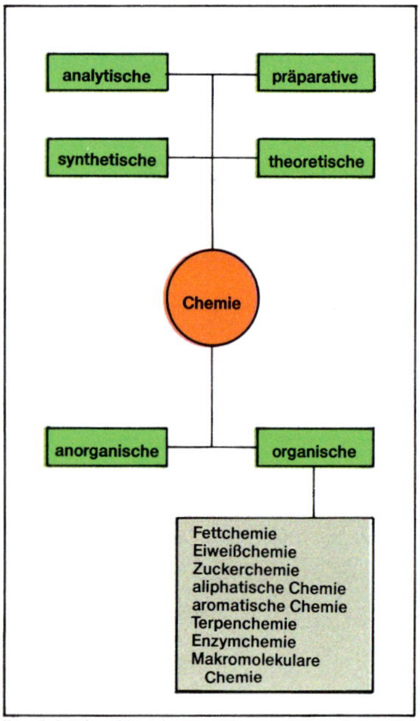

Bereiche der Chemie

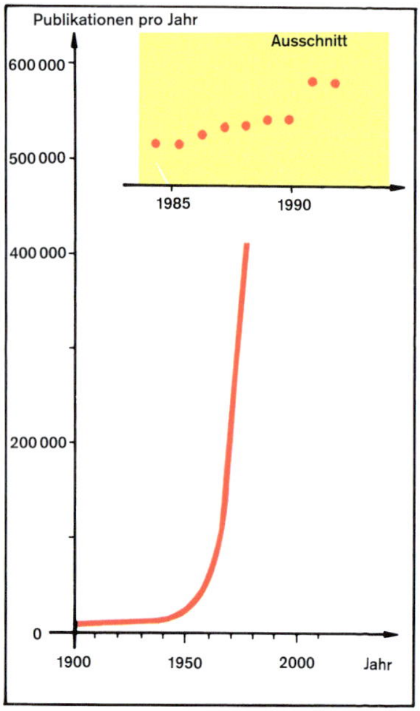

»Explosion« der Publikationen

Die **Chemie** ist ein Zweig der Naturwissenschaften. Die Herkunft des Namens wird unterschiedlich gedeutet: »chemi« = schwarz, arab. Name für Ägypten, der dann auch für die aus Ägypten übernommene Wissenschaft galt; oder »ta chyta« = die Schmelzbaren, eine Ableitung aus dem Griechischen.

Eine strenge **Definition des Arbeitsgebiets der Chemie** ist schwierig; vielfach wird jene der Amerikanischen Chemischen Gesellschaft (ACS) verwandt: Chemie ist die Wissenschaft, die sich mit folgendem beschäftigt:

- 1. den chemischen Elementen in freiem oder gebundenem Zustand;
- 2. den Reaktionen, Umsetzungen, Umwandlungen und Wechselwirkungen der chemischen Elemente und ihrer Verbindungen;
- 3. der Bestimmung, Steuerung und Voraussage, der Deutung und Auswertung (durch direkte oder indirekte Methoden), der Anwendung und den Mechanismen der unter 2. aufgeführten Prozesse;
- 4. den Grunderscheinungen und Kräften der Natur hinsichtlich ihrer Anwendung auf Reaktionen, Extraktionen, Kombinationen, Prozesse, Additionen, Synthesen, Zersetzungen, Kennzeichnungen und Analysen.

In einigen Bereichen – z. B. bei der Untersuchung der Makromoleküle – beobachtet man fließende Übergänge zwischen Chemie, Physik und Biologie. Zwischen diesen »klassischen« Zweigen der Naturwissenschaft findet man inzwischen einige fest etablierte und deutlich umrissene Gebiete wie z. B. Biochemie und Physikalische Chemie. In der Chemie führte die außerordentliche Zunahme der chemischen Untersuchungen seit der Jahrhundertwende zu zahlreichen Spezialgebieten.

Traditionsgemäß unterscheidet man anorganische und organische Chemie. Die **anorganische Chemie** umfaßt sämtliche Elemente und deren chemische Verbindungen. Vom Kohlenstoff allerdings nur die Oxide, Carbonate, Carbide und Cyanide.

Die **organische Chemie** schließt alle anderen Kohlenstoffverbindungen ein und wird daher auch Kohlenstoffchemie genannt. Die Trennungslinie ist historisch zu verstehen: ursprünglich vermuteten die Naturwissenschaftler, daß nur Lebewesen die Kohlenstoffverbindungen aufbauen können (Hypothese von der »vis vitalis«, der Lebenskraft). WÖHLERS *Harnstoffsynthese* 1828 hob die Trennungslinie auf, dennoch bleibt die Unterscheidung von praktischem Nutzen. (Mit der Chemie der Lebensvorgänge in Tier- und Pflanzenreich befaßt sich heute die Biochemie.)

Innerhalb der organischen Chemie unterscheidet man Spezialgebiete, z. B.:

Die *aliphatische Chemie* behandelt die kettenförmige Verbindung von Kohlenstoffatomen und die gesättigten Ringe; die *aromatische Chemie* untersucht in erster Linie ringförmige Kohlenstoffverbindungen, deren Grundbaustein das Benzol ist.

Die *Heterocyclenchemie* umfaßt jene ringförmigen Strukturen, die neben dem Kohlenstoff auch andere Elemente enthalten.

Die *analytische Chemie* entwickelt Methoden zur Identifizierung chemischer Stoffe; in der *synthetischen Chemie* werden komplizierte Verbindungen aus einfachen aufgebaut.

In der *theoretischen Chemie* werden die Gesetzmäßigkeiten chemischer Reaktionen, Umwandlungen und Erscheinungen untersucht.

Die Anfänge der Chemie liegen im Dunkel prähistorischer Zeit verborgen. Als Gründer der modernen Chemie gilt Theophrast von Hohenheim, genannt PARACELSUS (1493–1541). Den ersten Lehrstuhl für Chemie (verbunden mit einem chemischen Laboratorium) richtete 1609 die Universität Marburg ein. Seit LAVOISIER (1743–94) gilt die Chemie als exakte Wissenschaft.

Zur Zeit publizieren mehr als 15000 wissenschaftliche Zeitschriften Ergebnisse aus allen Bereichen der Chemie. Der weltweite wissenschaftliche Literaturdienst *Chemical Abstracts* erfaßt gegenwärtig rund 550000 chemische Einzelveröffentlichungen pro Jahr; die jährliche Zuwachsrate liegt bei 6–7 %.

Meilensteine der Chemie

3. Jahrt. v. Chr.	Reduktion von Kupfer aus Malachit, Eisengewinnung, Glasherstellung (Ägypten, Sumer)
6. Jh. v. Chr.	Porzellan (China)
5. Jh. v. Chr.	Luft als Substanz (EMPEDOKLES) Atomismus (LEUKIPP, DEMOKRIT)
12. Jh.	Destillation
1609	Erster Chemie-Lehrstuhl
1771	Entdeckung des Sauerstoffs (SCHEELE, PRIESTLEY)
1781	Wassersynthese aus Sauerstoff und Wasserstoff (CAVENDISH)
1783	Moderne Deutung der Verbrennung (LAVOISIER)
1811	Isolierung des Jod (COURTOIS)
1828	Harnstoffsynthese (WÖHLER)
1840	Kunstdünger (LIEBIG)
1856	Synthetische Anilinfarben (PERKIN)
1865	Benzolformel (KEKULÉ)
1867	Massenwirkungsgesetz (GULDBERG, WAAGE)
1869	Periodisches System (MEYER, MENDELEJEW)
1880	Indigosynthese (BAYER)
1898	Entdeckung des Radium (CURIE)
1910	Ammoniaksynthese (HABER, BOSCH)
1913	Synthetisches Benzin (BERGIUS)
1913	Atommodell (BOHR)
1919	Künstliche Elementumwandlung (RUTHERFORD)
1921	Makromoleküle (STAUDINGER)
1939	Uranspaltung (HAHN)
1940	Plutoniumherstellung (SEABORG)
1953	Struktur der Desoxyribonucleinsäure (WATSON, CRICK, WILKINS)
1971	Synthese des Vitamins B_{12} (WOODWARD)
1980	Nobelpreis für Entcodung der DNA (BERG, GILBERT, SANGER)
1985	Entdeckung der Fullerene (KROTO u. a.)
1994	Synthese des Elements Darmstadtium

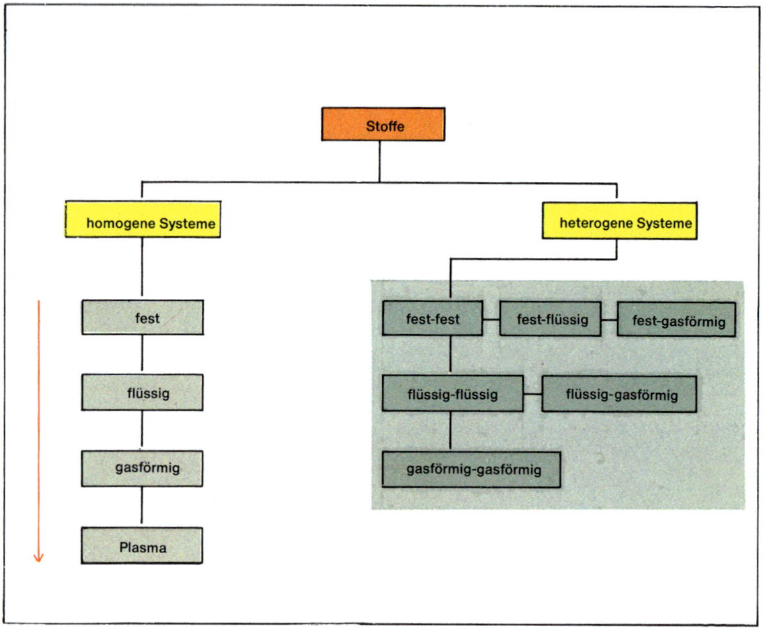

Zustände der Stoffe

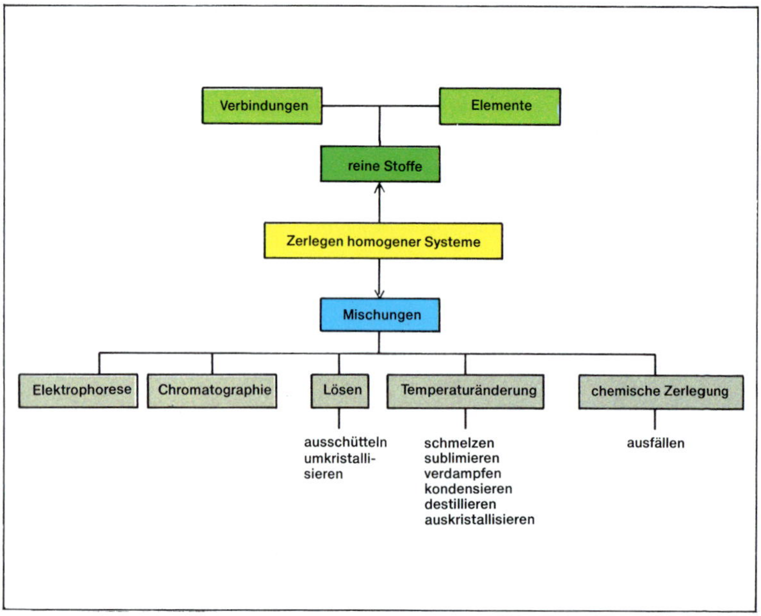

Zerlegen homogener Systeme

Die **Chemie** ist die Lehre von den Stoffen und deren Veränderungen. Die **Physik** dagegen untersucht die Zustände und die Zustandsänderungen der Stoffe. Schmilzt z.B. Eis zu Wasser, so ändert sich lediglich der Zustand desselben Stoffs; der Stoff H_2O bleibt erhalten, es ist also ein physikalischer Vorgang. Unterwirft man andererseits das Wasser der Elektrolyse, so verändert sich der Stoff. Aus einer homogenen Flüssigkeit entstehen zwei unterschiedliche Gase, Wasserstoff und Sauerstoff: ein chemischer Vorgang. Diese beiden Gase können ihrerseits in der Knallgasreaktion erneut zu Wasser zusammentreten:

$$2\,H_2 + O_2 \rightarrow 2\,H_2O + \text{Energie}.$$

Auch das ist ein chemischer Prozeß.

Es gelingt nicht, eine klare Trennungslinie zwischen Physik und Chemie zu ziehen; der Übergang ist *fließend.* Insbesondere führt uns die moderne Kernphysik die Fruchtlosigkeit einer deutlichen Unterscheidung von Physik und Chemie vor Augen:

Die Spaltung des Urans durch Neutronen erscheint durchaus als ein Vorgang aus der Physik:

$$U + n \rightarrow Xe + Sr + \text{Energie}.$$

Makroskopisch betrachtet wird aber das Schwermetall Uran in das Edelgas Xenon und das Leichtmetall Strontium umgewandelt, anscheinend ein Prozeß aus der Chemie.

Folgerung: Es hat wenig Sinn und Nutzen, sich an einer eindeutigen Abgrenzung der Chemie zu versuchen.

Die materielle Welt ist aus den verschiedensten *Stoffen* zusammengesetzt, die sich durch ihre Eigenschaften wie Farbe, Oberflächenstruktur, Dichte, elektrische Leitfähigkeit, Löslichkeit usw. unterscheiden. Gleiche Stoffe haben gleiche Eigenschaften, wobei selbstverständlich Größe, Masse und Gestalt nicht zu den Stoffeigenschaften gezählt werden.

Hier und im folgenden soll das Wort »gleich« nicht im Sinne von »identisch-gleich« benutzt werden. Bei genauer Untersuchung wird man stets Unterschiede zwischen gleichen Stoffen finden. »gleich« soll also bedeuten: für alle praktischen Zwecke gleich.

Bereits flüchtige Betrachtung scheidet Stoffe in einheitliche *(homogene)* und uneinheitliche *(heterogene)* Stoffe. Homogene Stoffe sind z.B. Wasser, Kochsalz, Gummi, Eisen, Sauerstoff, Messing. Heterogene Stoffe enthalten Anteile mit unterschiedlichen Eigenschaften.

In Granit z.B. unterscheidet bereits das bloße Auge glasartige, harte Bestandteile (Quarz), rotbraune und undurchsichtige Stückchen (Feldspat) sowie silbrige Blättchen (Glimmer). Heterogene Systeme sind aus mehreren homogenen Stoffen aufgebaut.

Diese Unterscheidung kann nur weitmaschig sein: Eine Aufschwemmung feinster Teilchen in Wasser erscheint anfänglich durchaus homogen; doch nach einiger Zeit sedimentieren die festen Bestandteile, es entsteht ein heterogenes System.

Stoffe liegen in verschiedenen *Phasen* (Aggregatzuständen) vor. Man unterscheidet in der Regel fest, flüssig, gasförmig und (bei sehr hohen Temperaturen) den Plasmazustand. Auch diese Unterteilung ist nicht scharf, so liegt z.B. für einige Stoffe eine weitere, flüssigkristalline Phase zwischen der festen und der flüssigen.

Die einzelnen Anteile eines heterogenen Systems können unterschiedliche Phasen aufweisen: Nebel ist ein flüssig-gasförmiges System, Rauch enthält sowohl feste als auch gasförmige Anteile, und im trüben Wasser findet man feste und flüssige Stoffe.

Homogene Systeme bestehen entweder aus reinen Stoffen oder aus Gemischen reiner Stoffe (Lösungen). Homogene Gemische können insgesamt fest, flüssig oder gasförmig sein und werden durch physikalisch-chemische Methoden getrennt. In der Regel wird versucht, einzelne Mischungsbestandteile in eine andere Phase überzuführen; das dabei entstehende heterogene System wird anschließend getrennt.

Besonders einfach ist die Trennung durch Temperaturänderung des Gemischs. Wird z.B. eine wäßrige Zuckerlösung erhitzt, so verdampft *(destilliert)* das Wasser, der Zucker bleibt zurück und kristallisiert aus. Liegen die Siedepunkte der Bestandteile eines homogenen Gemischs dicht beieinander, so wird wiederholt destilliert, um einen möglichst hohen Trennungsgrad zu erzielen. Umgekehrt werden beim Abkühlen einer Lösung die einzelnen reinen Stoffe bei unterschiedlichen Temperaturen ihren Aggregatzustand ändern und auskristallisieren.

Wird einem homogenen Gemisch ein Lösungsmittel (z.B. Tetrachlorkohlenstoff) hinzugefügt, so werden sich beim Mischen die einzelnen Stoffe des Gemischs in dem Lösungsmittel unterschiedlich lösen, dieser Vorgang heißt *ausschütteln.* Nach einigem Stillstehen trennen sich Lösungsmittel (mit dem gelösten Stoff) und der Rest des Gemischs. Dabei ist es durchaus möglich, eine einzelne Komponente des homogenen Gemischs vollständig auszuschütteln, ohne die Homogenität aufzuheben.

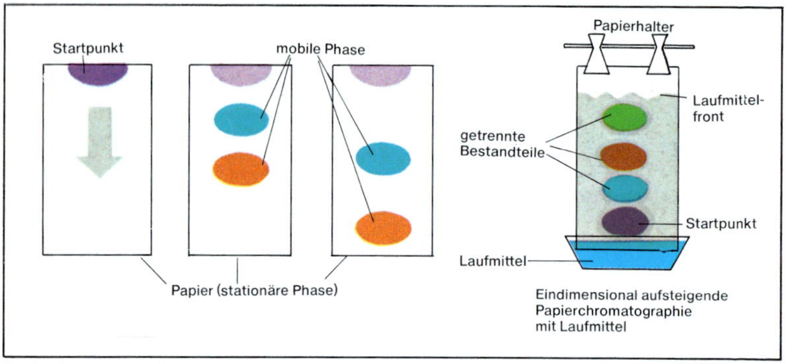

Papierchromatographie

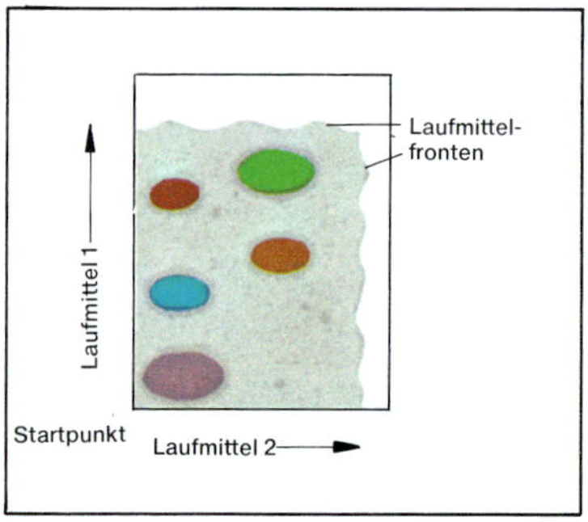

Zweidimensionale Papierchromatographie

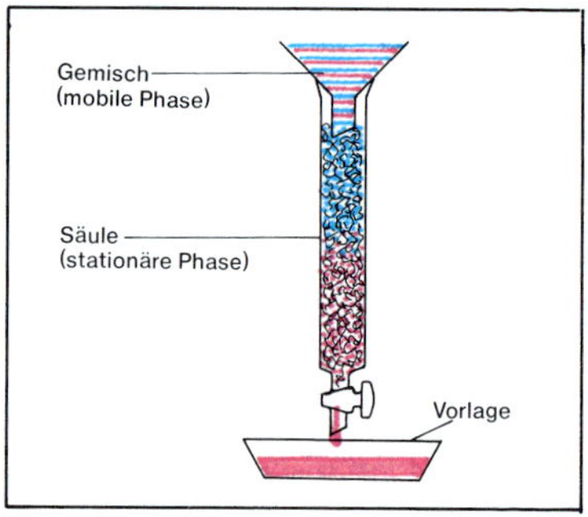

Säulenchromatographie

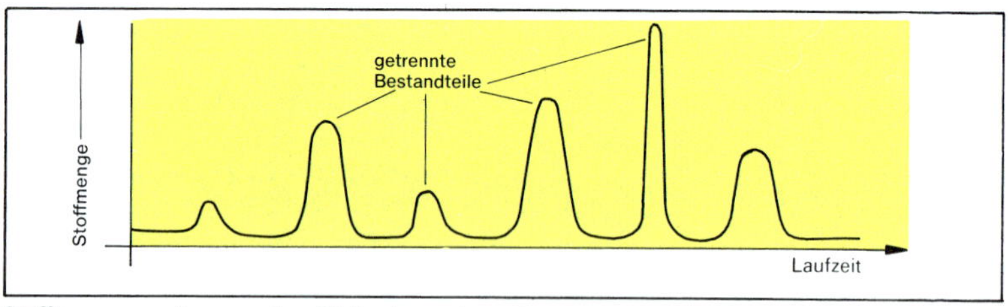

Stoffmengen am Ausgang eines Säulenchromatographen

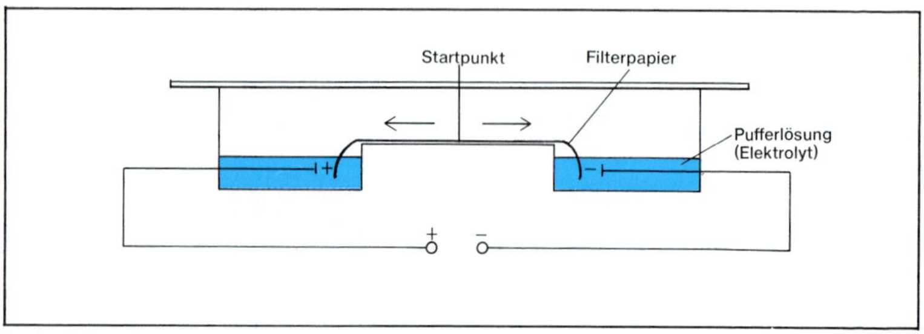

Papierelektrophorese

Die **Chromatographie** ist ein sehr wirkungsvolles Trennverfahren für homogene Gemische (sowie zur Gewinnung hochreiner Stoffe): Das Gemisch wird als *mobile Phase* von einem chemisch inaktiven Träger mit großer Oberfläche, der *stationären Phase,* aufgenommen. Das Gemisch dringt vom Startpunkt aus in den Träger ein, treibende Kraft sind Kapillar- und/oder Schwerkraft. Die einzelnen Bestandteile des Gemischs durchdringen diesen Träger mit unterschiedlichen Geschwindigkeiten. Die Trennungsgeschwindigkeit hängt von den Adhäsionskräften zwischen stationärer und mobiler Phase ab.

Der Retentionswert charakterisiert jede einzelne Substanz.

In der Regel wächst das Adsorptionsvermögen mit sinkender Temperatur und mit steigendem Druck. Die am leichtesten adsorbierbaren Substanzen werden bereits in der Nähe des Startpunktes festgehalten. Die adsorbierten Stoffe können durch anschließende Desorption (z.B. mit einer anderen mobilen Phase) entfernt werden. Wiederholte Adsorption und Desorption trennt auch sehr ähnliche Substanzen eines homogenen Gemischs.

Um den Trennvorgang zu verfolgen, werden die einzelnen Bestandteile des homogenen Gemischs mit Reagentien gefärbt, durch radioaktive »Tracer« markiert oder durch Fluoreszenz im UV-Licht sichtbar gemacht.

Säulenchromatographie: Die mobile Phase tritt von oben ein und wandert unter dem Einfluß der Schwerkraft (oder einer Pumpe) durch die Trennsäule nach unten. Als feste Phase dient Silicagel (ein feinverteilter Festkörper), Aluminiumoxid (Tonerde), winzige Glasperlen u.a.; alles Substanzen mit großer Oberfläche und hervorragendem Adsorptionsvermögen für gasförmige oder gelöste Stoffe.

Die Bestandteile des Gemischs wandern mit unterschiedlicher Geschwindigkeit, d.h. am Ende der Trennsäule erscheinen sie in zeitlichen Abständen und werden entsprechend abgelassen. Die Säulenchromatographie eignet sich zum Trennen größerer Substanzmengen; es ist eine präparative Methode.

Papierchromatographie: Hierbei ist die stationäre Phase ein in der Regel senkrecht hängendes saugfähiges Spezialpapier, das mit einem Ende in einem Trog mit einem ausgewählten Lösungsmittelgemisch hängt. Dieses wird von dem feuchten Papier aufgesogen und steigt aufgrund der Kapillarkräfte nach oben. Das zu trennende homogene Gemisch startet vom unteren Rand. Die mobile Phase transportiert dann die einzelnen Bestandteile je nach Löslichkeit und Adsorptionsverhalten verschieden schnell nach oben. Bevor die Lösungsmittelfront das obere Ende des Papiers erreicht, nimmt man es heraus, trocknet es und besprüht es mit geeigneten Reagentien, die die getrennten Stoffe als farbige Flecken auf dem Papier markieren.

Als stationäre Phase wird auch an Papier gebundenes Wasser eingesetzt. Die mobile Phase wird dann durch ein von den Rändern her vordringendes Lösungsmittel (Laufmittel genannt) getrennt (Flüssig-flüssig-Chromatographie).

Bei der zweidimensionalen Papierchromatographie liegt der Startpunkt für das zu trennende homogene Gemisch in einer Ecke des horizontal ausgespannten Papiers. Zwei verschiedene Laufmittel dringen von den beiden Papierkanten dieser Ecke vor. Der Trenneffekt ist verstärkt.

Dünnschicht-Chromatographie: Die stationäre Phase ist z.B. eine 0,1–0,3 mm dicke Kieselgelschicht, die auf einer Glasplatte oder Alufolie aufgetragen ist.

Mit Papier- und Dünnschicht-Chromatographie können nur geringe Stoffmengen (µg-Bereich) getrennt werden; es ist eine analytische Methode.

Gaschromatographie: Die mobile Phase liegt als Gas oder als Dampf vor. Die stationäre Phase ist entweder flüssig (Polymere, Fette, Siliconöle auf einem chemisch inaktiven Trägermaterial) oder fest (Granulate von Aktivkohle, Kieselgel, Aluminiumoxid [Tonerde])

Bei der *Gas-Flüssigkeitschromatographie* trennt die unterschiedliche Löslichkeit in der Flüssigkeit die Bestandteile des Gemischs.

In der *Gas-Festchromatographie* beruht der Trennvorgang auf der unterschiedlichen Adsorption an den Oberflächen der stationären Phase. Die adhäsive Bindung erfolgt anfangs an den Kanten und Ecken der Oberflächen; erst nach einiger Zeit und bei höheren Konzentrationen werden auch die Flächen der stationären Phase mit einer monomolekularen Schicht bedeckt.

Papierelektrophorese: Die Bestandteile vieler Gemische sind elektrisch geladen. Der Trenneffekt der Papierchromatographie kann daher durch Anlegen einer elektrischen Spannung (bis zu einigen tausend Volt) an den gegenüberliegenden Papierkanten verstärkt werden.

Anwendung: In erster Linie zur Trennung und Reinigung geringer Mengen organ. Substanzen. In der Umweltanalyse dient die Chromatographie z.B. zur Untersuchung von Abwässern, Luftverschmutzung und dem Nachweis von Pflanzenschutzmitteln.

Am häufigsten ist die Trennung homogener Mischungen durch **chemische Zerlegung.** Einer der Bestandteile des Gemischs wird durch chemische Reaktion mit einem hinzugefügten Stoff in eine Verbindung mit geeigneter Phase umgewandelt. Eine häufig angewandte Methode ist, in wäßriger Lösung enthaltene Stoffe durch ein Fällungsmittel in eine schwer lösliche Verbindung zu überführen, die dann als Niederschlag am Boden ausfällt. Das dann vorliegende heterogene System wird anschließend getrennt.

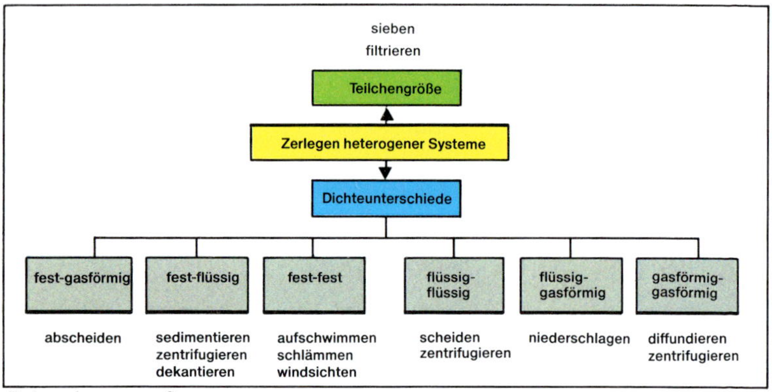

Zerlegen heterogener Systeme

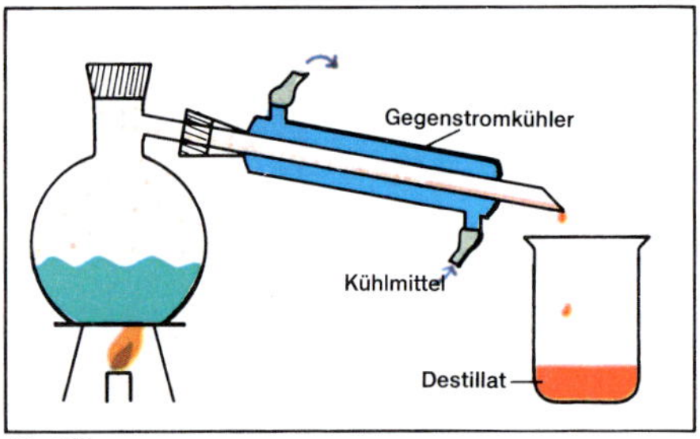

Destillieren

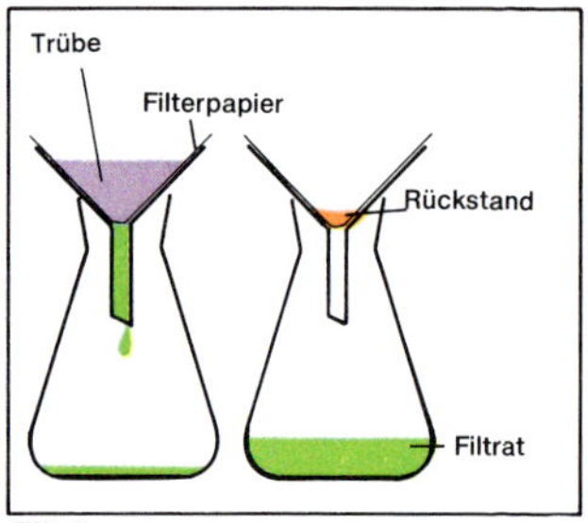

Filtrieren

Sedimentieren

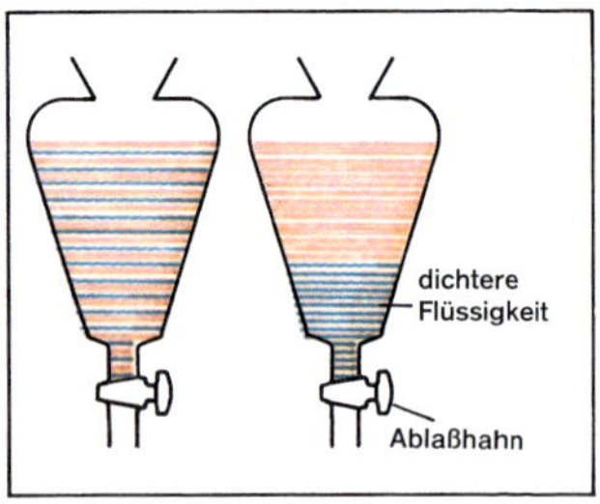

Scheiden

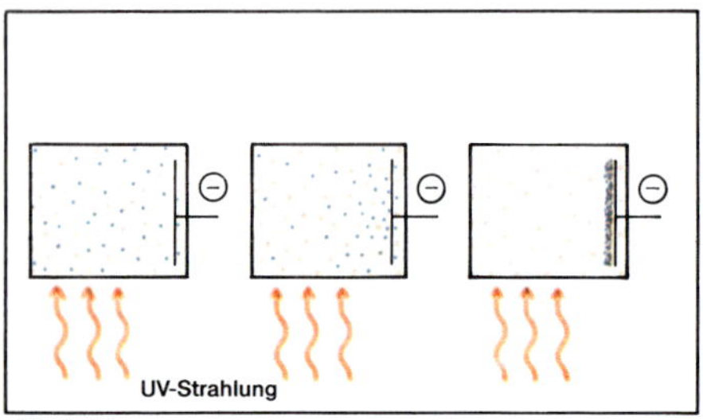

Abscheiden

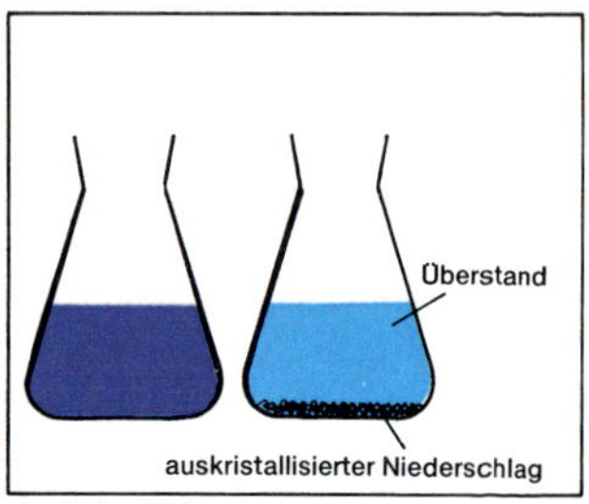

Auskristallisieren

Heterogene Systeme werden getrennt, indem man die unterschiedlichen Dichten und/oder Teilchengrößen der einzelnen Bestandteile des Systems ausnutzt.

Bleibt ein *fest-flüssiges System* (z.B. schlammiges Wasser) stehen, so sinken die festen Bestandteile (die disperse Phase) nach unten, sie sedimentieren. Bei konstanter Temperatur und Erschütterungsfreiheit bildet sich nach einiger Zeit eine horizontale Grenzfläche aus, die beide Phasen trennt. Die über dem Boden stehende Flüssigkeit (das Dispersionsmittel) wird vorsichtig abgegossen (dekantiert). Die Sedimentationsgeschwindigkeit ist proportional dem Teilchendurchmesser bzw. der Dichte der dispersen Phase und umgekehrt proportional der Viskosität (Zähigkeit) des Dispersionsmittels. Mit Hilfe einer Zentrifuge kann die Sedimentationsgeschwindigkeit um den Trennfaktor = Zentrifugalbeschleunigung/Erdbeschleunigung erhöht werden.

Flüssig-flüssig-Systeme werden wie oben getrennt. Besonders einfach ist die Trennung des Systems im Scheidetrichter. Nach einiger Zeit bildet sich ein Sedimentationsgleichgewicht aus, charakterisiert durch konstante Dichte in jeder Horizontalschicht. Die Dichteverteilung selbst folgt der barometrischen Höhenformel. Die dichtere Flüssigkeit wird durch einen Hahn am Trichterausgang abgelassen.

Fest-fest-Systeme werden durch *Flotation* (Schwimmaufbereitung) getrennt. Dabei wird ausgenutzt, daß je nach Teilchengröße und/oder Dichte die Stoffe im Flotationsmittel unterschiedlich aufschwimmen. Im einfachsten Fall liegt die Dichte des *Flotationsmittels* zwischen der der beiden festen Bestandteile, so daß der leichtere Stoff nach oben steigt und dort abgeschöpft wird. Flotationsmittel nutzen in erster Linie Oberflächen- und Grenzflächenerscheinungen, um den Trenneffekt zu erhöhen. Je nach Teilchengröße wird Aufschwimmen oder *Schlämmen* eingesetzt. *Sichten* (Windsichten) ist eine Kombination aus Flotation und Zentrifugation.

Bei *fest-gasförmigen Systemen* (z.B. Ruß oder Staub in Luft) ist die Sedimentationsgeschwindigkeit häufig sehr klein und Zentrifugieren oft unwirtschaftlich. Hier kann durch Bestrahlen des heterogenen Systems mit ultraviolettem Licht der feste Anteil (die disperse Phase) elektrisch aufgeladen werden; an Elektroden scheiden sich dann die festen Bestandteile ab.

Bei industriellen elektrischen *Staubabscheidern* strömt das heterogene System durch das Hochspannungsfeld (50–80 keV) einer Sprühelektrode und wird dort durch Gas-Ionen aufgeladen. Die geladenen Staubteilchen wandern im elektrischen Feld zu den geerdeten Niederschlagselektroden, haften dort und werden anschließend durch Schüttelvorrichtungen entfernt.

Flüssig-gasförmige Systeme (z.B. Aerosole) können durch Höchstleistungsschwebstoffilter aus Glasfaservliesen getrennt werden.

Beim *Filtrieren* eines heterogenen Systems, der *Trübe,* bleiben die dispers verteilten Anteile ab einer durch die Porenweite des Filters vorgegebenen Größe als *Rückstand* (Filterkuchen) im Filter, das *Filtrat* passiert. Als Filtermittel dienen poröse Papiere (Filterpapier), Tuche, Drahtgewebe, Filterplatten und keramische Platten (Fritten). In der Industrie werden Sand, gebrannter Zement mit Gips, Glasfasergewebe, Faservlies und Asbest benutzt. Die Porenweite reicht vom grobmaschigen Sieb bis zum Ultrafilter, das noch Makromoleküle zurückhält. Die Filtrationsgeschwindigkeit kann durch Druckunterschied auf beiden Seiten des Filters vergrößert werden (Saug- oder Druckfiltration), ebenfalls durch Zentrifugieren der Filtrieranlage.

Kolloiddisperse Systeme enthalten in flüssiger oder gasförmiger Phase (dem Dispersionsmittel) feste bzw. flüssige Bestandteile (die disperse Phase). Die Teilchendurchmesser der dispersen Phase liegen zwischen 10 und 100 nm, also unterhalb der Wellenlänge des sichtbaren Lichts; das kolloiddisperse System (kolloidale Lösung, Sol) erscheint homogen. Durchdringt ein Lichtstrahl dieses System, so wird er an der dispersen Phase gestreut. Von der Seite her betrachtet erscheint das System trüb *(Tyndall-Effekt).*

Kolloiddisperse Systeme trennen sich nicht spontan, sie werden getrennt *(ausflocken)* entweder durch Zugabe von Elektrolyten (also Ionen) oder wasserentziehenden Salzen.

Ultrafilter (Membranfilter mit Porenweite <3 nm) erlauben Druckfiltration kolloidaler Lösungen.

Goldwaschen. Die Verwitterungsprodukte goldhaltiger Gesteine (Quarze, Pyrite, Tellure) werden teilweise aus den ursprünglichen (primären) Lagerstätten durch Wasser weggewaschen und finden sich in Bach- und Flußsanden als Waschgold oder Goldseifen. Dieses heterogene System (fest-fest) wird durch Sieben vom tauben Gestein teilweise getrennt, grob gemahlen und anschließend in Wasser aufgeschlämmt. Wegen seiner großen Dichte (19,3 g/cm^3 im Vergleich zu 2,6 g/cm^3 für Sand) reichert sich das Gold am Boden an (Flotationsvorgang). Die leichten Bestandteile des Gemischs werden (z.B. durch Dekantieren oder durch schnell strömendes Wasser) abgetrennt. Grobes Gold wird manuell aussortiert, der Rückstand mit Quecksilber ausgeschüttelt, so daß das feinverteilte Gold eine Quecksilberverbindung (Amalgam) bildet. Aus dem heterogenen System wird das Goldamalgam abgetrennt. Unter Einwirkung von Wärme destilliert das Quecksilber, Rohgold bleibt zurück. Das Rohgold wird von seinen Verunreinigungen (Silber, Kupfer, Platin) chemisch oder durch Elektrolyse abgetrennt.

Zur *Wasseraufbereitung* dienen Schüttungen aus Sand oder Koks als Filtermittel. In der Hochreinigung verwendet man Aktivkohle.

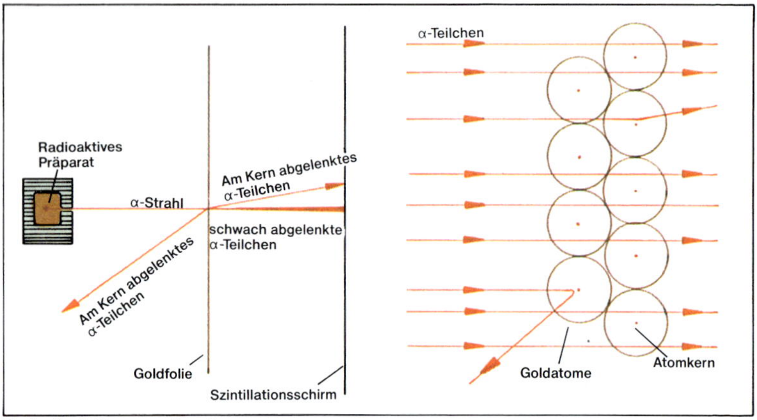

Rutherfords Streuexperiment

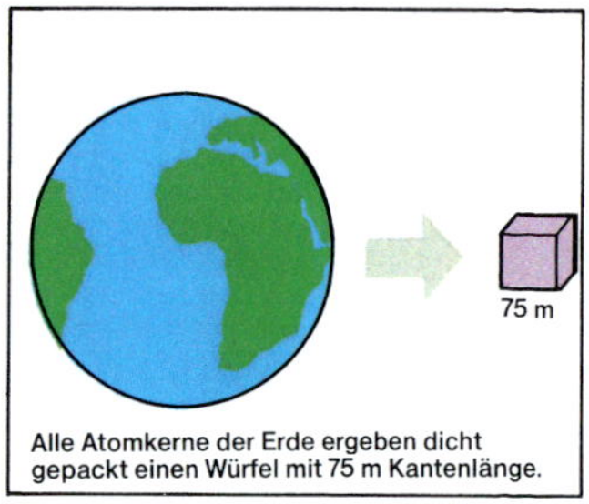

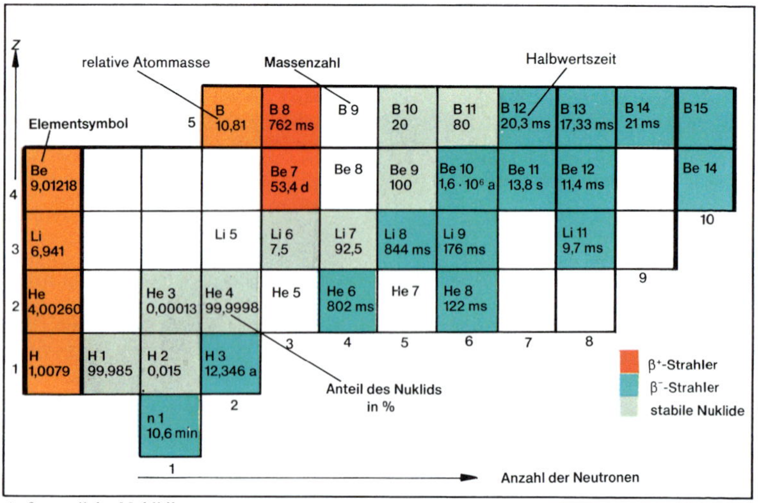

Anfangsteil der Nuklidkarte

Alle **Stoffe** bestehen aus kleinsten Untereinheiten, den Atomen. LEUKIPP und DEMOKRIT begründeten im 5. Jh. v. Chr. diese Vorstellung; sie wurde in der Neuzeit experimentell bestätigt. Es zeigt sich jedoch, daß die Atome selbst keineswegs unteilbar sind, sondern ihrerseits aus *Elementarteilchen* aufgebaut erscheinen. Die Anzahl der bekannten Elementarteilchen wächst ständig.

Elementarteilchen	Symbol	Ruhemasse in kg	Ladung in Einheiten der Elementarladung
Proton	p	$1{,}672 \cdot 10^{-27}$	+ 1
Neutron	n	$1{,}675 \cdot 10^{-27}$	0
Elektron	e^-	$9{,}11 \cdot 10^{-31}$	− 1

Eine befriedigende Theorie über den Zusammenhang der Elementarteilchen untereinander fehlt noch. Definitionsgemäß umfaßt die Chemie nur Atome, Moleküle (Verbindungen von Atomen untereinander) und Ionen (elektrisch geladene Atome oder Moleküle).

Atome. Die Atome (Größenordnung des Durchmessers: 10^{-8} cm) bestimmen die chemischen und physikalischen Eigenschaften der Stoffe. Die Atome sind aus elektrisch positiven, negativen und neutralen Elementarteilchen zusammengesetzt. Insgesamt kompensieren sich die elektrischen Ladungen der einzelnen Bausteine, so daß das Atom nach außen elektrisch neutral erscheint. Experimente über die Streuung von α-Teilchen an Atomen (RUTHERFORD, 1911) beweisen den Aufbau der Atome aus einem positiv geladenen Atomkern und einer negativ geladenen Atomhülle. Der *Atomkern* (Größenordnung des Durchmessers: 10^{-12} cm) besteht aus *Nukleonen: positiv geladenen Protonen* p und elektrisch neutralen *Neutronen* n. Er vereinigt in sich mehr als 99,9 % der Masse des Atoms. Zusammengehalten werden die sich elektrisch gegenseitig abstoßenden Protonen im Atomkern durch die Kernkraft, eine anziehende Kraft außerordentlich geringer Reichweite. Die *Atomhülle* besteht aus den elektrisch negativen *Elektronen* (Größenordnung des Durchmessers: 10^{-13} cm).

Der Betrag der elektrischen Ladung von Proton und Elektron ist identisch: die *Elementarladung* beträgt $e = 1{,}602 \cdot 10^{-19}$ Coulomb. Die Hüllenelektronen umkreisen den Kern; die daraus resultierende, nach außen wirkende Zentrifugalkraft kompensiert die Coulombsche Anziehungskraft zwischen Kern und Hülle. Die Einwirkung der Kernkräfte auf die Elektronenhülle ist vernachlässigbar klein.

Zwei Größen charakterisieren im wesentlichen das Atom: Protonenzahl und relative Atommasse.

Die **Protonenzahl** (Kernladungszahl, Ordnungszahl) Z ist gleich der Anzahl der Protonen (und daher auch gleich der Anzahl der Hüllenelektronen) im Atomkern. Gegenwärtig sind Atome zwischen $Z = 1$ (Wasserstoff) und $Z = 118$ (ein künstlich hergestelltes Element im Bereich der Transfermium-Elemente) bekannt. Atome mit gleicher Protonenzahl sind chemisch nicht unterscheidbar.

Die **Atommasse** (früher: Atomgewicht) eines Stoffes ist gleich der Summe der Massen von Atomkern und Atomhülle. Wir unterscheiden:

Die *absolute Atommasse* m_a ist gleich der Masse des Atoms ausgedrückt in Masseneinheiten (atomare Masseneinheit $u = 1{,}6606 \cdot 10^{-27}$ kg). Sie reicht von etwa 1 u (Wasserstoff) bis rund $260\ u = 4{,}32 \cdot 10^{-25}$ kg (Transurane).

Die *relative Atommasse* A_r ist gleich der absoluten Atommasse dividiert durch 1/12 der absoluten Atommasse des [^{12}C]Kohlenstoff. A_r ist eine reine (dimensionslose) Zahl, sie reicht von 1,008 (Wasserstoff) bis etwa 290 (Transurane).

(Im Sprachgebrauch der Chemie versteht man unter »Atommasse« stets die »relative Atommasse«.)

Elementarteilchen (Auswahl)

Typ	Name	Symbol	Ladung	Ruhemasse in MeV	mittlere Lebensdauer in s
Photonen	Photon	γ	0	0	stabil
Leptonen	Neutrino	ν_e	0	0	stabil
	Antineutrino	$\bar{\nu}_e$	0	0	stabil
	Elektron	e^-	− 1	0,5110	stabil
	Positron	e^+	+ 1	0,5110	stabil
	Muon	μ^-	− 1	105,7	$2{,}2 \cdot 10^{-6}$
	Muon	μ^+	+ 1	105,7	
Mesonen	Pionen	π^+	+ 1	139,6	$2{,}6 \cdot 10^{-8}$
		π^-	− 1	139,6	
		π^0	0	135,0	$0{,}89 \cdot 10^{-16}$
	Kaonen	K^+	+ 1	493,8	$1{,}23 \cdot 10^{-8}$
		K^-	− 1		
Baryonen	Proton	p	+ 1	939,26	stabil
	Antiproton	$\bar{p}$	− 1		
	Neutron	n	0	939,55	624
	Antineutron	$\bar{n}$	0		

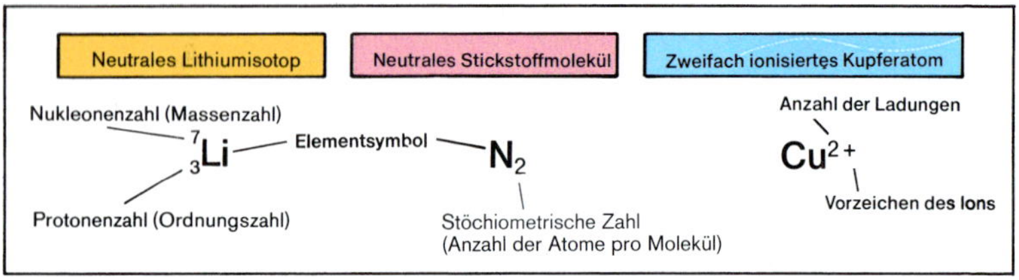

Nomenklatur chemischer Elemente

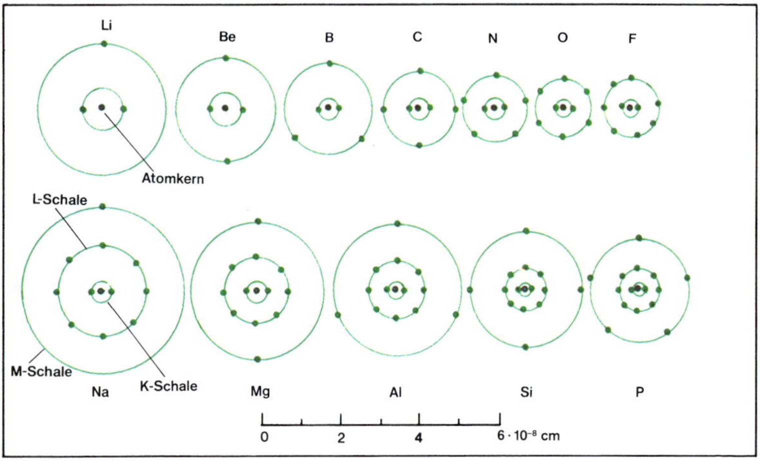

Durchmesser einiger Atome

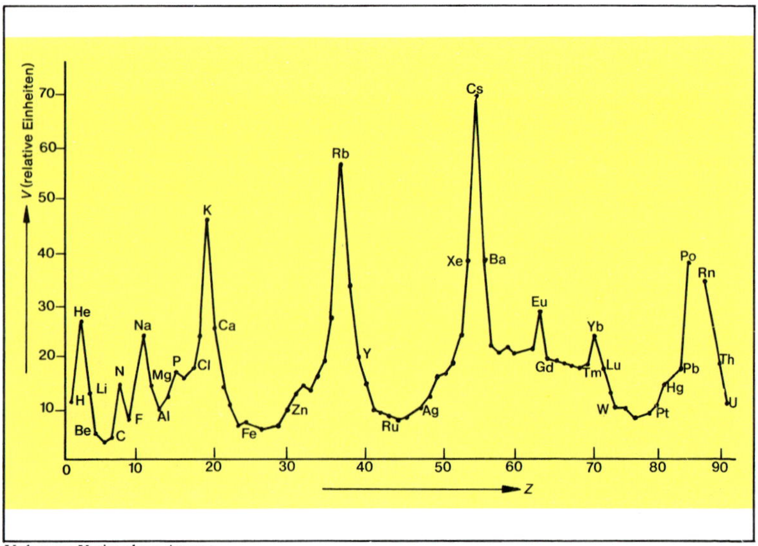

Volumen V einzelner Atome

Element	Elementsymbol	Protonenzahl	relat. Atommasse	Element	Elementsymbol	Protonenzahl	relat. Atommasse
Actinium	Ac	89	227,028	Mendelevium	Md	101	(258)
Aluminium	Al	13	26,98154	Molybdaen	Mo	42	95,94
Americium	Am	95	(243)	Natrium	Na	11	22,98977
Antimon	Sb	51	121,75	Neodym	Nd	60	144,24
Argon	Ar	18	39,948	Neon	Ne	10	20,179
Arsen	As	33	74,9216	Neptunium	Np	93	(237)
Astat	At	85	(210)	Nickel	Ni	28	58,71
Barium	Ba	56	137,34	Niob	Nb	41	92,9064
Berkelium	Bk	97	(247)	Nobelium	No	102	(259)
Beryllium	Be	4	9,01218	Osmium	Os	76	190,2
Bismut	Bi	83	208,9804	Palladium	Pd	46	106,4
Blei	Pb	82	207,2	Phosphor	P	15	30,97362
Bohrium	Bh	107	(262)	Platin	Pt	78	195,08
Bor	B	5	10,81	Plutonium	Pu	94	(244)
Brom	Br	35	79,916	Polonium	Po	84	(209)
Cadmium	Cd	48	112,40	Prascodym	Pr	59	140,9077
Caesium	Cs	55	132,9054	Promethium	Pm	61	(145)
Calcium	Ca	20	40,08	Protactinium	Pa	91	231,0359
Californium	Cf	98	(251)	Quecksilber	Hg	80	200,59
Cer	Ce	58	141,12	Radium	Ra	88	(226)
Chlor	Cl	17	35,453	Radon	Rn	86	(222)
Chrom	Cr	24	51,996	Rhenium	Re	75	186,207
Cobalt	Co	27	58,9332	Rhodium	Rh	45	102,9055
Curium	Cm	96	(247)	Roentgenium	Rg	111	(272)
Darmstadtium	Ds	110	(281)	Rubidium	Rb	37	85,4678
Dubnium	Db	105	(262,1138)	Ruthenium	Ru	44	101,07
Dysprosium	Dy	66	162,50	Rutherfordium	Rf	104	261,1087
Einsteinium	Es	99	(254)	Samarium	Sm	62	150,36
Eisen	Fe	26	55,847	Sauerstoff	O	8	15,9994
Erbium	Er	68	167,26	Scandium	Sc	21	44,9559
Europium	Eu	63	151,96	Schwefel	S	16	32,06
Fermium	Fm	100	(257)	Seaborgium	Sg	106	263,1182
Fluor	F	9	18,99840	Selen	Se	34	78,96
Francium	Fr	87	(223)	Silber	Ag	47	107,868
Gadolinium	Gd	64	157,25	Silicium	Si	14	28,086
Gallium	Ga	31	69,72	Stickstoff	N	7	14,0067
Germanium	Ge	32	72,59	Strontium	Sr	38	87,62
Gold	Au	79	196,9665	Tantal	Ta	73	180,9479
Hafnium	Hf	72	178,49	Technetium	Tc	43	(97)
Hassium	Hs	108	(277)	Tellur	Te	52	127,60
Helium	He	2	4,00260	Terbium	Tb	65	158,9254
Holmium	Ho	67	164,9304	Thallium	Tl	81	204,37
Indium	In	49	114,82	Thorium	Th	90	232,0381
Iod	I	53	126,9045	Thulium	Tm	69	168,9342
Iridium	Ir	77	192,22	Titan	Ti	22	47,90
Kalium	K	19	39,098	Uran	U	92	238,029
Kohlenstoff	C	6	12,011	Vanadium	V	23	50,9414
Krypton	Kr	36	83,80	Wasserstoff	H	1	1,0079
Kupfer	Cu	29	63,546	Wolfram	W	74	183,85
Lanthan	La	57	138,9055	Xenon	Xe	54	131,30
Lawrencium	Lr	103	(260)	Ytterbium	Yb	70	173,04
Lithium	Li	3	6,941	Yttrium	Y	39	88,9059
Lutetium	Lu	71	174,97	Zink	Zn	30	65,38
Magnesium	Mg	12	24,305	Zinn	Sn	50	118,69
Mangan	Mn	25	54,9380	Zirconium	Zr	40	91,22
Meitnerium	Mt	109	(268)				

Für folgende Elemente werden international die lat.-griech. Namen verwandt:

Kohlenstoff	Carbon	Schwefel	Sulfur	Stickstoff	Nitrogen
Sauerstoff	Oxygen			Wasserstoff	Hydrogen

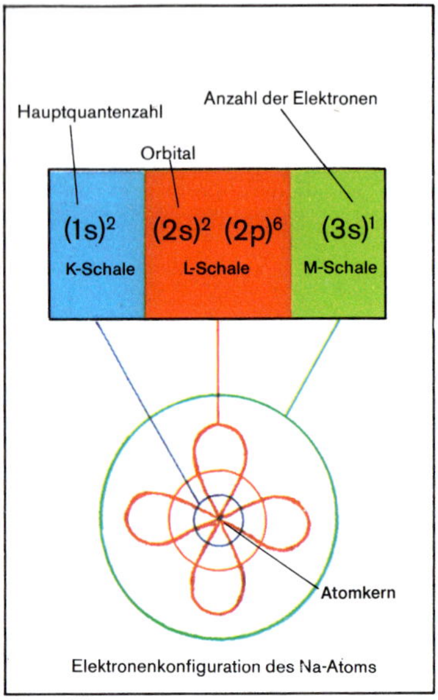

Nomenklatur

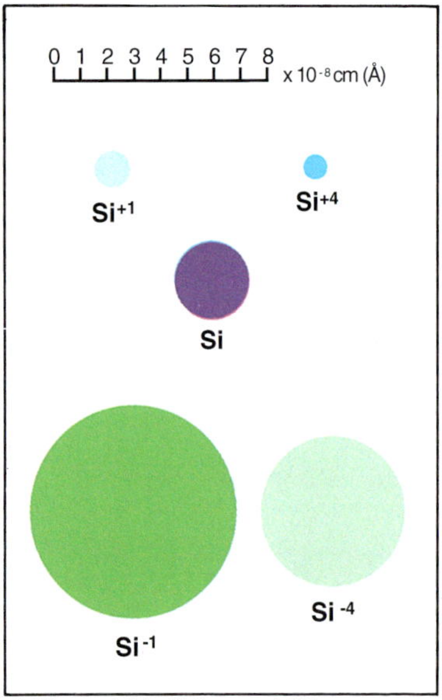

Größenvergleich: Si-Atom und Si-Ionen

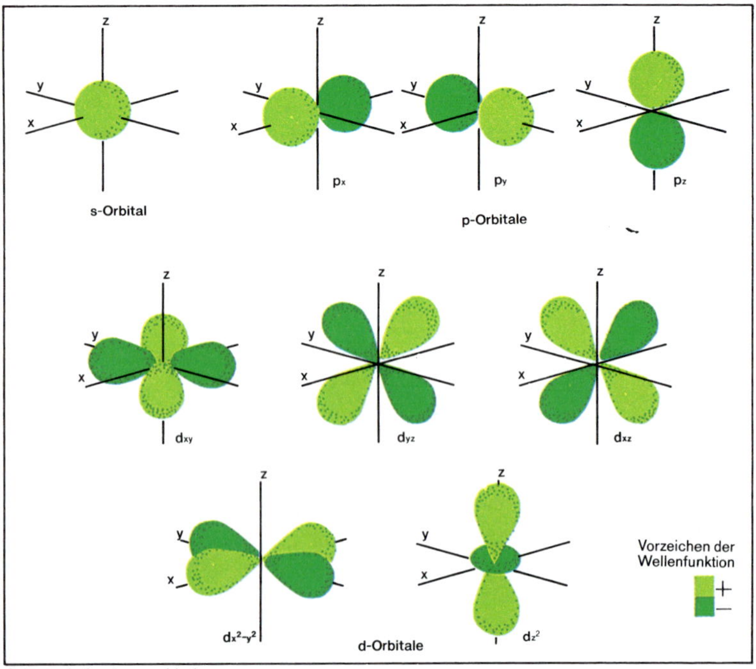

Schematische Atomorbitale

Chemisches Element heißt ein Stoff, der nur aus Atomen mit gleicher Protonenzahl *Z* zusammengesetzt ist. Es wird durch ein Elementsymbol gekennzeichnet. Die Anzahl der Protonen kann links unten am Elementsymbol angegeben werden, z.B. $_3Li$, $_7N$, $_{92}U$. Atome mit gleichem *Z*, aber unterschiedlichem A_r, d.h. gleicher Anzahl von Protonen (und Elektronen), aber verschiedener Anzahl von Neutronen, heißen *Isotope*. Die Anzahl der Nukleonen (Massenzahl) kann links oben am Elementsymbol angegeben werden, z.B. ^6Li, ^{14}C, ^{235}U, oder folgt dem Elementsymbol direkt, z.B. Li6, C14, U235.

Im Text wird dem Elementnamen das Symbol des Isotops in eckigen Klammern vorangestellt.
Beispiel: [^{14}C]Kohlenstoff (ausgesprochen: Kohlenstoff 14).

Die drei Isotope des Wasserstoffs haben Eigennamen: Protium (^1H), Deuterium (^2H oder D) und Tritium (^3H oder T).

In markierten Verbindungen steht der Name des Isotops in eckigen Klammern vor dem Namen der Verbindung.
Beispiel: [^{32}P]Phosphortrichlorid (ausgesprochen: Phosphor32trichlorid).

Die Isotope eines Elements sind chemisch identisch, sie werden durch physikalische Methoden unterschieden.

Der Begriff *Isotop* wird nur im Zusammenhang mit einem bestimmten chem. Element gebraucht; *Nuklid* ist dagegen die Bezeichnung für eine Atomkernart mit bestimmter Protonen- und Neutronenzahl. Die *Nuklidkarte* stellt wichtige Eigenschaften aller bekannten Nuklide dar.

Bindungsenergie: Um einzelne Elementarteilchen aus dem Atom herauszulösen, muß dem Atom Energie, genannt Bindungsenergie des Elementarteilchens, zugeführt werden. Bei den Elektronen der Atomhülle liegt die Bindungsenergie (auch Ablösearbeit genannt) im eV- und keV-Bereich, für die Nukleonen im Atomkern sind es MeV. Die bei chemischen Vorgängen ausgetauschten Energien beeinflussen nur die Elektronenhülle, der Kern bleibt unberührt.

Atomhülle. Niels Bohr postulierte 1913 den planetensystemähnlichen Aufbau des einzelnen Atoms: Die negativen Elektronen der Atomhülle umkreisen den positiven Atomkern. Die Heisenbergsche Unschärferelation zeigt, daß es sinnlos ist, Bahn und Position eines einzelnen Elektrons festzulegen. Statt dessen gilt die Bezeichnung *Atomorbital* (Orbital) für die Aufenthaltswahrscheinlichkeit eines Elektrons (Elektronendichteverteilung) innerhalb eines Atoms. Quantenmechanisch wird jedes Orbital durch seine eigene *Wellenfunktion* ψ beschrieben. ψ kann positive und negative Werte annehmen (dieses Vorzeichen hat nichts mit der elektr. Ladung zu tun). Erst das Quadrat der Wellenfunktion, also ψ^2, gibt die Aufenthaltswahrscheinlichkeit des Elektrons innerhalb des entsprechenden Orbitals an. Definitionsgemäß ist $\int \psi^2 dV = 1$, denn die Wahrscheinlichkeit, das durch ψ beschriebene Elektron irgendwo im Orbitalvolumen V zu finden, ist natürlich 1.

Nach dem *Pauli-Prinzip* muß sich jedes Elektron eines Atoms von allen anderen Elektronen dieses Atoms in mindestens einer der vier *Quantenzahlen* (Hauptquantenzahl *n*, Drehimpulsquantenzahl *l*, Magnetquantenzahl *m*, Spindrehimpulsquantenzahl *s*) unterscheiden.

Schalenaufbau. Quantentheorie und Pauli-Prinzip erklären die experimentell ermittelte Tatsache, daß die Elektronenhülle in konzentr. Schalen organisiert ist. Die *Hauptquantenzahl n* kann die Werte 1, 2, 3, 4, ... annehmen. Traditionell werden diese Elektronenschalen mit K, L, M, N, ... bezeichnet. Mit wachsender Kernladungszahl *Z* werden sie von innen nach außen aufgefüllt (für höhere *Z* nicht regelmäßig; vgl. Tab. S.29). Die K-Schale ist mit 2 Elektronen, die L-Schale mit 8, die M-Schale mit 18, die N-Schale mit 32 Elektronen voll besetzt.

Jede Schale ist in durch die *Drehimpulsquantenzahl* *l* [mit $l = 0, 1, 2, \ldots (n-1)$] charakterisierte Energieniveaus (früher: Nebenschalen) unterteilt, traditionell mit s, p, d, f bezeichnet. Das s-Niveau kann maximal 2 Elektronen aufnehmen, das p-Niveau 6, das d-Niveau 10, das f-Niveau 14.

Die Energieniveaus sind ihrerseits aufgeteilt in durch die *Magnetquantenzahl m* bestimmte Atomorbitale; jedes Orbital kann höchstens 2 Elektronen aufnehmen, die sich in der *Spindrehimpulsquantenzahl s* unterscheiden müssen.

Die Anzahl der Elektronen auf der äußersten Schale bestimmt die chem. Eigenschaften des Atoms. In der Chemie ist es üblich, die *Elektronenkonfiguration* eines Atoms lediglich durch *n* und *l* zu kennzeichnen. Eine Hochzahl gibt die Anzahl der entsprechenden Elektronen an.

Beispiele für Atome im Grundzustand:
Wasserstoff: 1s; Kohlenstoff: $(1s)^2(2s)^2(2p)^2$;
Natrium: $(1s)^2(2s)^2(2p)^6(3s)^1$;
Arsen: $(1s)^2(2s)^2(2p)^6(3s)^2(3p)^6(3d)^{10}(4s)^2(4p)^3$.

Ionen. Ein nach außen elektrisch geladenes Atom heißt Ion; Protonen- und Elektronenanzahl sind hier unterschiedlich, die Ladungen kompensieren sich nicht. Ein Atom (oder eine zusammengehörige Gruppe von Atomen) ist einfach oder mehrfach ionisiert, je nach der Anzahl nicht kompensierter Ladungseinheiten. Bei Elektronenüberschuß liegt ein negatives Ion *(Anion)*, bei Elektronendefizit ein positives *(Kation)* vor. Die *Ladungszahl* eines Ions wird rechts oben am Atomsymbol oder an der Atomgruppe angezeigt; die Anzahl der Elementarladungen steht vor dem Vorzeichen.

$+ = 1+$, $- = 1-$.

Beispiele: Cl^-, Li^+, Mg^{2+}, P^{3+}, Si^{4-}, N^{3-}, OH^-, $(SO_4)^{2-}$, $HCOO^-$, $[Co(NO_2)_6]^{3-}$.

Die Umwandlung eines Atoms in ein Ion heißt *Ionisation*. Dabei muß mindestens die *Bindungsenergie* des Elektrons (Ionisierungsenergie, Ionisierungspotential) zugeführt werden. Energiezufuhr erfolgt in Form von chemischer, thermischer, optischer oder elektrischer Energie. Ein gasförmiger Stoff, bei dem ein hoher Prozentsatz der Atome ein- oder mehrfach ionisiert ist, heißt *Plasma* (Beispiele: Lichtbogen, Sonne).

Elektrolyte sind Flüssigkeiten oder Schmelzen, bei denen alle oder ein Teil der Bausteine ionisiert sind. In der Natur liegen die Atome fester und flüssiger Stoffe meist als Ionen vor. Beispiele: Säuren, Basen, Salze.

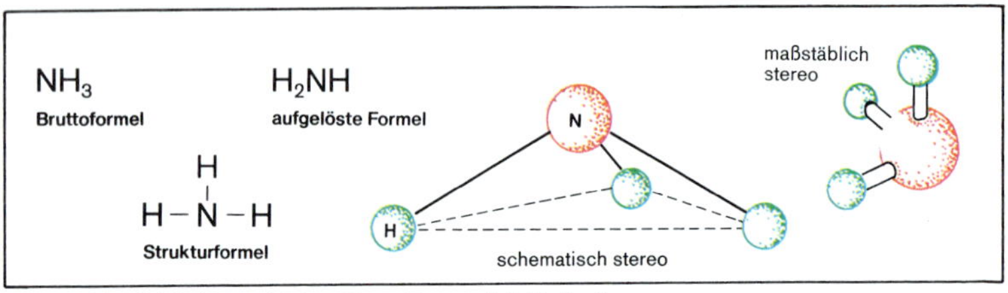

Ammoniak-Molekül (verschiedene Darstellungsmöglichkeiten)

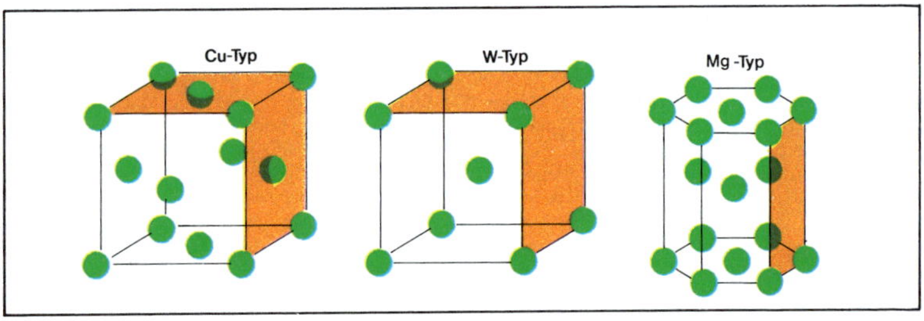

Einfache Elementarzellen

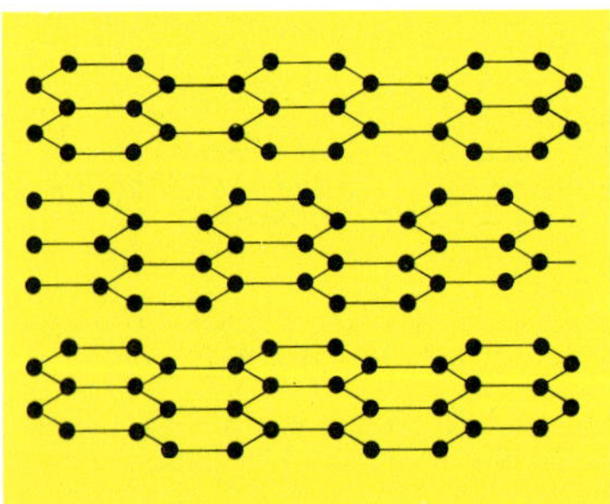

Geschichtetes Graphitgitter

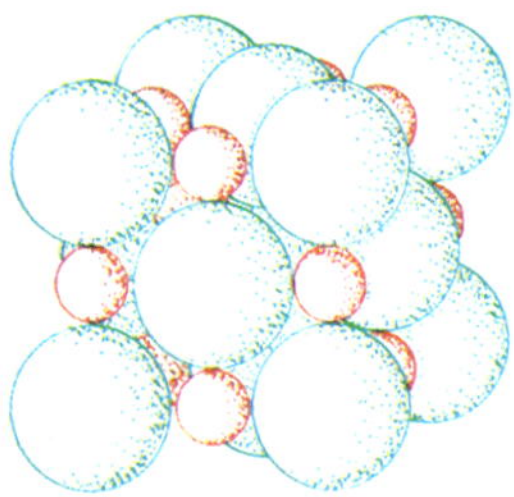

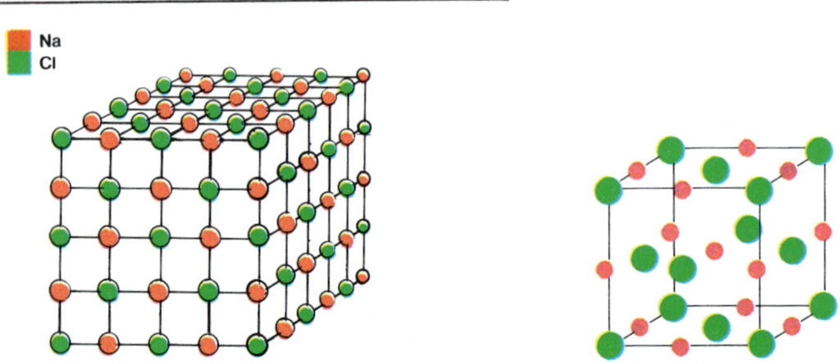

Möglichkeiten, den NaCl-Kristall elementar darzustellen

Moleküle. Zwei oder mehr miteinander verbundene Atome heißen Molekül; die Atome können gleich oder verschieden sein.
Chemisch ist das Molekül der kleinste Teil einer Substanz, der noch deren chemische Eigenschaften aufweist.
Die Struktur der Moleküle wird mit Hilfe elektromagnetischer Strahlung (Molekülspektroskopie) experimentell bestimmt. Die Analyse ergibt Bindungslängen (Abstand zweier Atome) und Bindungswinkel (räumliche Lage zweier Atome zueinander).
Die *Bindungsenergie* zwischen den Atomen eines Moleküls ist stets größer als die (häufig vorkommende) Bindung zwischen einzelnen Molekülen. Moleküle sind elektrisch neutral; ihre Abmessungen liegen meist zwischen 10^{-8} cm (Wasserstoffmoleküle) und 10^{-4} cm (fadenförmige Makromoleküle). Das geknäulte Molekül der Desoxyribonucleinsäure (DNS) von Escherichia coli hat eine Gesamtlänge von 1 mm. Die *relative Molekülmasse* (veraltet: Molekulargewicht) ist die Summe der relativen Atommassen der Bausteine des Moleküls.
Die *stöchiometrische Zahl* ist die Anzahl gleichartiger Atome oder Atomgruppen, die sich zu einem Atomverband (z.B. Molekül) vereinigt haben. Sie steht als tiefgesetzter Index hinter dem Atomsymbol oder hinter der Klammer bei Atomgruppen.
Beispiele: O_3, $[Co(NH_3)]_2Cl_2$.
Die zahlenmäßige Zusammensetzung der Moleküle aus den einzelnen Atomen geht aus der *Bruttoformel* (Summenformel) hervor.
Die Reihenfolge der Elementsymbole innerhalb der Bruttoformel ist meistens (vor allem in der organischen Chemie): C, H, dann die restlichen in alphabetischer Folge.
Beispiele: Wasserstoffgas H_2 (zwei Atome Wasserstoff), Wasser H_2O (2 Atome Wasserstoff, ein Atom Sauerstoff), Ammoniak NH_3, Benzol C_6H_6, Pentose $C_5H_{10}O_5$, Aluminiumsulfat $Al_2O_{12}S_3$.
Die *aufgelöste Formel* gibt Aufschluß über die gegenseitige Anordnung der einzelnen Atome innerhalb des Moleküls. Mehrfach vorkommende Atomgruppen sind in runde Klammern gesetzt; das Subskript nach der schließenden Klammer gibt die Anzahl der Atomgruppen im selben Molekül an. Ist eine Atomgruppe ihrerseits aus Untergruppen zusammengesetzt, so umfassen eckige Klammern die Übergruppe.
Beispiele: Aluminiumsulfat $Al_2(SO_4)_3$, Pentose $(CH_2OH)\ (CHOH)_2\ CO(CH_2OH)$, Dipropylgoldcyanid (tetramer) $[(CN)Au(C_3H_7)_2]_4$.
Die (ebene) *Strukturformel* (Konstitutionsformel) des Moleküls zeigt die Anordnung der Atome innerhalb des Moleküls.
Beispiele:

Wasser H—O—H

Ammoniak 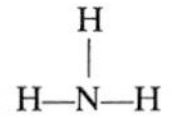

Pentose 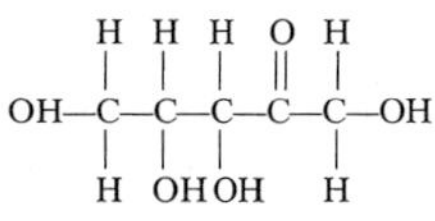

Benzol 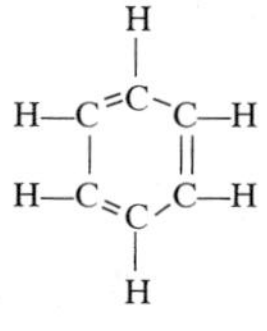

Die *Stereodarstellung* des Moleküls ist eine räumliche Strukturformel.
Das *Molekülorbital* ist die Summe aller Atomorbitale; es stellt die räumliche Elektronendichteverteilung des Moleküls dar und ist damit ein »Bild« des Moleküls.
Die Beständigkeit einzelner Moleküle ist sehr unterschiedlich. Manche zerfallen bereits bei geringer Energiezufuhr (Stoß, Oxidation), andere (z.B. H_2O, O_2, H_2, CO_2) existieren unverändert über Jahrmilliarden hinweg.

Kristalle. Treten Atome, Ionen oder Moleküle ihrerseits zu beständigen, regelmäßigen, räumlichen Konfigurationen zusammen, so entstehen Kristalle. Die einzelnen Grundbausteine werden vorwiegend durch elektrostatische Kräfte zusammengehalten. Der kleinste Baustein, aus dem der Kristall durch einfaches Parallelverschieben konstruiert werden kann, heißt *Elementarzelle.* Ein mit dem bloßen Auge eben noch sichtbarer Kristall besteht aus vielen Milliarden Elementarzellen. Der kristalline Zustand ist der häufigste beständige Zustand fester Stoffe.
Die geometrische Anordnung der Bausteine des Kristalls heißt *Kristallgitter.* Die räumliche Struktur hängt von der Art der einzelnen Bausteine ab. Sind alle Atome des Kristalls gleich, so unterscheiden wir vorwiegend vier Grundtypen des Kristalls: *Kupfer-, Wolfram-, Magnesium-* und *Graphittyp.* Kristalle aus unterschiedlichen Atomen liegen meist als Ionengitter vor, die Anzahl der Kristalltypen ist dann sehr groß; am häufigsten ist der Steinsalztyp (flächenzentrierter Chloridwürfel in einem flächenzentrierten Natriumwürfel). Die Position der Bausteine innerhalb des Kristalls bzw. der Elementarzelle wird graphisch durch Punkte angezeigt. Die Verbindungsstriche dienen dabei lediglich der räumlichen Anschauung. Wirklichkeitsnäher ist die Darstellung, wenn die einzelnen Bausteine maßstabsgerecht erscheinen.
Wie bei Molekülen kann die Kristallstruktur auch aus der Verteilung der elektrischen Ladungsdichte entnommen werden.

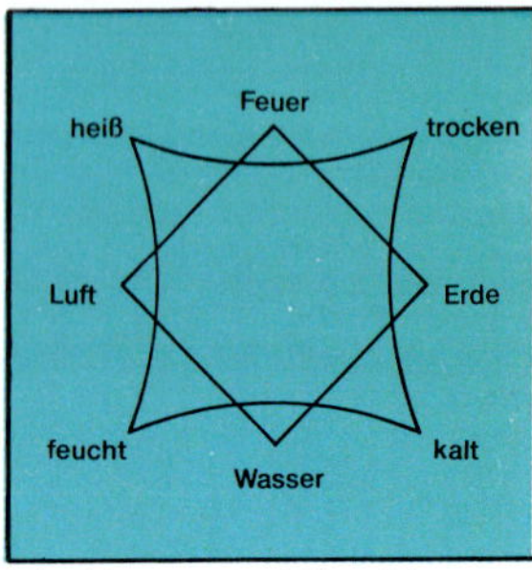

Die »Elemente« und Grundeigenschaften nach Aristoteles

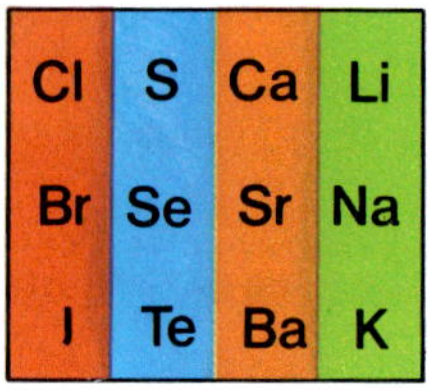

Anordnung der Elemente in Triaden nach Döbereiner

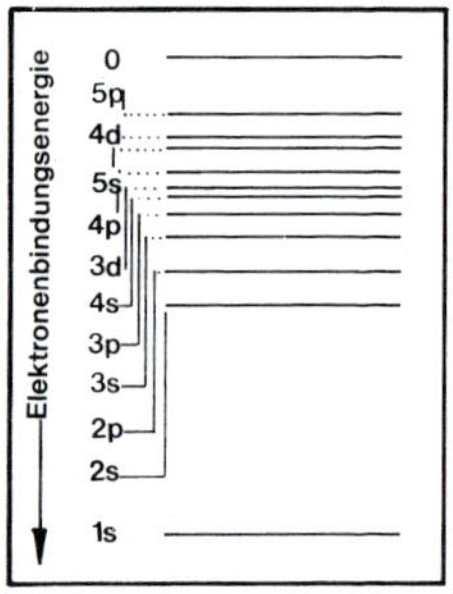

Energieschema von Atomorbitalen

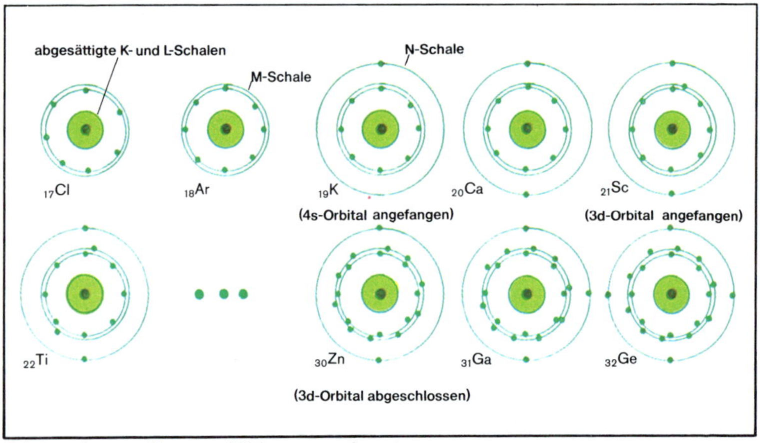

Schalenaufbau von Haupt- und Nebengruppenelementen

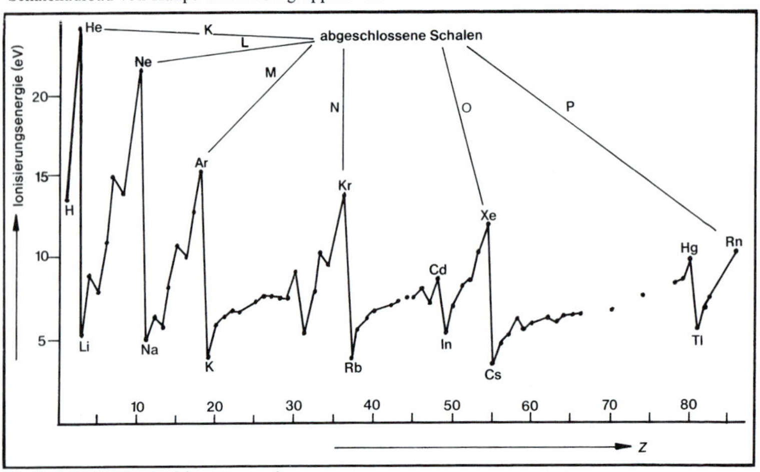

Die Periodizität der Ionisierungsenergie

Jedes chemische **Element** ist durch individuelle chemische Eigenschaften charakterisiert. Diese Eigenschaften sind eine periodische Funktion von Z (daher auch von A_r).
Bereits zu Anfang des 19. Jh. spürten die Chemiker Zusammenhänge zwischen den chemischen Eigenschaften verschiedener Elemente auf: J. W. DÖBEREINER formulierte 1817 die *Triaden,* vier Gruppen von jeweils drei Elementen, die chemisch ähnliche Eigenschaften aufwiesen. Die Atommassendifferenzen innerhalb einer Triade sind annähernd gleich. 1864 stellte J. NEWLANDS im Gegensatz der Oktaven ähnliche Zusammenhänge fest. L. MEYER und D. I. MENDELEJEW publizierten 1869 unabhängig voneinander das *Periodensystem der Elemente* in der noch heute gültigen Form. 1886 entdeckte C. WINKLER das Element Germanium; MENDELEJEW hatte es 15 Jahre vorher aufgrund einer Lücke im Periodensystem als Eka-Silicium vorhergesagt. Galt es vorher als Spielerei, so wurde nun das Periodensystem zum anerkannten Ordnungsprinzip innerhalb der Vielzahl der Elemente.
In der modernen Form des Periodensystems (s. S. 8/9) sind die Elemente nach steigender Protonenzahl schematisch in *Perioden* (horizontal) und *Gruppen* (vertikal) geordnet. Chemische (und physikalische) Eigenschaften der Elemente variieren systematisch innerhalb des Systems. Z. B. nimmt der metallische Charakter von rechts oben nach links unten zu; die Halbmetalle (Metalloide) auf der Diagonalen von Be nach Po trennen die Bereiche der Metalle und Nichtmetalle. Eine analoge Periodik mit gleitenden Übergängen gilt u. a. für Atom- und Ionenradien, Dichte, Schmelz- und Siedepunkte, Wärmemengen bei Phasenübergängen, Oxidationszahlen.

Perioden. Es gibt 7 Perioden; sie werden entweder nach den Elektronenaußenschalen mit K, L, M, N, O, P, Q oder mit arabischen Ziffern von 1–7 bezeichnet (K = 1, L = 2 usw.). Periodennummer und Hauptquantenzahl stimmen überein.
Die chemischen Eigenschaften der Elemente einer Periode sind sehr unterschiedlich. Innerhalb einer Periode steigt die Ordnungszahl (Anzahl der Protonen im Kern = Anzahl der Elektronen in der Hülle) von links nach rechts jeweils um 1. In der Regel ist die rel. Atommasse des Elements zur Rechten größer.

Ausnahmen heißen *Inversionen* (z. B. steht I rechts von Te, obwohl A_r von I niedriger ist als die von Te, aber $Z = 53$ für I und $Z = 52$ für Te).

Bis $Z = 18$ (Ar) werden die Elektronenschalen von innen nach außen stetig aufgefüllt. Das bei K ($Z = 19$) hinzukommende Elektron ist jedoch nicht im (nächsten und leeren) 3d-Orbital, sondern im 4s-Orbital zu finden, d. h. mit K fängt eine neue Schale an, obwohl die weiter innen liegende noch Platz bietet. Erst ab Sc ($Z = 21$) wird das 3d-Orbital weiter aufgefüllt.

Das *Energieniveau-Schema* für die Besetzung der einzelnen Atomorbitale erklärt das bevorzugte Auffüllen der 3d-Orbitale vor dem weiteren Ausbau der bereits angefangenen 4. Schale: Die 3d-Orbitale liegen energetisch günstiger (niedriger) als die 4p-Orbitale.

Gruppen. Im Periodensystem nach MEYER und MENDELEJEW unterscheidet man aufgrund der Besetzungsverhältnisse der äußersten und zweitäußersten Schalen Haupt- und Nebengruppenelemente. Die 8 Hauptgruppen werden mit den römischen Ziffern I–VIII und dem Buchstaben A bezeichnet, d. h. von I A bis VIII A. 44 Elemente sind die

Hauptgruppenelemente. Gruppennummer und Anzahl der Elektronen in der äußersten Schale stimmen überein. Innerhalb der selben Periode sind die Elemente der Hauptgruppen chemisch sehr verschieden. Das übersichtliche »Gekürzte Periodensystem der Elemente« enthält nur Hauptgruppenelemente (s. S. 28).

Die 8 Nebengruppen werden mit den römischen Ziffern I– VIII und dem Buchstaben B bezeichnet, d. h. von I B–VIII B. Die 66 übrigen Elemente sind die

Nebengruppenelemente. Diese Übergangselemente sind dadurch charakterisiert, daß die zweit- oder drittäußersten, noch unvollkommenen Elektronenschalen der vorhergehenden Hauptgruppenelemente nacheinander bis zum maximalen Fassungsvermögen aufgefüllt werden.

Beispiele aus der 4. Periode.
$_{20}Ca$ hat die Elektronenkonfiguration
$(1s)^2(2s)^2(2p)^6(3s)^2(3p)^6(4s)^2$.
Bei den darauf folgenden Nebengruppenelementen ($_{21}Sc$ bis $_{30}Zn$) werden die vorher ausgelassenen 3d-Orbitale nacheinander aufgefüllt.
Für $_{21}Sc$ gilt also:
$(1s)^2(2s)^2(2p)^6(3s)^2(3p)^6(3d)^1(4s)^2$.
Beim letzten Nebengruppenelement der 4. Periode ($_{30}Zn$) sind die 3d-Orbitale besetzt (abgesättigt):
$(1s)^2(2s)^2(2p)^6(3s)^2(3p)^6(3d)^{10}(4s)^2$.
Es folgt nun wieder ein Hauptgruppenelement ($_{31}Ga$):
$(1s)^2(2s)^2(2p)^6(3s)^2(3p)^6(3d)^{10}(4s)^2(4p)^1$.

Bei den Übergangselementen der Lanthanoide ($Z = 57$ bis 71) füllt sich im allgemeinen erst die drittäußerste Schale auf und dann die zweitäußerste. Bei den Actinoiden füllt sich zum Teil erst die zweitäußerste, dann die drittäußerste Schale auf (s. Tabelle S. 29).

Da die Besetzung der zweitäußersten Schale von geringem Einfluß auf die chem. Eigenschaften des einzelnen Elementes ist, unterscheiden sich die Übergangselemente derselben Periode nicht so drastisch untereinander – es sind alles Metalle – wie die Hauptgruppenelemente einer Periode. Das heißt, die Periodizität der Übergangselemente ist nur gering, aber feststellbar.

Da in erster Linie die Anzahl der Elektronen auf der Außenschale die chemischen Eigenschaften bestimmt, reagieren die Elemente einer Gruppe sehr ähnlich *(homologe Elemente);* für sie sind Sammelnamen gebräuchlich, z. B. Alkalimetalle (Gruppe I), Halogene (VII).

Im Langperiodensystem der IUPAC werden Haupt- und Nebengruppen nicht mehr unterschieden. Die Einteilung erfolgt in 18 Gruppen mit den arab. Ziffern 1–18; z. B. sind die Alkalimetalle der Gruppe 1, die Halogene der Gruppe 17 zugeordnet.

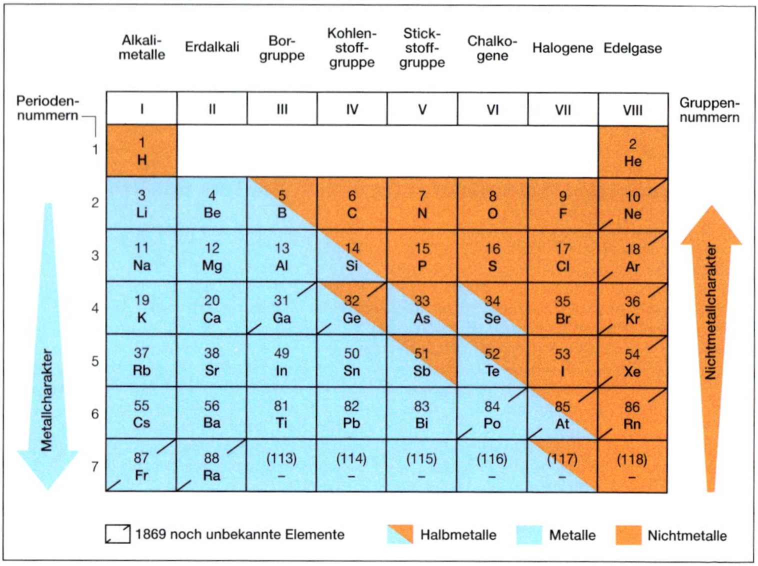

Periodensystem der Elemente (Kurzform)

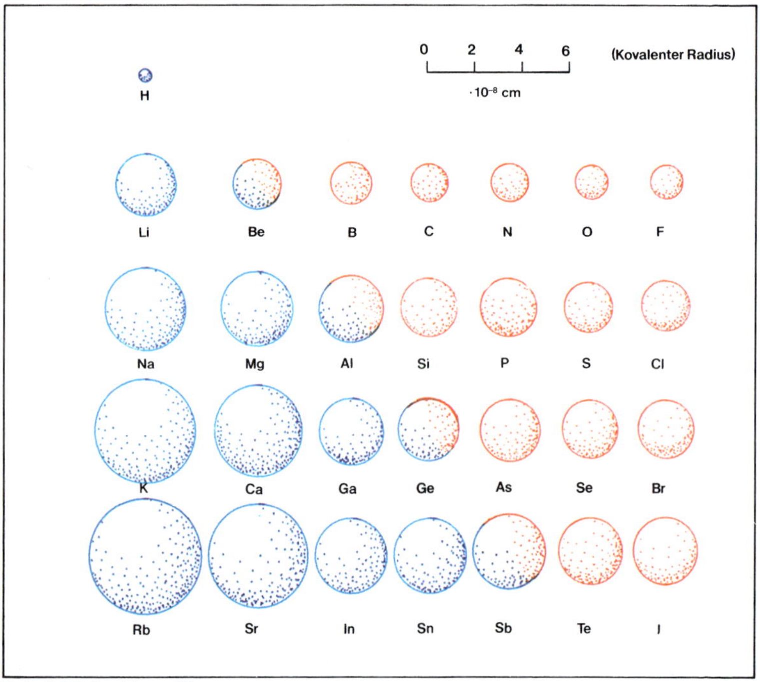

Periodizität der Atomgröße

Die Elektronenkonfigurationen der Elemente

	K	L		M			N			
	1s	2s	2p	3s	3p	3d	4s	4p	4d	4f
1 H	1									
2 He	2									
3 Li	2	1								
4 Be	2	2								
5 B	2	2	1							
6 C	2	2	2							
7 N	2	2	3							
8 O	2	2	4							
9 F	2	2	5							
10 Ne	2	2	6							
11 Na	2	2	6	1						
12 Mg	2	2	6	2						
13 Al	2	2	6	2	1					
14 Si	2	2	6	2	2					
15 P	2	2	6	2	3					
16 S	2	2	6	2	4					
17 Cl	2	2	6	2	5					
18 Ar	2	2	6	2	6					
19 K	2	2	6	2	6		1			
20 Ca	2	2	6	2	6		2			
21 Sc	2	2	6	2	6	1	2			
22 Ti	2	2	6	2	6	2	2			
23 V	2	2	6	2	6	3	2			
24 Cr	2	2	6	2	6	5	1			
25 Mn	2	2	6	2	6	5	2			
26 Fe	2	2	6	2	6	6	2			
27 Co	2	2	6	2	6	7	2			
28 Ni	2	2	6	2	6	8	2			
29 Cu	2	2	6	2	6	10	1			
30 Zn	2	2	6	2	6	10	2			
31 Ga	2	2	6	2	6	10	2	1		
32 Ge	2	2	6	2	6	10	2	2		
33 As	2	2	6	2	6	10	2	3		
34 Se	2	2	6	2	6	10	2	4		
35 Br	2	2	6	2	6	10	2	5		
36 Kr	2	2	6	2	6	10	2	6		

	K	L		M			N				O				P		Q
	1s	2s	2p	3s	3p	3d	4s	4p	4d	4f	5s	5p	5d	5f	6s	6p	6d	7s
37 Rb	2	2	6	2	6	10	2	6			1							
38 Sr	2	2	6	2	6	10	2	6			2							
39 Y	2	2	6	2	6	10	2	6	1		2							
40 Zr	2	2	6	2	6	10	2	6	2		2							
41 Nb	2	2	6	2	6	10	2	6	3		2							
42 Mo	2	2	6	2	6	10	2	6	4		2							
43 Te	2	2	6	2	6	10	2	6	5		2							
44 Ru	2	2	6	2	6	10	2	6	7		1							
45 Rh	2	2	6	2	6	10	2	6	8		1							
46 Pd	2	2	6	2	6	10	2	6	10									
47 Ag	2	2	6	2	6	10	2	6	10		1							
48 Cd	2	2	6	2	6	10	2	6	10		2							
49 In	2	2	6	2	6	10	2	6	10		2	1						
50 Sn	2	2	6	2	6	10	2	6	10		2	2						
51 Sb	2	2	6	2	6	10	2	6	10		2	3						
52 Te	2	2	6	2	6	10	2	6	10		2	4						
53 I	2	2	6	2	6	10	2	6	10		2	5						
54 Xe	2	2	6	2	6	10	2	6	10		2	6						
55 Cs	2	2	6	2	6	10	2	6	10		2	6			1			
56 Ba	2	2	6	2	6	10	2	6	10		2	6			2			
57 La	2	2	6	2	6	10	2	6	10		2	6	1		2			
58 Ce	2	2	6	2	6	10	2	6	10	2	2	6			2			
59 Pr	2	2	6	2	6	10	2	6	10	3	2	6			2			
60 Nd	2	2	6	2	6	10	2	6	10	4	2	6			2			
61 Pm	2	2	6	2	6	10	2	6	10	5	2	6			2			
62 Sm	2	2	6	2	6	10	2	6	10	6	2	6			2			
63 Eu	2	2	6	2	6	10	2	6	10	7	2	6			2			
64 Gd	2	2	6	2	6	10	2	6	10	7	2	6	1		2			
65 Tb	2	2	6	2	6	10	2	6	10	9	2	6			2			
66 Dy	2	2	6	2	6	10	2	6	10	10	2	6			2			
67 Ho	2	2	6	2	6	10	2	6	10	11	2	6			2			
68 Er	2	2	6	2	6	10	2	6	10	12	2	6			2			
69 Tm	2	2	6	2	6	10	2	6	10	13	2	6			2			
70 Yb	2	2	6	2	6	10	2	6	10	14	2	6			2			
71 Lu	2	2	6	2	6	10	2	6	10	14	2	6	1		2			
72 Hf	2	2	6	2	6	10	2	6	10	14	2	6	2		2			
73 Ta	2	2	6	2	6	10	2	6	10	14	2	6	3		2			
74 W	2	2	6	2	6	10	2	6	10	14	2	6	4		2			
75 Re	2	2	6	2	6	10	2	6	10	14	2	6	5		2			
76 Os	2	2	6	2	6	10	2	6	10	14	2	6	6		2			
77 Ir	2	2	6	2	6	10	2	6	10	14	2	6	7		2			
78 Pt	2	2	6	2	6	10	2	6	10	14	2	6	9		1			
79 Au	2	2	6	2	6	10	2	6	10	14	2	6	10		1			
80 Hg	2	2	6	2	6	10	2	6	10	14	2	6	10		2			
81 Tl	2	2	6	2	6	10	2	6	10	14	2	6	10		2	1		
82 Pb	2	2	6	2	6	10	2	6	10	14	2	6	10		2	2		
83 Bi	2	2	6	2	6	10	2	6	10	14	2	6	10		2	3		
84 Po	2	2	6	2	6	10	2	6	10	14	2	6	10		2	4		
85 At	2	2	6	2	6	10	2	6	10	14	2	6	10		2	5		
86 Rn	2	2	6	2	6	10	2	6	10	14	2	6	10		2	6		
87 Fr	2	2	6	2	6	10	2	6	10	14	2	6	10		2	6		1
88 Ra	2	2	6	2	6	10	2	6	10	14	2	6	10		2	6		2
89 Ac	2	2	6	2	6	10	2	6	10	14	2	6	10		2	6	1	2
90 Th	2	2	6	2	6	10	2	6	10	14	2	6	10		2	6	2	2
91 Pa	2	2	6	2	6	10	2	6	10	14	2	6	10	2	2	6	1	2
92 U	2	2	6	2	6	10	2	6	10	14	2	6	10	3	2	6	1	2
93 Np	2	2	6	2	6	10	2	6	10	14	2	6	10	4	2	6	1	2
94 Pu	2	2	6	2	6	10	2	6	10	14	2	6	10	6	2	6		2
95 Am	2	2	6	2	6	10	2	6	10	14	2	6	10	7	2	6		2
96 Cm	2	2	6	2	6	10	2	6	10	14	2	6	10	7	2	6	1	2
97 Bk	2	2	6	2	6	10	2	6	10	14	2	6	10	9	2	6		2
98 Cf	2	2	6	2	6	10	2	6	10	14	2	6	10	10	2	6		2
99 Es	2	2	6	2	6	10	2	6	10	14	2	6	10	11	2	6		2
100 Fm	2	2	6	2	6	10	2	6	10	14	2	6	10	12	2	6		2
101 Md	2	2	6	2	6	10	2	6	10	14	2	6	10	13	2	6		2
102 No	2	2	6	2	6	10	2	6	10	14	2	6	10	14	2	6		2
103 Lr	2	2	6	2	6	10	2	6	10	14	2	6	10	14	2	6	1	2
104 Rf	2	2	6	2	6	10	2	6	10	14	2	6	10	14	2	6	2	2
105 Db	2	2	6	2	6	10	2	6	10	14	2	6	10	14	2	6	3	2
106 Sg	2	2	6	2	6	10	2	6	10	14	2	6	10	14	2	6	4	2

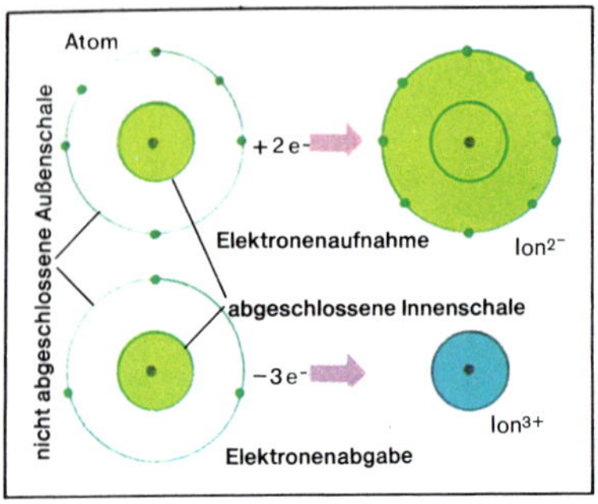

Oktett-Bildung

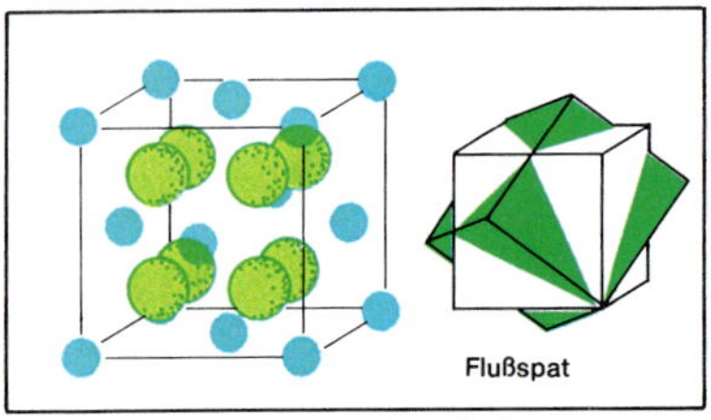

Typische Ionenbindungsstruktur CaF_2

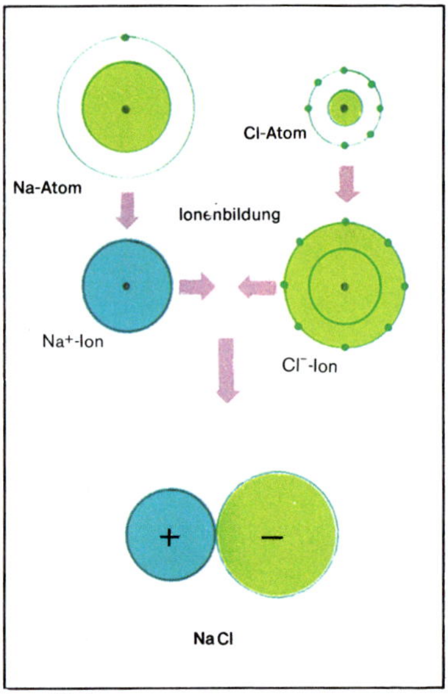

Ionenbindung

Mittlere Reichweite der Bindungskräfte (maßstäblich)

Kationen

H^+	Wasserstoff-Ion
Li^+	Lithium-Ion
Na^+	Natrium-Ion
K^+	Kalium-Ion
Rb^+	Rubidium-Ion
Cu^+	Kupfer(I)-Ion
Mg^{2+}	Magnesium-Ion
Fe^{2+}	Eisen(II)-Ion
Fe^{3+}	Eisen(III)-Ion
Cr^{2+}	Chrom(II)-Ion
Cr^{3+}	Chrom(III)-Ion

Anionen

H^-	Hydrid
F^-	Fluorid
Cl^-	Chlorid
Br^-	Bromid
I^-	Iodid
O^{2-}	Oxid
S^{2-}	Sulfid
Se^{2-}	Selenid
Te^{2-}	Tellurid
N^{3-}	Nitrid
P^{3-}	Phosphid
C^{4-}	Carbid

Namen häufiger Ionen

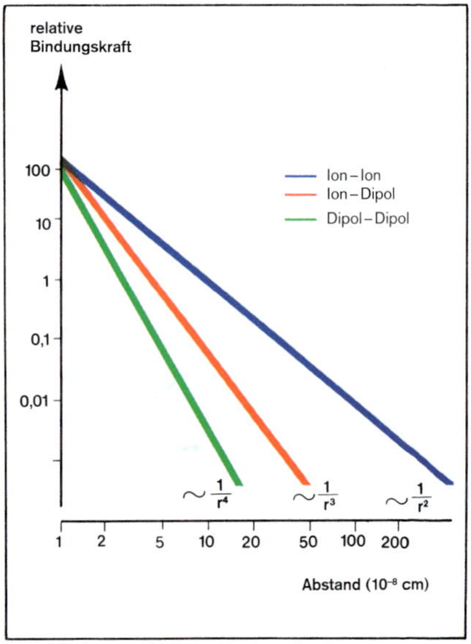

Ionenbindung: Abfall der Bindungskräfte zwischen verschiedenartigen Partnern

Erfahrungsgemäß treten einzelne Atome zu *Molekülen* zusammen. Dabei ist das ordnende Prinzip, daß – durch Elektronenabgabe oder -aufnahme der beteiligten Atome – Edelgas-Konfiguration auf der Außenschale angestrebt wird (Oktett-Theorie, entwickelt seit 1919).

Bei Verbindungen 1. Ordnung liegen die Atome in Edelgas-Konfiguration vor, die Anlagerung zusätzlicher Atome oder Atomgruppen führt zu Verbindungen 2. oder höherer Ordnung.

Elektrische Kräfte halten die Moleküle zusammen; Gravitationskräfte sind bei der chemischen Bindung vernachlässigbar.

Formeln und systematische Namen

Chemische Verbindungen werden anhand der folgenden Punkte benannt:

1. Der positive Bestandteil steht vor dem negativen.
2. Der Elementname des positiven Bestandteils bleibt unverändert, der negative erhält die Endung -id.
   Beispiel: NaCl Natriumchlorid.
   Für binäre Verbindungen können weitere lat.-griech. Namen verwendet werden, wenn sie an erster Stelle genannt sind:

Silber	Argentum	Gold	Aurum
Kupfer	Cuprum	Eisen	Ferrum
Quecksilber	Mercurium	Nickel	Niccolum
Blei	Plumbum	Zinn	Stannum
Zink	Zincum.		

3. Stöchiometrische Zahlen werden durch griechische Zahlwörter vor dem Atom oder der Atomgruppe angegeben. In eindeutigen Fällen können die Zahlwörter weggelassen werden.
   Beispiel: MnO_2 = Monomangandioxid = Mangandioxid.
4. Oxidationszahlen werden als römische Ziffern dem ausgeschriebenen Element in runden Klammern angefügt. Nachfolgende Namensteile werden – mit kleinen Anfangsbuchstaben – durch einen Bindestrich angeschlossen.
   Beispiele: MnO_2 Mangan(IV)-oxid
   $(Pb^{II})_2(Pb^{IV})O_4$ Diblei(II)-blei(IV)-oxid
5. Bei binären Verbindungen aus Nichtmetallen richtet sich der erste Bestandteil nach folgender Reihenfolge:
   Ru, Xe, Kr, B, Si, C, Sb, As, P, N, H, Te, Se, S, At, I, Br, Cl, O und F.
   Beispiele:

XeF_2	Xenondifluorid
HCl	Wasserstoffchlorid, Hydrogenchlorid
H_2S	Wasserstoffsulfid, Hydrogensulfid
Cl_2O	Dichloroxid
OF_2	Sauerstoffdifluorid, Oxygendifluorid

Verbindungen erster Ordnung

Die chemische Bindung zeigt drei Grenztypen, entsprechend den drei Möglichkeiten, die Edelgas-Konfiguration zu erreichen: Ionenbindung, Atombindung und Metallbindung. Die Übergänge zwischen den Bindungsarten sind fließend.

An der chemischen Bindung nehmen die Atomorbitale nicht abgeschlossener Schalen (Außenelektronen, Valenzelektronen) teil; bereits abgeschlossene Schalen im Inneren spielen keine wesentliche Rolle. Die entstandenen *Molekülorbitale* können grundsätzlich mit Hilfe der Schrödinger-Gleichung aus den Atomorbitalen berechnet werden. Exakt gelingt das nur bei allereinfachsten Molekülen; in der Praxis werden Näherungsmethoden benutzt.

Die **Oxidationszahl,** Wertigkeit, eines Elements gibt die Ladung an, die ein Atom des Elements haben würde, wenn die Elektronen jeder Bindung an diesem Atom dem jeweils stärker elektronegativen Atom zugeordnet werden. Die Oxidationszahl steht als röm. Ziffer rechts oben neben oder senkrecht über dem Elementsymbol. Im elementaren Zustand haben die Atome die Oxidationszahl Null.

Beispiele: $C^{IV}(Cl^{-1})_4$, $(Cl^{V}O_3)^-$, $K_4[Fe^{II}(CN)_6]$

Regeln:

In Ionenverbindungen stimmen Oxidationszahl und Ladung überein.

Positive Oxidationszahlen sind $\leqq$ der Gruppennummer des Elements.

Die meisten Elemente haben mehrere Oxidationszahlen; der max. Bereich umfaßt 8 Stufen.

Ionenbindung (heteropolare Bindung). Edelgas-Konfiguration wird erreicht entweder durch Abgabe aller Elektronen der Außenschale (bevorzugt von den Elementen der ersten Gruppen) oder durch Aufnahme von Elektronen (bevorzugt von Elementen der VI. und VII. Gruppe), bis die Außenschale *Oktett-Konfiguration* (bzw. Zweier-Konfiguration beim Wasserstoff) erreicht hat.

Die Ionen ziehen sich aufgrund der Coulomb-Kraft an.

Beispiel: Bei Verbindung zu Natriumchlorid gibt Na [Elektronenkonfiguration $(1s)^2(2s)^2(2p)^6(3s)^1$ oder Na ·] das eine Außenelektron an Cl [Elektronenkonfiguration $(1s)^2(2s)^2(2p)^6(3s)^2(3p)^5$ oder $:\ddot{\underset{..}{Cl}}\cdot$] ab. Beide Ionen (Bezeichnungen: Na^+ oder $[Na]^+$, Cl^- oder $[Cl]^-$) bilden jeweils ein Oktett (Neon- bzw. Argonschale). Sie ziehen sich aufgrund der Coulomb-Kräfte an und treten als elektrisch neutrales Kochsalz zusammen (Na^+Cl^- oder $[Na]^+[Cl]^-$ oder (üblicher) NaCl).

Der Name einer Ionenverbindung beginnt mit dem des Kations, gefolgt von dem des Anions.

Ionenladungszahlen und Namen mehratomiger Ionen

NH_4^+ Ammonium	S_2^{2-} Disulfid
H_3O^+ Hydronium	O_2^{2-} Peroxid
NO_2^- Nitrit	SO_3^{2-} Sulfit
NO_3^- Nitrat	SO_4^{2-} Sulfat
ClO^- Hypochlorit	$S_2O_3^{2-}$ Thiosulfat
ClO_2^- Chlorit	CrO_4^{2-} Chromat
ClO_4^- Perchlorat	$Cr_2O_7^{2-}$ Dichromat
BrO_3^- Bromat	CO_3^{2-} Carbonat
MnO_4^- Permanganat	SiO_3^{2-} Silicat
HSO_4^- Hydrogensulfat	HPO_4^{2-} Hydrogenphosphat
$H_2PO_4^-$ Dihydrogenphosphat	$C_2O_4^{2-}$ Oxalat
OH^- Hydroxid	PO_4^{3-} Phosphat
CN^- Cyanid	AsO_3^{3-} Arsenit
HS^- Hydrogensulfid	AsO_4^{3-} Arsenat

Die Ionen treten so zusammen, daß eine elektrisch neutrale Verbindung entsteht.

Beispiele: Ein Kation mit der Ionenladungszahl 2 (Mg^{2+}, Ca^{2+}, Cu^{2+}) wird sich jeweils mit zwei

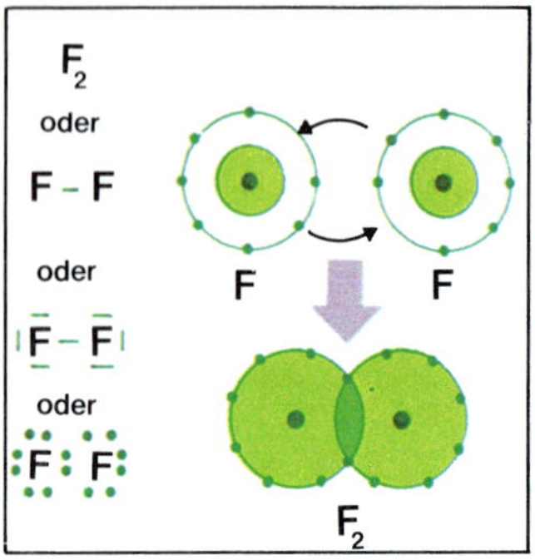

Atombindung

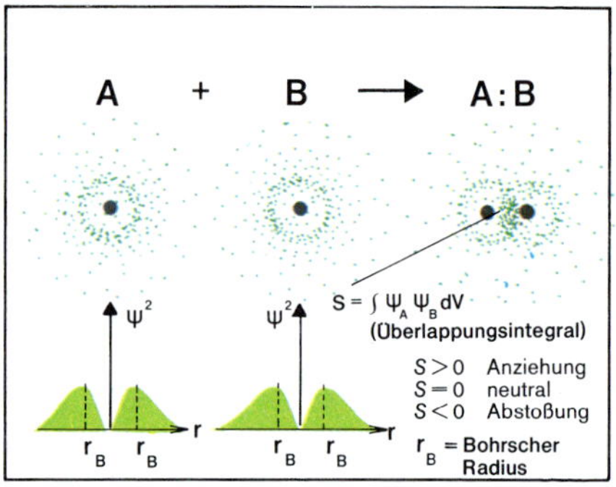

Atombindung in quantenmechanischer Sicht

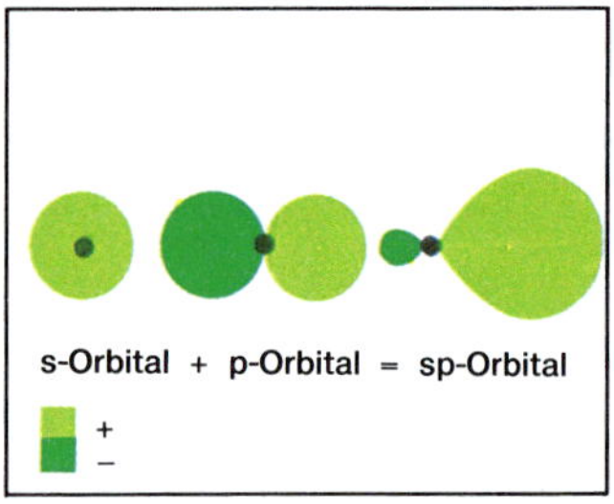

Hybridisierung von Atomorbitalen

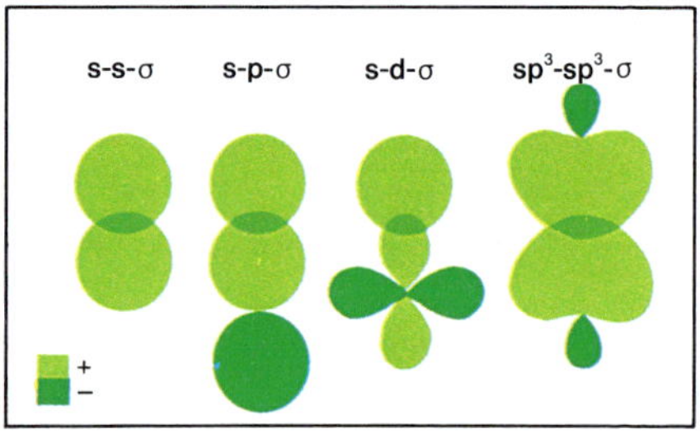

Einfachbindungen durch Orbitalüberlappungen

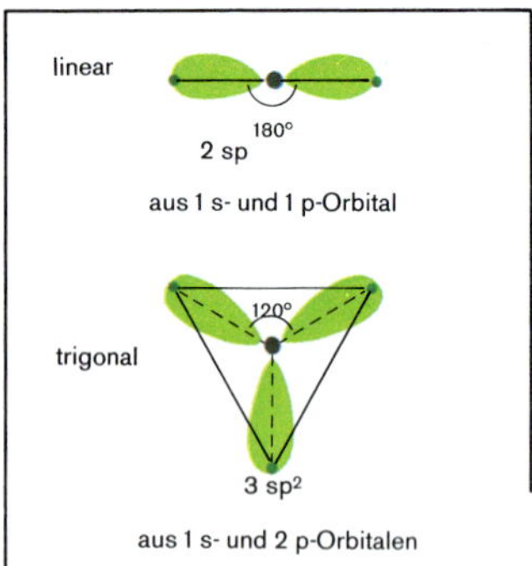

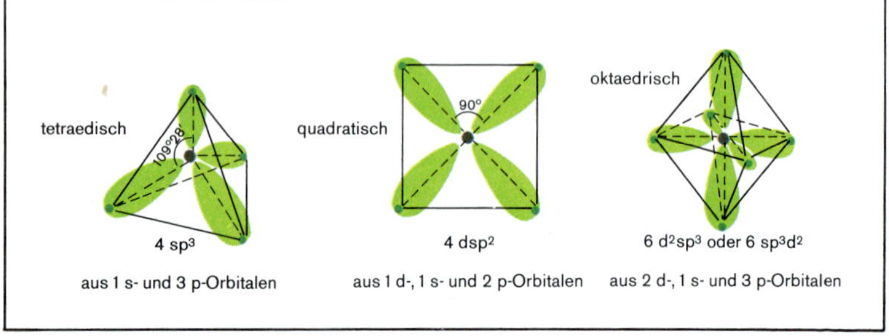

Hybridorbitale und ihre Bindungsachsen

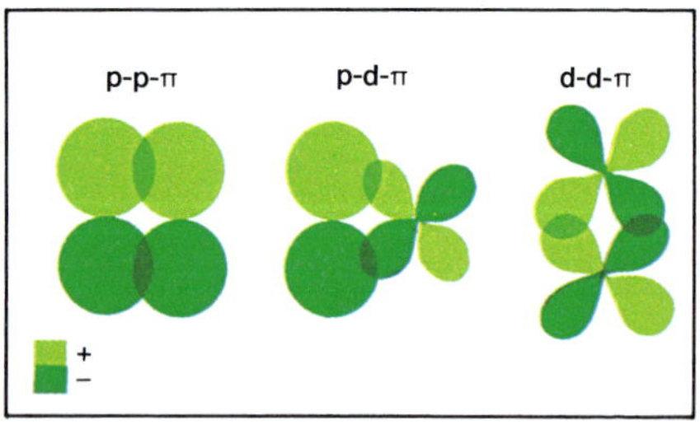

Doppelbindung

Anionen der Ionenladungszahl 1 (Cl^-, F^-, OH^-, NO_3^-) verbinden. Entsprechend verbinden sich z. B. drei (Ca^{2+}) mit zwei (PO_4^{3-}) zu Calciumphosphat $Ca_3(PO_4)_2$.

Die elektrostatische Kraft (Coulomb-Kraft) der Ionenbindung ist ungerichtet; sie wirkt gleichmäßig in alle Raumrichtungen. Die Ionenverbindungen (»Salze« genannt) bilden daher keine einzelnen Moleküle, sondern Ionengitter, innerhalb derer zwischen den einzelnen Ionenarten ein festes Zahlenverhältnis besteht. Das rechtfertigt die Schreibweise von ionischen Verbindungen als Moleküle, wie z. B. NaCl, $CaSO_4$, $Mg(OH)_2$. Lediglich in der Dampfphase treten Ionenverbindungen auch einzeln auf.

Ionengitter unterschiedlicher sterischer Anordnung (Gittertypen) sind bekannt. Z. B. bildet NaCl ein kubisch-flächenzentriertes Ionengitter: Jedes Na^+-Ion ist von sechs Cl^--Ionen umgeben, ebenso wie jedes Cl^- von sechs Na^+. Ionengitter werden graphisch entweder als räumliche Anordnung der Ladungsschwerpunkte oder als Kugelpackungen dargestellt.

Ionenverbindungen sind wegen ihrer Kristallstruktur schwerflüchtig; der Dampfdruck ist entsprechend niedrig. Da sie aus einzelnen Ionen bestehen, leiten sie als Schmelze und in Lösungen den elektrischen Strom. Sie sind Leiter 2. Klasse (Ionenleiter) und zersetzen sich bei Stromdurchgang durch Entladen von Ionen an den Elektroden.

Beispiel: Wird eine Potentialdifferenz an eine NaCl-Schmelze angelegt, so wandern die Na^+-Ionen zur Kathode, werden dort entladen und schlagen sich als metallisches Na nieder; in analoger Weise entsteht an der Anode gasförmiges Chlor.

Ionen-Mischkristalle entstehen (Isomorphie), wenn innerhalb des Ionengitters Kationen und/oder Anionen durch andere Arten ersetzt werden. Allerdings nur dann, wenn Gitterabstände, -typ und Formeltyp der neuen Ionenverbindung der alten ähnlich sind. Z. B. kann im NaCl-Gitter Na^+ durch Ag^+ ersetzt werden, wobei vollständige oder unvollständige Mischkristallbildung eintritt.

Bei *Doppelsalzen* liegen feste stöchiometrische Zusammensetzungen vor. Beispiele:

Dolomit $CaMg(CO_3)_2$ und Alaun $NaAl(SoO_4)_2$.

Atombindung (kovalente Bindung, homöopolare Bindung). Edelgas-Konfiguration wird erreicht durch ein oder mehr gemeinsame Elektronenpaare beider Bindungspartner. Atombindungen sind sehr viel häufiger als Ionenbindungen; insbesondere dominieren sie bei nichtmetallischen Elementen in der organischen Chemie.

Graphisch wird das Elektronenpaar durch einen Valenzstrich oder durch zwei Punkte angedeutet.

Beispiele: Chlormolekül, :C̤̈l· + ·C̤̈l: → :C̤̈l:C̤̈l: oder Cl—Cl oder Cl_2.

Wassermolekül, :Ö̤ + 2 H· → H:Ö̤:H oder H—O—H oder H_2O.

Doppel- oder *Mehrfachbindung* liegt vor, wenn zwei oder mehr gemeinsame Elektronenpaare beide Partner binden und auf diese Weise Oktette formen. Die Anzahl der Bindungen heißt *Bindungsgrad.*

Beispiele: Sauerstoffmolekül, :Ö + :Ö → :Ö::Ö: oder O_2 oder O = O, Bindungsgrad 2.

Stickstoffmolekül, :Ṅ: + :Ṅ: → :N:::N: oder N ≡ N oder N_2, Bindungsgrad 3.

Es ist zu beachten, daß die höheren Elemente der III. und IV. Hauptgruppe oft nicht die Oktett-Bildung anstreben, sondern Außenschalen mit nur 2 Elektronen (Pseudo-Helium); ihre Oxidationszahlen sind dann 1 bzw. 2 anstelle von 3 bzw. 4.

Bei der Atombindung überlappen sich die Atomorbitale der bindenden Partner *(Liganden).* Es gilt das *Prinzip der maximalen Überlappung:*

1. Von zwei Orbitalen desselben Atoms bildet jenes die festere Bindung, das das Orbital des bindenden Partners bei vorgegebenem Abstand mehr überlappt.
2. Größtmögliche Überlappung tritt dann ein, wenn beide Partner sich auf der Symmetrieachse der Orbitale befinden.

Die Valenzelektronen können bei der Atombindung Hybridorbitale bilden, deren (häufig unsymmetrische) Form zu größerer Überlappung führt.

Zwar ist für die Hybridbildung Energiezufuhr notwendig, doch wird diese durch den vergrößerten Energiegewinn bei Atombindung mittels Hybridorbitalen überkompensiert.

Beispiele: Die s- und p^3-Orbitale der gleichen Hauptquantenzahl bilden unter Energiezufuhr vier energetisch gleichwertige (entartete) sp^3-Hybridorbitale, deren Symmetrieachsen (die Bindungsrichtungen) in die vier Ecken eines Tetraeders weisen (Tetraederorbitale). Das einzelne sp^3-Hybridorbital ist unsymmetrisch, weil die Wellenfunktion ψ_s für das s-Orbital nur positiv ist, ψ_{p3} jedoch positive und negative Werte aufweist, so daß die Kombination ψ_{sp^3} unsymmetrisch wird. Entsprechend bilden sich drei sp^2-Hybridorbitale (trigonale Anordnung) und zwei sp-Hybridorbitale (lineare Anordnung) aus. Weitere Hybridorbitale sind möglich; sie spielen in der Komplexchemie eine Rolle.

Einige **Hybridorbitale**

Anzahl der Liganden	Hybridorbital	Bindungsrichtungen
2	sp	linear
3	sp^2	trigonal
4	sp^3	tetraedisch
4	d^3s	tetraedisch
4	dsp^2	quadratisch (eben)
5	dsp^3	trigonal-bipyramidal
6	sp^3d^2	oktaedrisch
6	d^2sp^3	oktaedrisch
7	sp^3d^3	pentagonal-bipyramidal
8	d^4sp^3	tetragonal-antiprismatisch

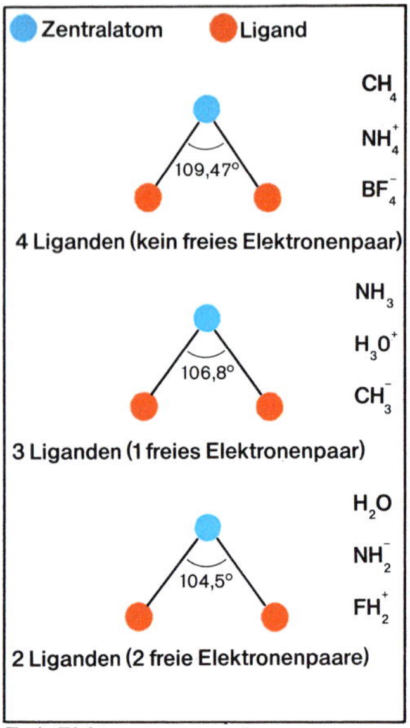

Freie Elektronenpaare und Bindungswinkel

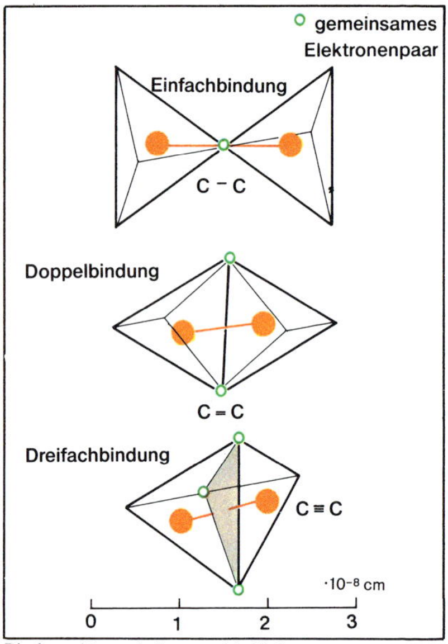

Bindungslängen bei unterschiedlichen Bindungsgraden

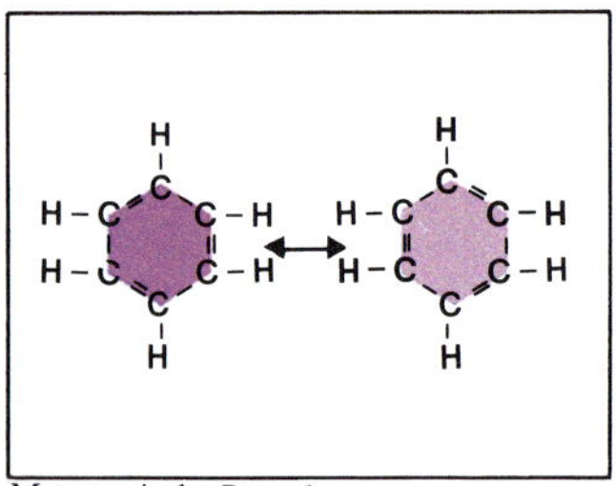

Mesomerie des Benzols (Kekulé-Strukturen)

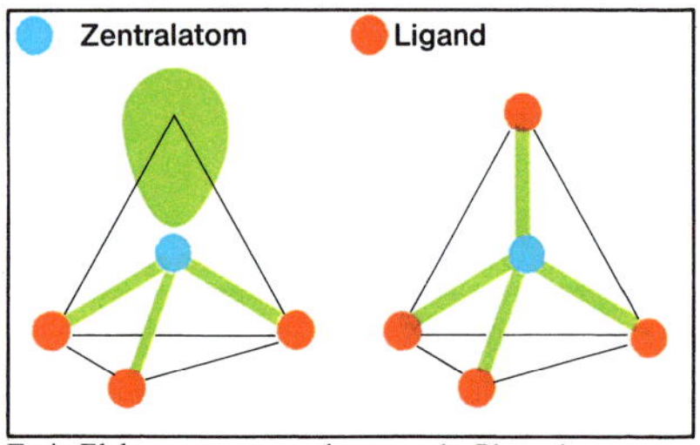

Freie Elektronenpaare nehmen mehr Platz ein als gebundene

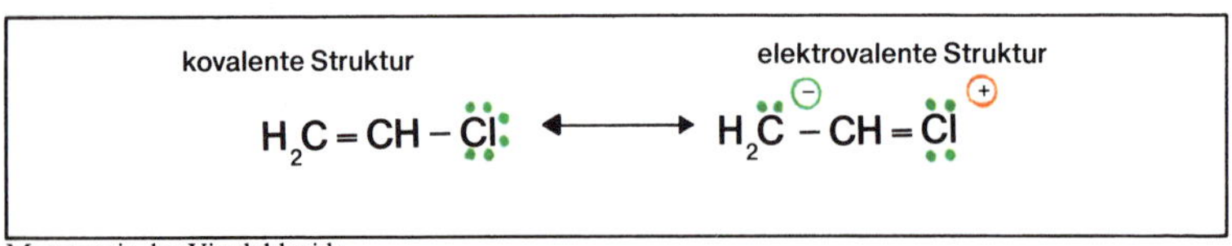

Mesomerie des Vinylchlorids

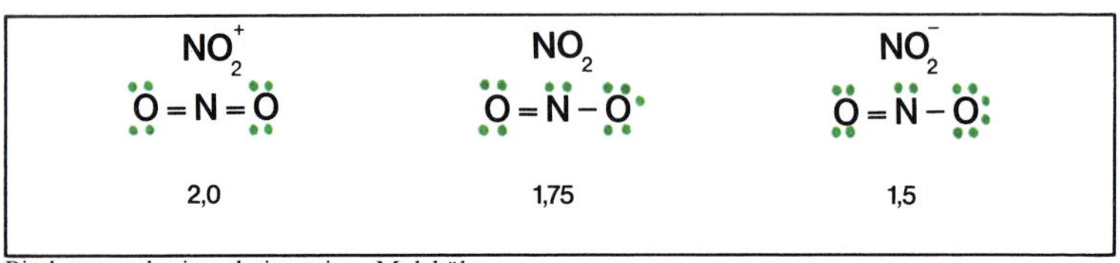

Bindungsgrade eines dreiatomigen Moleküls

Je höher der *Bindungsgrad* (und damit die Überlappung der Orbitale), desto stabiler ist die Atombindung, d. h. die für die Spaltung der Bindung notwendige Dissoziationsenergie wächst mit dem Bindungsgrad.

Bezeichnungen: Einfachbindung = σ-Bindung; Mehrfachbindungen heißen π-Bindungen. Eine Doppelbindung besteht damit aus einer σ- und einer π-Bindung, die Dreifachbindung aus einer σ- und zwei π-Bindungen.

Vierfachbindungen sind instabil, da sich aus geometrischen Gründen 4 Hybridorbitale nicht überlappen können.

Doppelbindungsregel: Doppel- und Dreifachbindungen gibt es überwiegend bei den Atomen der 2. Periode; sie werden durch p-Orbitale vermittelt (p_π–p_π-Bindungen). Doppelbindungen der Atome der 3. Periode erfolgen aus energetischen Gründen zwischen p- und d-Orbitalen (p_π–d_π-Bindungen).

Gebrochener Bindungsgrad: Edelgas-Konfiguration der Bindungspartner wird auch durch eine ungerade Anzahl gemeinsamer Elektronen erreicht. In diesem Falle liegt ein *Resonanzhybrid,* ein Zwischenzustand zweier Grenzformen, vor. Die experimentell bestimmbaren *Bindungslängen* liegen entsprechend zwischen denen der benachbarten ganzzahligen Bindungsgrade.

Beispiele:

Stickstoffmonooxid :Ṅ⁚:Ȯ: Bindungsgrad 2,5

Stickstoffdioxid Ö::Ṅ⁚Ö: Bindungsgrad 1,75

Mesomerie. Bei einigen Bindungen ist es möglich, die Oktett-Bildung auf verschiedene Weise zu befriedigen; es entstehen mesomere Moleküle.

Beispiel: Distickstoffoxid N_2O

$\overset{-1}{}$N̈::$\overset{+1}{\text{N}}$::Ö oder :N:::$\overset{+1}{\text{N}}$:Ö:$^{-1}$,

dargestellt mit Hilfe der Valenzstrichformel:

⟨N = N = O⟩ oder | N ≡ N—O̲̅ |.

Der wahre Bindungszustand eines N_2O-Moleküls entspricht einem (energetischen) Zwischenzustand, repräsentiert in den *Alloktett*-Grenzformeln

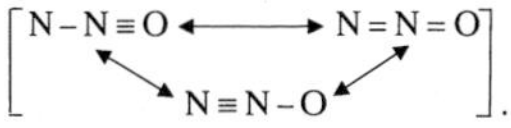

Die *Bindungslänge* d_{AB} ist der lineare Abstand zwischen den Schwerpunkten zweier kovalent gebundener Atome. d_{AB} ist in erster Näherung die Summe der atomaren Einzelradien r_A, r_B; da jedoch selten reine Kovalenz vorliegt, ist $d_{AB} < (r_A + r_B)$. Mehrfachbindungen haben eine kleinere Bindungslänge als Einfachbindungen.

(Berechnete) **Bindungslängen** d_{AB} in nm = 10^{-9} m

B – B	0,176	B – C	0,161	B = C	0,140
B = B	0,156	B – N	0,156	B ≡ C	0,127
B ≡ B	0,142	B – O	0,150	C = N	0,122
C – C	0,154	C – N	0,147	C ≡ N	0,111
C = C	0,133	C – O	0,143	C = O	0,119
C ≡ C	0,120	C – F	0,136	C ≡ O	0,107
O – O	0,148	O – Cl	0,168	N = O	0,117
O = O	0,180	O – Br	0,182	N ≡ O	0,107
O ≡ O	0,110	O – F	0,197	As – Cl	0,217
S – S	0,208	S – C	0,181	As = Cl	0,197
S = S	0,188	S – N	0,173	Sb – N	0,205
S ≡ S	0,174	S – O	0,170	Sb = N	0,181

Da d_{AB} experimentell (z. B. durch Streuung von Röntgenstrahlen) bestimmt werden kann, gibt der Vergleich der experimentellen und der theoretischen Bindungslängen Aufschlüsse über die Struktur des Moleküls.

Beispiel: Beim Stickstoffmolekül ist $d_{exp.}$ = 0,110 nm, es kann daher nur in Dreifachbindung N ≡ N vorliegen, denn $d_{theor.}$ (Dreifachb.) = 0,110 nm, aber $d_{theor.}$ (Zweifachb.) = 0,120 nm und $d_{theor.}$ (Einfachb.) = 0,148 nm.

Im Gegensatz zur Ionenbindung ist die Atombindung zwischen Zentralatom *Z* und Ligand *L* räumlich gerichtet.

In jedem Aggregatzustand liegen bei der Atombindung einzelne Moleküle vor; daher sind derartige Verbindungen leichtflüchtig. Die Moleküle mit kovalenter Bindung sind elektrisch neutral; sie leiten den Strom nicht.

Die *Molekülgestalt* wird durch vier Regeln bestimmt:

1. Die Liganden ordnen sich so um das Zentralatom, daß der Abstand zwischen den Elektronenpaaren ein Maximum ist.
2. Freie Elektronenpaare nehmen mehr Platz ein als bindende.
3. Je reiner die Atombindung ist, desto mehr Platz nimmt das bindende Elektronenpaar ein.
4. Mehrfachbindungen benötigen mehr Platz als Einfachbindungen.

Beispiele zu Regel 1: Moleküle mit vier bindenden Elektronenpaaren (Struktur ZL_4) wie CH_4, NH_4^+, BF_4^- bilden Tetraederstrukturen (sp^3-Hybridorbitale) mit einem Bindungswinkel *LZL* von 109,47° (Tetraederwinkel), der gegenseitige Abstand der *L* ist der größtmögliche. Entsprechend bilden Moleküle mit 3 bindenden Elektronenpaaren (sp^2-Hybridorbitale) trigonale Strukturen mit einem Bindungswinkel 120° und Moleküle mit 2 bindenden Elektronenpaaren (sp-Hybridorbitale) lineare Strukturen mit dem Bindungswinkel 180°.

Beispiel zu Regel 2: Wird ein bindendes Elektronenpaar durch ein freies ersetzt, z. B. Übergang von CH_4 nach CH_3^- oder NH_4^+ nach NH_3, so nimmt das Molekül trigonale Pyramidenform an, der Bindungswinkel *LZL* wird kleiner (106,8°).

Beispiel zu Regel 3: Bei polarisierten Molekülen, z. B. Halogeniden, liegt keine reine Atombindung vor. Daher ist der Bindungswinkel *LZL* für NF_3 (102,1°) kleiner als bei dem nicht polarisierten Molekül NH_3 (106,8°).

Beispiel zu Regel 4: Im Molekül

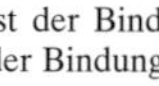

ist der Bindungswinkel OSO (124,0°) größer als der Bindungswinkel FSF (96,1°).

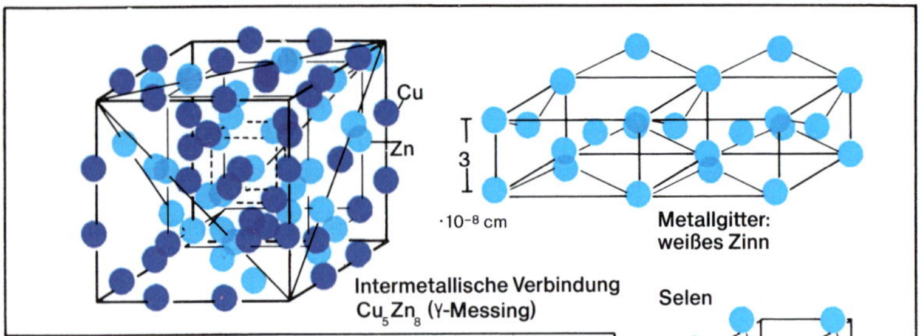

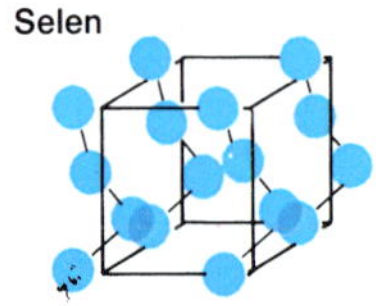

Metallgitter

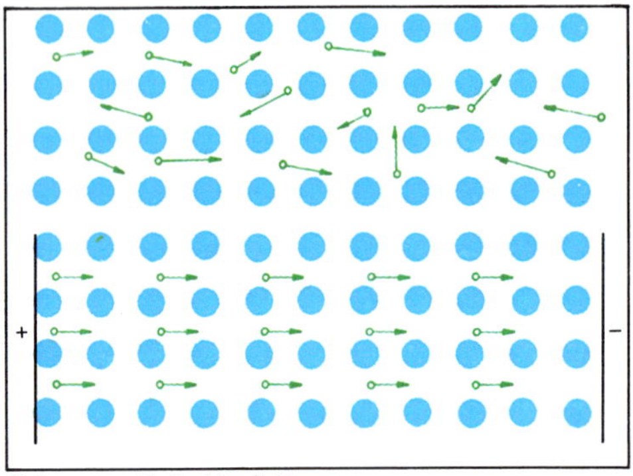

Elektronenwolke im Metallgitter

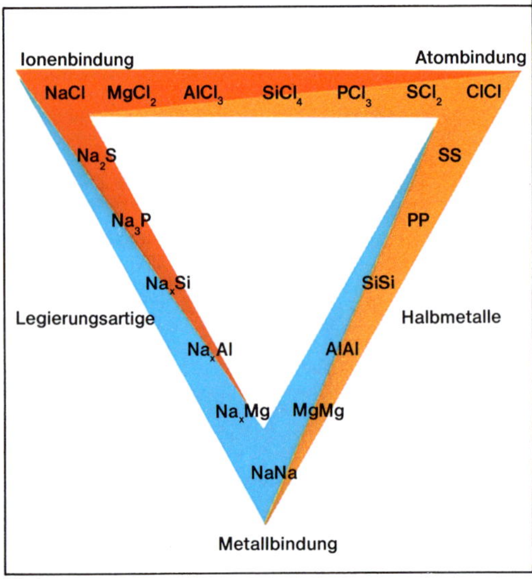

Bindungsarten

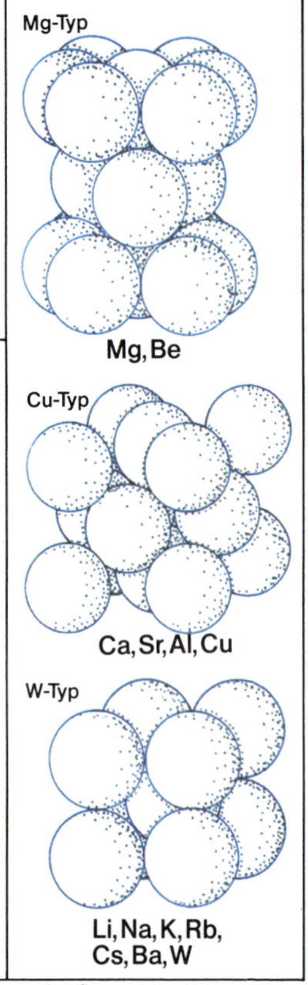

Die häufigsten Metallgittertypen als dichteste Kugelpackungen

Metallbindung. Edelgas-Konfiguration wird hier erreicht durch Abgabe aller Elektronen der Außenschale. Im Gegensatz zu den anderen Bindungsarten sind die Valenzelektronen also nicht an ein bestimmtes Atom gebunden, sondern delokalisiert.

Beispiele:

$\cdot Na + \cdot Na \rightarrow [Na]^+[:]^{2-}[Na]^+$

oder

$:Al\cdot + :Al\cdot \rightarrow [Al]^{3+}[:::]^{6-}[Al]^{3+}$.

Beide Ionen sind Pseudo-Neonatome.

Wie bei der Ionenbindung wirken bei der Metallbindung ungerichtete elektrostatische Kräfte. Individuelle Moleküle (Na_2, Al_2) liegen nur in der Dampfphase vor. Metallionen formen meist *Metallgitter.* Die zugehörigen Elektronen durchdringen gleichmäßig das Metallgitter und bilden ein leicht verschiebliches Elektronengas.

Metallbindungen bilden elektrische Leiter 1. Klasse; bei Stromdurchgang bleibt die Struktur des Leiters unverändert. Die Geschwindigkeit des Elektronengases beim Stromtransport durch das Metallgitter ist von der Größenordnung cm/h!

80 % aller Metalle liegen als *kubisch-dichteste Kugelpackung* (Cu-Typ), als *hexagonal-dichteste Kugelpackung* (Mg-Typ) oder als *kubisch-raumzentriertes Gitter* (W-Typ) vor.

Legierungen entstehen, wenn innerhalb des Metallgitters eine Metall-Ionenart durch eine andere ersetzt wird. Beide Ionenarten sind statistisch auf die Gitterpunkte verteilt, ein festes Zahlenverhältnis liegt nicht vor (analog den Mischkristallen). Beispiel: Silber-Gold-Legierungen.

Intermetallische Verbindungen. Hierbei liegen die verschiedenen Metallionen des Metallgitters in festen Zahlenverhältnissen vor (analog den Doppelsalzen). Beispiel: $CaSn_3$. Die Zahlenverhältnisse können bei gleichen Partnern unterschiedlich sein. Beispiel: Messing CuZn, Cu_5Zn_8, $CuZn_3$.

Übergänge zwischen den Bindungsarten. Die chemischen Bindungen 1. Ordnung sind selten reine Ionen-, Atom- oder Metallbindungen, inbesondere in der anorganischen Chemie herrschen Übergangsbindungen vor.

Das gemeinsame Elektronenpaar der kovalenten Bindung A:B ist nur dann symmetrisch auf beide Partner verteilt, wenn A und B identisch sind. Ist $A \neq B$, so fallen die Ladungsschwerpunkte des Moleküls AB nicht zusammen, ein polares Molekül (Dipol) $A^{\delta+}B^{\delta-}$ entsteht.

Der Betrag des elektrischen Dipolmoments

$\mu = Ql$

(Q = Ladung eines Partners, l = Abstand der Ladungsschwerpunkte) drückt den polaren Charakter des Moleküls aus. μ wird in der Einheit Debye (D) angegeben:

Beispiele: HCl: $\mu = 1{,}04$ D, HF: $\mu = 1{,}91$ D. Für Moleküle aus gleichen Atomen (I_2, N_2) ist $\mu = 0$.

Aufgrund elektrostatischer Wechselwirkungen trägt das Dipolmoment zur chemischen Bindung bei *(Van-der-Waals-Kräfte).* Dipolkräfte sind kleiner und von geringerer Reichweite als die bei Ionen- oder Atombindung auftretenden.

Der polare (ionische) Charakter von Atomen in Molekülen wird auch durch die *Elektronegativität* χ gekennzeichnet. χ ist ein Maß für die Anziehungskraft des einen Partners auf die Elektronen des anderen. Das Fluoratom besitzt die höchste Elektronegativität, willkürlich festgelegt als $\chi = 4{,}0$. Cs zeigt mit 0,7 den kleinsten Wert.

Je größer $|\chi_A - \chi_B|$ zwischen zwei verbundenen Atomen A und B ist, desto ausgeprägter ist der polare Charakter.

Das Atom mit der kleineren Elektronegativität ist der positive Bindungspartner, das mit der größeren der negative.

Beispiel: H in AlH_3 ist elektronegativ ($\chi_H > \chi_{Al}$), in HCl ist H elektropositiv ($\chi_H < \chi_{Cl}$).

Übergangszustände:

Atombindung → Ionenbindung. Ist der Betrag des elektrischen Dipolmoments $\mu \neq 0$ für das kovalent gebundene Molekül, so ist das gemeinsame Elektronenpaar näher dem negativen Ladungsschwerpunkt, das Molekül ist polarisiert. Dieser Übergangszustand der polaren Atombindung führt bei wachsendem μ im Grenzfall zur Ionenbindung.

Polarisierung: $[A:B] \rightarrow [\overset{\delta+}{A}:\overset{\delta-}{B}] \rightarrow [A]^+[B]^-$

Ionenbindung → Atombindung. Die vom Kation ausgehenden elektrostatischen Kräfte deformieren die Elektronenhülle des Anions, die damit teilweise zum Kation gehört. Dieser Übergangszustand führt im Grenzfall zur Atombindung.

Deformation: $[A]^+[B]^- \rightarrow [\overset{\delta+}{A}:\overset{\delta-}{B}] \rightarrow [A:B]$

Atombindung → Metallbindung. Die Halbmetalle sind Übergangsglieder zwischen beiden Bindungsarten.

$[A:B] \rightarrow [\overset{\delta+}{A^+}\overset{2\delta-}{:}\overset{\delta+}{B}] \rightarrow [A]^+[:]^{2-}[B]^+$

Ionenbindung → Metallbindung. Als Zwischenglieder liegen legierungsartige Übergangstypen vor.

$[A]^+[:B]^- \rightarrow [A^+\overset{\delta-}{:}\overset{\delta-}{B}] \rightarrow [A]^+[:]^{2-}[B]^+$

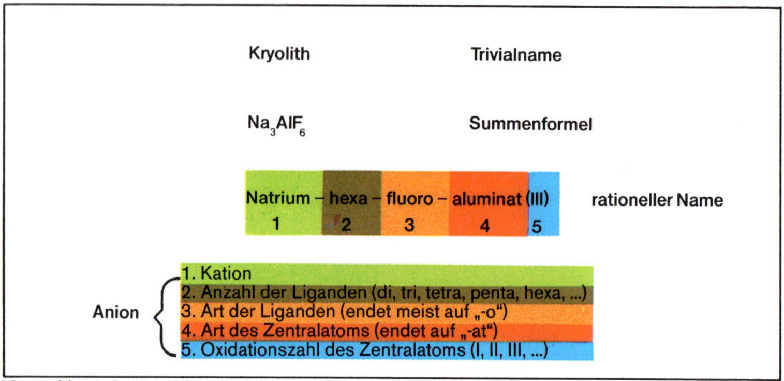

Nomenklatur der Komplexsalze am Beispiel Kryolith

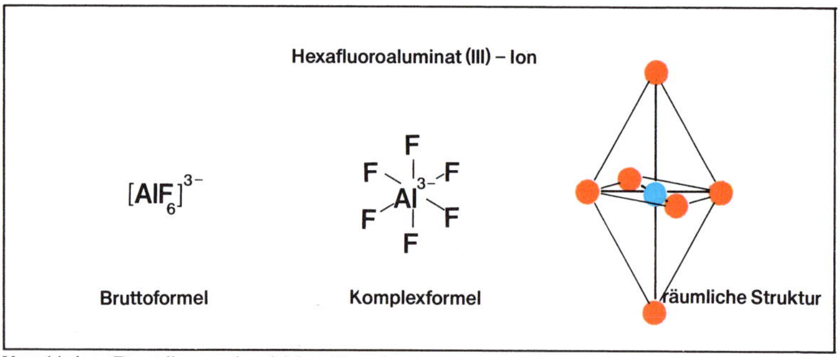

Verschiedene Darstellungen des gleichen Komplexes

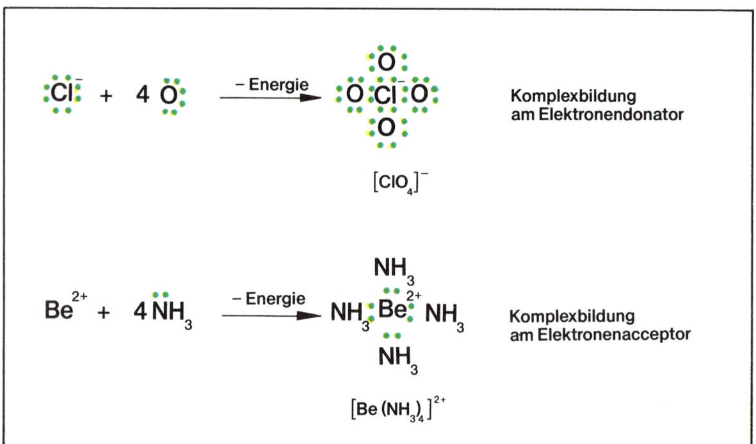

Koordinative Bindung bei der Komplexbildung

Verbindungen höherer Ordnung

Zentralatome oder -ionen mit abgeschlossenen Außenschalen können Verbindungen höherer Ordnung *(Koordinationsverbindungen, Komplexverbindungen, Komplexe)* bilden. Freie (nicht bindende) Elektronenpaare auf der Außenschale und unbesetzte d-Orbitale lagern unter Energiegewinn Liganden an und bilden so Konfigurationen höherer Ordnung unterschiedlicher Beständigkeit.

Die elektrische Ladung des gebildeten Komplexes ist gleich der Summe der Ladungen seiner Komponenten. Die *Oxidationsstufe* oder *Oxidationszahl* von *Z* ist gleich der Ladung, die *Z* haben müßte, wenn alle Liganden aus Ionen aufgebaut und *Z:L* elektrisch neutral wäre.

Beispiele: S in $H_2S_2O_6$ hat die Oxidationszahl + 5, denn $2\,H^+ + 6\,O^{2-} + 2\,S^{5+}$, Mn in $[MnO_4]^-$ hat die Oxidationszahl + 7, denn $4\,O^{2-} + Mn^{7+}$.

Zentralatome (-ionen) der 2. Periode haben bis zu 4 Liganden – maximal stehen 4 Elektronenpaare in der Elektronenkonfiguration $(2s)^2(2p)^6$ zur Verfügung. Zentralatome der 3. und 4. Periode haben bis zu 8 Liganden.

Die *Koordinationszahl* = maximal mögliche Anzahl von *L* an *Z* ist unabhängig von der Oxidationszahl von *Z*.

Beispiel: Fe hat die Koordinationszahl 6 sowohl im gelben Blutlaugensalz (Fe^{II}) als auch im roten Blutlaugensalz (Fe^{III}).

Die Koordinationsbindung heißt *gesättigt,* wenn die Anzahl von *L* = Koordinationszahl; sie heißt *einzähnig,* wenn *L* nur eine Koordinationsbindung an *Z* einnimmt; entsprechendes gilt für zwei- oder vielzähnige Liganden. *Zwei-* oder *mehrkernige* Koordinationsverbindungen haben zwei oder mehrere *Z*. *Koordinationsisomerie* liegt vor, wenn in mehrkernigen Komplexen *Z* und *L* gegeneinander vertauscht sind.

Die (einzähnige) Bindung *Z:L* erfolgt über ein gemeinsames Elektronenpaar, das 3 Ursprünge haben kann: allein von *Z,* allein von *L* oder hälftig von *Z* und *L*. Wie bei den Verbindungen 1. Ordnung, so liegen auch bei denen höherer Ordnung selten »reine« Bindungsarten vor. Reale Koordinationsverbindungen stellen in der Regel Übergangsformen zwischen den folgenden drei dar:

Elektronen-donator-Bindung. Freie Elektronenpaare an *Z* füllen die Schalen von Liganden auf:

Z: + *L* → *Z*:*L*.

Beispiel: In Kochsalz hat Cl^- vier freie Elektronenpaare [:C̤̈l:]⁻, an die sich 1 bis 4 Sauerstoffatome :O̤: anlagern können, deren Elektronenschale dann jeweils Edelgas-Konfiguration annimmt. Die Koordinationszahl von Cl^- ist also 4.

[:C̤l:Ö̤:]⁻ [:Ö̤:C̤̈l:Ö̤:]⁻

Hypo-chlorit-Ion Chlorit-Ion

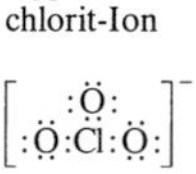

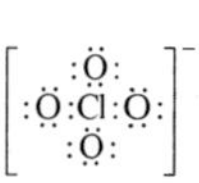

Chlorat-Ion Perchlorat-Ion (gesättigt)

Vereinfachte Schreibweise:

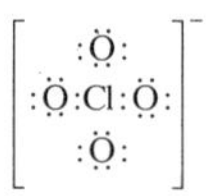
entspricht
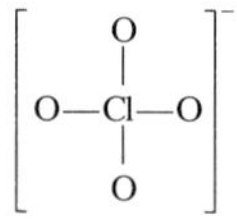

(Elektronenformel) (Komplexformel)

entspricht ClO_4^-
(Summenformel)

Elektronen-acceptor-Bindung. Liganden mit abgeschlossenen Elektronenschalen und freien Elektronenpaaren lagern sich an *Z* an und vervollständigen *Z* zur Edelgas-Konfiguration. Die *L* sind oft Verbindungen erster Ordnung.

Z + :L → Z:L.

Beispiel: Das Beryllium-Kation $[Be]^{2+}$ lagert 4 Fluor-Ionen [:F̤̈:]⁻ oder 4 H_2O-Moleküle H:Ö̤:H an und erzielt damit Edelgas-Konfiguration (Pseudo-Neon):

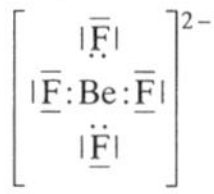

$[BeF_4]^{2-}$

Elektronen-donator-acceptor-Bindung. *Z* und *L* tragen jeweils ein Elektron zur Bindung bei.

Z· + ·*L* → *Z*:*L*.

(Dieser Bindungstyp wird oft nicht zu den Koordinationsbindungen gezählt, sondern als *EDA-Komplex* gesondert betrachtet.)

Beispiel: Das Iod-Anion [:Ï̤:]⁻ verfügt über 4 freie Elektronenpaare, es kann also 2, 4, 6 oder 8 Fluoratome ·F̤̈: aufnehmen:

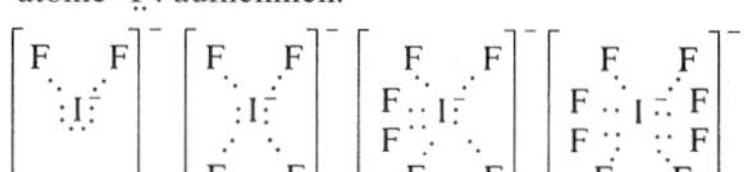

$[IF_2]^-$ $[IF_4]^-$ $[IF_6]^-$ $[IF_8]^-$

Nomenklatur der Komplexe. Der Name einer Koordinationsverbindung beginnt mit der (griech. benannten) Anzahl der Liganden (di-, tri-, tetra-, penta-, hexa-, usw.), gefolgt vom Namen des Liganden (s. Tabelle, der gleichzeitig die Reihenfolge bei unterschiedlichen Liganden am gleichen *Z* angibt) und dem Namen des Zentralatoms, dessen Oxidationszahl als römische Zahl in Klammern folgt.

Einige Zentralatome können spezielle Namen tragen:

Pb	Plumbum	O	Oxygen
Fe	Ferrum	S	Sulfur
Au	Aurum	Ag	Argentum
C	Carbon	N	Nitrogen
Cu	Cuprum	H	Hydrogen
Ni	Niccolum	Zn	Zincum
Hg	Mercurium	Sn	Stannum

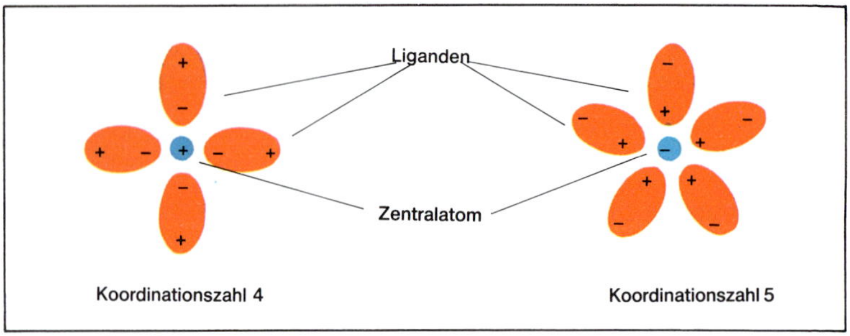

Anlagerungskomplexe

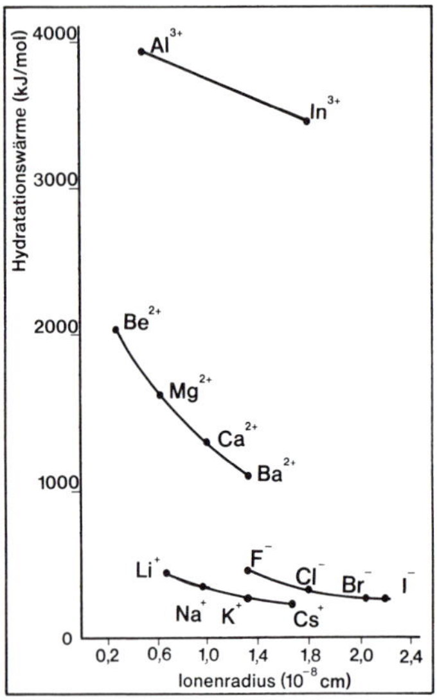

Hydratationsenergie und Ionenradius

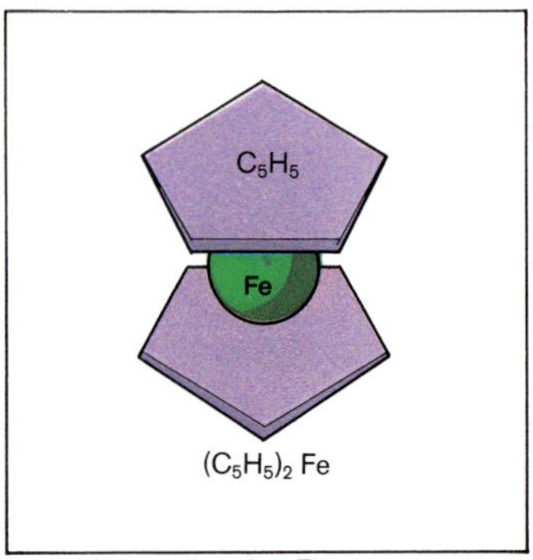

Durchdringungskomplex: Ferrocen (Dicyclopentadienyl-Eisen(II))

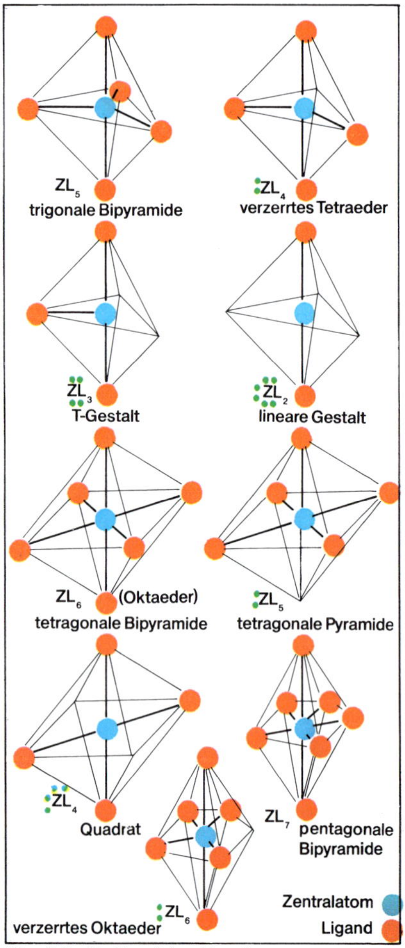

Räumliche Struktur einiger Komplexe

Benennung einiger Liganden in Komplexen

Ligand	Name	Ligand	Name
H^-	hydrido	O^{2-}	oxo
Cl^-	chloro	O_2^{2-}	peroxo
NO_2	nitro	N_3^-	azido
ClO^-	hypochlorito	NH_2^-	amido
CN^-	cyano	CH_3O^-	methoxo
S^{2-}	thio	CH_3COO^-	acetato
SO_4^{2-}	sulfato	H_2O	aquo
OH^-	hydroxo	NH_3	ammin

Der Name der Koordinationsverbindungen beginnt mit dem des Kations gefolgt vom Anion. Gehört das Zentralatom zum Anion, so endet sein Name mit -at, dem in Klammern die Oxidationszahl folgt. (Siehe auch S. 31).

Beispiel: $K_4[Fe^{II}(CN)_6] \rightarrow$ Kalium-hexacyanoferrat(II)

Häufig werden Trivialnamen benutzt (im Beispiel: gelbes Blutlaugensalz).

Die Ladungen der Zentralatome in Koordinationsverbindungen werden auf mesomerem (z. B. Ausbilden von p_π–d_π-Doppelbindungen bei Atomen der 3. und höherer Perioden) oder induktivem (Ausbilden von Ionencharakter der koordinativen Bindung) Wege verringert, anderenfalls wäre das Molekül wenig stabil.

Analog den realen Atombindungen weisen auch die realen Koordinationsbindungen polaren Charakter auf; es werden die Grenzfälle *Anlagerungskomplex* und *Durchdringungskomplex* unterschieden. Die quantenmechanische *Ligandenfeld-Theorie* beschreibt die Zusammenhänge quantitativ, in der Praxis reicht meist die qualitative Betrachtung.

In **Anlagerungskomplexen** (Normalkomplexe) sind die Komponenten mehr durch polare Kräfte (Nebenvalenzen) als durch koordinative Kräfte verbunden.

Z. B.: Anlagerung von Liganden mit ausgeprägtem elektrischen Dipolmoment (Wasser, Ammoniak) an stark elektropositive Zentralionen (Na^+, Cs^+, Mg^{2+}, Ca^{2+}).

Anlagerungskomplexbildung tritt häufig mit Lösungsmittelmolekülen (*Solvatation,* speziell *Hydratation*) auf. Die Beständigkeit der damit gebildeten Komplexe ist proportional dem elektrischen Dipolmoment, der Ladung von Z und dem Abstand $1/(ZL)$. Die Anzahl der pro Zentralion angelagerten Dipolmoleküle (Koordinationszahl) hängt vom zur Verfügung stehenden Platz und der Möglichkeit zu regelmäßiger Anordnung ab.

Hydratisierung spielt für die Löslichkeit von Molekülen eine wichtige Rolle, da bei der Hydratisierung (Solvatisierung) oft mehr Energie gewonnen wird, als für die Loslösung des Moleküls aus dem Gitterverband der festen Phase notwendig ist.

Beispiele für Anlagerungskomplexe:
$[Na(H_2O)_4]^+$, $[Ca(H_2O)_6]^{2+}$, $[Ba(H_2O)_8]^{2+}$, $[Ni^{II}Cl_4]^{2-}$.

Anlagerungskomplexe sind wenig beständig, daher werden sie analytisch meist über das Zentralatom nachgewiesen.

In **Durchdringungskomplexen** überwiegen die kovalenten Kräfte. Die Einzelelektronen der d-Orbitale des Zentralatoms rücken paarweise nach inneren Orbitalen. Die so freigewordenen d-Orbitale werden durch Liganden-Elektronen besetzt. Die Orbitale von Z und L durchdringen daher teilweise einander, so daß Durchdringungskomplexe weniger Platz als Anlagerungskomplexe einnehmen.

Beispiele für Durchdringungskomplexe:
$[Fe(CN)_6]^{4-}$, $[Mo(CN)_8]^{4-}$, $[PtCl_6]^{2-}$, $[Fe(CN)_5CO]^{3-}$, $[W(CN)_8]^{4-}$.

Durchdringungskomplexe sind beständig, sie lösen sich schlecht. Analytisch werden sie als Ganzes nachgewiesen. Durchdringungskomplexe sind in der Regel diamagnetisch.

Stereochemie der Komplexe: Koordinationsbindungen sind räumlich gerichtet, ihr sterischer Aufbau folgt den Regeln der Atombindung 1. Ordnung.

Ausnahme: sehr stark polarisierte Koordinationsbindungen, die mehr den Ionenbindungen folgen.

Da Z meist 4 oder 6 Liganden aufweist, überwiegen bei Koordinationsverbindungen die Strukturen Tetraeder ($Z{:}L_4$) und Oktaeder ($Z{:}L_6$). Die Liganden besetzen die Ecken und schirmen Z weitgehend nach außen hin ab.

Räumliche Struktur der Koordinationsverbindungen

	Anzahl der freien Elektronenpaare	Beispiel	Raumgestalt
$Z{:}L_2$	0	CO_2	Gerade
$Z{:}L_2$	1	SO_2	gewinkelt
$Z{:}L_2$	2	H_2O	gewinkelt
$Z{:}L_2$	3	XeF_2	Gerade
$Z{:}L_3$	0	BCl_3	ebenes Dreieck
$Z{:}L_3$	1	NH_3	Pyramide
$Z{:}L_3$	2	ClF_3	T-Gestalt
$Z{:}L_4$	0	CH_4	Tetraeder
$Z{:}L_4$	1	SF_4	verzerrtes Tetraeder
$Z{:}L_4$	2	XeF_4	Quadrat
$Z{:}L_5$	0	PF_5	dreiseitige Doppelpyramide
$Z{:}L_5$	1	IF_5	quadratische Pyramide
$Z{:}L_6$	0	SF_6	Oktaeder
$Z{:}L_6$	1	XeF_6	verzerrtes Oktaeder
$Z{:}L_7$	0	°IF_7	fünfseitige Doppelpyramide

Der räumliche Aufbau der Komplexe wird durch Röntgenstrukturanalyse gemessen.

Beständigkeit (Stabilität) von Komplexen. Die Koordinationsverbindung $Z{:}L_n$ (n = Anzahl der Liganden) steht im Gleichgewicht mit ihren Komponenten Z und L.

$Z + nL \rightleftharpoons Z{:}L_n$.

Das Verhältnis der Konzentrationen der Komponenten in diesem Gleichgewicht heißt *Stabilitätskonstante* K_s, der Kehrwert *Dissoziationskonstante* K_D des Komplexes.

$$K_s = \frac{[Z : L_n]}{[Z]\,[L]^n} = \frac{1}{K_D}; \qquad p_K = -\log K_s.$$

Die Beständigkeit des Komplexes ist proportional K_s.

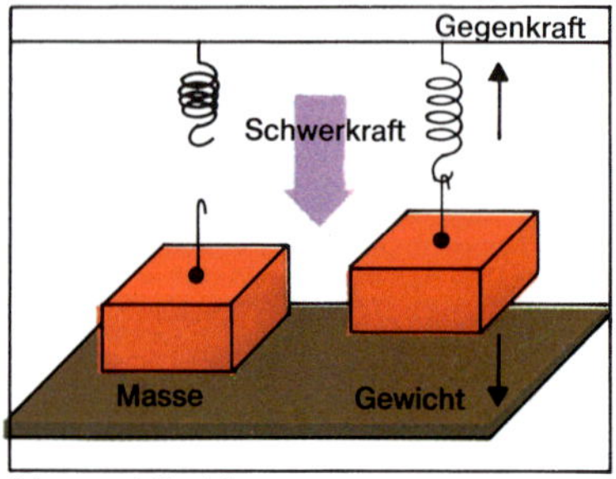

Masse und Gewicht

Erhaltung der Masse bei der Verbrennung

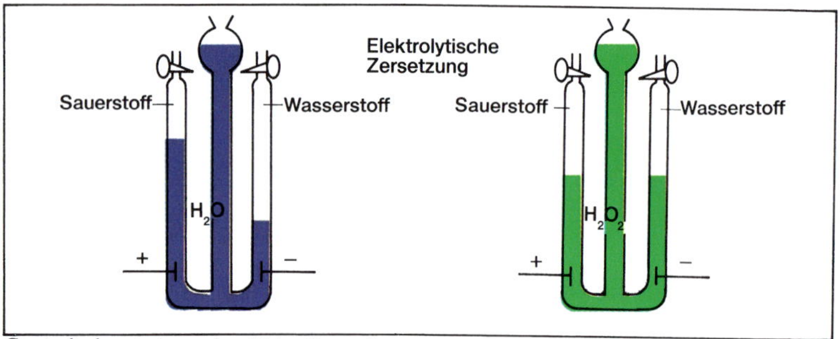

Gesetz der konstanten und multiplen Proportionen

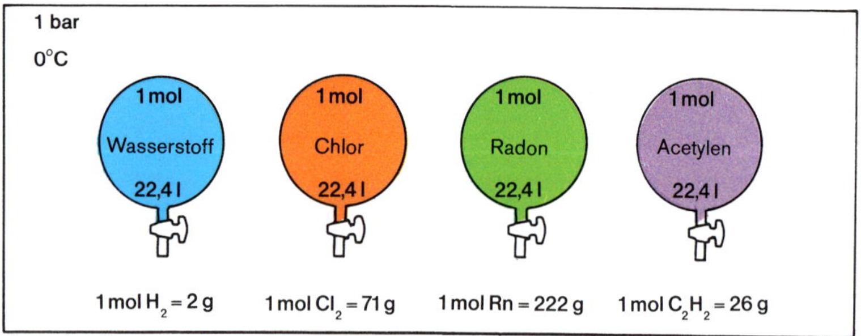

Avogadros Gesetz

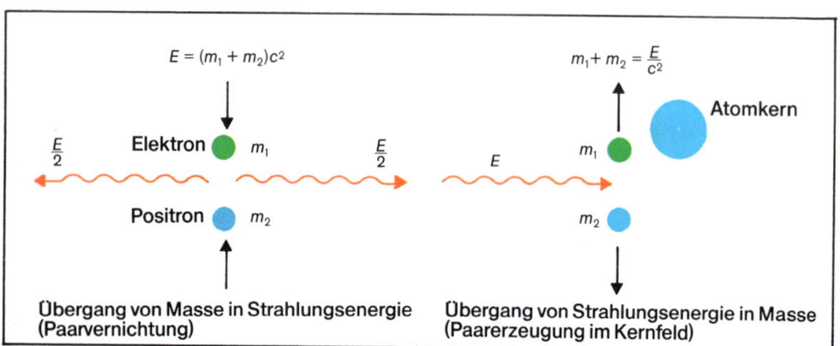

Erhaltung der Energie

Naturwissenschaftliche Gesetze bestimmen die Wechselwirkungen zwischen Stoffen. Besonders wichtig ist dabei das Gesetz von der *Erhaltung der Masse.* VAN HELMONT (17. Jh.) erkannte es als einer der ersten, LOMONOSSOW und LAVOISIER formulierten es im 18. Jh. in der heute gültigen Form: »Bei allen chemischen Wechselwirkungen bleibt die Gesamtmasse der Reaktionsteilnehmer unverändert.«

Masse (genauer: *träge Masse*) wird in der Basiseinheit Kilogramm (kg) gemessen. Definition: 1 kg ist die Masse des Internationalen Kilogrammprototyps.

Für sehr kleine Massen wird die atomare Masseneinheit (u) benutzt. Definition: 1 u ist der 12te Teil der Masse eines Atoms des Nuklids ^{12}C.

Umrechnung: $1\,u = 1{,}66 \cdot 10^{-27}$ kg.

Masse und **Gewicht** (genauer: *schwere Masse*) sind unterschiedliche Eigenschaften der Stoffe: Gewicht = Masse · Normalfallbeschleunigung g_n. Der Zahlenwert von g_n an der Erdoberfläche beträgt $9{,}81\ m \cdot s^{-2}$.

Das Gewicht eines Stoffes ist damit jene Kraft, die er auf seine Unterlage ausübt. **Kraft** wird in der Krafteinheit Newton (N) gemessen. Definition: $1\ N := 1\ kg \cdot m \cdot s^{-2}$.

Massen werden durch Vergleich mit bekannten Massen bestimmt; Gewichte (also Kräfte) werden durch geeichte Gegenkräfte gemessen.

Auf der Erde stimmen die Zahlenwerte für Masse und Gewicht weitgehend überein, da g_n von der geographischen Breite und der Höhe über dem Meeresspiegel nur geringfügig abhängt. Auf dem Mond, beispielsweise, ist das anders; dort übt die Masse 1 kg nur die Kraft 0,17 N auf ihre Unterlage aus.

Das Gesetz von der *Erhaltung der Masse* wurde um die Jahrhundertwende von den Chemikern LANDOLT und VON EÖTVÖS für chemische Reaktionen sorgfältig geprüft. Innerhalb des experimentellen Fehlers (10^{-5} %) war es erfüllt.

Wäre die Genauigkeit des Experiments rund 4 Größenordnungen höher, so würden sich Diskrepanzen zeigen, da bei chemischen Reaktionen Energie E freigesetzt wird. Nach der *Einsteinschen Gleichung* $E = m \cdot c^2$ (c = Lichtgeschwindigkeit) ist damit ein Massenverlust verbunden.

Bei chemischen Wechselwirkungen sind die Massenveränderungen aufgrund der Einsteinschen Masse-Energie-Äquivalenzbeziehung vernachlässigbar klein.

Das Gesetz von der *Erhaltung der Energie* schließt das Gesetz von der Erhaltung der Masse ein. ROBERT MAYER formulierte es 1845: »Bei allen Wechselwirkungen in einem geschlossenen System bleibt die Gesamtenergie der Reaktionsteilnehmer unverändert.«

Energie wird in der Einheit Joule (J) gemessen. Definition: $1\ J := 1\ N \cdot m$.

Die veraltete Einheit Kalorie (cal) wird noch benutzt. Umrechnung: 1 cal = 4,19 J.

Für sehr kleine Energiemengen wird die Einheit Elektronenvolt (eV) verwendet. Umrechnung: 1 eV $= 1{,}602 \cdot 10^{-19}$ J.

In der Kernphysik kann das Gesetz von der Erhaltung der Energie und die Äquivalenz von Masse und Energie leicht und mit großer Genauigkeit überprüft werden: Bei der Paarvernichtung werden zwei Elementarteilchen vollständig in elektromagnetische Energie umgewandelt; umgekehrt entsteht aus Strahlung ausreichend hoher Energie ein Elementarteilchenpaar.

Die Erfahrung lehrt, daß bei chemischen Wechselwirkungen die einzelnen Stoffe nur in festen Gewichtsverhältnissen zusammentreten. JOSEPH LOUIS PROUST formulierte 1799 das *Gesetz der konstanten Proportionen:* »Das Massenverhältnis zweier sich zu einer chemischen Verbindung vereinigender Elemente ist konstant.«

Beispiel: Zerlegt man die Verbindung Wasser, so entstehen daraus die beiden Gase Wasserstoff und Sauerstoff stets in dem konstanten Raumverhältnis 2 : 1. Umgekehrt entstehen aus 1 Gewichtsteil H und 8 Gewichtsteilen O in der Knallgasreaktion 9 Gewichtsteile H_2O. Ist das Mischungsverhältnis der Ausgangsgase nicht 2 : 1, so nimmt der überschüssige Anteil an der Reaktion nicht teil.

Entstehen bei der Wechselwirkung zweier Elemente mehrere Verbindungen, so gilt das umfassendere *Gesetz der multiplen und konstanten Proportionen* (JOHN DALTON, 1803): »Die Gewichtsverhältnisse zweier sich zu verschiedenen chemischen Verbindungen vereinigender Elemente stehen im Verhältnis einfacher ganzer Zahlen zueinander.«

Beispiel: Stickstoff und Sauerstoff können zu fünf verschiedenen Verbindungen zusammentreten.

$1:0{,}571 = 1:(1 \cdot 0{,}571) \rightarrow N_2O$
$1:1{,}142 = 1:(2 \cdot 0{,}571) \rightarrow NO$
$1:1{,}713 = 1:(3 \cdot 0{,}571) \rightarrow N_2O_3$
$1:2{,}284 = 1:(4 \cdot 0{,}571) \rightarrow NO_2$
$1:2{,}855 = 1:(5 \cdot 0{,}571) \rightarrow N_2O_5$

Das *Daltonsche Gesetz* folgt zwanglos aus der Atomvorstellung vom Aufbau der chemischen Verbindungen. Die Gewichtsproportionen der Atome in den Molekülen geben das Verhältnis der Atommassen bzw. das ihrer ganzzahligen Vielfachen wieder.

Der atomare Aufbau der Stoffe erklärt auch das bereits 1811 aufgestellte *Avogadrosche Gesetz:* »Gleiche Volumina idealer Gase enthalten bei gleichem Druck und gleicher Temperatur gleich viele Moleküle.«

In der **Stöchiometrie** wird berechnet, welche Mengen eines Stoffes bei der chemischen Wechselwirkung entstehen. Einige neue Begriffe sind nützlich:

1 *Mol* (mol) ist die Stoffmenge eines Systems, das aus ebensoviel Einzelteilchen besteht wie Atome in 12/1000 Kilogramm des [^{12}C] Kohlenstoff enthalten sind.

Die *molare Masse* in $g \cdot mol^{-1}$ entspricht numerisch der *relativen Molekülmasse* des Stoffes. Beispiele: H_2O 18,01 $g \cdot mol^{-1}$, CH_4 16,04 $g \cdot mol^{-1}$.

Die *stöchiometrische Zahl* ν in einer chem. Reaktion ist diejenige Anzahl von Atomen oder Atomgruppen, die sich an der Reaktion beteiligen. Dabei wählt man die Zahlen im allgemeinen so klein, daß sie für eine gegebene Reaktion keinen gemeinsamen Nenner haben. Für die gebildeten Stoffe wird ν positiv, für die reagierenden wird ν negativ gezählt.

Beispiel: $4\,Al + 3\,O_2 \rightarrow 2\,Al_2O_3$.

Dabei ist $\nu(Al) = -4$, $\nu(O_2) = -3$ und $\nu(Al_2O_3) = 2$.

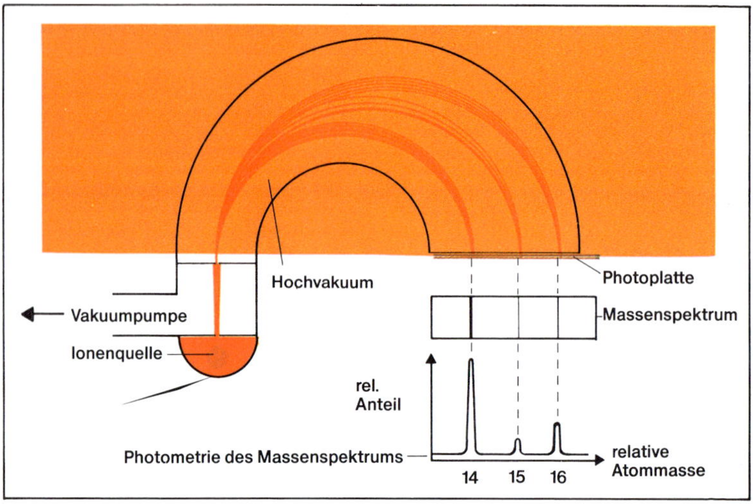

Massenspektrometer und Massenspektrum der Luft

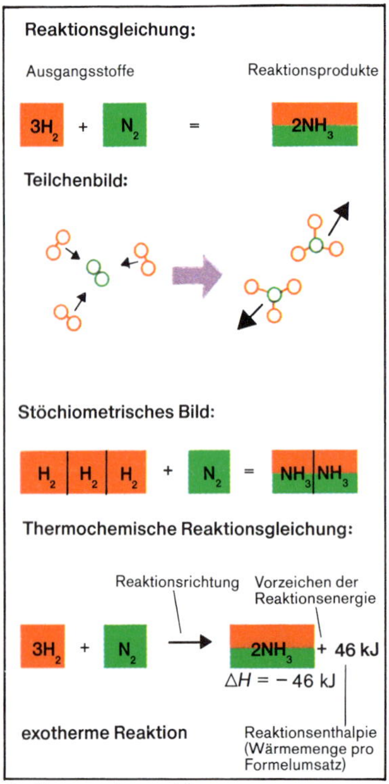

Synthese von Ammoniak

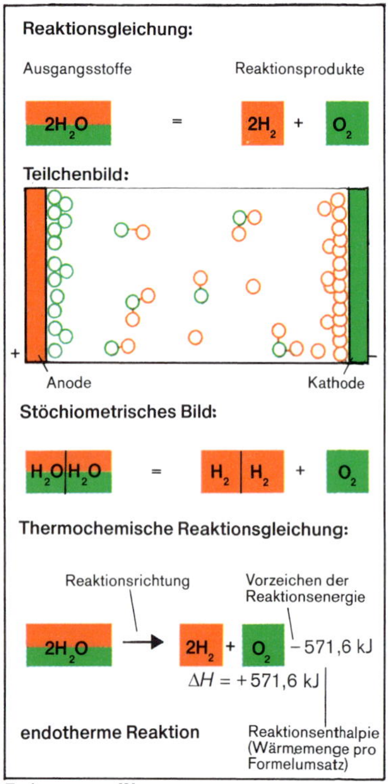

Zerlegung von Wasser
(Energiezufuhr durch Elektrizität)

Die *stöchiometrische Zahl* in einem Molekül ist diejenige Anzahl gleichartiger Atome oder Atomgruppen, die sich zu einem Molekül vereinigt haben. Sie wird durch tiefgesetzte arabische Ziffern angegeben.

Beispiele: O_3, Na_2CO_3, $[Co(NH_3)_6]_2\,[SO_4]_3$.

Molares Volumen V_m: Im gasförmigen Zustand und unter Normalbedingungen nimmt ein Mol eines Stoffes ein Volumen von 22,41 l ein.

Avogadro-Konstante N_A: Anzahl von Molekülen (bzw. Atomen) pro 1 mol eines Stoffes = $6{,}022 \cdot 10^{23}$.

Loschmidt-Konstante n_0: Anzahl von Molekülen pro m^3 eines Stoffes = $2{,}687 \cdot 10^{25} m^{-3}$.

Zusammenhang:

$$N_A = n_0\, V_m$$

Die **Reaktionsgleichung** beschreibt qualitativ und quantitativ die chemische Wechselwirkung zwischen Stoffen; auf der linken Seite werden die Ausgangssubstanzen aufgeführt und rechts die Reaktionsprodukte. Angezeigt wird die relative Anzahl der Atome, Moleküle oder Ionen, die an der Reaktion beteiligt sind.

Beispiele:

$$2\,H_2 + O_2 \rightleftharpoons 2\,H_2O$$
$$2\,Na + Cl_2 \rightleftharpoons 2\,NaCl$$
$$4\,H_2 + 2\,C \rightleftharpoons 2\,CH_4$$
$$C_2H_5OH + 3\,O_2 \rightleftharpoons 2\,CO_2 + 3\,H_2O$$

Anzahl und Art der Atome müssen rechts und links übereinstimmen.

Grundsätzlich kann die Reaktionsgleichung von links nach rechts wie auch in umgekehrter Richtung gelesen werden. In der Regel ist eine Reaktionsrichtung bevorzugt.

Die **thermochemische Reaktionsgleichung** gibt zusätzlich an, welche Energiemengen pro Mol bei der Reaktion umgesetzt werden. Der Doppelpfeil ist durch einen Pfeil ersetzt, der die Reaktionsrichtung unterstreicht. Ein Plus-Zeichen vor der Reaktionsenergiemenge bedeutet, daß diese Energiemenge freigesetzt wird *(exotherme Reaktion),* ein Minus-Zeichen, daß Energie zugeführt werden muß, damit die Reaktion zustande kommt *(endotherme Reaktion).*

Beispiele:

Bildung von Wasser

$$2\,H_2 + O_2 \rightarrow 2\,H_2O + 571{,}6\ kJ$$

pro Mol entstandenem H_2O werden 286,2 kJ frei.

Zerlegen von Wasser

$$2\,H_2O \rightarrow 2\,H_2 + O_2 - 571{,}6\ kJ$$

um 1 mol H_2O zu zerlegen, müssen 286,2 kJ dem Wasser zugeführt werden.

Vereinbarung: Die bei Reaktionen umgesetzte Energie wird in der thermochemischen Reaktionsgleichung als *Bildungsenthalpie* ΔH, d.h. der Reaktionsenergiemenge pro Formelumsatz bei konstantem Druck, angegeben. Bei exothermen Reaktionen ist sie definitionsgemäß negativ ($-\Delta H$), bei endothermen positiv ($+\Delta H$).

Beispiele:

Bildung von Wasser

$$2\,H_2 + O_2 \rightarrow 2\,H_2O \qquad \Delta H = -571{,}6\ kJ$$

Zerlegung von Wasser

$$2\,H_2O \rightarrow 2\,H_2 + O_2 \qquad \Delta H = +571{,}6\ kJ$$

(Zahlenwerte für die Reaktionsenergiemengen sind in Tabellenwerken gesammelt).

Beispiele für stöchiometrische Berechnungen:

1. Wieviel g Wasser wird durch Reaktion von 10 g Wasserstoff mit Sauerstoff maximal gewonnen?
Reaktionsgleichung: $2\,H_2 + O_2 \rightarrow 2\,H_2O$.
Aus 2 mol molekularem Wasserstoff ($= 2 \cdot 2\,g = 4\,g$) entstehen 2 mol Wasser ($= 2 \cdot (2 + 16)g = 36\,g$); also entstehen maximal aus 10 g Wasserstoff $(10/4) \cdot 36\,g = 90\,g$ Wasser.

2. Wieviel l Stickstoff (unter Normalbedingung) setzen sich maximal mit 3 g Wasserstoff zu Ammoniak um?
Reaktionsgleichung: $3\,H_2 + N_2 \rightarrow 2\,NH_3$.
3 mol molekularer Wasserstoff ($= 3 \cdot 2\,g = 6\,g$) reagieren mit 1 mol Stickstoff ($= 22{,}4\,l$); 3 g H_2 setzen also $22{,}4 \cdot 0{,}5\,l = 11{,}2\,l$ Stickstoff um.

3. Wieviel Schwefeldioxid entsteht, wenn 5 g Sauerstoff mit Zinksulfid reagieren?
Reaktionsgleichung:
$2\,ZnS + 3\,O_2 \rightarrow 2\,ZnO + 2\,SO_2$.
3 mol molekularer Sauerstoff ($= 3 \cdot (2 \cdot 16)g = 96\,g$) bilden 2 mol $SO_2 (= 2 \cdot (32{,}1 + (2 \cdot 16))g = 128{,}2\,g)$; aus 5 g O_2 entstehen also $(128{,}2/96) \cdot 5\,g = 6{,}67\,g\ SO_2$.

Relative Atom- und Molekülmassen können grundsätzlich aus stöchiometrischen Untersuchungen berechnet werden. Die relative Atommasse ist experimentell die kleinste Anzahl von Grammen eines Elements, die in 1 mol einer bekannten Verbindung dieses Elements nachgewiesen werden. Bei dieser Methode sind jedoch die Meßfehler für Präzisionsbestimmungen zu groß. Zur genauen Atom- bzw. Molekülmassenbestimmung wird das *Massenspektrometer* eingesetzt. Das Massenspektrometer nutzt aus, daß elektrisch geladene Teilchen in einem magnetischen oder elektrischen Feld massenabhängig ihre Flugbahn ändern.

Beispiel: Magnetisches 180°-Massenspektrometer. Die zu messenden Atome oder Moleküle werden vor dem Eintritt ins Spektrometer ionisiert, d.h. in (zumeist positive) Ionen umgewandelt. Eine Ionenoptik sammelt und fokussiert die geladenen Teilchen auf den Eingangsspalt des Spektrometers. Ein Strahl von Ionen der gleichen kinetischen Energie tritt in das Magnetfeld ein und wird durch elektromagnetische Wechselwirkungen auf eine Kreisbahn gezwungen. Nach einer Richtungsänderung von 180° werden die Ionen (z.B. durch eine photographische Emulsion) nachgewiesen. Der Radius der Kreisbahn ist proportional $\sqrt{m}$. Je größer also die Masse eines Ions ist, desto weiter vom Eingangsspalt entfernt wird es nachgewiesen. Das Spektrometer ist mit Hilfe bekannter Ionen geeicht; es gibt eine quantitative Beziehung zwischen dem Abstand Spalt–Nachweisort und der Masse. Die Eichung entfällt, wenn die Stärke des Magnetfeldes hinreichend genau bekannt ist.

Moderne Massenspektrometer haben eine Genauigkeit von 10^{-5} u, d.h. sie trennen auch die einzelnen Isotope eines Elements.

Brownsche Molekularbewegung

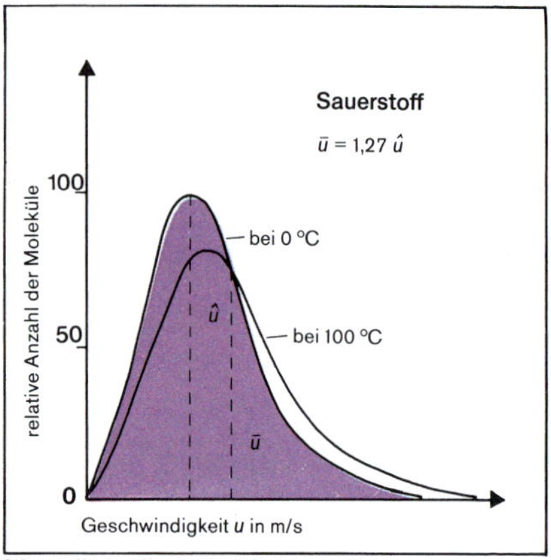

Maxwellsche Geschwindigkeitsverteilung

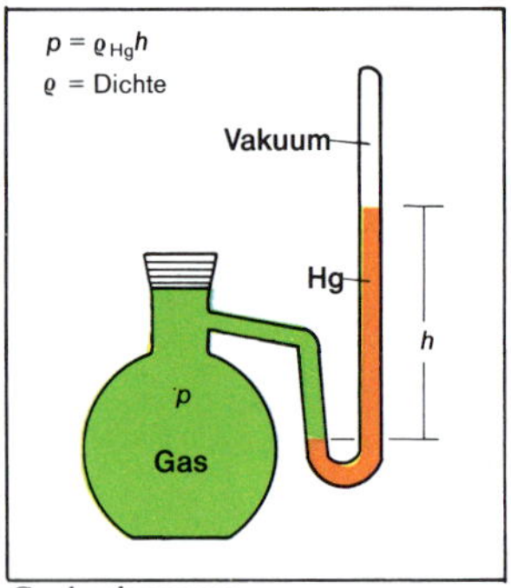

Gasdruckmessung

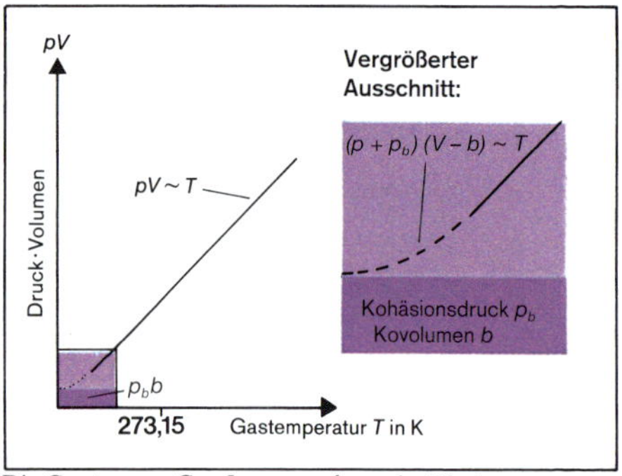

Die Gesetze von Gay-Lussac und van der Waals

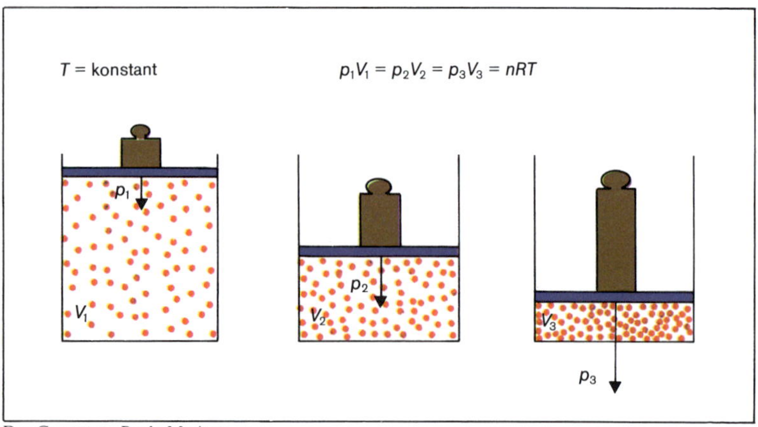

Das Gesetz von Boyle-Mariotte

Die Moleküle in einem Gas oder in einer Lösung unterliegen einer regellosen Bewegung. Dabei kann zwischen Ortsveränderung (Translation), Drehung um eine Molekülachse (Rotation) und Eigenschwingungen (Vibration) unterschieden werden. Unter dem Mikroskop wird die translatorische Bewegung als *Brownsche Molekularbewegung* sichtbar. Die Bewegungsrichtung und die Geschwindigkeit eines individuellen Moleküls entziehen sich der Berechnung, die Bewegung der Gesamtheit aller Moleküle wird dagegen durch statistische Gesetze beschrieben.

Die einzelnen Gasmoleküle bewegen sich mit unterschiedlichen Geschwindigkeiten; infolge der pausenlosen Zusammenstöße wechselt sie unablässig.

Die *Maxwellsche Geschwindigkeitsverteilung* gibt an, wieviele Moleküle der Masse m bei vorgegebener Temperatur T in einem bestimmten Geschwindigkeitsintervall anzutreffen sind. Die asymmetrische *Maxwell-Verteilung* weist bei $\hat{u} = \sqrt{2kT/m}$ ein Maximum auf. ($\hat{u}$: wahrscheinlichste Geschwindigkeit, k: Boltzmann-Konstante $= 1{,}38 \cdot 10^{-23}\,\mathrm{J \cdot K^{-1}}$.)

Die mittlere Geschwindigkeit $\bar{u}$ aller Moleküle beträgt $\bar{u} = \sqrt{8kT/\pi m}$, also ist $\bar{u} > \hat{u}$. Die rel. Anzahl der Moleküle mit sehr kleiner oder sehr großer Geschwindigkeit ist gering. Mit wachsender Temperatur steigt die Anzahl der Moleküle mit hoher Geschwindigkeit überproportional.

Die translatorische Bewegung der Moleküle übt eine Kraft auf Hindernisse aus, z. B. auf die Wände des Gasbehälters. Der *Gasdruck* ist diese Kraft bezogen auf die Fläche des Hindernisses.

Der **Druck** p wird in der SI-Einheit Pascal (Einheitenzeichen: Pa) angegeben. Der zehnte Teil des Megapascal heißt Bar (Einheitenzeichen: bar). 1 bar: $= 10^5$ Pa. Es werden teilweise noch die (veralteten) Druckeinheiten Atmosphäre (Einheitenzeichen: atm), Millimeter Quecksilbersäule (Einheitenzeichen: mm Hg) und Torr (Einheitenzeichen: Torr) benutzt. Umrechnungen:

1 atm = 760 mm Hg $= 1{,}01 \cdot 10^5$ Pa = 1,01 bar

1 Pa $= 7{,}50 \cdot 10^{-3}$ mm Hg $= 1 \cdot 10^{-5}$ bar $= 0{,}987 \cdot 10^{-5}$ atm

1 Torr = 1 mm Hg $= 1{,}32 \cdot 10^{-3}$ atm = 133 Pa

Instrumente für die Druckmessung heißen Manometer oder Barometer (für den Luftdruck).

Ideale Gase bestehen aus Molekülen, die nicht untereinander wechselwirken und die kein Eigenvolumen aufweisen. Gase mit geringer Dichte und nicht zu niedriger Temperatur sind in ausreichender Näherung ideale Gase. Es gelten die folgenden empirischen Zusammenhänge zwischen Temperatur T, Volumen V und Druck p für ideale Gase:

Gesetz von Boyle-Mariotte:

Bei konstanter Temperatur ist pV = konstant.

Gesetz von Gay-Lussac:

$p \sim T$ wenn V konstant,

$V \sim T$ wenn p konstant

quantitativ:

$$p = p_0 \left(1 + \frac{1}{273{,}15}\, t\right)$$

$$V = V_0 \left(1 + \frac{1}{273{,}15}\, t\right)$$

mit

p_0, V_0: Gasdruck bzw. Gasvolumen bei 0 °C

t: Temperatur, gemessen in °C.

Gesetz von Avogadro:

Bei gleichem p und gleichem T enthalten gleiche Volumina gleich viele Moleküle.

1 mol eines Gases enthält $6{,}02 \cdot 10^{23}$ Moleküle (*Avogadro-Konstante* N_A).

Die **Zustandsgleichung idealer Gase** faßt die Gasgesetze zusammen:

$$pV = nRT$$

mit

R: universelle Gaskonstante $= 8{,}31\ \mathrm{J \cdot mol^{-1} \cdot K^{-1}}$;

n: Gasmenge, gemessen in mol;

T: Temperatur, gemessen in K.

Die Zustandsgleichung ist unabhängig von der Art des Gases. Drei der vier Variablen p, V, n und T beschreiben den Gaszustand vollständig.

Beispiel: Eine 10-l-Gasflasche ist mit 2,5 kg Stickstoff N_2 gefüllt. Wie hoch ist der Gasdruck bei 0 °C und 760 mm Hg?

$p = nRT/V$

2,5 kg N_2 sind 2500/28 mol = 89,3 mol = n.

$$p = \frac{89{,}3 \cdot 8{,}31 \cdot 273}{1 \cdot 10^{-2}} \quad \frac{\mathrm{mol \cdot J \cdot mol^{-1} \cdot K^{-1} \cdot K}}{\mathrm{m^3}}$$

$= 2{,}03 \cdot 10^7\ \mathrm{J/m^3} = 2{,}03 \cdot 10^7$ Pa

= 200 atm.

Das *Daltonsche Gesetz* wird angewandt, wenn das Gas eine Mischung aus unterschiedlichen Gasen ist:

Der Gesamtdruck p ist die Summe aller Partialdrücke $p_1, p_2 \ldots$ der Mischungsbestandteile $1, 2, \ldots$

Daraus folgt

$$pV = (n_1 + n_2 + \ldots)\, RT$$

mit

$n_1, n_2, \ldots$: Menge der Mischungsbestandteile, gemessen in mol.

Jedes einzelne Gas verhält sich so, als ob es das einzige vorhandene wäre.

Die Gesetze für *reale Gase* berücksichtigen die Art des Gases, das Eigenvolumen der Gasmoleküle und die zwischenmolekularen Kräfte.

Zustandsgleichung realer Gase *(Van-der-Waals-Gleichung):*

$$(p + p_b)\,(V - b) = nRT$$

mit

p_b: *Binnendruck, Kohäsionsdruck,* aufgrund der zwischenmolekularen Kräfte;

b: *Eigenvolumen* (früher: *Kovolumen*) der Gasmoleküle. Das Eigenvolumen ist etwa 4 mal so groß wie das tatsächliche Volumen der Moleküle. Beispielsweise beträgt das Eigenvolumen für CO_2 $4{,}3 \cdot 10^{-5}\ \mathrm{m^3/mol}$.

Lösungen bestehen aus dem (weit überwiegenden) Lösungsmittel (dem *Solvens*) und dem gelösten Stoff (dem *Solvat*). Die gelösten Bestandteile befinden sich in regelloser translatorischer Bewegung, ihr Zustand gleicht dem eines Gases.

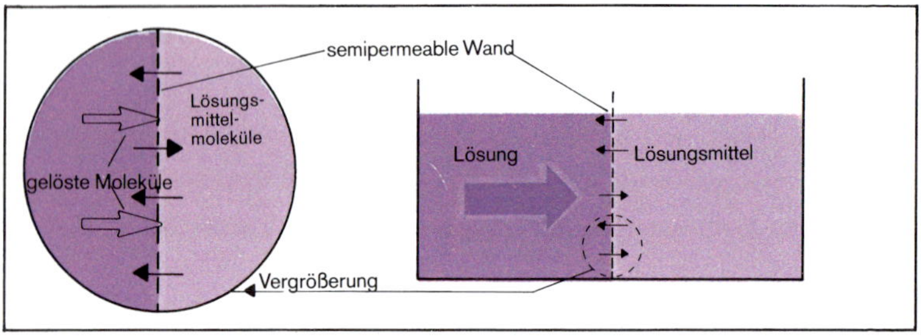

Osmotischer Druck

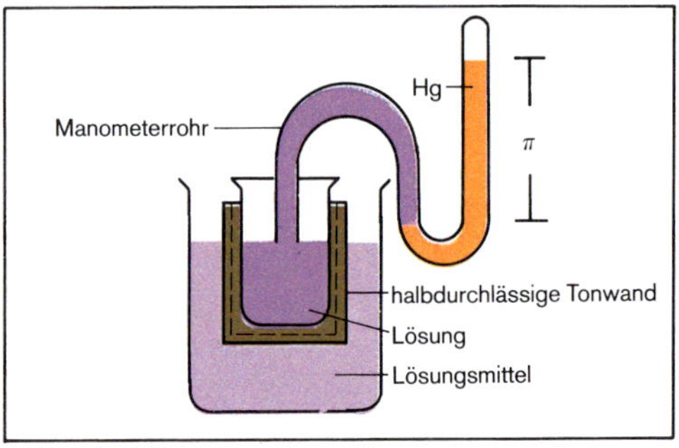

Pfeffersche Zelle

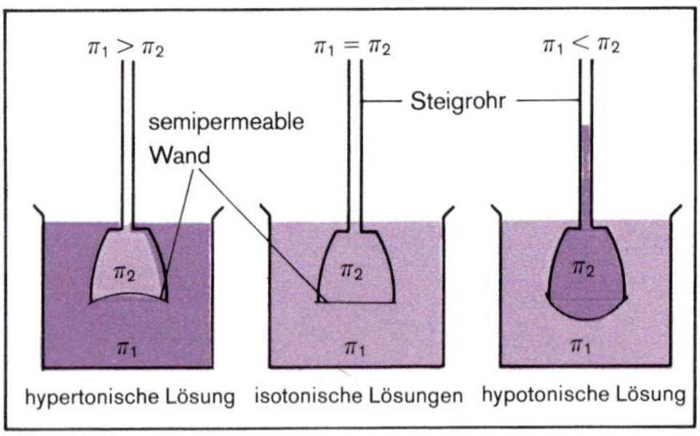

Lösungen mit verschiedenen π

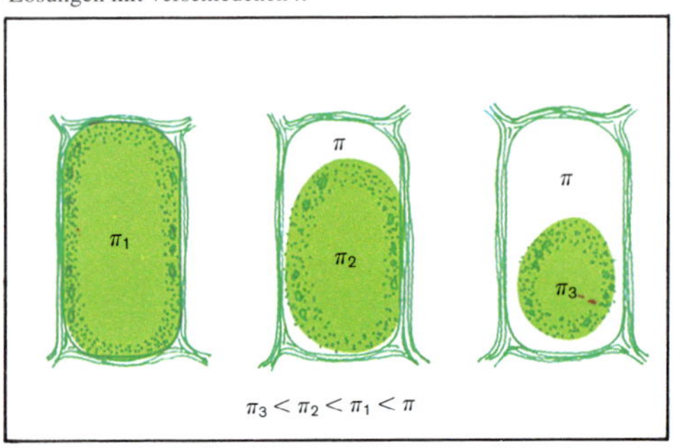

Plasmolyse einer Pflanzenzelle

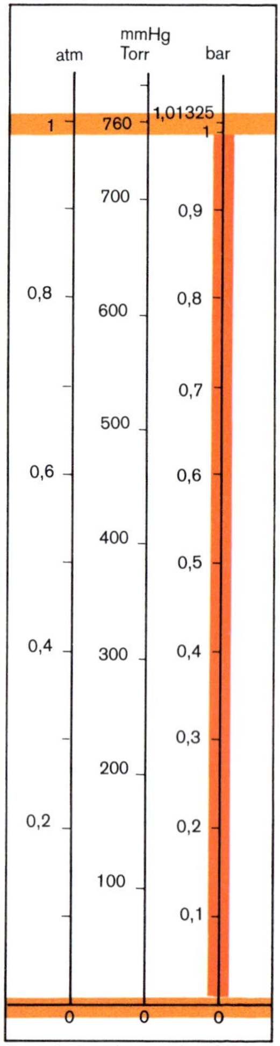

Umrechnung der Druckmaße

Die **Konzentration** ist der Anteil eines Bestandteils an einer Lösung oder an einem Gemisch. Verschiedene Konzentrationsmaße werden benutzt:

Volumengehalt, Volumenprozent φ_B: (Volumen des Bestandteils B/Gesamtvolumen) · 100;

Massengehalt, Gewichtsprozent w_B: (Masse des Bestandteils B/Gesamtmasse) · 100;

Molalität m_B; Anzahl der Mole des Bestandteils B pro kg Lösungsmittel:

Molarität c_B: Anzahl der Mole von B/Gesamtvolumen;

Molenbruch x_B: Anzahl der Mole des Bestandteils B/Gesamtmolanzahl;

Molprozent: $x_B \cdot 100$.

Die Konzentrationsmaße gelten sowohl für Lösungen als auch für Gasgemische und feste Lösungen (z. B. Schmelzen).

Beispiel: Werden a) 20 g NaCl und b) 10 g $MgCl_2$ in 500 cm^3 Wasser gelöst, so gilt für die Konzentration dieser Lösung:

$$w_a = \frac{0{,}020}{0{,}020 + 0{,}010 + 0{,}500} \cdot 100 = 3{,}77;$$

$$w_b = 1{,}89$$

$$m_a = \frac{20/58{,}4}{0{,}500}\frac{\text{mol}}{\text{kg}} = 0{,}685 \text{ mol} \cdot \text{kg}^{-1};$$

$$m_b = 0{,}210 \text{ mol} \cdot \text{kg}^{-1}$$

$$c_a = \frac{20/58{,}4}{0{,}500}\frac{\text{mol}}{\text{l}} = 0{,}685 \text{ mol pro l Lösung};$$

$$c_b = 0{,}210 \text{ mol pro l Lösung};$$

$$x_a = \frac{20/58{,}4}{(20/58{,}4 + 10/95{,}2 + 500/18)} = 0{,}012;$$

$$x_b = 0{,}00372$$

$\text{Molprozent}_a = 1{,}21$; $\text{Molprozent}_b = 0{,}372$.

Der **osmotische Druck** π einer Lösung wird durch die gelösten Moleküle hervorgerufen. π wird in den gleichen Einheiten wie der Gasdruck angegeben.

Die gelösten Moleküle unterliegen anziehenden Kräften des Lösungsmittels; aus diesem Grunde üben sie keinen Druck auf die undurchlässigen Begrenzungswände der Lösung aus. Die für Gase üblichen Methoden der Druckmessung können also für π nicht eingesetzt werden.

Die *Pfeffersche Zelle* dient der Messung von π:

Eine *semipermeable* (halbdurchlässige) Wand trennt die Lösung von ihrem reinen Lösungsmittel, d. h. nur Lösungsmittelmoleküle können passieren. Da an der semipermeablen Wand die anziehenden Kräfte des Lösungsmittels auf die gelösten Moleküle sich gegenseitig kompensieren, übt das Solvat einen osmotischen Druck auf die semipermeable Grenzschicht aus. Ist diese eine elastische Membran, so beult sie sich proportional dem osmotischen Druck aus. Dieser Wanddruck wird analog dem Gasdruck gemessen.

In der Praxis ist es schwierig, wirklich semipermeable Trennwände zu finden. Aus diesem Grunde wird π zumeist mit Hilfe indirekter Methoden (z. B. Gefrierpunkterniedrigung oder Siedepunkterhöhung) bestimmt.

Die **Zustandsgleichung gelöster Stoffe** *(Gesetz von Van't Hoff)* entspricht der Zustandsgleichung idealer Gase:

$\pi V = nRT$.

Diese Zustandsgleichung gilt nur für verdünnte Lösungen, d. h. bis etwa 0,1 mol/l.

π hängt nur ab von der Anzahl der gelösten Teilchen, er ist unabhängig von der Teilchenart. Der osmotische Druck gelöster Stoffe ist der gleiche Druck, den das Solvat bei gleicher Temperatur und im gleichen Volumen als Gas ausüben würde.

Beispiel: Wie hoch ist π einer Kochsalzlösung, wenn 10 g Kochsalz NaCl in 1 l Wasser gelöst werden? Die Lösung habe Zimmertemperatur, 20 °C.

$\pi = nRT/V$.

10 g NaCl sind (10/58,4) mol = 0,171 mol = n

$$= \frac{2 \cdot 0{,}171 \cdot 8{,}31 \cdot 293}{1 \cdot 10^{-3}} \; \frac{\text{mol} \cdot \text{J} \cdot \text{mol}^{-1} \cdot \text{K}^{-1} \cdot \text{K}}{\text{m}^3}$$

$$= 8{,}32 \cdot 10^5 \text{ Pa} = 8{,}32 \text{ bar}.$$

Der zusätzliche Faktor 2 erscheint, da NaCl vollständig in Na^+ und Cl^- zerfällt, also in Lösung die doppelte Anzahl von Teilchen vorliegt.

Sind mehrere Arten Moleküle in Lösung, so gilt entsprechend das Daltonsche Partialdruckgesetz.

π ist überaus wichtig in der belebten Natur. Die Transportvorgänge in Pflanzen hängen z. B. von π ab. π bestimmt auch den Schwellungszustand der Zellen.

Molekülmassenbestimmung von Gasen. Da die Anzahl n der Mole einer Gasmenge durch $n = m/M$ mit der Masse m des Gases und seiner Molekülmasse M verknüpft ist, kann M mit Hilfe der Zustandsgleichung bestimmt werden

$$M = \frac{mRT}{pV}.$$

Wird T konstant gehalten, so gibt es drei Methoden, um M zu bestimmen:

Wägen der Gasmenge bei konstantem p und V;

Messen des Gasvolumens bei bekanntem m und p;

Messen des Gasdrucks bei bekanntem m und V.

Molekülmassenbestimmung gelöster Stoffe. Die Methode entspricht der auf Gase angewandten. Bei konstanter Temperatur der Lösung berechnet man M aus der Messung des osmotischen Drucks π, des Volumens V der Lösung und aus der Masse m der gelösten Substanz:

$M = mRT/\pi V$.

Die Molekülmasse vieler Stoffe wird in Lösung bestimmt, denn meist ist es nicht möglich, die zu untersuchenden Moleküle intakt in den Gaszustand zu überführen. Andererseits gibt es für fast alle Stoffe ein geeignetes Lösungsmittel.

Die *Atommasse* eines Elements kann aus der Molekülmasse vieler Verbindungen, in denen dieses Element vorkommt, bestimmt werden. Dazu wird lediglich die Anzahl der Gramm des Elements in 1 mol der Verbindungen festgestellt. Diese Methode enthält alle Meßfehler der Molekülmassenbestimmung und ist wesentlich ungenauer als Messungen mit Hilfe des Massenspektrometers.

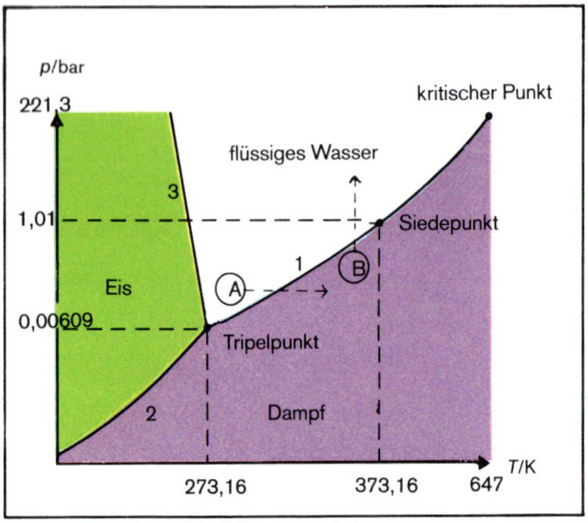

Zustandsdiagramm des Wassers (nicht maßstäblich)

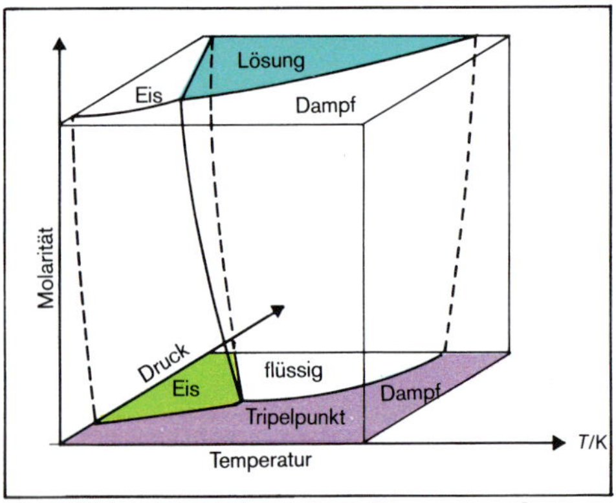

Dreidimensionales Zustandsdiagramm einer wäßrigen Lösung

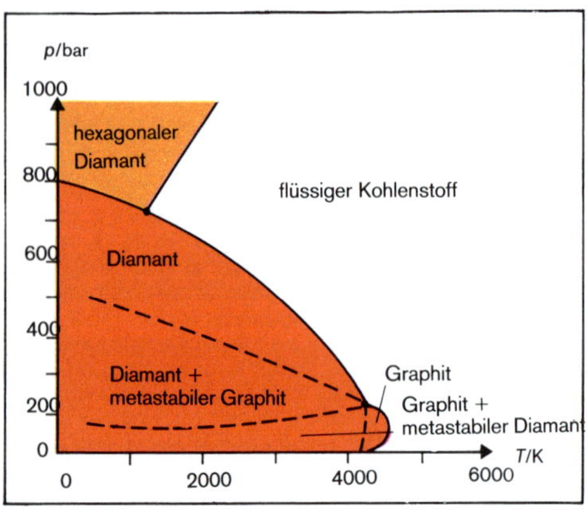

Zustandsdiagramm des Kohlenstoffs

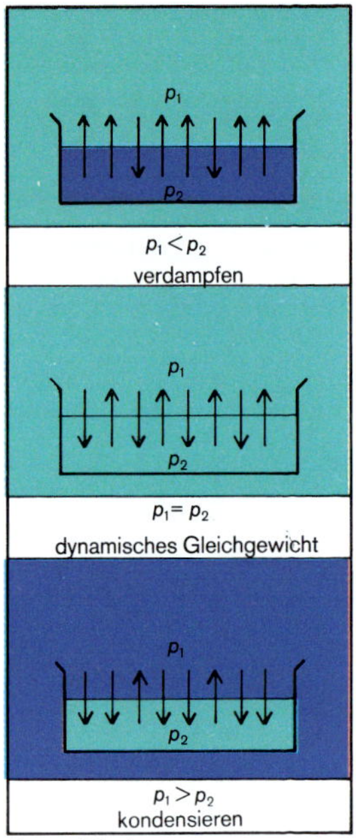

Zustandsänderungen

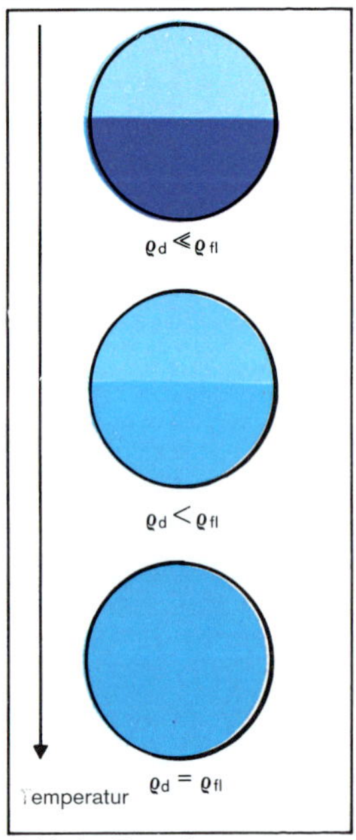

Kritischer Zustand

Der Zustand eines Stoffes wird durch die *Zustandsgrößen* Druck und Temperatur beschrieben. Die wichtigsten Aggregatzustände sind fest, flüssig und gasförmig; bei extremen Temperaturen unterscheidet man noch den Plasmazustand. Innerhalb der drei Grundzustände gibt es Modifikationen und zwischen ihnen Übergangsformen. Unterschiedlich starke Wechselwirkungen der Stoffmoleküle untereinander bestimmen die verschiedenen Zustände.
Eine *Zustandsänderung* ist der reversible Übergang eines Stoffes von einem Zustand in einen anderen.
Der Dampfdruck eines Stoffes hängt von seinem Zustand ab. Der Dampfdruck von Flüssigkeiten und festen Körpern ist keineswegs Null; er beruht auf der Geschwindigkeitsverteilung der Moleküle. Es gibt immer einige, deren Geschwindigkeit – und damit ihre kinetische Energie – groß genug ist, um die rücktreibenden Kräfte an den Grenzflächen der Flüssigkeit oder des festen Stoffes zu überwinden, sie *verdampfen*. Umgekehrt kehren auch verdampfte Moleküle wieder in die Flüssigkeit oder in den festen Körper zurück, sie *kondensieren*.
Im *dynamischen Gleichgewicht* dringen gleich viele Moleküle in den Stoff ein wie austreten, der zugehörige Druck heißt *Sättigungsdampfdruck*. Der Sättigungsdampfdruck ist für jeden Stoff bei gegebener Temperatur eine Materialkonstante. Der *Siedepunkt* einer Flüssigkeit ist erreicht, wenn ihr Dampfdruck 1,01 bar (= 1 atm) beträgt.

Im **Zustandsdiagramm** eines Stoffes ist der Sättigungsdampfdruck p in Abhängigkeit von der Temperatur T dargestellt.

Wasser hat ein besonders einfaches Zustandsdiagramm. Drei Bereiche werden unterschieden: Unterhalb der Dampfdruckkurven 1 und 2 liegt Wasser im Gas- bzw. Dampfzustand vor, im Bereich zwischen 2 und 3 im festen Zustand (als Eis) und zwischen 1 und 3 ist es eine Flüssigkeit. Auf den Kurven selbst liegen jeweils zwei Zustände gleichzeitig vor *(Koexistenz)*. Im Schnittpunkt *(Tripelpunkt)* der Kurven 1, 2 und 3 koexistieren alle drei Zustände.

Der **Tripelpunkt des Wassers** ist der Bezugspunkt der thermodynamischen Temperaturskala: 1 Kelvin (K) ist der 273,16te Teil der thermodynamischen Temperatur des Tripelpunktes von Wasser.

Am Zustandsdiagramm wird das Verhalten des Stoffes bei Änderung der Zustandsgrößen p und T abgelesen.

Beispiele:
Führt man flüssigem Wasser im Zustandspunkt A Energie zu und hält gleichzeitig p konstant, so wird die Zustandsänderung durch eine Horizontale *(Isobare)* beschrieben. Im Schnittpunkt mit Kurve 1 siedet das Wasser, bei dieser Temperatur liegen Dampf und Flüssigkeit gleichzeitig vor. Erst wenn alle Flüssigkeitsmoleküle (unter Verbrauch von Verdampfungswärme) in den Dampfzustand übergegangen sind, steigt die Temperatur weiter an.
Geht man vom Zustandspunkt B aus und erhöht p bei gleichbleibendem T, so beschreibt eine Senkrechte *(Isotherme)* die Zustandsänderung. Im Schnittpunkt mit Kurve 1 kondensiert der Wasserdampf, flüssiger und gasförmiger Zustand koexistieren.

Der **kritische Punkt** ist das Ende der Dampfdruckkurve in Richtung großer p und T; Dampf und Flüssigkeit können nicht mehr unterschieden werden. Erfahrungsgemäß hat jedes Gas eine *kritische Temperatur* T_c, oberhalb derer es durch noch so hohen Druck nicht mehr verflüssigt werden kann. Der zugehörige Dampfdruck heißt *kritischer Druck* p_c und die entsprechende Dichte heißt *kritische Dichte* ϱ_c.

Kritische Daten einiger Stoffe

	T_c in °C	p_c in bar	ϱ in $g \cdot cm^{-3}$
Acetylen	36	62,6	0,231
Benzol	288	48,2	0,304
Chlor	144	76,9	0,573
Helium	–268	2,28	0,0693
Carbondioxid	31,1	73,7	0,460
Luft	–141	37,6	0,35
Quecksilber	1550	202	4–5
Sauerstoff	–118	50,2	0,430
Wasser	374	220	0,324

Beispiel: Will man Sauerstoff verflüssigen, so muß die kritische Temperatur von –118 °C unterschritten werden; es genügt dann bereits ein Druck von 50,2 bar. Solange $T > T_c$ ist, wird auch bei beliebig hohen Drücken der Sauerstoff nicht in den flüssigen Zustand übergehen.

Der kritische Zustand am Beispiel einer Flüssigkeit in einem geschlossenen Behälter: Bei der Temperatur T_1 ist die Flüssigkeitsdichte ϱ_{fl} und die zugehörige Dampfdruckdichte ϱ_d. Bei Energiezufuhr verdampft ein Teil der Flüssigkeit, ϱ_d steigt entsprechend, ϱ_{fl} sinkt wegen der Wärmeausdehnung. ϱ_d wächst so lange, bis $\varrho_d = \varrho_{fl}$. Beide Zustände haben jetzt die gleiche Dichte erreicht, es besteht kein Unterschied mehr zwischen ihnen, der kritische Punkt ist erreicht.

Die meisten Stoffe haben – im Gegensatz zu dem des Wassers – ein kompliziertes Zustandsdiagramm, weil sowohl zwischen den Grundzuständen Übergangsformen existieren, als auch Modifikationen innerhalb der einzelnen Zustände.

Die **Herstellung künstlicher Diamanten** war das Ziel vieler Versuche, sobald bekannt war, daß Diamant – neben amorphem Kohlenstoff und Graphit – eine Modifikation des festen Zustands von Kohlenstoff ist. H. Moissan behauptete bereits 1894, mit bei 3000 °C in Eisen gelöster Zukkerkohle unter 100 000 atm sei die Synthese gelungen. Doch erst als P. W. Bridgman (Nobelpreis 1946) das verwickelte Zustandsdiagramm des Kohlenstoffs aufgeklärt hatte, konnte ein Herstellungsverfahren systematisch entwickelt werden. 1955 begann die Produktion von Industriediamanten. (s. auch S. 135)

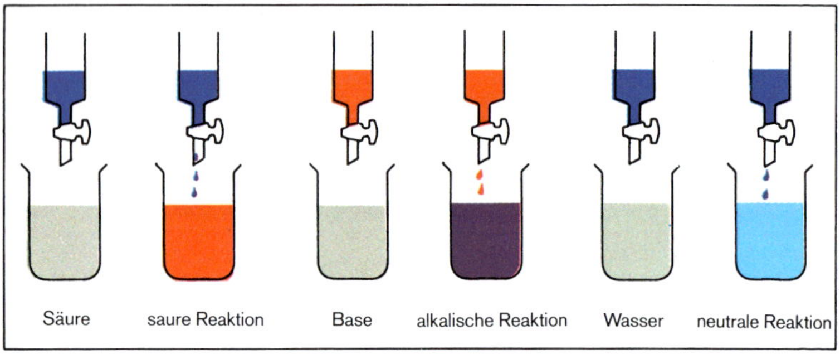

Lackmusreaktionen

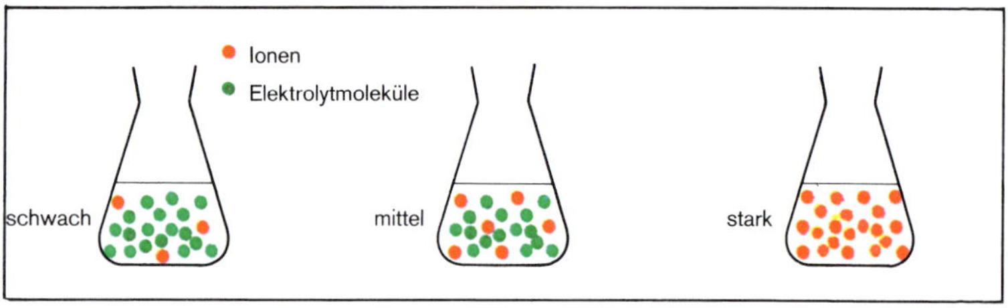

Elektrolyte in Wasser

$$H_3PO_4 \xrightarrow{p_K = 2{,}13} H^+ + H_2PO_4^- \xrightarrow{p_K = 7{,}2} H^+ + HPO_4^{2-}$$

Stufenweiser Zerfall einer mehrbasigen Säure (Phosphorsäure)

Elektrolyt	Formel	Dissoziationsstufe	K_D in mol/l	p_K
Borsäure	H_3BO_3	1	$5{,}27 \cdot 10^{-10}$	9,28
		2	$1{,}8 \cdot 10^{-13}$	12,7
		3	$1{,}6 \cdot 10^{-14}$	13,8
Kohlensäure	H_2CO_3	1	$4{,}31 \cdot 10^{-7}$	6,36
		2	$5{,}61 \cdot 10^{-11}$	10,3
Salzsäure	HCl		10^{7}	−7
Salpetersäure	HNO_3		22	1,3
Wasserstoffperoxid	H_2O_2		$1{,}78 \cdot 10^{-12}$	11,8
Phosphorsäure	H_3PO_4	1	$7{,}46 \cdot 10^{-3}$	2,13
		2	$6{,}12 \cdot 10^{-8}$	7,2
Schwefelsäure	H_2SO_4	2	$1{,}27 \cdot 10^{-2}$	1,90
Kalkwasser	$Ca(OH)_2$	1	$3{,}74 \cdot 10^{-3}$	2,43
		2	$4{,}3 \cdot 10^{-2}$	1,37
Lithiumhydroxid	$LiOH$		0,665	0,177
Natronlauge	$NaOH$		3,7–5,9	−0,57 ··· −0,77
Ameisensäure	$HCOOH$		$1{,}76 \cdot 10^{-4}$	3,75
Harnstoff	CH_4N_2O		$1{,}5 \cdot 10^{-14}$	13,8
Oxalsäure	$C_2H_2O_4$	1	$2{,}4 \cdot 10^{-2}$	1,62
		2	$5{,}4 \cdot 10^{-5}$	4,3
Essigsäure	CH_3COOH		$1{,}75 \cdot 10^{-5}$	4,76
d-Weinsäure	$C_4H_6O_6$	1	$9{,}04 \cdot 10^{-4}$	3,04
		2	$4{,}25 \cdot 10^{-5}$	4,37

Tabelle wichtiger Elektrolyte

Wird ein dissoziierbarer Stoff gelöst oder wird er geschmolzen, so spaltet er sich teilweise und reversibel in positive Kationen und negative Anionen. Dieser Vorgang heißt **elektrolytische Dissoziation.** Die sich aufspaltenden Stoffe heißen *Elektrolyte.* Die grundlegende Vorstellung wurde um 1885 von SVANTE ARRHENIUS entwickelt und 1923 von J. BRØNSTED erweitert.

Elektrolyt $\rightleftharpoons$ [Kationen]$^+$ + [Anionen]$^-$.

Echte Elektrolyte weisen von Anfang an Ionen auf, beispielsweise Ionengitter bildende Salze.
Potentielle Elektrolyte bilden Kationen und Anionen erst bei Wechselwirkung mit einem Lösungsmittel.
In wäßriger Lösung oder in Schmelzen leiten die Elektrolyte den elektrischen Strom, es sind Leiter 2. Klasse.

Beispiele: Lösung des Elektrolyten HCl in Wasser
$HCl + H_2O \rightleftharpoons H_3O^+ + Cl^-$.
H_3O^+ heißt Hydroxonium-Ion; es ist ein hydratisiertes H^+-Ion, d. h. ein Wassermolekül lagert sich an das Kation an.

Drei Arten von *Elektrolyten* werden unterschieden:
Säuren sind Stoffe, die in wäßriger Lösung Wasserstoff-Ionen H^+ (Protonen) abgeben, es sind *Protonendonatoren.*
Allgemeine Formel: H_nA
mit A: *Säurerest* oder konjugierte Base
n: Basizität von A.
Dissoziation der Säuren (Protolysereaktion):
$H_nA + H_2O \rightleftharpoons n\,H_3O^+ + A^{n-}$
oder verkürzt
$H_nA \rightleftharpoons n\,H^+ + A^{n-}$.
Säuren schmecken sauer, sie färben blaue Lackmuslösung rot.
Nomenklatur der Säuren. Es gibt zwei Möglichkeiten, Säuren zu benennen:
a. Als Verbindung, in der Wasserstoff als positiver Bestandteil gekennzeichnet ist (s. S. 31).
b. Beim zugehörigen Anion wird die Endung -at durch -säure ersetzt, das Zentralatom wird voll ausgeschrieben (in deutsch oder lateinisch).
Beispiele: $H_2[CuCl_4]$
a. Dihydrogen-tetrachlorocuprat(II).
b. Tetrachlorokupfer(II)-säure oder Tetrachlorocuprum(II)-säure.
$H_4\,Fe(CN)_6$
a. Tetrahydrogen-hexacyanoferrat(II)
b. Hexacyanoeisen(II)-säure oder Hexacyanoferrum(II)-säure.
Die bekanntesten Säuren tragen Trivialnamen:
Beispiele:
Salzsäure (einbasig)
$HCl + H_2O \rightleftharpoons H_3O^+ + Cl^-$
Salpetersäure (einbasig)
$HNO_3 + H_2O \rightleftharpoons H_3O^+ + NO_3^-$
Essigsäure (einbasig)
$CH_3COOH + H_2O \rightleftharpoons H_3O^+ + CH_3COO^-$
Ameisensäure (einbasig)
$HCOOH + H_2O \rightleftharpoons H_3O^+ + HCOO^-$
Schwefelsäure (zweibasig)
$H_2SO_4 + H_2O \rightleftharpoons 2\,H_3O^+ + SO_4^{2-}$
Phosphorsäure (dreibasig)
$H_3PO_4 + H_2O \rightleftharpoons 3\,H_3O^+ + PO_4^{3-}$

Basen (Laugen) sind Stoffe, die in wäßriger Lösung OH^--Ionen abgeben (oder H^+-Ionen aufnehmen), es sind *Protonenakzeptoren.*
Allgemeine Formel: $B(OH)_m$
mit B: *Basenrest*
m: Acidität von B.
Dissoziation der Basen (Protolysereaktion):
$B(OH)_m + x\,H_2O \rightleftharpoons B(H_2O)_x^{m+} + m\,(OH)^-$
oder verkürzt
$B(OH)_m \rightleftharpoons B^{m+} + m\,(OH)^-$.
Basen schmecken seifig, sie färben rote Lackmuslösung blau.
Die Nomenklatur der Basen ist entsprechend der der Säuren.
Die bekanntesten Basen tragen Trivialnamen:
Beispiele:

Natronlauge (einsäurig)	$NaOH \rightleftharpoons NA^+ + OH^-$
Kalkwasser (zweisäurig)	$Ca(OH)_2 \rightleftharpoons Ca^{2+} + 2\,OH^-$
Aluminiumhydroxid (dreisäurig)	$Al(OH)_3 \rightleftharpoons Al^{3+} + 3\,OH^-$
Kalilauge (einsäurig)	$KOH \rightleftharpoons K^+ + OH^-$

Säuren und *Basen* sind nach ihrer Funktion definiert, also keine festen Stoffklassen. Es gibt Stoffe, die sowohl als Säure als auch als Base reagieren können. Beispielsweise kann HSO_4^- als Base H^+ anlagern oder als Säure H^+ abspalten. Auch Kationen oder Anionen können als Säuren oder Basen auftreten. Beispielsweise reagiert HN_4^+ als Säure, CO_3^{2-} als Base.

Salze entstehen durch Ersetzen des H^+-Ions durch einen Basenrest B oder durch Ersetzen des OH^--Ions durch einen Säurerest A. Kationen und Anionen vereinigen sich dabei stets zu einem elektrisch neutralen Stoff.
Beispiele:

Natriumnitrat	$NaNO_3 \rightleftharpoons Na^+ + NO_3^-$
Aluminiumsulfat	$Al_2(SO_4)_3 \rightleftharpoons 2\,Al^{3+} + 3\,SO_4^{2-}$
Calciumphosphat	$Ca_3(PO_4)_2 \rightleftharpoons 3\,Ca^{2+} + 2\,PO_4^{3-}$
Kaliumformiat	$HCOOK \rightleftharpoons K^+ + HCOO^-$

Der **Dissoziationsgrad** α eines Elektrolyten gibt Auskunft über den Anteil der dissoziierten Moleküle, d. h. wie weit die Reaktion
Elektrolyt $\rightleftharpoons$ [Kationen]$^+$ + [Anionen]$^-$
nach links oder rechts verschoben ist

$$\alpha := \frac{\text{Anzahl der dissoziierten Elektrolytmoleküle}}{\text{Gesamtzahl der Elektrolytmoleküle}}.$$

α kann Werte von 0 bis 1 annehmen. Bei starken Säuren ist $\alpha = 1$, bei schwachen ist $\alpha \ll 1$.
α wird aus der Siedepunktserhöhung, Gefrierpunktserniedrigung, Leitfähigkeit oder aus dem elektrischen Potential der Lösung oder Schmelze bestimmt. Die **Dissoziationskonstante** K_D des Elektrolyten HA beschreibt den Zusammenhang zwischen den Konzentrationen c für die Reaktion $HA \rightleftharpoons H^+ + A^-$:

$$K_D := \frac{c_{H^+} \cdot c_{A^-}}{c_{HA}}, \text{ angegeben in mol/l.}$$

Die H^+-Konzentration ist also $c_{H+} = K_D \cdot c_{HA}/c_{A^-}$.
Es ist üblich, an Stelle der Dissoziationskonstanten, den p_K-Wert einer Säure oder Base anzugeben.
$p_K := -\log K_D$.

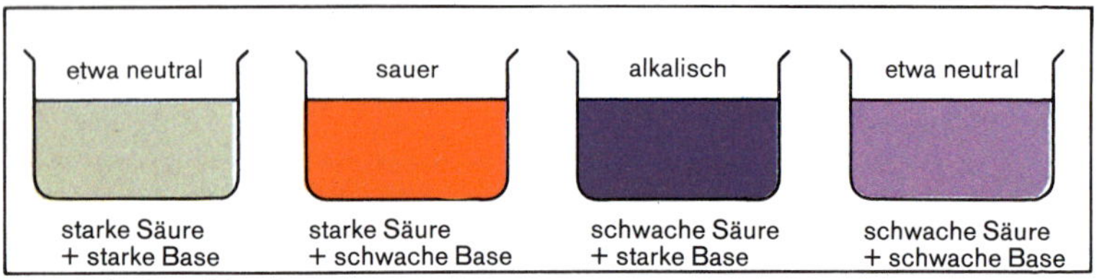

Dissoziation in wäßriger Lösung

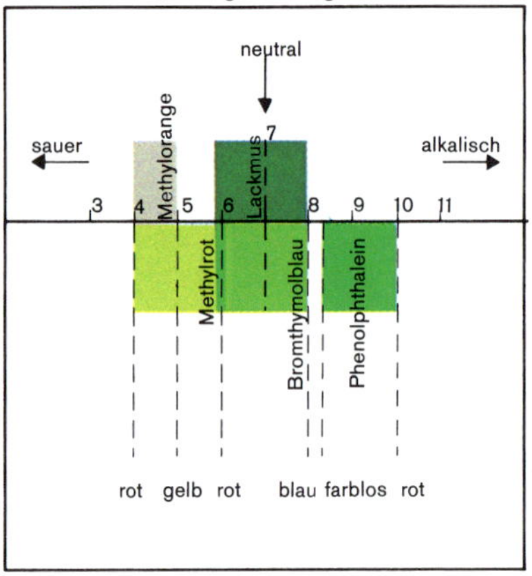

Umschlagbereiche von Indikatoren

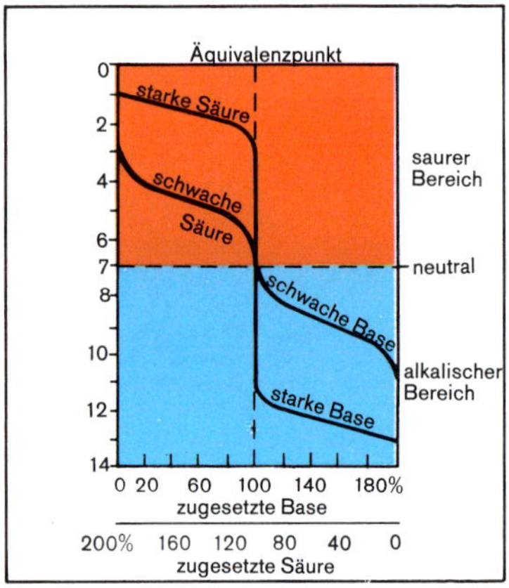

Neutralisationskurven

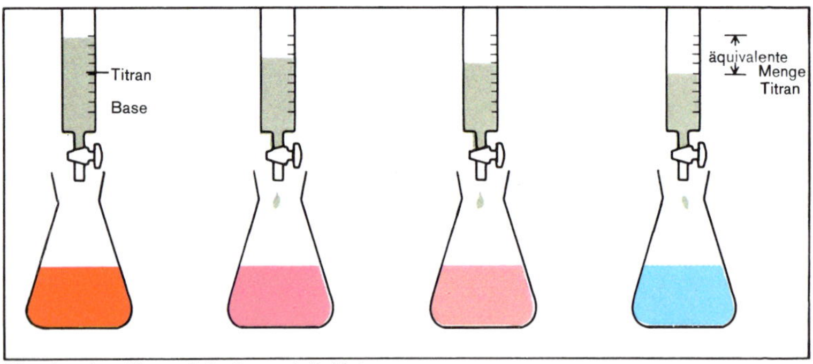

Titration einer Säure mit Lackmus als Indikator

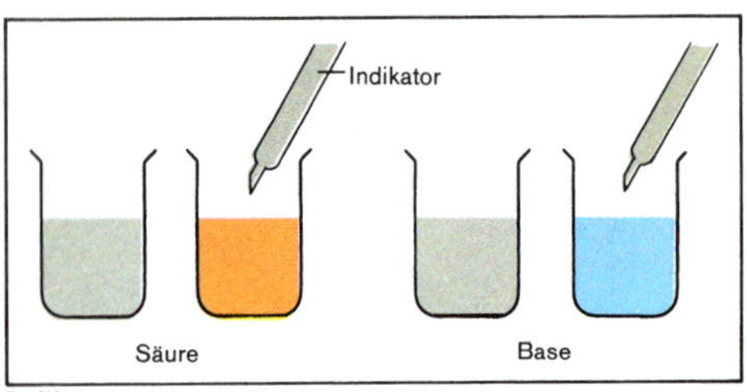

Indikatorzugabe

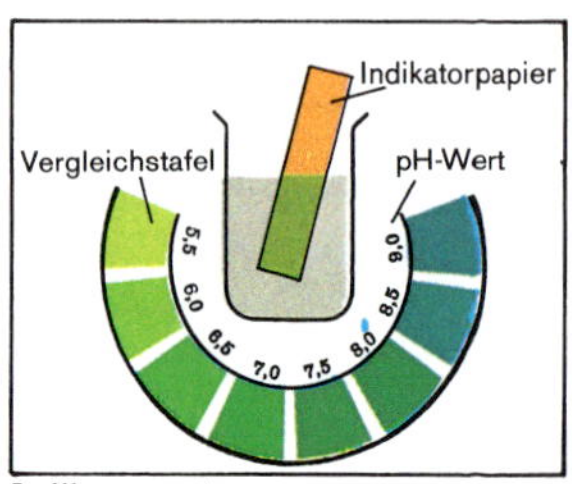

Indikatorpapier

Der **pH-Wert** (Wasserstoffexponent) ist eine Maßzahl für den sauren (Acidität) oder basischen (Basizität) Charakter einer Lösung; es ist der mit (–1) multiplizierte dekadische Logarithmus der Wasserstoffionen-Konzentration:

$pH: = -\log c_{H^+}\ ;\ c_{H^+} = 10^{-pH}$.

Der pH-Wert wird direkt durch elektronische Messung der Ionenkonzentration oder indirekt durch Vergleich mit standardisierten pH-Lösungen bestimmt.

Es gilt $pH < 7 \rightarrow$ Säure; $pH > 7 \rightarrow$ Base.

Übliche Bezeichnungen:

$7 > pH > 3$ schwach sauer, $pH < 3$ stark sauer.

$7 < pH < 11$ schwach alkalisch, $pH > 11$ stark alkalisch.

Für Elektrolyte, die (wie viele) in zwei Ionen zerfallen (Binärsystem) gilt der Zusammenhang

$$K_c = \frac{\alpha^2}{v\,(1-\alpha)}.$$

v: Volumen, in dem 1 mol Elektrolyt gelöst ist. Für sehr schwache Elektrolyte ($\alpha \ll 1$) gilt dann

$$K_c \approx \frac{\alpha^2}{v}.$$

Dissoziationsstufen. Mehrbasige Säuren oder mehrsäurige Basen dissoziieren stufenweise, d. h. vom gleichen Elektrolyten werden ein oder mehrere H^+- bzw. OH^--Ionen abgetrennt.

Beispiel: Kohlensäure dissoziiert in zwei Stufen,

1. $H_2CO_3 \rightleftharpoons H^+ + HCO_3^-$ (Hydrogencarbonat-Ion)
2. $HCO_3^- \rightleftharpoons H^+ + CO_3^{2-}$ (Carbonat-Ion)

Die Dissoziationskonstanten sind für jede Stufe unterschiedlich.

Säuren, Basen und Salze bilden zusammen mit ihrem Lösungsmittel Wasser ein System von Elektrolyten.

$$\text{Säure} + \text{Base} \underset{\text{Protolyse}}{\overset{\text{Neutralisation}}{\rightleftharpoons}} \text{Salz} + \text{Wasser}.$$

Das Gleichgewicht der Komponenten wird quantitativ durch das Massenwirkungsgesetz beschrieben. Bei der **Protolyse** dissoziiert das Salz B^+A^- und reagiert mit dem Wasser. Da auch das Wasser (wenn auch schwach) in H^+- und OH^--Ionen dissoziiert, liegen in einer wäßrigen Salzlösung die Ionen B^+, A^-, H^+ und OH^- vor. Die Anzahl der nicht dissoziierten Moleküle HA und BOH hängt vom Dissoziationsgrad dieser Säuren und Basen ab.

Der Charakter einer wäßrigen Lösung wird durch die Eigenschaften von B^+A^- bestimmt. Es gibt vier Möglichkeiten:

a) Salz aus starker Säure und starker Base: Praktisch vollständige Dissoziation, alle 4 Ionen koexistieren, Protolyse tritt nicht ein, die wäßrige Lösung ist neutral, d. h. $pH = 7$.

b) Salz aus schwacher Säure und starker Base: Die Anionen A^- treten teilweise mit den H^+-Ionen des Wassers zu undissoziierter Säure HA zusammen, die Lösung gewinnt alkalischen Charakter, d. h. $pH > 7$.

c) Salz aus starker Säure und schwacher Base: Die Kationen B^+ treten teilweise mit den Hydroxid-Ionen des Wassers zu undissoziierter Base BOH zusammen, die Lösung hat sauren Charakter, d. h. $pH < 7$.

d) Salz aus schwacher Säure und schwacher Base: Der Charakter der wäßrigen Salzlösung hängt von der relativen Stärke der Säuren und Basen ab.

Aus dem Massenwirkungsgesetz folgt für das Gleichgewicht

$$K_{\text{Prot.}} = \frac{c_{HA} \cdot c_{OH^-}}{c_{A^-}} \quad \text{bzw.} \quad K_{\text{Prot.}} = \frac{c_{BOH} \cdot c_{H^+}}{c_{B^+}}.$$

$K_{\text{Prot.}}$ ist die *Protolysekonstante* des Salzes B^+A^-.

Neutralisation ist die Reaktion von Säure HA und Base BOH zu Salz B^+A^- und Wasser. Im weiteren Sinne bedeutet Neutralisation die Überführung einer sauren oder alkalischen Lösung in eine neutrale, die also weder sauer noch alkalisch reagiert.

$HA + BOH \rightleftharpoons B^+A^- + H_2O$.

Am *Neutralpunkt* ist die Anzahl der H^+- und der OH^--Ionen gleich groß, also $pH = 7$.

Beim *Titrieren* (*Acidimetrie,* wenn der Gehalt an Säure bestimmt wird, *Alkalimetrie* bei Basen) wird der Säure (oder Base) allmählich eine Base (oder Säure) bekannter Konzentration hinzugefügt, bis die gesamte Menge der Säure (oder Base) neutralisiert ist. Die *Neutralisationskurve* beschreibt die Veränderung des pH-Wertes in Abhängigkeit von der Menge der zugesetzten Säure bzw. Base. Der *Äquivalenzpunkt* ist erreicht, sobald der Säure (bzw. Base) die äquivalente Menge Base (bzw. Säure) zugesetzt ist. Der Äquivalenzpunkt wird durch einen *Indikator* über eine Verfärbungsreaktion angezeigt.

Säurezahl (SZ) ist diejenige Menge Kaliumhydroxid in mg, die zur Neutralisation von 1 g Substanz unter festgelegten Bedingungen (nach DIN 53402) erforderlich ist.

Nur bei starken Säuren oder Basen ergibt die Titration die wirkliche Konzentration der H^+- bzw. OH^--Ionen; bei schwachen werden auch die gebundenen Ionen erfaßt, dann differieren Neutral- und Äquivalenzpunkt. Im letzteren Falle müssen Vergleichslösungen oder Indikatoren herangezogen werden.

pH-Indikatoren sind schwache Säuren oder Basen, die bei einem bestimmten pH-Wert im Umschlagbereich ihre Farbe verändern. Sie dürfen naturgemäß bei der Neutralisationstitration nur in sehr geringen Mengen zugesetzt werden, damit ihre eigenen H^+- oder OH^--Ionen vernachlässigt werden können. Indikatoren benutzte erstmalig ROBERT BOYLE (1627–91).

Tabelle gebräuchlicher Indikatoren

Indikator	Umschlagbereich pH	Farbenumschlag
Bromthymolblau	6 ... 8	gelb–blau
Lackmus	5,8 ... 8,0	rot–blau
Methylrot	4,2 ... 6,3	rot–gelb
Phenolphthalein	8,3 ... 10,0	farblos–rotviolett

Indikatorpapiere (Reagenzpapiere) sind mit Indikatoren getränkt und erlauben eine rasche Bestimmung des pH-Wertes. Sie werden in die zu bestimmende Lösung getaucht, und man vergleicht die Verfärbung des Papiers mit einer Standardfarbtafel.

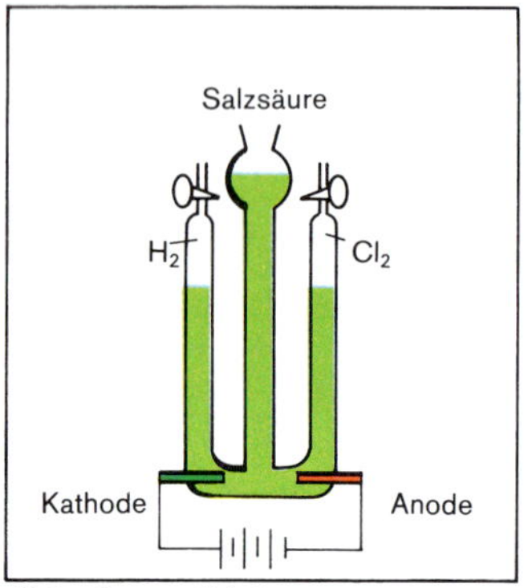

Elektrolyse von Salzsäure

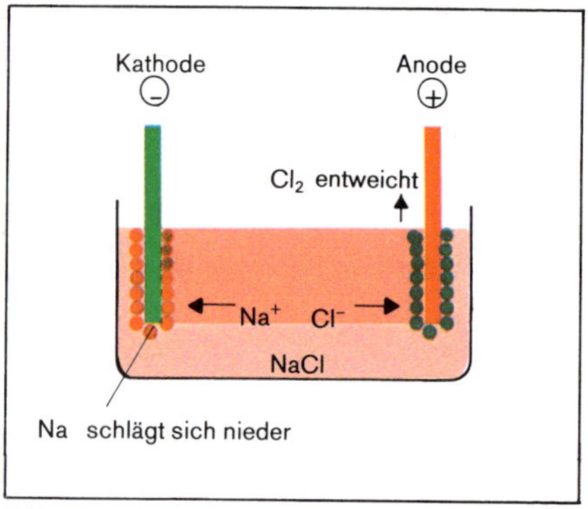

Elektrolyse einer Kochsalzschmelze

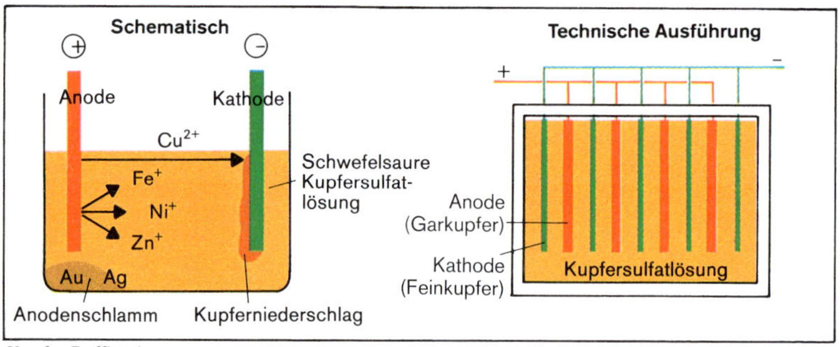

Kupfer-Raffination

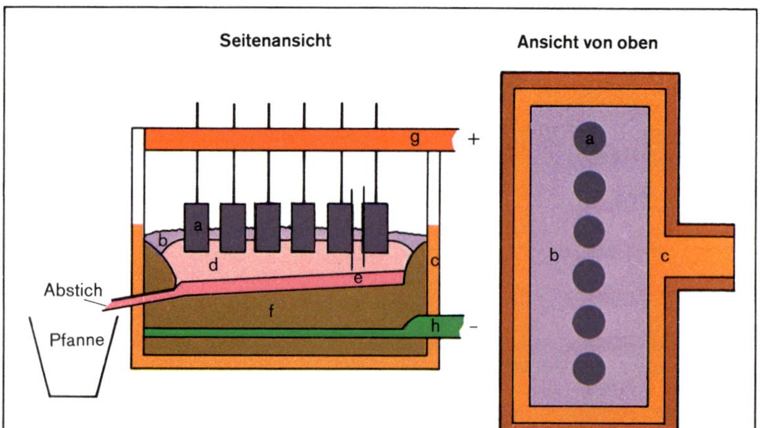

a Graphitelektroden; b Badkruste; c Wärmeisolierung; d Elektrolyt; e flüssiges Aluminium; f Kohlekathode; g Anode; h Kathode

Aluminium-Schmelzfluß-Elektrolyse

Taucht man zwei Platinelektroden in einen Elektrolyten, z. B. in eine wäßrige Salzlösung, und verbindet die Elektroden mit einer elektrischen Stromquelle, so werden zwei Vorgänge beobachtet:

a) die Ionen des Elektrolyten trennen sich räumlich und wandern zu den Elektroden,

b) die Ionen werden an den Elektroden entladen.

Diese Zerlegung eines Stoffes durch den elektrischen Strom heißt **Elektrolyse.**

Die positiven Ionen werden im elektrischen Feld zwischen den Elektroden durch die Coulomb-Kraft zur negativen Elektrode (*Kathode,* daher die Bezeichnung »Kationen«) getrieben und die negativen Ionen (»Anionen«) zur positiven Elektrode *(Anode).*

Je nach Ionenart entweichen die entladenen Ionen aus dem Elektrolyten, reagieren sofort mit dem Elektrolyten oder schlagen sich auf den Elektroden nieder.

Beispiele:

Elektrisches Feld in einer wäßrigen HCl-Lösung: Die H^+-Ionen wandern zur Kathode, nehmen dort ein Elektron auf und sind damit neutrale Wasserstoffatome H. Diese verbinden sich zu H_2 und verlassen als gasförmiger Wasserstoff den Elektrolyten. Die Cl^--Ionen folgen den elektrischen Feldlinien zur Anode und geben dort ihr überschüssiges Elektron ab. Das atomare Chlor verbindet sich zu Cl_2 und verläßt ebenfalls als Gas den Elektrolyten. Elektrisches Feld in wäßriger Kochsalzlösung: Die Chlor-Ionen werden an der positiven Elektrode entladen, Chlorgas Cl_2 entweicht. Die H^+-Ionen des Wassers werden an der negativen Elektrode entladen, es entstehen gasförmiger Wasserstoff und Natronlauge.

Elektrolytische Raffination von Kupfer. Dicke Platten aus Rohkupfer (Garkupfer) werden in eine schwefelsaure Kupfersulfat-Lösung getaucht und als Anode gegen eine Feinkupfer-Kathode geschaltet. An der Anode geht das Kupfer als Cu^{2+}-Ion in Lösung, wird durch das elektrische Feld zur Kathode getrieben, nimmt dort zwei Elektronen auf und scheidet sich auf dem Kathodenblech ab. Die Verunreinigungen des Rohkupfers gehen ebenfalls in Lösung und verbleiben entweder dort (in erster Linie Fe, Ni, Zn) oder werden entladen und sammeln sich unterhalb der Anode als Anodenschlamm (vorwiegend die Edelmetalle) an.

Schmelzflußelektrolyse. Elektrolyse kann auch in Schmelzen stattfinden. Als Beispiel diene die Aluminiumschmelzflußelektrolyse: Aus verhüttetem Bauxit wird Aluminiumoxid (Al_2O_3) gewonnen und in Elektrolyseöfen eingebracht. Die Elektroden bestehen aus Kohlenstoff, der schmelzflüssige Elektrolyt ist $Al_2O_3 \rightleftharpoons 2\,Al^{3+} + 3\,O^{2-}$. Zur Schmelzpunkterniedrigung (von 2045 °C auf 950 °C) wird Kryolith (Na_3AlF_6) zugegeben. O reagiert mit den Elektroden zu CO und CO_2 und entweicht als Gas. Das geschmolzene Al sammelt sich am Boden des Ofens und wird in regelmäßigen Abständen abgestochen.

Michael Faraday entdeckte 1837 die quantitativen Beziehungen zwischen den bei der Elektrolyse abgeschiedenen Stoffmengen und der dazu notwendigen Elektrizitätsmenge.

Die *Elektrizitätsmenge Q* wird in Coulomb gemessen.

Definition: Bei einer Stromstärke von 1 Ampere (A) fließt in 1 Sekunde (s) die Elektrizitätsmenge 1 Coulomb (C).

1. Faradaysches Gesetz: Die an den Elektroden abgeschiedene Stoffmenge n ist proportional der durch den Elektrolyten geflossenen Elektrizitätsmenge Q.

$n = Q/F$

F: Faraday-Konstante $= 9{,}65 \cdot 10^4\,C \cdot mol^{-1}$.

Aus der Messung der abgeschiedenen Stoffmenge kann die elektrische Ladung pro Ion bestimmt werden.

2. Faradaysches Gesetz: Die durch gleiche Elektrizitätsmengen abgeschiedenen Mengen unterschiedlicher Stoffe verhalten sich wie deren Äquivalentmassen.

Für die Mengen n_1, n_2 zweier Stoffe gilt dann

$$\frac{n_1}{n_2} = \frac{\text{Äquivalentmasse 1}}{\text{Äquivalentmasse 2}}.$$

Äquivalentmasse

$$= \frac{\text{rel. Atom- bzw. Molekularmasse}}{\text{Ionenladungszahl}}.$$

Die Äquivalentmasse wird in Val angegeben.

1 Val: = 1 Grammäquivalent

: = Äquivalentmasse in Gramm

Beispiele:

1 Val Sulfat-Ion SO_4^{2-} = 96,1 g/2 = 48,0 g

1 Val Aluminiummetall Al = 27,0 g/3 = 9,0 g

1 Val Chlor-Ionen Cl^- = 35,4 g/1 = 35,4 g

1 Val Chlor in Perchlorsäure = 35,4 g/7 = 5,07 g

Normalität von Lösungen: Lösungen, die die Stoffkonzentration 1 Val pro Liter enthalten, heißen 1-normale Lösungen.

$$\text{Normalität:} = \frac{\text{Grammäquivalent}}{\text{Volumen}},$$

abgekürzt n und angegeben in Val/l.

Beispiele:

1-normale Carbonatlösung CO_3^{2-} = 60,0 g/2 = 30 g CO_3^{2-} pro Liter.

0,1-normale Kochsalzlösung NaCl = 5,84 g/1 l = 5,84 g NaCl pro Liter.

3-normale Zuckerlösung $C_5H_{10}O_5$ = 450 g Pentose/l.

Entsprechend enthält eine 1-normale Säure 1 Val H^+-Ionen pro l und eine 1-normale Base 1 Val OH^--Ionen pro l.

Beispiele:

1-normale Schwefelsäure = 1-n H_2SO_4 enthält 98,1/2 g H_2SO_4 pro l = 49,0 g H_2SO_4 pro Liter.

Entsprechend,

2-n H_2SO_4 = 98,1 g/l

0,3-n H_2SO_4 = 14,7 g/l

1-n NaOH = 40 g NaOH pro Liter

0,5-n NaOH = 20 g/l

Normallösungen sind in der Regel solche Lösungen, deren Konzentration »1-normal« oder Dezimalbruchteile davon (meist 0,1-n Abstufungen) sind.

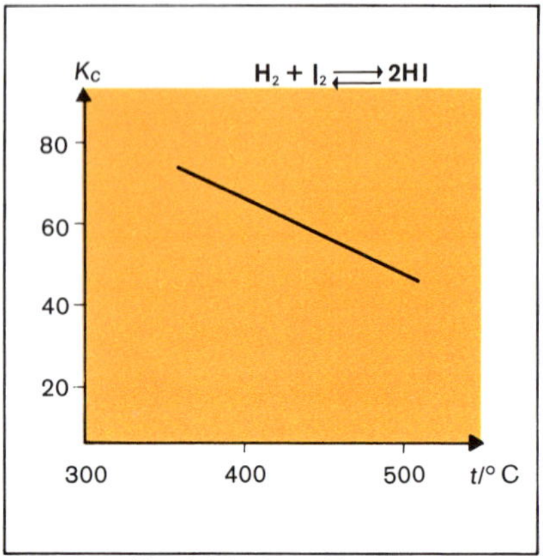

Temperaturabhängigkeit der Gleichgewichtskonstanten K_c

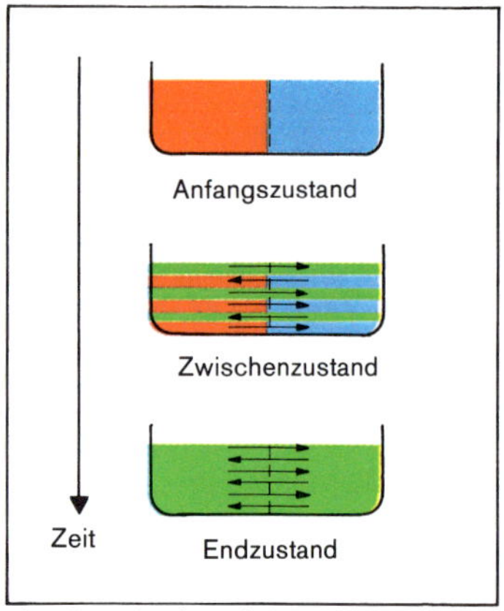

Einstellung des dynamischen Gleichgewichts

Pufferbereich pH	A	B	ergibt pH	B	ergibt pH
1,0– 2,2	0,2 m KCl	134 cm^3 0,2 m HCl	1,0	7,8 cm^3 0,2 m HCl	2,2
2,2– 4,0	0,1 m KHPt	49,5 cm^3 0,1 m HCl	2,2	0,1 cm^3 0,1 m HCl	4,0
4,0– 5,9	0,1 m KHPt	1,3 cm^3 0,1 m NaOH	4,0	43,7 cm^3 0,1 m NaOH	5,9
5,8– 8,0	0,1 m KH_2PO_4	3,6 cm^3 0,1 m NaOH	5,8	46,7 cm^3 0,1 m NaOH	8,0
7,9– 9,0	0,1 m Tris	32,0 cm^3 0,1 m HCl	7,9	5,7 cm^3 0,1 m HCl	9,0
8,9– 9,1	0,025 m Borax	7,1 cm^3 0,1 m HCl	8,9	2,0 cm^3 0,1 m HCl	9,1
9,2–10,0	0,025 m Borax	0,9 cm^3 0,1 m NaOH	9,2	18,3 cm^3 0,1 m NaOH	10,0
10,0–11,0	0,05 m $NaHCO_3$	10,7 cm^3 0,1 m NaOH	10,0	22,7 cm^3 0,1 m NaOH	11,0
11,0–12,0	0,05 m Na_2HPO_4	4,1 cm^3 0,1 m NaOH	11,0	26,9 cm^3 0,1 m NaOH	12,0
12,0–13,0	0,2 m KCl	12 cm^3 0,2 m NaOH	12,0	132,0 cm^3 0,2 m NaOH	13,0

KHPt = Kaliumhydrogenphthalat; Tris = 2-Amino-2-hydroxymethyl-1.3-propandiol

Puffergemische aus 50 cm^3 A + B

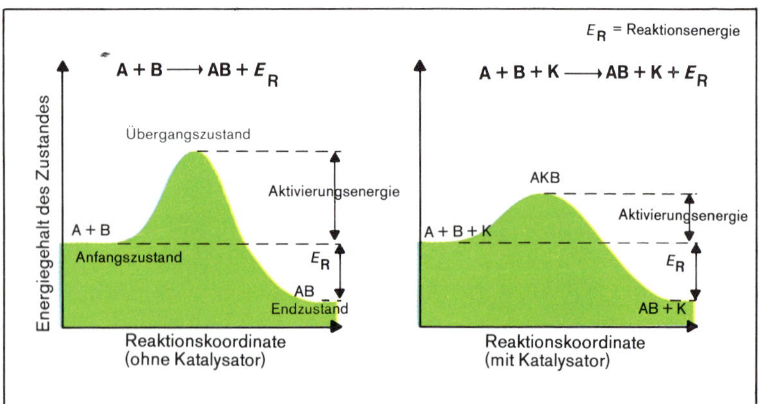

Reaktionskoordinaten-Diagramme einer exothermen Reaktion

Reagieren die Stoffe A und B miteinander, so entsteht das Reaktionsprodukt AB.

$A + B \rightarrow AB$ (Hinreaktion).

AB kann wieder in die Ausgangsstoffe rückreagieren, z. B. durch Zerfall.

$AB \rightarrow A + B$ (Rückreaktion).

Die Gesamtreaktion lautet somit:

$A + B \rightleftharpoons AB$.

Beispiel: Bildung und Zerfall von Iodwasserstoff.

$H_2 + I_2 \rightleftharpoons 2\,HI \qquad \Delta H = -\,9{,}47\ \text{kJ}$

Die Erfahrung lehrt, daß sich nach einer Anlaufzeit ein chemisches Gleichgewicht einstellt, d. h. die Konzentration der Reaktionspartner bleibt dann konstant. Es ist ein *dynamisches* Gleichgewicht: Die durch die Hinreaktion verbrauchten Stoffmengen werden stetig durch die Rückreaktion wieder gebildet.

Das **Massenwirkungsgesetz** (formuliert 1867 von C. Guldberg und P. Waage) beschreibt die Konzentrationen der Reaktionspartner im Zustand des chemischen Gleichgewichts:

$$\frac{[AB]}{[A] \cdot [B]} = K_c$$

Die *Gleichgewichtskonstante* K_c hängt von Temperatur und Druck ab.

Beispiel: Bildung und Zerfall von HI bei 500 °C

$$\frac{[HI] \cdot [HI]}{[H_2] \cdot [I_2]} = \frac{[HI]^2}{[H_2] \cdot [I_2]} = 40.$$

Bei 400 °C nimmt die Gleichgewichtskonstante den Wert 60 an, d. h. mit sinkender Temperatur verschiebt sich das dynamische Gleichgewicht zugunsten der Bildung von HI.

Pufferlösungen (oder *Puffer*) sind Lösungen, die einen gegen Verdünnen und gegen Säure- und/oder Basenzusatz weitgehend unempfindlichen pH-Wert besitzen.

Die Puffergüte (γ_v) ist ein Maß für das pH-Verhalten eines Systems, das aus einer Ausgangslösung durch einen Zusatzstoff entsteht.

$$\gamma_v = \frac{1}{V_0} \cdot \frac{\Delta V}{\Delta pH}$$

mit V_0: Ausgangsvolumen; ΔV: Zugabevolumen; ΔpH: verursachte Änderung des pH-Wertes.

Salze aus schwachen Säuren und starken Basen lassen sich zur Pufferung von Säuren verwenden, Salze aus starken Säuren und schwachen Basen zur Pufferung von Basen.

Pufferlösungen aus schwacher Säure (z. B. Essigsäure, Kohlensäure, Phosphorsäure) und einem Salz dieser Säure (z. B. Natriumacetat, Soda, Natriumphosphat) puffern sowohl Säuren als auch Basen.

Beispiel: Der Acetatpuffer besteht aus einem wäßrigen Gemisch von Essigsäure und Natriumacetat.

Im Gleichgewicht gilt:

$$\frac{[CH_3COOH] \cdot [CH_3COONa] \cdot [H_2O]}{[CH_3COO^-]^2 \cdot [H^+]^2 \cdot [Na^+] \cdot [OH^-]} = K_c$$

= konstant.

Wird nun etwas Salzsäure HCl hinzugefügt, d. h. die H-Ionen-Konzentration $[H^+]$ erhöht, so wird der Nenner zu groß und die zusätzlichen H-Ionen reagieren mit CH_3COO^- und OH^- zu schwach dissoziierter Essigsäure bzw. Wasser und K_c bleibt konstant.

Zur Eichung bei pH-Messungen werden *Standardpufferlösungen* nach DIN benutzt.

Das **Prinzip von Le Chatelier** (Prinzip des kleinsten Zwanges) gilt auch für chemische Gleichgewichte: Übt man auf ein System im Gleichgewicht durch Änderung der äußeren Bedingungen einen Zwang aus, so verschiebt sich das Gleichgewicht derart, daß es dem äußeren Zwang ausweicht.

Beispiel: Besitzt bei einer Gasreaktion das Reaktionsprodukt ein geringeres Volumen als die Ausgangsstoffe, so führt Druckerhöhung zu einer Verschiebung nach rechts. Das wird z. B. ausgenutzt bei der Ammoniaksynthese $3\,H_2 + N_2 \rightleftharpoons 2\,NH_3$ zur Ausbeuteverbesserung.

Die Geschwindigkeit der Gleichgewichtseinstellung hängt von den *Geschwindigkeitskonstanten* k der Hinreaktion ($k_\rightarrow$) und der Rückreaktion ($k_\leftarrow$) ab. Dabei gilt: $K_c = k_\rightarrow / k_\leftarrow$.

Terminologie: Ist $k_\rightarrow \ll k_\leftarrow$, so heißt der Ausgangszustand des Systems *metastabil*, fur $k_\rightarrow \gg k_\leftarrow$ *instabil*. Ein *stabiler* Zustand liegt nur dann vor, wenn überhaupt keine Reaktion stattfindet.

Katalysatoren beschleunigen die Geschwindigkeit der Gleichgewichtseinstellung, sie haben jedoch keinen Einfluß auf die Lage des Gleichgewichts, d. h. auf K_c.

Katalysatoren können auf zwei, nicht streng gegeneinander abgegrenzte Weisen wirken:

1. Bildung leicht reagierender Zwischenprodukte. Die Reaktion $A + B \rightleftharpoons AB$ durchläuft hierbei eine Zwischenstufe $A + K \rightleftharpoons AK$, die unter Rückbildung des Katalysators K weiterreagiert. $AK + B \rightleftharpoons K + AB$. Beide Teilreaktionen sind zusammen schneller als die direkte Reaktion ohne K.

Beispiel: Bleikammerverfahren der Schwefelsäuregewinnung.

$$N_2O_3 + SO_2 \rightleftharpoons 2\,NO + SO_3$$
$$2\,NO + 1/2\,O_2 \rightleftharpoons N_2O_3$$

---

netto: $SO_2 + 1/2\,O_2 \rightleftharpoons SO_3$

In dieser *homogenen Katalyse* sind Stickstoffoxide der Katalysator.

2. Oberflächenwirkung des Katalysators. Adsorption der Stoffe an der Oberfläche und dadurch Übergang in einen reaktionsbereiteren Zustand. Es handelt sich dabei um eine *heterogene Katalyse* zwischen gasförmigen oder flüssigen Stoffen und festen Katalysatoren.

Die Oberflächenwirkung fester Katalysatoren wird häufig durch minimale Mengen von *Kontaktgiften* aufgehoben.

Beispiel: Die Pb-Partikel in verbleitem Benzin überziehen die katalytisch wirksamen Pt- und Rh-Schichten des Katalysators im Abgasreiniger.

Aktivatoren, die ihrerseits keine katalytische Wirkung zeigen, können die Wirkung von Katalysatoren bedeutend verstärken.

Temperaturerhöhung steigert die Geschwindigkeit der Gleichgewichtseinstellung.

Faustregel: Eine Erhöhung um 10 °C bei Raumtemperatur vergrößert die Reaktionsgeschwindigkeit auf das Zwei- bis Vierfache.

Im Gegensatz zu Katalysatoren führt Temperaturerhöhung zur Veränderung der Gleichgewichtslage, d. h. von K_c.

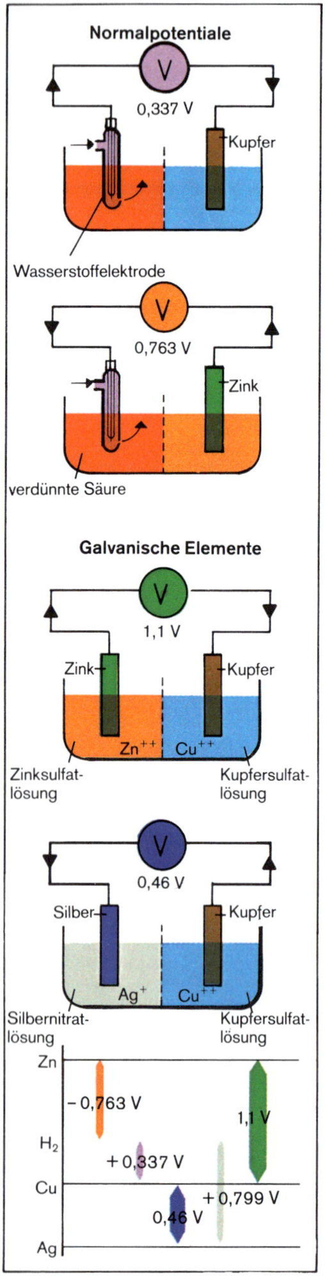

Elektrochemische Potentiale

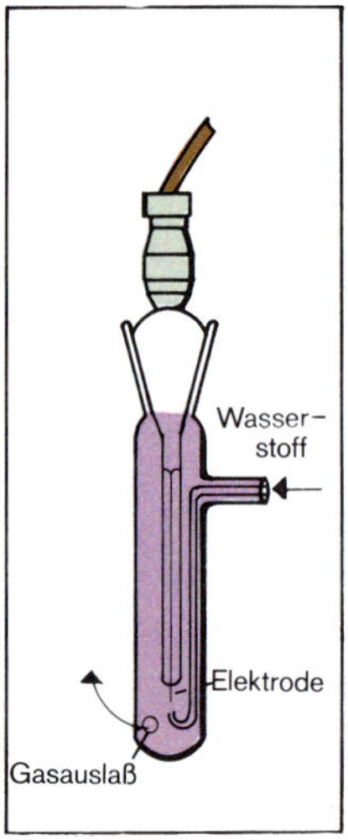

Wasserstoffelektrode

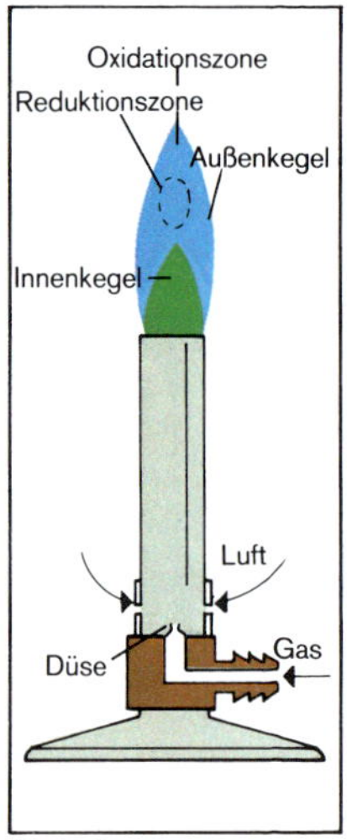

Bunsenbrenner

Reduktion	⇄	Oxidation	Normalpotential in Volt
Li	⇄	Li^{+} + e	– 3,04
K	⇄	K^{+} + e	– 2,92
Ca	⇄	Ca^{2+} + 2 e	– 2,87
Na	⇄	Na^{+} + e	– 2,71
Mg	⇄	Mg^{2+} + 2 e	– 2,36
Be	⇄	Be^{2+} + 2 e	– 1,85
Al	⇄	Al^{3+} + 3 e	– 1,66
Mn	⇄	Mn^{2+} + 2 e	– 1,18
Zn	⇄	Zn^{2+} + 2 e	– 0,763
Cr	⇄	Cr^{3+} + 3 e	– 0,744
Ga	⇄	Ga^{3+} + 3 e	– 0,529
Fe	⇄	Fe^{2+} + 2 e	– 0,44
Cd	⇄	Cd^{2+} + 2 e	– 0,403
Co	⇄	Co^{2+} + 2 e	– 0,277
Ni	⇄	Ni^{2+} + 2 e	– 0,23
Sn (weiß)	⇄	Sn^{2+} + 2 e	– 0,136
Pb	⇄	Pb^{2+} + 2 e	– 0,126
D_2	⇄	$2D^{+}$ + 2 e	– 0,0034
* H_2	⇄	$2H^{+}$ + 2 e	± 0,0000
Cu	⇄	Cu^{2+} + 2 e	+ 0,337
Ag	⇄	Ag^{+} + e	+ 0,799
Hg	⇄	Hg^{2+} + 2 e	+ 0,854
Pd	⇄	Pd^{2+} + 2 e	+ 0,987
Pt	⇄	Pt^{2+} + 2 e	+ 1,2
Au	⇄	Au^{3+} + 3 e	+ 1,50

* Definition

Elektrochemische Spannungsreihe

Oxidation ist jener Vorgang, bei dem einem Stoff Elektronen entzogen werden. Das ist eine umfassendere Definition als die veraltete, bei der unter Oxidation die Fähigkeit des Sauerstoffs verstanden wurde, sich mit fast allen Stoffen unter Energieabgabe zu verbinden.

Beispiele:

$C + O_2 \rightarrow CO_2 \quad \Delta H = -394\ kJ$

(Elektronenübergang von C nach O, die p-Schale beider Sauerstoffatome wird aufgefüllt.)

$Fe^{2+} \rightarrow Fe^{3} + e^-$

(Oxidation des zweifach geladenen Fe-Ions durch Elektronenabgabe in das dreifach geladene.)

Anodische Oxidation

(Hierbei entzieht die positive Elektrode dem Anion des Elektrolyten Elektronen.)

Oxidationsmittel sind elektronenaufnehmende Stoffe (z. B. $KMnO_4$, $KClO_3$, PbO_2, Cl_2, I_2, Fe^{2+}).

Oxidationszahl (früher: Wertigkeit) siehe S. 31.

Reduktion ist jener Vorgang, bei dem einem Stoff Elektronen zugeführt werden. Das ist eine umfassendere Definition als die veraltete, bei der unter Reduktion Sauerstoffentzug unter Bildung sauerstoffärmerer oder sauerstofffreier Stoffe verstanden wurde.

Beispiele:

Reduktion von Kupferoxid zu metallischem Kupfer.

$CuO + H_2 \rightarrow Cu + H_2O$.

(Elektronenübertragung von H nach Cu.)

$Fe^{3+} + e^- \rightarrow Fe^{2+}$.

(Reduktion des dreifach geladenen Fe-Ions durch Elektronenaufnahme in das zweifach geladene.)

Kathodische Reduktion

(Hierbei führt die negative Elektrode den Kationen des Elektrolyten Elektronen zu.)

Reduktionsmittel sind elektronenabgebende Stoffe (z. B. atomarer Wasserstoff, metallisches Natrium).

Ein **Redox-System** (**Red**uktions-**Ox**idations-System) ist ein elektronenaufnehmendes und elektronenabgebendes System. Es liegt jeder Oxidation oder Reduktion zugrunde, denn werden dem einen Stoff Elektronen entzogen – wird er oxidiert –, so müssen diese einem anderen Stoff zugeführt werden – der dann seinerseits reduziert wird –, und umgekehrt.

$$\text{Reduktions-mittel} \underset{\text{Reduktion}}{\overset{\text{Oxidation}}{\rightleftarrows}} \text{Oxidations-mittel} + \text{Elektronen}$$

Beispiel: $Fe^{2+} \rightleftharpoons Fe^{3+} + e^-$.

Das Gleichgewicht zwischen Reduktions- und Oxidationsmittel stellt sich nach dem Massenwirkungsgesetz ein.

Die Anzahl der im Redox-System freiwerdenden Elektronen ist gleich der Änderung der Oxidationszahl, der elektrochemischen Wertigkeit des Stoffes.

Beispiel:

$$\overset{+II}{Mn^{2+}} + 4\,H_2O \rightleftharpoons \overset{+VII}{MnO_4^-} + 8\,H^+ + 5\,e^-.$$

Die **elektrochemische Spannungsreihe** ordnet Stoffe in eine solche Reihenfolge, daß in einem Redox-System der höherstehende Stoff Elektronen an den tieferstehenden abgibt. Daraus läßt sich entnehmen, welcher Stoff welchen oxidiert bzw. reduziert.

Die treibende Kraft des Elektronentransfers ist eine elektrische Potentialdifferenz, charakterisiert durch Vorzeichen (+ oder –) und Betrag (gemessen in Volt (V)). Die Position eines Stoffes innerhalb der Spannungsreihe wird mit Hilfe galvanischer Elemente bestimmt.

Beispiel: Taucht ein metallischer Kupferstab in eine Kupfersulfatlösung und ein metallischer Zinkstab in eine Zinksulfatlösung und werden beide Lösungen durch eine poröse Scheidewand (Diaphragma) verbunden, so mißt man eine elektrische Potentialdifferenz von 1,10 V zwischen beiden Stäben, den Elektroden. Werden beide Elektroden durch eine elektrische Leitung verbunden, so fließen Elektronen vom Zn zum Cu. Zn erweist sich damit als elektrochemisch negativ im Vergleich mit Cu. Diese experimentelle Anordnung ist ein *galvanisches Element,* speziell ein Daniell-Element.

Ersetzt man im Daniell-Element Zn durch Ag, so ist die gemessene Potentialdifferenz 0,46 V; der Strom fließt in umgekehrter Richtung. Also steht Ag in der Spannungsreihe unterhalb von Cu, es ist »edler«.

Bei Elektronenübergang werden lediglich Potentialdifferenzen und Vorzeichen gemessen.

Es ist nützlich, für die quantitative Beschreibung eines Stoffes einen Potentialnullpunkt festzulegen.

Das *Normalpotential* des Stoffes ist dann definitionsgemäß die Potentialdifferenz zwischen dem Stoff und dem Potentialnullpunkt.

Vereinbarung [nach einem Vorschlag von Walther Nernst (1864–1941)]:

1. Das Potential der Normal-Wasserstoffelektrode ist Null.
2. Alle in der Spannungsreihe über dem Wasserstoff angeordneten Stoffe sind negativ, alle darunter positiv.

Die **Normal-Wasserstoffelektrode** ist eine von H_2 bei Atmosphärendruck umspülte und in eine 1-normale Wasserstoffionenlösung bei 25 °C eintauchende platinierte Platinelektrode.

Anwendung in der **Silbergewinnung:** Das fein zermahlene Silbererz wird mit einer Natriumcyanidlösung ausgelaugt, das Silber geht als Silbercyanid-Komplex in Lösung. Nach Reinigung werden die Silberionen durch Einrühren von Zinkstaub aus der Lösung elektrochemisch gefällt.

$2\,Ag^+ + Zn \rightarrow 2\,Ag + Zn^{2+}$.

Ag steht in der Spannungsreihe unterhalb von Zn, es ist »edler« als Zn, daher gehen die Elektronen vom Zn zu den Ag-Ionen über, führen diese in neutrales Ag über, das dann anschließend als metallisches Silber ausfällt. Die gebildeten Zn-Ionen bleiben in Lösung.

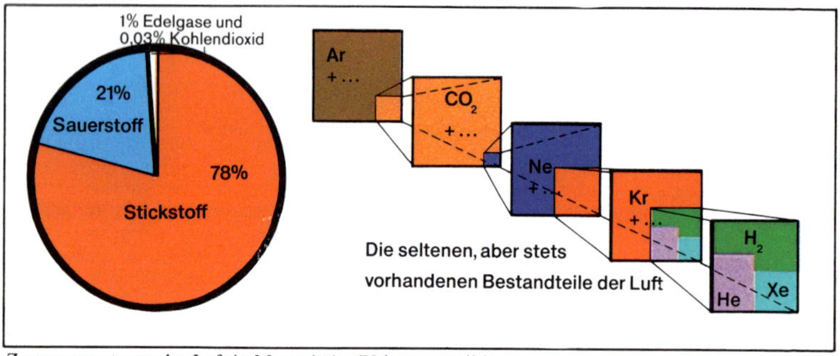

Zusammensetzung der Luft in Meereshöhe (Volumenanteile)

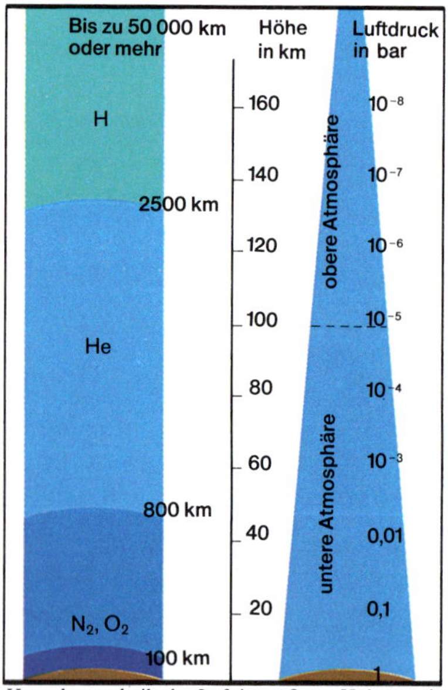

Hauptbestandteile der Luft in größeren Höhen und Abnahme des Luftdrucks mit der Höhe

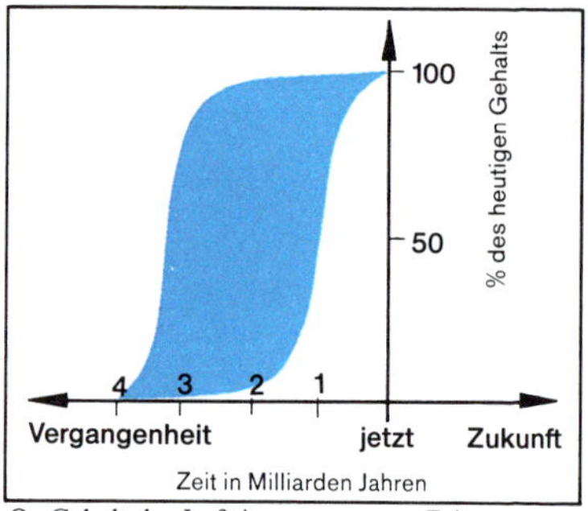

O_2-Gehalt der Luft in vergangenen Zeiten

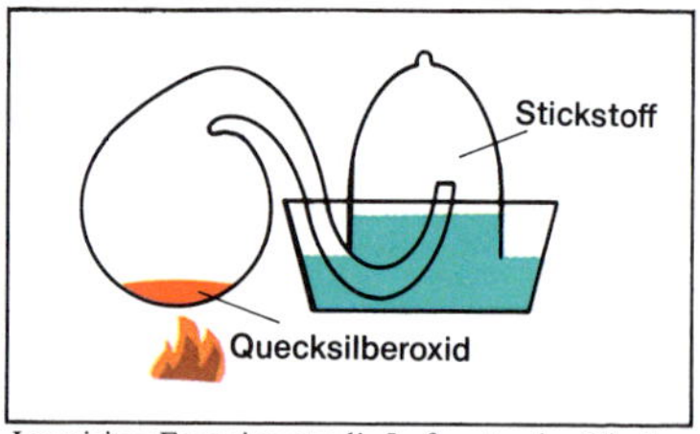

Lavoisiers Experiment: die Luft unter der Glocke enthält keinen Sauerstoff mehr

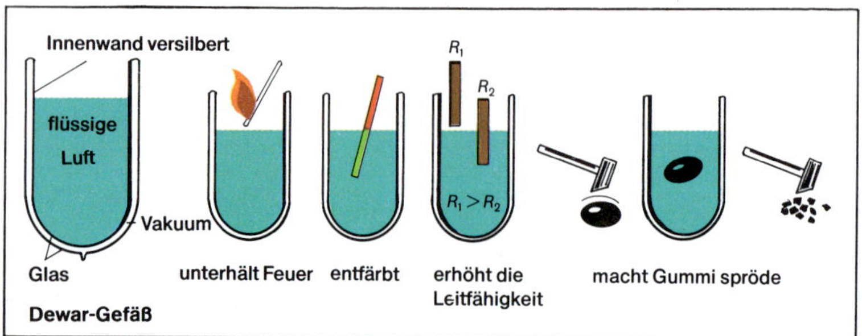

Experimente mit flüssiger Luft

Luft ist ein farbloses, homogenes Gemisch von Gasen; die mittlere Dichte beträgt 0,00129 g/cm³. In Bodennähe besteht sie zu rund 99 % aus zwei Komponenten: Sauerstoff und Stickstoff. Bei den restlichen Bestandteilen wird unterschieden zwischen jenen, die immer vorhanden sind – Edelgase, Wasserdampf und Carbondioxid – und den durch die Umwelt bedingten Beimischungen wie Schwefeldioxid, Ruß, Schwebstoffe, Abgase, Stickstoffoxide und Staub. Diese letzteren Bestandteile liegen häufig als *Aerosol* – Absorption und Adsorption in Flüssigkeitströpfchen – vor.

Bis zum Ende des 18. Jahrhunderts galt die Luft als einheitliches Element. Erst die Versuche von J. Priestley (1733–1804) und von A. L. de Lavoisier (1743–94) zeigten, daß Luft mindestens zwei Bestandteile enthält: ein Gas, das die Verbrennung fördert (Sauerstoff), und ein anderes, das die Flamme nicht unterhält (Stickstoff).

Lavoisier bewies das 1774 auf folgende Weise: Luft unter einer Glasglocke war durch ein Wasserbad von der Atmosphäre abgetrennt. Der Hals einer teilweise mit Quecksilber gefüllten Retorte ragte in dieses Luftvolumen hinein. Das metallische Quecksilber wurde in der Retorte erhitzt, verdampfte und reagierte mit dem Sauerstoff im Luftvolumen zu Quecksilberoxid. Der gasförmige Sauerstoff unter der Glasglocke verschwand daher und Flüssigkeit aus dem Wasserbad füllte den Volumenanteil des Sauerstoffs (rund 21 %) auf; der Wasserspiegel stieg in der Glocke entsprechend.

Die rot-gelbe Verfärbung in der Retorte zeigte die Entstehung von Quecksilberoxid an. Wird anschließend das Quecksilberoxid erhitzt, so tritt ein Gas aus, das deutlich erkennbar die Verbrennung fördert – Sauerstoff.

Im Laufe der geologischen Entwicklung der Erdoberfläche hat sich die Zusammensetzung der Erdatmosphäre immer wieder drastisch verändert. Der lebenswichtige Sauerstoff ist wahrscheinlich ein relativ neuer Bestandteil und entstammt zum allergrößten Teil dem Stoffwechsel der Pflanzen.

Zusammensetzung der Luft in Bodennähe

	Anteile in Prozent	
Bestandteil	Masse	Volumen
Stickstoff	75,52	78,08
Sauerstoff	23,01	20,95
Argon	1,29	0,93
Carbondioxid	0,04	0,0314
Neon	0,0012	0,0018
Krypton	0,0003	0,00011
Wasserstoff	0,00005	0,00005
Xenon	0,00004	0,000009

Flüssige Luft. Wird Luft stark abgekühlt, so treten ihre Bestandteile in die flüssige Stoffphase über; Sauerstoff bei −183 °C und Stickstoff bei −196 °C. O_2, N_2 und die Edelgase werden auf diese Weise großtechnisch aus der Luft gewonnen. Das Kühlverfahren von Carl Linde (1895) nutzt dafür den Wärmeverbrauch bei der Entspannung eines Gases (Joule-Thomson-Effekt) aus. Um 1 kg Luft zu verflüssigen, wird etwa 1 kWh benötigt.

Flüssige Luft ist farblos und hat eine Dichte von 0,9 g/cm³. Steht flüssige Luft in einem gegen Wärmeverluste isolierten Behälter (z. B. im doppelwandigen Dewar-Gefäß), so siedet zuerst der Stickstoff ab und die Flüssigkeit nimmt die bläuliche Farbe des flüssigen Sauerstoffs an. Wird flüssige Luft ausgeschüttet, so gleiten die einzelnen Tropfen praktisch ohne Reibung auf dem Boden umher. An der Kontaktfläche verdampft die flüssige Luft, der Tropfen gleitet wie ein Luftkissenfahrzeug auf einem Luftpolster (Leidenfrost-Phänomen).

Luftdruck. Das Gewicht der Luft erzeugt den Luftdruck. Er ist somit an der Erdoberfläche am größten und fällt exponentiell mit steigender Höhe über dem Erdboden ab. Die *barometrische Höhenformel* beschreibt diesen Druckverlauf:

$$p = p_0\, e^{-gh/RT}$$

mit p = Luftdruck in der Höhe h, p_0 = Luftdruck in Meereshöhe, g = Fallbeschleunigung, R = universelle Gaskonstante, T = Temperatur in K.

Bei konstanter Lufttemperatur von 0 °C und Angabe von h in m gilt,

$$p = p_0\, e^{-0{,}000125\, h},$$

Faustregel: Alle 20 km sinkt der Luftdruck auf 10 % des Ausgangswertes.

Der Luftdruck wird in Millibar gemessen. Veraltete Einheiten sind Torr, mm Quecksilbersäule und Atmosphäre. Umrechnungen: 1 Atmosphäre (atm) = 1013 Millibar (mbar) = 760 Torr = 760 mm Hg.

Die **Luftfeuchtigkeit** ist der Anteil von Wasserdampf in der Luft. Die *absolute Luftfeuchtigkeit* wird in g/m³ gemessen; es ist der in einem m³ Luft enthaltene Wasserdampf. Die *maximale Luftfeuchtigkeit* gibt an, wieviel Wasserdampf bei vorgegebener Temperatur die Luft aufnehmen kann. Wird die maximale Luftfeuchtigkeit überschritten, so kondensiert der Wasserdampf zu Tröpfchen (Wolkenbildung), und es kann regnen.

Für das menschliche Wohlbefinden ist der Quotient beider Größen wichtig, daher wird im Wetterbericht die *relative Luftfeuchtigkeit* = maximale Luftfeuchtigkeit/absolute Luftfeuchtigkeit – ausgedrückt in Prozent – angegeben. Bei 100 % relativer Luftfeuchtigkeit ist der Quotient = 1.

Stickstoff und Sauerstoff nehmen an zahlreichen Prozessen in der belebten und unbelebten Natur teil. Die Zusammensetzung der Luft bleibt dennoch konstant, denn ihre Bestandteile durchlaufen Kreisprozesse, die zu ständiger Erneuerung führen.

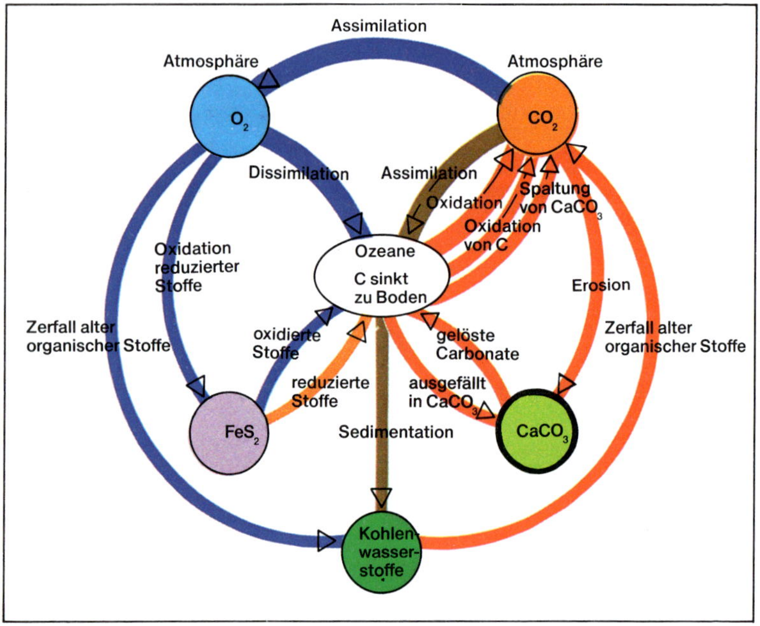

Globaler CO_2- und O_2-Zyklus

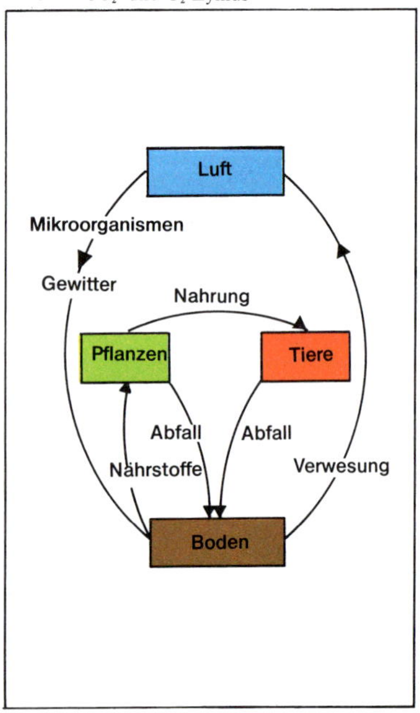

Der Kreislauf des Stickstoffs

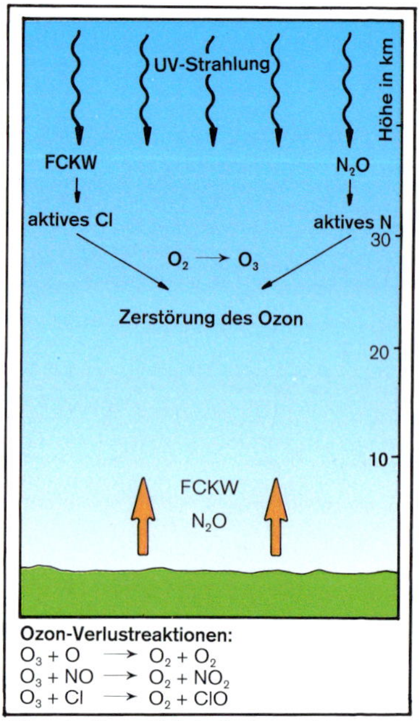

Abbau der Ozonschicht in der Stratosphäre

Kreislauf des Sauerstoffs. Die Atmung der Lebewesen, die Verwesung organischer Substanzen und die industriellen Verbrennungsprozesse entziehen der Luft ständig Sauerstoff. Er wird in den Endprodukten Carbondioxid CO_2 und Wasser H_2O gebunden. Die Assimilation der Pflanzen führt der Luft Sauerstoff zu: Das Carbondioxid der Luft wird durch winzige Spaltöffnungen von den Blättern aufgenommen und zusammen mit Wasser zu Kohlehydraten (in erster Linie Zucker und Stärke) aufgebaut. Sauerstoff wird an die Luft abgegeben. Die notwendige Energie entnimmt die Pflanze mit Hilfe des Blattgrüns (Chlorophyll) dem Sonnenlicht.
Die Luft enthält etwa 10^{15} Tonnen Sauerstoff; jährlich nehmen davon rund 0,01 % am Kreislauf teil.
Kreislauf des Stickstoffs. Weder Pflanzen noch Tiere können den Luftstickstoff direkt verwerten. Lediglich einige Bakterien und Mikroorganismen assimilieren in speziellen Pflanzenorganen (z. B. in den Knöllchen der Schmetterlingsblütler) den Stickstoff direkt aus der Luft. Dieser Vorgang deckt allerdings nicht den Stickstoffbedarf der Pflanzen, sie ergänzen ihn durch Ammoniumsalze und Nitrate aus dem Boden.
Die Tiere decken ihren Stickstoffbedarf in erster Linie aus pflanzlichen Eiweißen. Sie scheiden Stickstoff über die Verbindung Harnstoff $CO(NH_2)_2$ wieder aus. Bei der Verwesung gelangt der Stickstoff – meist in Form von Nitraten und Ammoniumsalzen – wieder in den Boden zurück und steht den Pflanzen erneut zur Verfügung, der Kreislauf ist geschlossen. Es dauert rund 100 Millionen Jahre, bis der gesamte Stickstoffvorrat der Luft den Zyklus einmal durchläuft.

Neuerdings entnimmt der Mensch der Luft Stickstoff und führt ihn bei der Düngung mit Hilfe synthetischer Stickstoffverbindungen dem Boden zu. Das sind jährlich etwa 10^7 Tonnen, ein sehr geringer Bruchteil des gesamten Luftstickstoffs (rund 10^{16} Tonnen).

Kreislauf des Carbondioxids. CO_2 ist zwar nur ein sehr geringer Bestandteil der Luft, doch spielt es für den Wärmehaushalt der Erde und damit für das Klima eine ausschlaggebende Rolle. Die Grünpflanzen assimilieren CO_2 direkt aus der Luft und bauen daraus organische Verbindungen (z. B. Zucker, Kohlehydrate, Fette) auf. Lebewesen nutzen diese als Nahrung und geben den Kohlenstoff über ihre Abfallprodukte und durch Verwesung an die Atmosphäre zurück.
CO_2 zirkuliert wesentlich schneller als Stickstoff und Sauerstoff; ein voller Kreislauf dauert nur 35 Jahre.

Luftverschmutzung ist ein Problem der menschlichen Ballungsräume und Industriezentren. Bei der Verbrennung von Heizöl, Kohle und Benzin sowie bei industriellen Prozessen werden Gase, Flüssigkeiten (in Form von Dämpfen) und Feststoffe (Ruß, Staub, Gummiabrieb) an die Luft abgegeben. In hohen Konzentrationen können diese Stoffe Atembeschwerden, Sichtbehinderung und Gesundheitsschäden hervorrufen.
Wie rasch lokale Konzentrationen an Verschmutzungsprodukten auf vernachlässigbare Werte absinken, hängt in erster Linie von den meteorologischen Bedingungen ab. Liegt eine Umkehrung *(Inversion)* der natürlichen Temperaturschichtung der Luft vor, d. h. kalte Luft liegt über wärmeren Bodenluftschichten, so findet keine Vertikalturbulenz statt und die Schadstoffe konzentrieren sich als *Smog* (engl. Kunstwort aus »smoke« und »fog«) in Bodennähe (Dunstglocke der Großstädte).

Die Luftverschmutzung in Deutschland stammt zu 42 % aus Haushalten (Kohle- und Ölverbrennung), 35 % verursacht die Industrie (Elektrizitäts- und Zementwerke, Müllverbrennung) und 22 % erzeugen Straßen-, Schienen- und Luftverkehr.

Gas- und dampfförmige Verschmutzungsanteile werden durch Filter, chemische (katalytische) Methoden und Nachverbrennung beseitigt.
Feste Schadstoffe können durch Filter und Staubabscheider zurückgehalten werden.
Neben speziellen Abgasen der Industrie sind im allgemeinen besonders gefährlich:

SO_2 (führt zusammen mit Wasser zu schweren Gebäudeschäden), CO (Gefahr der Blockierung des Sauerstofftransportes im Blut) und hochmolekulare Kohlenwasserstoffe aus der Verbrennung flüssiger und fester Brennstoffe (karzinogene Wirkungen).

NO_2 aus Motoren bildet unter UV-Einwirkung Ozon, das die Atemwege reizt und bis zum Lungenödem führen kann.

Carbonmonooxid-Abgase von Automotoren. Rund 3000 l Gemisch aus Luft und Brennstoff werden pro gefahrenem Kilometer benötigt. Bei idealer Verbrennung des Treibstoffs (z. B. des Bestandteils C_8H_{18}):

$$C_8H_{18} + 12\tfrac{1}{2}\,O_2 \rightarrow 8\,CO_2 + 9\,H_2O + \text{Energie}$$

entsteht kein CO. Das dafür notwendige Massenverhältnis Luft : Treibstoff von 15,1 : 1 wird jedoch im Verbrennungsraum wegen des geringeren Wirkungsgrades nicht angestrebt.

In der Regel liegt im Benzinmotor das Massenverhältnis (12–14) : 1 vor. Das führt zu

$$C_8H_{18} + (12\tfrac{1}{2} - x/2)O_2 \rightarrow x\,CO + (8-x)CO_2 + 9\,H_2O + \text{Energie.}$$

Das giftige CO kann durch katalytische Nachverbrennung beseitigt werden.

Ist das Luft-Brennstoff-Verhältnis auf die ideale Mischung eingestellt (z. B. in Dieselmotoren), so entsteht praktisch kein CO.

Ozon O_3 ist Bestandteil der oberen Luftschichten; ihr Gehalt beträgt $(1–3) \cdot 10^{-6}\,\%$, die Konzentration ist maximal zwischen 20 und 35 km Höhe. Ozon entsteht durch Spaltung des O_2-Moleküls durch die kurzwellige Komponente ($\lambda < 250$ nm) des Sonnenlichts und anschließender Reaktion des atomaren Sauerstoffs mit O_2

$$O_2 \rightleftharpoons 2O \qquad \Delta H = +\,499\ \text{kJ}$$
$$O_2 + O \rightleftharpoons O_3 \qquad \Delta H = -\,106{,}6\ \text{kJ}$$

Die atmosphär. Ozonschicht absorbiert die langwellige Komponente des UV des Sonnenspektrums und schützt damit die Biosphäre vor dieser lebensgefährdenden Strahlungskomponente. Abgase von Düsenmaschinen, Treibgase, Kühlflüssigkeiten (FCKW: Fluorchlorkohlenwasserstoffe; engl. CFC) und Nebenprodukte der Stickstoffdüngung steigen in die hohen Luftschichten auf und drohen, durch katalyt. Spaltung des Ozons diese Strahlenschutzhülle aufzulösen. Die Herstellung von FCKW soll weltweit spätestens im Jahr 2000 eingestellt sein.

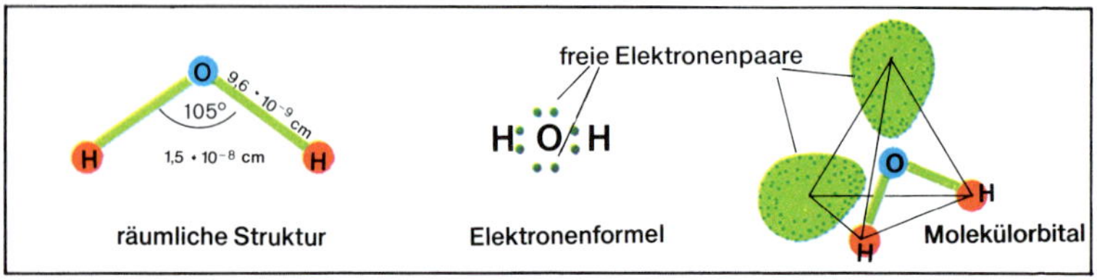

Das Wassermolekül

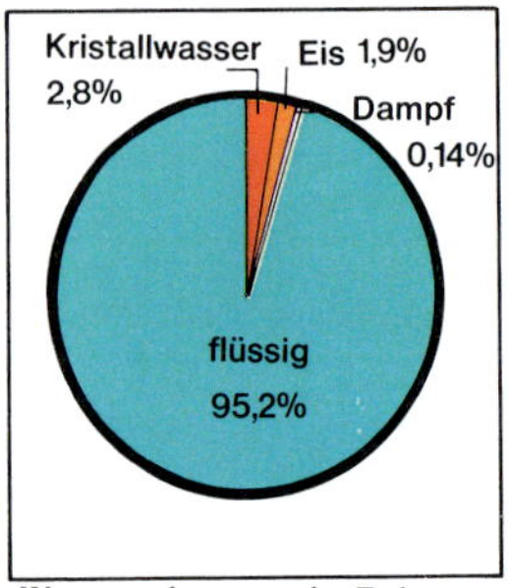

Wasservorkommen der Erde

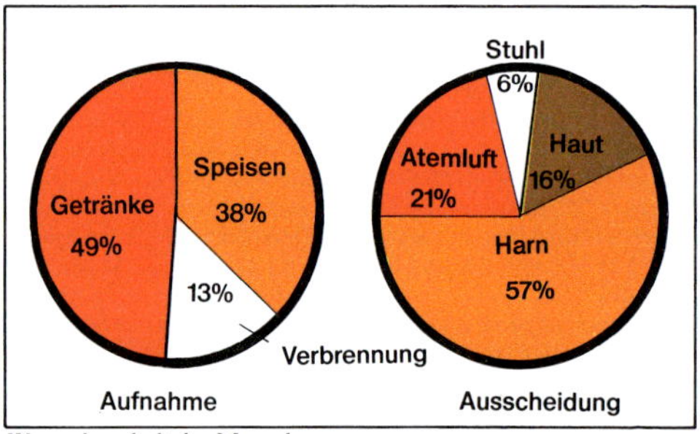

Wasserhaushalt des Menschen

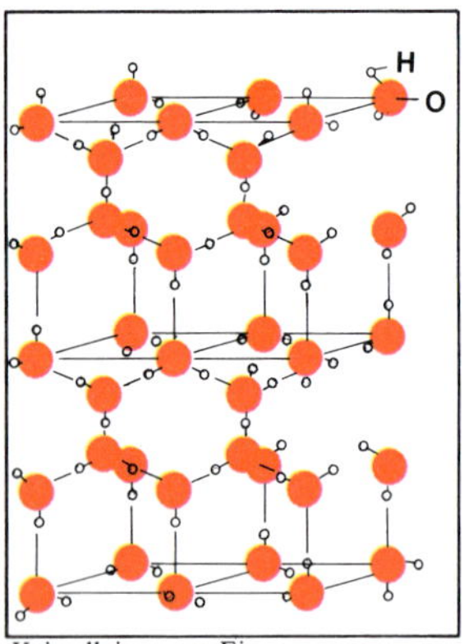

Kristallgitter von Eis

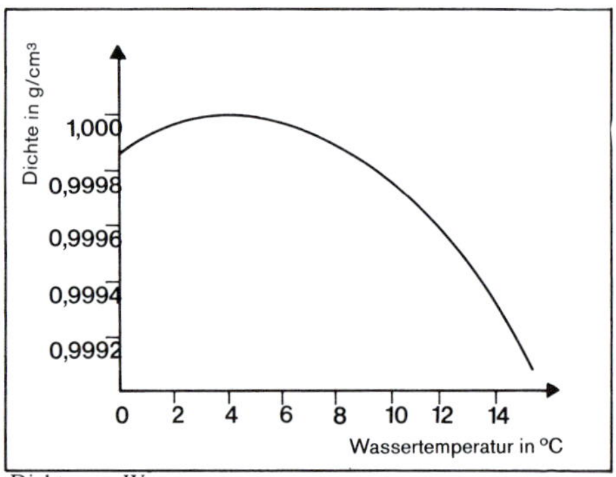

Dichte von Wasser

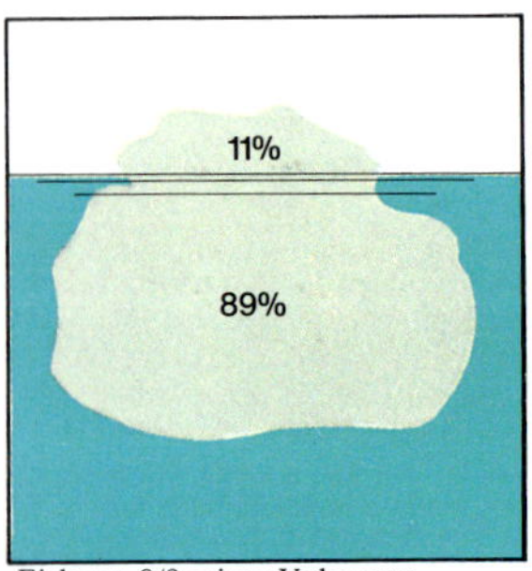

Eisberg: 8/9 seines Volumens schwimmen unter Wasser

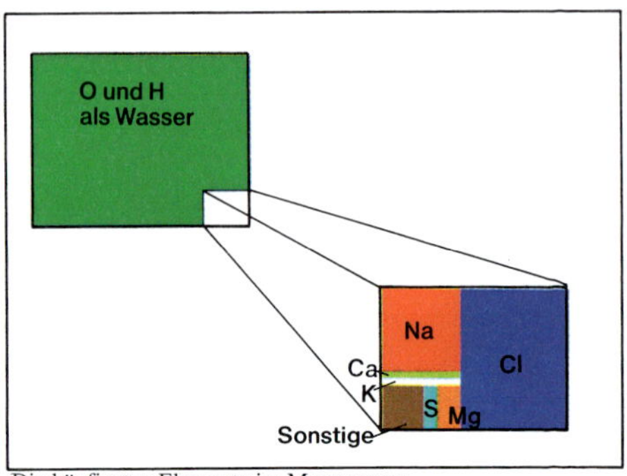

Die häufigsten Elemente im Meerwasser

Wasser ist eine sehr stabile chemische Verbindung von Wasserstoff und Sauerstoff: Wasserstoffoxid H_2O. HENRY CAVENDISH bewies 1791 diese Zusammensetzung.
Das Wassermolekül hat eine gewinkelte Struktur. Der Winkel an der Spitze beträgt 105°.
Bei Raumtemperatur ist Wasser eine farb-, geruch- und geschmacklose Flüssigkeit, in dicken Schichten nimmt es einen blauen Farbton an.

Physikalische Eigenschaften des Wassers:
rel. Molekülmasse: 18,016
Dichte bei 3,98 °C: 1,000 $g \cdot cm^{-3}$
Gefrierpunkt: 273,15 K
Siedepunkt: 373,15 K
spezifische Wärmekapazität: 4,186 $J \cdot g^{-1} \cdot K^{-1}$
Verdampfungswärme: 40,7 $kJ \cdot mol^{-1}$
Schmelzwärme: 6,03 $kJ \cdot mol^{-1}$
Dielektrizitätskonstante: 78,54
elektrischer Leitwert: $4 \cdot 10^{-8}$ Siemens.
Der elektrische Leitwert ist ein Maß für die Reinheit des Wassers; bereits geringe Zusätze verändern die Leitfähigkeit erheblich.

Aqua destillata ist durch Destillation gereinigtes Wasser. Für besonders hohe Anforderungen an die Reinheit ist es mehrfach destilliert.

Die *Wasserhärte* ist ein Maß für vorhandene Beimischungen, in erster Linie Ca- und Mg-Verbindungen.
Wasserhärte: = mg CaO pro 100 cm^3 H_2O
angegeben in Härtegraden. Vereinbarung: Wasser mit Wasserhärte <12 Grad heißt »weich«. Ist die Härte >12 Grad, so liegt »hartes« Wasser vor.
Beispiel: Sind in 1 l Wasser 0,1 g $CaCO_3$ gelöst, so beträgt die Wasserhärte 10 Grad, d.h. das Wasser ist »weich«.
»Hartes« Wasser bildet beim Waschen mit Seife unlösliche Kalkseifen; eine für die Reinigung notwendige Seifenlauge entsteht dann lediglich mit der überschüssigen Seife. Bei modernen Waschmitteln werden jedoch wasserlösliche Ca-Salze gebildet. Enthärten von Wasser erfolgt durch Destillieren, Ausfällen mit Soda (z.B. durch das Waschpulver) oder mit Hilfe von Ionenaustauschern (zumeist organische Kunstharze).

Dem Nachweis von Wasser dient das *Karl-Fischer-Reagenz* (DIN 51777). In Gegenwart von Wasser verfärbt es sich braun.
Das *Vorkommen* von Wasser wird auf insgesamt $1{,}40 \cdot 10^{18}$ t geschätzt. Es existiert in erster Linie als freie Flüssigkeit in Meeren, Seen, Flüssen und im Grundwasser. Gebunden kommt es vor als Kristallwasser in den Gesteinen, als Hauptbestandteil von Pflanzen und Tieren, sowie als feste Modifikation (Eis). Die Ozeane enthalten ca. 97,9 % des Gesamtwassers; 2,1 % wird in Form von Eis gebunden. Flüsse, Seen und Erdboden speichern lediglich 0,02 % des auf der Erde vorkommenden Wassers. Rund 0,0001 % des Gesamtwassers enthält die Atmosphäre in Form von Wasserdampf. Mit Ausnahme sehr tiefliegender, abgeschlossener Grundwässer und dem in Mineralien gebundenen Kristallwasser nimmt praktisch alles Wasser am Wasserkreislauf durch die Atmosphäre teil.

Im *Meerwasser* sind durchschnittlich 3,6 Gewichtsprozent Salze gelöst. Hauptbestandteile: NaCl, KCl, $MgCl_2$, $MgBr_2$, $MgSO_4$, $CaSO_4$.

Eis ist der feste Aggregatzustand des Wassers, bei 0 °C beträgt die Dichte von Eis $\varrho = 0{,}917\ g \cdot cm^{-3}$.
Im Gegensatz zu den meisten Stoffen ist der feste Zustand des Wassers weniger dicht als der flüssige: Während die Moleküle des flüssigen Wassers eine dichte Kugelpackung formen, ist Eis ein weitmaschiges, von Hohlräumen durchsetztes Kristallgitter. Steigt die Eistemp. über 0 °C, so lösen sich Moleküle aus dem Gitter und fallen in die Hohlräume: die Dichte steigt. Bei 4 °C sind alle Hohlräume gefüllt, die größte Dichte erreicht.
Es sind 11 Modifikationen von Eis bekannt.
Eis schwimmt auf dem Wasser; Eisberge überragen den Wasserspiegel um etwa 10 % ihres Volumens, denn die Dichte von Meerwasser ist wegen der gelösten Salze etwas höher als 1.

Eis und Leben. Das Universum enthält ausgedehnte Eiswolken. Hochdichtes (anorganisches) Eis kann Atome und Moleküle aufnehmen, die dann im Inneren beweglich sind und zu organischen Molekülen reagieren können. Möglicherweise brachten Kometen diese organischen Moleküle zur Erde und starteten so die Entstehung von Leben.

Wasser und Leben. Pflanzen und Tiere bestehen zum großen Teil aus Wasser. Es dient als Lösungsmittel, Transportmedium innerhalb des Organismus und als Stützmaterial zur Aufrechterhaltung einer optimalen Struktur.
Die ersten Lebewesen entstanden wahrscheinlich im Wasser ufernaher Pfützen, Tümpel und Buchten der Urmeere.

Die **Dichte des Wassers** ändert sich mit der Temperatur, sie erreicht bei +3,98 °C ihren Maximalwert.
Der von der Regel abweichende Verlauf der Dichteänderung des Wassers ermöglicht die Existenz von Leben auch in sehr kalten Klimazonen: Sinkt im Winter die Wassertemperatur, so steigt die Wasserdichte – wie bei den meisten anderen Stoffen – und die kalten Oberflächenschichten sinken ab. Fällt die Wassertemperatur unter 3,98 °C, so verringert sich die Dichte wieder; die der kalten Luft ausgesetzten Schichten verbleiben an der Oberfläche und gefrieren. Die nun entstehende Eisdecke ist ein schlechterer Wärmeleiter als flüssiges Wasser und verzögert daher die weitere Abkühlung. Hätte Wasser bei 0 °C seine größte Dichte, so wären die Schichten am Grunde die kältesten. Die Gewässer würden von unten nach oben durchfrieren und dabei das Biotop vernichten.
Durchmischung und Anreicherung des Tiefenwassers mit Gasen und Nährstoffen wird durch die »anormale« Dichte-Temperatur-Verteilung des Wassers gefördert.

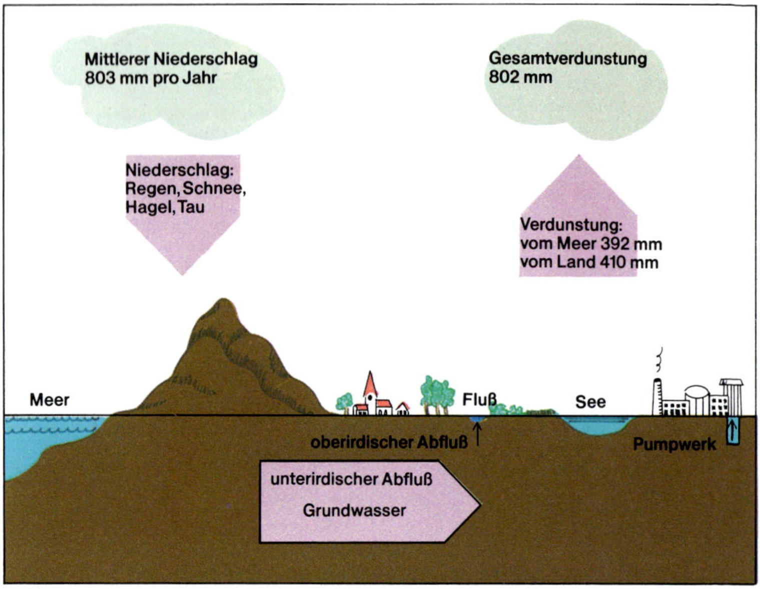

Kreislauf des Wassers (Zahlen: Jahresdurchschnitt Deutschland)

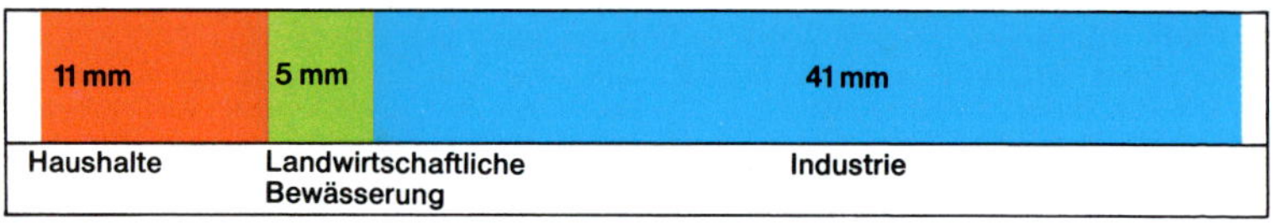

Wasserbedarf in Deutschland, umgerechnet auf die entsprechende jährliche Niederschlagsmenge

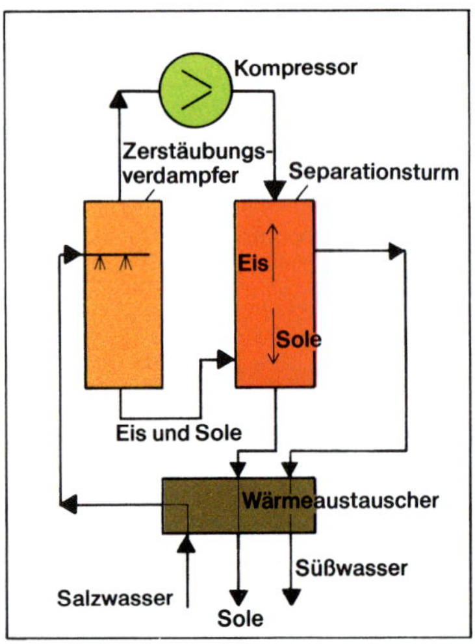

Schema einer Ausfrieranlage zur Gewinnung von Süßwasser

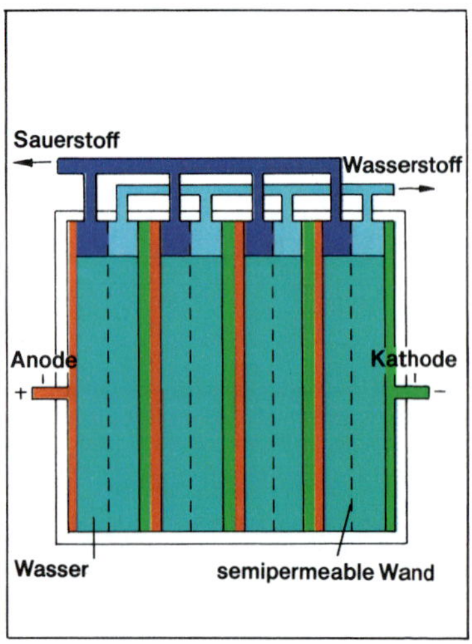

Wasserstoff- und Sauerstoffgewinnung durch Wasserelektrolyse

Trinkwasser muß bestimmten Anforderungen genügen; sie sind in der Bundesrepublik Deutschland im Gesetz vom 15.2. 1976 und in DIN 2000 festgelegt:

1. Abwesenheit von Krankheitserregern. In einer Probe von 100 cm^3 Wasser dürfen keine Escherichia coli (Kolibakterien) gefunden werden.
2. In verschlossenen Behältnissen darf die Koloniezahl den Grenzwert 1000 pro cm^3 nicht überschreiten.
3. In gechlortem Wasser müssen mindestens 10^{-4} g freies Chlor pro Liter nachweisbar sein.

Außerdem soll Trinkwasser klar, farb- und geruchlos sein und eine Temperatur um 10 °C aufweisen. Angestrebt wird ein Salzgehalt von rund 0,035 %, anderenfalls schmeckt das Trinkwasser schal.

Rund $5 \cdot 10^{14}$ t (0,03 %) des Gesamtwassers der Erde haben Trinkwasserqualität, in erster Linie Quell-, Oberflächen- und Grundwasser. In dünnbesiedelten Gebieten kann Quell- und Bachwasser direkt genutzt werden.

Eine *Aufbereitung des Wassers* ist in Ballungsräumen notwendig. Das Rohwasser wird zumeist aus dem Grundwasser gefördert und durch Filtration in Kies- und Sandschichten von Trübstoffen geklärt. Die weitere Behandlung hängt von lokalen Anforderungen ab und kann umfassen: Entkeimung (Filtration durch Infusorienerde), Chlorung, Bestrahlung mit UV-Licht, Geschmacksverbesserung, Entsäuerung, selektiver Entzug von Eisen und Mangan. Die *Fluoridierung* des Trinkwassers zur Karies-Prophylaxe ist umstritten und in Deutschland nicht gestattet.

Der Bedarf an Wasser mit Trinkwasserqualität beträgt in Deutschland rund 127 l pro Person und Tag. Der *Wasserhaushalt des Menschen* umfaßt Aufnahme, Transport, Verwertung und Abgabe von Wasser. Im Mittel nimmt ein Erwachsener pro Tag 2,3 l Wasser mit Speisen und Getränken auf, 0,35 l gewinnt der Organismus aus Verbrennungsvorgängen während der Verdauung. Ausgeschieden werden täglich 1,5 l über den Harn, 0,45 l durch die Haut, 0,55 l mit der Atemluft und 0,15 l im Kot. Diese Werte können sich bei Krankheit (z. B. Ruhr, Diabetes) und Arbeit (Schweißproduktion) erheblich verschieben.

Betriebswasser, Brauchwasser, wird von Industrie, Gewerbe und Verkehr benötigt. Der Bedarf ist etwa viermal so hoch wie der von Trinkwasser. Die Reinheitsanforderungen sind sehr unterschiedlich; Rückgewinnung durch Reinigung der Abwässer spielt eine steigende Rolle.

Entsalzungsanlagen für die Extraktion von Trink- und Brauchwasser aus dem Meer sind an preiswerte Energiequellen gebunden; ihr Anteil an der globalen Wasserversorgung ist noch gering. Lokal können sie eine bedeutende Rolle spielen (z. B. bei den Golfanrainern).

Wasser ist ein wichtiger Rohstoff für industrielle Prozesse. Die *Zerlegung des Wassers* zur Sauerstoff- und/oder Wasserstoffgewinnung erfolgt durch Energiezufuhr:

$$2\,H_2O \rightarrow 2\,H_2 + O_2 \qquad \Delta H = +\,572{,}4\text{ kJ}.$$

Die Energie wird auf unterschiedliche Weisen zugeführt:

Elektrische Zerlegung erfolgt durch Elektrolyse des Wassers. Bei den technischen Verfahren werden mehrere hundert Zersetzungszellen hintereinander geschaltet. Semipermeable Trennwände verhindern dabei die Vermischung von O_2 und H_2 zu Knallgas. Der Verbrauch an elektrischer Energie ist sehr groß: 5 kWh pro m^3 H_2.

Chemische Zerlegung kann durch Reduktion des Wassers mit Hilfe von Alkali- oder Erdalkalimetallen erfolgen.

$$2\,H_2O + 2\,Na \rightarrow 2\,NaOH + H_2 \qquad \Delta H = -\,286{,}2\text{ kJ}$$

In der Verfahrenstechnik wird Wasserdampf über heißen Koks geleitet. Der Sauerstoff oxidiert den Kohlenstoff und das entstehende *Wassergas* (ein Gemisch aus CO und H_2) findet als Heizgas oder als Rohstoff für Synthesen Verwendung.

$$C + H_2O \rightleftharpoons CO + H_2 \qquad \Delta H = +\,131\text{ kJ}$$

Thermische Zerlegung erfolgt durch sehr hohe Temperaturen: bei 3000 °C sind erst 14 % der H_2O-Moleküle in O_2 und H_2 aufgespalten. Wasser ist eine thermisch sehr stabile Verbindung.

Schweres Wasser D_2O ist das Oxid des schweren Wasserstoffisotops Deuterium D. Es ist eine farb- und geruchlose Flüssigkeit.

Vergleich einiger physikalischer Eigenschaften von H_2O und D_2O:

	H_2O	D_2O
rel. Molekülmasse	18,016	20,029
Schmelzpunkt	0 °C	3,82 °C
Siedepunkt	100 °C	101,42 °C
Dichte (bei 20 °C)	0,998 g · cm^{-3}	1,106 g · cm^{-3}
Dichtemaximum bei	3,98 °C	11,2 °C

1 t Wasser enthält rund 0,15 kg D_2O. Die Gewinnung erfolgt (unter hohen Kosten) durch Elektrolyse oder Destillation von Wasser. Für die Abscheidung von 1 g D_2O werden rund 100 kWh benötigt. Schweres Wasser dient als Moderator- und als Kühlflüssigkeit in einigen Kernreaktortypen; z. B. benötigen Kernreaktoren vom CANDU-Typ im Mittel rund 270 t D_2O für eine mittelgroße Anlage. Hauptproduzenten: Kanada, Indien, China. Produktion ca. 1000 t/a.

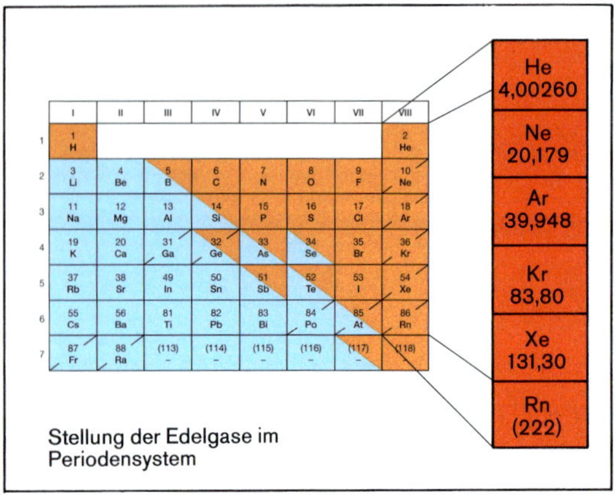

Stellung der Edelgase im Periodensystem

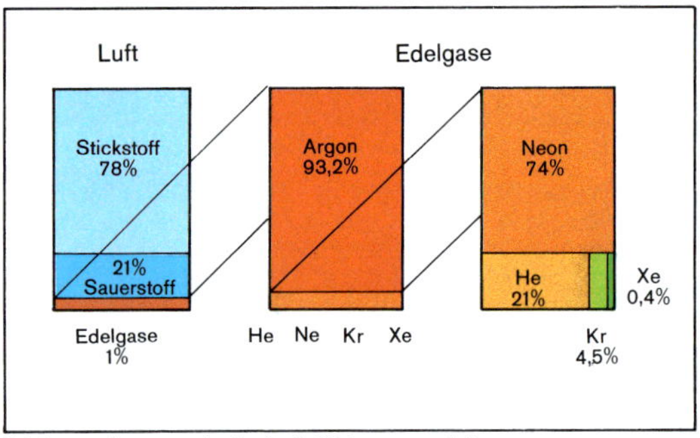

Edelgasvorkommen in der Luft (Volumenanteile)

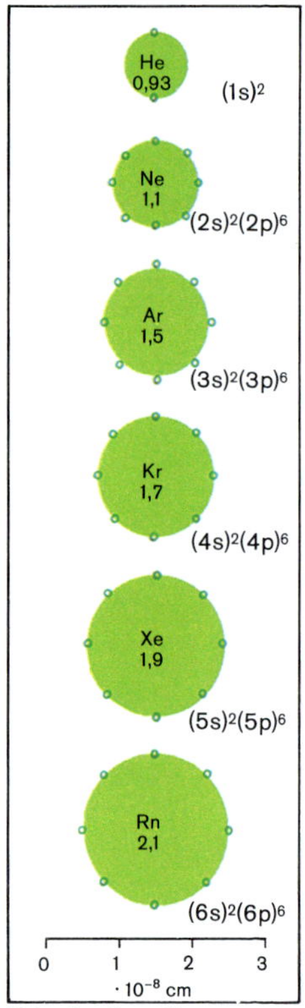

Valenzkonfiguration

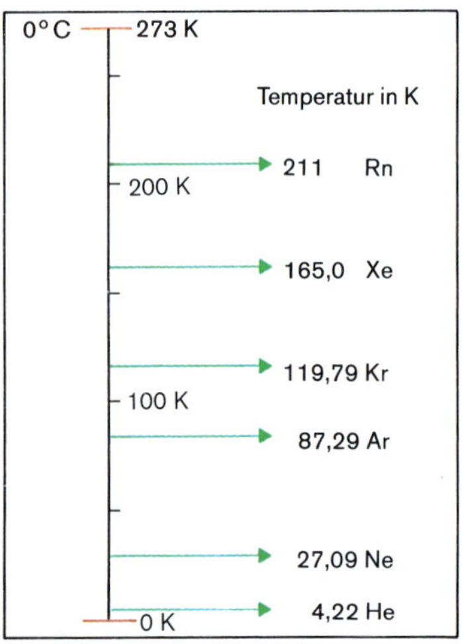

Fraktionen bei der Luftverflüssigung

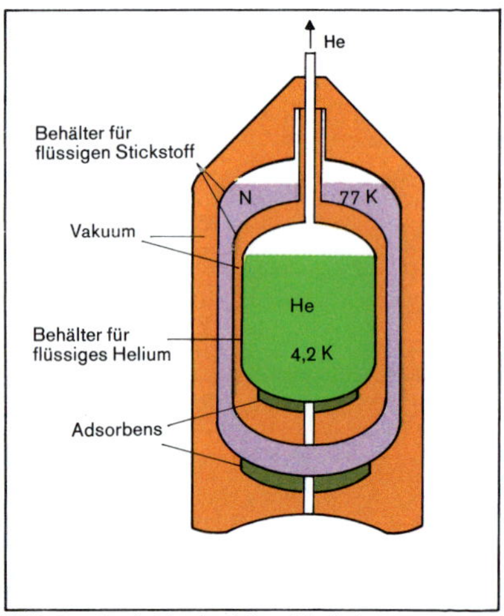

Heliumtank mit Flüssigstickstoff-Isolation

Die sechs chemischen Elemente Helium (He), Neon (Ne), Argon (Ar), Krypton (Kr), Xenon (Xe) und Radon (Rn) bilden die 0. Hauptgruppe des Periodensystems der Elemente. Sie sind alle gasförmig und heißen **Edelgase,** weil sie (wie die Edelmetalle) chemisch sehr reaktionsträge sind.

Henry Cavendish isolierte 1785 das erste Edelgas, indem er aus einem abgeschlossenen Luftvolumen mit Hilfe chemischer Reaktionen sowohl Sauerstoff als auch Stickstoff entfernte. Zwar bestimmte er den relativen Volumenanteil des Restgases sehr genau, doch erkannte er es nicht als neues Element. Erst als es mit Hilfe neuer Kühltechniken gelang, Luft zu verflüssigen, isolierten und identifizierten William Ramsay und John Rayleigh ab 1894 die einzelnen Edelgase. Ernest Rutherford und Frederick Soddy fanden 1900 bei ihren Untersuchungen über instabile Atome das radioaktive Edelgas Radon.

Die *Elektronenkonfiguration* der Edelgase zeichnet sich durch abgeschlossene Außenschalen aus; sie erzeugen eine kugelsymmetrische Ladungsverteilung der Atome. Die vergleichsweise hohen Ionisierungsenergien führen zu außerordentlicher chemischer Stabilität. Wechselwirkungen untereinander beruhen in erster Linie auf Van-der-Waals-Kräften.

Eigenschaften: Die Edelgase sind stabil, farb-, geschmack- und geruchlos; sie lösen sich relativ gut in Wasser (z. B. 33,6 cm³ Argon in 1 l Wasser). Chemisch sind sie kaum unterscheidbar, sie werden mit Hilfe physikalischer Methoden identifiziert. Ihre Oxidationszahl ist 0. Die Schmelzpunkte der Edelgase liegen durchweg bei sehr niedrigen Temperaturen. Mit Ausnahme von Helium kristallisieren alle in dichten kubischen Gittern.

1962 gelang es N. Bartlett erstmalig, die chemische Verbindung eines Edelgases zu synthetisieren: $XePtF_6$. Inzwischen sind chemische Verbindungen von Kr, Xe und Rn mit F, Cl, O und N bekannt. Die *Edelgashalogenide* werden seither routinemäßig aus den Elementen bei gleichzeitiger Anregung durch Erhitzen oder Bestrahlen hergestellt.

Edelgashydrate sind Einschlußverbindungen *(Clathrate),* also keine chemischen Verbindungen.

Beispiel: Gefriert ein Gemisch von Wasser und Edelgasen, so bildet sich eine kubische Eisstruktur mit Hohlräumen, in denen Edelgasatome durch Van-der-Waals-Kräfte eingeschlossen sind. Die Grundbausteine dieser physikalischen Verbindungen bestehen aus 8 Edelgasatomen in einem Käfig, gebildet aus 46 H_2O-Molekülen.

Physikalische Eigenschaften

	^3He	^4He	Ne	Ar	Kr	Xe	Rn
Protonenzahl	2	2	10	18	36	54	86
Schmelzpunkt in K	0,319	0,775	24,57	84,0	116,2	161,4	ca. 202
Siedepunkt in K	3,19	4,22	27,09	87,29	119,79	165,0	211
Dichte (gasförmig) in 10^{-3} g/cm³	0,134	0,178	0,900	1,78	3,75	5,90	9,73
Dichte (flüssig) in g/cm³	0,0586	0,1248	1,206	1,410	2,415	3,06	4,4
Krit. Temperatur in K	3,309	5,201	44,45	150,7	209,4	289,78	377,5
Kritischer Druck in bar	1,146	2,275	26,6	48,7	55,1	58,8	63,2
Kritische Dichte in g/cm³	0,0412	0,0694	0,484	0,535	0,909	1,105	1,53
1. Ionisierungspotential in eV		24,586	21,563	15,759	13,999	12,129	10,747

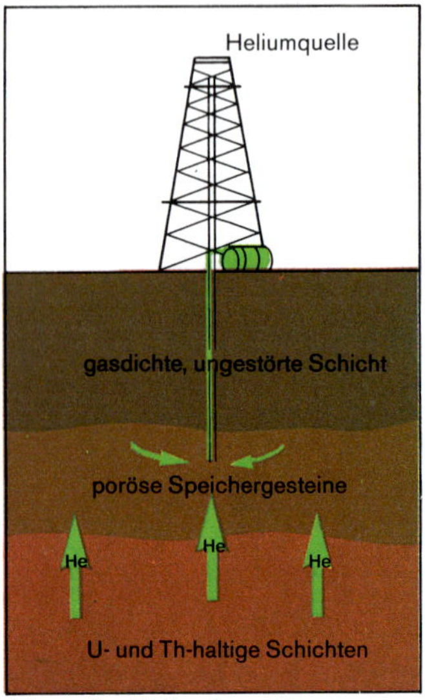

Schema einer Helium-Lagerstätte

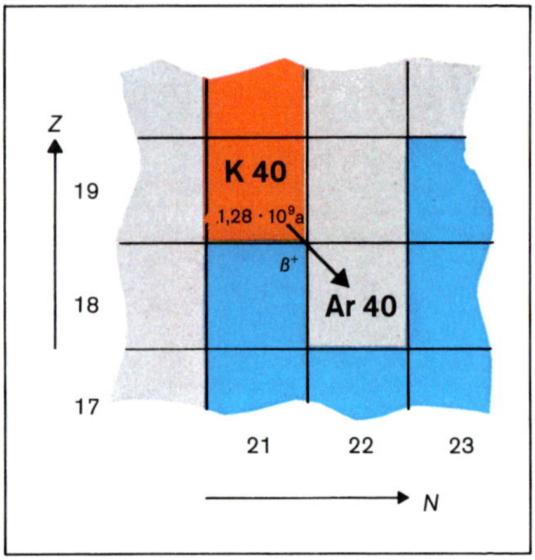

Die Herkunft des Argons in der Luft (Ausschnitt aus der Nuklidkarte)

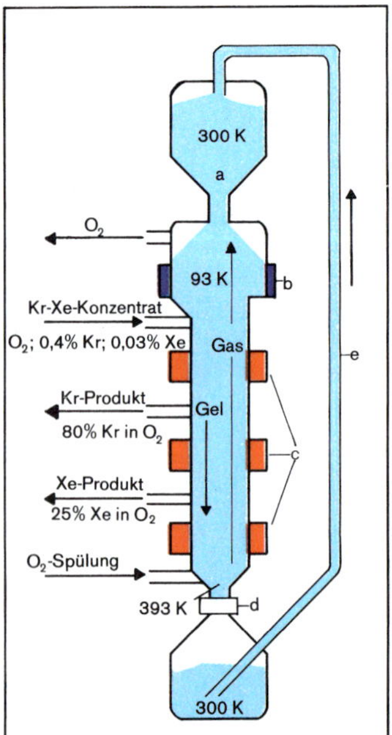

a Silicageladsorbens; b Kühlmantel (flüssiger Sauerstoff); c Erhitzer; d Gelmengenregler; e Gel-Lift

Krypton-Xenon-Hypersorber

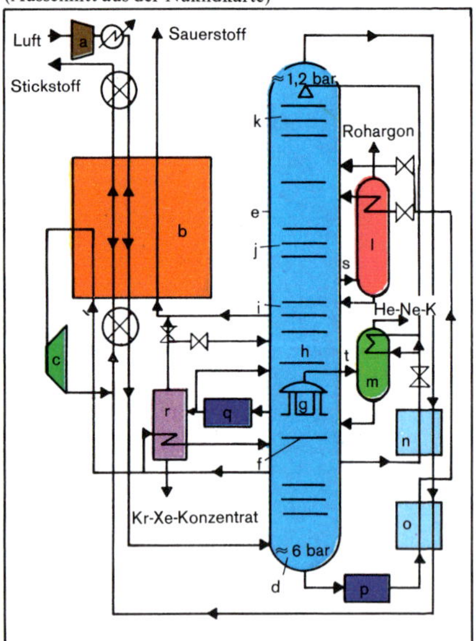

a Verdichter; b Hauptwärmeaustauscher; c Stickstoffturbine; d Mitteldruckkolonne; e Niederdruckkolonne; f Neonsperre; g Kondensator; h Kryptonsperre; j Zwischenteil; k Stickstoffteil; l Argon-Nebenkolonne; m Helium-Neon-Anreicherungskolonne; n Waschstickstoff-Tiefkühler; o Rohsauerstoff(RO_2)-Tiefkühler; p Rohsauerstoff(RO_2)-Adsorber; q Flüssigsauerstoff(LOX)-Adsorber; r Krypton-Xenon-Anreicherungskolonne; s Argon-Zwischengas; t Helium-Spülgas

Niederdruck-Sauerstoffanlage mit Edelgasgewinnung

Vorkommen: He ist nach H das zweithäufigste Element im Universum. Es ist das stabile Endprodukt der Kernfusion, der Energiequelle von Sonne und Sternen.
Der *Bethe-Weizsäcker-Zyklus* beschreibt diesen Vorgang:

$4\,H \rightarrow He + 2\,e^{+} + \text{Energie}.$

Vier Wasserstoffkerne verschmelzen zu einem Heliumkern; je Mol gebildeten He werden $2{,}6 \cdot 10^{9}$ kJ freigesetzt.
Die Erdatmosphäre enthält rund 1 % Edelgase, vorwiegend Argon. Da sich die schweren Edelgase im Wasser besser lösen als die leichten, ist der Anteil von Kr und Xe über Gewässern und feuchten Böden rel. erhöht. Die sehr leichten Edelgase He und Ne sind in den atmosphärischen Schichten oberhalb 60 km angereichert. He entweicht ständig ins Weltall, wird jedoch durch Zufuhr aus dem Sonnenwind und aus interplanetarischem Staub (Haften von He an Stauboberflächen) wieder ergänzt.
Erdgase enthalten unterschiedliche Mengen von Edelgasen, bis zu 16 % in amerikanischen Helium-Quellen. Das He stammt aus tiefliegenden thorium- und uranhaltigen Gesteinen, über denen poröse Schichten das beim radioaktiven Zerfall freiwerdende He speichern. Diese Formationen sind ihrerseits durch gasdichte Schichten nach oben abgeschlossen. Teilweise enthalten auch Thermalquellen (z. B. in Wiesbaden und in Wildbad) Edelgase, in erster Linie He, Ne und Rn.

Neuerdings fallen Edelgase als Nebenprodukte bei der Wiederaufbereitung von Kernreaktorbrennstoffen an, insbesondere größere Mengen von [^{85}Kr]Krypton, das bei der Spaltung von [^{239}Pu]Plutonium und [^{235}U]Uran entsteht.

Gewinnung: Durch stufenweises Abkühlen von Luft *(fraktionierte Luftverflüssigung)* werden die einzelnen Edelgase, vor allem aber Ar, großtechnisch gewonnen. Xe tritt dabei zuerst in die flüssige Phase (bei −108 °C) über, unterhalb −246 °C ist nur noch He gasförmig.
Als Ausgangssubstanzen für die partielle Kondensation werden wegen der höheren Ausbeuten auch die Restgase aus großchemischen Prozessen (z. B. aus der Ammoniaksynthese) verwertet. Die Edelgasbestandteile der Luft und des Erdgases reichern sich im Synthesegas an, da sie während der Prozesse nicht entfernt werden. Aus dem *Purgegas* werden sie laufend abgezogen.
Erdgasquellen dienen praktisch nur der Heliumgewinnung.

Das außerordentlich seltene und stabile Heliumisotop [^{3}He]Helium wird mit Hilfe der Kernreaktionen

$^{6}Li(n,\alpha)^{3}H$ und $^{3}H \xrightarrow{\beta^-} {}^{3}He$

kommerziell hergestellt.

Großtechnisch kann die Abtrennung der Edelgase aus der Luft z. B. in einer **Niederdruck-Sauerstoffanlage** erfolgen:

Luft wird auf rund 6 bar verdichtet, von Wasser, CO_2 und Kohlenwasserstoffen gereinigt und im Gegenstromverfahren bis auf etwa die Kondensationstemperatur von N_2 und O_2 abgekühlt. He und Ne reichern sich in der Gasphase an. Das Gasgemisch tritt dann in den Doppelsäulen-Bereich (Mitteldruck- und Niederdruck-Kolonne) ein. Am Kopf des Kondensators wird das *He-Spülgas* abgezogen und in einer nachgeschalteten Kolonne von Stickstoff befreit. Von der Niederdruck-Kolonne wird das *Ar-Zwischengas* in eine Nebenkolonne geleitet, aus der *Rohargon* (ca. 95 % rein) abgezogen wird. Kr und Xe sammeln sich im Sauerstoffbad des Kondensators. Nach Reinigung und Abtrennen des Sauerstoffs wird das *Kr-Xe-Konzentrat* der Nebenkolonne entnommen.

Zur **Gewinnung im Labor** wird trockene und CO_2-freie Luft über glühendes Cu geleitet, das mit Hilfe der Reaktion $2\,Cu + O_2 \rightarrow 2\,CuO$ den Sauerstoff entfernt. Anschließend bindet man den Stickstoff durch Erhitzen mit Magnesium:

$3\,Mg + N_2 \rightarrow Mg_3N_2.$

Das Restgas besteht zu 99,8 % aus Ar und heißt Rohargon.

Verwendung: Leuchtgase in Gasentladungsröhren für farbige Lichtreklame. (Ne: rot; He: elfenbeinfarben; Ar: blau-rot; Kr: grün-blau; Xe: violett).
Glühlampen enthalten die schweren Edelgase Kr und Xe als Füllgas. Ihr Gasdruck behindert die Thermodiffusion der Metallatome aus dem Glühfaden und steigert so die Lebensdauer der Glühbirne. Wegen der geringen Wärmeleitfähigkeit der Füllgase steigt bei gleicher elektrischer Leistung die Temperatur des Glühfadens und damit die Lichtausbeute.
Ar dient in großen Mengen (in Deutschland jährlich 25 Millionen m^{3}) als *Schutzgas* beim Schneiden und Schweißen. Eine Argonatmosphäre bei der Metallbearbeitung verhindert die Entstehung unerwünschter Nitride und Oxide. Außerdem wird beim Lichtbogenschweißen von Leichtmetallen unter Edelgasatmosphäre kein Flußmittel benötigt.

Titan und Molybdaen lassen sich nur in einer Edelgasatmosphäre verschweißen.

Geringe Mengen Edelgas (vor allem He) werden für die Füllung meteorologischer Ballons und in Gasthermometern verbraucht. Als Inertgas in Atemgasgemischen spielt He beim Tieftauchen eine Rolle. He ist weiterhin wichtiges *Kühlmittel* in der Tiefsttemperaturtechnik. Bei der Temperatur des flüssigen Heliums werden Metalle supraleitend. Extrem hohe Magnetfelder für die Anwendung in Kernphysik und Kernfusion werden so ermöglicht.
Der *Transport der Edelgase* erfolgt in Stahlflaschen bis zu 50 l Inhalt unter 200 bar Druck. Für die teuren Gase (Kr, Xe, Ne) gibt es Behälter mit geringerem Volumen. Kleine Mengen transportiert man auch drucklos in Glaskolben oder Plastiktüten. Ar und He werden in doppeltisolierten Spezialbehältern verschifft.

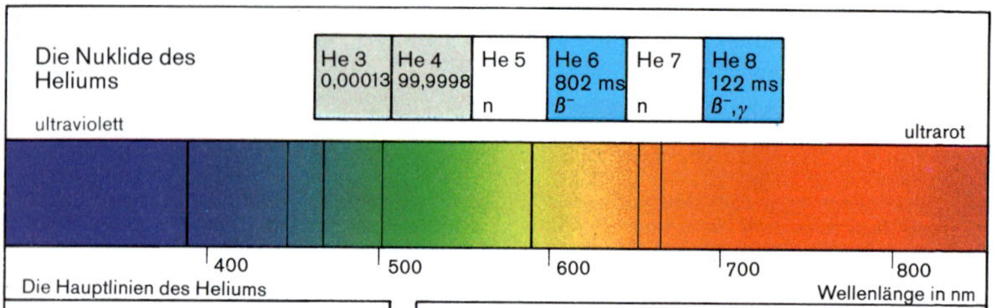

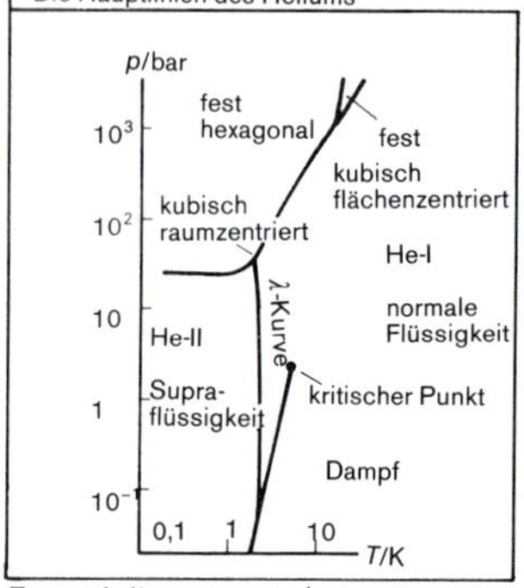

Zustandsdiagramm des ^{4}He

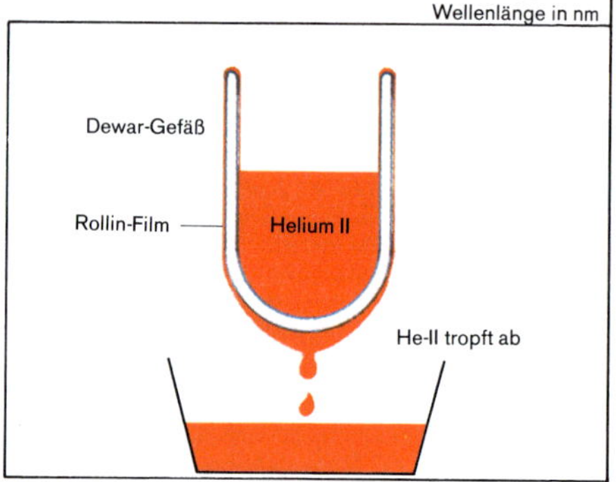

Onnes-Effekt

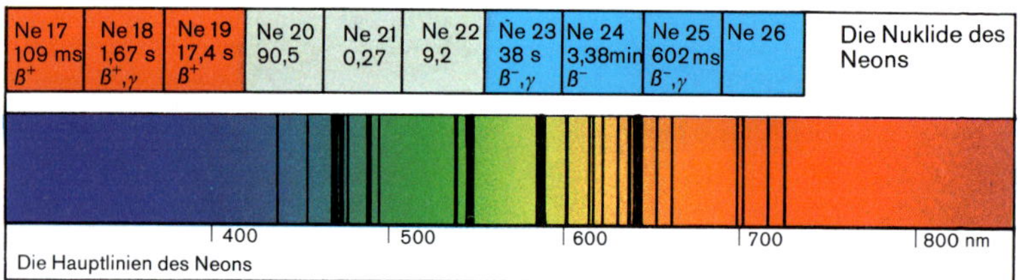

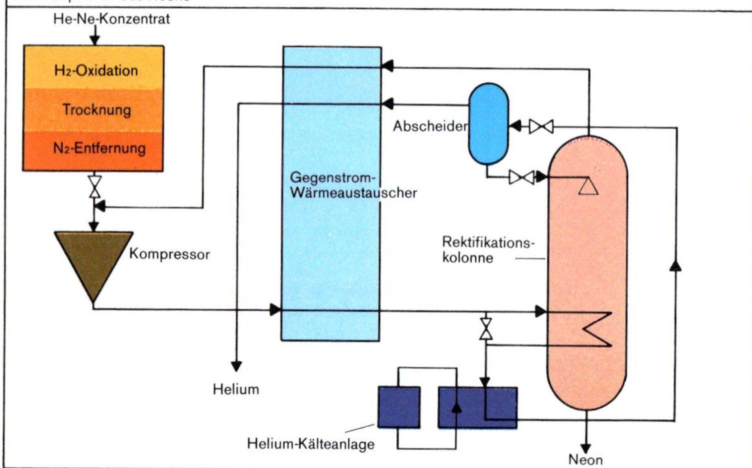

Neongewinnung nach dem Peer-Verfahren

Helium (Elementsymbol: He) ist das 1. Element der 8. Hauptgruppe des Periodensystems. Sein Name ist abgeleitet von griechisch: helios = Sonne. Es wurde 1868 von P. JANSSEN anläßlich einer Sonnenfinsternis im Spektrum von Sonnenprotuberanzen entdeckt. WILLIAM RAMSAY isolierte He 1895; 1908 gelang es H. KAMERLINGH ONNES, He zu verflüssigen.

Eigenschaften: He ist einatomig und farblos und nach Wasserstoff das leichteste aller Gase. Von allen Elementen besitzt es den niedrigsten Schmelzpunkt. Die rel. Atommasse ist 4,00260; es gibt zwei stabile He-Isotope: ^{3}He (0,00013 %) und ^{4}He (99,9998 %).

Die Elektronenkonfiguration ist $(1s)^2$.

He hat bei Atmosphärendruck keinen festen Zustand; die *Zustandsänderung* flüssig → fest erfolgt nur unter Überdruck bei sehr niedrigen Temperaturen. Die Schmelzwärme zeigt anormales Verhalten: Bei sehr niedrigen Temperaturen geht sie gegen Null, und es muß anschließend Wärme zugeführt werden, um He zu gefrieren.

Zustandsdiagramm: He ist die einzige Substanz ohne Tripelpunkt. Es bildet drei allotrope feste Modifikationen und zwei flüssige Modifikationen. *^{4}He-I* ist eine normale Flüssigkeit, kühlt man sie durch Drucksenkung ab, so geht sie bei 2,177 K und 0,0504 bar in die Modifikation *^{4}He-II* über. Die Trennlinie beider Flüssigkeiten im Zustandsdiagramm heißt *λ-Kurve.*

^{4}He-II ist eine *Supraflüssigkeit,* d. h. sie ist völlig reibungsfrei (Viskosität = 0). ^{4}He-II fließt über oberhalb des Flüssigkeitsspiegels gelegene Hindernisse hinweg auf das tiefstmögliche Niveau (*Onnes-Effekt*).

Hebt man ein Gefäß aus einem ^{4}He-II Bad, so fließt ein etwa 100 Atomschichten dicker Film *(Rollin-Film)* innen im Gefäß hoch, über die Außenkante hinweg zurück ins Bad. Dieses und andere überraschende Phänomene erklärt die Quantentheorie.

Nachweis: He wird qualitativ und quantitativ mit Hilfe der Spektralanalyse bestimmt.

Vorkommen: He ist das zweithäufigste Element im Universum, auf der Erde ist es dagegen seltener als Gold und Platin. Die Luft enthält 4,6 cm^3 He pro m^3, davon sind nur 0,00016 % He-3.

Wegen seiner geringen Atommasse entweicht He dauernd aus der Atmosphäre ins All. Die Zusammensetzung der Lufthülle bleibt jedoch konstant, weil der Sonnenwind und die radioaktiven Mineralien der Erdkruste He nachliefern. Auch das industriell genutzte He entweicht letztlich fast vollständig in die Atmosphäre.

Die Weltvorräte werden auf $7 \cdot 10^{11}$ mol He geschätzt, vorwiegend enthalten in Erdgasvorkommen der USA, Kasachstans und Algeriens. Thermalquellen enthalten bis zu 10 % He.

Gewinnung: Kleinere Mengen durch Erhitzen von uran- und thoriumhaltigen Mineralien wie Cleveit, Monazit und Thorianit im Porzellanrohr bei 1200 °C. In diesen Mineralien ist He wahrscheinlich als *Clathrat* physikalisch gebunden. Bis 1917 war das die einzige Darstellungsmethode.

Großtechnisch gewinnt man heute 99 % reines He überwiegend aus der Verflüssigung von Erdgasen. In den USA wird dem geförderten Erdgas das He entzogen und in leeren Erdgasfeldern gespeichert (bislang etwa $5 \cdot 10^{10}$ mol).

He-3 wird literweise in Kernreaktoren gewonnen.

Verwendung: Lichtbogen-Schweißen unter He-Atmosphäre, Kühlgas für Kernreaktoren, Atemgas (80 % He, 20 % O_2) für Taucher und für therapeutische Zwecke, Kompensations-Füllgas für Raketen-Treibstofftanks, Füllgas für Ballons, Lecksuchgeräte in der Vakuumtechnologie, Kühlflüssigkeit (^{4}He und ^{3}He) in der Tiefsttemperatur-Technologie. In Europa werden etwa $8 \cdot 10^8$ mol/a verbraucht.

Neon (Elementsymbol: Ne) ist das 2. Element der 8. Hauptgruppe des Periodensystems. Der Name ist abgeleitet von griechisch neon = das Neue. WILLIAM RAMSAY entdeckte es 1898 als Bestandteil der Luft.

Eigenschaften: Ne ist ein einatomiges, farbloses Gas und nach Wasserstoff und Helium das leichteste aller Gase. Die rel. Atommasse ist 20,179; es gibt drei stabile Ne-Isotope: ^{20}Ne, ^{21}Ne und ^{22}Ne.

Die Elektronenkonfiguration ist [He] $(2s)^2$ $(2p)^6$.

Die niedrigste Ionisierungsenergie liegt bei 21,56 eV.

Nachweis: Ne wird qualitativ und quantitativ mit Hilfe der Spektralanalyse bestimmt.

Vorkommen: Ne ist das dritthäufigste Element im Universum. Auf der Erde enthält die Atmosphäre rund 16 ml Ne pro m^3 Luft, in der Erdkruste sind es etwa $5 \cdot 10^{-7}$ %. Die Gesamtvorräte der Atmosphäre an Ne werden auf $3{,}2 \cdot 10^{15}$ mol geschätzt.

Gewinnung: Neon wird ausschließlich in Luftzerlegungsanlagen als Nebenprodukt gewonnen. Aus den He-Spülgasen oder He-Ne-Konzentraten wird Ne durch Ausfrieren abgetrennt.

Verwendung: Seit 1920 ist Ne Füllgas für Leuchtstoff-(Neon-Röhren) und Glimmlampen. Das emittierte scharlachrote Licht dient der Lichtreklame, die Glimmlampen sind Kontrollichter. Neuerlich findet flüssiges Ne wegen seines hohen Kühlvermögens Eingang in die Kältetechnik.

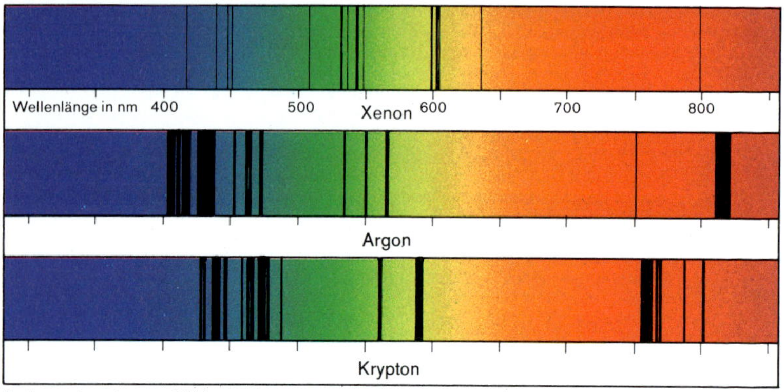

Spektren der schweren Edelgase

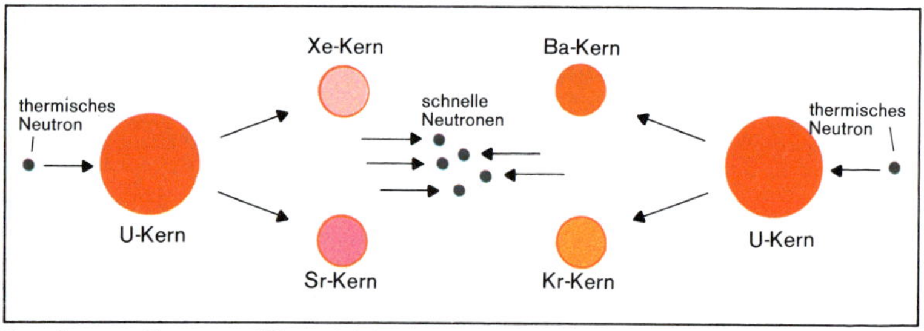

Entstehung von Krypton und Xenon bei der Kernspaltung

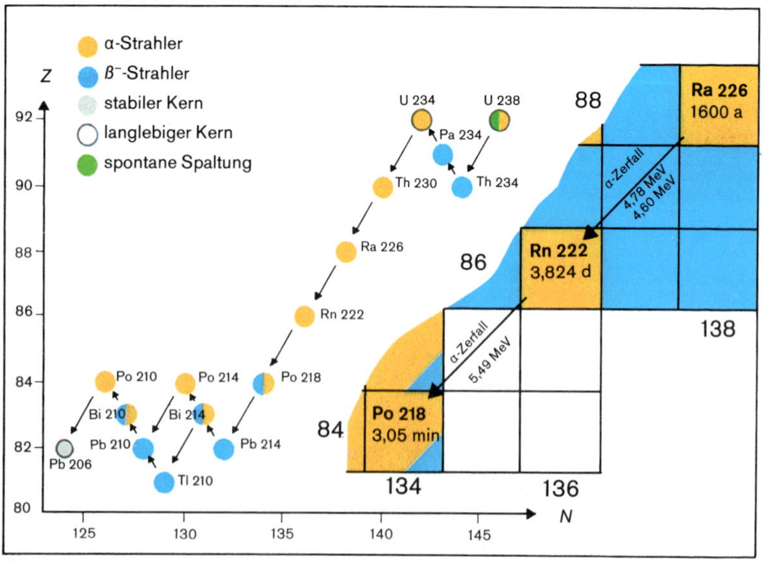

^{222}Rn als Zwischenprodukt der Uran-Radium-Zerfallsreihe

Argon (Elementsymbol: Ar) ist das 3. Element der 8. Hauptgruppe. Sein Name ist abgeleitet von griech. argos = träge. Entdecker: JOHN RAYLEIGH und WILLIAM RAMSAY 1894.
Die rel. Atommasse ist 39,948; es gibt drei stabile Ar-Isotope: ^{40}Ar, ^{36}Ar und ^{38}Ar. Die Halbwertszeiten der 20 instabilen Ar-Isotope liegen zwischen 170 ns und 269 a (^{39}Ar).
Die Elektronenkonfiguration ist [Ne] $(3s)^2$ $(3p)^6$.
Nachweis: Spektroskopisch.
Vorkommen: Argon ist der dritthäufigste Bestandteil der Atmosphäre, 9,3 l pro m^3. Gesamtvorkommen: $1{,}7 \cdot 10^{18}$ mol, Ar stammt überwiegend aus dem β^+-Zerfall des Radionuklids [^{40}K]Kalium.
Gewinnung: Im Labor wird Rohargon aus einem abgeschlossenen Luftvolumen gewonnen, dem auf chemischem Wege Sauerstoff und Stickstoff entzogen wurde. Industriell genutztes Argon stammt aus Luftverflüssigungsanlagen und aus der Aufarbeitung von Syntheserestgasen. Das der Argon-Nebenkolonne entzogene Ar enthält noch etwa 4 % O_2 und 1 % N_2, in der Nachreinigung wird ein Reinheitsgrad von 99,9999 % erzielt.
Verwendung: Füllgas für Glühbirnen; Schutzgas bei der Stahlerzeugung und beim Lichtbogenschweißen. Nitrid- und Oxidbildung wird nur dann verhindert, wenn der Ar-Reinheitsgrad mindestens 99,96 % beträgt. Verbrauch beim Schweißen etwa 10 l/min.

Krypton (Elementsymbol: Kr) ist das 4. Element der 8. Hauptgruppe. Sein Name ist abgeleitet von griech. kryptos = verborgen. Entdecker: WILLIAM RAMSAY und M. W. TRAVERS 1898.
Die rel. Atommasse ist 83,80; es gibt 6 stabile Kr-Isotope, die drei häufigsten sind ^{82}Kr, ^{84}Kr und ^{85}Kr. Die Halbwertszeiten der 31 instabilen Kr-Isotope liegen zwischen 64 ms und 229000 a (^{81}Kr). Die Elektronenkonfiguration ist [Ar] $(3d)^{10}$ $(4s)^2$ $(4p)^6$.
Nachweis: Spektroskopisch.
Vorkommen: Krypton ist ein sehr seltenes Element. Luft enthält nur 1,1 ml Kr pro m^3. Gesamtvorkommen: $1{,}9 \cdot 10^{14}$ mol. Der Anteil des Radionuklids [^{85}Kr]Krypton in der Atmosphäre hat sich in den letzten Jahrzehnten vervielfacht, da es ein Nebenprodukt der Pu- und U-Spaltung ist.
Gewinnung: Als Nebenprodukt in Sauerstoffanlagen aus dem Krypton-Xenon-Konzentrat. Die Grobtrennung erfolgt durch die unterschiedliche Adsorption beider Komponenten im Silicagel-Fließbett.
Verwendung: Füllgas für Lampen.
Verbindungen: Die bisher einzige bekannte Verbindung ist KrF_2.
Kr bildet vorzugsweise mit Hydrochinon physikal. Verbindungen: Clathrate. Diese Käfigverbindungen bieten vielleicht die Möglichkeit, das in den Reaktorbrennelementen entstehende radioaktive [^{85}Kr] Krypton einzuschließen und so dauerhaft zu lagern.

Xenon (Elementsymbol: Xe) ist das 5. Element der 8. Hauptgruppe. Sein Name ist abgeleitet von griech. xenos = fremd. Entdecker: WILLIAM RAMSAY und M. W. TRAVERS 1898.
Die rel. Atommasse ist 131,30; es gibt 9 stabile Xe-Isotope, die drei häufigsten sind: ^{132}Xe, ^{129}Xe und ^{131}Xe. Von den 23 instabilen Xe-Isotopen hat ^{145}Xe mit 0,9 s die kürzeste Halbwertszeit, ^{127}Xe mit 36,4 d die längste. Die Elektronenkonfiguration ist [Kr] $(4d)^{10}$ $(5s)^2$ $(5p)^6$.
Nachweis: Spektroskopisch.
Vorkommen: Xenon ist eines der seltensten Elemente der Erde. Luft enthält nur 0,08 ml pro m^3. Gesamtvorkommen: $1{,}5 \cdot 10^{13}$ mol.
Gewinnung: Als Nebenprodukt in Sauerstoffanlagen aus dem Krypton-Xenon-Konzentrat.
Verwendung: Füllgas für Lampen, in geringen Mengen auch als Flüssigkeit für Xe-Blasenkammern. Wegen des sehr hohen Einfangquerschnitts für thermische Neutronen ($\sigma = 2{,}65 \cdot 10^6$ barn) ist [^{135}Xe]-Xenon ein *Reaktorgift*.
Verbindungen: Als erste echte Edelgasverbindung wurde $XePtF_6$ synthetisiert, es folgten XeF_2, XeF_4 und XeF_6.

Beispiel: XeF_6 wird direkt aus den Elementen Xe und F_2 im Mischungsverhältnis 1:20 unter 60 bar Überdruck bei 300 °C in Nickelgefäßen hergestellt. Die thermische Energie dient der Spaltung des F_2, da nur atomare F mit Xe reagieren. Weiterhin hebt die Energie die Elektronen aus den abgeschlossenen s, p-Unterschalen des Xe in die d-Unterschale. Diese promovierten Elektronen bilden mit den Elektronen des F ein Elektronenpaar (sp^3d^3-Hybrid). Es entstehen farblose Kristalle.

Inzwischen sind auch sauerstoff- und stickstoffhaltige Xe-Verbindungen bekannt.

Radon (Elementsymbol: Rn) ist das 6. und letzte Element der 8. Hauptgruppe. Sein Name ist abgeleitet von jenem Element, als dessen Tochtersubstanz es zuerst isoliert wurde: Radium. Auch der Name *Emanation* in Verbindung mit dem der Muttersubstanz ist üblich. Rn wurde 1900 von ERNEST RUTHERFORD und F. SODDY als Radium-Emanation entdeckt. Radon ist ein einatomiges, farb- und geruchloses Gas. In fester und flüssiger Form phosphoresziert es aufgrund seiner Radioaktivität.
Es gibt kein stabiles Rn-Isotop. Unter den 27 instabilen Rn-Isotopen ist ^{222}Rn mit 3,824 d das langlebigste. Die Elektronenkonfiguration ist [Xe] $(4f)^{14}$ $(5d)^{10}$ $(6s)^2$ $(6p)^6$.
Nachweis: Über Halbwertszeit und Spektrum der emittierten Strahlung.
Vorkommen: Eins der seltensten Elemente. In Spuren kommt es in Lagerstätten radioaktiver Mineralien vor, da es Zwischenprodukt der radioaktiven Zerfallsreihen ist. In Bodennähe enthält 1 l Luft rund 1800 Atome Radon.

Die *Zerfallsprodukte* des Rn sind ebenfalls radioaktiv. Im Uranbergbau sind sie eine erhebliche Gesundheitsgefahr, wenn sie eingeatmet werden.

Verwendung: Als Heilmittel der Emanations-Therapie (Bad Gastein, Karlsbad, Ischia).
Verbindungen: Rn hat von allen Edelgasen die niedrigste Ionisierungsenergie, dennoch konnten bisher nur F- und O-Verbindungen dargestellt werden, weil die Halbwertszeit des [^{222}Rn]Radon zu kurz ist und die Substanzmengen zu gering sind.

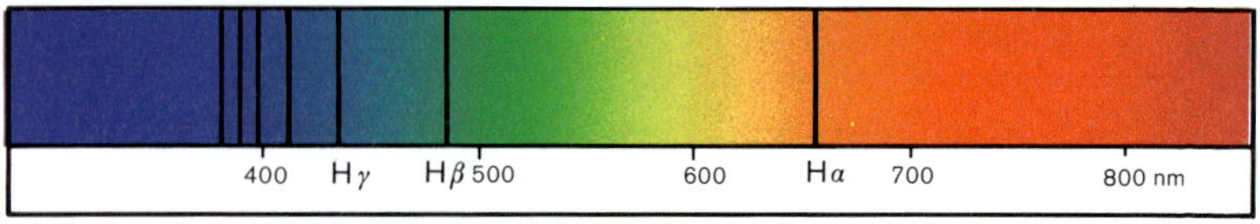

Die Hauptlinien des Wasserstoffs (Balmer-Serie)

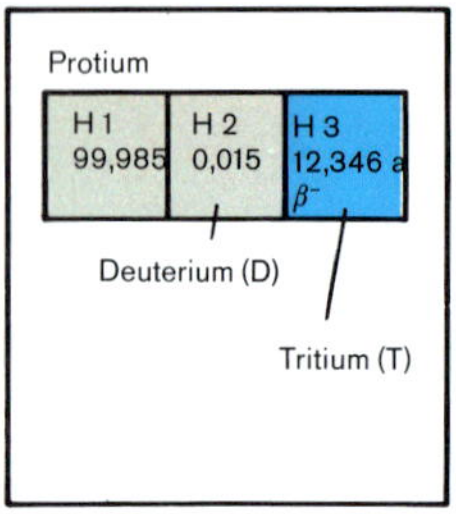

Die Nuklide des Wasserstoffs

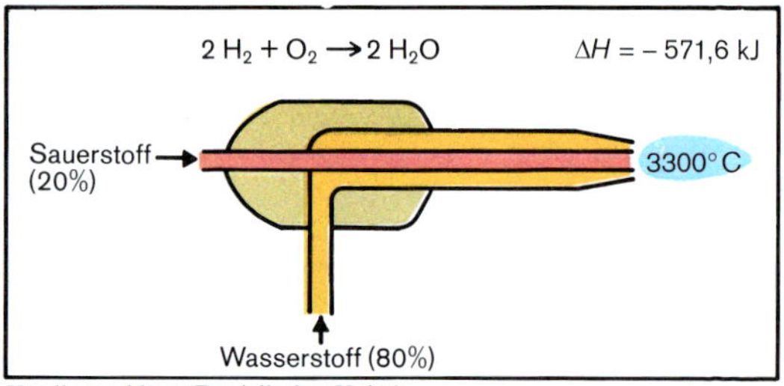

Knallgasgebläse (Daniellscher Hahn)

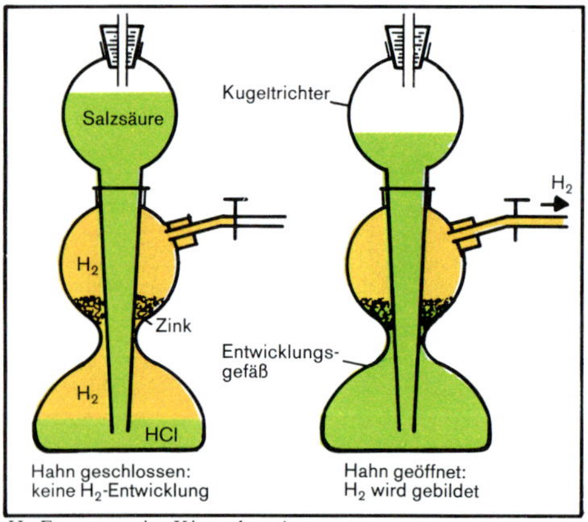

H_2-Erzeugung im Kippschen Apparat

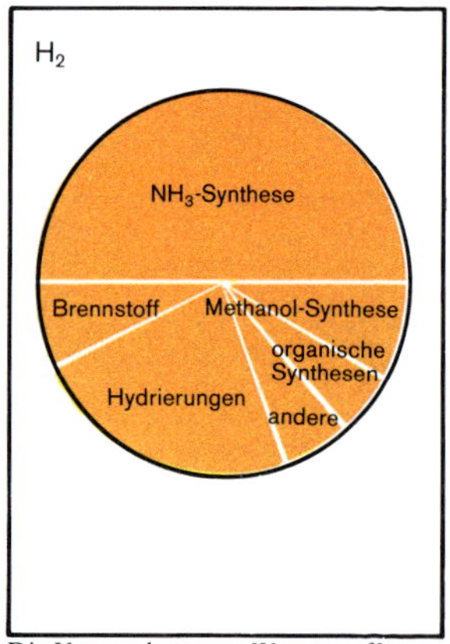

Die Verwendung von Wasserstoff

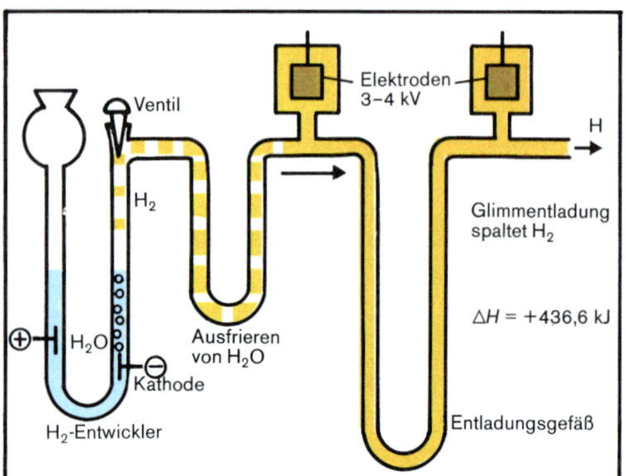

Woodsches Verfahren zur Darstellung von atomarem Wasserstoff H

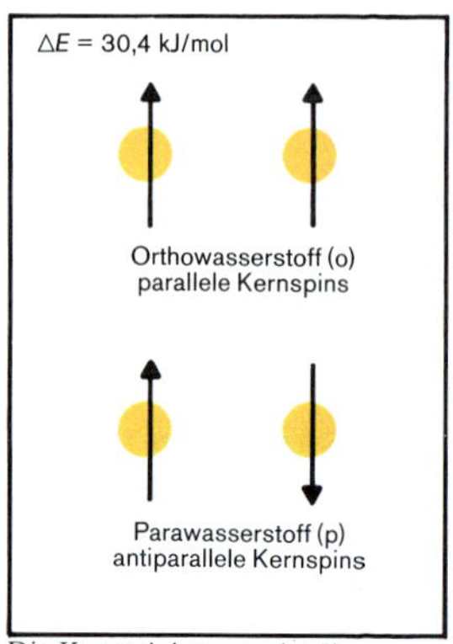

Die Kernspinisomere des H_2

Wasserstoff (Elementsymbol: H) ist das 1. Element im Periodensystem. Das Elementsymbol ist abgeleitet von lat. hydrogenium = Wasserbildner. Henry Cavendish entdeckte 1766 das neue Element.

Eigenschaften: Wasserstoff ist ein farb-, geruch- und geschmackloses Gas, Dichte = $0{,}08987 \cdot 10^{-3}$ g/cm^3. Es ist das leichteste aller Gase und diffundiert leicht durch Metalle und durch Quarz. Insbesondere ist heißes Palladiumblech gut durchlässig. Fester Wasserstoff bildet bei 2,8 mbar und 20 K eine metallische Modifikation. Die rel. Atommasse ist 1,0079. Es gibt zwei stabile Isotope: *Protium* (^{1}H) mit einem Anteil von 99,985 % und *Deuterium* (^{2}H oder D). Die Halbwertszeit des instabilen [^{3}H] Wasserstoff, auch *Tritium* (T) genannt, beträgt 12,346 a. Die Elektronenkonfiguration ist $(1s)^1$, die Oxidationszahlen sind + 1 und – 1. Bei 0 °C lösen sich 2,15 Vol.-% H_2 in Wasser. Sehr gut löslich ist H_2 dagegen in Metallen, z. B. nimmt Palladiumschwamm H_2 bis zum 850fachen seines Volumens auf. Der Wasserstoff liegt dabei in atomarer Form vor.

Atomarer Wasserstoff H ist sehr reaktionsfreudig. Im Moment der Freisetzung, z. B. in einer chemischen Reaktion, liegt Wasserstoff stets als H vor. Dieser »status nascendi« besteht für etwa 0,5 s. Die Darstellung von H im Labor erfolgt z. B. im Woodschen Verfahren: elektr. Entladungen in molekularem Wasserstoff unter reduziertem Druck.

Molekularer Wasserstoff H_2 ist chemisch relativ träge. Bei Energiezufuhr (Erhitzen, elektr. Entladungen, Bestrahlen) wird die interatomare Bindung gespalten.

$H_2 \rightarrow 2\,H \qquad \Delta H = +\,436{,}6$ kJ.

H_2 tritt in zwei Kernspinisomeren auf: Im *Para-Wasserstoff* sind die Spinrichtungen beider Atomkerne antiparallel, im *Ortho-Wasserstoff* sind sie parallel. Bei Raumtemperatur ist das Verhältnis para/ortho = 1/4.

Bei sehr tiefen Temperaturen ist nur noch Para-Wasserstoff stabil. Beide Isomere haben gleiche chemische, aber etwas unterschiedliche physikalische Eigenschaften.

Wasserstoff verbrennt mit fahler, blauer Flamme zu Wasser:

$2\,H_2 + O_2 \rightarrow 2\,H_2O \qquad \Delta H = -\,571{,}6$ kJ.

Die Reaktion zündet bei 600 °C und verläuft dann explosionsartig *(Knallgas)*. Optimale Knallgasmischung: H_2/Luft = 2/4,78. In der Brennstoffzelle läuft die Knallgasreaktion bei Raumtemperatur ab.

Wasserstoff ist ein starkes Reduktionsmittel, z. B. reduziert es die Metalloxide zum Metall:

$CuO + H_2 \rightarrow Cu + H_2O$.

Nachweis spektroskopisch oder über das Verbrennungsprodukt H_2O.

Vorkommen: Wasserstoff steht an 9. Stelle der Elementhäufigkeit. Der Anteil an den obersten Erdschichten, einschließlich Wasser- und Lufthülle, beträgt 1,02 Gewichtsprozent. In bodennaher Luft ist H_2 nur zu $5 \cdot 10^{-5}$ Vol.-% vorhanden, überwiegt jedoch bereits oberhalb 100 km Höhe. In 2000–20 000 km Höhe existiert eine Wasserstoff-Hülle. Das Universum besteht zu 90 % aus Wasserstoff.

Gewinnung: Technisch aus Rohöl (55 %), Erdgas (32 %), Koksvergasung (10 %) und Chloralkali-Elektrolyse (2 %).

Der Großteil des industriellen H_2 stammt aus der Reduktion von Wasserdampf mit dem Kohlenstoff des organischen Rohmaterials.

Beispiel: H_2-Erzeugung mit methanreichem Erdgas.

$CH_4 + H_2O \rightleftharpoons 3\,H_2 + CO \qquad \Delta H = +\,205$ kJ

das anfallende H_2 muß anschließend – vor allem von S – gereinigt werden.

Wassergaserzeugung. Wasserdampf wird über glühenden Koks geleitet:

$C + H_2O \rightleftharpoons CO + H_2 \qquad \Delta H = +\,131{,}5$ kJ

$C + 2\,H_2O \rightleftharpoons CO_2 + 2\,H_2 \qquad \Delta H = +\,90{,}3$ kJ

$CO + H_2O \rightleftharpoons CO_2 + H_2 \qquad \Delta H = +\,41{,}2$ kJ.

Elektrolyse.

$2\,H_2O \rightarrow 2\,H_2 + O_2 \qquad \Delta H = +\,242$ kJ.

Verbrauch zur Erzeugung von 1 m^3 H_2:

1 l salzfreies Wasser	40–60 l Kühlwasser
4,5 kWh Elektrizität	0,5 g KOH

Im Labor gewinnt man H_2 durch den *Kippschen Gasentwickler.*

Aus einem Vorratsgefäß strömt Salzsäure in einen Behälter mit Zinkspänen und entwickelt dort nach $Zn + 2\,HCl \rightarrow ZnCl_2 + H_2$ Wasserstoff, der durch einen Hahn abgelassen wird. Bei geschlossenem Hahn verdrängt das H_2-Gas die Säure aus dem Behälter mit dem Metall, die Reaktion bricht ab. Wird der Hahn erneut geöffnet, so strömt Salzsäure nach und die Reaktion beginnt wieder. [Je nach Füllung können in der Apparatur auch H_2S, SO_2, HCl (gasförmig) und Cl_2 freigesetzt werden.]

Wasserstoff gelangt in roten Gasflaschen (150 bar) in den Handel. Die Weltjahresproduktion beträgt rund 350 Milliarden m^3, D: 3380 Mill. t/a.

Verwendung: H_2 dient in erster Linie zur Ammoniak-Synthese und für Hydrierungsprozesse. Große Mengen verbrauchen neben der Methanol- und HCl-Synthese auch die Synthesen organischer Substanzen. Weiterhin wird H_2 zum Schweißen, Schneiden und Heizen benutzt. H_2 ist Raketentreibstoff und in flüssiger Form ein wichtiges Kühlmittel. Steigende Bedeutung hat H_2 als Energiequelle in Brennstoffzellen.

Das dem Wasser analoge *Deuteriumoxid* D_2O ($\varrho = 1{,}10$ g/cm^3; Gefrierpunkt 3,82 °C, Siedepunkt 101,4 °C, Anteil am »normalen« Wasser: 0,015 %) ist Moderatorsubstanz in Schwerwasser-Kernreaktoren.

Tritium ist radioaktiv und dient vor allem als Explosionsstoff in Wasserstoffbomben. Gewinnung in Kernreaktoren oder Teilchenbeschleunigern. Tritium wird als Markierung (tracer) in organische Substanzen eingebaut.

Hydride sind Verbindungen des Wasserstoffs mit Metallen und Nichtmetallen. Salzartige Hydride werden mit den Elementen der I. und II. Hauptgruppe gebildet (z. B. LiH, NaH, CaH_2, BaH_2). In Wasser und beim Schmelzen zerfallen sie. Sie dienen in erster Linie zur Darstellung von Metallen und zum Hydrieren. Metallartige Hydride werden mit Nebengruppenelementen gebildet. Der Wasserstoff wird als H in nicht festen Zahlenverhältnissen vom Metallgitter aufgenommen.

Als *Wasserstoffspeicher* spielen Eisen-Titan-Hydride (FeTiH, $FeTiH_2$) und Lanthan-Nickel-Hydride ($LaNi_5H_7$) eine wachsende Rolle. Die Speicherkapazität liegt bei 30 g H_2 pro l Hydrid.

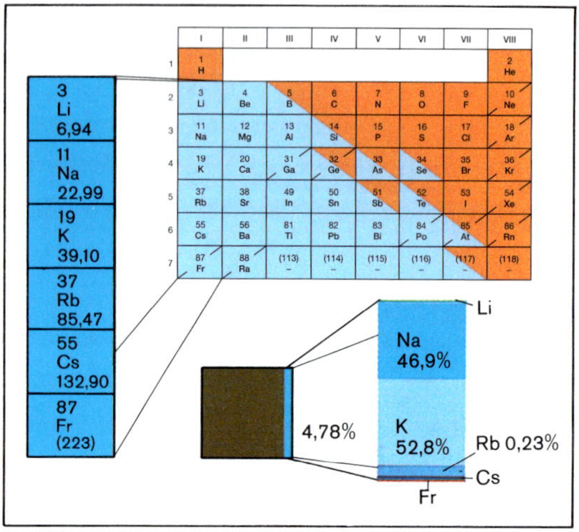

Die Alkalimetalle und ihre Häufigkeit in der Erdrinde

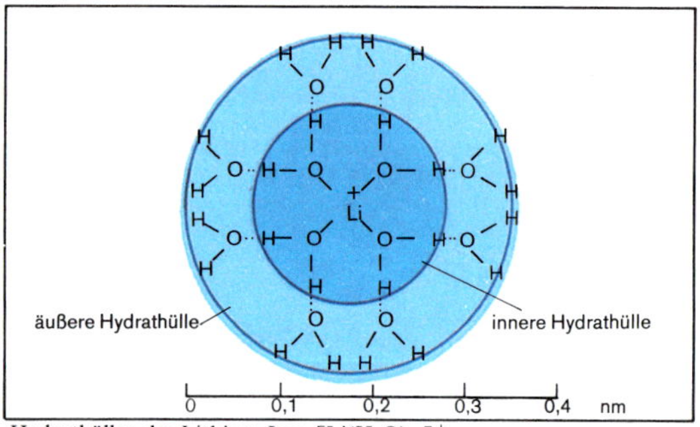

Hydrathüllen des Lithium-Ions $[Li(H_2O)_{12}]^+$

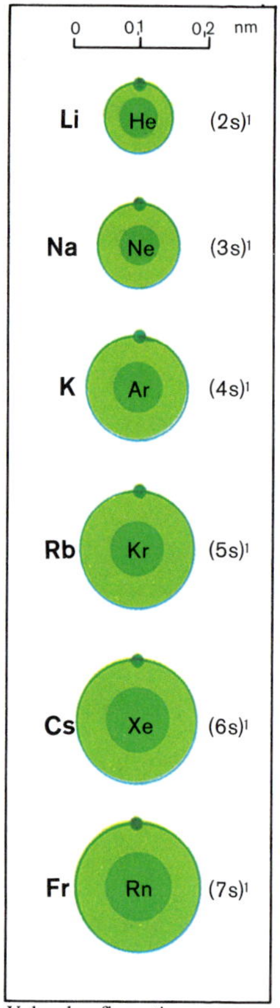

Valenzkonfiguration (maßstäblich)

$2AM + 2H_2O$	$\longrightarrow$	$2AMOH + H_2$ (heftige Reaktion)
$AM + O_2$	$\longrightarrow$	Oxide (AM_2O), Peroxide (AM_2O_2), Superoxide (AMO_2)
AM + Halogene	$\longrightarrow$	*AM*-Halogenide
$2AM + H_2$	$\longrightarrow$	$2AMH$ (ionische Hydride)
$2AM + 2NH_3$	$\longrightarrow$	$2AMNH_2 + H_2$ (Metallamide)
$AMOH + H_2O$	$\longrightarrow$	$AM^+ + OH^- + H_2O$

Allgemeine Reaktionen der Alkalimetalle (*AM*)

Die sechs chemischen Elemente Lithium (Li), Natrium (Na), Kalium (K), Rubidium (Rb), Caesium (Cs) und Francium (Fr) bilden (zusammen mit Wasserstoff (H)) die 1. Hauptgruppe des Periodensystems: die Alkalimetalle. Der Name stammt von dem arabischen Wort »al kalja«, eine Bezeichnung für die aus Pflanzenasche extrahierte Pottasche (Kaliumcarbonat). Die Alkalimetalle heißen auch *Ätzalkali.*

MARTIN HEINRICH KLAPROTH unterschied 1796 zwischen den beiden Substanzen Natron und Kali und gilt als Entdecker der Alkalimetalle. Die erste elementare Darstellung (Na und K) gelang 1807 HUMPHRY DAVY durch Schmelzelektrolyse.

Eigenschaften: Die Alkalimetalle sind silbrig-weiße, niedrig schmelzende Metalle sehr geringer Härte; Cs kann man z. B. bei Raumtemperatur mit den Händen formen. Sie bilden kubisch-raumzentrierte Gitter und sind in der Gasphase zu ca. 1 % zweiatomig.

Die *Elektronenkonfiguration* der Alkalimetalle zeigt ein einzelnes, relativ schwach gebundenes Elektron auf der Außenschale. Die geringe Ionisierungsenergie bedeutet große Reaktionsfähigkeit. Vorwiegend liegen heteropolare (Ionen-)Verbindungen vor.

Die Oxidationszahl ist +1; sie bilden positive Ionen. An der Luft überziehen sie sich sofort mit einer Hydroxidschicht. Sie lösen sich in flüssigem Ammoniak und bilden dabei Amide und Wasserstoff.

Beispiel: $2\,K + 2\,NH_3 \rightarrow 2\,KNH_2 + H_2$.

Ihre Reaktionsfähigkeit wächst mit steigender Ordnungszahl, also von Li nach Fr. Sie sind – besonders bei Kontakt mit Feuchtigkeit – leicht entflammbar und daher *feuergefährlich.*

Verbindungen: Die Alkalimetalle sind starke Reduktionsmittel; ihre Oxide und Hydroxide bilden Basen – daher die Bezeichnung Ätzalkali. Sie reagieren direkt mit Halogenen, Wasserstoff, Schwefel und Phosphor zu Halogeniden, Hydriden, Sulfiden und Phosphiden.

Lediglich Li reagiert direkt mit O_2 zu Li_2O, die anderen Alkalimetalle bilden Peroxide (O_2^{--}-Ionen) oder Dioxide (O_2^{-}-Ionen). Fast alle Alkalimetallsalze sind wasserlöslich.

Die *Reaktion mit Wasser* zeigt die mit Z wachsende Reaktionsfähigkeit: Li reagiert ohne zu schmelzen und ohne daß der entstehende Wasserstoff brennt. K dagegen reagiert bereits so heftig, daß sich der Wasserstoff sofort entzündet.

Beispiel: $2\,Na + 2\,H_2O \rightarrow 2\,Na^+ + 2\,OH^- + H_2$
$\Delta H = -335$ kJ.

Alkalimetall-Anlagerungskomplexe sind durch polare Kräfte (Nebenvalenzen) gebunden; es lagern sich Dipolmoleküle des Lösungsmittels an *(Solvatation).* Die Koordinationszahlen sind meist 4,6 oder 8; die Beständigkeit der Komplexe sinkt mit steigendem Z.

Beispiel: $[Li(H_2O)_4]^+$ Lithiumhydrat-Ion.

Bei dieser *Hydratation* des Li bilden 4 Wassermoleküle eine (innere) *Hydrathülle* unter Freisetzung der Hydratationsenergie von 587 kJ/mol. Eine weitere (äußere) Hydrathülle kann durch sekundäre Hydratation entstehen.

Nachweis erfolgt qualitativ durch Flammenfärbung, quantitativ spektralanalytisch oder durch spezifische chemische Reaktionen.

Vorkommen: Die Alkalimetalle bilden 4,8 % der Erdkruste (einschließlich Luft- und Wasserhülle). Wegen der großen Reaktionsfähigkeit kommen sie nicht elementar vor, sondern nur in Mineralien oder als im Meerwasser gelöste Salze.

Gewinnung: Elektrolyse der geschmolzenen Salze.

Verwendung: Während die Verbindungen der Alkalimetalle vielfältige Anwendung finden, werden lediglich Na und Li in nennenswerten Mengen elementar genutzt: als flüssige Kühlmittel in Kernreaktoren und innerhalb einer Plastikumhüllung als Stromleiter.

Physikalische Eigenschaften

	Li	Na	K	Rb	Cs	Fr
Protonenzahl	3	11	19	37	55	87
Elektronenkonfiguration	$[He](2s)^1$	$[Ne](3s)^1$	$[Ar](4s)^1$	$[Kr](5s)^1$	$[Xe](6s)^1$	$[Rn](7s)^1$
Schmelzpunkt in °C	180,5	97,8	63,6	38,9	28,5	27
Siedepunkt in °C	1347	881	754	688	705	680
Dichte (fest) in g/cm³	0,534	0,968	0,856	1,53	1,87	(2,5)
Ionenradius in nm	0,060	0,095	0,133	0,148	0,169	0,176
1. Ionisierungspotential in eV	5,39	5,14	4,34	4,18	3,89	3,83
Flammenfärbung	karmin	gelb	rotviolett	rot	blau	
Farbe der Oxide	weiß	weiß	gelbl.-weiß	hellgelb	orangegelb	

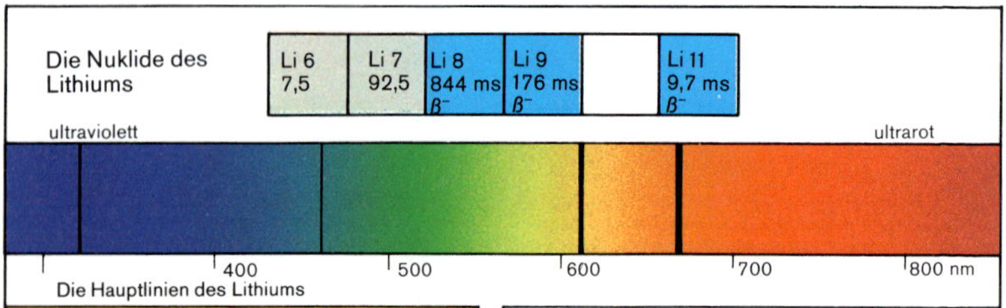

rel. Atommasse 6,941

Atomradius 0,152 nm

Ionenradius 0,060 nm

Schmelzpunkt 180,5° C

Siedepunkt 1347° C

Dichte (bei 20° C) 0,534 g/cm³

Hydratationsenergie 499,9 kJ/mol

1. Ionisierungspotential 5,39 eV

2. Ionisierungspotential 75,62 eV

Normalpotential −3,045 V

Physikalische Eigenschaften des Lithiums

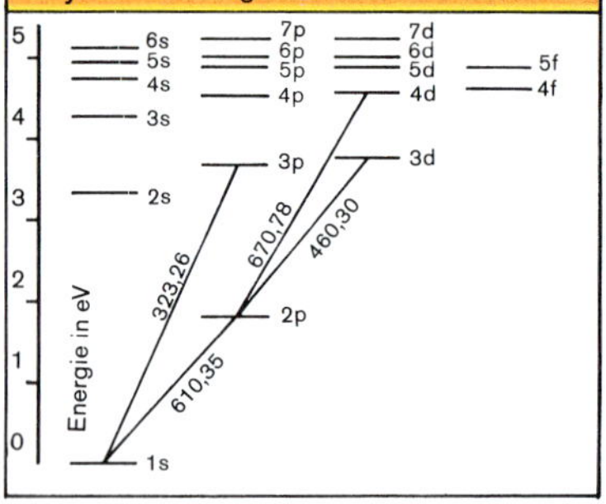

Termschema und Hauptübergänge des Li

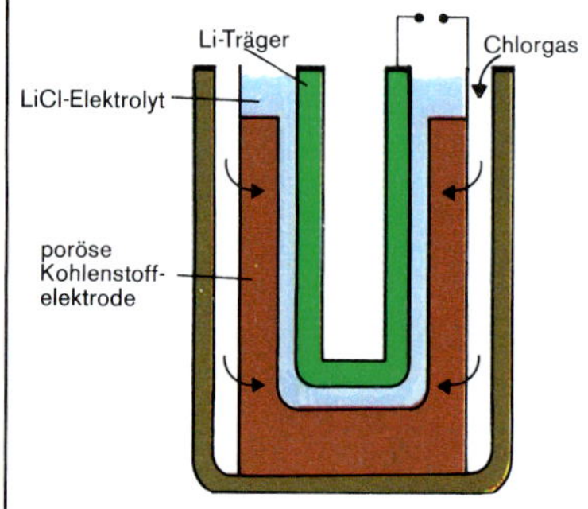

Li-Cl-Brennstoffzelle

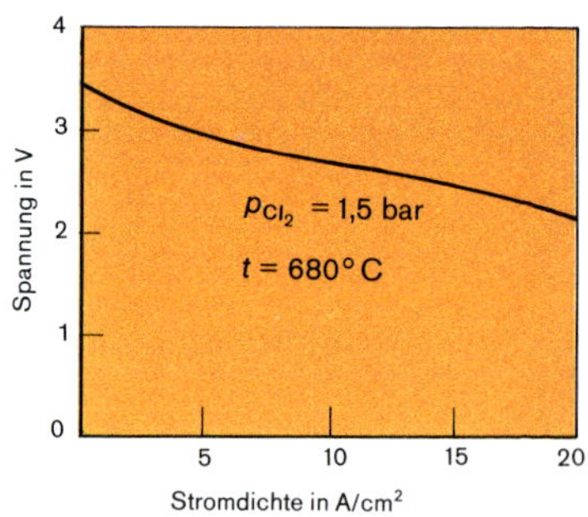

Charakteristik der Li-Cl-Brennstoffzelle

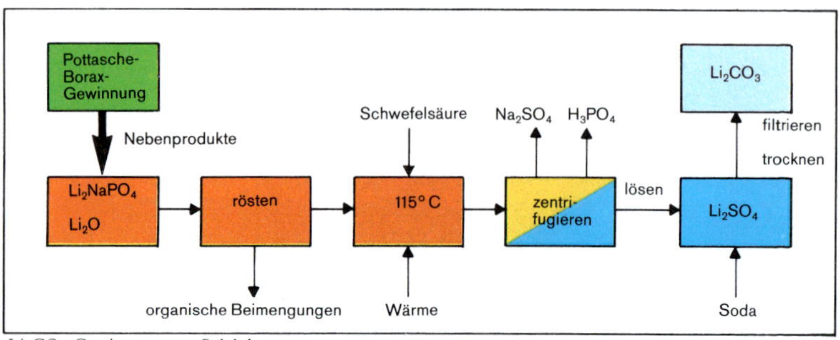

Li_2CO_3-Gewinnung aus Salzlaken

Lithium (Elementsymbol: Li) ist das 2. Element der 1. Hauptgruppe des Periodensystems. Der Name ist abgeleitet von griech. lithos = Stein. J. A. Arfredson fand 1817 das Element in Petalit, einem Lithiumaluminiumsilicat. Die erste Reindarstellung in Spuren gelang Humphry Davy 1818 durch Elektrolyse von Li_2O, doch dauerte es bis 1855, bevor R. W. Bunsen und A. Matthiessen größere Mengen aus einer LiCl-Schmelze gewannen.
Wegen der allgemein beobachteten Schrägbeziehung zur nächsthöheren Gruppe im Periodensystem ist das Li dem Magnesium in manchen Eigenschaften ähnlicher als dem folgenden Element innerhalb der Alkaligruppe, dem Na.
Eigenschaften: Li ist ein silberweißes, weichzähes Leichtmetall mit kubisch-raumzentrierter Gitterstruktur. Bei Raumtemperatur ist es das leichteste aller festen Elemente. Die rel. Atommasse ist 6,941. Es gibt zwei stabile Li-Isotope: ^{6}Li (7,5 %) und ^{7}Li (92,5 %).
Die Halbwertszeiten der drei instabilen Li-Isotope liegen im ms-Bereich.
In feuchter Luft bildet Li an der Oberfläche sofort gelbliche Oxid- und Nitridüberzüge, daher wird es unter Petroleum oder Paraffinöl aufbewahrt. Li ist als *feuergefährlich* klassifiziert; nur Trockenlöscher dürfen eingesetzt werden.
Die elektrische Leitfähigkeit ist groß, etwa 18 % der des Kupfers. Es ist flüssig innerhalb eines ungewöhnlich großen Temperaturbereichs (1167 Kelvin). Als Dampf liegt es in atomarer Form vor. In flüssigem Ammoniak löst sich Lithium unter Blaufärbung.
Auf der äußeren Elektronenschale kreist nur ein Elektron. Das Lithium-Ion Li^+ ist ein einwertiges Kation mit He-Konfiguration.
Li^+ ist stark hydratisiert. Die innere *Hydrathülle* bildet eine Neonschalen-Konfiguration und bewirkt den Anstieg des Ionenradius von 0,060 nm auf 0,34 nm. Die Hydratationswärme von 503 kJ/mol ist die größte aller Alkalimetalle.
Nachweis: Bereits sehr geringe Spuren von Li färben die Flamme karminrot. Der quantitative Nachweis erfolgt meist über Flammenphotometrie der 670,78 nm-Linie und Vergleich mit einem Standardpräparat. Die quantitative chemische Analyse ist mühsam und mit vielen Fehlerquellen behaftet. Eine Methode ist, Li als in Wasser schwerlösliches Li_3PO_4 quantitativ auszufällen.
Vorkommen: Der Anteil an der Erdrinde beträgt etwa 0,006 Gewichtsprozent. Li tritt niemals elementar auf. In geringen Konzentrationen kommt es in fast allen Gesteinen vor, Urgesteine und Silicate sind bevorzugt. Auch Mineralwässer und Salzlaken enthalten Li.
Wichtige *Lithiummineralien* sind: Spodumen $LiAl[Si_2O_6]$, Lepidolith (K, Li) $Al_2[AlSi_3O_{10}]$ (OH, F)$_2$, Petalit (Li, Na) $[AlSi_4O_{10}]$, Kryolithionit Li_3Na_3 $[AlF_6]$, Amblygonit (Li, Na) $Al[PO_4]$ (F, OH) und Triphylin Li(Fe^{II}, Mn^{II}) $[PO_4]$.
Die Hauptvorkommen liegen in Chile, USA, Kanada, Australien und Simbabwe.
Gewinnung: Schmelzflußelektrolyse von LiCl (Schmelzpunkt 613 °C) oder – wegen des niedrigen Schmelzpunktes – aus einem Gemisch von LiCl (45 %) und KCl (55 %). Neuerdings auch aus Salzsolen als Nebenprodukt bei der Pottasche- und Boraxgewinnung.
Das Metall wird in hermetisch abgeschlossenen Behältern (z. B. in Kupferrohrabschnitten) transportiert und in Draht- oder Stangenform gehandelt.
Die Weltproduktion von Li beträgt etwa 19000 t/a. Die Hauptproduzenten sind Chile, Australien, China, USA und Rußland.

Tabakpflanzen, Hahnenfußgewächse und Holunder entziehen dem Boden selektiv Li und reichern es im Innern an.

Verwendung: Bestandteil (<0,1 %) sehr harter Legierungen, z. B. Bahnmetall (0,04 % Li in Pb) für Radlager. Elektroden für Brennstoffzellen. Als *Lithiumperoxid* in Atemgeräten mit geschlossenem Kreislauf:

$$2\,Li_2O_2 + 2\,CO_2 \rightarrow 2\,Li_2CO_3 + O_2.$$

Organolithium-Verbindungen (reaktiver als die vergleichbaren Grignard-Verbindungen) sind wichtige Ausgangsmaterialien für Synthesen in der organischen Chemie.
Wegen der guten Wärmeleitfähigkeit und des ausgedehnten Flüssigkeitsbereichs dient Li-Metall als Kühlmittel für Leistungsreaktoren.
[^{6}Li]Lithium ist Ausgangsmaterial für die großtechnische Gewinnung von Tritium:

$$^{6}Li + n \rightarrow {}^{4}He + {}^{3}H.$$

Daher wird aus dem in den Handel gelangenden Lithium das [^{6}Li]Lithium entfernt (abgereichert).
Desoxidation und Entgasen von Cu, Ni, Ag und deren Legierungen.
Schmierfette (Lithiumstearate) enthalten größere Mengen Li, ebenfalls elektr. Batterien.
Li-Salze dienen der Behandlung manisch-depressiver Psychosen.

Wichtige **Verbindungen**
Lithiumhydroxid LiOH bildet farblose Kristalle und ist eine starke Base. Es dient – z. B. in U-Booten – als Luftreiniger, denn 1 g wasserfreies LiOH bindet rund 0,5 l CO_2.
Wird Li zusammen mit N_2 erwärmt, so entsteht

Lithiumnitrid Li_3N; eine Methode, um unerwünschten Stickstoff aus Gasen zu entfernen.

Lithiumhydrid LiH ist Bestandteil von Raketentreibstoffen. Ferner dient es zum schnellen Füllen von Rettungsschwimmkörpern; denn in Gegenwart von Wasser bildet 1 kg LiH 2,8 m^3 H_2:

$$2\,LiH + H_2O \rightarrow 2\,H_2 + Li_2O.$$

Lithiumdeuterid LiD ist wichtiger Bestandteil der Wasserstoffbombe.

Lithiumiodid LiI bildet große, klare Kristalle. Hergestellt aus [^{6}Li]Lithium und dotiert mit Europium dienen diese Kristalle als Szintillationsdetektoren für energiereiche Neutronen über die Reaktion $^{6}Li(n, \alpha)^{3}H$.

Lithiumchlorid LiCl ist stark hygroskopisch und wird als Trocknungsmittel verwandt.

Lithiumperchlorat $LiClO_4$ ist Sauerstoffträger in Raketentreibstoffen.

Na 20	Na 21	Na 22	Na 23	Na 24	Na 25	Na 26	Na 27	Na 28	Na 29	Na 30	Na 31	Na 3
446 ms	22,8 s	2,60 a	100	15,03 h	59,6 s	1,09 s	295 ms	35,7ms	48,6ms	55 ms	17,7 ms	14,5
β^+, α, γ	β^+, γ	β^+, γ		β^-, γ	β^-, γ	β^-, γ	β^-, γ	β^-, γ	β^-, γ	β^-	β^-	β^-

Die wichtigsten Natrium-Nuklide

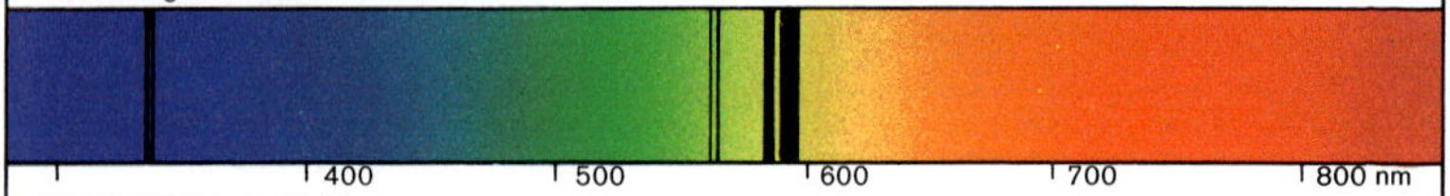

Die Hauptlinien des Natriums

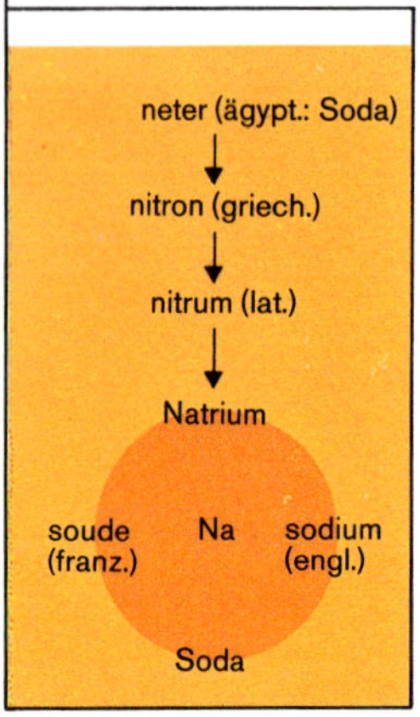

Herkunft des Namens

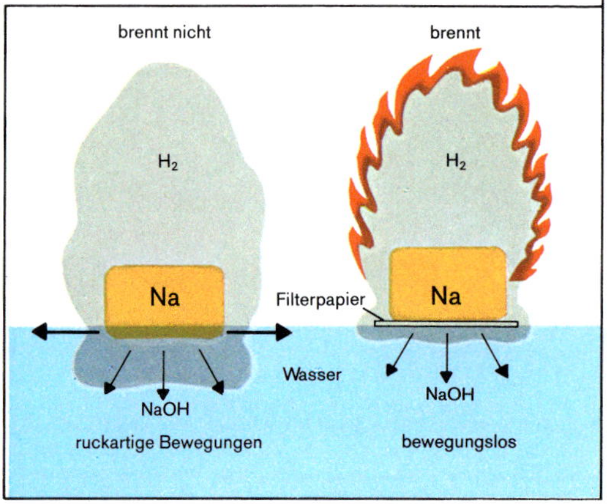

Na-Metall reagiert mit H_2O zu NaOH und H_2

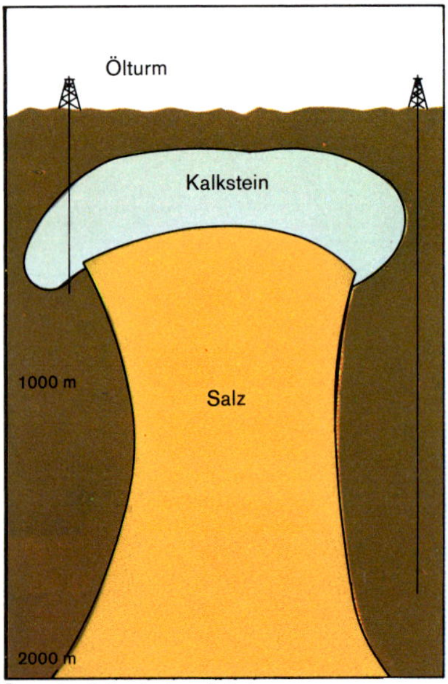

Querschnitt durch einen Salzdom

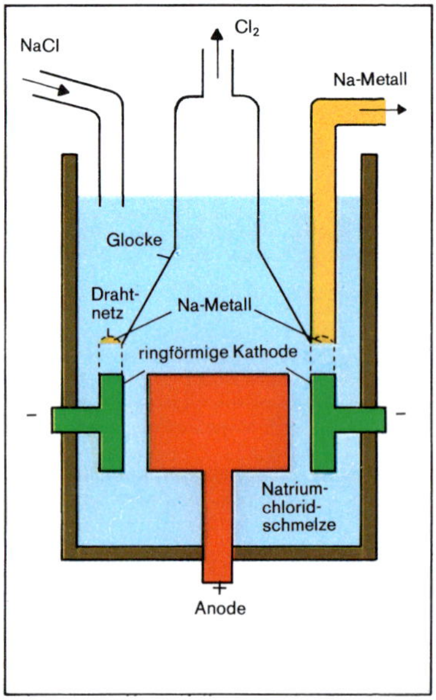

Schema einer Downs-Zelle

Natrium (Elementsymbol: Na) ist das 3. Element der 1. Hauptgruppe des Periodensystems. Der Name stammt aus dem Arabischen: natron = Soda, eine Bezeichnung, die ihrerseits auf das ägyptische »neter« zurückführt. Im englischen Sprachraum wird der Name »sodium« benutzt, als Elementsymbol aber ebenfalls Na. HUMPHRY DAVY stellte 1807 erstmalig metallisches Na durch Elektrolyse von geschmolzenem Natriumhydroxid rein dar. Es dauerte noch 48 Jahre, bis H. SAINTE-CLAIRE DEVILLE einen kommerziell nutzbaren Prozeß zur Produktion von Natriummetall entwickelte.

Eigenschaften: Na ist ein silberweißes, weiches und paramagnetisches Metall mit kubischer Gitterstruktur; die Gitterkonstante ist 0,428 nm. Im geschmolzenen Zustand gleicht es im Aussehen dem Quecksilber. Bei Raumtemperatur ist es nach Li und K das drittleichteste der festen Elemente. Die rel. Atommasse ist 22,98977. Nur ^{23}Na ist stabil gegenüber radioaktivem Zerfall. Von den 20 instabilen Na-Isotopen hat die Mehrzahl eine Halbwertszeit im Sekundenbereich.

Na oxidiert sehr schnell an feuchter Luft zu NaOH und wird daher unter Petroleum aufbewahrt. In trockener, reiner Sauerstoffatmosphäre ist das Natriummetall beständig. Na entzündet sich leicht an der Luft, nur Trockenlöscher zeigen Wirkung. Beim Hantieren mit Natriummetall sollte man eine Schutzbrille tragen.

Die elektrische und thermische Leitfähigkeit des Na ist rund 40 % der des Kupfers. Natriumdampf ist überwiegend einatomig. In flüssigem Ammoniak löst sich das Metall unter Bildung intensiv blauer Natriumamide. In flüssigen Kohlenwasserstoffen kann man Na-Suspensionen erzeugen, die ihrerseits chemisch wesentlich aktiver reagieren als das Metall selbst. Na löst sich in K, Pb und Hg.

Na schwimmt auf dem Wasser. Die bei der Reaktion

$$2\,Na + 2\,H_2O \rightarrow 2\,NaOH + H_2 \quad \Delta H = -286\text{ kJ}$$

freiwerdende Energie schmilzt das Metall und der sich entwickelnde Wasserstoff treibt es in unregelmäßigen Bewegungen die Oberfläche entlang. Wird die Bewegung des Na verhindert, z. B. indem es auf einem Filterpapier schwimmt, so reicht die Reaktionsenergie aus, um das entstehende Wasserstoffgas zu entzünden (Entzündungstemperatur etwa 120 °C): das Na brennt.

Auf der äußeren Elektronenschale des Na kreist nur ein Elektron; das Natrium-Ion Na^+ ist somit ein einwertiges Kation mit der Elektronenkonfiguration des Neons.

Nachweis: Bereits sehr geringe Spuren von Na färben die Flamme intensiv gelb. Es handelt sich dabei um die *D-Linie,* eine doppelte Spektrallinie mit den Wellenlängen 588,99 nm und 589,59 nm. Der quantitative Nachweis erfolgt über Flammenphotometrie der D-Linie und Vergleich mit einem Standardpräparat.

Vorkommen: Na steht an 7. Stelle der Elementhäufigkeit. Sein Anteil an der Erdrinde beträgt 2,63 Gewichtsprozent. Na tritt niemals elementar auf. In seinen Verbindungen ist es auf dem Festland und in den Ozeanen weit verbreitet. Die Ozeane enthalten durchschnittlich 3 % gelöstes NaCl.

Na^+ ist ein außerordentlich wichtiger Bestandteil der extrazellulären Räume von Lebewesen. Der Mensch sollte mit der Nahrung täglich etwa 1,5 g aufnehmen.

Die wichtigsten *Natriummineralien* sind: Natronfeldspat $Na[AlSi_3O_8]$, Steinsalz NaCl, Soda Na_2CO_3, Chilesalpeter $NaNO_3$, Glaubersalz $Na_2SO_4 \cdot 10\,H_2O$ und Kryolith $Na_3[AlF_6]$.

Gewinnung: Schmelzflußelektrolyse von wasserfreiem NaCl. Das gewonnene Natrium ist 99,95 % rein und ist eins der billigsten Nichteisenmetalle. Transportiert wird es in hermetisch verschlossenen Tanks, Fässern und Dosen, aus denen vor dem Abfüllen die Luft durch trockenen Stickstoff verdrängt wird. Die Schmelzflußelektrolyse des NaCl findet praktisch nur noch in der 1924 patentierten *Downs-Zelle* statt:

Ein mit feuerfesten Steinen ausgemauerter Kessel enthält die NaCl-Schmelze. Von unten ragt in das Volumen eine Graphit-Anode hinein. Das an der Anode entstehende Chlorgas entweicht durch eine übergestülpte Eisenblechglocke. Der Rand der Glocke ist zu einer Rinne umgebogen, unter ihr sammelt sich das an der Eisenkathode freiwerdende Na. Das flüssige Metall steigt über ein eisernes Rohr in ein Speichergefäß.

Vorgang an der Kathode:	$2\,Na^+ + 2\,e^- \rightarrow 2\,Na$
Vorgang an der Anode:	$2\,Cl^- \rightarrow Cl_2 + 2\,e^-$
Summe:	$2\,NaCl \rightarrow 2\,Na + Cl_2$

Zugabe von $CaCl_2$ senkt den Schmelzpunkt (808 °C) der NaCl-Schmelze auf 590 °C ab. Das (unerwünschte) Nebenprodukt Ca bleibt an den Wänden des Na-Steigrohrs haften.

Es werden 11 kWh benötigt, um 1 kg Natriummetall zu gewinnen.

Die bereits 1830 eingeführte *Castner-Zelle* zur Schmelzflußelektrolyse von wasserfreiem Natriumhydroxid arbeitet zwar bei niedrigeren Temperaturen (etwa 300 °C), doch ist der Energieverbrauch von 18 kWh pro kg Na inzwischen unwirtschaftlich. Die Weltproduktion an metallischem Na beträgt rund 200 000 t/a. Hauptproduzent sind die USA (60 %).

Verwendung: Der überwiegende Teil des Na dient zur Herstellung der Antiklopfmittel Tetraethylblei und Tetramethylblei. Natriummetall dient in großen Mengen als flüssiges Kühlmittel in Flugzeugmotoren und Kernreaktoren. Eingeschlossen in Polyethylenschläuchen ist es ein Stromkabel mit geringem elektrischen Widerstand. Sowohl im Labor als auch in industriellen Prozessen dient Na als Reduktionsmittel, vor allem bei der Gewinnung von Nichteisenmetallen, z. B. von Titan aus Titanchlorid:

$$TiCl_4 + 4\,Na \rightarrow Ti + 4\,NaCl.$$

Die erste großtechnische Anwendung des Na war die Reduzierung von Natriumaluminiumchlorid zu Aluminium. Ein Prozeß, den heute die Elektrolyse von Bauxit ersetzt.

Na ist Ausgangsmaterial für die Synthese von Natriumperoxid Na_2O_2, einem wichtigen Bestandteil von Wasch- und Bleichmitteln:

$$2\,Na + O_2 \rightarrow Na_2O_2 \qquad \Delta H = -543\text{ kJ}.$$

Bei der Silbergewinnung und in organischen Synthesen – z. B. als Natriumamid $NaNH_2$ bei der Indigosynthese – spielt reines Na eine bedeutende Rolle.

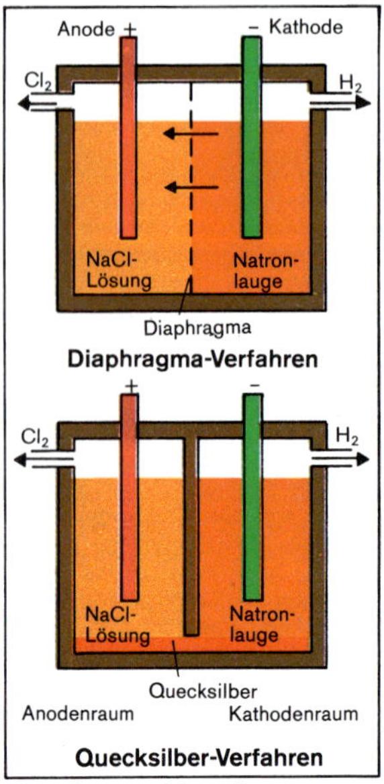

Herstellung von Natronlauge

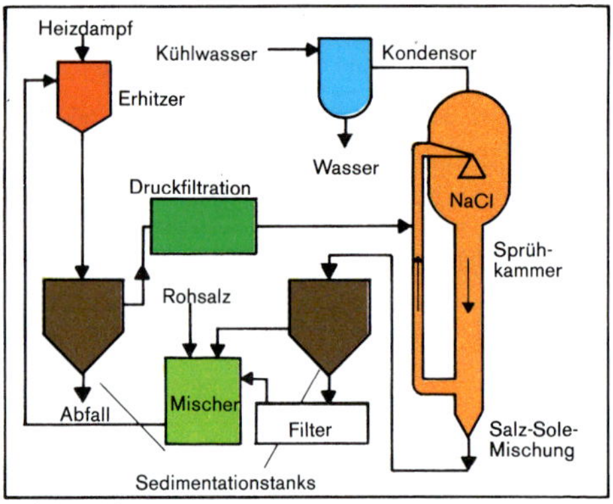

Rekristallisierung von NaCl

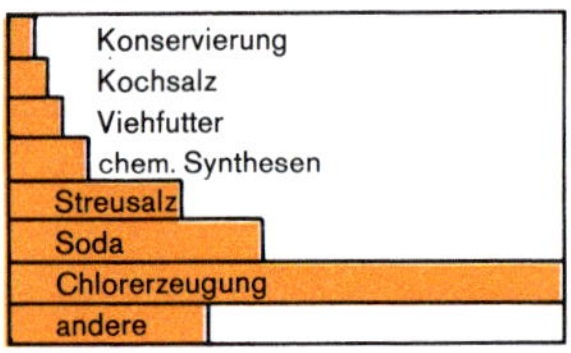

Verwendung von NaCl

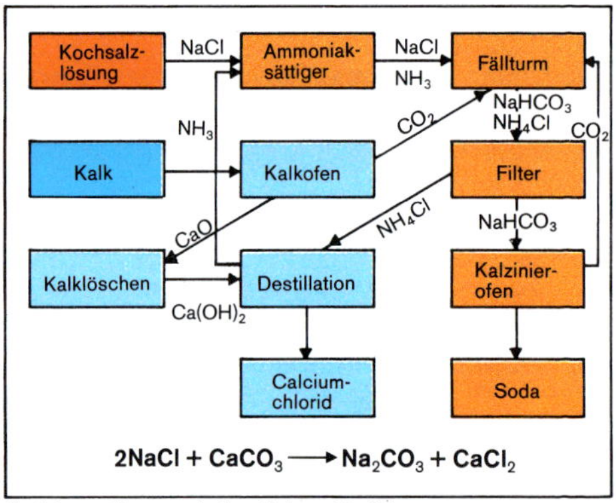

Sodaherstellung nach dem Solvay-Verfahren

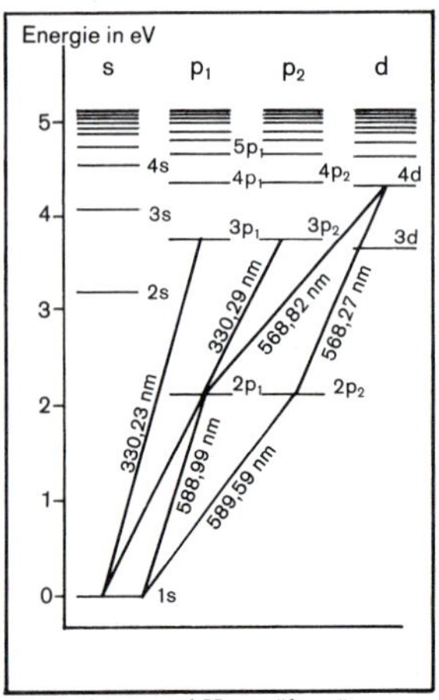

Termschema und Hauptübergänge des Natriums

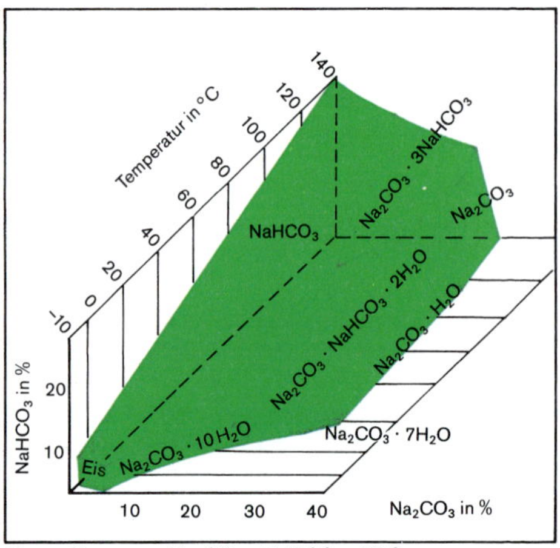

Phasendiagramm: Na_2CO_3—$NaHCO_3$—H_2O

Ins Auge fällt die Verwendung des Na in Na-Entladungslampen.

Wichtige **Verbindungen**

Natriumchlorid (Kochsalz, Steinsalz) NaCl kristallisiert in farblosen Würfeln. Die Cl^--Ionen bilden eine kubisch dichte Kugelpackung, während die Na^+-Ionen oktaedrisch die Lücken besetzen. Reines NaCl ist nicht hygroskopisch. Es löst sich gut in Wasser, bei Raumtemperatur etwa 380 g pro Liter.
Vorkommen als ausgedehnte Koch- und Steinsalzlager in Deutschland (Staßfurt), Österreich, Spanien, USA und GUS. Die Lager entstanden durch Austrocknen abgeschnittener Meeresteile. In den Salzdomen liegt NaCl in besonders reiner Form vor. Unter den wasserundurchlässigen Deckgesteinen der Salzdome sammelt sich häufig Erdöl. Die Gesamtvorkommen werden auf 10^{15} t geschätzt. Die Ozeane enthalten rund $4 \cdot 10^{16}$ t gelöstes NaCl. Weitere große Mengen findet man in Form konzentrierter Kochsalzlösungen in manchen Binnengewässern, z. B. im Toten Meer und im Great Salt Lake (USA). Gewonnen wird NaCl bergmännisch aus Salzlagern (meist Viehsalz) oder durch Auskristallisieren von Salzsolen in Salzgärten (vorwiegend Speisesalz). Reinigung durch Rekristallisieren. Etwa 1/3 des gehandelten NaCl stammt aus dem Meer. In Deutschland beträgt die NaCl-Förderung rund 14 Millionen t/a.
Verwendung: Ausgangsmaterial für fast alle Na-Verbindungen, Konservierungsmittel, Speisesalz, Streusalz, Kältemischungen. Reine, große NaCl-Kristalle dienen als Prismenmaterial in der Ultrarotspektroskopie.

Natriumhydroxid (Ätznatron) NaOH bildet weiße, undurchsichtige und stark hygroskopische Kristalle. Es löst sich unter Bildung einer starken Base sehr gut in Wasser, bei Raumtemperatur etwa 1 kg pro Liter.
Großtechnische Herstellung durch Elektrolyse einer wäßrigen NaCl-Lösung (Endprodukt: Natronlauge):

$$2\,NaCl + 2\,H_2O \rightarrow 2\,NaOH + H_2 + Cl_2 \quad \Delta H = +446{,}6\ kJ.$$

Kathoden- und Anodenraum müssen getrennt sein, damit die an der Kathode gebildeten OH^--Ionen nicht mit dem an der Anode gebildeten Cl_2 zu Hypochlorit-Ionen OCl^- reagieren bzw. das kathodisch gebildete H_2 mit dem anodisch gebildeten Cl_2 Chlorknallgasmischungen ergibt.
Im *Quecksilberverfahren* sind Anode und Kathode in verschiedenen Zellen untergebracht. Das in der einen Zelle erzeugte Na wird als Amalgam über das die beiden Zellen verbindende Quecksilber in die Nachbarzelle transportiert. Hier wirkt Hg als Anode, das Amalgam zersetzt sich zu Hg, NaOH und H_2. Das Verfahren erfordert rund 2 kWh pro kg wasserfreies NaOH.
Neue Produktionsanlagen verwenden inzwischen das umweltfreundlichere und energiesparende *Diaphragma-(Membran-)Verfahren.*
Verwendung: NaOH ist ein wichtiges Ausgangsprodukt bei der Fabrikation von Seifen, Farbstoffen, Zellulose, Kunstseide und Reinigungsmitteln. Ca. 50 % der Produktion dient zur Einstellung von pH-Werten in chemischen Prozessen. Die deutsche Produktion liegt bei 3,5 Millionen t/a.

Natriumsulfat Na_2SO_4 bildet unterhalb 32 °C große, farblose und prismatisch geformte Kristalle (Glaubersalz) $Na_2SO_4 \cdot 10\,H_2O$. Oberhalb 32 °C kristallisiert es wasserfrei in rhombischer Form, genannt Thenardit. Vorkommen: Umfangreiche Lager in der GUS, Kanada und den USA. Größere Mengen sind im Meerwasser gelöst. Es ist Nebenprodukt einiger chemischer Großprozesse, z. B. der Salzsäureherstellung. Die industrielle Produktion geht stets vom Steinsalz aus; der wichtigste Prozeß ist:

$$2\,NaCl + MgSO_4 \rightleftharpoons Na_2SO_4 + MgCl_2.$$

Das Gleichgewicht wird durch Abkühlen nach rechts verschoben, denn dann kristallisiert Na_2SO_4 als calciniertes Natriumsulfat aus.
Verwendung: Glas-, Zellstoff- und Textilindustrie.

Natriumnitrat (Natron-, Chilesalpeter) $NaNO_3$ bildet farblose, leicht wasserlösliche Rhomboeder.
Vorkommen: Ausgedehnte Lagerstätten in Chile (Abmessungen: 600 km · 100 km · 5 m), kleinere Lager in Ägypten und USA. Kommerzielle Ausbeutung der Lager (Auslaugen mit heißem Wasser und Auskristallisieren) in Chile begann 1830, doch ist ihre Bedeutung stark gesunken. Gegenwärtig wird nur 1 % des Stickstoffbedarfs aus Chilesalpeter gedeckt (1914 waren es z. B. 70 %).
Technische Herstellung:

$$Na_2CO_3 + 2\,HNO_3 \rightarrow 2\,NaNO_3 + H_2O + CO_2.$$

Verwendung: In erster Linie als Düngemittel und zur Sprengstoffherstellung.

Natriumcarbonat (Soda) Na_2CO_3 ist in wasserfreiem Zustand (calcinierte Soda) ein weißes Pulver, es löst sich unter Wärmeabgabe in Wasser. Kristallsoda $Na_2CO_3 \cdot 10\,H_2O$ besteht aus großen, wasserhellen Kristallen, die oberhalb 32,5 °C im eigenen Kristallwasser schmelzen und dann als wasserfreie Soda auskristallisieren. Vorkommen als Natursoda und in Modifikationen mit unterschiedlichem Gehalt an Kristallwasser. Große Mengen im Magadi-See (Ostafrika) und Owens Lake (USA).
Gewinnung fast ausschließlich aus Kochsalz nach dem 1860 entwickelten *Solvay-Verfahren:*

> In eine gesättigte NaCl-Lösung wird zuerst Ammoniak und dann CO_2 eingeleitet. Es entsteht NH_4HCO_3, das mit NaCl zu Natriumhydrogencarbonat $NaHCO_3$ reagiert. Durch anschließendes Glühen geht $NaHCO_3$ in calcinierte Soda über. Das beim Glühen freiwerdende CO_2 wird in den Prozeß zurückgeführt, weiteres CO_2 erhält das Solvay-Verfahren aus dem Brennen von Kalkstein.
> Nettovorgang: Kochsalz + Kalkstein → Soda + Calciumchlorid.

Die Soda-Herstellung nach dem *Leblanc-Verfahren* ist seit etwa 1920 unbedeutend.
Produktion in Deutschland rund 1,2 Millionen t/a.
Verwendung: Waschmittel-, Papier-, Glas- und Zelluloseindustrie.

Natriumhydrogencarbonat (Natron) $NaHCO_3$ besteht aus feinen, weißen Kristallen. Es löst sich unter schwach alkalischer Wirkung in Wasser. Ab 50 °C zerfällt es unter Gasentwicklung in Soda:

$$2\,NaHCO_3 \rightarrow Na_2CO_3 + H_2O + CO_2.$$

Verwendung als Treibmittel in Back- und Brausepulvern, in Fertigteigen, als Bullrichsalz gegen Magensäureüberschuß und in Trockenlöschern.

K 36	K 37	K 38	K 39	K 40	K 41	K 42	K 43	K 44	K 45	K 46	K 47	K 48
341 ms	1,22 s	929 ms	93,3	$1{,}28 \cdot 10^9$ a	6,7	12,36 h	22,3 h	22,2 min	16,3 min	115 s	17,5 s	9 s
β^+, γ	β^+, γ	β^+		β^-, γ		β^-, γ	β^-, γ	β^-, γ	β^-, γ	β^-, γ	β^-, γ	β^-, γ

Die wichtigsten Nuklide des Kaliums

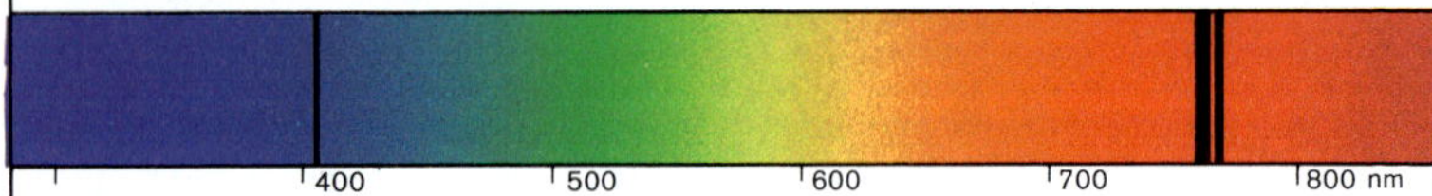

Die Hauptlinien des Kaliums

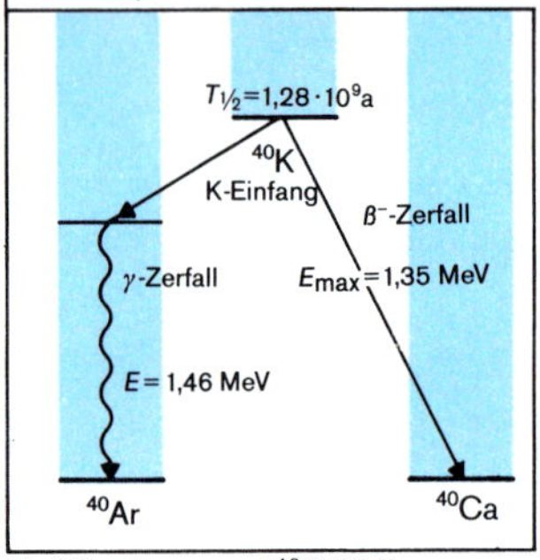

Zerfallsschema von [^{40}K]Kalium

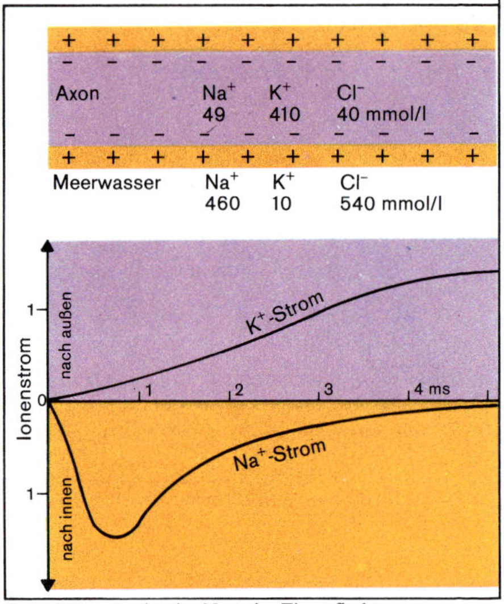

Ionenkonzentration im Nerv des Tintenfischs (bei Depolarisation treten Ionenströme auf)

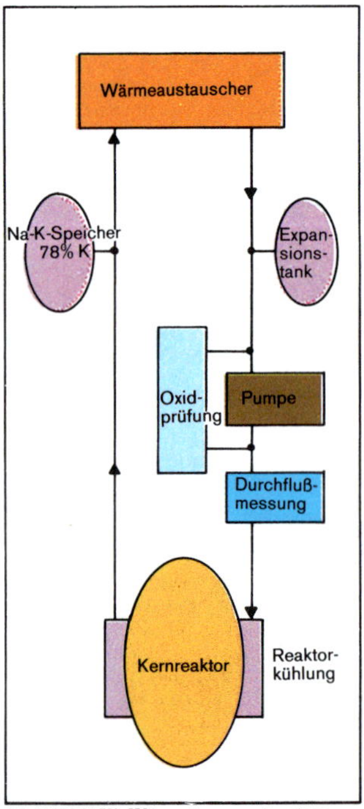

NaK(78% K)-Wärmetransportsystem für Kernreaktoren

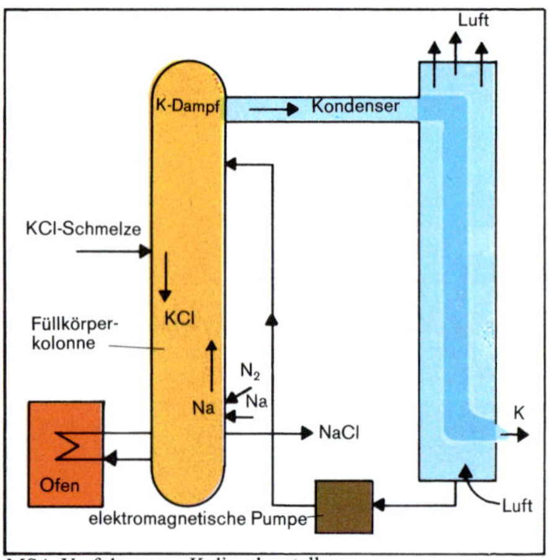

MSA-Verfahren zur Kaliumherstellung

Kalium (Elementsymbol: K) ist das 4. Element der 1. Hauptgruppe des Periodensystems. Der Name ist abgeleitet von arab. al kalzum = Asche. M. H. KLAPROTH unterschied 1796 zwischen den Pflanzenaschenextrakten Natron und Kali, wonach dann Natrium und Kalium ihre Namen erhielten. Im englischen Sprachraum heißt das Element »potassium«, abgeleitet aus »potash«; als chemisches Symbol dient ebenfalls K.

HUMPHRY DAVY gelang 1807 die erste Reindarstellung durch Schmelzflußelektrolyse von Ätzkali.

Kalium ist seinen beiden Gruppennachbarn Natrium und Rubidium chemisch sehr ähnlich.

Eigenschaften: K ist ein silberweiß-glänzendes, wachsweiches und paramagnetisches Metall mit kubisch zentrierter Gitterstruktur; Gitterkonstante = 0,525 nm. In Dampfform ist es vorwiegend einatomig und erscheint in der Durchsicht blau-grün. Bei Raumtemperatur ist es das zweitleichteste (nach Li) aller festen Elemente. Die rel. Atommasse ist 39,098. Es gibt zwei stabile K-Isotope: ^{39}K und ^{41}K. ^{40}K hat eine Halbwertszeit von $1{,}28 \cdot 10^9$ a. Die Halbwertszeiten der anderen 15 instabilen K-Isotope liegen zwischen 341 ms (^{36}K) und 22,3 h (^{43}K).

An der Oberfläche des Metalls entstehen an Luft innerhalb von Sekunden Oxidschichten, daher wird es unter Paraffinöl aufbewahrt. K ist feuergefährlich, bei Bränden dürfen nur Trockenlöscher eingesetzt werden. Hantieren mit K nur mit Schutzbrille und Asbesthandschuhen.

Auf der äußeren Elektronenschale kreist nur ein schwach gebundenes Elektron; das Kaliumion K^+ ist also ein einwertiges Kation mit Ar-Konfiguration. K hat unter den ersten 36 Elementen den größten Atomdurchmesser.

Elektrische und thermische Leitfähigkeit sind sehr groß. K löst sich gut in flüssigem Ammoniak. Die Dispersion von K in Kohlenwasserstoffen ist chemisch aktiver als das Metall selbst, jedoch bequemer zu handhaben.

K ist reaktionsfreudiger als Na. Es ist eins der stärksten Reduktionsmittel. In trockenem Sauerstoff verbrennt K unter violetter Flamme vollständig zu Kaliumdioxid KO_2. In feuchter Luft setzt sich das entstehende KO_2 rasch mit H_2O und CO_2 zu K_2CO_3 um.

Kaliummetall brennt auf dem Wasser:

$$2\,K + 2\,H_2O \rightarrow 2\,KOH + H_2.$$

Unter der Wärmeentwicklung schmilzt K zu einer Kugel zusammen, das Wasser geht in eine starke Base (KOH) über.

Nachweis: Bereits geringe Spuren von K färben die Flamme violett. Ist K mit Na verunreinigt – das ist häufig der Fall –, so kann der gelbe Farbanteil durch Kobaltglas ausgefiltert werden. Der quantitative Nachweis erfolgt meist über Flammenphotometrie der Doppellinie im violetten Spektralbereich. Für die quantitative chemische Analyse wird K als $K_3Co(NO_2)_6$ ausgefällt.

Vorkommen: K steht an 8. Stelle der Elementhäufigkeit. Sein Anteil an der Erdrinde beträgt 2,41 Gewichtsprozent. Im Meerwasser gibt es nur 0,08 % Kalium. K tritt niemals elementar auf.

[^{40}K]Kalium: ^{40}K weist einen metastabilen Zustand mit der Halbwertszeit $1{,}28 \cdot 10^9$ a auf:

$$^{40}Ar \xleftarrow[10{,}7\,\%]{\beta^+} {}^{40}K \xrightarrow[89{,}3\,\%]{\beta^-} {}^{40}Ca.$$

Aus dem gemessenen $^{40}Ar/^{40}K$-Verhältnis kann das Alter von Mineralien und von Meteoriten bestimmt werden.

Weit verbreitete *Kaliummineralien* und *-salze* sind: Kalifeldspat $K[AlSi_3O_8]$, Muskovit $KAl_2[AlSi_3O_{10}](OH, F)_2$, Phlogopit $KMg_3[AlSi_3O_{10}]$ $(OH, F)_2$, Sylvin KCl, Carnallit $KMgCl_3 \cdot 6\,H_2O$, Kainit $KMgCl(SO_4) \cdot 3\,H_2O$, Glaserit $K_3Na(SO_4)_2$, Schönit $K_2Mg(SO_4)_2 \cdot 6\,H_2O$, Polyhalit $K_2Ca_2Mg(SO_4)_4 \cdot 2\,H_2O$ und Langbeinit $K_2Mg_2(SO_4)_3$.

Die Hauptvorkommen liegen als Kalisalz-Lagerstätten in der Ukraine, Kanada, USA, Frankreich und Deutschland. Die Lager entstanden entweder durch Eindunsten von Meeresteilen oder durch Horizontaltransport der Salze. Die durch Verdunsten des Lösungsmittels Wasser gewachsenen Lager weisen eine klare Schichtung nach Löslichkeit und jahreszeitlicher Temperaturdifferenz auf, wobei die am leichtesten löslichen Kaliumsalze zuoberst liegen. Deckschichten aus Salztonen schützen die *Kalilager* gegen Wiederauflösen. Da man früher lediglich am tiefer liegenden NaCl interessiert war, wurden die Kaliumsalze als Abraum auf Halde geschüttet.

Bei der *Nervenleitung* spielen K^+-Ionen eine wichtige Rolle. Ihre Konzentration im Inneren (c_1) der Nervenfaser ist etwa 40mal größer als außerhalb (c_2). Dieser Konzentrationsunterschied führt zu einem Ruhe-Membranpotential:

$$U = 58 \log c_1/c_2 \text{ mV}.$$

Die erregte Membran wird für Millisekundendauer selektiv permeabel für K^+-Ionen, ein K^+-Strom nach außen resultiert und ein Aktionspotential von etwa 100 mV entsteht.

Gewinnung: Reduktion von KCl mit metallischem Na: Na-Dampf von 870 °C wird in einer Füllkörperkolonne der KCl-Schmelze entgegen geleitet. Das nach der Reduktion

$$KCl + Na \rightarrow K + NaCl$$

entstandene Metalldampf-Gemisch fraktioniert in der darüber liegenden Zone. Die anfallende NaCl-Schmelze wird unten kontinuierlich abgezogen. Das im Kondensator verflüssigte K enthält als Verunreinigung hauptsächlich Na. Höchste Reinheit (99,99 %) erreicht die anschließende fraktionierte Destillation.

Umsetzen von KF mit Calciumcarbid CaC_2:

$$2\,KF + CaC_2 \rightarrow CaF_2 + 2\,K + 2\,C.$$

Elektrolytische Verfahren wie z. B. die Elektrolyse von KOH-Schmelze (DEGUSSA-Prozeß im Castner-Tiegel) sind gegenüber den thermischen inzwischen unrentabel.

Das Metall wird in hermetisch abgeschlossenen Zinnkannen transportiert und in Kugel- oder Stangenform gehandelt.

Die Weltproduktion von Kaliummetall beträgt etwa 200 t/a.

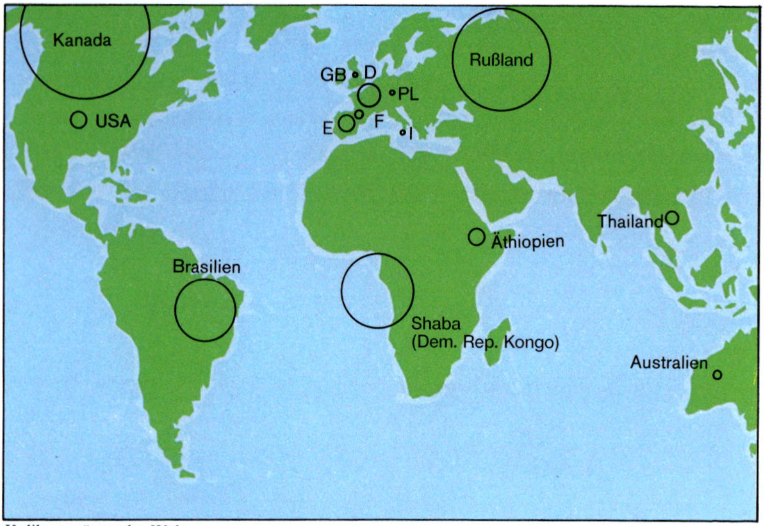

Kalilagerstätten der Welt

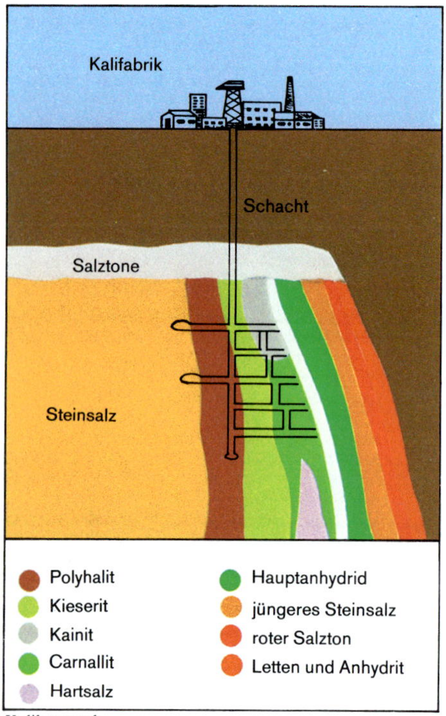

Kalibergwerk

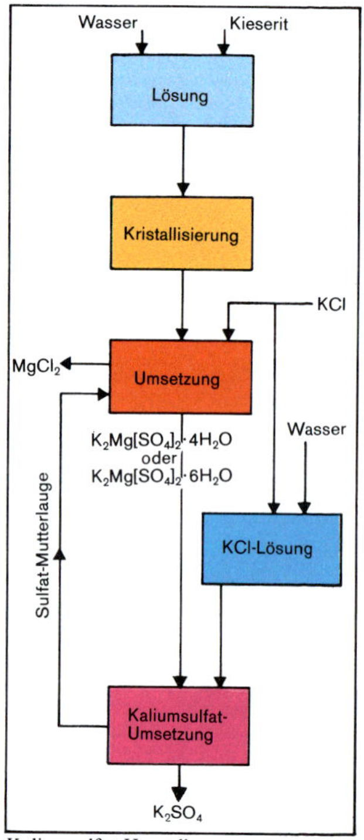

Kaliumsulfat-Herstellung aus Kaliumchlorid und Magnesiumsulfat

Verwendung: Wegen der guten Wärmeleitfähigkeit dient das Metall vor allem als *NaK-Legierung* in Kernreaktoren als Transportmittel für thermische Energie. Es ist Ausgangsmaterial zur Herstellung von KO_2 und für organische Synthesen. $[^{42}K]$Kalium ist ein wichtiges Tracer-Element in der Medizin.
Lösliche Kaliumverbindungen spielen eine bedeutende Rolle als *Düngemittel,* weil die in den Böden vorhandenen Kaliumsilicate von den Pflanzen kaum aufgeschlossen werden können. 95 % der geförderten Kalisalze gehen in die Landwirtschaft. Die Rohsalze werden direkt an Ort und Stelle gemahlen und als Kalidünger versandt. Die Förderung erfolgt bergmännisch bis aus etwa 1000 m Tiefe. Die kanadischen Firmen bevorzugen das Aussol-Verfahren.
Weltweit werden etwa 28 Millionen t/a Kalisalze abgebaut. Die deutsche Produktion lag 2003 an 4. Stelle mit 3,56 Mill. t; rund 50 % wird exportiert.
Der im Kalibergbau anfallende Abraum kann nur teilweise in bereits ausgebeuteten Schächten gelagert werden; die aufgeschütteten Halden bilden Probleme für den Umweltschutz.
Wichtige kalihaltige *Mischdünger* sind:
Kaliammonsalpeter (Mischkristalle von Kaliumnitrat KNO_3 und Ammoniumchlorid NH_4Cl).
Nitrophoska [Gemenge aus NH_4Cl, $(NH_4)_2SO_4$, $(NH_4)_2HPO_4$ und KNO_3].
Hakaphos [Gemenge aus Harnstoff, KNO_3 und $(NH_4)_2HPO_4$].

Wichtige **Verbindungen**
Kaliumcarbonat (Pottasche) K_2CO_3 ist eine weiße, pulvrige und hygroskopische Masse. Sie löst sich unter alkalischer Reaktion sehr gut in Wasser, bei Raumtemperatur 1130 g pro Liter.
Gewinnung unter anderem durch »Carbonisierung von Kalilauge«:
$2\,KOH + CO_2 \rightarrow K_2CO_3 + H_2O.$
Früher wurde Pottasche durch Auslaugen der Asche von Landpflanzen in Töpfen (Pötten) mit Hilfe von Wasser und anschließendem Eindampfen gewonnen. Dieses Verfahren wird bereits im Alten Testament beschrieben.
K_2CO_3 kommt in einigen Binnengewässern (z. B. im Toten Meer) und auch als Lagerstätte vor. Verwendung in Schmierseifen und Kaligläsern, Dünger für saure Böden.

Kaliumchlorid (Sylvin) KCl kristallisiert in weißen Würfeln; es ist das wirtschaftlich wichtigste Kaliumsalz.
Gewinnung aus Carnallit $KMgCl_3 \cdot 6\,H_2O$, das in wäßriger Lösung in KCl und $MgCl_2$ zerfällt. Beim Eindampfen kristallisiert das schwerlösliche Salz zuerst aus. Verwendung fast ausschließlich als Düngemittel.

Kaliumhydroxid (Ätzkali) KOH bildet eine harte, weiße und sehr hygroskopische Masse; sehr gut löslich in Wasser (Kalilauge) und in Alkohol. Gewinnung durch Elektrolyse von KCl-Lösung in einer Apparatur aus Reinstnickel (analog der NaOH-Herstellung). Früher auch durch Umsetzen von KCO_3 mit CaO (Ätzkalk): »Kaustifizierung der Soda«. Weltproduktion etwa 500 000 t/a. Verwendung in Waschmitteln, Wasserenthärtern, Schmierseifen, Entschwefelungsanlagen für Erdöl, Absorptionsmittel für CO_2.

Kaliumsulfat (Arkanit) K_2SO_4 kristallisiert zu farblosen, rhombischen und nicht hygroskopischen Prismen; es ist nur mäßig wasserlöslich (110 g pro Liter). Unlöslich in organischen Lösungsmitteln.
Gewinnung im zweistufigen Kalimagnesia-Verfahren: Durch Umsetzen von KCl und Kieserit (Magnesiumsulfat) entsteht ein K-Mg-Doppelsalz,
$$2\,KCl + 2\,MgSO_4 + 6\,H_2O \rightleftharpoons K_2SO_4 \cdot MgSO_4 \cdot 6\,H_2O + MgCl_2.$$
Das auskristallisierte Doppelsulfat wird abgetrennt und in eine KCl-Lösung eingeführt.
$$2\,KCl + K_2SO_4 \cdot MgSO_4 \cdot 6\,H_2O \rightleftharpoons 2\,K_2SO_4 + MgCl_2 + 6\,H_2O.$$
Verwendung fast ausschließlich als Düngemittel, vorwiegend für chlorempfindliche Pflanzen wie Obst, Gemüse, Tabak und Kartoffeln.

Kaliumnitrat (Salpeter) KNO_3 bildet rhombische, weiße, leicht wasserlösliche Kristalle, die oberhalb von etwa 350 °C in Kaliumnitrit KNO_2 übergehen.
Gewinnung z. B. als Konvertersalpeter aus Chilesalpeter:
$NaNO_3 + KCl \rightleftharpoons KNO_3 + NaCl.$
Früher gewann man KNO_3 in Salpeterplantagen.
Verwendung als Düngemittel, Bestandteil des *Schwarzpulvers* (75 % KNO_3, 15 % Holzkohle, 10 % Schwefel).

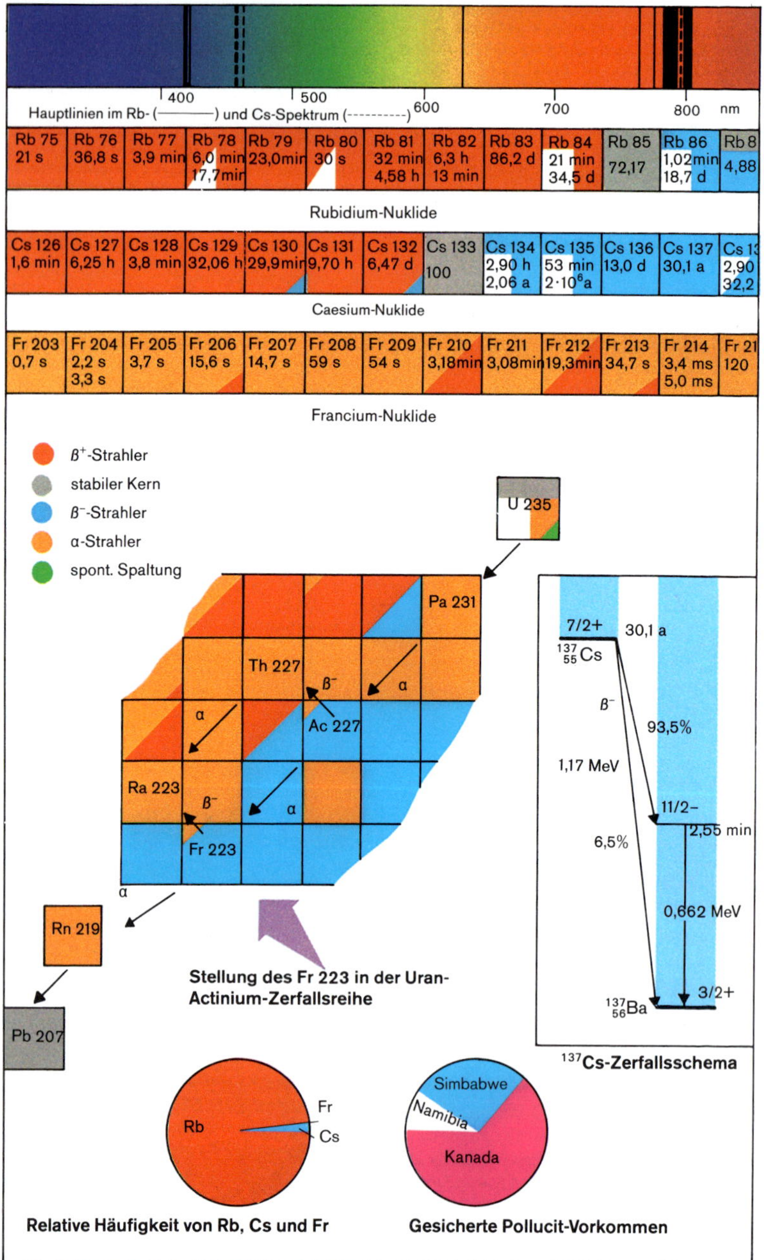

Die drei letzten Elemente der Alkaligruppe

Rubidium (Elementsymbol: Rb) ist das 5. Element der 1. Hauptgruppe. Rubidus (lat.) = dunkelrot, nach seiner charakteristischen Spektrallinie. Die erste Reindarstellung gelang 1861 R. BUNSEN und R. KIRCHHOFF durch Schmelzelektrolyse von RbCl.
Eigenschaften: Rb ist ein silberglänzendes, sehr weiches Leichtmetall. Die rel. Atommasse ist 85,4678; es gibt ein stabiles Rb-Isotop: ^{85}Rb. ^{87}Rb hat eine Halbwertszeit von $4{,}88 \cdot 10^{10}$ a. Die Halbwertszeiten der übrigen 33 instabilen Isotope liegen zwischen 65 ms (^{74}Rb) und 86,2 d (^{83}Rb). An Luft bildet Rb sofort eine graue Oxidschicht und entzündet sich selbst; es wird unter Petroleum aufbewahrt. Rb ist feuergefährlich.
Rb ist löslich in Säuren und in Alkohol. In einer Sauerstoffatmosphäre verbrennt es bei rot-violetter Flamme zu Rubidiumdioxid RbO_2. Mit Wasser reagiert Rb sehr heftig; dabei bildet es eine sehr starke Base, Rubidiumhydroxid RbOH.
Das Rubidium-Ion Rb^+ ist ein einwertiges Kation mit Kr-Konfiguration.
Nachweis: Rb färbt die Flamme rot-violett. Quantitatives Ausfällen z. B. als Tetraphenylborat $RbB(C_6H_5)_4$.
Vorkommen: 0,029 % in der Erdrinde, im Meerwasser zu $2 \cdot 10^{-5}$ %. Lepidolith (Lithionglimmer) $(K, Li)Al_2[AlSi_3O_{10}]\ (OH, F)_2$ enthält etwa 1 % Rb, Carnallit nur Spuren von Rb. Einige Mineralwässer (Bad Dürkheim) enthalten Rb^+-Ionen. Tabakpflanzen, Zuckerrüben und Pilze reichern Rb aus dem Boden selektiv an.
Gewinnung: Erhitzen der Dichromate mit Zirconium im Vakuum:

$$Rb_2Cr_2O_7 + 2\,Zr \rightarrow 2\,Rb + 2\,ZrO_2 + Cr_2O_3.$$

Das Metall wird oberhalb 39 °C abdestilliert. Transport unter Mineralöl oder in Vakuumbehältern.
Verwendung: Halbleitertechnik, Material für Photokathoden, Gettersubstanz in Hochvakuumpumpen.

Rb-Sr-Datierung: ^{87}Rb zerfällt mit einer Halbwertszeit von $4{,}88 \cdot 10^{10}$ a in ^{87}Sr. Aus massenspektrometrischer Messung von $^{87}Sr/^{87}Rb$ wird das Alter von Gesteinen und von Meteoriten bestimmt.

Wichtige **Verbindungen**
Rubidiumchlorid RbCl ist ein weißes, kristallines und wasserlösliches Pulver. Verwendung zur Herstellung von Rb und als Reagenz auf Perchlorsäure.

Rubidiumhydroxid RbOH ist eine grau-weiße, extrem hygroskopische Masse. Es absorbiert CO_2, ist in Wasser gelöst eine sehr starke Base und greift Glas an.

Rubidiumcarbonat Rb_2CO_3 ist ein weißes, extrem hygroskopisches, wasserlösliches Pulver. Verwendung in Spezialgläsern.

Caesium (Elementsymbol: Cs) ist das 6. Element der 1. Hauptgruppe. Caesius (lat.) = himmelblau. R. BUNSEN und R. KIRCHHOFF entdeckten Cs 1860 spektroskopisch, CARL SETTERBERG stellte es 1882 erstmalig durch Schmelzelektrolyse des Cyanids dar.
Eigenschaften: Cs ist ein silbriges, sehr weiches Metall. Es hat nach Hg den niedrigsten Schmelzpunkt (28,5 °C) aller Metalle. Die rel. Atommasse ist 132,9054, nur ^{133}Cs ist stabil. Die Halbwertszeiten der 32 instabilen Isotope liegen zwischen 0,19 s (^{146}Cs) und $2 \cdot 10^6$ a (^{135}Cs). Cs löst sich in flüssigem Ammoniak. An der Luft und im Wasser entzündet sich das Metall sofort: Explosionsgefahr. Cs ist eins der reaktionsfähigsten Elemente; oberhalb 300 °C greift es sogar Glas an. Aufbewahrung im Vakuum. Das Caesium-Ion Cs^+ ist ein einwertiges Kation mit Xe-Konfiguration.
Nachweis: Spektroskopisch oder Ausfällen als Cs_2PtCl_2 bzw. $Cs_3Bi_2I_9$.
Vorkommen: In der Erdrinde zu $6{,}5 \cdot 10^{-4}$ %, im Meerwasser zu 10^{-7} % enthalten. Pollucit (oder Pollux) $2\,Cs_2O \cdot 2\,Al_2O_3 \cdot 9\,SiO_2 \cdot H_2O$ ist das wichtigste Mineral, andere enthalten Spuren von Cs.
Gewinnung: Erhitzen von Pollucit mit Calciumoxid im Vakuum. Es entsteht CsO_2, aus dem im Aluminiumüberschuß metallisches Cs entsteht. Die Weltproduktion beträgt etwa 20 t/a.
Verwendung: Photozellen, Cs-Atomuhr, Gettermaterial, Plasmagas für magneto-hydrodynamische Generatoren, fester Raketentreibstoff ($CsBH_4$). Das radioaktive Isotop ^{137}Cs (gewonnen aus Reaktorbrennstäben) dient in der Geschwulsttherapie als Strahlenquelle. Inkorporiert ist [^{137}Cs]Caesium ein gefährlicher Knochensucher.

Wichtige **Verbindungen**
Caesiumcarbonat Cs_2CO_3 bildet farblose, hygroskopische Kristalle, leicht löslich in Wasser und Ethanol. Ausgangsprodukt zur Darstellung der Cs-Salze.

Caesiumchlorid CsCl formt farblose kubische Kristalle; löslich in Wasser und konzentrierter Salzsäure. Verwendung als Gettermaterial.

Caesiumhydroxid CsOH ist eine weiße, kristalline Masse. Es ist sehr hygroskopisch und die stärkste bekannte Base. Verwendung als Elektrolyt für Batterien, die bei niedrigen Temperaturen operieren. Herstellung aus CsCl im Amalgam- oder Diaphragmaverfahren.

Francium (Elementsymbol: Fr) ist das letzte Element der 1. Hauptgruppe. France (franz.) = Frankreich. MARGUERITE PEREY entdeckte das Metall 1939 in Uranmineralien. Frühere Namen: Eka-Cäsium, Aktinium K.
Die rel. Atommasse ist etwa 223; es gibt 30 Isotope, keines davon ist stabil. Die Halbwertszeiten liegen zwischen 21,8 min (^{223}Fr) und 120 ns (^{215}Fr). Da Fr nicht in wägbaren Mengen isoliert ist, kann es nur in winzigen Spuren untersucht werden. Seine Eigenschaften entsprechen denen der Alkalimetalle.
Nachweis: Analyse der emittierten Strahlung; Ausfällen als $FrClO_4$ bzw. Fr_2PtCl_6.
Vorkommen: In Uranmineralien als Zwischenprodukt in der Uran-Actinium-Zerfallsreihe. In der gesamten Erdrinde gibt es kaum 50 g Fr.
Gewinnung in kleinsten Mengen mit Hilfe von Kernreaktionen.

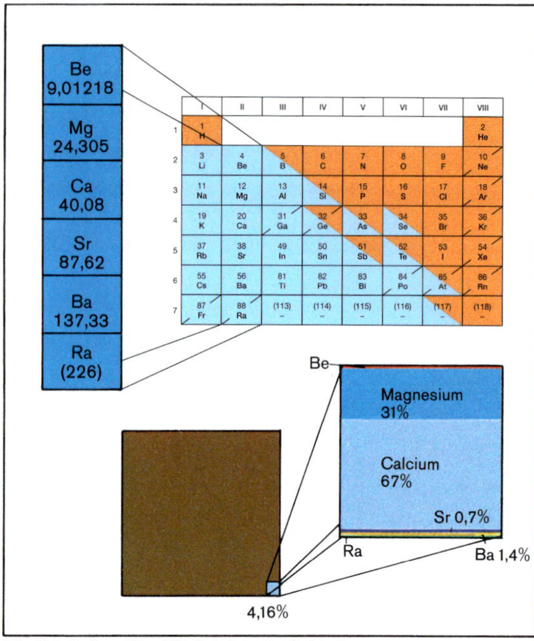

Die Erdalkali und ihre Häufigkeit in der Erdrinde

Be	Mg	Ca	Sr	Ba	Ra

9,32 eV —— 1. Ionisierungspotential fällt → 5,28 eV

$1{,}85\ g/cm^3$ —— Dichte wächst → $5{,}5\ g/cm^3$

$1{,}11 \cdot 10^{-8}$ cm —— Atomradius wächst → $2{,}23 \cdot 10^{-8}$ cm

$0{,}31 \cdot 10^{-8}$ cm —— Ionenradius wächst → $1{,}37 \cdot 10^{-8}$ cm

1285° C —— Schmelzpunkt sinkt → 700° C

2477° C —— Siedepunkt sinkt → 1140° C

—— allgem. Reaktionsfähigkeit nimmt zu →

$EAM + 2H_2O \longrightarrow EAM(OH)_2 + H_2$

$2\,EAM + O_2 \longrightarrow 2\,EAMO$

EAM + Halogen $\longrightarrow$ EAM(Halogen)$_2$

$EAM + H_2 \longrightarrow EAMH_2$ (ionische Hydride)

$3EAM + N_2 \longrightarrow EAM_3N_2$ $(p, T\gg)$

$EAM(OH)_2 + H_2O \longrightarrow EAM^{2+} + 2OH^- + H_2O$

Eigenschaften der Erdalkali *(EAM)*

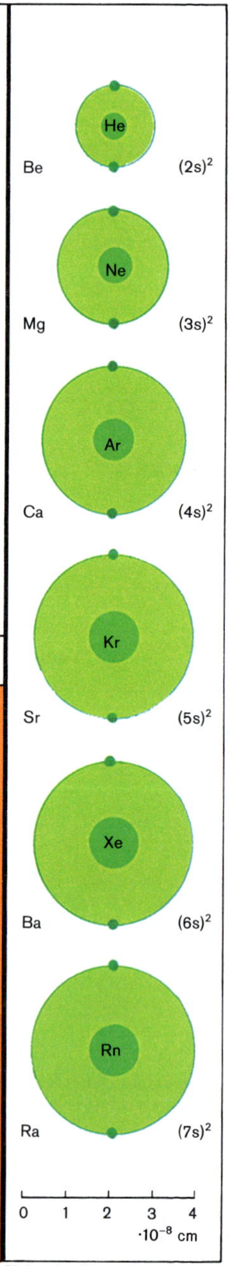

Valenzkonfiguration (maßstäblich)

Die sechs chemischen Elemente Beryllium (Be), Magnesium (Mg), Calcium (Ca), Strontium (Sr), Barium (Ba) und Radium (Ra) bilden die 2. Hauptgruppe des Periodensystems. Nach den IUPAC-Regeln gehören alle mit Ausnahme von Be und Mg zu den Erdalkali. Der Name deutet die Stellung der Gruppenelemente zwischen denen der Alkalimetalle und der Erdmetalle an: Die Hydroxide der Erdalkali bilden ebenso wie die Alkalimetalle starke Basen, andererseits ähneln die allgemeinen Eigenschaften mehr denen der Borgruppe.
Die Elektronenkonfiguration der Erdalkali zeigt zwei Valenzelektronen. Bedingt durch die relativ schwach gebundenen Elektronen auf der Außenschale sind die Erdalkali im allgemeinen sehr reaktionsfreudig.
Ihre Verbindungen sind überwiegend heteropolarer Natur. Ausnahme: die des Berylliums.
Eigenschaften: Die Erdalkali sind graue bis weiße, glänzende aber rasch oberflächlich oxidierende Leichtmetalle unterschiedlicher Härte. Be ist z.B. bei Raumtemperatur sehr hart und spröde, während Sr leicht verformbar ist. Be und Ca bilden sowohl kubisch-raumzentrierte als auch hexagonale Metallgitter, die der höheren Elemente der Gruppe weisen eine hexagonal-dichteste Kugelpackung auf.
Die Oxidationszahl ist +2. Wegen der höheren effektiven Kernladung sind die Ionenradien merklich kleiner als die der Alkalimetall-Ionen. An feuchter Luft und in Wasser bilden sie Hydroxide, die im Falle von Be und Mg eine weitere Reaktion verhindern bzw. erheblich verlangsamen.
Ca, Sr und Ba lösen sich wie die Alkalimetalle in flüssigem Ammoniak und bilden dabei farbige Metallamide. Die Reaktionsfähigkeit der Erdalkali wächst mit steigender Ordnungszahl, also von Be nach Ra.
Be und Ba sind giftig, Mg und Ca dagegen wichtige Bestandteile der belebten Natur.
Verbindungen: Die Erdalkali sind gute Reduktionsmittel, ihre Oxide und Hydroxide – mit Ausnahme der amphoteren Be-Verbindungen – sind Basenbildner. Der basische Charakter der Hydroxide wächst mit *Z*: $Be(OH)_2$ ist amphoter, $Ra(OH)_2$ bereits eine starke Base. Die Basen selbst sind sehr gute CO_2-Absorber.
Die Erdalkali reagieren direkt mit Halogenen, Wasserstoff, Sauerstoff, Kohlenstoff, Schwefel, Selen und Tellur zu Halogeniden, ionischen Hydriden, Oxiden, Carbiden, Sulfiden, Seleniden und Telluriden.
Be geht vorwiegend kovalente Verbindungen ein. Die Löslichkeit der Erdalkalisalze in Wasser ist sehr unterschiedlich. Die Löslichkeit der Hydroxide wächst mit steigendem *Z*. Die Oxide haben hohe Schmelzpunkte und sind in der Regel gute elektrische Leiter (Ausnahme: BeO).

Löslichkeit in Wasser

Halogenide	gut	Fluoride fast unlöslich
Nitrate	gut	
Sulfate	fast unlöslich	Be- und Mg-Sulfate löslich
Carbonate	wenig löslich	Be-Carbonate gut löslich
Acetate	gut	
Chlorate	gut	
Chromate	relativ unlöslich	Be- und Mg-Chromate löslich
Oxide	kaum löslich	BeO unlöslich
Hydroxide	kaum löslich	$Ba(OH)_2$ relativ am besten löslich

Vorkommen: Die Erdalkali sind zu 4,16 % am Aufbau der Erdrinde beteiligt. Ca und Mg überwiegen bei weitem. Ra ist instabil und außerordentlich selten. Wegen der guten Reaktionsfähigkeit kommen die Elemente nicht elementar vor. Die meisten Erdalkalimineralien sind Silikate, Carbonate und Sulfate.
Gewinnung: Schmelzelektrolyse der Halogensalze oder Reduktion der Oxide.
Verwendung: In reiner Form werden die Erdalkali überwiegend in der Kerntechnologie benötigt, vor allem Be. Die Legierungen (meist mit Al, Cu, Ni, Mn) zeigen niedrige Dichte, hohe Festigkeit und Korrosionsbeständigkeit; es sind weitverbreitete Konstruktionsmaterialien im Leichtbau (z.B. Duralumin, Lockalloy, Elektronmetall).

Physikalische Eigenschaften

	Be	Mg	Ca	Sr	Ba	Ra
Protonenzahl	4	12	20	38	56	88
Elektronenkonfiguration	[He] $(2s)^2$	[Ne] $(3s)^2$	[Ar] $(4s)^2$	[Kr] $(5s)^2$	[Xe] $(6s)^2$	[Rn] $(7s)^2$
Schmelzpunkt in °C	1285	650	850	771	726	700
Siedepunkt in °C	2477	1090	1483	1385	1640	1140
Dichte in g/cm^3	1,848	1,738	1,54	2,63	3,50	5,50
Ionenradius in nm	0,031	0,065	0,099	0,113	0,135	0,137
1. Ionisierungspotential in eV	9,320	7,644	6,111	5,692	5,210	5,277
Flammenfärbung		weiß		karminrot	grün	rot
Mohssche Härte	6–7	2,0	1,5	0,8	2	

Be 7 53,4 d γ	Be 8	Be 9 100	Be 10 1,6 · 10⁶a	Be 11 13,8 s γ, α	Be 12 23,6 ms n	Be 14

Die Nuklide des Berylliums

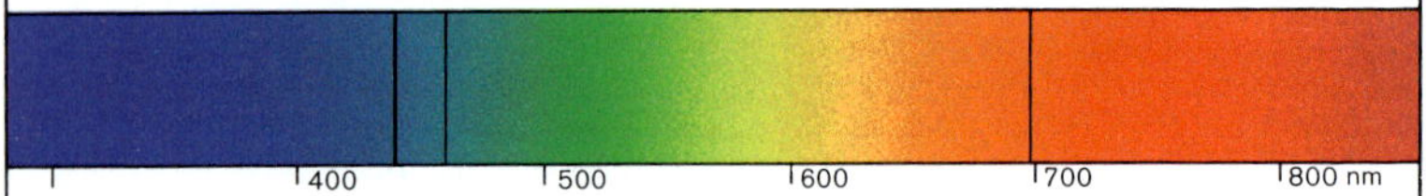

Die Hauptlinien des Berylliums

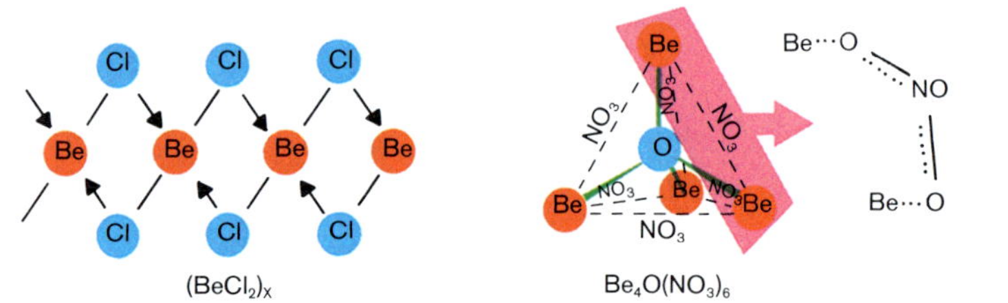

Berylliumverbindungen

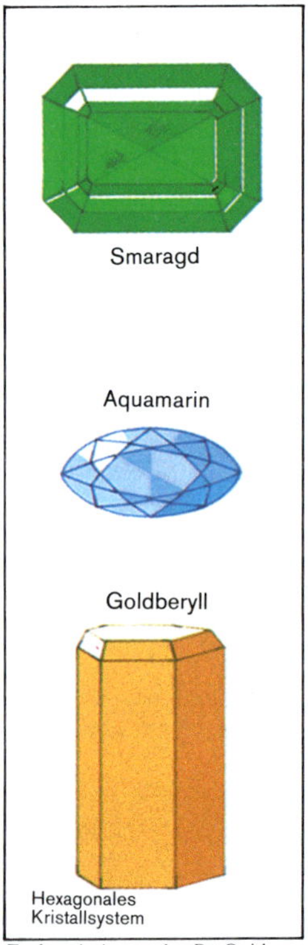

Farbvariationen des Be-Oxids

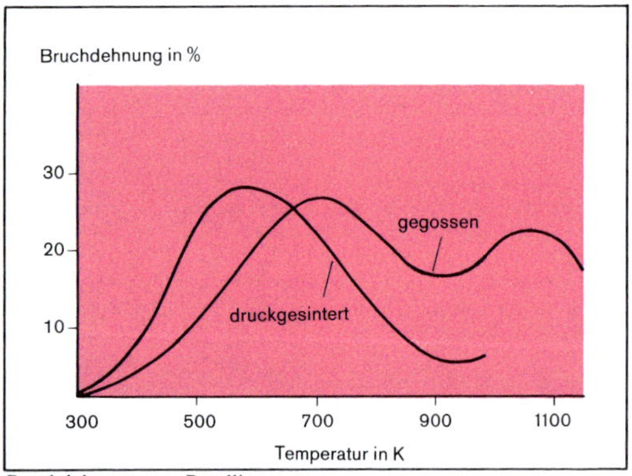

Bruchdehnung von Beryllium

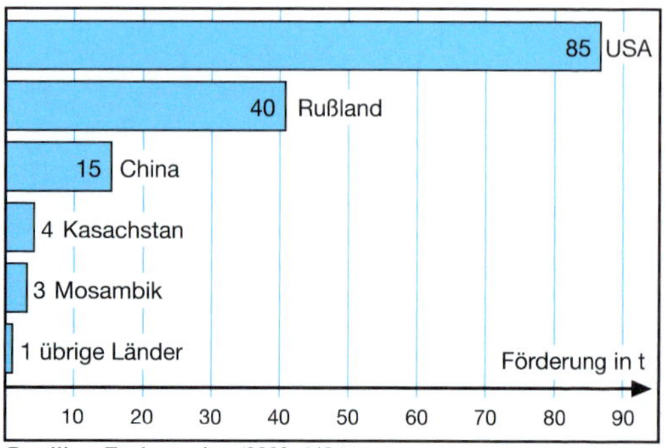

Beryllium-Förderung in t (2003: 148t)

Beryllium (Elementsymbol: Be) ist das 1. Element der 2. Hauptgruppe des Periodensystems. Der Name ist abgeleitet vom Edelstein Beryll. L. Vauquelin entdeckte 1797 die erste Beryllium-Verbindung. F. Wöhler und A. Bussy gewannen 1828 Be durch Reduktion von $BeCl_2$ mit Kalium. Erst 1898 stellte L. Lebeau Be durch Schmelzelektrolyse von Natriumberylliumfluorid $Na_2[BeF_4]$ rein dar.
Be ist in vielen Eigenschaften dem Aluminium ähnlich.
Eigenschaften: Be ist ein weißlich-graues, hartes und sehr sprödes Leichtmetall mit hexagonal-dichtester Kugelpackung des Metallgitters. Die rel. Atommasse ist 9,01218; nur ^9Be ist stabil. Die Halbwertszeiten der 11 Be-Isotope liegen zwischen $1{,}6 \cdot 10^6$ a (^{10}Be) und 23,6 ms (^{12}Be). An trockener Luft bleibt Be blank, in Wasser und an feuchter Luft überzieht eine sehr dünne Hydroxidhaut das Metall und behindert weitere Reaktionen. Im flüssigen Zustand ist Be sehr reaktionsfreudig.
Die elektrische Leitfähigkeit ist etwa 10% der des Kupfers. Oberhalb 600 °C ist Be gut formbar. Da BeO amphoter ist, löst sich Be sowohl in Salz- und Schwefelsäure, als auch in Alkalilauge.
Auf der äußeren Elektronenschale kreisen zwei Elektronen, das Be-Ion ist ein stets zweiwertiges Kation (Be^{++}).
Toxikologie: Be ist sehr giftig (Lungengift). Der Wirkungsmechanismus ist noch unklar. Bearbeitung nur unter Schutzvorrichtungen.
Nachweis: Spektralanalytisch.
Vorkommen: Be ist ein seltenes Element; sein Anteil an der Erdrinde beträgt etwa $6 \cdot 10^{-4}$%. Es tritt niemals elementar auf. Das wichtigste Mineral ist Beryll $3\,BeO \cdot Al_2O_3 \cdot 6\,SiO_2$. Es kommt in großen Kristallen in Granit, Schiefer und Kalkstein vor.
Bertrandit $4\,BeO \cdot 2\,SiO_2 \cdot H_2O$ ist als Be-Vorkommen vor allem in den USA von Bedeutung.

Smaragd ist ein chromhaltiger, Aquamarin ein eisenhaltiger Beryll.

Die Hauptvorkommen liegen in Brasilien, Rußland und China. Die gesamten abbauwürdigen Vorkommen werden auf 400000 t geschätzt.
Gewinnung: Aufschluß von Beryll und anschließende Schmelzelektrolyse des Berylliumchlorids:

Pulverisierter Beryll wird zusammen mit Kohlenstoff im Chlorstrom bei 800 °C erhitzt:

$$3\,BeO \cdot Al_2O_3 \cdot 6\,SiO_2 + 18\,Cl_2 + 18\,C \rightarrow 3\,BeCl_2 + 2\,AlCl_3 + 6\,SiCl_4 + 18\,CO.$$

Die flüchtigen Chloride werden entweder durch fraktionierte Kondensation abgetrennt oder durch Extraktion mit Lösungsmitteln. Anschließend werden $BeCl_2$ und NaCl zu gleichen Teilen gemischt und in Nickelgefäßen elektrolysiert. Das Metall setzt sich in Form von Flittern an den Wänden ab, das entstehende Chlor wird der Chlorierung des Beryll wieder zugeführt.

Ein anderes, technisch wichtiges Verfahren ist die Reduktion von Berylliumfluorid mit Magnesium bei hohen Temperaturen:

$$BeF_2 + Mg \rightarrow Be + MgF_2.$$

Besonders reines Be wird nach dem amerikanischen SX-Carbonat-Prozeß aus Bertrandit gewonnen.
Weltproduktion: Hauptproduzenten sind USA, Rußland, China und Kasachstan.

Verwendung: Wegen seiner Härte, des hohen Schmelzpunktes und der geringen Dichte ist Be ein vorzügliches – wenn auch teures – Konstruktions- und Legierungsmaterial. Die Einfangquerschnitte für thermische und epithermische Neutronen sind gering; daher wird reines Be im Reaktorbau eingesetzt (Reflektoren, Moderatoren). Das Metall dient auch als Austrittsfenster in Röntgenröhren, als Hitzeschild für Raumfahrzeuge und als Hüllenmaterial für Reaktorbrennstäbe.
Cu-Be-Legierungen (2–3% Be) sind sehr hart und bruchfest, werden allerdings bei Bestrahlung spröde, was die Verwendung einschränkt. Lockalloy (Be + 38% Al) ist Werkstoff für Flugzeuge, Satelliten und Raketen. Be-Ni-Legierungen sind extrem hart.

Radium-Beryllium-Neutronenquelle: Ein hermetisch eingeschlossenes Gemisch aus Be-Pulver und einem radioaktiven α-Strahler (z. B. ^{226}Ra oder ^{241}Am) stellt eine besonders einfache Quelle für schnelle Neutronen dar. Die bei der Kernreaktion

$$^9Be(\alpha, n)^{12}C$$

emittierten Neutronen haben eine maximale Energie von 13,7 MeV; sie durchdringen mühelos die Wände der Kapsel.

Wichtige **Verbindungen**

Be-Verbindungen sind hauptsächlich kovalenter Natur und spielen wirtschaftlich nur bei der Gewinnung von Be-Metall eine Rolle. Sie sind in der Regel giftig.

Berylliumhydroxid $Be(OH)_2$ ist eine weiße, voluminöse, in Säuren und Alkalilaugen leicht lösliche Substanz; sie altert allerdings rasch und wird dann immer schwerer löslich.
$Be(OH)_2$ ist amphoter:

$$Be(H_2O)_4^{++} \underset{+2H^+}{\overset{+2H_2O}{\longleftrightarrow}} Be(OH)_2 \xrightarrow{+2\,OH^-} Be(OH)_4^{--}.$$

Berylliumoxid BeO ist ein weißes Pulver. Es entsteht durch Glühen von $Be(OH)_2$:

$$Be(OH)_2 \rightarrow BeO + H_2O.$$

Als Oxidkeramik ist es ein guter elektrischer Isolator, hat aber gleichzeitig eine hohe Wärmeleitfähigkeit.

Berylliumchlorid $BeCl_2$ ist ein Fasermolekül mit Chlorbrücken $(BeCl_2)_x$; es bildet asbestartig verfilzte, sehr hygroskopische Nadeln. Die elektrische Leitfähigkeit ist sehr gering. Ausgangsmaterial für die Be-Herstellung.

Berylliumnitrat $Be(NO_3)_2 \cdot 4\,H_2O$ reagiert sauer in wäßriger Lösung. Es dient zum Härten von Gasglühstrümpfen. Bei Erhitzen zerfällt es in $Be_4O(NO_3)_6$, eine Verbindung mit sehr interessanter Struktur.

Mg 20	Mg 21	Mg 22	Mg 23	Mg 24	Mg 25	Mg 26	Mg 27	Mg 28	Mg 29	Mg 30	Mg 31
0,62 s	122,5 ms	3,86 s	12,0 s	78,99	10,00	11,01	9,46 min	20,9 h	1,49 s	0,85 s	
	p	γ	γ				γ	γ	γ		n

Die Nuklide des Magnesiums

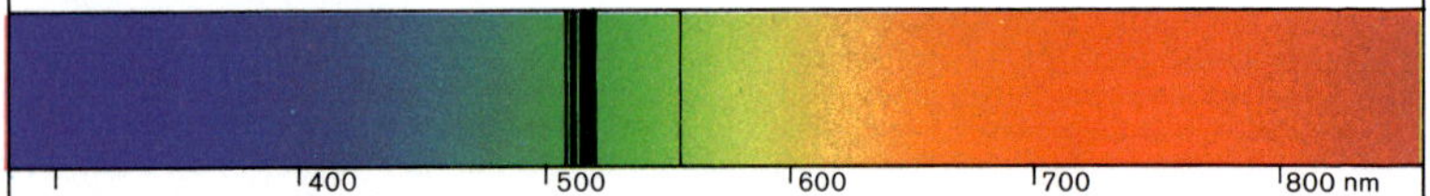

Die Hauptlinien des Magnesiums

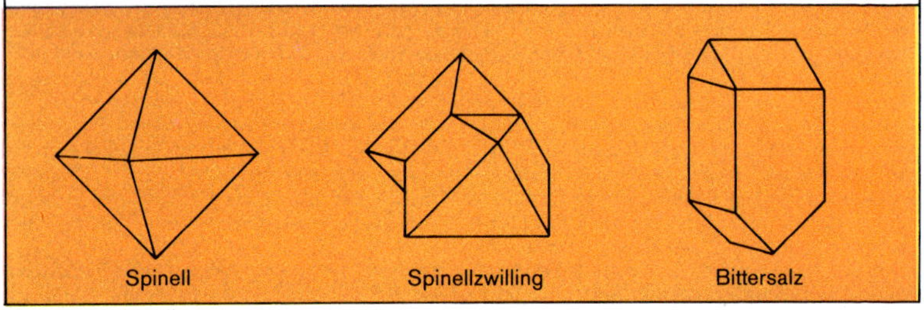

Magnesiummineralien

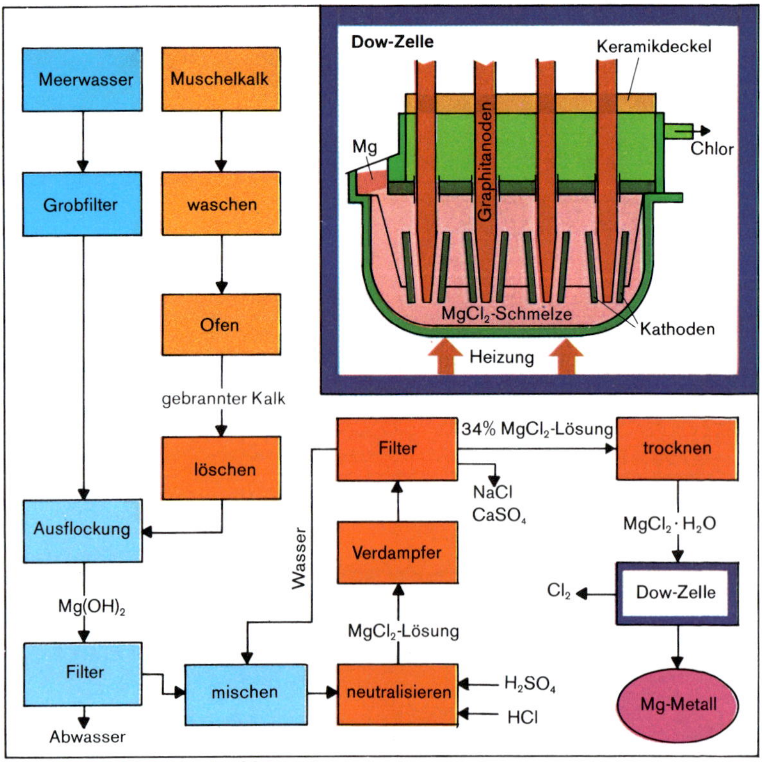

Herstellung von Magnesium aus Meerwasser

Magnesium (Elementsymbol: Mg) ist das 2. Element der 2. Hauptgruppe des Periodensystems. Der Name ist abgeleitet von Magnesia, einer Stadt im westlichen Kleinasien. Bereits 1754 unterschied J. BLAKE zwischen Magnesium- und Calciumsalzen. H. DAVY entdeckte das Magnesium in MgO. A. BUSSY und J. LIEBIG gelang 1828 die erste Reindarstellung des Metalls durch Reduktion von $MgCl_2$. 1886 wurde die industrielle Produktion (in Deutschland) aufgenommen, bis 1915 die einzige Anlage in der Welt.

Eigenschaften: Mg ist ein silberglänzendes, an der Luft matt werdendes Leichtmetall mittlerer Härte. Das Metallgitter ist eine hexagonal-dichteste Kugelpackung. Die elektrische Leitfähigkeit beträgt etwa 1/3 der des Kupfers. Die rel. Atommasse ist 24,305. Es gibt 3 stabile Mg-Isotope: ^{24}Mg, ^{25}Mg und ^{26}Mg. Die Halbwertszeiten der 18 instabilen Mg-Isotope liegen zwischen 1 ms und 40 h.

An der Luft bildet das Metall eine dünne Oxidhaut, die weitere Korrosion verhindert.

Die Reaktion mit Wasser ist sehr langsam, weil sich sofort eine oberflächliche, schwer lösliche $Mg(OH)_2$-Schicht ausbildet. In warmem Wasser, schwachen Säuren und in Gegenwart von Ammonium-Salzen löst sich diese Schutzschicht rasch auf.

Mg ist ein starkes Reduktionsmittel. Das wird z. B. bei der Titan-Gewinnung nach dem Kroll-Prozeß genutzt:

$$TiCl_4 + 2\,Mg \rightarrow Ti + 2\,MgCl_2 \qquad \Delta H = -482\ kJ.$$

Ab etwa 500 °C – je nachdem ob Mg als Pulver, Band, Draht oder Blech vorliegt – reagiert Mg unter blendend weißem Licht mit Sauerstoff:

$$2\,Mg + O_2 \rightarrow 2\,MgO \qquad \Delta H = -1203\ kJ.$$

Brennendes Mg wird mit Sand oder Trockenlöschern erstickt.

Auf der äußeren Elektronenschale des Mg-Atoms kreisen zwei Elektronen; das Mg-Ion ist also ein zweiwertiges Kation mit Ne-Konfiguration (Mg^{2+}).

Nachweis: Als schwer lösliches $MgNH_4PO_4$, das beim Glühen in $Mg_2P_2O_7$ (Magnesiumdiphosphat) übergeht, oder durch Ausfällen mit NaOH als wasserunlösliches $Mg(OH)_2$. Spurennachweis – z. B. in der Fe-Analyse – spektrometrisch.

Vorkommen: Mg steht an 8. Stelle der Elementhäufigkeit. Der Anteil an der Erdrinde beträgt etwa 2 %. 15 % aller Meersalze bestehen aus Mg-Verbindungen. Insgesamt enthält Meerwasser 0,13 % Mg, d. h. 1,3 kg Magnesium pro m^3. Das Meer ist eine unerschöpfliche Quelle für dieses wichtige Leichtmetall.

Einige Mineralquellen enthalten Bittersalz $MgSO_4 \cdot 7\,H_2O$.

Mg tritt niemals elementar auf; als Verbindungen überwiegen Carbonate, Silicate, Chloride und Sulfate.

Wichtige *Magnesiummineralien* sind: Dolomit $CaMg(CO_3)_2$, Magnesit (Bitterspat) $MgCO_3$, Enstatit $MgSiO_3$, Olivin $(Mg, Fe)_2\ [SiO_4]$, Serpentin $Mg_3[Si_2O_5]\ (OH)_4$, Talk $Mg_3[Si_4O_{10}]\ (OH)_2$, Meerschaum $Mg_4[Si_6O_{15}]\ (OH)_2$, Kieserit $MgSO_4 \cdot H_2O$, Schönit $K_2Mg(SO_4)_2 \cdot 6\,H_2O$, Carnallit $KMgCl_3 \cdot 6\,H_2O$ und Spinell $MgAl_2O_4$.

Mg ist ein sehr wichtiges Spurenelement in Lebewesen; so enthält die Muskulatur etwa 0,023 % Mg. Als Zentralatom des Chlorophyllmoleküls spielt Mg in der Pflanzenzelle eine entscheidende Rolle bei der Assimilation des Kohlenstoffs.

Gewinnung: Hauptsächlich durch zwei Prozesse: Schmelzelektrolyse von wasserfreiem $MgCl_2$ oder thermische Reduktion des Oxids MgO.

Die *Schmelzelektrolyse* des $MgCl_2$

$$MgCl_2 \rightarrow Mg + Cl_2 \qquad \Delta H = +\,641\ kJ$$

erfolgt in den Dow-Zellen, großen eisernen Trögen, die von unten beheizt werden. Die Behälterwände dienen als Kathode, während die Anoden Graphitstäbe sind, die von oben in die Schmelze tauchen. Der Elektrolysezelle wird granulierter Rohstoff (rund 20 % $MgCl_2$, 20 % $CaCl_2$, 60 % NaCl) kontinuierlich von oben zugeführt. Die Schmelze hat eine Temperatur zwischen 700 °C und 720 °C; die Zuschläge dienen als Flußmittel zur Erniedrigung des Schmelzpunkts. Das an die Oberfläche steigende flüssige Magnesium (99,9 % rein) wird mit Sieblöffeln abgeschöpft. Das der Schmelze entweichende Chlorgas wird dem Chlorierungsprozeß von MgO zu $MgCl_2$ zugeführt.

Pro kg Mg werden rund 20 kWh verbraucht.

Die *thermische Gewinnung* des Magnesiums erfolgt in der Pidgeon-Retorte: Die verschlossenen Behälter (etwa 3 m lang, 25 cm Durchmesser, angeordnet zu Batterien von rund 40 Stück) aus Chrom-Nickel-Stahl werden mit einer brikettierten Mischung aus Ferrosilicium, gebranntem Dolomit und Flußspat beschickt, bis unter 0,01 bar ausgepumpt und auf 1150–1170 °C erhitzt:

$$2\,MgO \cdot 2\,CaO + Si(Fe) \rightarrow 2\,Mg + Ca_2SiO_4(Fe).$$

Das als Dampf entweichende Mg kondensiert in einem wassergekühlten Kopfstutzen, der aus dem Ofen herausragt. Anschließende Reinigung auf 99,98 % durch Vakuumdestillation.

Im eben beschriebenen silicothermischen Verfahren dient Ferrosilicium (oder Si) als Reduktionsmittel; in den carbothermischen oder aluminothermischen Verfahren erfüllen Koks oder Calciumcarbid bzw. Aluminium die gleiche Funktion, z. B.

$$MgO + CaC_2 \rightarrow Mg + CaO + 2\,C \text{ bei } 2000\,°C.$$

Das Metall wird in Barren gegossen und verschifft oder sofort mit anderen Metallen legiert.

Die Weltproduktion von Mg beträgt rund 550 000 t/a; China, Rußland und Kanada sind die Hauptproduzenten (etwa 94 %).

Verwendung: Mg ist eins der wichtigsten Metalle, in reiner Form aber nicht fest genug. Legiert findet es weite Verwendung als ein sehr leichtes Konstruktionsmaterial (Auto-, Koffer- und Flugzeugherstellung). Reines Magnesium ist Reduktionsmittel zur Gewinnung und Reinigung von Uran, Kupfer, Nikkel, Chrom, Vanadium, Titan und Zirconium. Blitzlichter enthalten Mg-Folie, Feuerwerkskörper und Brandbomben Mg-Pulver.

Magnesiumlegierungen zeichnen sich durch geringe Dichte und günstige Konstruktionseigenschaften aus.

Der Legierungsprozeß geht von geschmolzenem Mg aus, die Legierungsbestandteile werden in Stahlkörben zugeführt. Verunreinigungen setzen sich ab, bevor die Legierung gegossen wird.

Magnesium wird vorwiegend mit Aluminium, Mangan, Kupfer, Lithium, Zink, Zirconium und den Lanthanoiden legiert, je nach den gewünschten

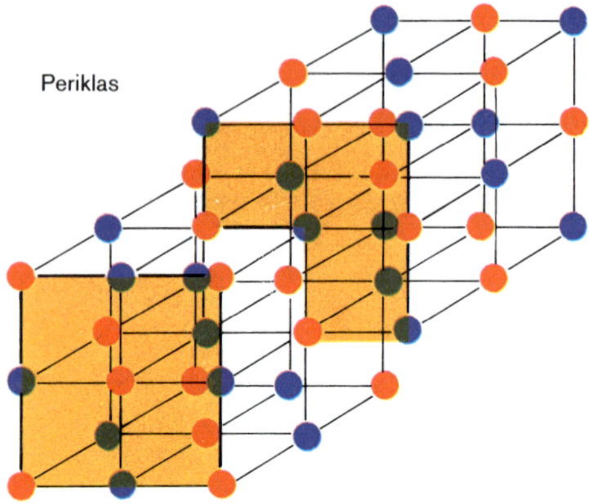

Struktur des MgO

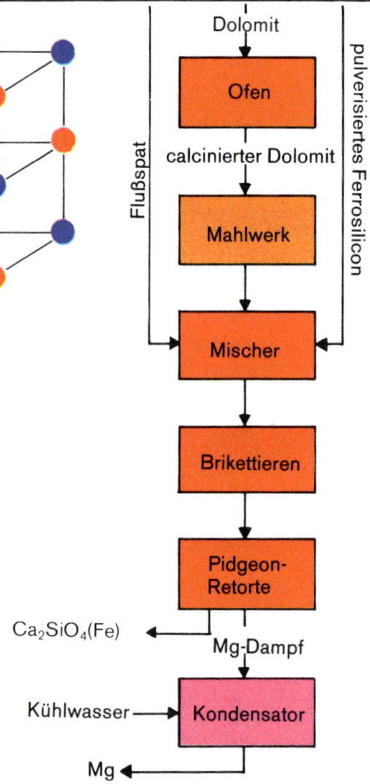

Ferrosilicon-Prozeß

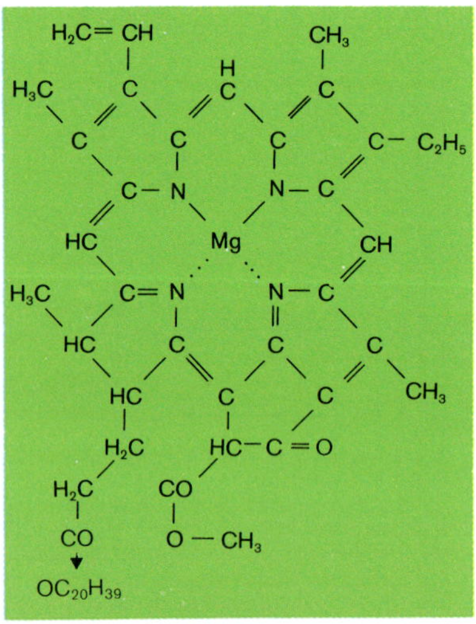

Chlorophyll a

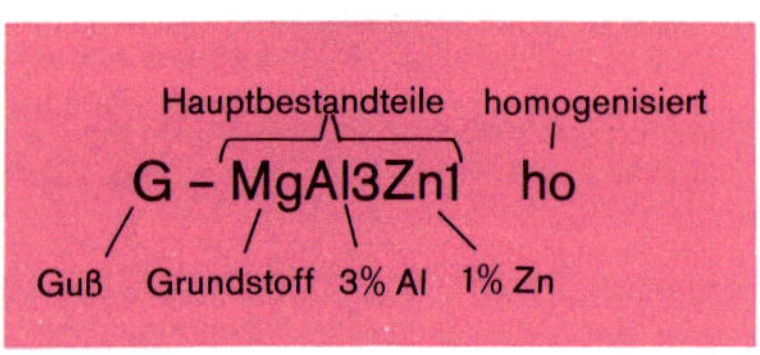

Kurzzeichen einer Mg-Legierung nach DIN 1700

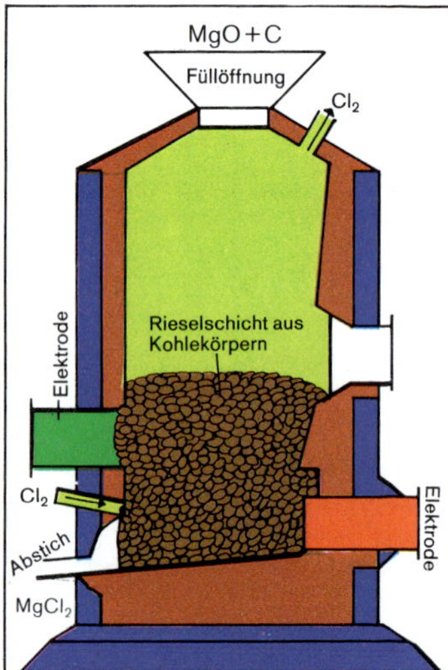

Chlorierungsofen

Werkstoffeigenschaften. Mg-Legierungen sind weitgehend korrosionsbeständig; 98 % Mg und 2 % Mn ist sogar seewasserfest.

Kennzeichnung von Legierungen:

Kennbuchstabe-Kennzeichnung besondere Eigenschaften

Der Kennbuchstabe gibt Auskunft über Herstellung oder Verwendung; die Kennzeichnung beginnt mit dem Grundstoff (bei Mg-Legierungen also mit Mg), es folgen die Gewichtsprozente der Hauptbestandteile jeweils gerundet auf ganze Zahlen; besondere Eigenschaften sind Angaben wie z. B. Zugfestigkeit oder Struktur.

Beispiel: G-MgAl3Zn1 ho

(Guß-Magnesiumlegierung mit 3 % Aluminium und 1 % Zink, homogenisiert.)

Die Kurzkennzeichnung gibt nur die Zusammensetzung der Legierung an.

Beispiel: MgAl3Zn

(Magnesiumlegierung mit 3 % Aluminium und geringen Anteilen von Zink.)

US-Norm (ATMS) für Mg-Legierungen:

2 Hauptbestandteile Prozentsätze Verunreinigung – besondere Eigenschaften

Beispiel: AZ31B-T5

(Magnesiumlegierung mit rund 3 % Aluminium und 1 % Zink und geringen Anteilen von Bismut, künstlich gealtert.)

In der US-Norm stimmen die Abkürzungen für die Elemente nicht mit den chemischen Symbolen überein.

Wichtige **Verbindungen:**

Magnesiumoxid MgO bildet farblose Kristalle vom NaCl-Typ. Es ist ein wichtiges Rohmaterial für die Magnesiummetall-Herstellung; weitere Verwendung in der Papier- und Gummiproduktion, auch in der Pharmazie.

Gewonnen wird MgO großtechnisch durch Brennen (calcinieren) von Dolomit oder Magnesit:

$MgCO_3 \rightarrow MgO + CO_2$.

Bei sehr hohen Temperaturen sintert MgO zu einem hochfeuerfesten Material zusammen (Magnesiasteine, Sintermagnesia, Magnesiastäbchen).

Magnesia usta (gebrannte Magnesia) ist ein lockeres weißes Pulver; es entsteht beim Glühen von MgO bei 600 °C und dient als milder Magensäureneutralisator.

Magnesiazement (Sorelzement) ist eine 5:3 Mischung aus pulverförmigem MgO und konzentrierter $MgCl_2$-Lösung. Er bindet als $MgCl_2 \cdot 5\,Mg(OH)_2 \cdot 7\,H_2O$ steinhart ab; gemischt mit Füllstoffen entstehen Kunststeine (Steinholz, Kunstmarmor).

Magnesiumcarbonat (Magnesit) $MgCO_3$ bildet weiße trigonale Kristalle. Es ist Ausgangsmaterial für die MgO-Gewinnung und wird direkt zu Isolatoren, Gläsern und Keramiken verarbeitet. Frei rieselndes Kochsalz enthält 1 % $MgCO_3$.

Aus einer wäßrigen Lösung entsteht Magnesia alba $Mg(OH)_2 \cdot 4\,MgCO_3 \cdot 4\,H_2O$, ein weißes Pulver, das als Füllstoff für Papier, Gummi, Farben, Puder und Zahnpasta dient.

Magnesiumhydroxid (Brucit) $Mg(OH)_2$ besteht aus trigonalen farblosen Kristallen; es ist sehr schwer löslich in Wasser (etwa 9 g pro l bei 20 °C) und Alkalilaugen, aber leicht löslich in Ammoniumsalz-Lösungen. $Mg(OH)_2$ ist eine zweisäurige starke Base und bildet mit Säuren basische und neutrale Salze. Herstellung durch Fällung mit Kalkmilch aus den Endlaugen der Kalisalzverarbeitung:

$MgCl_2 + Ca(OH)_2 \rightarrow Mg(OH)_2 + CaCl_2$.

Aus Meerwasser wird es durch Reaktion mit calciniertem Dolomit gewonnen:

$$MgCl_2 + CaO \cdot MgO + 2\,H_2O \rightarrow 2\,Mg(OH)_2 + CaCl_2.$$

Verwendung in der Zuckerreinigung, Papierherstellung und Pharmazie.

Magnesiumchlorid $MgCl_2$ ist eine farblose blättrigkristalline Masse, die bei 708 °C zu einer den elektrischen Strom gut leitenden Flüssigkeit zusammenschmilzt. $MgCl_2$ ist stark hygroskopisch, als Bestandteil von Kochsalz führt es zum Klumpen. Vorkommen im Meerwasser und in Carnallit $KCl \cdot MgCl_2 \cdot 6\,H_2O$.

Herstellung: 1. Durch Eindampfen aus den Endlaugen (bis zu 28 % $MgCl_2$-Gehalt) der KCl-Gewinnung. 2. Aus Meerwasser durch Ausfällen mit gelöschtem Kalk und Umsetzen des Hydroxids mit Salzsäure und anschließendes Eindampfen.

3. Trockene Chlorierung von MgO: In einem Schachtofen wird von unten Chlor durch eine elektrisch beheizte Schicht aus MgO und Koks geleitet. Das geschmolzene $MgCl_2$ sickert nach unten und wird von dort aus direkt der Magnesiummetall-Gewinnung zugeleitet.

Verwendung: Wichtiges Ausgangsmaterial für die Magnesiummetall-Gewinnung, Spezialzemente, Textilindustrie, Holzimprägnierungsmittel gegen Feuer, Trockenlöscher.

Magnesiumsulfat $MgSO_4$ bildet farblose, bitter schmeckende Kristalle, sehr gut löslich in Wasser. Vorkommen als Bittersalz $MgSO_4 \cdot 7\,H_2O$ oder Kieserit $MgSO_4 \cdot H_2O$. Verwendung als mildes Abführmittel, Dünger, in der Textil- und Papierindustrie.

Grignardsche Verbindungen:

Es handelt sich hier um Verbindungen zwischen Mg, Halogenen und Kohlenwasserstoffen in der allgemeinen Form:

RMgX

(R: aliphatische oder aromatische Kohlenwasserstoffe, X: Halogen).

Herstellung durch Einleiten halogenierter Kohlenwasserstoffe in eine Suspension von metallischem Mg in trockenem Ether (exotherme Reaktion):

$2\,RX + 2\,Mg \rightarrow 2\,RMgX \rightleftharpoons R_2Mg \cdot MgX_2$.

Beispiel:

$CH_3I + Mg \rightarrow CH_3MgI$

(Magnesiummethyliodid)

Grignardsche Verbindungen reagieren sehr heftig mit Wasser und Sauerstoff: Feuergefahr.

Grignardsche Verbindungen werden in der Präparativen Chemie für zahlreiche Synthesen verwandt, vorwiegend im Übergangsbereich zwischen organischer und anorganischer Chemie. Herstellung von Parfüm, Pharmazeutika, organometallischen Verbindungen.

Die Grignardschen Reaktionen wurden 1900 von Victor Grignard entdeckt. Nobelpreis für Chemie 1912.

Ca 37	Ca 38	Ca 39	Ca 40	Ca 41	Ca 42	Ca 43	Ca 44	Ca 45	Ca 46	Ca 47	Ca 48	Ca 4
175 ms	439 ms	860 ms	96,94	$1{,}0 \cdot 10^5$ a	0,65	0,14	2,08	163 d	0,003	4,54 d	0,19	8,72
β^+	β^+, γ	β^+						β^-, γ		β^-, γ		

Die wichtigsten Nuklide des Calciums

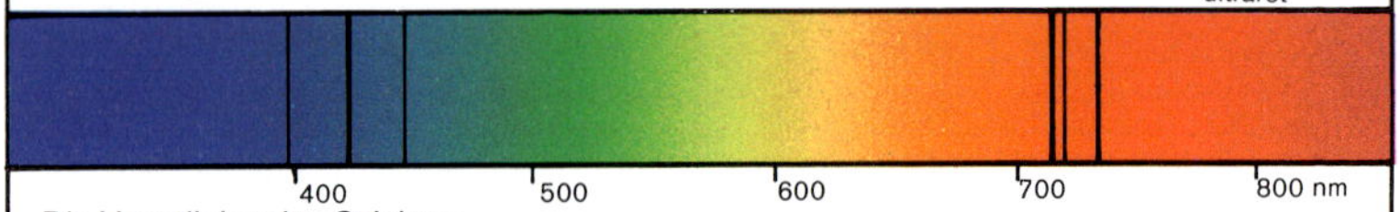

Die Hauptlinien des Calciums

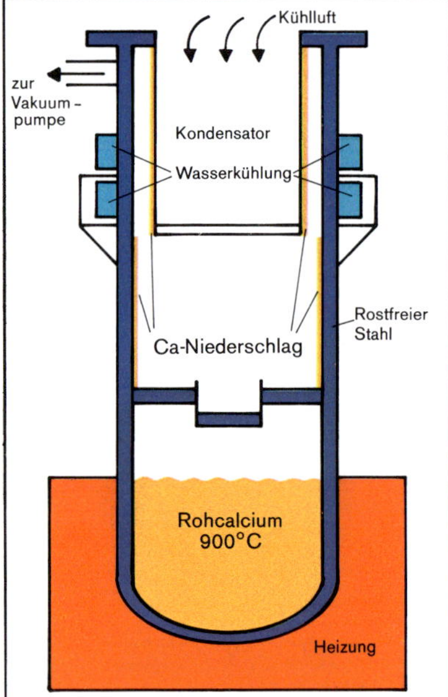

Destillationsretorte

	vorher	nachher
Al	0,1	0,002
Mg	0,5	0,5
Mn	0,05	0,002
N	0,06	0,005
O	0,3	0,03
Fe	0,01	0,005
Si	0,02	0,001

Verunreinigungen in %

Reinigung von Ca durch Destillation

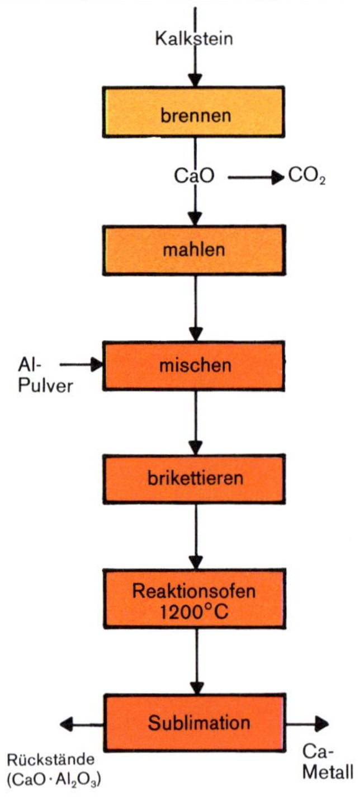

Aluminothermische Ca-Herstellung

Stalagmite und Stalagtite aus Calcit

Calcium (Elementsymbol: Ca) ist das 3. Element der 2. Hauptgruppe des Periodensystems. Der Name ist abgeleitet von lateinisch calx = Kalkstein. Das Element wurde 1808 von H. Davy, J. Berzelius und M. Pontin entdeckt. Die erste Reindarstellung gelang 1854 R. Bunsen und A. Matthiessen durch Schmelzelektrolyse von Calciumchlorid.

Eigenschaften: Ca ist ein silberweißes, glänzendes Leichtmetall, weich wie Blei. Das Metallgitter kann sowohl eine kubisch-dichteste als auch eine hexagonal-dichteste Kugelpackung sein. Die rel. Atommasse ist 40,08. Es gibt 6 stabile Ca-Isotope, von denen ^{40}Ca (96,94 %) und ^{44}Ca (2,08 %) die häufigsten sind. Die Halbwertszeiten der 23 instabilen Ca-Isotope liegen zwischen 175 ms (^{37}Ca) und $1{,}0 \cdot 10^5$ a (^{41}Ca). Calcium ist an trockener Luft stabil, in feuchter Luft läuft es wegen Hydroxidbildung an der Oberfläche stumpf an. Fein verteilt entzündet sich Ca von selbst. Die elektrische Leitfähigkeit beträgt etwa 10 % der des Kupfers. In flüssigem Ammoniak löst sich das Metall als blauschwarzes Ammoniakat $Ca(NH_3)_6$. Die meisten Säuren lösen das Metall unter Salzbildung auf. Bei Erwärmung verbrennt Ca an der Luft:

$$2\,Ca + O_2 \rightarrow 2\,CaO \qquad \Delta H = -2669\ kJ$$
$$3\,Ca + N_2 \rightarrow Ca_3N_2 \qquad \Delta H = -1810\ kJ.$$

Ca reagiert mit warmem Wasser unter Wasserstoffentwicklung:

$$Ca + 2\,H_2O \rightarrow Ca(OH)_2 + H_2.$$

Auf der äußeren Elektronenschale kreisen 2 Elektronen; das Calciumion ist also ein zweifach geladenes Kation mit Ar-Konfiguration (Ca^{++}).

Nachweis: Quantitatives Ausfällen mit Ammoniumoxalat in schwach saurer Lösung als Calciumoxalat $CaC_2O_4 \cdot H_2O$. Spektralanalyse.

Vorkommen: Ca steht an 5. Stelle der Elementhäufigkeit und unter den Metallen an 3. Stelle. Der Anteil an der Erdrinde beträgt 3,4 %. Meerwasser enthält rund 0,04 % Ca. Calcium ist sehr reaktionsfähig und kommt daher nie elementar vor. Die Anzahl der Verbindungen ist sehr groß; vorwiegend handelt es sich um wasserunlösliche Carbonate, Sulfate und Silicate.

Ca ist ein biochemisch sehr wichtiges Element; in der lebenden Natur ist es Bestandteil der Stützsubstanzen (Knochen, Schalen und Gehäuse). Als Ion spielt es eine Rolle bei Blutgerinnung und Muskelkontraktion.

Häufige *Calciummineralien:* Kalkstein (Kreide, Marmor) $CaCO_3$, Dolomit $CaMg(CO_3)_2$, Gips $CaSO_4 \cdot 2\,H_2O$, Anhydrit $CaSO_4$, α-Wollastonit $Ca_3[Si_3O_9]$, β-Wollastonit $Ca[SiO_3]$, Pyroxen $CaMg[Si_2O_6]$, Phosphorit $3\,Ca_3(PO_4)_2 \cdot Ca(OH, F, Cl)_2$, Apatit $Ca_5(PO_4)_3F$ und Flußspat CaF_2.

Die Vorkommen sind über die ganze Welt verteilt.

Gewinnung: Seit den vierziger Jahren wird Ca vorwiegend *aluminothermisch* durch Reduktion von gebranntem Kalk mit Aluminium gewonnen:

$$6\,CaO + 2\,Al \rightarrow 3\,Ca + 3\,CaO \cdot Al_2O_3.$$

Ein Gemisch aus pulverisiertem CaO und Al wird brikettiert und in Retorten unter Hochvakuum auf 1200 °C erhitzt. Der entstehende Calciumdampf wird durch Kondensation entfernt.

Ein anderes großtechnisches Verfahren ist die *Schmelzelektrolyse* von $CaCl_2$.

Dieses Nebenprodukt der Sodaherstellung wird unter Zuhilfenahme von Flußmitteln (CaF_2, KCl) bei 780–800 °C geschmolzen. Als Anode dienen Kupferplatten, die Kathode ist ein vertikal geführter Eisenstab. Die Kathode berührt eben die Oberfläche der Schmelze. Metallisches Ca setzt sich an der Elektrodenspitze ab und erstarrt, wenn es langsam aus der Schmelze gezogen wird. Es entsteht ein immer länger werdender Stab aus Ca-Metall. Pro kg Ca-Metall werden rund 40 kWh elektrische Energie verbraucht.

Das aluminothermisch gewonnene Ca ist reiner als das elektrolytisch hergestellte. Nachreinigung des rohen Ca-Metalls durch Vakuumdestillation.

Hauptherstellungsländer: Kanada, USA und Frankreich. Weltproduktion rund 5000 t/a.

Verwendung: Wichtig als Reduktionsmittel bei der Herstellung von Sondermetallen wie Thorium, Uran, Vanadium und Zirconium. Reinigung von Stählen, Aluminium und anderen Metallen. Legierungszusatz zum Härten von Blei. Trocknen von Alkoholen. Bestandteil elektrischer Batterien, Komponente bei Vitaminsynthesen.

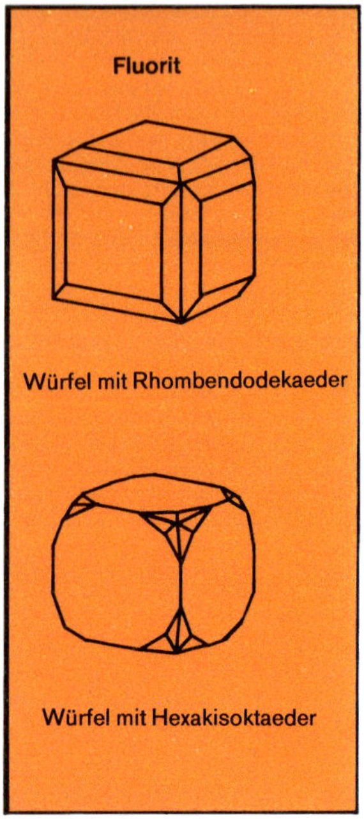

CaF_2-Kristalle
(s. a. S. 30, Flußspat)

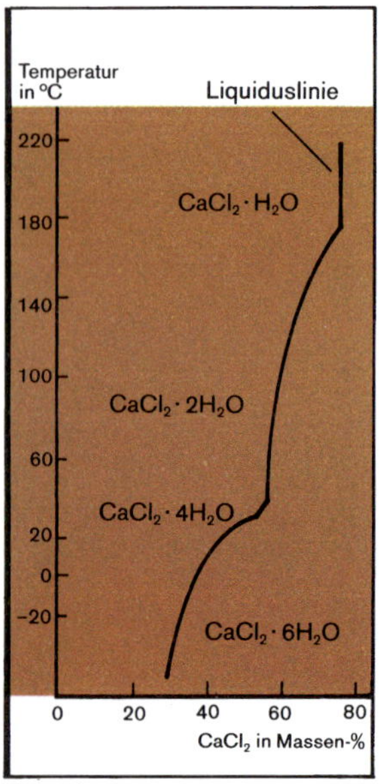

Phasendiagramm

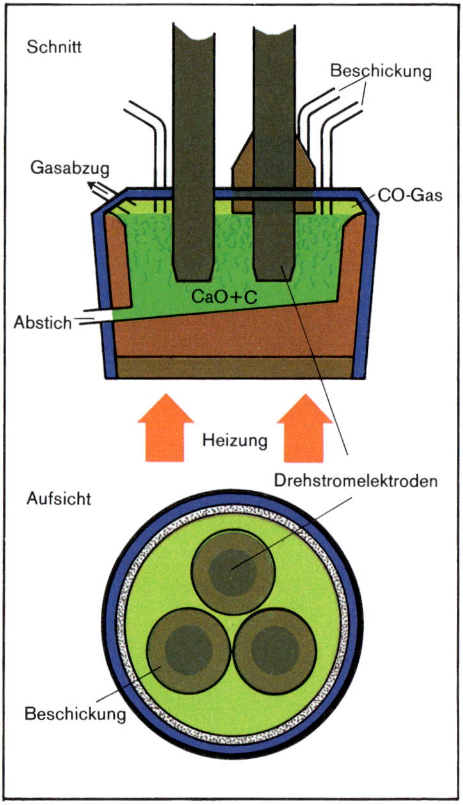

Gedeckter Carbid-Lichtbogenofen

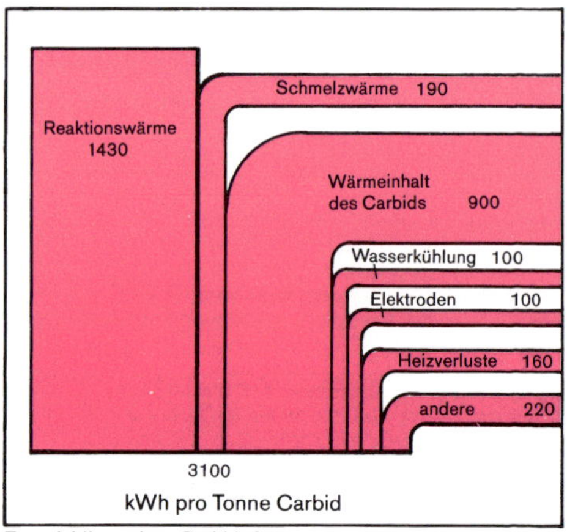

Energiebilanz eines Carbidofens

Wichtige **Verbindungen**
Calciumhydrid CaH_2 ist eine weiße, kristalline und extrem hygroskopische Masse. Sie zerfällt bei Erhitzen in Ca und H_2 und reagiert heftig mit Wasser unter Wasserstoffentwicklung:

$$CaH_2 + 2\,H_2O \rightarrow Ca(OH)_2 + 2\,H_2 \quad \Delta H = -\,955\ \text{kJ}.$$

Aus 1 kg CaH_2 werden rund 1 m^3 H_2 frei.
Herstellung durch Überleiten von Wasserstoff über Ca-Metall bei 400 °C:

$$Ca + H_2 \rightleftharpoons CaH_2 \qquad \Delta H = -\,779\ \text{kJ}.$$

Verwendung zur Desoxidation von Metalloxiden in Schmelzen, als starkes Trocknungsmittel und zur bequemen Erzeugung von H_2-Gas.

Calciumfluorid (Flußspat, Fluorit) CaF_2 bildet durchsichtige, meist durch Verunreinigungen verfärbte Kristalle mit kubisch-flächenzentriertem Gitter. Sehr schwer löslich in Wasser, Alkali und verdünnten Säuren. Vorkommen in großen Mengen als Flußspat (Fluorit).

Wirkt warme konzentrierte Schwefelsäure auf pulverisierten Flußspat ein, so entsteht Flußsäure:

$$CaF_2 + H_2SO_4 \rightarrow CaSO_4 + 2\,HF.$$

Verwendung als Flußmittel in Hüttenwerken, Aluminiumproduktion, Fluorgas- und Flußsäureherstellung, Trübungsmittel in der Emaille-Industrie. In UV-Spektrometern bestehen Linsen und Prismen aus reinen CaF_2-Kristallen.

Calciumchlorid $CaCl_2$ ist eine weiße Masse, leicht löslich in Wasser und Alkohol. Es ist stark hygroskopisch und bildet unter Wärmeentwicklung unterschiedliche Hydrate, z. B.:

$$CaCl_2 + 6\,H_2O \rightarrow CaCl_2 \cdot 6\,H_2O \quad \Delta H = -\,348\ \text{kJ}.$$

Vorkommen in Salzablagerungen und im Meerwasser, im Mineral Tachhydrit $2\,MgCl_2 \cdot CaCl_2 \cdot 12\,H_2O$. Da die Reinigung des natürlich vorkommenden $CaCl_2$ schwierig ist, wird es technisch aus den Endlaugen des Ammoniak-Soda-Verfahrens nach

$$CaCO_3 + 2\,NaCl \rightarrow CaCl_2 + Na_2CO_3$$

oder durch Einwirkung von Salzsäure auf Kalkstein hergestellt.
Versand überwiegend als $CaCl_2$-Lösung.

Kältemischungen bestehen aus $CaCl_2 \cdot 6\,H_2O$ und Eis. Das Hexahydrat verbraucht beim Lösen in Wasser 14,4 kJ/mol. Temperaturen bis etwa −50 °C können erreicht werden.

Verwendung in Kühlsolen, Auftausalzen (bis etwa −33 °C verwendbar), Trocknungsmittel, Staubbindemittel (Staubstraßen werden durch $CaCl_2 \cdot 6\,H_2O$ verfestigt), Ca-Metallherstellung, Zementzusätze, Imprägniermittel für Holz.

Calciumcarbid (Carbid, Karbid) CaC_2 ist in reiner Form farb- und geruchlos; es bildet ein ionisches Kristallgitter vom NaCl-Typ (Ca^{++}- und $(|C{\equiv}C|)^{2-}$-Ionen).
Technisches Carbid ist grauschwarz gefärbt durch Beimengungen von etwa 20 % CaO und 2 % C; seine Zusammensetzung legt DIN 53922 fest. Der typische Carbidgeruch kommt vom Hydrogenphosphid, das aus den Verunreinigungen entsteht.
CaC_2 wird in großen Mengen aus gebranntem Kalk (grobkörniger Möller) und Koks (Schwarzmaterial) in elektrischen Carbidöfen bei etwa 2200 °C hergestellt:

$$3\,C + CaO \rightarrow CaC_2 + CO \qquad \Delta H = +\,1948\ \text{kJ}.$$

Moderne Drehstromöfen (bis zu 60 MW Leistung) verwenden Söderberg-Hohlelektroden aus Kohlenstoff. Die Schmelze läuft am Boden zusammen, wird regelmäßig abgestochen und kühlt in gußeisernen Pfannen (bis zu 2 t Inhalt) ab. Die freiwerdende Wärme bleibt ungenutzt, das CO-Gas wird aufgefangen.

Pro Tonne Carbid verbraucht ein Großofen:
950 kg gebrannten Kalk
550 kg Koks
20 kg Elektrodenmaterial
3100 kWh elektrische Energie.

Die Weltproduktion an Carbid beträgt einige Millionen Tonnen pro Jahr.
Carbid ist ein gefährliches Material, denn es entwickelt in Gegenwart von Wasser ein brennbares Gas, Acetylen. Verschiffung in Containern von 1, 2 oder 20 t Inhalt.
CaC_2 ist Grundstoff dreier bedeutender industrieller Verfahren:

1. Hydrolyse zu Acetylen:
   $$CaC_2 + 2\,H_2O \rightarrow C_2H_2 + Ca(OH)_2.$$
   Die Reaktion wird unterhalb 300 °C durchgeführt; pro kg reinem CaC_2 entstehen bei Normaldruck 347 l C_2H_2, aus technischem Carbid sind es 300 l/kg (sogenannte Literzahl). Acetylen ist ein Schweißgas und gleichzeitig Grundstoff der Acetylenchemie. Die Industrieländer gewinnen inzwischen C_2H_2 überwiegend aus petrochemischen Prozessen.
2. Erhitzen mit Stickstoff (Azotierung) zu Calciumcyanamid, Kalkstickstoff für die Düngemittelindustrie.
3. Entschwefelung von Rohstahl:
   $$CaC_2 + S_{Fe} \rightarrow CaS + 2\,C_{Fe}.$$
   CaC_2 wird als Staub in das flüssige Metall eingeblasen. Der Schwefelgehalt des Stahls sinkt dabei unter 0,005 %.

Calciumoxalat $Ca(C_2O_4)$ ist Hauptbestandteil von Nieren- und Harnsteinen.

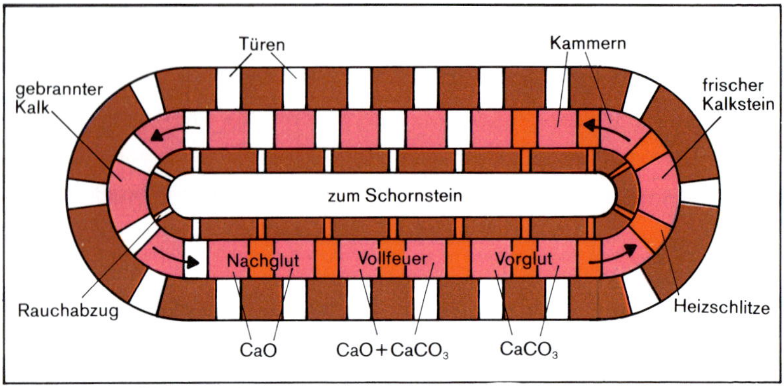

Ringofen zum Kalkbrennen (Horizontalschnitt)

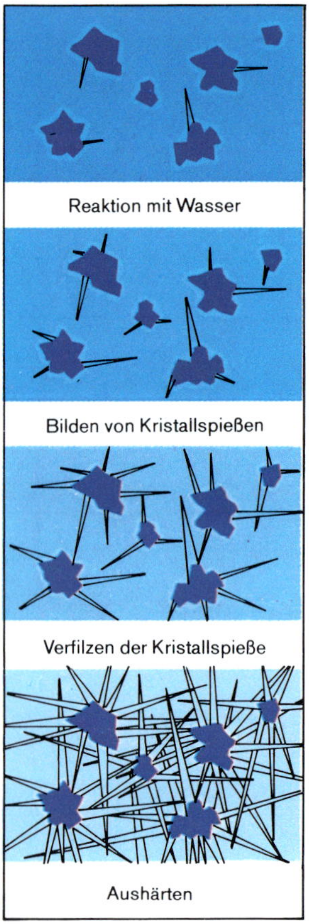

Abbinden von Beton

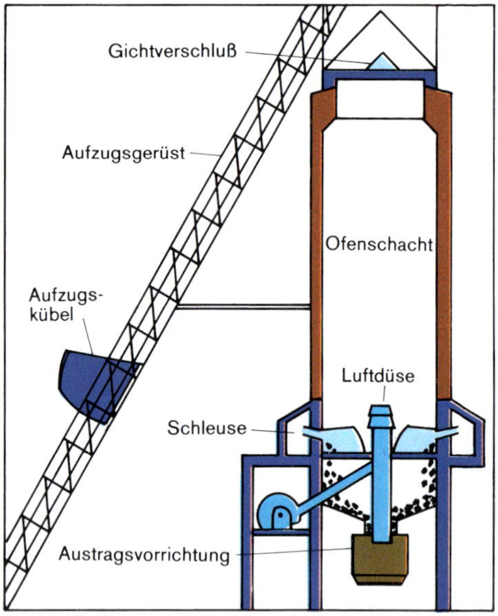

Seeger-Schachtofen zum Kalkbrennen

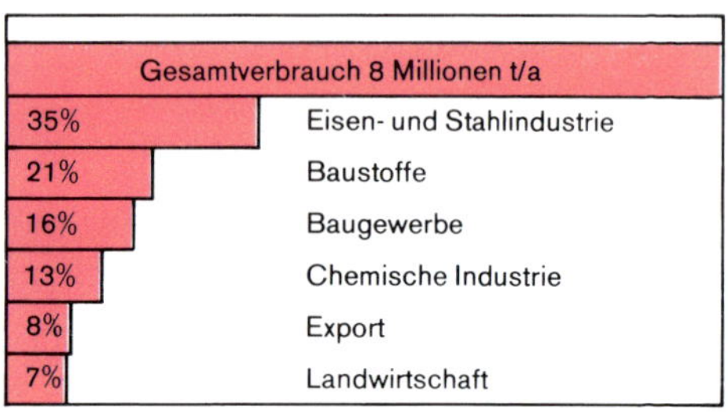

Die wichtigsten Kalkverbraucher in Deutschland

Calciumoxid (Ätzkalk, gebrannter Kalk) CaO ist ein weißes, lockeres, ätzend wirkendes Pulver. In technischer Form enthält Weißkalk mindestens 90 % CaO, Graukalk 80–90 % CaO.
CaO wird großtechnisch durch Brennen von Kalkstein bei 900–1200 °C hergestellt:
$CaCO_3 \rightarrow CaO + CO_2 \quad \Delta H = + 746$ kJ.
Der Gewichtsverlust beim Brennen beträgt über 40 %, der Energieverbrauch liegt bei fast 2000 kJ pro kg CaO.
Seit mehr als 2000 Jahren wird Kalk in Meilern gebrannt, heute benutzt man Schacht-, Ring- und Drehöfen. Die heißen Abgase wärmen stets die einzelnen Brennzonen vor. Der Ringofen nimmt das Brenngut innerhalb eines ovalen Brennkanals in einzelnen Abteilungen auf. Diese werden nacheinander in Betrieb genommen. Befeuerung der Heizschlitze mit Kohle oder Koks. Schacht- und Drehöfen lösen inzwischen die arbeitsintensiven Ringöfen ab.
Verwendung: Mörtelbereitung, Carbid- und Ammoniakherstellung, Düngemittel, Glasfabrikation, Hochofen-Zuschlag.

Calciumhydroxid (gelöschter Kalk, Kalkhydrat) $Ca(OH)_2$ ist ein weißes, trockenes und staubiges Pulver. Gelöst in Wasser (maximal 1,3 g/l bei Raumtemperatur) ist es eine starke und sehr billige Base: Kalkwasser.
Kalkmilch: Suspension von $Ca(OH)_2$ in Kalkwasser. Hergestellt wird $Ca(OH)_2$ durch »Löschen« von gebranntem Kalk:
$CaO + H_2O \rightarrow Ca(OH)_2 \quad \Delta H = - 272$ kJ.
Die Reaktion erfolgt unter starker Wärmeentwicklung. Bei 450 °C kehrt sich die Reaktionsrichtung um, das $Ca(OH)_2$ zerfällt.
Verwendung überwiegend in Form von Kalkbrei; ferner zum Kaustifizieren der Soda, Freisetzen von Ammoniak aus Gaswasser und nach Aufnahme von Chlor als Chlorkalk.
Kalkmörtel ist ein wäßriger Brei aus $Ca(OH)_2$ und Sand. Zuerst bindet er ab, wobei er Überschußwasser abscheidet; dann reagiert $Ca(OH)_2$ mit dem CO_2 der Luft unter Erhärten:
$Ca(OH)_2 + CO_2 \rightarrow CaCO_3 + H_2O$.
Zement entsteht beim Brennen (bei rund 1400 °C) einer gemahlenen Mischung aus Kalkstein und Ton (Aluminiumsilicat). Er besteht aus CaO, SiO_2, Al_2O_3, Fe_2O_3. Die genaue Zusammensetzung variiert je nach den angestrebten Eigenschaften des Zements.
Zementmörtel ist ein wäßriger Brei aus Zement und Sand. Abbinden durch Bildung von $SiO_2 \cdot 3\,CaO$. Langsames Aushärten unter Wasseraufnahme und Auskristallisierung zu $Ca_4(OH)_2 \cdot Si_6O_{15} \cdot 3\,H_2O$. Im Gegensatz zu Kalkmörtel erhärtet Zementmörtel auch unter Wasser. *Beton* ist eine grobe Mischung aus Zementmörtel und Kies oder Schotter.

Calciumcarbonat $CaCO_3$ ist farblos durchscheinend und tritt in drei kristallisierten Modifikationen auf: Hexagonaler Calcit (Kalzit, Kalkspat), rhombischer Aragonit und ebenfalls rhombischer Vaterit. Als Mineral zeigt $CaCO_3$ eine reiche Formenvielfalt. Kalkstein, Marmor und Kreide bestehen aus feinen Calcit-Kristallen. Doppelbrechung wird an reinem, klaren Kalkspat (Doppelspat) beobachtet.
Beim Erhitzen (Kalkbrennen) zerfällt Calciumcarbonat. $CaCO_3$ ist kaum wasserlöslich; in kohlesäurehaltigem Wasser dagegen löst es sich gut unter Bildung von Calciumhydrogencarbonat:
$CaCO_3 + H_2O + CO_2 \rightleftharpoons Ca(HCO_3)_2$.
Die *Wasserhärte* beruht in erster Linie auf dem Gehalt an $Ca(HCO_3)_2$ und Calciumsulfat.
$CaCO_3$ ist als gesteinsbildendes Material weit verbreitet. $CaCO_3$-Sedimentgesteine entstanden fast ausschließlich biochemisch: Überreste von Korallen, Muscheln, Foraminiferen usw. Jeder Stachel des Seeigels ist ein $CaCO_3$-Einkristall.
In Deutschland werden rund 60 Millionen t/a abgebaut.
Verwendung als Werkstein, Ätzkalk, Düngemittel, Rohstoff der Zement- und Glasindustrie, Zuschlag in Schmelzprozessen.

Calciumcyanamid (Kalkstickstoff) $CaCN_2$ bildet farblose, rhombische Kristalle; sie zerfallen oberhalb 1100 °C:
$2\,CaCN_2 \rightarrow CaC_2 + Ca + 2\,N_2$.
$CaCN_2$ ist Hauptbestandteil des technischen Kalkstickstoffs (70 % $CaCN_2$, 20 % CaO, 10 % C).
Kalkstickstoff wird großtechnisch durch Azotierung von Carbid bei 1000–1150 °C hergestellt:
$CaC_2 + N_2 \rightleftharpoons CaCN_2 + C \quad \Delta H = - 291$ kJ.
Der Prozeß-Stickstoff stammt aus Luftzerlegungsanlagen. Da Sauerstoff die Azotierung stört, müssen die Verunreinigungen des N_2 durch O_2 geringer als 0,005 % sein. Oberhalb 1000 °C entsteht bei der Azotierung auch Cyanid $Ca(CN)_2$, doch zerfällt es beim Abkühlen wieder, so daß Kalkstickstoff praktisch cyanidfrei ist.
Unter den vier Verfahren (Setz-, Kanal-, Dreh- und Schachtofen) ist die bereits 1905 entwickelte Herstellung nach *Frank-Caro* weit verbreitet:
Das pulverförmige Mahlgut (etwa 60–70 % CaC_2, Zuschläge von Flußspat und Kalkstickstoff) wird im Einsatzkorb (Kapazität bis zu 10 t) in den Setzofen eingebracht. Von unten tritt N_2 ein. Kohleheizstäbe zünden die exotherme Azotierungsreaktion. Nach etwa 9 Stunden ist der Korbinhalt zusammengesintert, kühlt rund 24 Stunden ab und gelangt dann ins Mahlwerk. Pro 100 kg gebundenem N_2 werden 40 kWh verbraucht.
Die Weltproduktion beträgt etwa 1 Million t/a, Deutschland ist der größte Hersteller. Technischer Kalkstickstoff wird gemahlen und in Polyethylen-Ventilsäcken versandt.
Kalkstickstoff ist ein wichtiges Düngemittel. Ausschlaggebend dafür ist der N_2-Gehalt (rund 18–20 %). Der Aufschluß erfolgt im feuchten Boden durch Einwirkung von Bakterien:
$CaCN_2 + 3\,H_2O \rightarrow CaCO_3 + 2\,NH_3$
$\Delta H = - 92$ kJ.
Gleichzeitig ist Kalkstickstoff ein Unkraut- und Schädlingsbekämpfungsmittel. Weitere Verwendung in der Stahlindustrie (Aufsticken von Stahl, Entschwefeln von Roheisen) und als Rohstoff für chemische Synthesen (Melamine, Harnstoff, Guanidine).

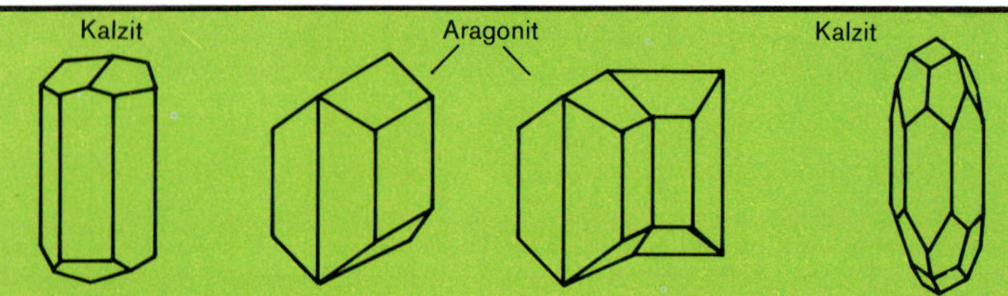

Kristallformen von $CaCO_3$

Doppelbrechung im Kalkspat

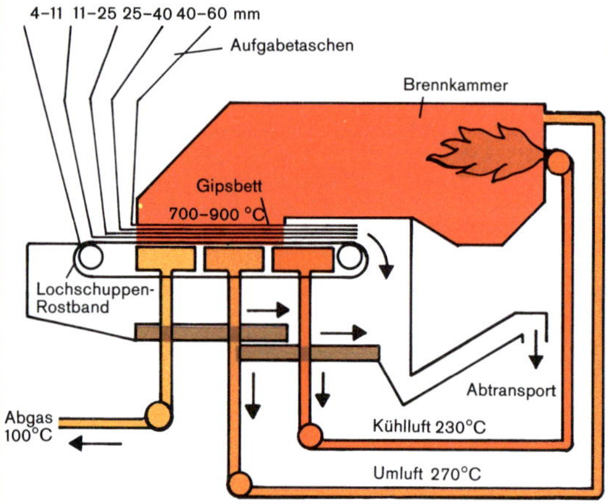

Erzeugung von Estrichgips im Rostbandofen
(Kapazität: 1200 t/d)

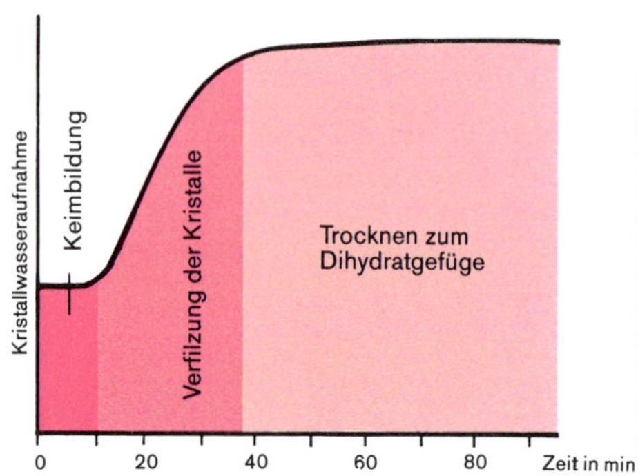

Verlauf einer Gipshärtung

Calciumsulfat (Anhydrit) $CaSO_4$ bildet farblose bis graue, rhombische Kristalle und ist kaum wasserlöslich. In hydratisierter Form ist es weit verbreitet als Gips (Calciumsulfat-Dihydrat, Terra alba) $CaSO_4 \cdot 2\,H_2O$, ein weißes, schlecht wasserlösliches Pulver mit sehr formenreichen Kristallen. Gipslager kommen meist zusammen mit Muschelkalk und Zechstein vor. Alabaster, Sandrosen und Marienglas sind Modifikationen des Gips.
Verwendung für die Schwefelsäureherstellung durch thermische Spaltung des Anhydrits (oder von Gips) unter Zugabe von Koks und Ton:

$2\,CaSO_4 \rightarrow 2\,CaO + 2\,SO_2 + O_2$.

Weiterhin als gebrannter Gips in der Bauindustrie, für Keramiken, als Bildhauermaterial (Alabaster), weiße Malerfarbe, Papierzusatz.

Gebrannter Gips hat einen Teil seines Kristallwassers verloren und härtet bei Wasserzugabe aus. Wird nur soviel Wasser addiert, daß ein homogener, nicht sedimentierender Brei entsteht, so erhärtet diese Mischung, weil die bei der Hydratation wachsenden nadelförmigen Kristalle des Dihydrates $CaSO_4 \cdot 2\,H_2O$ gegenseitig verfilzen und verwachsen. Eigenschaften und Verwendung hängen von der Brenntemperatur ab: *Gebrannter Gips,* Halbhydrat (120–130 °C) schrumpft beim Aushärten. Wasserfreier *Stuckgips* (190–200 °C) bindet sehr schnell ab; Volumenexpansion um etwa 1 %. *Anhydrit* II-s, Chemieanhydrit (200–700 °C) bindet relativ langsam ab und findet weitgehend Verwendung in der Bauindustrie. *Estrichgips,* Anhydrit II-E (700–900 °C) bindet langsam und steinhart ab. Totgebrannter Gips (1000–1200 °C) bindet nicht mehr. Oberhalb 1200 °C Brenntemperatur entstehen bas. Gipse, die mit Wasser wieder aushärten.

Für *Fußbodenestriche* werden feingemahlener Anhydrit (und Farbzuschläge) mit Sand im Volumenverhältnis 1:2,5 abgemagert, mit Wasser zu einem fließfähigen Brei vermischt und als Estrich (Fließestrich) aufgebracht. Große Flächen können so rissefest und fugenlos bedeckt werden, da Anhydritestriche nicht schrumpfen.

In Deutschland werden 8–10 Mill. t/a Gips verbraucht.

Calciumnitrat (Kalksalpeter) $Ca(NO_3)_2$ bildet farblose, monokline Prismen, färbt die Flamme ziegelrot und ist leicht löslich in Wasser (1,2 kg pro l) und Alkohol. Das Tetrahydrat $Ca(NO_3)_2 \cdot 4\,H_2O$ zerfließt an der Luft und schmilzt bei 40 °C im eigenen Kristallwasser.

Vorkommen als *Mauersalpeter,* Ausblühungen stickstoffhaltiger organ. Stoffe an Kalkmauern. Noch vor zwei Jahrhunderten wichtiger Rohstoff für die Schießpulverherstellung: Mauersalpeter + K_2CO_3-Lösung ergibt Kalisalpeter.

Herstellung durch Einwirken von Salpetersäure auf Kalkstein und anschließendes Eindampfen:

$CaCO_3 + 2\,HNO_3 \rightarrow Ca(NO_3)_2 + H_2O + CO_2$.

Verwendung (sinkende Bedeutung) als Düngemittel in den Doppelsalzen $Ca(NO_3)_2 \cdot NH_4NO_3$ und $Ca(NO_3)_2 \cdot 2\,CaO$ (Norgesalpeter).

Calciumphosphat (tertiäres) $Ca_3(PO_4)_2$ ist eine farblose amorphe Masse, nur löslich in verdünnter Salzsäure oder in Salpetersäure. Vorkommen in Apatit $3\,Ca_3(PO_4)_2 \cdot CaF_2$ und Phosphorit $3\,Ca_3(PO_4)_2 \cdot Ca(OH, F, Cl)_2$. Wichtiger Bestandteil der mineralisierten Substanzen des Körpers (Knochen, Zahnschmelz).
Herstellung durch Erhitzen von Calciumhydroxid und Phosphorsäure (über Zwischenstufen):

$3\,Ca(OH)_2 + 2\,H_3PO_4 \rightarrow Ca_3(PO_4)_2 + 6\,H_2O$.

Verwendung bei der Glas-, Emaille- und Porzellanherstellung, in medizinischen Ca-Präparaten, bei der Zuckerreinigung und als Düngemittel.

Calciumdihydrogenphosphat $Ca(H_2PO_4)_2$ ist ein farbloses Pulver, oder es bildet glänzende Blättchen. Wesentlicher Bestandteil des Guanos. Es ist mäßig löslich in Wasser und in verdünnten Säuren und zerfällt oberhalb 200 °C. Es entsteht als Zwischenprodukt bei der Herstellung von Calciumphosphat.
Großtechnische Herstellung durch Einwirken von Schwefelsäure auf gemahlenen Apatit oder Phosphorit bei 100–120 °C. Das dabei entstehende Gemisch aus $Ca(H_2PO_4)_2$ und $CaSO_4$ ist ein bedeutendes Düngemittel und heißt Superphosphat. Ist der Anhydrid-Anteil sehr gering, so liegt ein Doppelsuperphosphat vor.

Physikalische Eigenschaften wichtiger Ca-Verbindungen

	rel. Molekülmasse	Dichte in g/cm³	Schmelzpunkt in °C	Siedepunkt in °C
CaH_2	42,10	1,9	816	zerfällt
CaF_2	78,08	3,18	1360	2500
$CaCl_2$ (Karbid)	110,99	2,15	772	1600
$CaCl_2 \cdot 6\,H_2O$	219,08	1,71	29,9	200
CaC_2	64,10	2,22	447	2300
$CaCN_2$	80,10		1300	zerfällt
$CaCO_3$(Aragonit)	100,09	2,93	520	zerfällt
$CaCO_3$(Calcit)	100,09	2,71	1339	zerfällt
CaO (Ätzkali)	72,08	2,92	275	zerfällt
$Ca(OH)_2$	74,09	2,24	580	zerfällt
$CaSO_4$	136,14	2,96	1450	
$CaSO_4 \cdot 2\,H_2O$ (Gips)	172,17	2,32	128	zerfällt
$Ca(NO_3)_2$	164,09	2,50	561	
$Ca(H_2PO_4)_2$	252,07	2,22	109	zerfällt
$Ca_3(PO_4)_2 \cdot H_2O$	310,18	3,14	1670	

Ba 128	Ba 129	Ba 130	Ba 131	Ba 132	Ba 133	Ba 134	Ba 135	Ba 136	Ba 137	Ba 138	Ba 139	Ba
2,43 d		0,10		0,095		2,4	6,5	7,8	11,2	71,9	82,7 min	12,7
γ	γ β⁺,γ		γ γ		γ γ		γ		γ		β⁻,γ	β⁻,γ

Die wichtigsten Nuklide des Bariums

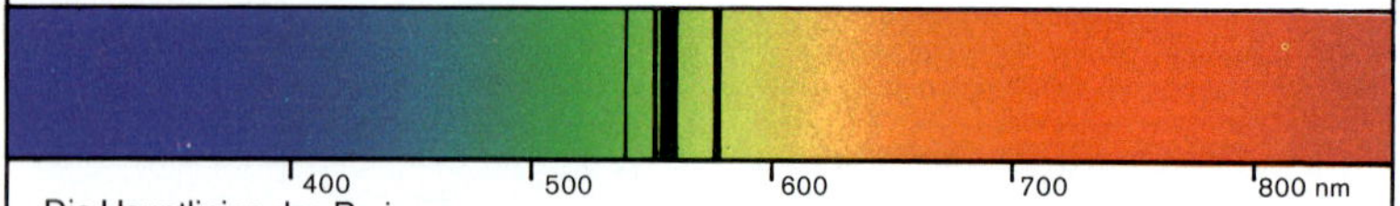

Die Hauptlinien des Bariums

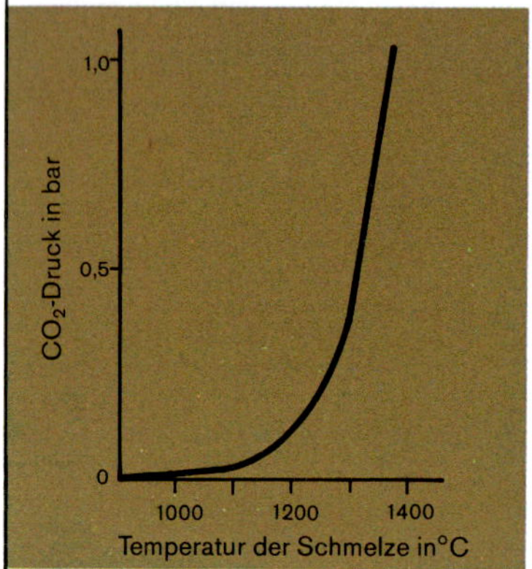

CO_2-Druck über $BaCO_3$-Schmelze

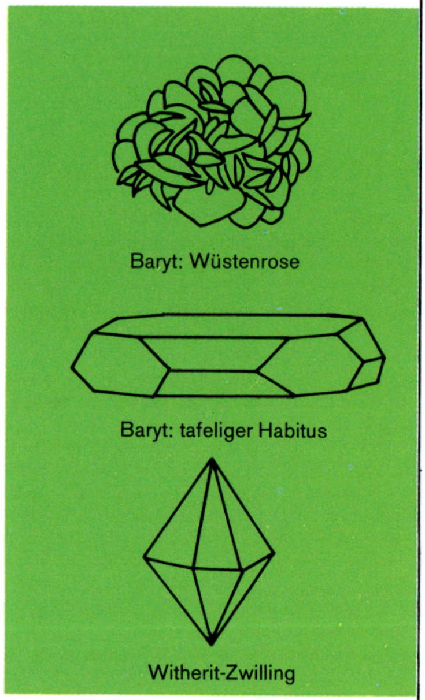

$BaSO_4$- und $BaCO_3$-Kristalle

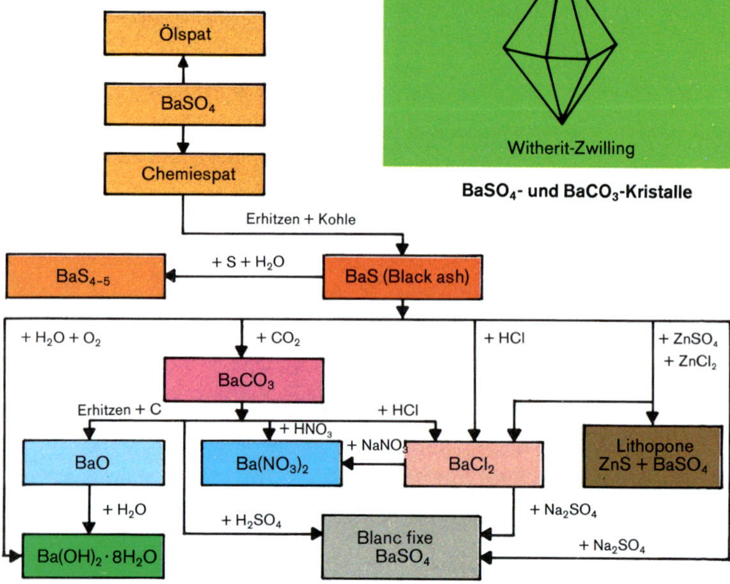

Herstellung verschiedener Bariumverbindungen aus Schwerspat

Barium (Elementsymbol: Ba) ist das 5. Element der 2. Hauptgruppe des Periodensystems. Der Name ist abgeleitet von griechisch: barys = schwer.
HUMPHRY DAVY stellte 1808 ein Ba-Amalgam dar, die erste Reindarstellung gelang jedoch erst 1901 durch ANTOINE GUNTZ.
Eigenschaften: Ba ist ein silberweißes, bleiweiches Metall mit kubisch-raumzentriertem Gitter. Die rel. Atommasse ist 137,34. Es gibt 7 stabile Ba-Isotope, von denen ^{138}Ba am häufigsten ist, gefolgt von ^{137}Ba und ^{136}Ba. Die Halbwertszeiten der 27 instabilen Ba-Isotope liegen zwischen 0,5 s (^{148}Ba) und 10,5 a (^{133}Ba). In Gegenwart von CO_2 läuft Ba grau-schwarz an, es wird daher unter Luftabschluß aufbewahrt.
Säuren und flüssiger Ammoniak lösen Barium leicht auf (Ausnahme: Schwefelsäure), Wasser und Alkohol reagieren heftig unter H_2-Entwicklung.
Brennendes Ba mit Sand löschen.
Toxikologie: Lösliche Ba-Verbindungen sind sehr giftig; etwa 1 g wirken bereits tödlich.
Nachweis: Quantitative chemische Analyse durch Ausfällen als wasserunlösliches Bariumsulfat oder -carbonat. Spektralanalytisch.
Vorkommen: Sein Anteil an der Erdrinde beträgt 0,03 Gewichtsprozent. Ba tritt niemals elementar auf. Das bei weitem wichtigste Bariummineral ist $BaSO_4$ (Schwerspat, Baryt), von lokaler Bedeutung ist $BaCO_3$ (Witherit), Barytlagerstätten sind in der ganzen Welt verbreitet, die deutschen Vorkommen liegen in Sauerland, Harz und Rheinpfalz. Die Weltförderung an Schwerspat beträgt etwa 6,3 Mill. t/a.
Gewinnung: Aluminothermisch aus Bariumoxid, analog der von Calciummetall

$$4\,BaO + 2\,Al \rightarrow BaAl_2O_4 + 3\,Ba.$$

Das Verfahren läuft im Hochvakuum ab, der Ba-Dampf schlägt sich auf Kühlflächen nieder. Transport in gasdichten Kannen unter Paraffinöl oder in Weißblechdosen.
Verwendung: Der Verbrauch an Ba-Metall ist gering: Gettermaterial für Höchstvakuumanlagen und Fernsehröhren, Behandlung geschmolzener Metalle.

Wichtige **Verbindungen**
Bariumsulfat (Baryt, Schwerspat) $BaSO_4$ kristallisiert in farblosen Rhomben, die allerdings meist durch Verunreinigungen gelblich bis dunkelgrau verfärbt sind. Baryt ist praktisch unlöslich in Wasser (Löslichkeit: 0,25 g/l) und chemisch sehr beständig. Oberhalb 1100 °C zerfällt Bariumsulfat:

$$2\,BaSO_4 \rightarrow 2\,BaO + 2\,SO_2 + O_2.$$

75 % der Weltförderung an Baryt wird nach Reinigung auf eine Korngröße von etwa 1/1000 cm gemahlen. Es dient dann direkt zur Erhöhung der Dichte von Bohrspülungen bei Suchbohrungen nach Erdöl und Erdgas.
Bis zur Reinheit von 90–97 % aufbereiteter Baryt (naßmechanisch, Flotation) ist als *Chemiespat* wichtigstes industrielles Ausgangsprodukt für die Gewinnung von Ba-Verbindungen.
Schwerspatmehl (Baryt-Weißmehl nach DIN 55911) ist hochgereinigt und dient als Füllstoff für Farben, Kunststoffe und Gummi. *Blanc fixe* (Permanentweiß) ist chemisch ausgefälltes $BaSO_4$, daher besonders rein, fein und weiß. Verwendung in der Papierindustrie, als (unlösliches, d. h. ungiftiges) Röntgenkontrastmittel und zusammen mit ZnS als Lithopone, eine sehr beständige weiße Deckfarbe.

Bariumsulfid BaS bildet farblose, phosphorizierende, kubische Kristalle, relativ gut löslich in Wasser. Oberhalb 500 °C oxidiert BaS in Gegenwart von Luft zu $BaSO_4$. Technische Herstellung aus Schwerspat durch Reduktion mit Kohle:

$$BaSO_4 + 2\,C \rightarrow BaS + 2\,CO_2.$$

Die Reaktion erfolgt über Zwischenstufen in Drehöfen bei 1000–1200 °C. Das Produkt kommt als schwarzes Granulat *(Black ash)* in den Handel (BaS-Anteil etwa 75–85 %). Verwendung vorwiegend zur Herstellung anderer Ba-Verbindungen.

Bariumcarbonat (Witherit) $BaCO_3$ ist ein weißes, giftiges Pulver und tritt in mehreren Modifikationen auf:

$$\text{rhombisch} \xrightleftharpoons{803\,°C} \text{hexagonal} \xrightleftharpoons{980\,°C} \text{kubisch}$$

Es ist unlöslich in Wasser, löslich in Säuren (außer Schwefelsäure).
Herstellung (die Gewinnung von Witherit ist unbedeutend) aus BaS-Lösungen entweder durch Fällung mit CO_2 (über Zwischenstufen):

$$BaS + CO_2 + H_2O \rightarrow BaCO_3 + H_2S$$

oder durch Fällung mit Soda:

$$BaS + Na_2CO_3 \rightarrow BaCO_3 + Na_2S.$$

$BaCO_3$ ist die wichtigste großtechnisch erzeugte Ba-Verbindung. Verwendung zur Entfernung von Ca-, Mg- und SO_4-Ionen aus den Eingangslaugen bei der Alkalichloridelektrolyse, zur Abwässerreinigung, in der Keramik- und Glasindustrie und als Rattengift.

Bariumoxid BaO ist ein weißes Pulver der Dichte 5,7 g/cm^3, gut löslich in Methanol. Herstellung durch thermische Zerlegung von $BaCO_3$ bei etwa 1300 °C in Gegenwart von Kohlenstoff (z. B. in Form von Ruß), um die Zerlegungstemperatur zu erniedrigen. Verwendung als Ausgangsmaterial zur Herstellung von Öladditiven und organischen Ba-Verbindungen, als Licht- und Wärmeschutzmittel in Kunststoffen, sowie als Trocknungsmittel.

Bariumhydroxid (Ätzbaryt) $Ba(OH)_2 \cdot 8\,H_2O$ ist farblos und schmilzt bei 78 °C im eigenen Kristallwasser. Ab 108 °C wird Kristallwasser abgespalten; das wichtigste Zwischenprodukt ist dabei das Monohydrat $Ba(OH)_2 \cdot H_2O$.
Die wäßrige Lösung heißt *Barytwasser* und reagiert stark alkalisch. Bariumhydroxid ist sehr empfindlich gegen CO_2 (Bildung von $BaCO_3$). Darstellung durch Hydratisieren von BaO. Verwendung zur Herstellung organischer Ba-Verbindungen, zur Entwässerung von Fetten, Wachsen und Glycerin.

Bariumnitrat (Barytsalpeter) $Ba(NO_3)_2$ zerfällt beim Erhitzen in BaO, BaO_2, NO, N_2 und O_2; in Gegenwart von Schwefel explosionsartige Zersetzung. $Ba(NO_3)_2$ ist wasserlöslich und sehr giftig. Verwendung in der Feuerwerkerei (grüne Farbe) und in Leuchtschirmen für Fernsehempfänger.

Ra 215	Ra 216	Ra 217	Ra 218	Ra 219	Ra 220	Ra 221	Ra 222	Ra 223	Ra 224	Ra 225	Ra 226	Ra 22
1,6 ms	0,18 µs	1,6 µs	14 µs	10 ms	23 ms	28 s	38 s	11,43 d	3,64 d	14,8 d	1600 a	41 mi
α	α	α	α	α	α, γ	α, γ	α, γ	α, γ	α, γ	β^-, γ	α, γ	β^-

Die wichtigsten Nuklide des Radiums und Strontiums

Sr 80	Sr 81	Sr 82	Sr 83	Sr 84	Sr 85	Sr 86	Sr 87	Sr 88	Sr 89	Sr 90	Sr 91	Sr 92
1,8 h	25 min	25 d		0,56		9,9	7,0	82,6	50,5 d	29,1a	9,5 h	2,71
γ	β^+, γ		γ β^+, γ		γ β^+, γ		γ		β^-	β^-	β^-, γ	β^-

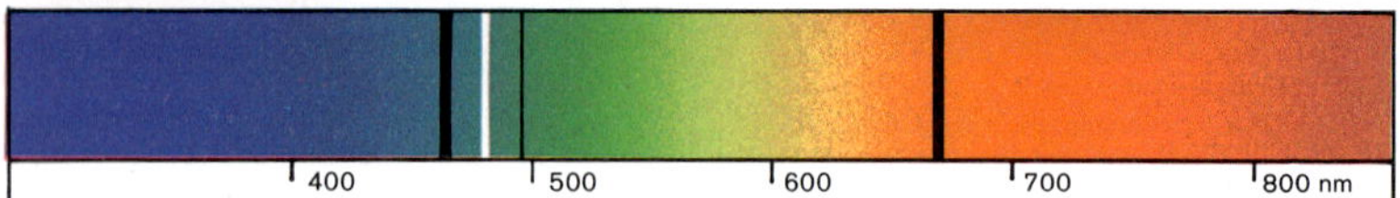

Die Hauptlinien des Strontiums (schwarz) und Radiums (weiß)

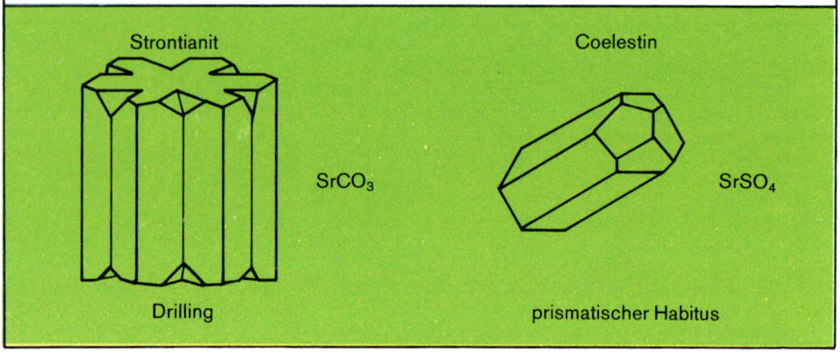

Strontiummineralien

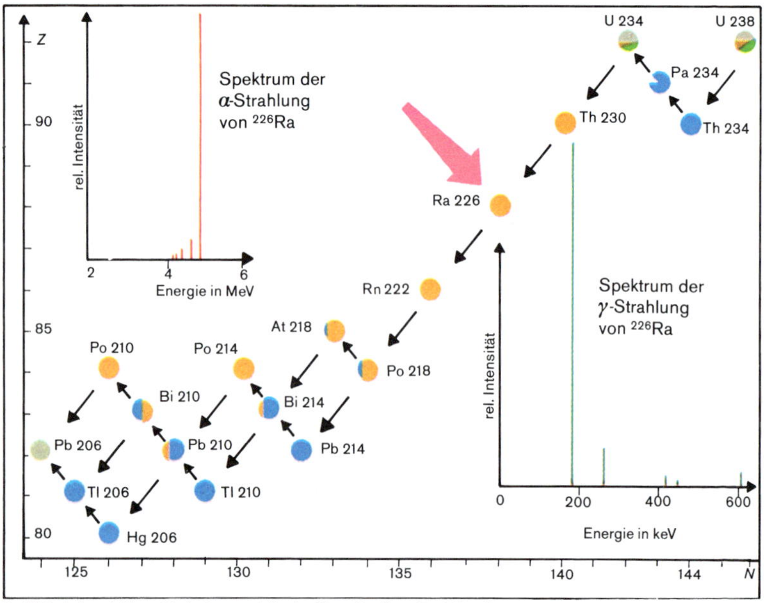

Ra 226 als langlebiges Zwischenprodukt der Uran-Radium-Zerfallsreihe

Strontium (Elementsymbol: Sr) ist das 4. Element der 2. Hauptgruppe. Es ist benannt nach dem Ort Strontian in Schottland, in dessen Bleibergwerken das Strontiummineral Strontianit entdeckt wurde.
1855 stellte R. W. Bunsen Strontium erstmalig rein dar.
Eigenschaften: Sr ist ein silberweißes, leicht formbares Leichtmetall mit kubisch-raumzentrierter Gitterstruktur. Es gibt drei allotrope Modifikationen des Metalls; die Umwandlungstemperaturen sind 235 °C und 540 °C.
Die rel. Atommasse ist 87,62. Es gibt 4 stabile Sr-Isotope. Die Halbwertszeiten der 37 instabilen Sr-Isotope liegen zwischen 29,1 a und 0,11 s. An der Luft bildet das Metall sehr rasch einen gelblichbraunen Überzug aus Strontiumoxid, der in Gegenwart von Feuchtigkeit in Strontiumhydroxid übergeht. Das Metall wird unter Toluol oder Xylol aufbewahrt. Sr-Metall ist löslich in Alkohol, Säuren und flüssigem Ammoniak. In Pulverform entzündet es sich spontan.

Das beta-aktive [^{90}Sr] Strontium ist ein sehr gefährliches Folgeprodukt von Kernexplosionen. Pflanzen nehmen es auf, und über das Grünfutter gerät ^{90}Sr in die Milch. Inkorporiert baut es der Körper – wegen der chemischen Ähnlichkeit mit Ca – in die Knochenstruktur ein; die emittierte β-Strahlung kann Knochensarkome hervorrufen.

Nachweis: Geringe Mengen von Sr oder Sr-Salzen färben die Flamme karminrot; Überdeckung durch Verunreinigungen mit Na sind allerdings häufig. Der quantitative Nachweis erfolgt am einfachsten spektroskopisch. Zum chemischen Nachweis wird Ausfällen als $SrSO_4$ bevorzugt.
Vorkommen: Der Anteil an der Erdrinde beträgt etwa 0,03 Gewichtsprozent. Sr tritt niemals elementar auf. Die bei weitem wichtigsten Strontiumminerialien sind Cölestin $SrSO_4$ und Strontianit $SrCO_3$. Der Abbau erfolgt vorwiegend in Mexiko und Spanien.
Gewinnung: Ähnlich wie die des Ca, entweder durch Schmelzelektrolyse von $SrCl_2$ unter Zusatz von KCl zur Senkung der Schmelztemperatur oder durch Reduktion von SrO mit Aluminiumgries und Vakuumdestillation. Transport in Polyethylenbeuteln, gasdichten Trommeln oder Weißblechdosen unter Argon oder Paraffinöl.
Verwendung: Vorzugsweise zur Veredlung von Leichtmetallegierungen; in geringen Mengen als Gettersubstanz, für Spezialstähle und zum Härten von Blei.

[^{90}Sr] Strontium ist eine preiswerte Beta-Strahlenquelle; sie dient der automatisierten Dickenmessung dünner Schichten, der Autoradiographie und als Energiequelle in Kernbatterien.

Die Feuerwerkerei benutzt Sr-Verbindungen zur Erzeugung von Rotlicht.

Wichtige **Verbindungen**
Strontiumcarbonat (Strontianit) $SrCO_3$ ist ein weißes Pulver, löslich in Säuren, schwach löslich in Wasser. Ausgangsmaterial für andere Sr-Verbindungen. Es zerfällt oberhalb 1200 °C:

$SrCO_3 \rightarrow SrO + CO_2$.

Strontiumsulfat (Cölestin) $SrSO_4$ bildet weiße, in Wasser sehr schwach lösliche Kristalle, unlöslich in Alkohol. Es schmilzt unter Abgabe von SO_3.
Strontiumnitrat $Sr(NO_3)_2$ ist unlöslich in Alkohol-Ether und kann dadurch leicht von $Ca(NO_3)_2$ getrennt werden. In dieser Form sind Sr und Ca chemisch einfach separierbar. Verwendung in der Feuerwerkerei.

Strontiumhydroxid $Sr(OH)_2$ bildet farblose Kristalle, löslich in Säuren oder heißem Wasser. In Wasser gelöst ist es eine starke Base. $Sr(OH)_2$ entsteht unter starker Wärmeentwicklung beim Lösen von Strontiumoxid in Wasser:

$SrO + H_2O \rightarrow Sr(OH)_2$.

Strontiumtitanat $SrTiO_3$ bildet klare Kristalle mit sehr großem Brechungsindex (2,4) und starker Dispersion (0,21). Es ähnelt daher dem Diamanten, hat aber nicht dessen Härte. Wird als Schmuckstein *(Fabulit)* gehandelt.

Radium (Elementsymbol: Ra) ist das 6. und letzte Element der Erdalkaligruppe. Der Name ist abgeleitet von lateinisch: radius = Strahl. Entdeckt wurde das instabile Element 1898 von Pierre und Marie Curie in der Uranpechblende; 1902 gelang Marie Curie die erste Reindarstellung von 700 mg.
Eigenschaften: Ra ist ein weißes, radioaktives Schwermetall. Die rel. Atommasse ist 226,0254; es sind 37 Isotope bekannt. Sämtliche Ra-Isotope sind instabil; die Halbwertszeiten liegen zwischen 1600 a (^{226}Ra) und 0,18 µs (^{216}Ra).

Von 1 g ^{226}Ra zerfallen $3{,}7 \cdot 10^{10}$ Kerne pro Sekunde; das ist gleichzeitig die Definition der (veralteten) *Einheit der Aktivität:*

1 Curie (Ci): $= 3{,}7 \cdot 10^{10}$ Zerfälle $\cdot\, s^{-1}$.

Die SI-Einheit der Aktivität ist das Becquerel (Einheitenzeichen: Bq). 1 Bq: = 1 s^{-1}. Umrechnung: 1 Ci: = $3{,}7 \cdot 10^{10}$ Bq.

Ra leuchtet im Dunkeln und bildet an der Luft sehr rasch eine schwarze Nitrid-Schicht. Inkorporiertes Ra wird vom Körper in die Knochensubstanz eingebaut.
Nachweis: Ra wird mit Hilfe seiner emittierten Strahlung qualitativ und quantitativ bestimmt.
Vorkommen: Ra ist außerordentlich selten; sein Anteil an der Erdrinde beträgt nur etwa $9{,}5 \cdot 10^{-11}$ Gewichtsprozent. Es ist ein Zwischenprodukt der natürlichen radioaktiven Zerfallsreihen und daher Begleiter der Uran- und Thoriumminerialien. Die wichtigsten Vorkommen liegen in der Uranpechblende (einem Uranoxidmineral) und im Carnotit (Uranglimmer). 7 Tonnen Uranpechblende enthalten etwa 0,14 g Ra. Die Hauptfundstellen sind in Kanada (Großer Bärensee), in der Dem. Rep. Kongo (Shaba), in den USA (Colorado) und in der Tschech. Rep. (Jáchymov). Der Weltbestand an Ra-Metall ist etwa 5,5 kg.
Verwendung: Ra ist inzwischen weitgehend durch billigere radioaktive Strahlenquellen aus der Strahlentherapie verdrängt. Zusammen mit Be bildet es eine bequem zu handhabende Quelle für energiereiche Neutronen. Das beim Zerfall des Ra entstehende radioaktive Gas Radon wird aufgefangen (»melken« von Radium) und in der Inhalationstherapie benutzt.

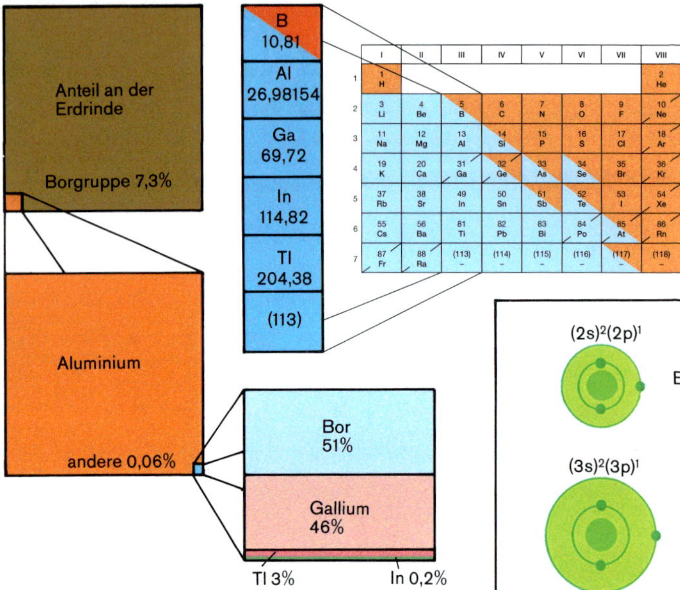

Die Borgruppe und ihre Elementhäufigkeit in der Erdrinde

B	Al	Ga	In	Tl

8,296 eV → 1. Ionisierungspotential fällt → 6,106 eV

2,34 g/cm³ → Dichte wächst → 11,85 g/cm³

0,080 nm → Atomradius wächst → 0,155 nm

0,023 nm → Ionenradius wächst → 0,095 nm

2079 °C → Schmelzpunktminimum bei Ga ← 303,5 °C

2550 °C (Subl.) → Siedepunkt fällt → 1453 °C

$BG + H_2O \longrightarrow$ keine Reaktion (Ausnahme: Al)

$4\,BG + 3\,O_2 \longrightarrow 2\,BG_2O_3$ (hohe Temperaturen)

$2\,BG + 3$ Halogen $\longrightarrow 2\,BG\,(\text{Halogen})_3$

$2\,BG + 3\,S \longrightarrow BG_2S_3$ (Ausnahme: Tl_2S)

$BG + H_2 \longrightarrow$ keine Reaktion

$2\,BG + N_2 \longrightarrow 2\,BGN$ (direkt nur B, Al)

$BG(OH)_3 + H_2O \longrightarrow BG^{3+} + 3\,OH^- + H_2O$ (nur Al, Ga)

$BG(OH)_3 + H_2O \longrightarrow BG(OH)_4^- + 4\,H^+$ (nur B)

Eigenschaften der Elemente der Borgruppe (*BG*)

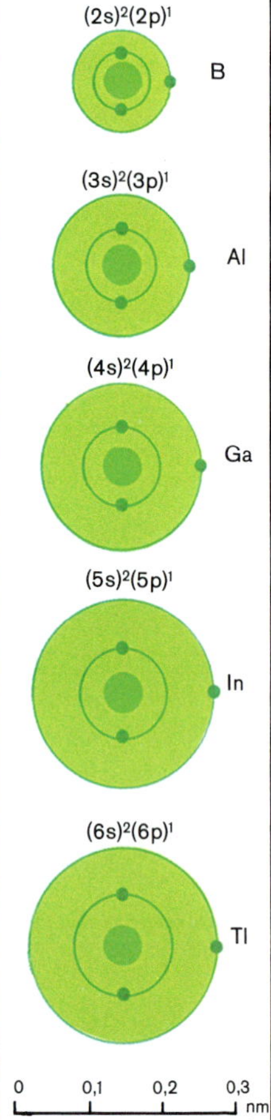

Valenzkonfiguration (maßstäblich)

Die fünf chemischen Elemente Bor (B), Aluminium (Al), Gallium (Ga), Indium (In) und Thallium (Tl) bilden die 3. Hauptgruppe des Periodensystems. Die Bezeichnung Erdmetalle (hergeleitet von der Tonerde, einem Aluminiumoxid) wird kaum noch verwendet. Sie ist zudem irreführend, da Bor ein Halbmetall ist.

Die *Elektronenkonfiguration* der Borgruppe zeigt drei Valenzelektronen. Mit wachsender Ordnungszahl nimmt die Tendenz der beiden äußeren s-Elektronen zu, eine reaktionsträge abgeschlossene Unterschale zu bilden. Die Elemente der 3. Nebengruppe (Sc, Y, La, Ac) haben zwar auch drei Elektronen ganz außen – und ähneln damit denen der Borgruppe –, aber es handelt sich jeweils um d- und s-Elektronen unterschiedlicher Hauptschalen.

Aus dem allgemeinen Trend der Atomradien fällt Ga heraus, weil von Sc bis Zn die vorher ausgelassene, innen liegende 3d-Schale aufgefüllt wird.

Eigenschaften: Die allgemeinen Eigenschaften ähneln denen der Erdalkali. Der Metallcharakter wächst in Richtung zum Thallium. Bor ist noch ein Halbmetall mit kovalenten Gitterbindungen, während Tl bereits durch die metallische Bindung charakterisiert wird. Entsprechend unterschiedlich sind die Härten der Elemente: die Härte der Borkristalle liegt zwischen der von Korund und Diamant, während Thallium ein weiches Metall ist, das man mit dem Fingernagel ritzen kann. Alle Elemente der Borgruppe haben die Oxidationszahl +3, doch wächst mit steigender Ordnungszahl die Beständigkeit auch +1wertiger Verbindungen. Wegen der höheren effektiven Kernladung sind die Ionenradien kleiner als die entsprechenden Radien der Erdalkali-Ionen.

Die Elemente der Borgruppe reagieren im wesentlichen nicht mit Wasser; reines Aluminium setzt zwar aus Wasser H_2 frei, doch bildet es dabei an der Oberfläche sofort eine sehr reaktionsträge Al_2O_3-Schicht. Im Gegensatz zu den Alkalimetallen und Erdalkali lösen sich die Elemente der Borgruppe nicht in Ammoniak.

Bor leitet den elektrischen Strom praktisch nicht, Al und In sind gute, die restlichen Elemente schlechte elektrische Leiter.

Verbindungen: Die Elemente der Borgruppe sind gute Reduktionsmittel; insbesondere ist jene Reaktion, die Al_2O_3 liefert, sehr stark exotherm. Al reduziert fast jedes Metalloxid zum freien Metall. Bei der Reaktion zwischen Al und Fe_2O_3 wird soviel Energie frei, daß das Eisen schmilzt (Thermitprozeß).

Die *Oxide* und *Hydroxide* zeigen saure, amphotere und basische Eigenschaften. Verbindungen des Bor sind sauer, Aluminium- und Galliumverbindungen sind amphoter, die Indium- und Thalliumverbindungen reagieren basisch. TlOH gehört bereits zu den starken Basen.

Alle Nitride sind bekannt, doch reagieren nur B und Al direkt mit N_2 bei höheren Temperaturen. Bornitrid besitzt eine diamantähnliche Struktur und ist außerordentlich hart. Von den Halogenen bilden die Bortrihalogenide zahlreiche komplexe Verbindungen. Die Halogenide, Nitrate, Sulfate, Acetate und Carbonate sind wasserlöslich. Die Ionen der Borgruppe hydratisieren teilweise oder vollständig.

Vorkommen: Die Elemente der Borgruppe sind zu 7,33 % am Aufbau der Erdrinde beteiligt; Aluminium ist das mit Abstand häufigste Element. Indium und Thallium sind sehr selten. Wegen der guten Reaktionsfähigkeit kommt keins der Elemente elementar vor. Die meisten Mineralien der Borgruppe sind Oxide und Hydroxide; Ga-, In- und Tl-Mineralien sind häufig vergesellschaftet mit Blei- und Zinksulfiden.

Gewinnung: Reduktion der Oxide oder Schmelzelektrolyse der Salze.

Verwendung: In reiner Form werden die Elemente der Borgruppe vorwiegend als Konstruktionsmaterial und in der Kerntechnologie eingesetzt. Aluminium und seine Legierungen sind leichte, korrosionsbeständige und feste Baustoffe. Bor und Indium sind wichtige Legierungszusätze, weitere Verwendung in Halbleiter- und Glasindustrie.

Physikalische Eigenschaften

	B	Al	Ga	In	Tl
Protonenzahl	5	13	31	49	81
Schmelzpunkt in °C	2079	660,37	29,78	156,61	303,5
Siedepunkt in °C	2550 (Subl.)	2467	2227	2080	1453
Dichte in g/cm^3	2,34	2,70	5,91	7,31	11,85
Ionenradius in nm	0,023	0,051	0,062	0,081	0,095
1. Ionisierungspotential in eV	8,296	5,84	6,00	5,785	6,106
Mohssche Härte	9,5	2–2,9	1,5	1,2	

	B 8	B 9	B 10	B 11	B 12	B 13	B 14	B 15		B 17	
	762 ms		20	80	20,3 ms	17,33 ms	21 ms				
	β^+, α	p			β^-, γ	β^-, γ	β^-, γ				

Die Nuklide des Bors

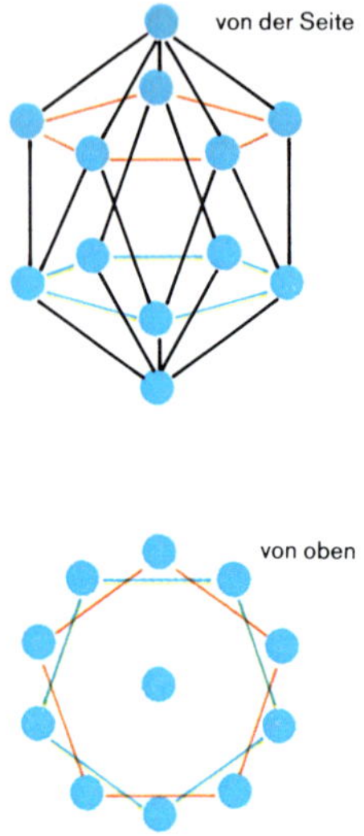

Ikosaeder, die Struktureinheit von α-rhomboedrischem Bor

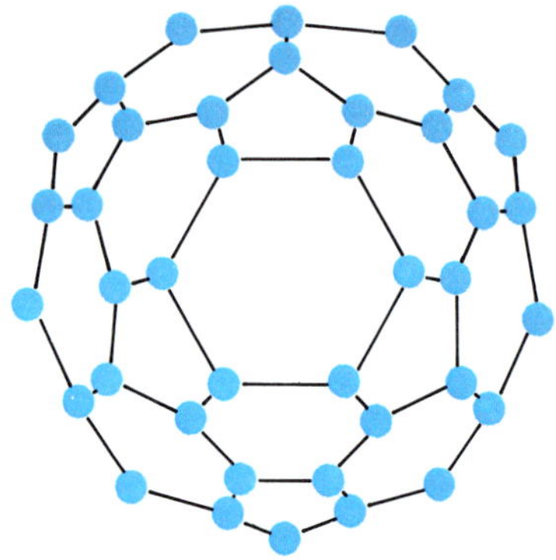

60-Ecken-Polyeder, die Struktureinheit von β-rhomboedrischem Bor

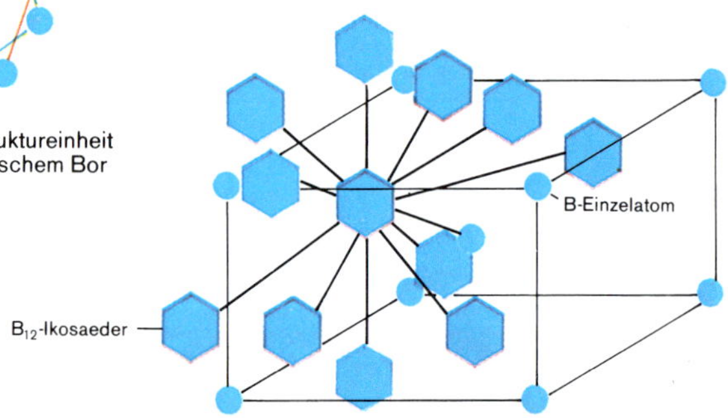

Elementarzelle von α-tetragonalem Bor

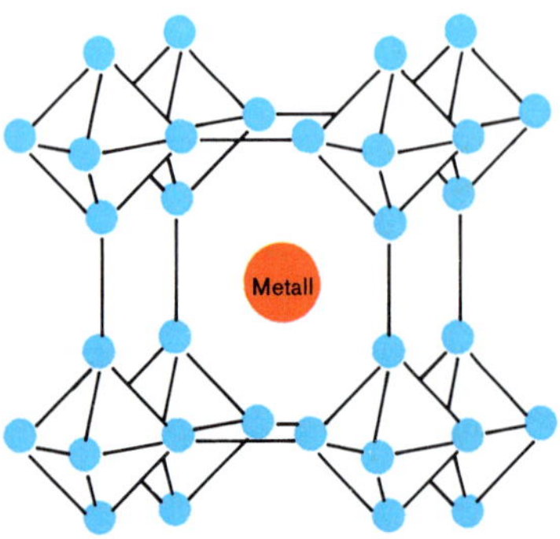

Borreiches Borid vom Typ (Metall)B_6

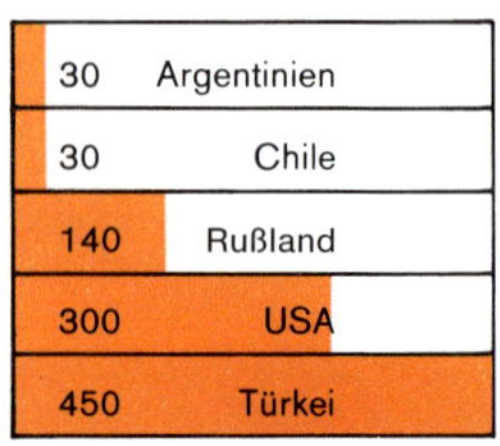

Vorräte an B-Mineralien (in Millionen t)

Bor (Elementsymbol: B) ist das 1. Element der 3. Hauptgruppe des Periodensystems. Sir Humphry Davy prägte den Namen Boron, von persisch Burah = Borax. Elementares unreines Bor stellten 1808 unabhängig voneinander H. Davy, L. J. Thenard und J. L. Gay-Lussac durch Elektrolyse der Borsäure dar. Es dauerte noch einhundert Jahre, bis Weintraub reines, kristallisiertes Bor darstellte. Die beobachtete Schrägbeziehung zur nächsthöheren Gruppe im Periodensystem gilt auch für das Bor: In seinen chemischen Eigenschaften ist B dem Silicium ähnlicher als dem folgenden Element innerhalb der Borgruppe, Al.

Eigenschaften: B ist das einzige Halbmetall innerhalb der Borgruppe. Die rel. Atommasse ist 10,81. Es gibt zwei stabile Isotope: ^{10}B und ^{11}B. Die Halbwertszeiten der 14 instabilen B-Isotope liegen im ms-Bereich. Bor tritt in 6 Modifikationen auf. Es handelt sich um kristalline Strukturen, deren Gitterelemente nicht einzelne Boratome sind, sondern jeweils 12 Atome, die untereinander ein Ikosaeder (Zwanzigflächner) bilden. Die Ikosaeder sind direkt oder über Boratome miteinander verbunden. *Bor II* (α-tetragonales Bor) ist eine rote Modifikation der Dichte 2,36 g/cm^3 mit tetragonaler Gitterstruktur aus jeweils 4 Ikosaedern und zwei Einzelatomen. *α-Bor* bildet Rhomboeder, ist ebenfalls rot und hat wegen kubisch-dichtester Packung der Ikosaeder mit 2,46 g/cm^3 die größte Dichte aller Modifikationen. *β-Bor* formt ein grau-schwarzes rhomboedrisches Gitter; es ist die unter Normalbedingungen stabile Modifikation. Hierbei sind die Boratome zu 84 atomigen, kugligen Untereinheiten vereinigt; 24 Atome liegen im Inneren des Polyeders.

Borkristalle sind außerordentlich hart; ihre Härte von 9,5 auf der Mohs-Skala übertrifft die des Korund. Elementares Bor ist chemisch ziemlich träge, seine Reaktionsfähigkeit nimmt jedoch mit steigender Temperatur stark zu; dann ist es ein wirksames Reduktionsmittel. Amorphes Bor ist erheblich reaktionsfähiger als die kristallinen Modifikationen. An Luft entzündet sich Bor bei etwa 700 °C spontan und verbrennt zu B_2O_3. Bor ist ein Halbleiter.

Die Elektronenkonfiguration des Bor ist [He] $(2s)^2$ $(2p)^1$, die Oxidationszahl ist +3. Das Atom geht kovalente Bindungen ein. Bor kann kettenförmige Verbindungen und zusammen mit anderen Atomen (z. B. Sauerstoff, Schwefel) auch ringförmige Strukturen aufbauen.

Einige Borverbindungen sind giftig, z. B. Borsäure und Diborane; im Trinkwasser gilt 20 mg/l als obere Toleranzmenge.

Nachweis: Bereits geringe Mengen von Bor färben die Flamme grün. Chemisch kann der Nachweis mit Hilfe von 1,1-Dianthrimid in schwefelsaurer Lösung erfolgen. Zur quantitativen Bestimmung wird Bor in Borsäuretrimethylester überführt, in Kalkmilch als Calciummetaborat $Ca(BO_2)_2$ ausgefällt, anschließend eingedampft, geglüht und gewogen.

Vorkommen: Bor hat einen Anteil von 0,0016 Gewichtsprozent an der Erdrinde. Es tritt nicht elementar auf und kommt ausschließlich in Form von Bor-Sauerstoffverbindungen vor. Bedingt durch die teilweise große Wasserlöslichkeit der Borate ist Bor im Meerwasser auf 0,01 % angereichert. Pflanzen nehmen Bor selektiv aus dem Boden auf.

Wichtige *Bormineralien* sind: Tinkal (Rohborax) $Na_2B_4O_7 \cdot 10\,H_2O$, Kernit $Na_2B_4O_7 \cdot 4\,H_2O$, Ulexit $Na_2Ca_2B_{10}O_{18} \cdot 16\,H_2O$, Colemanit $Ca_2B_6O_{11} \cdot 5\,H_2O$, Boracit $Mg_3B_7O_{13}Cl_8$ und Sassolin H_3BO_3. Die Hauptvorkommen liegen in den USA (Mojavewüste, Nevada), Türkei und Rußland. In Deutschland ist Boracit mit den Kalisalzen von Staßfurt vergesellschaftet. Die Weltvorräte an Borverbindungen werden auf 1000 Millionen Tonnen geschätzt, die Förderung liegt bei 2 Millionen t/a.

Gewinnung: 1. Thermische Reduktion von BBr_3 (oder BCl_3) in der Dampfphase in Gegenwart von Wasserstoff:

$$2\,BBr_3 + 3\,H_2 \rightarrow 2\,B + 6\,HBr \qquad \Delta H = +\,261\text{ kJ.}$$

Unterhalb 800 °C entsteht amorphes Bor, mit steigenden Reduktionstemperaturen wächst der Kristallisationsgrad des Produkts.

2. Thermische Zersetzung von BBr_3, BI_3 und Borhydriden bei 800–1500 °C an Wolframdrähten:

$$2\,BI_3 \rightarrow 2\,B + 3I_2 \qquad \Delta H = -\,142\text{ kJ.}$$

3. Unreines, amorphes Bor (85–95 %) entsteht bei der Reduktion von Bortrioxid mit Magnesium:

$$B_2O_3 + 3\,Mg \rightarrow 2\,B + 3\,MgO \qquad \Delta H = -\,533\text{ kJ.}$$

Das Borpulver wird bei 2000 °C unter Ausschluß von N_2 und O_2 in einer H_2-Atmosphäre durch Sintern gereinigt.

Hauptproduzent sind die USA.

Verwendung: Legierungsbestandteil von Spezialstählen (Ferrobor) großer Härte. Reine Borkristalle dienen als elektronische Bauelemente (z. B. als Thermistoren). In Spuren zugesetzt, verändert Bor die elektrischen Eigenschaften von Si- und Ge-Halbleitern. Borhaltige Kunststoff-Fasern *(Wisker)* versteifen und stabilisieren Kunstharze und Leichtmetalle. Mit Hilfe von ^{10}B in den Regelstäben werden Kernreaktoren gesteuert. Abschirmmaterial gegen Neutronen und (über die n, α-Reaktion) Nachweis von Neutronen im gasgefüllten Zählrohr.

Bor ist ein wichtiges Spurenelement beim Stoffwechsel der Pflanzen.

Bornitride sind wichtige Schleifmittel. Bormineralien werden überwiegend in der Glasindustrie (40 %), in Waschmitteln (15 %), als Emaille (10 %) und als Dünge- und Pflanzenschutzmittel (10 %) verwendet.

Wichtige **Verbindungen**

Borane sind übelriechende, flüssige oder gasförmige Borwasserstoffe, zusammengesetzt aus zwei oder drei *Borinen* BH_3. Sie sind reaktionsfreudig, explosionsgefährlich und meist giftig. Die BH_3-Moleküle sind über Dreizentrenbindung miteinander verknüpft, d. h. zwei H-Atome teilen ihr Elektronenpaar mit je zwei B-Atomen. Drei Atome (B–H–B) werden also durch ein Elektronenpaar gebunden:

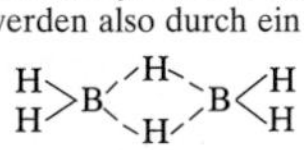

Diboran

Die Borin-Moleküle innerhalb der Borane können ihrerseits andere Atome und Moleküle bis zur Koordinationszahl 4 anlagern.

Beispiel:

$$(BH_3)_2 + 2\,N(CH_3)_3 \rightarrow 2\,BH_3 \cdot N(CH_3)_3.$$

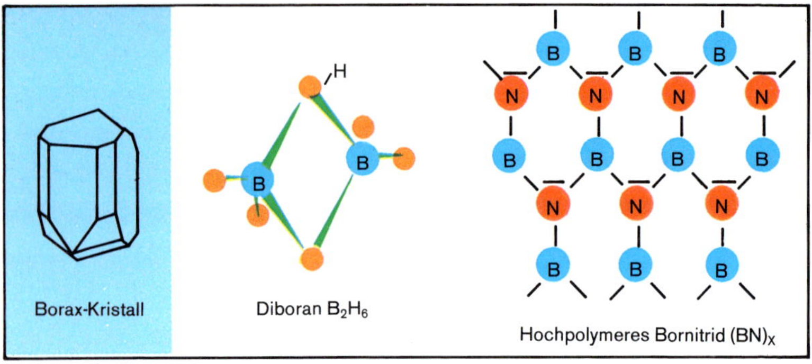

Strukturen des Bor

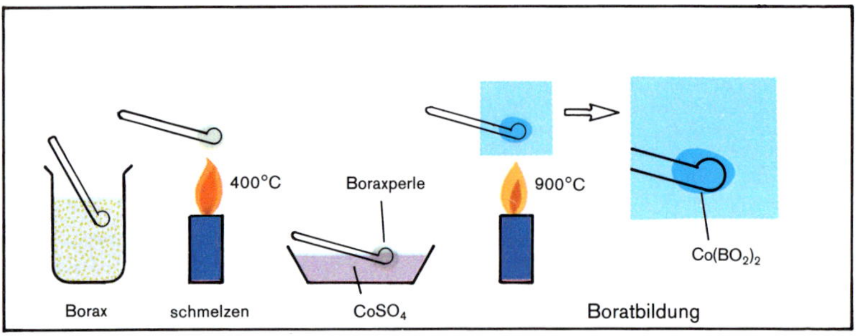

Boraxperle: Qualitative Vorprobe auf Kobalt

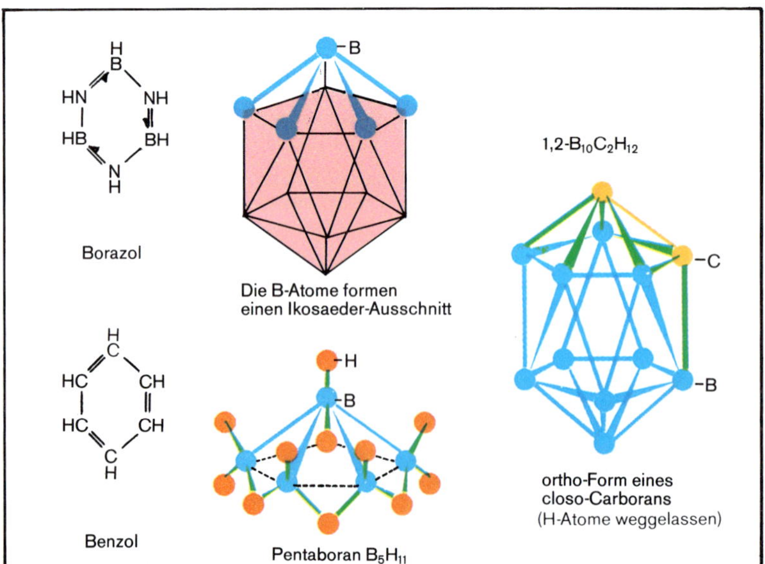

Bor als Ring- und Kettenbildner

Alkylborane sind vorzügliche, aber sehr teure Raketentreibstoffe.

W. N. Lipscomb erhielt 1976 den Nobelpreis für die Aufklärung der Boran-Strukturen.

Diboran $(BH_3)_2$ ist ein farbloses Gas; es ist giftig und ruft Kopfschmerzen hervor. Technische Herstellung:

$$3\,NaBH_4 + 4\,BF_3 \rightarrow 2(BH_3)_2 + 3\,NaBF_4.$$

Verwendung als Reduktionsmittel in der organischen Chemie.

Polyborane sind höhere, vorwiegend flüssige oder feste Borwasserstoffe der Summenformeln B_nH_{n+4} und B_nH_{n+6} (n bis etwa 20). Mit wachsendem n treten die Eigenschaften der Borin-Unterstrukturen gegenüber dem Gesamtmolekül zurück.

Carborane sind kohlenstoffhaltige Borane; häufigste Summenformel: $B_{10}C_2H_{12}$; sie entstehen durch Umsetzen von Borwasserstoffen mit Acetylen. Meist sind zwei B-Atome durch C-Atome substituiert; drei isomere Formen entstehen dabei. Nach ihrer Struktur unterscheidet man 3 Klassen von Carboranen: Geschlossene Käfigstrukturen (closo-Carborane), offene Neststrukturen (nido-Carborane) und netzartige Strukturen (arachno-Carborane).

Boranate sind die Salze der Boranat-Ionen: Monoboranat BH_4^-, Diboranat $B_2H_7^-$ und Dekarbonat $B_{10}H_{10}^{2-}$. Besonders zahlreich sind die Monoboranate. Beispiel: Natriumboranat $NaBH_4$

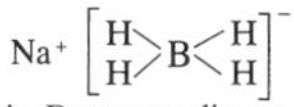

Die Boranate dienen als Reduktions- und Hydrierungsmittel in der synthetischen Chemie.

Borhalogenide entstehen durch Umsetzen von B_2O_3 mit den entsprechenden Säuren oder durch direkte Synthese aus den Elementen. BF_3 ist gasförmig, BI_3 kristallisiert, die anderen sind flüssig.

Borsäure (Orthoborsäure) H_3BO_3 bildet sechsseitige, kristalline Blättchen aus zweidimensionalen Schichtgittern. In Wasser gelöst *(Borwasser)* ist es eine sehr schwache Säure:

$$B(OH)_3 + HOH \rightleftharpoons H^+ + B(OH)_4^-.$$

Borwasser ist ein Antiseptikum. Vorkommen in Fumarolen und als Mineral Sassolin. Technische Herstellung aus Borax durch Reaktion mit Salz- oder Schwefelsäure.

Bortrioxid (wasserfreie Borsäure) B_2O_3 ist eine farblose, glasige, hygroskopische Substanz. Sie entsteht durch Glühen von Borsäure und geht bei Wasseraufnahme leicht wieder in diese zurück. Borate sind die Salze der Ortho-, Meta- und Polyborsäure: *Metaborate* (aus Dioxygenborsäure HBO_2) schließen sich zu Ringen oder Ketten zusammen.

Beispiel: Natriummetaborat $Na_3(B_3O_6)$

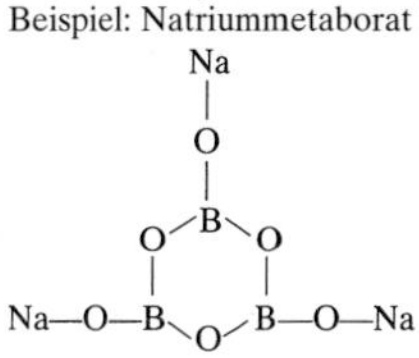

Polyborate (aus den nichtbeständigen Polyborsäuren $H_{n-2}B_nO_{2n-1}$) haben komplizierte Strukturen; sie bilden die häufigsten Bor-Mineralien. Wichtigstes Beispiel ist Borax, ein Natrium-Tetraborat.

Borax $Na_2B_4O_7 \cdot 10\,H_2O$ bildet große, farblose, durchsichtige Prismen, deren Kanten an der Luft schnell verwittern. Herstellung in großen Mengen durch Lösen von Kernit in heißem Wasser und Auskristallisieren.

Verwendung: Glasuren von Porzellan, Steingut und Emaille, Wasserenthärter, Herstellung von Spezialgläsern, Seifenzusatz.

Metalloxide lösen sich in heißem Borax (daher ist es Flußmittel beim Löten) unter charakteristischer Färbung. Das wird mit der *Boraxperle* zum qualitativen Nachweis von Metallen ausgenutzt.

Bornitrid BN bildet weiße, sehr temperaturbeständige, hexagonale Kristalle mit einer dem Graphit ähnlichen Schichtenstruktur. Herstellung aus den Elementen oder aus der Reaktion von Bortrioxid B_2O_3 mit Ammoniak NH_3 bei 900 °C.

Borazon (anorganischer Diamant) BN ist eine dichtere kubische Modifikation, die aus der hexagonalen bei hoher Temperatur (über 1500 °C) und hohem Druck (rund 85 000 bar) entsteht. Die Härte wird nur von Diamant und Borcarbid übertroffen.

Verwendung als Schleifmittel.

Hochpolymeres Bornitrid (anorganischer Graphit) $(BN)_x$ ist ein Isolator und außerordentlich temperaturstabil. Verwendung in Brennkammern, Tiegeln und als Reaktorbaustoff.

Borazin (früher: Borazol) $B_3N_3H_6$, eine glasklare Flüssigkeit, besteht aus planaren 6er Ringen analog denen des Benzols. Auch die Borazinderivate entsprechen im Aufbau denen des Benzols.

Borcarbid $B_{13}C_2$, schwarze, glänzende Kristalle, Ritzhärte höher als die von Diamant. Im Borcarbid-Gitter sind B_{12}-Ikosaeder über lineare CBC-Ketten miteinander verknüpft. Herstellung in elektrischen Widerstandsöfen bei 2600 °C aus einer Borsäure-Graphit-Mischung. Wegen der außerordentlichen Härte und des hohen Schmelzpunktes (2450 °C) Verwendung als Schleifmittel und Konstruktionsmaterial verschleißfester Objekte (z. B. Sandstrahldüsen, Zündelektroden).

Boride (Metallboride) entstehen beim Erhitzen von Bor mit Metallen auf etwa 2000 °C. Sie ähneln dem Borcarbid, sind hart und chemisch sehr stabil. Ihre Eigenschaften hängen vom Mischungsverhältnis der Bestandteile ab. Je höher der Bor-Gehalt, desto mehr Bor-Atome schließen sich zu zwei- und dreidimensionalen Netzen zusammen, die ihrerseits die Metallatome einhüllen.

Beispiel: *Ferrobor* Fe_2B, FeB (mit Al-Anteilen) ist silberglänzend und grobkristallin mit der Dichte 6–7 g/cm³. Herstellung aus einer Mischung von Boroxid, Hämatit und Aluminiumgries im Lichtbogenofen. Verwendung bei der Stahlherstellung und als Zusatz zu Gußeisen.

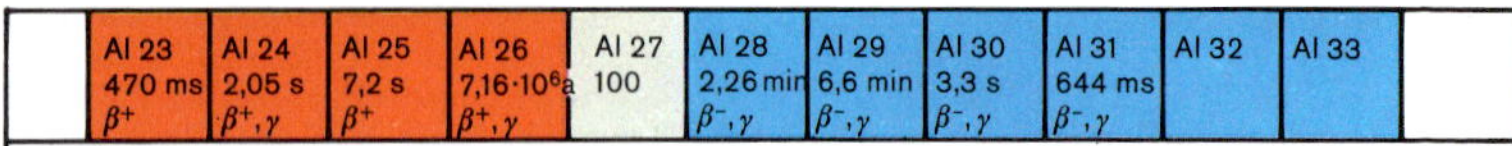

Nuklide des Aluminiums

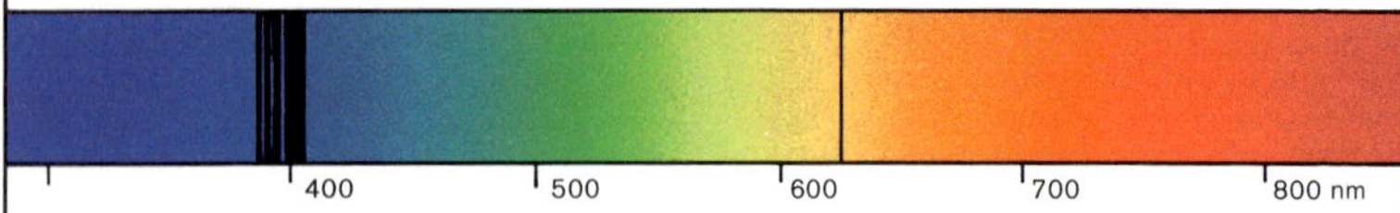

Die Hauptlinien des Aluminiums

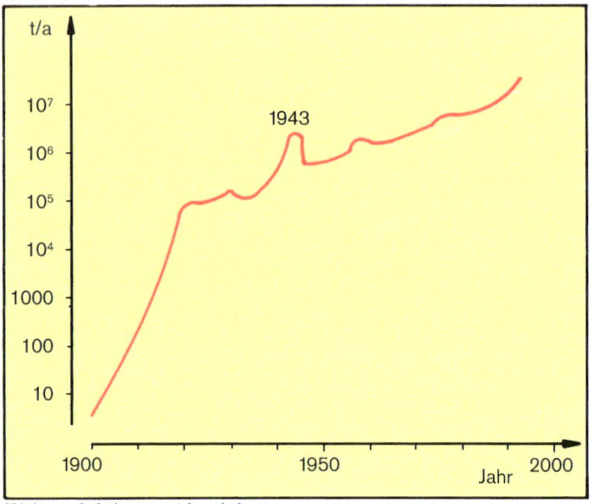

Weltproduktion an Aluminium

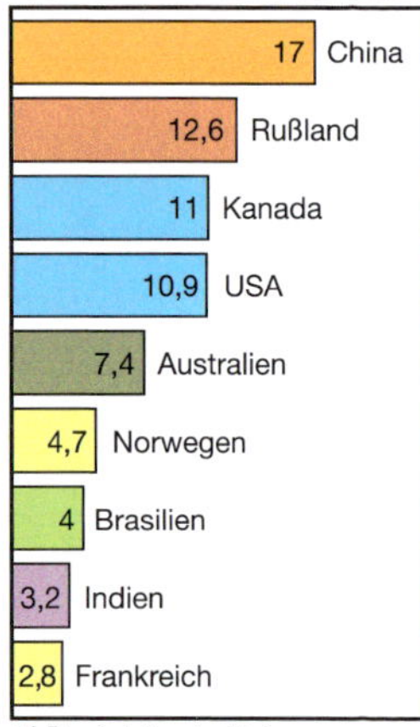

Al-Produktion in % der Weltproduktion (2003)

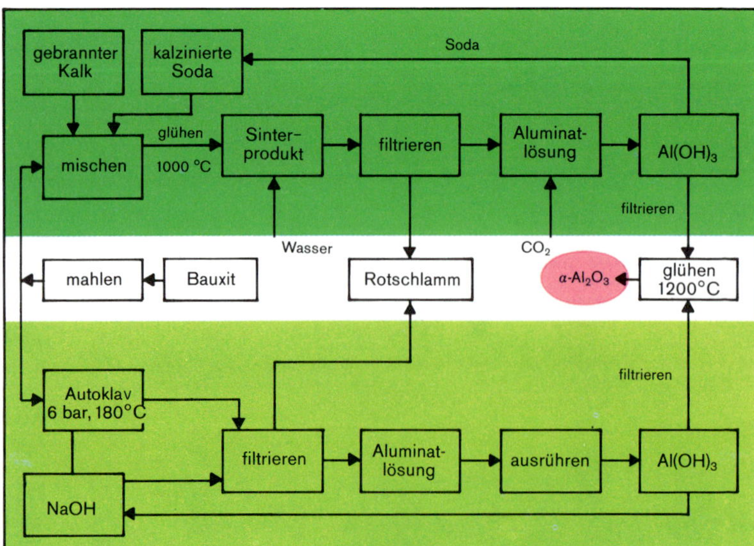

Aufschluß von Bauxit: Trockner Aufschluß (oben) und Bayer-Verfahren (unten)

Aluminium (Elementsymbol: Al) ist das 2. Element der 3. Hauptgruppe des Periodensystems. Der Name ist abgeleitet von lateinisch alumen = Alaun, einer bereits von Herodot erwähnten Aluminiumverbindung. H. C. OERSTED (1825) und F. WÖHLER (1827) stellten Al in unreiner Form dar. R. W. BUNSEN und H. SAINTE-CLAIRE DEVILLE extrahierten 1854 das reine Metall durch Schmelzflußelektrolyse.

Eigenschaften: Al ist ein silbriges, dehnbares Leichtmetall mit kubisch-flächenzentrierter Gitterstruktur. Oberhalb 600 °C nimmt es eine körnige Struktur an (*Aluminium-Gries*); es kann leicht zu Pulver *(Aluminium-Bronze)* gemahlen werden. Die rel. Atommasse ist 26,98154; es gibt nur ein stabiles Al-Isotop: ^{27}Al. Die Halbwertszeiten der 8 instabilen Al-Isotope liegen überwiegend im min- und s-Bereich.

Physikalische Eigenschaften von Al (99,996 %)
- Gitterkonstante bei 20 °C: 0,4096 nm
- Dichte bei 20 °C: 2,6986 g/cm^3
- Schmelzpunkt: 660,4 °C
- Schmelzwärme: 396,07 J/g
- mittl. linearer Wärmeausdehnungskoeffizient zwischen 20 und 100 °C: $2{,}386 \cdot 10^{-5}\,K^{-1}$
- Volumenabnahme beim Erstarren: 7 %
- Elastizitätsmodul: 70040 N/mm^2
- magnetische Suszeptibilität: $6 \cdot 10^{-7}$ cm^3/g
- elektrische Leitfähigkeit bei 20 °C: $3{,}7 \cdot 10^3$ S/m

Al ist korrosionsbeständig, da es an der Oberfläche rasch eine sehr dünne, dichte, harte und durchsichtige Oxidschicht bildet. Diese Oxidschicht kann durch anodische Oxidation auf 0,02 mm verstärkt werden (*Eloxal*-Verfahren). Zum Löten muß diese inaktive Schutzschicht entfernt werden.

Die elektrische Leitfähigkeit ist groß, etwa 2/3 der des Kupfers; Al ist auch ein guter Wärmeleiter.

Die Elektronenkonfiguration ist [Ne] $(3s)^2(3p)^1$, die Oxidationszahlen sind +3 und (selten) +1. In wäßriger Lösung existiert vorwiegend das Kation $[Al(H_2O)_6]^{3+}$. Die Verbindungen haben sowohl ionischen als auch kovalenten Charakter.

Max. erlaubte Konzentration in Trinkwasser: 0,2 mg/l.

Nachweis: Der quantitative chemische Nachweis ist mühsam. In der Regel beruht die Analyse – insbesondere bei Aluminiumlegierungen – auf Spektrometrie der UV-Linien.

Vorkommen: Al ist das dritthäufigste Element. Es ist mit einem Anteil von 8,1 % am Aufbau der Erdrinde beteiligt und damit das bei weitem häufigste Metall. Es kommt nicht gediegen vor, sondern nur in seinen Sauerstoffverbindungen (Feldspäte, Glimmer, Tonerden).

Wichtige *Aluminiummineralien* sind:

Kalifeldspat, Orthoklas $K[AlSi_3O_8]$; Natronfeldspat, Albit $Na[AlSi_3O_8]$; Kalkfeldspat, Anorthit $Ca[Al_2Si_2O_8]$, Kaliglimmer, Muskovit $KAl_2[AlSi_3O_{10}](OH, F)_2$; Kaolinit $Al_2[Si_2O_5](OH)_4 = Al_2O_3 \cdot 2\,SiO_2 \cdot 2\,H_2O$; Tonerde, Korund Al_2O_3; Bauxit $Al_2O_3 \cdot H_2O$ und Kryolith, Eisstein $Na_3[AlF_6]$.

Von technisch größter Bedeutung sind die Bauxite. Der Name ist abgeleitet von den Lagern in Les Baux, Frankreich.

Die Hauptvorkommen liegen in Australien, Brasilien, Guinea, Jamaika, Indien, China und Rußland. Einem Weltvorrat von rund $25 \cdot 10^9$ t steht ein jährlicher Verbrauch von $5 \cdot 10^7$ t gegenüber.

Die Edelsteine Rubin, Saphir, orientalischer Amethyst, orientalischer Topas und orientalischer Smaragd sind durch Metalloxide gefärbte Aluminiumoxide (Korunde).

Farben und Spurenelemente: blau (Fe, Ti), rot (Cr), rosa (Cr-Spuren), grün (Fe), gelb (Fe), orange (Cr, Fe).

Gewinnung fast ausschließlich durch Schmelzflußelektrolyse von Al_2O_3 nach einem von P. T. HÉROULT und CH. M. HALL bereits 1886 entwickelten Verfahren. Es besteht aus zwei Stufen: 1. Aufschluß des Rohstoffs Bauxit, 2. Schmelzflußelektrolyse des reinen Al_2O_3.

Aufschluß: *Bauxit* ist eine Sammelbezeichnung für hydroxidische Tonerdemineralien wechselnder Zusammensetzung:

Al_2O_3	40–60 %
Wasser	12–30 %
Fe_2O_3	7–30 %
SiO_2	1–15 %
TiO_2	3–4 %
F, P_2O_5, V_2O_5 etc.	0,05–0,2 %

Ziel des Aufschlusses ist ein möglichst reines Al_2O_3. Dabei wird ausgenutzt, daß das amphotere $Al(OH)_3$ zum Unterschied vom basischen $Fe(OH)_3$ in Basen löslich ist.

Trockener Aufschluß erfolgt bei SiO_2-reichen Bauxiten: Gemahlener Bauxit, kalzinierte Soda und gebrannter Kalk werden gemischt und in großen Drehöfen (bis zu 100 m Länge) bei 1000 °C geglüht. Das Sinterprodukt wird mit Wasser behandelt und daraus das unlösliche Eisenhydroxid als Rotschlamm abgetrennt, das Aluminat durch CO_2 als $Al(OH)_3$ ausgefällt und durch Glühen in α-Al_2O_3 umgewandelt. Schematische Gleichung:

$$Al_2O_3 + Na_2CO_3 \xrightleftharpoons[\text{Fällung}]{\text{Aufschluß}} 2\,NaAlO_2 + CO_2.$$

Die zurückgewonnene Soda geht in den Aufschlußprozeß zurück.

Nasser Aufschluß erfolgt bei SiO_2-armen Bauxiten nach dem Bayer-Verfahren: Getrockneter und gemahlener Bauxit wird im Autoklaven mit NaOH aufgeschlossen. Dabei geht Al als Aluminat in Lösung, die Beimengungen bleiben im Rotschlamm zurück. Durch Impfen mit $Al(OH)_3$ und Rühren wird das Al als Aluminiumhydroxid ausgefällt und durch anschließendes Glühen in Drehöfen bei 1200 °C in α-Al_2O_3 umgewandelt. Schematische Gleichung:

$$Al(OH)_3 + NaOH \xrightleftharpoons[\text{Fällung}]{\text{Aufschluß}} Na[Al(OH)_4].$$

Die zurückgewonnene Natronlauge geht in den Aufschlußprozeß zurück.

Früher wurde der beim Aufschluß anfallende Rotschlamm auf Halde gekippt. Inzwischen wird er teilweise zu Eisen, Farbpigmenten und Flokkungsmittel weiterverarbeitet.

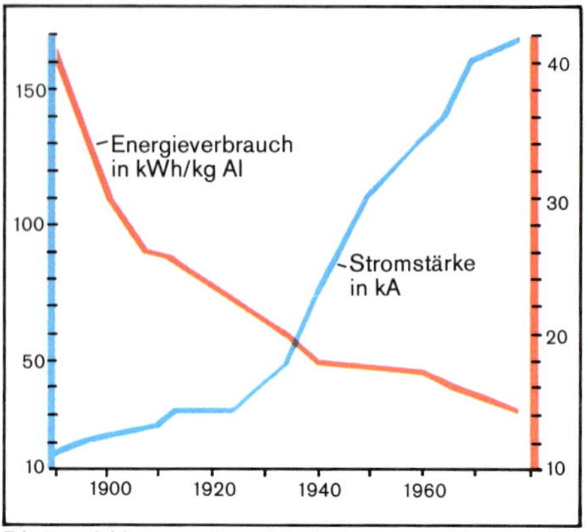

Die Entwicklung von Energieverbrauch und Stromstärke der Elektrolyseöfen

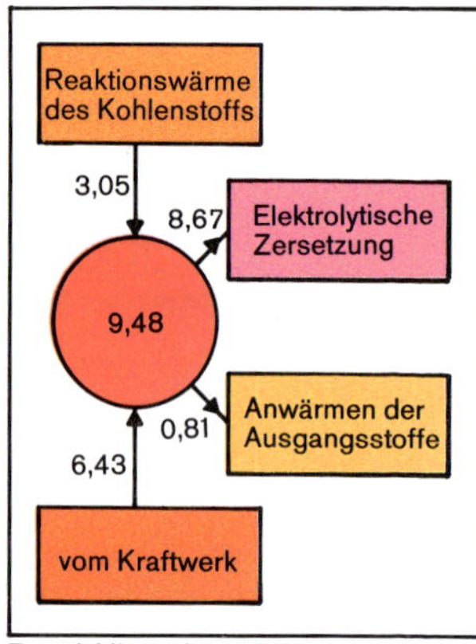

Energiebilanz eines 100 kA-Elektrolyseofens in kWh/kg Al

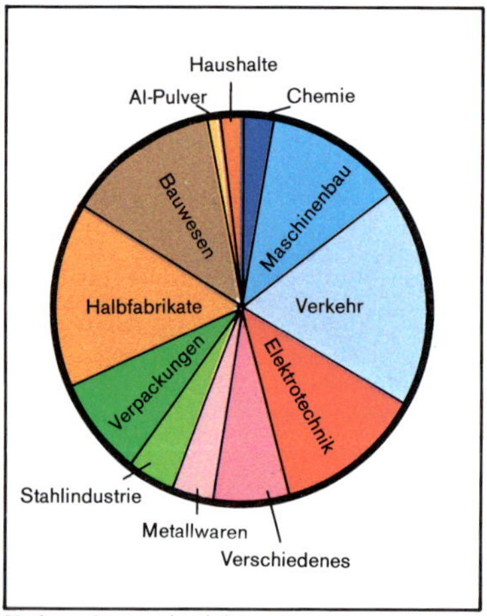

Verbrauch von Aluminium in Deutschland

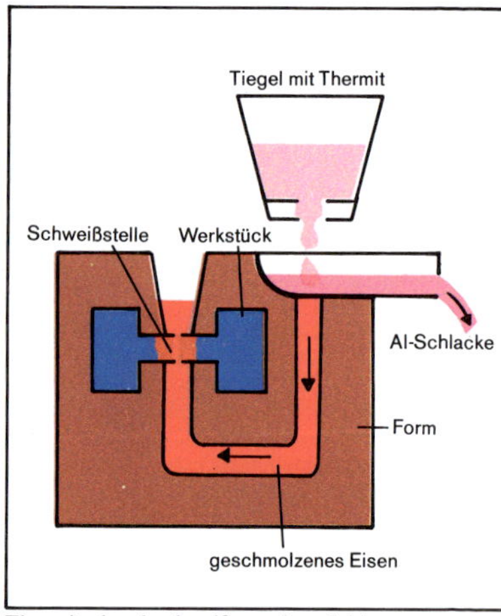

Thermitschmelzschweißung einer Schiene

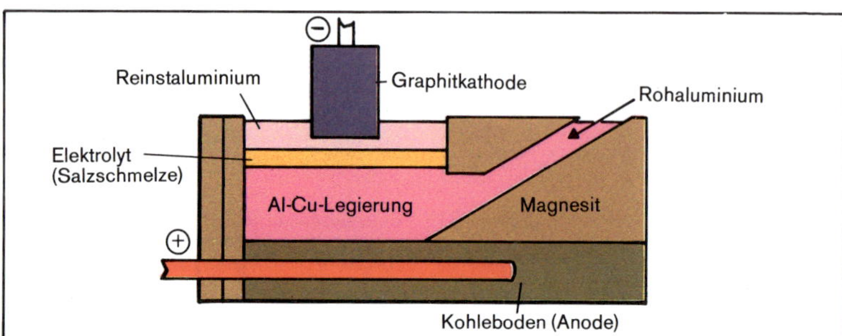

Raffination von Al durch Dreischichtenelektrolyse

Für die *Schmelzflußelektrolyse* (s. S. 56) wird das Aluminiumoxid in einer Schmelze von Kryolith $Na_3[AlF_6]$ gelöst. Dadurch sinkt die Badtemperatur auf 950 °C, während für reines Al_2O_3 der Schmelzpunkt bei 2045 °C liegt. Die Schmelze enthält 15–20 % Al_2O_3 und da ihre Dichte 2,15 g/cm³ beträgt, sedimentiert das abgeschiedene Metall (Dichte 2,70 g/cm³) und entkommt so der Rückoxidation durch den Luftsauerstoff.

Der *Elektrolyseofen* besteht aus einer mit Kohlenstoff ausgekleideten Wanne (Kathode), in die von oben Graphitelektroden als Anoden hineinragen. Der Schmelze wird in regelmäßigen Abständen Aluminiumoxid zugeführt, das der elektrische Strom (Stromstärken bis über 100 000 A bei 5–7 V Spannung) in Al und O_2 zerlegt. Die Stromverluste in der Schmelze heizen diese gleichzeitig auf. O_2 reagiert an den Anoden zu CO und CO_2 und entweicht. Das geschmolzene Al sammelt sich am Boden der Wanne und wird von Zeit zu Zeit abgestochen. Der Reinheitsgrad des gewonnenen Al beträgt 99,5–99,9 %.

Gesamtvorgang:

$$Al_2O_3 + 3\,C \rightarrow 2\,Al + 3\,CO$$
$$\Delta H = +\,1345\ kJ.$$

Typische Daten eines modernen Elektrolyseofens mit vorgebrannten Elektroden

Anodengröße: 50 × 50 cm
Anodenzahl: 48
Anodenstromdichte: 0,835 A/cm²
mittlere Stromstärke: 101,7 kA
mittlere Ofenspannung: 4,14 V
mittlere Elektrolyttemperatur: 950 °C
Tonerdeverbrauch: 1,89 kg pro kg Al
Kryolithverbrauch: 18 g pro kg Al
AlF_3-Verbrauch: 30 g pro kg Al
Energieverbrauch: 50 MJ pro kg Al

Zur Herstellung von 100 000 t Hütten-Aluminium werden benötigt:

300 000 t	Al_2O_3 (Bauxide)
51 000 t	Kohlenstoff (Elektroden)
1 800 t	Kryolith
3 000 t	Aluminiumfluorid
$5{,}6 \cdot 10^9$ MJ	

Seit 1975 wird Al auch großtechnisch durch Elektrolyse von $AlCl_3$ gewonnen. Vorteil: Keine Flußmittel, geringere Umweltbelastung.

Die *Raffination* des Al ist in manchen Fällen notwendig: sie erfolgt durch Dreischichtenelektrolyse: Die Zelle besteht aus einer mit Magnesitsteinen beschichteten eisernen Wanne, der Boden ist mit Kohle ausgekleidet und als Anode geschaltet. Graphitkathoden ragen von oben hinein. Das Al wird zur Erhöhung der Dichte mit Kupfer legiert und geschmolzen in den unteren Teil der Zelle eingebracht. Darüber wird eine Salzschmelze geschichtet, die spezifisch leichter als die AlCu-Legierung, aber schwerer als reines Al ist. Bei der Elektrolyse steigt nur das reine (>99,99 %) Al zur Kathode auf, schwimmt auf der Salzschmelze und wird dort abgestochen.

Die Kosten für Al-Metall sind von 1000 Goldmark/kg im Jahre 1855 auf unter 1,5 Euro/kg gesunken. Heute bestimmt der Strompreis die Kosten. Die Al-Produktion Deutschlands (ca. 2 Mill. t) nimmt 2 % der in Deutschland erzeugten elektrischen Energie auf.

Weltproduktion: 55 Mill. t/a, dazu kommen 6 Mill. t/a recyceltes Al-Metall.

Verwendung: Geringe Dichte, gute elektrische und thermische Leitfähigkeit, Korrosionsbeständigkeit und hohes Reflexionsvermögen machen Al – und vor allem seine mechanisch festen Legierungen – zu einem weitverbreiteten Werkstoff und Konstruktionsmaterial. Nur Eisen wird in noch größeren Mengen eingesetzt. Flugzeug- und Schiffsbau gehören zu den Hauptabnehmern. Für Folien, Drähte (auch für elektrische Leitungen), Gefäße und Behälter findet Al Verwendung; auch in der Feuerwerkerei, für Rostschutzanstriche, in der Sprengtechnik, bei der Spiegelherstellung und bei Metallgewinnung und Schweißen mit Hilfe von Thermit.

Das *aluminothermische Verfahren* nutzt die große Sauerstoffaffinität von feinverteiltem Al-Pulver zur raschen Erzeugung sehr hoher Temperaturen:

$$4\,Al + 3\,O_2 \rightarrow 2\,Al_2O_3 \qquad \Delta H = -\,1676\ kJ.$$

Das bereits 1898 von H. Goldschmidt entwickelte Thermit-Verfahren wird zum Schweißen und zur Darstellung hochschmelzender Metalle aus ihren Oxiden eingesetzt.

Beispiel:

$$3\,Fe_3O_4 + 8\,Al \rightarrow 4\,Al_2O_3 + 9\,Fe$$
$$\Delta H = -\,3340\ kJ.$$

Mehr und mehr Al wird zu Getränkedosen verarbeitet.

Beispiel: Die USA produzierten 2001 180 Millionen Al-Dosen; dafür wurden ca. 20 % der eigenen Al-Produktion verwandt.

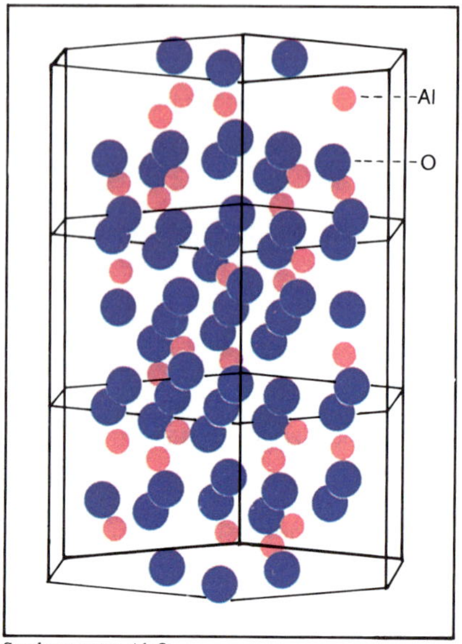

Struktur von α-Al_2O_3

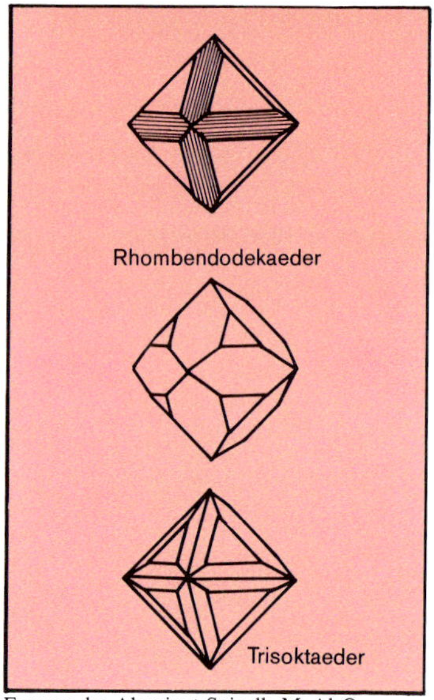

Formen des Aluminat-Spinells $MgAl_2O_4$

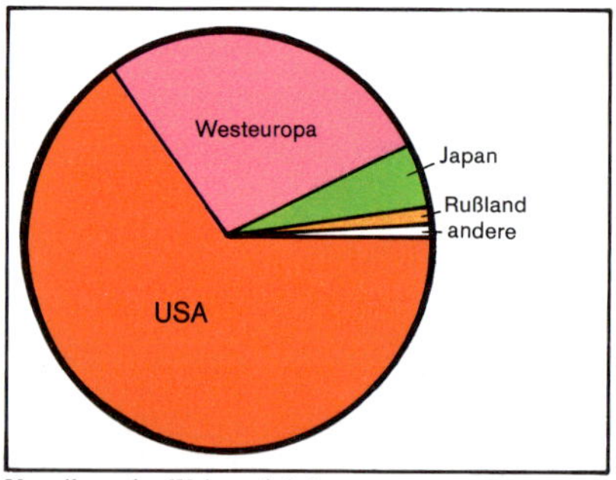

Verteilung der Weltproduktion an Aluminiumalkylen

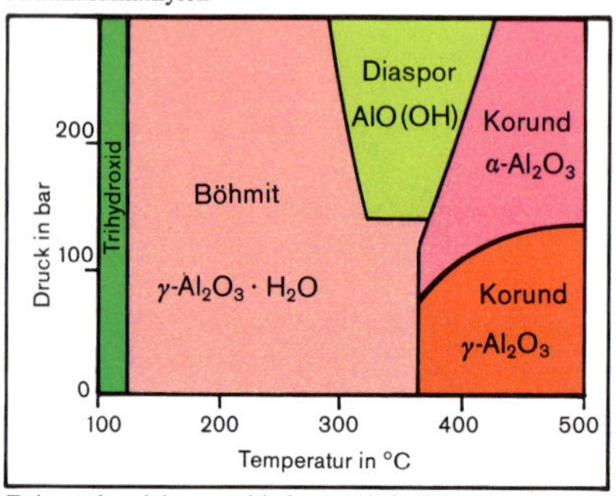

Existenzbereiche verschiedener Al_2O_3-Formen

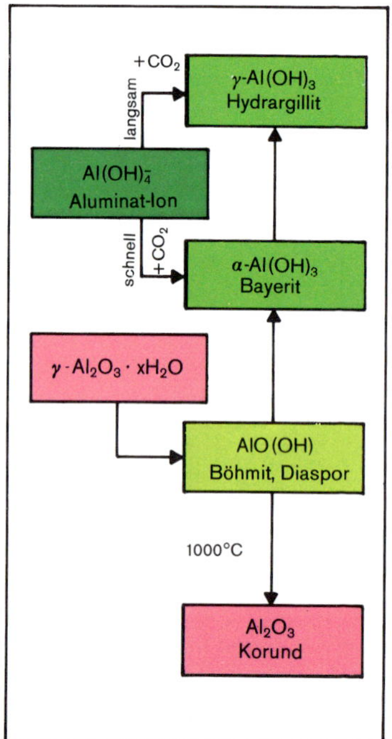

Übergänge zwischen Hydroxiden und Oxiden des Aluminiums

Wichtige **Verbindungen**

Aluminiumoxid (Tonerde) Al_2O_3 existiert in mehreren Modifikationen; die wichtigsten sind:

γ-Al_2O_3 ist eine weiße, hygroskopische, kubisch kristallisierende Substanz, löslich in Säuren und Basen. Es ist ein gutes Absorbens, ein vielseitiger Katalysator und entsteht durch Glühen bis 300 °C aus den Hydroxiden, Metahydroxiden und Oxihydraten des Al.

α-Al_2O_3 bildet sehr harte, hexagonal-rhomboedrische Kristalle, unlöslich in Säuren und Basen. Vorkommen in der Natur als *Korund* oder *Schmirgel*. Es entsteht beim Glühen über 1000 °C aus der γ-Modifikation:

$$Al(OH)_3 \xrightarrow{300\,°C} \gamma\text{-}Al_2O_3 \xrightarrow{1000\,°C} \alpha\text{-}Al_2O_3.$$

Es wird in großen Mengen aus Bauxit gewonnen und schmilzt erst bei 2050 °C. Es ist Ausgangsmaterial für die Al-Herstellung, ein verbreitetes Schleifmittel und dient zur Herstellung feuerfester Geräte *(Sinterkorund).*

Einige *Edelsteine* bestehen aus Al_2O_3, das durch eingelagerte Metalloxide (unter 0,5 % Anteil) gefärbt ist. Zum Teil werden diese Steine bereits in Schmuckqualität synthetisiert.

Name	eingelagertes Oxid	Farbe
Rubin	Chrom^{III}	rot
Saphir	Titan, Eisen	blau (weiß)
oriental. Amethyst	Vanadium	violett
oriental. Topas	Mangan	gold-gelb
oriental. Smaragd	Co, Zn, V, Mg	grün

Weiße Saphire werden in erheblichen Mengen synthetisiert und dienen z. B. als kratzfeste Oberflächen für optische Strichmuster-Leser in Kaufhäusern und Supermärkten.

Spinelle sind wasserfreie Aluminate vom Typ $Me^{I}_2O \cdot Al_2O_3$ und $Me^{II}O \cdot Al_2O_3$ (Me^I, Me^{II}: ein- bzw. zweiwertige Metall-Ionen). Beispiele: gewöhnlicher Spinell $MgO \cdot Al_2O_3$, Zinkspinell $ZnO \cdot Al_2O_3$.

Aluminiumtrihydroxid (Aluminiumorthohydroxid) $Al(OH)_3$ ist amphoter und löst sich in Säuren und Basen.

$$Al(OH)_3 + 3\,H^+ \rightleftharpoons Al^{3+} + 3\,HOH$$
$$Al(OH)_3 + OH^- \rightleftharpoons Al(OH)_4^-.$$

Das Aluminat-Ion $(Al(OH)_4^-$ bildet leicht höhermolekulare Oxoverbindungen. Die verschiedenen Aluminiumhydroxide und ihre Modifikationen wandeln sich schließlich in das stabile, kristalline α-$Al(OH)_3$ um.

Aluminiumhydrid (Alan) $(AlH_3)_x$ ist ein weißes, hochpolymeres, luft- und feuchtigkeitsempfindliches Pulver. Es zerfällt oberhalb 100 °C. Die AlH_3-Moleküle sind über Wasserstoffbrücken koordinativ verbunden. In Form des etherlöslichen Derivats Lithiumalanat $AlH_3 \cdot LiH$ dient es als starkes Reduktionsmittel zur Hydrierung anorganischer und organischer Substanzen (aluminiumorganische Substanzen).

Aluminiumchlorid $AlCl_3$ ist eine farblose, hygroskopische, kristalline, an feuchter Luft rauchende Verbindung. Der Rauch ist ein Hydrolyseprodukt:

$$AlCl_3 + 3\,H_2O \rightarrow Al(OH)_3 + 3\,HCl.$$

Herstellung durch Erhitzen von Al-Spänen in trokkenem HCl-Gas.

$AlCl_3$ bildet mit anorganischen und organischen Donatoren Additionsverbindungen; darauf beruht wahrscheinlich seine katalytische Wirkung (z. B. beim Kracken von Mineralölen).

Aluminiumsulfat (Tonerdesulfat) $Al_2(SO_4)_3 \cdot 18\,H_2O$ bildet farblose, nadlige Kristalle; in wasserfreier Form ist es ein weißes Pulver. Herstellung durch Lösen von Aluminiumhydroxid in warmer Schwefelsäure:

$$2\,Al(OH)_3 + 3\,H_2SO_4 \rightleftharpoons Al_2(SO_4)_3 + 6\,H_2O.$$

Verwendung: Ausgangsprodukt für fast alle anderen Aluminiumverbindungen, Basis für Papierleime, Gerbstoffe und Beizen, Füllstoff für synthetische Gummi.

Kaliumalaun (Alaun) $KAl(SO_4)_2 \cdot 12\,H_2O$ sind farblose Oktaeder, die bei 92,5 °C im eigenen Kristallwasser schmelzen; kommt in der Natur als Alunit vor. Alaun wirkt adstringierend, d. h. blutstillend. Technische Herstellung durch Aufschluß von Bauxit mit Schwefelsäure. Verwendung analog der von Aluminiumsulfat.

Alaune heißen auch die Verbindungen vom Typ Metall-Metall-$[SO_4]_2 \cdot 12\,H_2O$, d. h. es sind Doppelsalze, Doppelsulfate ein- und dreiwertiger Metall-Kationen. Beispiel: Chrom-Alaun $KCr[SO_4]_2 \cdot 12\,H_2O$.

Aluminiumalkyle AlR_3 und Alkylaluminiumhydride $AlHR_2$ (mit $R = C_nH_{2n+1}$) sind technisch wichtige organische Aluminiumverbindungen. Verwendung: Polymerisation von Olefinen zu thermoplastischen Kunststoffen und synthetischem Kautschuk, Herstellung primärer Alkohole, Arzneimittelsynthesen.

Aluminiumlegierungen: 1906 entdeckte A. WILMS, daß die geringe Festigkeit von Reinaluminium durch Zusätze von Cu, Mn, Si und Zn verbessert werden kann. Erst dadurch wurde Al zu einem bedeutenden Werkstoff. Die technische Bezeichnung von Aluminiumlegierungen legt DIN 1725 fest.

Die Legierungsmetalle lösen sich im flüssigen Aluminium und bilden beim Abkühlen aluminiumreiche Mischkristalle. Die bekanntesten Legierungen sind: *Dural* (Duralum) (4 % Cu, 0,3 % Mg, 1 % Mn, 0,5 % Si), *Magnalium* (3–9 % Mg) und *Silumin* (bis zu 14 % Si).

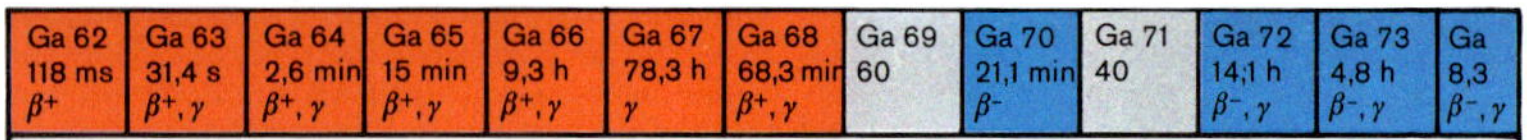

Nuklide des Galliums

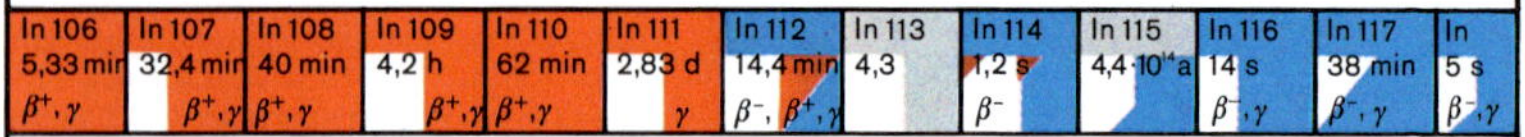

Nuklide des Indiums

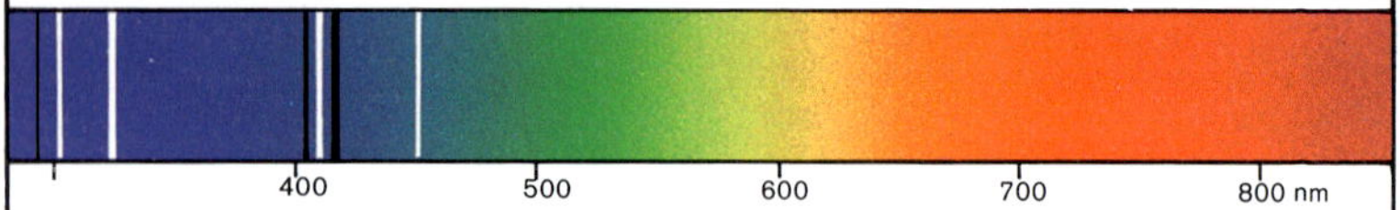

Die Hauptlinien des Galliums (schwarz) und Indiums (weiß)

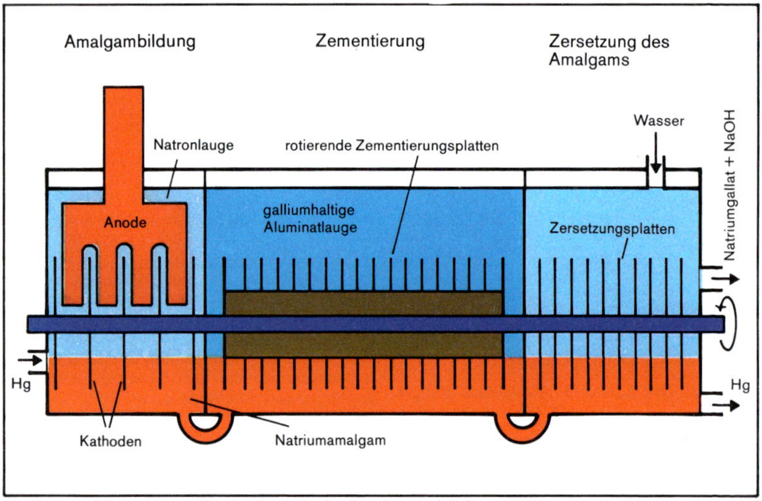

Galliumanreicherung aus Aluminatlauge in der Amalgamreduktionszelle

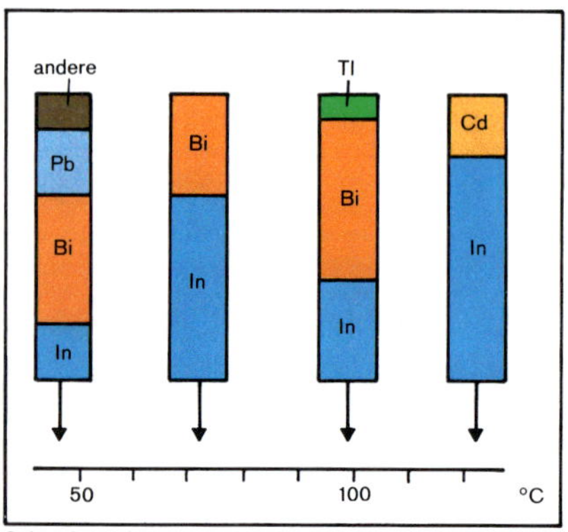

Schmelzpunkte und Zusammensetzung einiger Indium-Lote

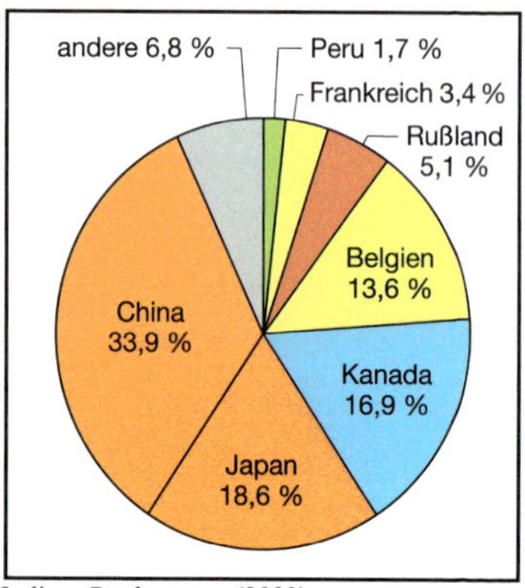

Indium-Produzenten (2003)

Gallium (Elementsymbol: Ga) ist das 3. Element der 3. Hauptgruppe des Periodensystems. Der Name ist abgeleitet von lat. gallus = Hahn. MENDELEJEW sagte 1871 die Eigenschaften des Elements voraus und nannte es Eka-Aluminium. LECOQ DE BOISBAUDRAN entdeckte das Element 1875 und stellte es rein dar.

Eigenschaften: Ga ist ein silberglänzendes, weiches und dehnbares Metall mit orthorhombischer Gitterstruktur. An Luft und im Wasser bildet Ga sofort eine dünne, unlösliche und chemisch träge Oxidhaut. Die rel. Atommasse ist 69,72; es gibt zwei stabile Ga-Isotope: ^{69}Ga (60 %) und ^{71}Ga (40 %). Die Halbwertszeiten der 20 instabilen Ga-Isotope liegen zwischen 118 ms (^{62}Ga) und 78,3 h (^{67}Ga). Ga wird bei 1,09 K supraleitend.

Ga hat einen niedrigen Schmelzpunkt (29,78 °C), es unterkühlt leicht. Der Siedepunkt liegt relativ hoch (2227 °C), so daß Ga über einen ungewöhnlich weiten Temperaturbereich in flüssiger Phase bleibt. Die flüssige Phase (ϱ = 6,1 g/cm^3) ist dichter als die feste (ϱ = 5,91 g/cm^3).

Die Elektronenkonfiguration ist [Ar] $(3d)^{10}$ $(4s)^2$ $(4p)^1$, die Oxidationszahlen sind +3 und (selten) +1. Ga greift andere Metalle (Al, Ag, Zn, Cu) durch Bildung von Legierungen an und wird daher in Glas- oder Kunststoffbehältern aufbewahrt.

Ga und seine Verbindungen sind nicht giftig.

Nachweis: Spektrometrisch über die 417,206 nm-Linie. Größere Mengen werden zuerst mit NH_3 ausgefällt, geglüht und als Ga_2O_3 quantitativ bestimmt. Verunreinigungen in hochreinem Ga werden massenspektrometrisch gemessen.

Vorkommen: Der Anteil an der Erdrinde beträgt 0,0015 %. In reiner Form kommt Ga nicht vor. Ga ist in geringen Konzentrationen weit verbreitet und meist mit Zinkblenden vergesellschaftet.

Da die Ionenradien von Ga und Al ähnlich sind, ersetzt Ga manchmal das Al im Kristallgitter von Aluminiumverbindungen.

Wichtige *Galliummineralien* sind: Gallit $CuGaS_2$ und Söhngeit $Ga(OH)_3$. Beide treten auf als Begleitmineralien von Germanit, das bis zu 1,8 % Ga enthält. Für die Gewinnung ist der Ga-Anteil in Bauxit (0,01 %) wichtig.

Die Hauptvorkommen liegen in Kasachstan, Australien, Tschechien, Indien und Guinea.

Gewinnung: Nebenprodukt der Zink- und Aluminiumgewinnung. Wichtigste Methode: Ga reichert sich in der Natriumaluminat-Lauge beim nassen Aufschluß von Bauxit als Ga-Hydroxid an. Das Ga wird aus den Aluminatlaugen beim nassen Aufschluß von Bauxit (Bayer-Verfahren) gewonnen. In der Amalgamreduktionszelle wird das Ga angereichert. Vorgang: Kontinuierlich erzeugtes Natriumamalgam reduziert das Gas aus der Aluminatlauge und schlägt es als Galliumamalgam auf den Zementierungsplatten nieder. Im letzten Teil der Zelle erfolgt die Zersetzung des Amalgams in Natronlauge und Natriumgallat. NaOH und Hg gehen in den Kreislauf zurück. Das angereicherte Natriumgallat wird anschließend elektrochemisch zu Ga reduziert. Für die von der Halbleiterfertigung geforderte Reinheit von 99,9999 % ist weitere Raffination notwendig. Zur Feinreinigung des Metalls kommen in Frage: fraktionierte Kristallisation, Zonenreinigung oder Ziehen von Einkristallen. Die Weltproduktion an Ga beträgt etwa 45 t/a.

Verwendung: 98 % der Ga-Produktion nimmt die Halbleiterindustrie auf. Als reines Metall und in seinen intermetallischen Verbindungen GaAs, GaP, GaAsP und GaAlAs wird es zu Halbleitern, Dioden, Solarzellen und Lasern verarbeitet. In Verbindung mit Gd, Fe, Y, Li und Mg entstehen magnetische Werkstoffe. In der Zukunft werden die supraleitenden Verbindungen von Ga mit Nickel und Niob große Bedeutung erlangen. Ga ist eine Thermometerflüssigkeit im Bereich hoher Temperaturen (600 °C bis 1200 °C) und Bestandteil sehr niedrig schmelzender Legierungen.

Ga-72 dient zur Diagnose und Therapie von Knochentumoren.

Wichtige **Verbindungen**

Gallium(III)-chlorid $GaCl_3$ bildet farblose Kristalle. Es ist Ausgangsbasis zur Herstellung anderer Ga-Verbindungen. Verwendung als Katalysator.

Verbindungen von Ga^{III} mit den Elementen der 5. Hauptgruppe sind vielseitige Halbleiter. GaP, GaAs und GaSb entstehen durch Zusammenschmelzen der hochreinen Elemente. Ga und Ammoniak reagieren unter hohem Druck und Temperatur zu GaN.

Galliumlegierungen sind Supraleiter mit den folgenden Sprungtemperaturen: V_3Ga 16,8 K, Nb_3Ga 14 K und $ZrGa_3$ 10 K.

Indium (Elementsymbol: In) ist das 4. Element der 3. Hauptgruppe des Periodensystems. Der Name geht auf die indigoblaue Farbe zurück, die bereits geringe Mengen In der Flamme verleihen. F. REICH und TH. RICHTER wiesen 1863 das Element in der Zinkblende nach.

Eigenschaften: In ist ein silberweißes, bleiweiches Metall. Die rel. Atommasse ist 114,82; es gibt zwei stabile Isotope: ^{115}In (95,7 %) und ^{113}In (4,3 %). Die Halbwertszeiten der 29 instabilen Isotope liegen zwischen 120 ms (^{132}In) und $4{,}4 \cdot 10^{14}$ a (^{115}In). An der Luft ist In stabil, da es sofort eine geschlossene, wasser- und basenbeständige Oxidhaut bildet.

In ist über einen weiten Temperaturbereich flüssig: 156,61–2080 °C. In der flüssigen Phase benetzt es Glas. In wird bei 3,37 K supraleitend.

Die Elektronenkonfiguration ist [Kr] $(4d)^{10}$ $(5s)^2$ $(5p)^1$, die Oxidationszahlen sind +3 und (selten) +1. Indium und seine Verbindungen sind nicht giftig.

In besitzt einen großen *Einfangquerschnitt* für langsame und schnelle Neutronen (^{113}In (n, γ)^{114}In).

Nachweis: Spektroskopie der 451,1323 nm-Linie. Chemischer Nachweis durch quantitatives Ausfällen in schwach essigsaurer Lösung mit Hilfe von 8-Hydroxichinolin.

Vorkommen: Der Anteil des In an der Erdrinde ist etwa 10^{-5} %, damit ist es etwa so häufig wie Silber.

In tritt nie gediegen auf. In geringen Konzentrationen ist es weit verbreitet, in erster Linie als Sulfidmineral und vergesellschaftet mit Zink- und Bleierzen. Zinkblende enthält etwa 0,2 % In.

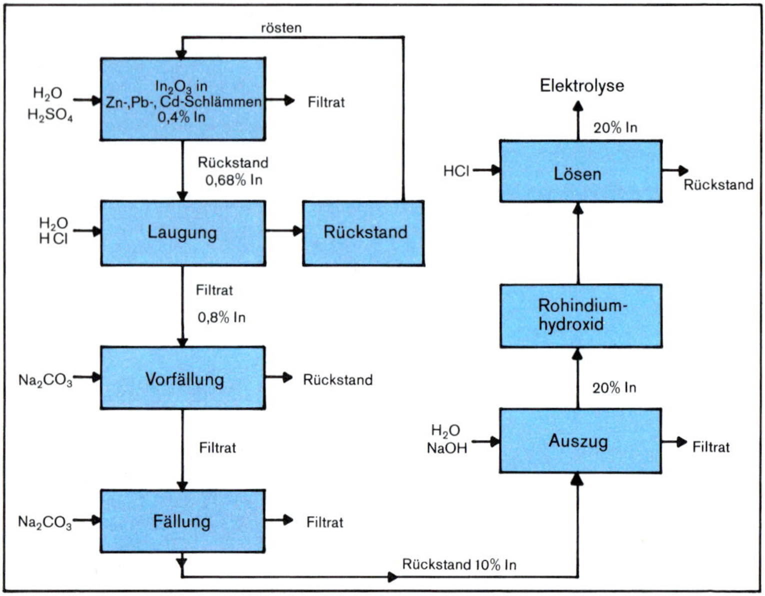

Stufenweise Konzentrierung des Indiums

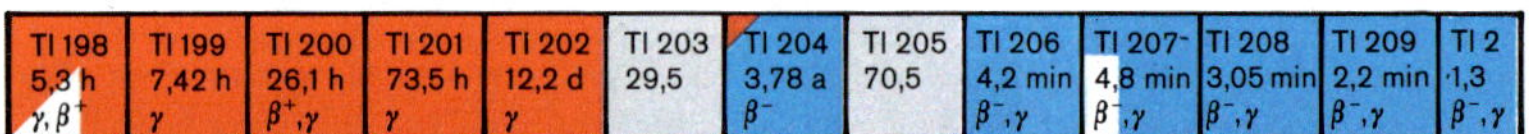

Die wichtigsten Nuklide des Thalliums

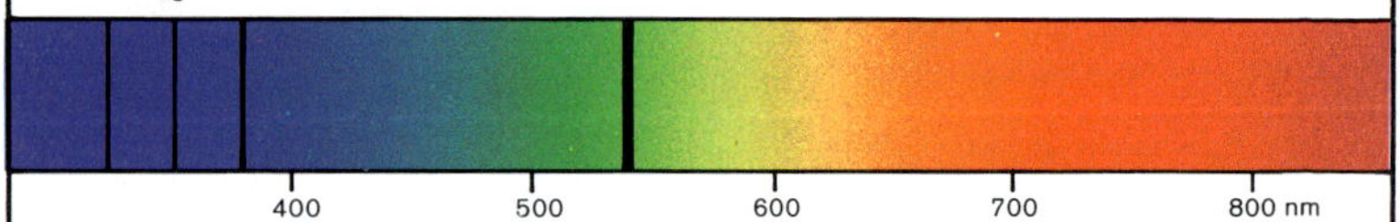

Die Hauptlinien des Thalliums

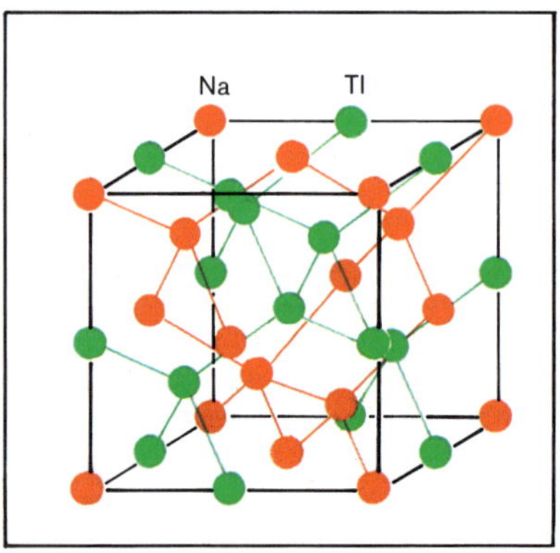

Gitterstruktur von Natriumthallid NaTl

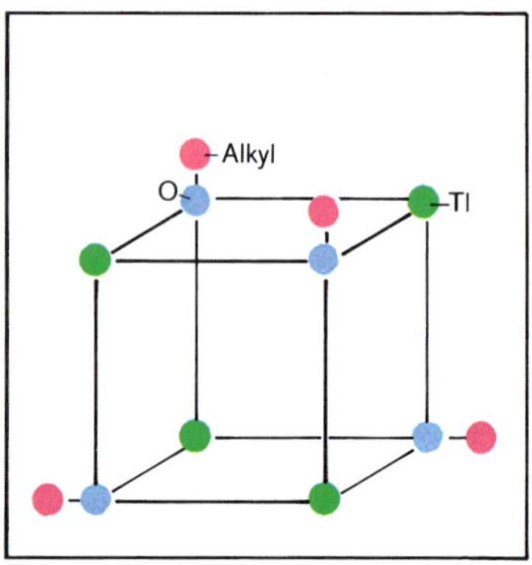

Tetramere Würfelstruktur
des Thallium(I)-Alkoxids

Die wichtigsten *Indiummineralien* sind Indit $FeIn_2S_4$ und Requesit $CuInS_2$; sie spielen keine Rolle für die Gewinnung.
Die Hauptvorkommen liegen in den USA, Kanada, China, Rußland, Japan und Peru.
Gewinnung: Überwiegend elektrolytisch aus den Nebenprodukten der Zn-, Pb- und Cd-Produktion. Das in den Erzen spurenweise vorhandene In verbleibt im Sulfid-Konzentrat. Dort wird es durch Flüssig/Flüssig-Extraktion oder durch Ionenaustausch angereichert und isoliert. Raffination des Rohindiums bis auf 99,9995 % durch Elektrolyse, Ionenaustauscher oder im Zonenschmelzverfahren. Rückgewinnung aus Industrieabfällen.
Die Weltproduktion von In beträgt ca. 350 t/a, das Hauptproduktionsland ist China.
Verwendung: Vielseitig, aber teuer. In erster Linie legiert als Speziallote mit unterschiedlichen Schmelzpunkten. Legierungszusatz für Lagermetalle und Spezialstähle. Halbleiterindustrie, Spiegelbeläge und Schmelzfäden für Sicherungen.
In-Folien dienen in der Kerntechnik als Neutronendetektoren, Legierungen von 80 % Ag, 15 % In und 5 % Cd als Neutronenabsorber. In ist wesentlicher Bestandteil von Reaktorkontrollstäben.

Wichtige **Verbindungen**
Indiumchlorid $InCl_3$ bildet farblose, glänzende und hygroskopische Kristallblättchen. Die Schmelze leitet den elektrischen Strom. In der Dampfphase liegt es – wie auch die anderen In-Halogene – als dimeres Molekül vor. Es bildet leicht Doppelsalze mit dem Chloro-Komplex $InCl_6^{3-}$, z. B. $K_3[InCl_6]$.
Herstellung: Verbrennen von In im Chlorgasstrom. Verwendung in Leuchtstoffröhren zur Steigerung der Lichtausbeute.

Indiumlegierungen mit den Elementen der 5. Hauptgruppe sind wichtige Halbleiter. InCuMn-Legierungen dienen als Ferromagnete in Transformatoren und elektrischen Spulen.

Thallium (Elementsymbol: Tl) ist das 5. Element der 3. Hauptgruppe. Der Name ist abgeleitet von griechisch thallos = grüner Zweig (nach der leuchtend grünen Flammenfärbung durch Tl). W. CROOKES entdeckte 1861 das Element spektroskopisch. A. LAMY isolierte es 1862.
Eigenschaften: Tl ist ein metallglänzendes, weiches und dehnbares Schwermetall hoher Dichte (11,85 g/cm^3). Es existiert in zwei Modifikationen: α-Thallium hat eine hexagonale Kristallstruktur und geht oberhalb 232,2 °C in β-Thallium mit kubischer Struktur über. Die rel. Atommasse ist 204,37; es gibt zwei stabile Isotope ^{205}Tl (70,5 %) und ^{203}Tl (29,5 %). Die Halbwertszeiten der 35 instabilen Tl-Isotope liegen zwischen 18 ms und 3,78 a (^{204}Tl). An der Luft bildet das Metall langsam eine blaugraue Oxidschicht, unter Glycerin behält es seinen Metallglanz.
In Gegenwart von Wasser zersetzt sich Tl langsam zum Hydroxid. Es ist unlöslich in Alkalilaugen.
Die Elektronenkonfiguration ist [Xe] $(4f)^{14}$ $(5d)^{10}$ $(6s)^2$ $(6p)^1$, die Oxidationszahlen sind +1 und (selten) +3.
Thallium und seine Verbindungen sind *sehr giftig.* Anfangssymptome: Haarausfall und Sehstörungen. Tödliche Dosis: 500 mg.
Nachweis: Spektrometrie der grünen Linie bei 535,045 nm. Ist kein störendes Na vorhanden, so werden noch 0,0002 % Tl nachgewiesen.
Vorkommen: Der Anteil von Tl an der Erdkruste beträgt rund 10^{-4} %. Tl tritt nicht elementar auf; meist begleitet es Zn-, Cu-, Fe- und Pb-Erze.
Alle *Thalliummineralien* wie Lorandit $Tl_2S \cdot As_2S_3$, Vrbait $Tl_2S \cdot 2\,As_2S_3 \cdot Sb_2S_3$ und Crookesit $(Cu, Tl, Ag)_2Se$ sind sehr selten.
Gewinnung: Nebenprodukt der Schwefelsäureindustrie. 1. Aus dem Bleikammerschlamm wird es als TlCl oder TlI ausgefällt und durch Elektrolyse abgetrennt. 2. Beim Rösten Tl-haltiger Blenden und Kiese entsteht Flugstaub, aus dem die Tl-Verbindungen mit heißem Wasser extrahiert und mit Zn ausgefällt werden. Reindarstellung durch Elektrolyse.
Die Weltproduktion beträgt weniger als 15 t/a, Produktionsländer sind die USA, Rußland, Belgien und Deutschland.
Verwendung: Zusammen mit Schwefel und Arsen dient es der Herstellung niedrig schmelzender Gläser (um 150 °C). Die Halbleiterindustrie verwendet es in Photozellen und als Aktivator lichtempfindlicher Kristalle. Das Sulfat (früher ein wichtiges Rattengift) wird wegen seiner hohen Toxizität kaum noch hergestellt.

Wichtige **Verbindungen**
Thalliumsulfat Tl_2SO_4 sind farb- und geruchlose, hochgiftige, rhombische Kristalle. Herstellung aus dem Metall mit heißer, verdünnter Schwefelsäure.

Natriumthallid NaTl bildet ein Diamantgitter aus Tl^--Ionen, in dessen Lücken die Na^+-Ionen eingelagert sind.

Thallium(I)-alkoxide entstehen aus Alkohol und Thallium und weisen eine bemerkenswerte, tetramere Würfelstruktur auf.

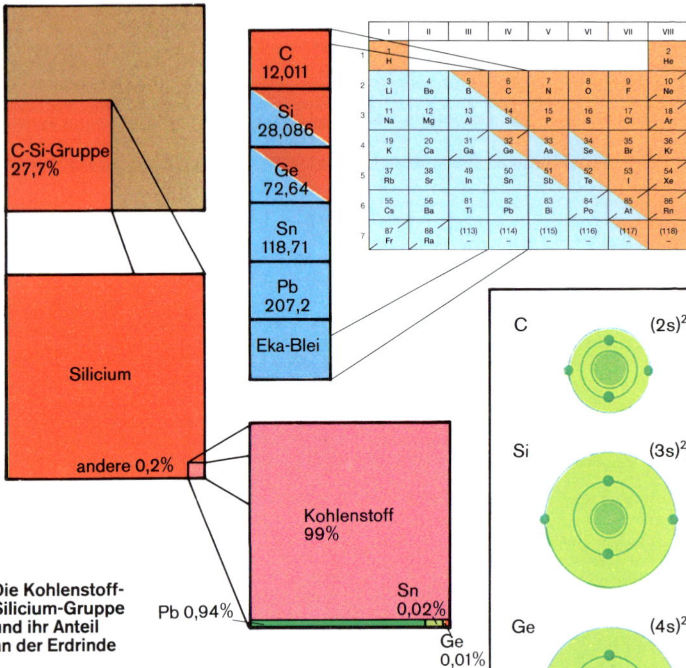

Die Kohlenstoff-Silicium-Gruppe und ihr Anteil an der Erdrinde

$CSG + H_2O \longrightarrow$ keine Reaktion

$CSG + O_2 \longrightarrow CSG\,O_2$ (bei hoher Temp.)

$2\,CSG + O_2 \longrightarrow 2\,CSG\,O$ (Ausnahme: Si)

$CSG + 4\,(\text{Halogen}) \rightarrow CSG\,(\text{Halogen})_4$ (Ausnahme: C, Pb)

$CSG + H_2 \longrightarrow$ keine Reaktion

$CSG\,O_2 + 2\,OH^- \longrightarrow CSG\,O_3^{2-} + H_2O$ (nur C, Si)

$CSG\,O + 2\,H^+ \longrightarrow CSG^{2+} + H_2O$ (nur Ge, Sn, Pb)

Reaktionen der Gruppenelemente (*CSG*)

C – C – C – C – C – …	bis zu 700
Si – Si – Si – …	bis zu 15
Ge – Ge – …	bis zu 9
Sn – Sn	
Pb	

Kettenbildungsvermögen der Gruppenelemente

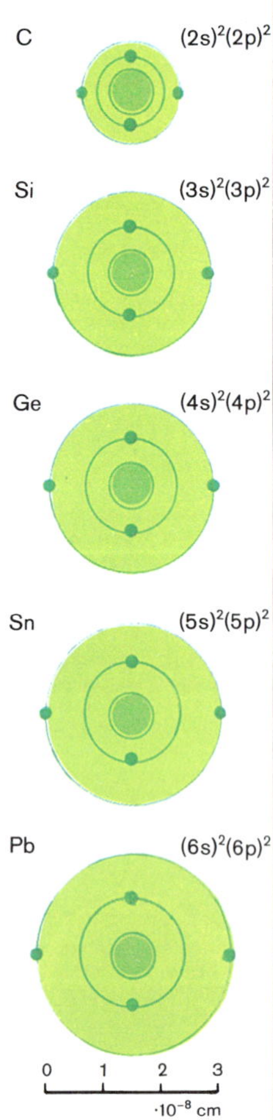

Valenzkonfiguration (maßstäblich)

Die fünf chemischen Elemente Kohlenstoff (C), Silicium (Si), Germanium (Ge), Zinn (Sn) und Blei (Pb) bilden die 4. Hauptgruppe des Periodensystems.

Die Kohlenstoffgruppe enthält ein weiteres Element, das superschwere Eka-Blei (Element 114). Der Kern ist »doppelmagisch«, d.h. er weist 114 Protonen und 184 Neutronen auf. Eine Forschergruppe stellte 1999 dieses Element in Dubna (Rußland) künstlich her. Diese Entdeckung konnte bisher noch nicht durch unabhängige Untersuchungen bestätigt werden.

Die Elemente dieser Gruppe sind untereinander sehr verschieden: C ist ein Nichtmetall, die beiden folgenden Elemente Si und Ge nehmen als Halbmetalle eine Übergangsstellung ein, Sn und Pb zeigen einen ausgeprägten Metallcharakter.

Die *Elektronenkonfiguration* der Kohlenstoff-Silicium-Gruppe zeigt vier Valenzelektronen. Mit wachsender Ordnungszahl nimmt die Tendenz der beiden äußeren s-Elektronen zu, eine reaktionsträge abgeschlossene Unterschale zu bilden.

Die **Eigenschaften** innerhalb der Gruppe sind außerordentlich verschieden; so hat z.B. das Anfangsglied, der Kohlenstoff, physikalisch und chemisch kaum noch Ähnlichkeit mit dem Endglied, dem Blei: Kohlenstoff ist ein schwarzes, stumpfes Nichtmetall, Blei ein bläulichweißes, glänzendes Metall. Entsprechend unterschiedlich sind die Härten: Während die Kohlenstoffmodifikation Diamant die größtmögliche Härte aufweist, ist das Endglied der Gruppe (Pb) weich und kann mit dem Fingernagel geritzt werden. Die Härte der anderen Mitglieder entspricht ihrer Zwischenstellung.

Der Metallcharakter innerhalb der Gruppe nimmt von oben nach unten zu. Entsprechend sinkt die Bindungsstärke der gleichartigen Atome untereinander. Mit wachsendem Z fallende Siedepunkte und Schmelzpunkte sind eine Folge, die Abnahme des Vermögens, lange Ketten zu bilden, ist eine andere.

Die Oxidationzahlen der Gruppenelemente sind +4, +2 und −4. Die Beständigkeit der Oxidationsstufe 4 nimmt von Pb nach C zu. So ist z.B. PbH_4 instabil, CH_4 dagegen sehr beständig. Verbindungen von Gruppenelementen mit der Oxidationsstufe 2 verhalten sich umgekehrt: Ihre Beständigkeit wächst vom Kohlenstoff zum Blei hin. Verbindungen mit C^{II} (ebenso wie jene mit Si^{II}, Ge^{II} und Sn^{II}) kommen frei überhaupt nicht vor; sie bilden lediglich Reaktionszwischenstufen, wie z.B. die Carbene des Kohlenstoffs. Beim Blei überwiegt Pb^{II} gegenüber Pb^{IV}, in der Natur tritt nur die Oxidationszahl +2 auf.

C leitet in der Diamantmodifikation den elektrischen Strom nicht, Si und Ge sind Halbleiter, Sn und Pb metallische Leiter.

Keines der Gruppenelemente reagiert mit Wasser. Si ist stabil gegen Säuren: Ge, Sn und Pb wechselwirken mit Säuren. Mit Ausnahme von C reagieren die Elemente der Gruppe mit Hydroxidlösungen unter Bildung von H_2, z.B.:

$$Pb + 2\,NaOH + 2\,H_2O \rightarrow Pb(OH)_4^{2-} + 2\,Na^+ + H_2.$$

Alle reagieren mit O_2, von den Mono- und Dioxiden sind nur CO und CO_2 gasförmig.

Die Gruppenelemente können Alkylderivate bilden; ein bekanntes Beispiel sind die Silicone.

Die ersten vier Elemente der Gruppe sind nicht giftig; Pb ist ein Zellgift und führt zu Lähmungen.

Verbindungen: Die Reduktionskraft der Elemente und ihrer Verbindungen mit Wasserstoff wächst mit der Protonenzahl. In gleicher Richtung nimmt auch der basische Charakter der Hydroxide zu. $Ge(OH)_2$ ist noch schwach sauer, $Sn(OH)_2$ ist amphoter, während $Pb(OH)_2$ vorwiegend alkalisch reagiert.

Vorkommen: Die Elemente der Kohlenstoff-Silicium-Gruppe haben einen Anteil von 27,7 % am Aufbau der Erdrinde. Mit 27,5 % überwiegt Si bei weitem, C steht an zweiter Stelle, Ge ist mit $1{,}3 \cdot 10^{-4}$ % am seltensten. Die meisten Mineralien der Gruppe sind Sulfide und Oxide. C, Sn und Pb kommen auch gediegen vor. C ist der Träger allen organischen Lebens auf Erden, Si ist Hauptbestandteil der anorganischen Strukturen der Erdoberfläche.

Gewinnung: In erster Linie durch Reduktion der Oxide.

Verwendung: In reiner Form werden die Gruppenelemente (insbesondere Si und Ge) in der Elektronik-Industrie eingesetzt. Kohlenstoff und seine Derivate spielen eine überragende Rolle als Brennstoffe und als Grundlage der Kohlenstoff- und Kunststoffindustrie. Die Oxide des Si werden vor allem als Gläser und Schmelzen verwendet. Langkettige Si-Verbindungen werden in Zukunft ähnliche Bedeutung wie die des Kohlenstoffs erlangen. Zinn und Blei sind wichtige Gebrauchsmetalle, ebenso wie ihre zahlreichen Legierungen.

Physikalische Eigenschaften

	C	Si	Ge	Sn	Pb
Protonenzahl	6	14	32	50	82
Schmelzpunkt in °C	3750 (Graphit)	1410	937,4	231,9	327,5
Siedepunkt in °C	4827	2355	2830	2270	1740
Dichte in g/cm³	3,514 (Diamant) 2,255 (Graphit)	2,328	5,323	7,285 (β)	11,34
Ionenradius (4^-) in nm	0,260	0,271	0,272	0,294	0,313
1. Ionisierungspotential in eV	11,264	8,149	7,88	7,342	7,415
Mohssche Härte	10,0 (Diamant) 0,5–1 (Graphit)	7	6	1,8	1,5

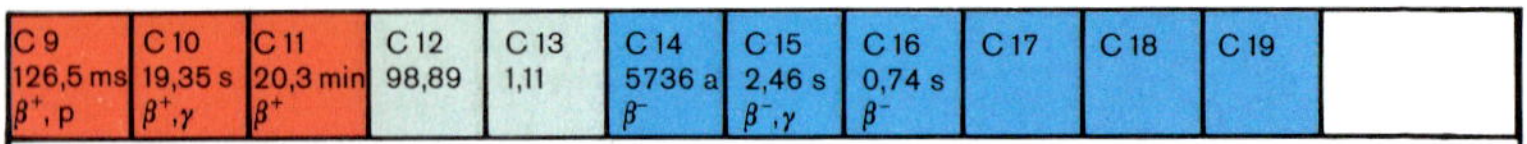

Die Nuklide des Kohlenstoffs

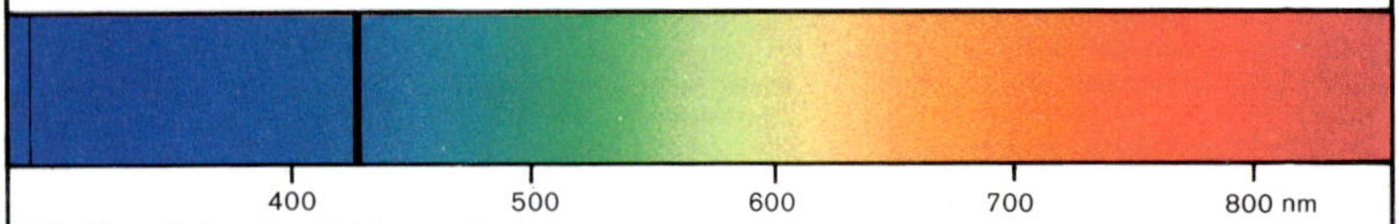

Die Hauptlinien des Kohlenstoffs

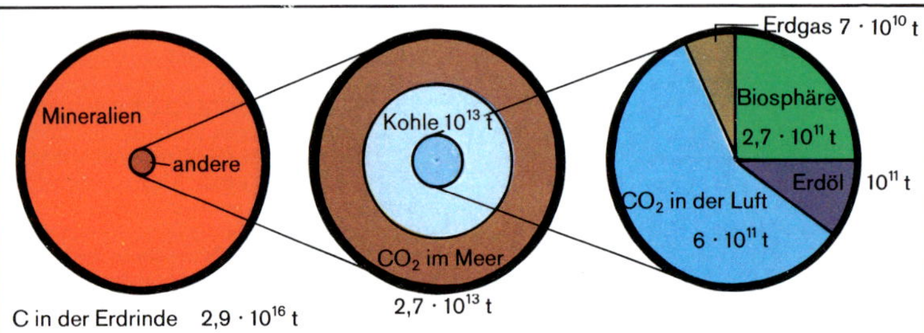

Die Verteilung des Kohlenstoffs in der Erdrinde

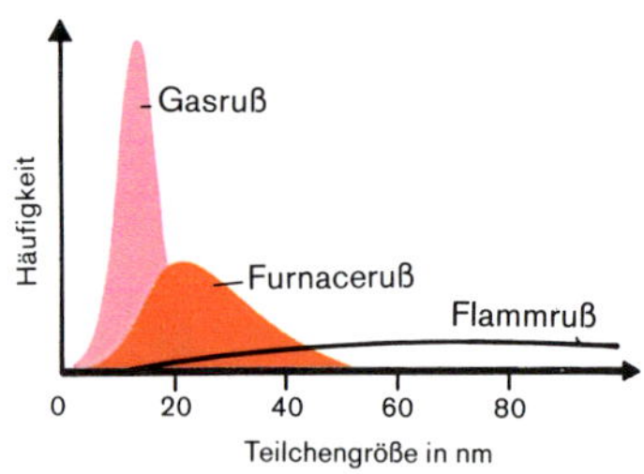

Verschiedene Ruße

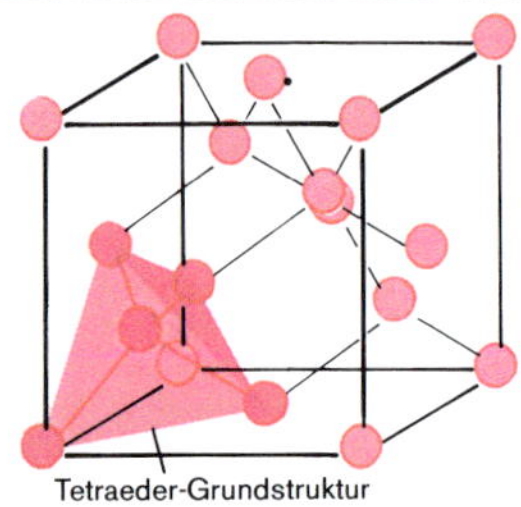

Diamantgitter

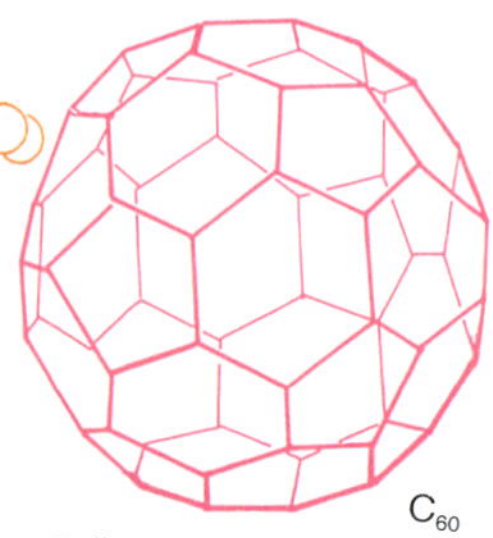

Fulleren

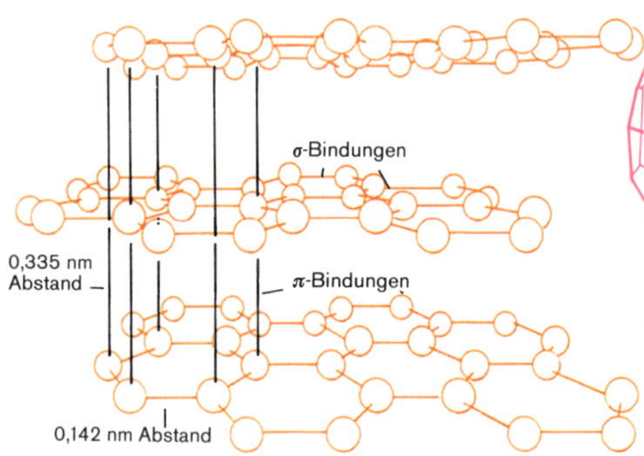

Blick in das Gitter des hexagonalen Graphits

Struktur von Graphit, Diamant und Fulleren

Kohlenstoff (Elementsymbol: C) ist das 1. Element der 4. Hauptgruppe des Periodensystems. Der Name ist abgeleitet von lateinisch carbo = Kohle. Die Kohlenstoffmodifikationen Diamant und Graphit sind schon sehr lange bekannt, die Fullerene wurden erst 1985 entdeckt. 1772 beobachtete LAVOISIER die Verbrennung von Diamant in Kohle. J. F. CLOUET und H. GUILLTON bewiesen 1799 die reine Kohlenstoffnatur des Diamanten. H. GUILLTON führte den gleichen Beweis für Graphit. Die erste Reindarstellung einer Kohlenstoffmodifikation (Graphit) gelang 1893 durch H. J. CASTNER.

Das instabile Kohlenstoffisotop C-14 spielt eine wesentliche Rolle bei der Datierung von Kohlenstoffverbindungen (Radiocarbon-Methode: Nobelpreis 1960 für W. F. LIBBY). Es entsteht in den oberen Schichten der Erdatmosphäre durch Kernreaktion von Neutronen mit Stickstoffatomen:

$^{14}N(n, p)^{14}C$.

Der Anteil von ^{14}C am Kohlenstoff beträgt rund 10^{-10} %.

C-12 ist definitionsgemäß *Bezugspunkt der Atommassenskala:*

Definition: rel. Atommasse ^{12}C: = 12,0000.

Eigenschaften: Die rel. Atommasse des Kohlenstoffs beträgt 12,011. Es gibt zwei stabile C-Isotope: ^{12}C (98,89 %) und ^{13}C (1,11 %). Die Halbwertszeiten der 10 instabilen C-Isotope liegen zwischen 126,5 ms (^{9}C) und 5736 a (^{14}C).

Die Elektronenkonfiguration ist [He] $(2s)^2$ $(2p)^2$; C hat daher die gleiche Affinität zu elektropositiven wie zu elektronegativen Elementen. Die Oxidationszahlen sind +4 und −4, selten +2.

C ist ein Nichtmetall, geruch- und geschmacklos, außerordentlich reaktionsfähig und reduziert bei hohen Temperaturen die meisten Oxide.

Beispiel:

$$SiO_2 + 2\,C \rightarrow Si + 2\,CO \qquad \Delta H = +\,691\ kJ.$$

In den meisten Lösungsmitteln ist C unlöslich, doch löst er sich in einigen geschmolzenen Metallen, z. B. in Fe, Co und Ni. C verbrennt mit O_2 zu CO oder CO_2; die Entzündungstemperatur hängt von der Oberflächengröße der C-Probe ab.

$$C + O_2 \rightarrow CO_2 \qquad \Delta H = -\,394\ kJ$$

$$2\,C + O_2 \rightarrow 2\,CO \qquad \Delta H = -\,221\ kJ.$$

Auf der Fähigkeit der Kohlenstoffatome, untereinander Ringe, Kugeln und Ketten zu bilden, beruht die außerordentliche Vielfalt ihrer Verbindungen.

Kohlenstoff tritt in drei Modifikationen auf: Diamant, Graphit und Fullerene.

Diamant (der Name ist abgeleitet von griechisch: adamas = unbezwingbar) ist ein extrem harter, spröder und farbloser Kristall mit kubisch-flächenzentriertem Raumgitter. Elektr. Leitfähigkeit und Wärmeausdehnung sind gering. Diamant ist metastabil, doch ist die Geschwindigkeit der Umwandlung in Graphit sehr klein. Erst oberhalb 1500 °C geht die Umwandlung spontan vor:

$$C_{Diamant} \rightarrow C_{Graphit} \qquad \Delta H = -\,1{,}9\ kJ.$$

Brechzahl (2,42) und Dispersion (0,058) des Diamanten sind sehr groß; sie bedingen – zusammen mit dem Schliff – das »Feuer« des Brillanten.

Graphit (der Name ist abgeleitet von griechisch: graphein = schreiben) ist eine weiche, matt- bis stahlgraue, kristalline, leicht spaltbare Substanz, die in zwei Kristallformen auftritt: rhomboedrisch (zu etwa 30 %) und hexagonal. Das Gitter besteht aus sehr stabilen Schichtebenen, die untereinander durch nur schwache Bindungen verbunden sind. Diese Schichtstruktur führt zu ausgeprägter Anisotropie der physikalischen Eigenschaften:

Die Wärmeleitfähigkeit parallel zur Schicht entspricht der des Kupfers, senkrecht dazu sinkt sie auf 2 %. In Schichtrichtung ist Graphit ein guter elektrischer Leiter, senkrecht dazu ein Isolator. Die Härten beider Richtungen sind 9,0 bzw. 0,5.

Die physikalischen Eigenschaften von Naturgraphit hängen stark vom Vorkommen ab, die des künstlichen Graphits legt die gewählte Produktionsweise weitgehend fest.

Die Tripelpunkte von Graphit sind: Graphit – fl. Kohlenstoff – Gas: 3627 °C, 10,1 MPa (= 0,01 bar). Graphit – fl. Kohlenstoff – Diamant: 3830 °C, 12–13 GPa.

Schwarzer Kohlenstoff ist keine echte Modifikation, denn die Mikrostruktur weist neben ungeordneten C-Atomen auch Graphitkristalle auf. Man unterscheidet zwischen Aktivkohle und Ruß:

Aktivkohle ist ein poröses, chemisch hochaktives Kohlenstoffgerüst aus ungeordneten C-Atomen und winzigen Graphitkristallen. Die große Anzahl der Mikroporen führt zu einer sehr ausgedehnten inneren Oberfläche (rund 1000 m^2/g) mit entsprechend hohem Adsorptionsvermögen. Aktivkohle kann bis zu 25 % mineralische Anteile (z. B. Kieselsäure) enthalten.

Ruß ist ein feinverteilter Kohlenstoff mit chemisch gebundenen H_2, O_2, N_2 und S. Der Kohlenstoff bildet kugelförmige verkettete Aggregate (Durchmesser 10–500 nm), deren Feinstruktur der des Graphit ähnelt. Die Oberfläche ist sehr groß, etwa 100–1000 m^2/g, ebenso das Adsorptionsvermögen. Die Kenndaten von Ruß sind durch DIN festgelegt.

Fullerene, entdeckt 1985 und benannt nach den Kuppelkonstruktionen des Architekten BACKMINSTER FULLER, sind farbige Festkörper aus hohlen, dreidimensionalen Molekülen, aufgebaut aus 28, 32, 50, 60 bzw. 70 C-Atomen. Neben Diamant und Graphit ist es die 3. Kohlenstoffmodifikation. Die Anzahl der C-Atome pro Molekül wird als Subskript rechts unten angegeben.

Beispiel: C_{60} ist ein fußballförmiges Molekül aus 60 C-Atomen im gegenseitigen Abstand von 1,04 nm.

Fullerene werden vorwiegend aus Ruß gewonnen. Bisher gibt es keine praktische Anwendung.

Nachweis am einfachsten durch Überführen in CO_2, das dann in *Barytwasser* (einer wäßrigen Lösung von $Ba(OH)_2$) als unlösliches, weißes $BaCO_3$ ausfällt. Anorganische Kohlenstoffverbindungen werden meist an Luft oder zusammen mit Oxidationsmitteln erhitzt, organische Kohlenstoffverbindungen durch Erhitzen mit CuO oder Verkohlen in der nichtleuchtenden Bunsenflamme.

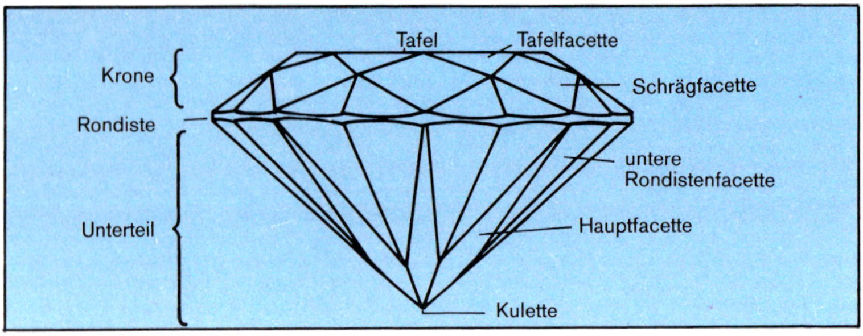

Sternschliff des Brillanten

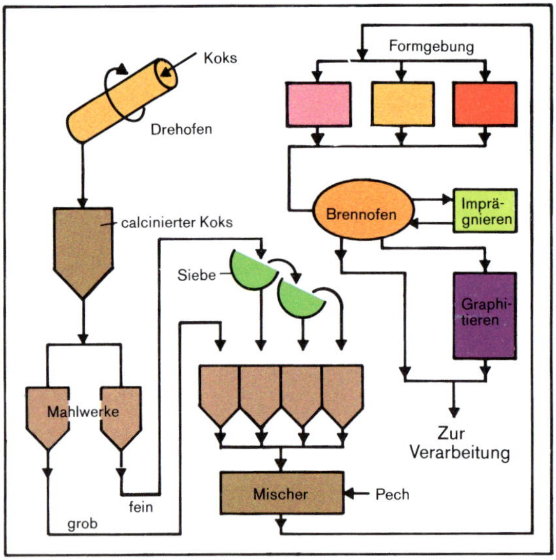

Herstellung von Elektrographit

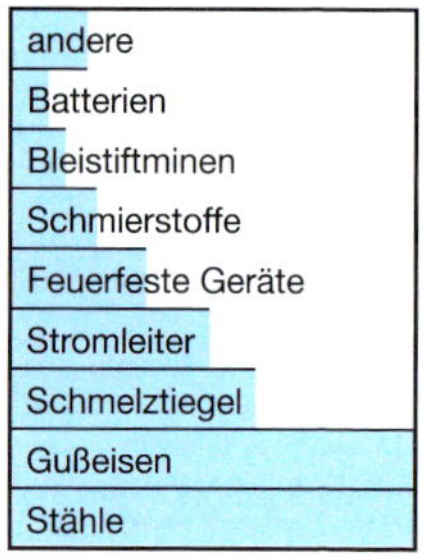

Verwendung von Naturgraphit

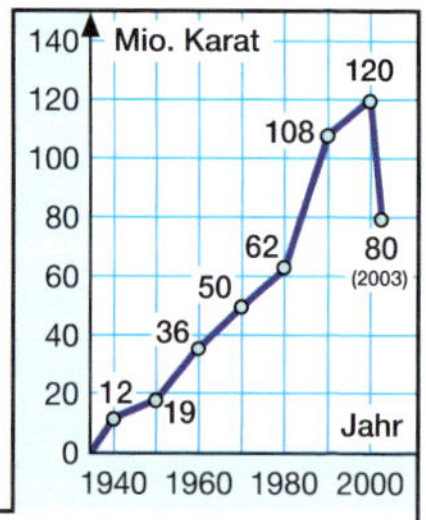

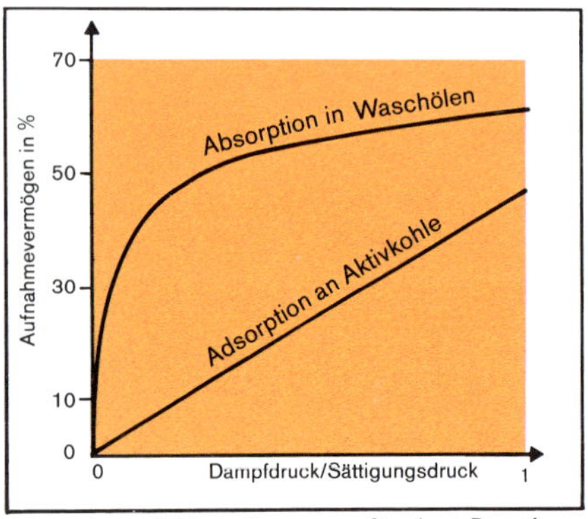

Adsorption und Absorption von gasförmigem Benzol

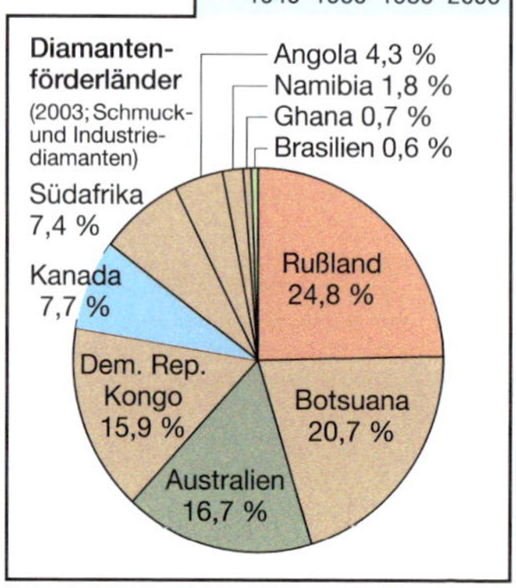

Schmuckdiamanten Weltproduktion

Vorkommen: In der Erdrinde liegen rund $2{,}9 \cdot 10^{16}$ t C vor, die Meere enthalten etwa $3{,}8 \cdot 10^{13}$ t, die Luft $6{,}4 \cdot 10^{11}$ t und die Biosphäre $2{,}8 \cdot 10^{11}$ t. Die Kohlenstoffmengen organischen und anorganischen Ursprungs verhalten sich wie 1:100000. In reiner Form tritt C als Diamant und Graphit auf, jedoch sind die größten Vorkommen in gebundener Form, in erster Linie Carbonate. Meteorite enthalten im Mittel 0,03% Kohlenstoff, Kohle ist kein reiner Kohlenstoff, sondern sie enthält auch C-Verbindungen mit Wasserstoff und Sauerstoff.

Diamant kommt in Seifen und eruptivem Olivingestein (Kimberlit) vor; diese »Diamantenerde« ist in Schloten bis zu tausend Meter Durchmesser aus dem Erdinneren aufgestiegen. Auch auf dem Meeresboden findet man Diamanten.

Die Hauptvorkommen liegen in der Dem. Rep. Kongo, Botsuana, Südafrika, Namibia, Sierra Leone, Australien und Kanada.

Graphit ist als Naturgraphit fast immer organischen Ursprungs, meist das Produkt von Metamorphosen kohliger Ablagerungen. Es tritt in dünnen Schichten, Linsen und Spaltenfüllungen auf.

Die Hauptvorkommen liegen in Sri Lanka, Kanada, Madagaskar, USA, Rußland, Deutschland und Österreich.

Wichtige kohlenstoffhaltige Mineralien sind: Kalkstein, Kreide, Marmor $CaCO_3$, Magnesit $MgCO_3$, Dolomit $MgCa(CO_3)_2$, Eisenspat $FeCO_3$, Manganspat $MnCO_3$ und Zinkspat $ZnCO_3$. Die Vorkommen bilden ganze Gebirgsstöcke.

Kohlenstoff findet sich weiterhin als Umwandlungsprodukt pflanzlicher und tierischer Organismen in Kohle (Weltvorräte 10^{13} t, vor allem in Rußland, den USA und China), Erdölen (Weltvorräte 147 Mrd. t, zumeist im Nahen und Mittleren Osten, Sibirien, Südamerika und Alaska) und Erdgas (Weltvorräte 148000 Mrd. m^3, vorwiegend im Nahen Osten und Sibirien).

Große Mengen Kohlenstoff sind in Form von CO_2 in der Luft und im Meerwasser enthalten.

Gewinnung und **Verwendung:**

Graphit (Naturgraphit) wird bergmännisch abgebaut. Die Reinigung erfolgt durch Flotation nach Zerkleinerung des Minerals. Der so erzielte Reinheitsgrad von 96% kann durch chemo-thermische Verfahren noch verbessert werden. Die Weltproduktion beträgt rund 600000 t/a.

Künstlicher Graphit wurde erstmals 1842 durch R. Bunsen aus Kohle und Steinkohle durch Erhitzen hergestellt. Industriell wird künstlicher Graphit nach dem 1895 von E. G. Acheson entwickelten *Elektrographit-Verfahren* produziert: Da Kohlenstoff weder schmilzt noch sintert, werden Feststoffe (z. B. Koks) mit Bindemitteln (z. B. Pech, Steinkohlenteer, Erdölprodukte) gemischt und gebrannt. Anschließend erfolgt die thermische Graphitierung bei 2700 °C in elektrischen Widerstandsöfen. Die Graphitierungsbedingungen legen den Anisotropiegrad des künstlichen Graphits fest. Die Weltproduktion beträgt etwa 10^6 t/a.

Verwendung von Graphit als hochfestes, korrosionsbeständiges Material für Tiegel, Rinnen und Stopfverschlüsse. Gleit- und Schmierstoffe, Bleistiftminen und Farbstoffe für Schutzanstriche sind weitere Einsatzgebiete, ebenso als Elektrodenmaterial für industrielle Prozesse und für die Auskleidung von Hochöfen und Chemieapparaturen. Höchstgereinigter Graphit dient wegen seines geringen Einfangquerschnitts für thermische Neutronen als *Moderatorsubstanz* in Kernreaktoren.

Diamant wird überwiegend bergmännisch gewonnen. Das gesprengte Gestein wird zerkleinert, gespült und der Flotation unterworfen. Ein Wasserstrahl spült das schwere Konzentrat über gefettete Oberflächen, die Diamanten bleiben hängen.

Der größte Rohdiamant (Cullinan) wurde 1905 in Südafrika gefunden. Das Gewicht betrug 3106 Karat (1 *Karat* = 200 mg), aus ihm wurden – unter anderen – der »Stern von Afrika« (530,2 Karat) und der Cullinan II (317,4 Karat) geschliffen.

Die jährliche Diamantenförderung beträgt etwa 310 Millionen Karat; davon verbraucht die Industrie etwa 10%. Der Rest wird zu Schmucksteinen geschliffen.

Die außerordentlich große Härte des Diamanten und seine hohe Wärmeleitfähigkeit bestimmen seine industrielle Verwendung. Diamantenbesetzte Werkzeuge dienen zum Bohren, Schneiden, Schleifen und Polieren. Diamant kann nur mit seinem eigenen Pulver (Bort, Board) geschliffen werden.

Die größten geschliffenen Diamanten

Name	Fundort	Gewicht in Karat
Stern von Afrika (Cullinan I)	Südafrika	530,20
Cullinan II	Südafrika	317,40
Großmogul	Indien	280
Nizam	Indien	277
Großer Tafeldiamant	Indien	250
Jubilee	Südafrika	245,35
De Beers	Südafrika	234,50
Victoria I	Südafrika	228,50
Rotes Kreuz	Südafrika	205
Orlow	Indien	199,8
Kohinoor	Indien	186

Synthetische Diamanten werden seit 1955 nach einem Verfahren der General Electric Company (USA) bei mindestens 55000 bar und 2000 °C hergestellt. Inzwischen gelingt auch die Züchtung von Diamanten aus Mikrodiamanten bei sehr niedrigen Drücken in einer 1000 °C heißen kohlenstoffhaltigen Atmosphäre. Die Darstellung künstlicher Diamanten aus anderen Formen des Kohlenstoffs wurde zwar seit Beginn des 19. Jahrhunderts immer wieder versucht – vielleicht sogar erfolgreich –, aber systematische Experimente ermöglichte erst die Aufklärung des Zustandsdiagramms des Kohlenstoffs durch P. W. Bridgman (Nobelpreis 1946). Es werden ausschließlich Industriediamanten synthetisiert, obwohl die Herstellung größerer Kristalle in Schmuckqualität möglich ist. Die Menge der produzierten synthetischen Industriediamanten übersteigt die der aus natürlichen Vorkommen gewonnenen.

Seit 1990 dient auch isotopenreines Methan zur Diamantensynthese. ^{12}C- und ^{13}C-reine Einkristalle mit extremen mechanischen und thermischen Eigenschaften entstehen.

Aktivkohle wird aus Kohle, Holz oder anderen kohlenstoffhaltigen Materialien hergestellt. Die großtechnische Produktion begann 1909. Zwei Verfahren dominieren:

Die chemische Aktivierung beruht auf der dehydratisierenden Einwirkung von Zinkchlorid oder Phosphorsäure auf das Ausgangsmaterial bei 400–1000 °C. Nach Extraktion der Chemikalien bleibt das poröse Kohlenstoffgerüst des Rohstoffs zurück. Bei der Gasaktivierung wirken Wasserdampf oder CO_2 bei 800–1000 °C auf das Rohmaterial ein.

Für die Verkohlung werden in erster Linie Drehöfen verwandt. Die Weltproduktion an Aktivkohle beträgt rund 500000 t/a.

Die *Adsorptionseigenschaften* der Aktivkohle bestimmen ihre Verwendung. Porengröße, Porengrößenverteilung und die Art der gebildeten Oberflächenoxide sind ausschlaggebend. Anwendungsbeispiele: Entfernung organischer Dämpfe aus Gasen (Benzoldampf reichert sich z. B. 350000 : 1 an) und deren anschließende Rückgewinnung aus der beladenen Aktivkohle. Schichtfiltration von Lösungen (z. B. Entfärben von Zucker seit 1811), Reinigung von Trink- und Abwässern, Gasmasken, Zigarettenfilter. Die medizinische Literatur berichtet über die Verwendung von Aktivkohle in Form von Tier- und Knochenkohle bereits aus dem 16. Jahrhundert v. Chr. Die Wirkung beruht dabei vor allem auf Adsorption von Bakterien und deren Stoffwechselprodukten an pulverisierter Aktivkohle im Magen-Darm-Trakt.

Ruß wird heute überwiegend durch unvollständige Verbrennung (Furnaceruß) oder thermische Spaltung (Gasruß) von Kohlenwasserstoff-Gemischen (z. B. Erdöl, Erdgas, Steinkohlenteer) in geschlossenen, kontinuierlich arbeitenden Verfahren gewonnen. Moderne Reaktoren produzieren bis zu 2 t/h, die Weltproduktion beträgt etwa 5 Millionen t/a. Verwendung zu etwa 95 % als abriebfester Füllstoff für Autoreifen und technische Gummiartikel. Pigmentruße sind lichtechte Farbstoffe für die Farbenindustrie und für Druckerschwärze.

Kohlenstoff-Fasern entstehen bei der Pyrolyse (thermische Zerlegung) nicht schmelzbarer Kohlenstoffpolymerfäden. Der Rohstoff (vorwiegend Zellulose, Polyacrylnitril oder Pech) wird erst bei 300 °C vorbehandelt und dann der thermischen Zerlegung bei etwa 1500 °C unterworfen. Die Bruchstücke treten in Faserrichtung zu langgestreckten Molekülen zusammen. Die Fasern haben sowohl Graphit- als auch Textileigenschaften. Verwendung zur Festigkeitserhöhung von Kunststoffen, als Wärmedämm-Material, Filter und für poröse Elektroden.

Graphit-Wisker sind zentimeterlange Kohlenstoffgebilde mit Durchmessern unterhalb 0,1 mm. Sie entstehen durch Abscheidung von Kohlenstoffdampf und haben eine ungewöhnlich hohe Zugfestigkeit sowie ein großes Elastizitätsmodul. Einlagerung in Kunststoffen und Metallen zur mechanischen Verstärkung.

Radiocarbon-Datierung: Der in den oberen Schichten der Atmosphäre durch (n, p)-Reaktion entstehende instabile C-14 (Radiocarbon) gelangt über den CO_2-Kreislauf in die Biosphäre der Erde. Da ^{14}C von C chemisch nicht zu unterscheiden ist, nehmen Pflanzen und Tiere beim Stoffwechsel ^{14}C auf. Der Gehalt eines Organismus an ^{14}C kann über die β^--Aktivität des ^{14}C gemessen werden. Erlischt der Stoffwechsel, so wird kein weiteres ^{14}C aufgenommen, und die Aktivität der Substanz fällt mit einer Halbwertszeit von 5736 a ab. Da die spezifische Aktivität (d. h. die Anzahl der radioaktiven Zerfälle pro kg) des lebenden Organismus bekannt ist, kann aus der gemessenen Aktivität einer Probe berechnet werden, welche Zeitspanne seit Erlöschen des Stoffwechsels vergangen ist. Beträgt z. B. die gemessene spezifische Aktivität einer Holzprobe nur 50 % derjenigen eines frischen Holzes, so endete der Stoffwechsel des Baumes, aus dem die Probe stammte, vor rund 5736 Jahren. Die Datierung mit Hilfe von Radiocarbon reicht bis maximal 100000 Jahre zurück; die Genauigkeit beträgt einige Prozent in günstigen Fällen. Für die Messung werden nur Milligramm Substanzmengen benötigt.

Wichtige **Verbindungen**

Carbide sind Verbindungen des Kohlenstoffs mit Metallen und Nichtmetallen, bei denen der Kohlenstoff den elektronegativen Bindungspartner darstellt. Man unterscheidet:

Salzartige Carbide enthalten vorwiegend Elemente der 1., 2. und 3. Hauptgruppe des Periodensystems, z. B. Be_2C, Al_4C_3, CaC_2. Es sind Nichtleiter. Sie werden von Wasser und Säuren zu Kohlenwasserstoffen zersetzt. Beispiel:

$$CaC_2 + 2\,H_2O \rightarrow Ca(OH)_2 + C_2H_2.$$

Metallische Carbide bilden vorwiegend die Metalle der 4.–6. Hauptgruppe des Periodensystems. Sie sind extrem hart, temperaturbeständig und leiten den elektrischen Strom. Die C-Atome sind in die oktaedrischen Lücken der Metallstruktur eingelagert. Beispiele: TiC, ZrC, UC, PuC, VC, W_2C, Fe_3C.

Diamantartige Carbide sind extrem harte Verbindungen mit diamantartiger Gitterstruktur. Beispiele: Carborund SiC, B_4C, $B_{13}C_2$.

Die Herstellung von Carbiden erfolgt durch Einwirken von C oder Kohlenwasserstoffen auf Metalle oder Metallverbindungen bei hohen Temperaturen unter Schutzgasatmosphäre oder im Vakuum.

Wichtige Carbide:

Wolframmonocarbid WC ist ein graues, sehr hartes, metallisches Pulver der Dichte 15,7 g/cm³. Bei 1200 °C löst es sich gut in Co, Ni und Fe. Hauptbestandteil technischer Hartmetalle (Schneidewerkzeuge). Weltproduktion etwa 20000 t/a.

Titancarbid TiC ist ein hellgraues, sehr hartes, metallisches und chemisch sehr widerstandsfähiges Pulver der Dichte 4,93 g/cm³. Hauptbestandteil technischer Hartmetalle. Weltproduktion etwa 4000 t/a.

Urancarbide UC, UC_2 sind schwarze Pulver der Dichte 13,63 bzw. 11,86 g/cm³. Sie sind sehr temperaturbeständig (Schmelzpunkt bei 2500 °C) und dienen als Kernbrennstoffe in gasgekühlten, graphitmoderierten Hochtemperaturreaktoren. Der Kernbrennstoff liegt als graphitüberzogene Carbidkügelchen (Durchmesser bei 0,3 mm) vor.

Eisencarbid (Zementit) Fe_3C findet sich vor allem im Gefüge von Stählen.

Carbonmonooxid (Kohlenoxid, Kohlenmonoxid) CO ist ein farb- und geruchloses, bei Raumtemperatur praktisch inertes Gas der Dichte $1{,}25 \cdot 10^{-3}$ g/cm^3. Die Wasserlöslichkeit ist sehr gering: 33 cm^3 pro l bei 0 °C und Normaldruck. In Benzol und Alkoholen ist die Löslichkeit bedeutend größer.
Co ist das Anhydrid der Ameisensäure HCOOH, Kohlenstoff und Sauerstoff sind durch Dreifachbindung (Resonanzhybrid) verbunden. Die folgende Struktur tritt auf:

$$|\overset{\ominus}{C} \equiv \overset{\oplus}{O}|$$

Tripelpunkt: – 205,01 °C; 0,1535 bar
Kritische Daten: – 140 °C, 34,99 bar; 0,301 g/cm^3
Schmelzpunkt: – 191,5 °C
Gefrierpunkt: – 199 °C
Verdampfungswärme: 216 kJ/kg
Schmelzwärme: 29,9 kJ/kg

CO verbrennt (Zündtemperatur 630 °C) mit sehr heißer, blauer Flamme:

$$2\,CO + O_2 \rightarrow 2\,CO_2 \qquad \Delta H = -289\ kJ.$$

Bei höheren Temperaturen ist CO sehr reaktionsfähig; das nutzt eine technisch wichtige Reaktion:

$$CO + H_2O \rightleftharpoons CO_2 + H_2 \qquad \Delta H = -41{,}16\ kJ.$$

Die Einstellung dieses druckunabhängigen *Wassergasgleichgewichts* wird durch Katalysatoren (Fe/Cr, Co/Mo) beschleunigt.
Viele Metalloxide werden durch CO reduziert; technische Anwendung bei der Darstellung von Fe, Cu, Mn, Pb, Ni, Sn und Ag.
CO ist ein bedeutendes Synthesegas; die wichtigsten *Hydrierungsprodukte* sind:

Methanol CH_3OH:

$$CO + 2\,H_2 \rightarrow CH_3OH \qquad \Delta H = -128\ kJ$$

(bei 250 bar, 350 °C, Zn/Cr-Katalysatoren).
Nachfolgende Dehydrierung führt zu Formaldehyd HCHO.

Höhere Alkohole $C_nH_{2n+1}OH$:

$$nCO + 2nH_2 \rightarrow C_nH_{2n+1}OH + (n-1)H_2O$$

(bei 250 bar, 350 °C, Zn/Cr/Alkali-Katalysatoren).

Methan CH_4:

$$CO + 3\,H_2 \rightarrow CH_4 + H_2O \qquad \Delta H = -206\ kJ$$

(bei 300 °C, Ni-Katalysator).

Synthetisches Benzin, Fischer-Tropsch-Verfahren:

$$nCO + (2n+1)H_2 \rightarrow C_nH_{2n+2} + nH_2O$$
$$nCO + 2nH_2 \rightarrow C_nH_{2n} + nH_2O$$

(bei 180 °C, Fe/Co/Ni-Katalysatoren).

CO ist ein *Atmungsgift,* da seine Affinität zu Hämoglobin rund 250 mal größer ist als die des Sauerstoffs. Symptome: Kopfschmerz, Brechreiz, Schwäche. Die Reaktion zwischen Hämoglobin und CO ist vollständig reversibel, daher hilft Zufuhr frischer Luft sofort. Maximal zulässige Konzentration am Arbeitsplatz: 55 mg/m^3.

Carbonyle sind Verbindungen von CO und Metallen, zumeist giftig und leicht flüchtig. Technisch wichtig ist Nickeltetracarbonyl $Ni(CO)_4$, Ausgangsmaterial für sehr reines Ni.

CO wurde 1776 von LASONNE entdeckt und 1801 von N. CLEMENT und C. B. DESORMES analysiert. Es ist Bestandteil von Grubengasen und tritt in geringen Mengen bei vulkanischen Vorgängen aus. Es entsteht dort, wo Kohlenstoff unter Sauerstoffmangel verbrennt, ist daher ein wesentlicher Bestandteil der Autoabgase und kann in Ballungsräumen bei Inversionswetterlagen gefährlich hohe Konzentrationen erreichen.

Nachweis mit Hilfe von Palladiumchlorid (wäßrige Lösung oder getränkte Filterpapierstreifen):

$$PdCl_2 + H_2O + CO \rightarrow Pd + 2\,HCl + CO_2.$$

Pd fällt als feinverteiltes, schwarzes Metall aus.

Herstellung erfolgt im Labor durch Eintropfen von konzentrierter Ameisensäure in konzentrierte, warme Schwefelsäure (Dehydratisierungsprozeß):

$$HCOOH \rightarrow CO + H_2O.$$

Prozeßcarbonmonoxid entsteht durch Direktsynthese aus Koks und Sauerstoff nach dem *Otto-Verfahren:*

$$2\,C + O_2 \rightarrow 2\,CO \qquad \Delta H = +123\ kJ.$$

Der wassergekühlte Gasgenerator wird mit Koks gefüllt und O_2 von unten eingeblasen. In den unteren Koksschichten verbrennt C im Sauerstoffüberschuß zu CO_2:

$$C + O_2 \rightarrow CO_2 \qquad \Delta H = -394\ kJ.$$

Die darüberliegenden Koksschichten werden durch die exotherme Reaktion auf über 1000 °C erhitzt und reduzieren im Boudouard-Gleichgewicht das CO_2 zu CO:

$$CO_2 + C \rightleftharpoons 2\,CO \qquad \Delta H = +173\ kJ.$$

Das Rohgas wird anschließend gereinigt und getrocknet.
Wird anstelle von O_2 dem Gasgenerator Luft zugeführt, so entsteht *Generatorgas:*

$$2\,C + O_2 + 4\,N_2 \rightarrow 2\,CO + 4\,N_2$$

CO wird großtechnisch auch durch Überleiten von Wasserdampf über stark erhitzten Koks hergestellt; es entsteht *Wassergas:*

$$C + H_2O \rightarrow CO + H_2 \qquad \Delta H = +131\ kJ.$$

	mittlere Zusammensetzung					Heizwert
	H_2	N_2	CO	CO_2	Spuren	in kJ/m^3
Generatorgas	–	70	25	4	H_2, CH_4, O_2	4000
Wassergas	50	4	40	5	CH_4	12000

CO wird selten über größere Entfernungen transportiert. Es kommt in Druckgasflaschen (bis 150 bar) in den Handel. Produktionszahlen sind nicht bekannt; als Anhaltspunkt kann die CO-Produktion der BASF dienen: 200000 t/a.
Die Verbrennungsmotoren der Welt geben ca. $4 \cdot 10^8$ t CO jährlich in die Luft ab.
Verwendung von CO in erster Linie als Synthesegas für die Ammoniak-, Alkohol-, Aldehyd- und Brennstoff-Produktion. Große Mengen werden auch für die Reduktion von Metalloxiden zu Metallen benötigt.

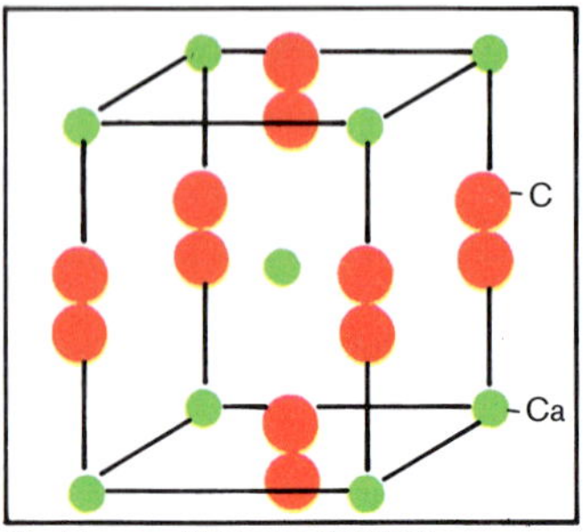

Struktur von Calciumcarbid CaC_2

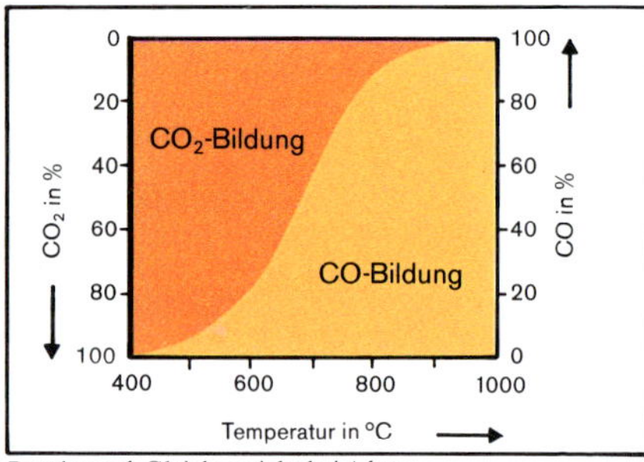

Boudouard-Gleichgewicht bei 1 bar

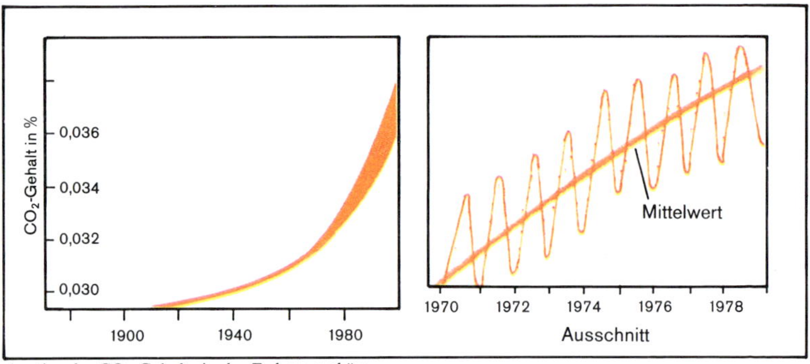

Anstieg des CO_2-Gehalts in der Erdatmosphäre

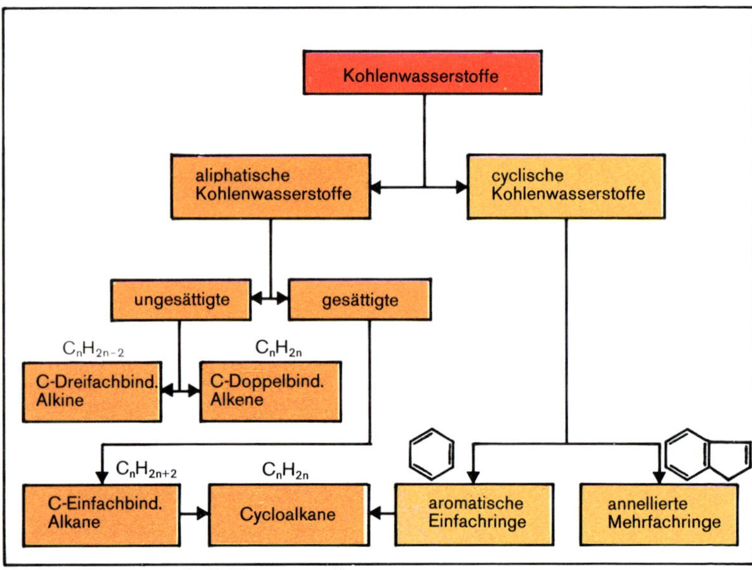

Schema und Benennung der Kohlenwasserstoffe

Carbondioxid (Kohlendioxid, Kohlenstoffdioxid) CO_2 ist ein farbloses, säuerlich schmeckendes, stabiles und nicht brennbares Gas der Dichte $1{,}977 \cdot 10^{-3}$ g/cm³. Die Wasserlöslichkeit ist gering; bei Normaldruck und 20 °C sind es 833 cm³ pro l, bei 20 bar steigt die Löslichkeit auf das 14fache.

Tripelpunkt: –56,57 °C, 5,18 bar
Kritische Daten: 31,04 °C, 73,83 bar, 0,468 g/cm³
Sublimationspunkt: –78,92 °C, 0,9807 bar
Verdampfungswärme: 347,86 kJ/kg
Schmelzwärme: 195,82 kJ/kg

Trockeneis ist gefrorenes CO_2, eine weiße, milchglasfarbene Masse mit einer Dichte von etwa 1,5 g/cm³. Herstellung durch Entspannen von flüssigem CO_2 über Drosseldüsen; der dabei entstehende Kohlensäureschnee wird zusammengepreßt.

CO_2 ist schwerer als Luft, sammelt sich daher am Boden an und führt ohne Vorwarnung zum Erstikken. Die maximal zulässige Konzentration von CO_2 am Arbeitsplatz ist 0,5 Volumenprozent.

Für die technische Verwendung von CO_2 sind die folgenden Gleichgewichte von großer Bedeutung:

$2\,CO_2 \rightleftharpoons 2\,CO + O_2 \quad \Delta H = +289$ kJ

$CO_2 + C \rightleftharpoons 2\,CO$ *Boudouard-Gleichgewicht* $\Delta H = +173$ kJ

$CO_2 + H_2 \rightleftharpoons H_2O + CO$ *Wassergasgleichgewicht*

$CO_2 + Fe \rightleftharpoons FeO + CO$

$CO_2 + 2\,FeO \rightleftharpoons Fe_2O_3 + CO$

CO_2 ist als Nebenprodukt schon lange bekannt; bereits Paracelsus (1493–1541) unterschied es von Luft. Lavoisier (1743–94) bewies die Zusammensetzung aus Kohlenstoff und Sauerstoff.

Atmosphäre und Lithosphäre enthalten große Mengen CO_2. Rund 2,5 % des atmosphärischen CO_2 werden jährlich bei der Photosynthese der grünen Pflanzen verbraucht, Verbrennung und Atmung geben einen entsprechenden Prozentsatz an die Atmosphäre zurück.

CO_2 dringt als Gas direkt aus vulkanischen Erdspalten (Mofetten), in Wasser gelöst tritt es in Sauerbrunnen und Sprudel zutage. Erbohrte CO_2-Quellen fördern bis zu einigen hundert t/d.

CO_2 ist das Anhydrid der selbst nicht frei vorkommenden *Kohlensäure* H_2CO_3. Gleichgewicht in wäßriger Lösung:

$H_2O + CO_2 \rightleftharpoons H_2CO_3 \rightleftharpoons H^- + HCO_3^- \rightleftharpoons 2\,H^+ + CO_3^{--}$.

Die wäßrige Lösung ist nur schwach sauer (pH = 3,7), da mehr als 99 % als CO_2-Hydrat gebunden sind.

Die wäßrige Lösung von Kohlensäure bildet *Hydrogencarbonate* (z. B. $KHCO_3$) und *Carbonate* (z. B. Na_2CO_3). Die Hydrogencarbonate sind leicht wasserlöslich, die Carbonate sind wasserunlöslich (Ausnahme: Na_2CO_3 ist leicht wasserlöslich).

Nachweis mit Barytwasser $Ba(OH)_2$ als unlösliches, weißes $BaCO_3$.

Herstellung erfolgt im Labor im Kippschen Apparat aus Kalkstein und Salzsäure:

$CaCO_3 + 2\,HCl \rightarrow CaCl_2 + H_2O + CO_2$.

Prozeßcarbondioxid entsteht als (störendes) Nebenprodukt bei der Ammoniaksynthese; es wird durch chemische und physikalische Waschprozesse entfernt. Die Gewinnung aus der Verbrennung kohlenstoffhaltiger Substanzen ist zumeist unrentabel, da die Ammoniaksynthese bereits zur CO_2-Überproduktion führt. Das bei Gärungsprozessen (z. B. in Brauereien) anfallende CO_2 wird sofort am Entstehungsort verwertet.

CO_2 kommt in fester und flüssiger Form auf den Markt; die Produktion in Deutschland beträgt rund 400 000 t/a, die Welterzeugung übersteigt 10 Mill. t/a.

Verwendung als Rohstoff für die Harnstoffsynthese, als Kühlmittel, Schutzgas in Nahrungsmittelindustrie und Schweißtechnik, in Feuerlöschern und Treibhäusern.

CO_2 und Klima: Obwohl CO_2 im Vergleich mit N_2 und O_2 nur spurenweise in der Atmosphäre vorkommt, hat der CO_2-Gehalt einen entscheidenden Einfluß auf die globalen Temperaturen. CO_2 absorbiert Infrarotlicht, also Wärmestrahlung. Bei Zunahme des CO_2-Gehalts der Luft wird weniger Wärmeenergie in den Weltraum abgestrahlt, und die mittleren globalen Temperaturen steigen an.

Der Anteil am Treibhauseffekt von CO_2 anthropogenen Ursprungs macht 61 % aus. 1975–2000 ist weltweit ein Anstieg von 47 %, in den OECD-Staaten von 26 % und in den EU-Staaten von 2 % zu verzeichnen.

Im Kyotoprotokoll von 1997 haben sich die Unterzeichnerstaaten verpflichtet, die Emission von Treibhausgasen gegenüber dem Referenzjahr 1990 bis 2012 um 5,2 % zu reduzieren. Von 1990–2030 erwartet man aber weltweit trotzdem eine Verdopplung.

Von 1990 bis 2003 sank in Deutschland die CO_2-Emission um 20 %, dagegen stieg sie in Spanien um 42 %, in den USA um 13 %. Der Anteil des Verkehrs an der CO_2-Emission stieg in Deutschland von 16 auf 21 %.

Die jährliche CO_2-Emission in Deutschland beträgt ca. 10,33 t pro Einwohner. Kuweit hat die rel. höchste Emission: 31,5 t pro Einwohner.

Kohlenwasserstoffe sind Verbindungen aus C und H. Die Unzahl individueller Verbindungen – fast vier Millionen sind inzwischen bekannt – beruht auf dem Ketten- und Ringbildungsvermögen der C-Atome untereinander und dem Auftreten zahlloser Strukturisomere. Eine grobe Systematisierung der Kohlenwasserstoffe zeigt das Flußdiagramm.

Aus Erdöl werden sehr viele Kohlenwasserstoffe isoliert oder synthetisiert, doch spielt nur eine geringe Auswahl eine wichtige Rolle als Rohstoff der chemischen Industrie.

Kohlenwasserstoffe gehören traditionell zur organischen Chemie (siehe Band 2).

Si 25	Si 26	Si 27	Si 28	Si 29	Si 30	Si 31	Si 32	Si 33	Si 34	Si 35	Si 36	
218 ms	2,2 s	4,2 s	92,2	4,7	3,1	2,62 h	280 a	6,18 s				
β^+	β^+, γ	β^+, γ				β^-, γ	β^-	β^-, γ				

Die Nuklide des Siliciums

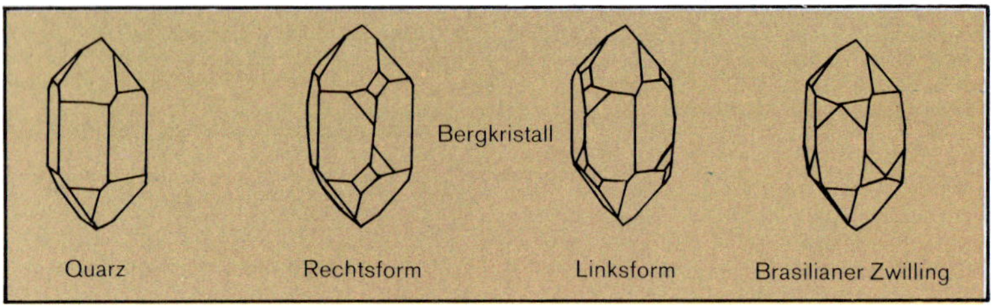

Kristallformen von Silicium-Mineralien

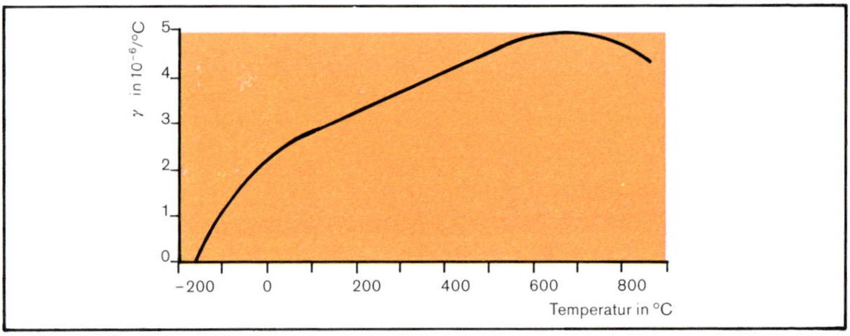

Ausdehnungskoeffizient γ von Si

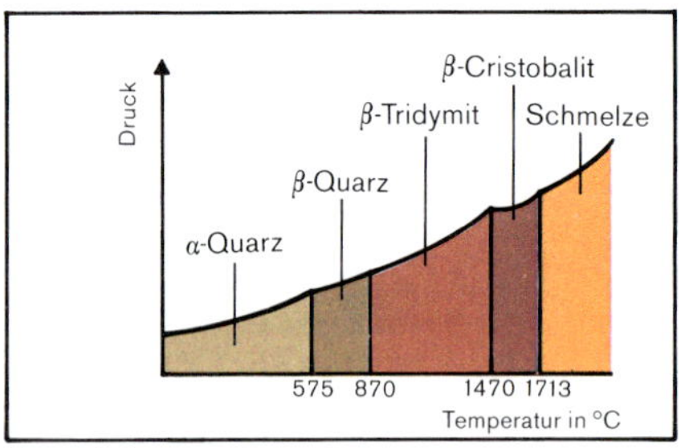

Zustandsdiagramm des stabilen SiO_2

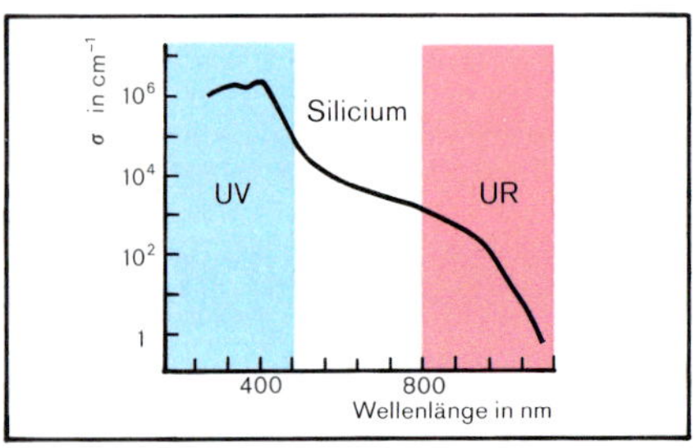

Absorptionskoeffizient σ im optischen Bereich

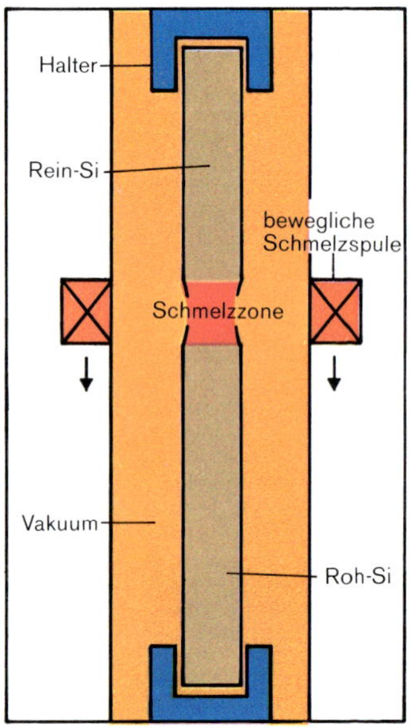

Zonenschmelzverfahren

Silicium (Elementsymbol: Si) ist das 2. Element der 4. Hauptgruppe des Periodensystems. Der Name ist abgeleitet von lateinisch silex = Kiesel (früher auch so genannt). J. J. BERZELIUS stellte 1822 das Element durch Reduktion von SiF_4 mit metallischem Kalium dar. Die erste Reindarstellung in kristalliner Form gelang 1854 durch H. SAINTE-CLAIRE DEVILLE.

Kohlenstoff bildet die Basis allen organischen Lebens, Silicium ist entsprechend die Grundlage allen anorganischen Geschehens in der Natur.

Eigenschaften: Si ist ein dunkelgraues, glänzendes, hartes (Mohssche Härte: 7) und sprödes Halbmetall mit kristalliner, diamantähnlicher Gitterstruktur (Si—Si-Abstand: 0,235 nm). Pulverförmiges, braunes Si ist ebenfalls kristallin, doch ist die Teilchengröße gering, und das Gitter weist viele Störungen auf. Die rel. Atommasse ist 28,086; es gibt 3 stabile Isotope: ^{28}Si, ^{29}Si und ^{30}Si. Die Halbwertszeiten der 21 instabilen Si-Isotope liegen zwischen 0,7 ms und 280 a (^{32}Si).

Si ist ein Halbleiter; das elektrische Leitvermögen wächst mit der Temperatur. Geringe Verunreinigungen (z. B. Dotierung mit B) steigern die Leitfähigkeit um einige Größenordnungen. Der Ausdehnungskoeffizient ist relativ klein, beim Erstarren *expandiert* Si. Das Element ist lichtdurchlässig im Ultrarotbereich. Die Elektronenkonfiguration ist [Ne] $(3s)^2$ $(3p)^2$, die Oxidationszahlen +4 und (selten) +2. Wegen der Möglichkeit von p_π-d_π-Bindungen – die für C nicht existieren – kann Si eine Koordinationszahl bis zu 6 erreichen. Si bildet Ketten und Ringe; wegen der geringeren Si–Si-Bindungsenergie ist diese Eigenschaft nicht so stark wie beim Kohlenstoff ausgeprägt.

In Wasser und Säuren ist Si unlöslich. Ausnahme: Löslich in einer Flußsäure-Salpetersäure-Mischung über die Bildung eines SiF_6^{2-}-Komplexes. Heiße Basen lösen Si ebenso wie geschmolzenes Al. Si ist ein reaktionsträges Element, da es an der Oberfläche eine passivierende SiO_2-Schicht bildet. Wegen der größeren Oberfläche ist braunes Si reaktionsfreudiger.

An der Luft verbrennt Si erst oberhalb 1000°C:

$$Si + O_2 \rightarrow SiO_2 \qquad \Delta H = -912\ kJ.$$

Auch mit N, S und C reagiert Si nur bei Erhitzen. Die Wechselwirkung mit Halogenen erfolgt dagegen bereits bei Raumtemperatur; die Reaktion mit Fluor ist besonders heftig:

$$Si + 2\,F_2 \rightarrow SiF_4 \qquad \Delta H = -1620\ kJ.$$

Mit Metallen geht Si intermetallische Verbindungen ein, es entstehen *Silicide:* CaSi, $CaSi_2$, Ca_2Si.

Silicium ist nicht giftig; als Spurenelement kommt es in allen lebenden Organismen vor. Der Mensch scheidet täglich etwa 10 mg Si-Verbindungen aus. Staubförmiges SiO_2 ist gefährlich, da es sich in den Lungenbläschen ablagert *(Silikose, Staublunge).*

Nachweis: Spektroskopisch über die 251,6 nm- und 288,2 nm-Linien. Qualitativer Nachweis als SiO_2 in der *Wassertropfenprobe:*

Die Substanz wird in einem Bleitiegel mit etwas Ammoniumfluorid und konzentrierter Schwefelsäure erwärmt; es entsteht gasförmiges SiF_4. Wird ein an einem dunklen Glasstab hängender Wassertropfen dem Gas ausgesetzt, so überzieht er sich mit weißer Kieselsäure, dem Hydrolyseprodukt des SiF_4.

Der quantitative chemische Nachweis von Si ist schwierig.

Vorkommen: Si ist nach Sauerstoff das zweithäufigste Element der Erde. Der Anteil des Si an der Erdrinde beträgt 27,5 Gewichtsprozent und ist damit – wenn man den Sauerstoff ausnimmt – höher als der der restlichen Elemente zusammen. Si tritt nie elementar auf, es kommt ausschließlich in anorganischen Verbindungen vor. Fast das gesamte Si ist in Gesteinen gebunden. Auch lebende Organismen und Pflanzen enthalten Si; im menschlichen Gewebe findet man rund 500 mg Si-Verbindungen pro kg Trockensubstanz. *Kieselalgen* extrahieren Si aus dem Wasser, ihre Überreste bestehen zu 95 % aus Kieselsäure.

Siliciummineralien sind meist Silicate, die Salze der Kieselsäure $mSiO_2 \cdot nH_2O$ oder freies Siliciumdioxid SiO_2. Die Mineralien sind häufig durch Verunreinigungen gefärbt. Einige natürliche Siliciummineralien sind Phenakit $Be_2[SiO_4]$, Olivin $(Mg, Fe)_2$ $[SiO_4]$, Granat $Ca_3Al_2[SiO_4]_3$, Spodumen $LiAl[Si_2O_6]$, Talk $Mg_3[Si_4O_{10}]$ $(OH)_2$, Serpentin $Mg_3[Si_2O_5]$ $(OH)_4$ und Kaolinit $Al_2[Si_2O_5]$ $(OH)_4$.

Quarz ist die häufigste Erscheinungsform des SiO_2; natürliche Abarten sind z. B.: Bergkristall (klar), Amethyst (violett), Citrin (gelb), Rauchquarz (braun) und Rosenquarz (rosa). SiO_2 ist außerdem Gemengebestandteil von Granit, Glimmer, Gneis, Sandstein und Sand. Wasserhaltige Siliciumdioxide sind: Opal, Achat, Onyx, Jaspis und Feuerstein.

Asbest ist ein faserartiges Silikatmineral; es besteht in erster Linie aus Serpentin. Einige Asbeste sind unbrennbar und lassen sich verspinnen. Verwendung als Schutzkleidung.

Asbest ist gesundheitsschädlich. Einatmen führt zur Asbestlunge.

Gewinnung: Im Labor aluminothermisch aus SiO_2:

$$3\,SiO_2 + 4\,Al \rightarrow 3\,Si + 2\,Al_2O_3 \qquad \Delta H = -619\ kJ.$$

Anschließende Trennung durch Salzsäure, das unlösliche Si bleibt zurück.

Technische Gewinnung durch Reduktion von Quarz mit Kohlenstoff oder Calciumcarbid in elektrischen Öfen:

$$SiO_2 + 2\,C \rightarrow Si + 2\,CO \qquad \Delta H = +691\ kJ$$

$$SiO_2 + CaC_2 \rightarrow Si + 2\,CO + Ca \qquad \Delta H = +754\ kJ.$$

Reinstsilicium wird durch thermische Reduktion bei 1200 °C aus Silicochloroform mit Wasserstoff gewonnen:

$$HSiCl_3 + H_2 \rightarrow Si + 3\,HCl.$$

Im anschließenden Zonenschmelzverfahren werden die Verunreinigungen bis auf 10^{-9} % gesenkt.

Verwendung in reiner Form fast ausschließlich als Halbleiter, seltener in optischen Linsen und Prismen für ultrarotes Licht. Siliciumverbindungen sind Desoxidationsmittel bei der Stahlerzeugung. Legierungssubstanz von Eisen und Stählen (Ferrosilicon) sowie Hauptbestandteil von Glas, Porzellan, Steingut und Zement. Si ist Basismaterial für Solarzellen. Wichtigste Quelle für solarzellenreines Si ist Reisstroh.

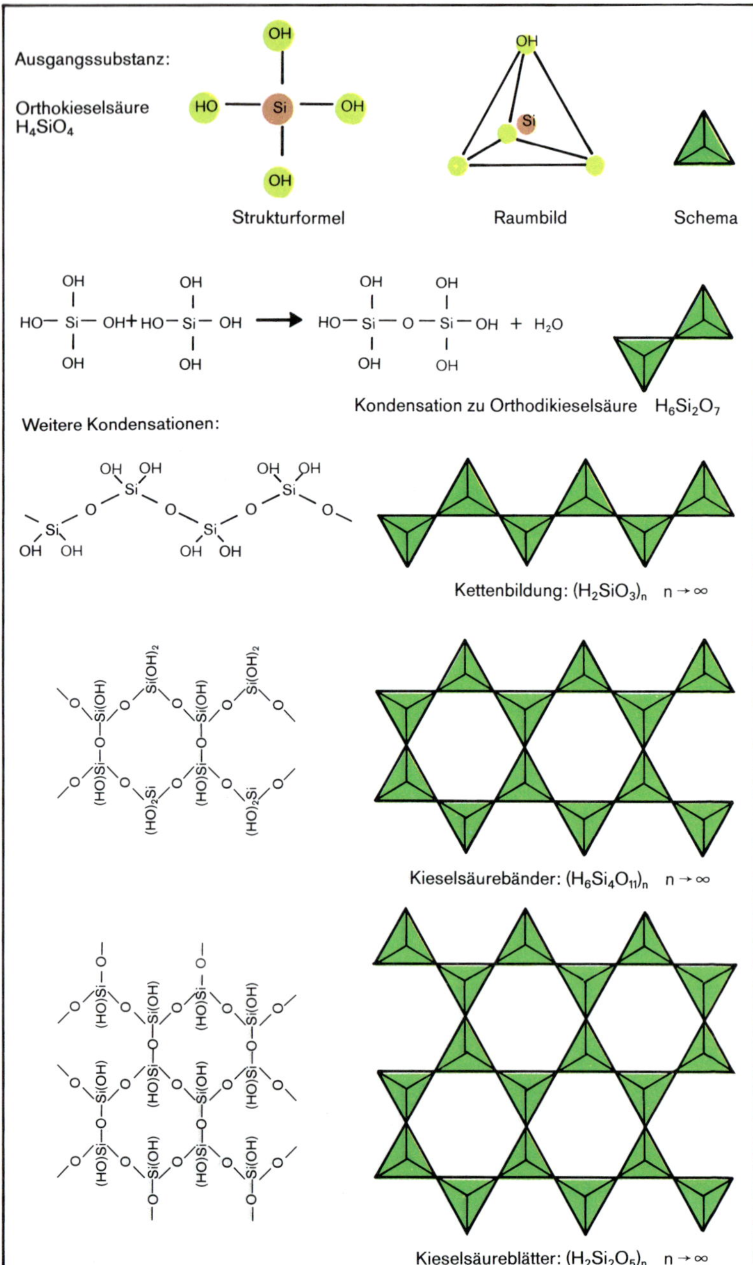

Kondensationsprodukte der Kieselsäure

Wichtige **Verbindungen**

Siliciummonoxid SiO ist eine schwarze, amorphe und faserartige Substanz. Sie oxidiert bereits bei Raumtemperatur zu SiO_2; auf Oberflächen aufgetragen bildet sie auf diese Weise inaktive Schutzschichten und -überzüge.

Siliciumdioxid SiO_2 (Schmelzpunkt: 1713 °C, Verdampfungspunkt: 2230 °C) kommt in kristalliner und amorpher (feinkristalliner) Form vor. Es ist in der Natur weit verbreitet und tritt in mindestens 8 verschiedenen Modifikationen auf: Quarz, Coesit, Stiskovit, Tridymit, Cristobalit, Silica K, Silica O und amorphes bzw. feinkristallines SiO_2. Mit Ausnahme von Stiskovit (Koordinationszahl 6) sind die Si-Atome im Gitter tetraedrisch von jeweils 4 Sauerstoffatomen umgeben.

Stabile Modifikationen sind: Trigonaler α-Quarz (bei Raumtemperatur die einzige stabile Form), hexagonaler β-Quarz, hexagonaler β-Tridymit und kubischer β-Cristobalit. An den entsprechenden Umwandlungspunkten gehen die Modifikationen von einer Form in die andere über. Oberhalb 1713 °C liegt SiO_2 als amorphe Schmelze vor.

Metastabile Modifikationen sind: Rhombischer α-Tridymit, tetragonaler α-Cristobalit und Quarzglas, die amorphe, unterkühlte Schmelze.

Die Umwandlungsgeschwindigkeit der metastabilen Formen in die stabilen ist sehr klein; beim Quarzglas heißt diese Umwandlung *entglasen.*

Amorphe (feinkristalline) Formen des SiO_2 sind: Kieselgur, Opal und die Abarten des Chalcedon.

SiO_2 ist chem. sehr träge; es reagiert mit Flußsäure:

$$SiO_2 + 6\,HF \rightarrow H_2SiF_6 + 2\,H_2O.$$

Gegen Alkalilaugen ist SiO_2 sehr beständig, dagegen bildet es mit geschmolzenen Alkalihydroxiden Silicate, z. B.

$$SiO_2 + 2\,NaOH \rightarrow Na_2SiO_3 + H_2O.$$

Der hohe Schmelzpunkt, die chemische Widerstandsfähigkeit und der sehr kleine thermische Ausdehnungskoeffizient bestimmen die Verwendung von SiO_2: Tiegel, Schalen, Kolben und andere Gerätschaften der Chemie.

Klares Quarzglas wird durch Schmelzen und Entgasen von Bergkristall gewonnen, weißes Quarzgut durch Sintern und Entgasen von Quarzsand.

Quarzlinsen, -prismen und -fasern werden in optischen Instrumenten im UV-Bereich eingesetzt, da SiO_2 im langwelligen UV-Bereich transparent ist. *Kieselgur* besteht zu 70 % aus den Schalen der Kieselalge; sie dient als Füllstoff und als Absorbens.

Gläser sind unter Polymerisation amorph erstarrte Schmelzen saurer und basischer Oxide mit SiO_2 als Hauptbestandteil. Gläser sind metastabil, d. h. sie kristallisieren ganz langsam aus (und werden dabei trübe). Herstellung aus einem Gemisch von Quarzsand und basischen Oxiden (z. B. Soda, Pottasche, Kreide, Kalkstein, Borax, Kaolin, Feldspat), je nach gewünschter Glassorte.

Beispiel: Die Ausgangssubstanzen für Fensterglas (Natron-Kalk-Glas) sind Quarzsand, Soda und Kreide.

Das Gemisch wird bei 1000 °C in Tongefäßen geschmolzen und anschließend bei 1500 °C *geläutert* (Entgasen, Beseitigen von Einschlüssen). Beim Abkühlen bleibt die Schmelze über weite Temperaturbereiche zäh und läßt sich dann durch Blasen, Pressen und Ziehen bearbeiten. Glasschmelzen müssen langsam abkühlen, sonst treten hohe innere Spannungen auf.

Die Glaserzeugung in Deutschland stammt zu 75 % aus Altglas; der jährliche Umsatz übersteigt 8 Milliarden Euro.

Silicate sind die Verbindungen der Kieselsäure.

Orthokieselsäure H_4SiO_4 ist eine sehr schwache Säure und frei nur in großer Verdünnung vorübergehend beständig.

Dissoziation in Wasser:

$$H_4SiO_4 + 2\,H_2O \rightleftharpoons H^+ + HSi(OH)_6^- \rightleftharpoons 2\,H^+ + Si(OH)_6^{--}$$

($p_{k_1} = 9{,}51$; $p_{k_2} = 11{,}77$).

Jedes Si-Atom ist von 4 O-Atomen umgeben (Koordinationszahl 4), $Si(OH)_4$ bildet ein Tetraeder mit Si im Mittelpunkt und OH an allen 4 Ecken.

Oberhalb und unterhalb pH = 3,20 spaltet die Orthokieselsäure Wasser ab, und zwar intermolekular, d. h. sie kondensiert zur *Orthodikieselsäure* $H_6Si_2O_7$:

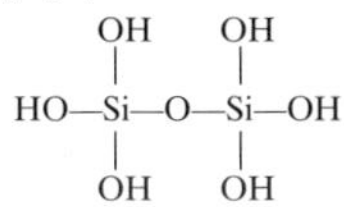

Weitere Kondensation führt unter Wasseraustritt zu höheren Kieselsäuren.

Es ist schwierig, den Kondensationsvorgang der Orthokieselsäure bei einer vorgegebenen Stufe anzuhalten. Es gelingt, wenn der Wasserstoff in den OH-Gruppen teilweise durch Metalle (es entstehen Silicate) oder die OH-Gruppen selbst durch einbindige organische Reste (es entstehen Silicone) ersetzt wird.

Metakieselsäuren $[H_2SiO_3]_n$, n = 3,4 oder 6, entstehen, wenn bei der Kondensation der Orthokieselsäuren die Moleküle sich zu einem Ring schließen:

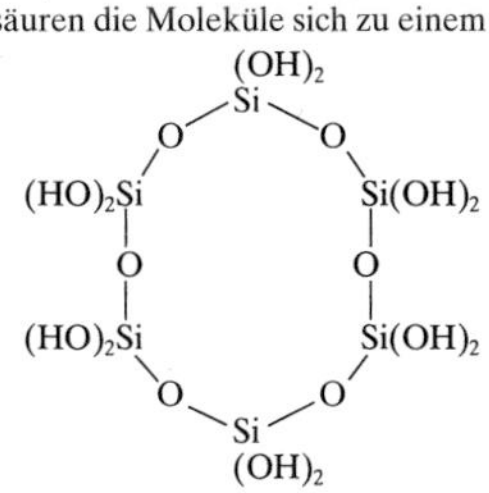

hexamere Kieselsäure

Polykieselsäuren $(H_2SiO_3)_n \cdot H_2O$ entstehen bei der Kondensation von Orthokieselsäuren für $n \gg 6$. Es handelt sich um Ketten, deren Enden durch H und OH abgeschlossen sind:

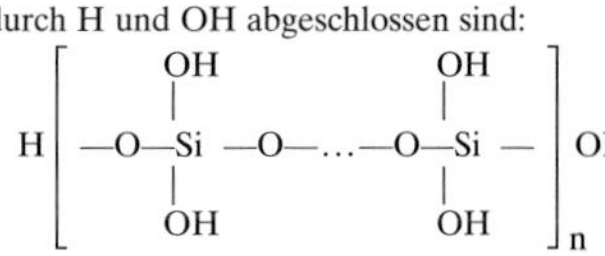

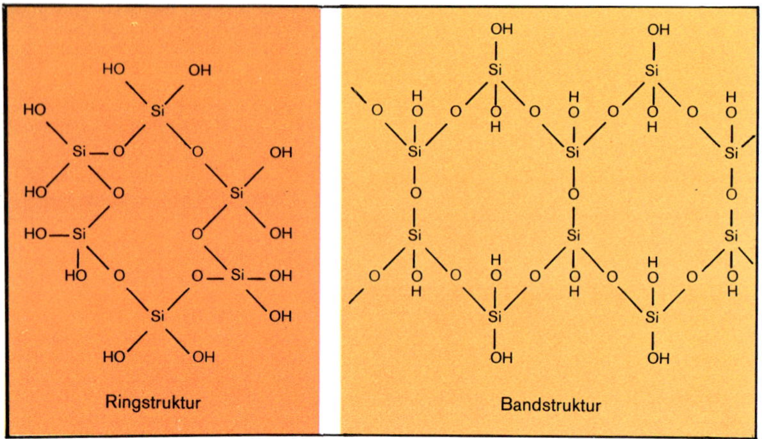

Strukturformeln zweier polymerer Kieselsäuren

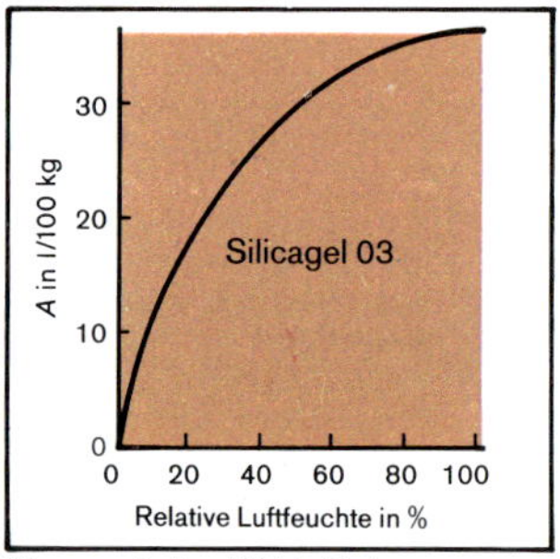

Wasseraufnahmefähigkeit *A* eines Silicagels

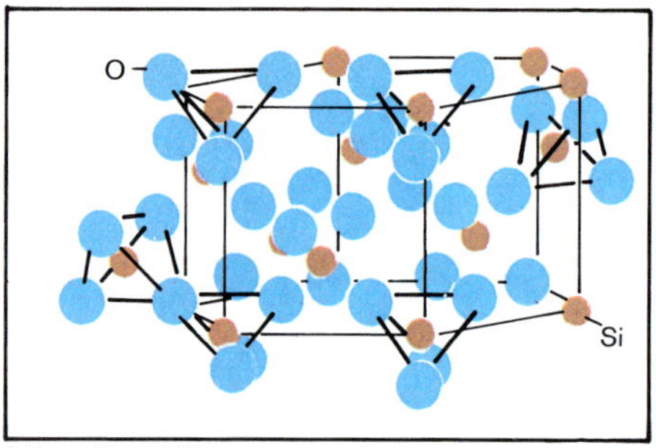

β-Quarz Raumbild (einige SiO_4-Tetraeder sind herausgehoben)

Silicat-Struktur	Zusammensetzung	Mineral
Insel-Silicate	$Be_2[SiO_4]$	Phenakit
	$(Mg, Fe)_2[SiO_4]$	Olivin
	$Zn_4[Si_2O_7](OH)_2 \cdot H_2O$	Kieselgalmei
	$Ca_3[Si_3O_9]$	α-Wollastonit
	$Al_2Be_3[Si_6O_{18}]$	Beryll
Ketten-Silicate (Pyroxene)	$LiAl[Si_2O_6]$	Spodumen
	$Ca[SiO_3]$	β-Wollastonit
Band-Silicate (Amphibole)	$Ca_2Mg_5[Si_8O_{22}](OH, F)_2$	Tremolit
	$Na_3(Al, Mg)_5[(Si, Al)_8O_{22}](OH)_2$	Glaukophan
Schicht-Silicate	$Mg_3[Si_4O_{10}](OH)_2$	Talk
	$Mg_3[Si_2O_5](OH)_4$	faseriger Serpentin
	$Al_2[Si_2O_5](OH)_4$	Kaolinit

Silicate

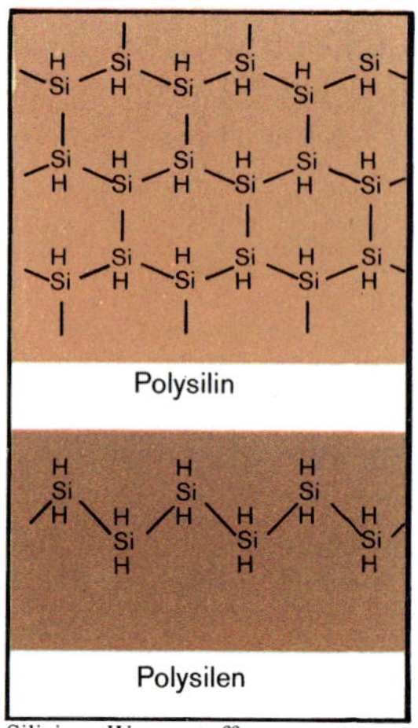

Silicium-Wasserstoffe

Silicagel (Kiesel-Xerogel) ist trockene, pulvrigkörnige, sehr oberflächenreiche Polykieselsäure. Es ist ein gutes Adsorptionsmittel und wird zum Trocknen und Reinigen sowie als Katalysator verwandt. Die Eigenschaften des Silicagel können durch den Herstellungsprozeß weitgehend gelenkt werden. *Kieselgur* (Infusorienerde) ist das äquivalente Naturprodukt.

Die Ketten der Polykieselsäure können unter Wasserabspaltung zu ebenen Bändern $(H_6Si_4O_{11})_n$ und Blättern $(H_2Si_2O_5)_n$ zusammentreten. Die einzelnen Ketten sind über Si–O–Si verbunden. Die Blattstrukturen verknüpfen sich unter weiterer Wasserabspaltung zu einem Raumnetz, bei dem jedes Si-Atom von 4 O-Atomen und jedes O-Atom von 2 Si-Atomen umgeben ist. Das ist das Anhydrid der Kieselsäure (β-Cristobalit): $(SiO_2)_n$.

Die Wasserlöslichkeit der Kieselsäuren sinkt mit wachsendem n: Orthokieselsäure ist leicht löslich (bis zu 0,128 g pro l), das Anhydrid $(SiO_2)_n$ ist unlöslich.

Alkalisilicate entstehen durch Verschmelzen von gemahlenem Quarzsand und Alkalicarbonaten bei 1300 °C, z. B. Natriumsilicat:

$$2\,SiO_2 + 4\,Na_2CO_3 \rightarrow 2\,Na_4SiO_4 + 4\,CO_2.$$

Wasserglas (Kaliwasserglas, Natronwasserglas) heißt die wäßrige Lösung von Alkalisilicaten. Es sind klare, viskose Flüssigkeiten der Dichte 1,4–1,5 g/cm³. Wird Wasserglas angesäuert, so entstehen freie Kieselsäuren, die kondensieren und gallertartig erstarren. Verwendung als mineralische Leime zum Kleben von Glas und Porzellan, als Flammschutzüberzug, Konservierungsmittel und – mit Spuren von Eisen – als Silicatfarben.

Natürliche Silicate sind in allen für die Kieselsäurederivate beschriebenen Strukturen bekannt, von niedermolekularen Abkömmlingen der Ortho- und Metakieselsäure (Insel-Silicate) bis zu den Derivaten der Polykieselsäuren mit Raumnetzstruktur (Gerüst-Silicate).

Da die zwischen den Ketten, Bändern und Netzen wirksamen Ionenbindungen sehr viel schwächer sind als die innerhalb der Ketten, Bänder und Netze vorhandenen Atombindungen, sind die Silicate gut spaltbar in den entsprechenden Richtungen (z. B. Faserstruktur der Asbeste, Blättchenstruktur der Glimmer, Verschiebbarkeit der Schichten gegeneinander beim Talk).

Silicone sind jene Kondensationsprodukte der Kieselsäuren, bei denen die OH-Gruppen teilweise durch organische Reste ersetzt sind. Entsprechend können Silicone mit Ketten-, Ring-, Band-, Blatt- und Raumnetzstruktur auftreten, je nach den Darstellungsbedingungen.

Silicone sind wasserabstoßend, thermisch und chemisch sehr beständig. Da ihre Eigenschaften durch den Synthetisierungsprozeß festgelegt werden können, finden sie weite Verbreitung als Öle, Harze und kautschukartige Substanzen (Silicongummi).

Herstellung durch Anlagerung von Alkylhalogeniden an Si bei der *Rochow-Synthese* und Hydrolyse der Alkylsiliciumchloride zu Silanolen, die zu Siliconen kondensieren, z. B.:

$$4\,RCl + 2\,Si \rightarrow 2\,R_2SiCl_2$$
($R = C_nH_{2n+1}$, Alkylrest).

Silane Si_nH_{2n+2} entsprechen formal den Alkanen (Kohlenwasserstoffe).

Monosilan SiH_4 entsteht z. B. durch Hydrierung von SiO_2 bei 175 °C und 400 bar in einer Al-haltigen $NaCl/AlCl_3$-Schmelze:

$$Al + AlCl_3 \xrightarrow{+H_2} AlH_nCl_{3-n} \xrightarrow{+SiO_2} SiH_4.$$

Bei Energiezufuhr durch elektrische Entladungen tritt das gasförmige Monosilan über Di- und Trisilane zu kettenförmigen, festen *Polysilanen* (entsprechend dem Polyethylen beim Kohlenstoff) zusammen.

Silane sind beständig gegen Säuren, reagieren jedoch explosionsartig in Gegenwart von Luft, Wasser oder Alkohol.

Für $n \rightarrow \infty$ gehen die Polysilane in kettenförmige Polysilene $(SiH_2)_\infty$ oder blattförmige Polysiline $(SiH)_\infty$ über.

Siliciumtetrafluorid SiF_4 ist ein stechend riechendes, farbloses, an Luft rauchendes Gas. Darstellung (in zweistufiger Reaktion) durch Einwirken von konzentrierter Schwefelsäure auf gemahlenen Flußspat und Quarzsand:

$$2\,CaF_2 + 2\,H_2SO_4 \rightarrow 2\,CaSO_4 + 4\,HF$$
$$4\,HF + SiO_2 \rightleftharpoons SiF_4 + 2\,H_2O.$$

Die konzentrierte Schwefelsäure wirkt wasserentziehend und verschiebt das Gleichgewicht nach rechts. Das tetraedrische SiF_4-Molekül ist sehr beständig und bei Feuchtigkeitsausschluß sehr reaktionsträge. Mit Wasser hydrolysiert SiF_4 zu Flußsäure, die dann ihrerseits mit noch vorhandenem SiF_4 zu gallertartiger, giftiger Hexafluorokieselsäure H_2SiF_6 reagiert; Summenreaktion:

$$3\,SiF_4 + 2\,H_2O \rightarrow SiO_2 + 2\,H_2SiF_6.$$

Siliciumcarbid SiC bildet druck- und säurefeste, farblose Kristalle mit Diamantstruktur. Die Ritzhärte nach Mohs liegt nur 4 % unter der von Diamant. SiC ist meist durch Verunreinigungen dunkel gefärbt *(Carborund)*. Technische Darstellung durch Erhitzen von Koks und Quarzsand bei 2000 °C:

$$SiO_2 + 3\,C \rightarrow SiC + 2\,CO \qquad \Delta H = +626\ kJ.$$

Verwendung als Schleifmittel, zur Herstellung feuerfester, hochbeanspruchbarer Teile und als elektrische Heizstäbe *(Silit)*.

Die SiC-Produktion in Deutschland beträgt rund 55 000 t/a.

Ferrosilicium ist eine Si-Fe-Legierung mit unterschiedlichen Si-Gehalten (zwischen 15 und 90 %). Herstellung in Hochöfen und Lichtbogenöfen. Als Desoxidationsmittel wird es in großen Mengen bei der Stahlherstellung zur Sauerstoffbindung und zur Verbesserung der Säurebeständigkeit verwandt.

Siliciumnitrid Si_3N_4 ist ein Material für Keramik-Motoren und wird bereits großtechnisch produziert.

Ge 66	Ge 67	Ge 68	Ge 69	Ge 70	Ge 71	Ge 72	Ge 73	Ge 74	Ge 75	Ge 76	Ge 77	Ge
2,3 h	18,7 min	287 d	39 h	20,7	11,2 d	27,5	7,7	36,4	83 min	7,7	11,3 h	88
β^+, γ	β^+, γ	ε	β^+, γ		ε				β^-		β^-	β^-

Die wichtigsten Nuklide des Germaniums

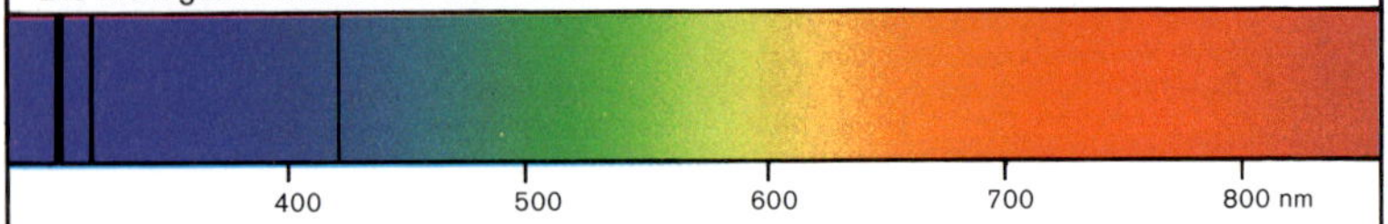

Die Hauptlinien des Germaniums

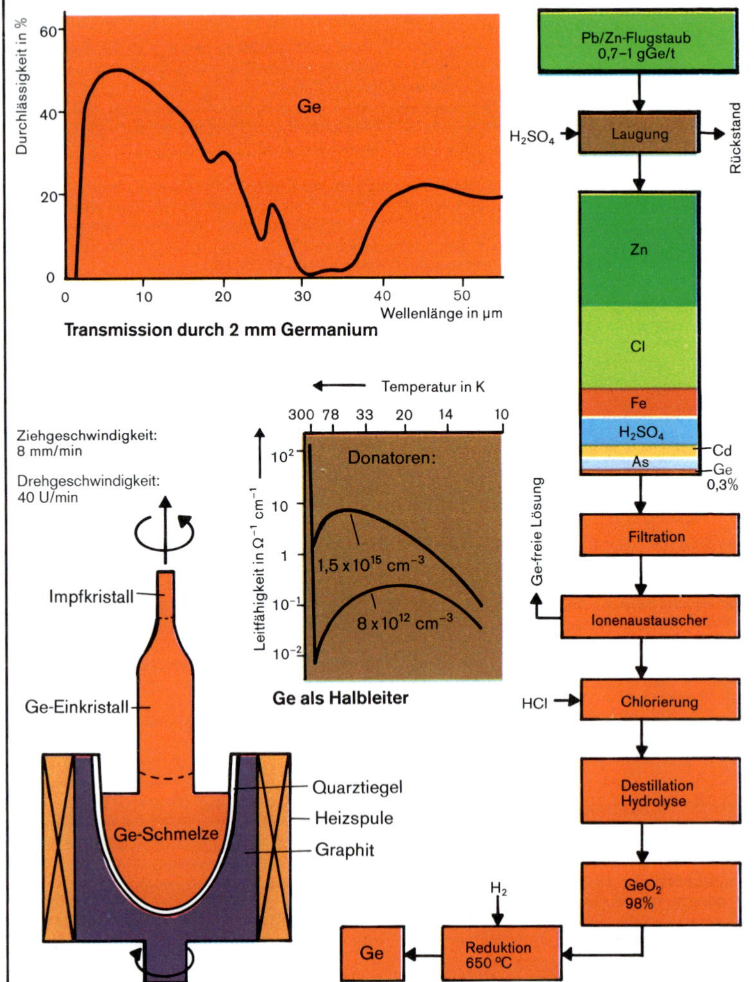

Transmission durch 2 mm Germanium

Ge als Halbleiter

Ziehen eines Ge-Einkristalls

Ge-Gewinnung als Nebenprodukt bei der Zink-Verhüttung

Germanium (Elementsymbol: Ge) ist das 3. Element der 4. Hauptgruppe des Periodensystems. C. WINKLER isolierte 1886 das Element aus dem im Vorjahr entdeckten Silbererz Argyrodit. Ihm war aufgefallen, daß die quantitative Analyse des Erzes regelmäßig einen Fehlbetrag von etwa 7% aufwies. Das neue Element zeigte alle jene Eigenschaften, die D. MENDELEJEW bereits 1871 für das Eka-Silicium vorhergesagt hatte.

Eigenschaften: Ge ist ein schwarz-graues, sehr sprödes Halbmetall mit Diamantgitter-Struktur und der Dichte 5,323 g/cm^3. Oberhalb 500 °C ist Ge plastisch verformbar. Die rel. Atommasse ist 72,59; es gibt 5 stabile Ge-Isotope. Die Halbwertszeiten der 29 instabilen Ge-Isotope liegen zwischen 7 ms und 287 d (^{68}Ge).

Ge ist ein Halbleiter, die elektrische Leitfähigkeit wächst proportional zur Temperatur. Flüssiges Ge expandiert beim Erstarren um 6,6%; es ist im Ultrarot-Bereich gut durchlässig.

Die Elektronenkonfiguration ist [Ar] $(3d)^{10}$ $(4s)^2$ $(4p)^2$, die Oxidationszahlen sind +4 und (selten) +2. In der Natur kommen nur vierwertige Ge-Verbindungen vor; sie haben große Ähnlichkeit mit den entsprechenden Si-Verbindungen.

An Luft ist Ge beständig. In einer O_2-Atmosphäre wird oberhalb 400 °C die Oberfläche des Halbmetalls passiviert, Wasserdampf hebt diese Passivierung wieder auf. Wasser, Salzsäure, verdünnte Schwefelsäure und Basen greifen Ge nicht an, Salpetersäure und konzentrierte Schwefelsäure zersetzen es. Mit Si bildet Ge Mischkristalle, mit anderen Metallen niedrig schmelzende eutektische Legierungen.

Beispiel: Eine Legierung aus 24% Ge und 76% Au schmilzt bereits bei 351 °C.

Ge ist nicht giftig; lediglich GeH_4 zeigt toxische Wirkungen.

Nachweis: Spektrometrie mit Hilfe der Linie bei 303,906 nm. Chemisch quantitativ bestimmt man Ge durch Abrauchen mit konzentrierter Salpetersäure als GeO_2. Der qualitative Nachweis erfolgt über GeS_2.

Vorkommen: Ge ist ein sehr seltenes Element; sein Anteil an der Erdrinde beträgt nur 0,00056 Gewichtsprozent.

Germaniummineralien sind: Argyrodit $4\,Ag_2S \cdot GeS_2$, Canfieldit $4\,Ag_2S \cdot (Sn, Ge)S_2$, Germanit $Cu_6FeGe_2S_8$ und Reniérit, ein Sulfid von Cu, Fe, Zn und As mit rund 7% Ge-Gehalt. Die Hauptvorkommen liegen in Namibia, Bolivien und der Dem. Rep. Kongo. Ge tritt auch zusammen mit Zinkblenden auf und ist spurenweise in einigen Steinkohlensorten zu finden.

Gewinnung: Die wichtigsten Erze sind Germanit und Reniérit, doch wird ein großer Teil des Ge aus der Flugasche von Kohle und als Nebenprodukt der Zink- und Kupferverhüttung gewonnen.

Bei den verschiedenen Aufschlüssen tritt als Zwischenprodukt zumeist Germaniumtetrachlorid $GeCl_4$ auf, das stets durch fraktionierte Destillation von As-Verunreinigungen befreit werden muß. In der Regel wird dann das $GeCl_4$ durch Hydrolyse in GeO_2 überführt und mit Wasserstoff bei 650 °C in Graphittiegeln zum Element reduziert. Die für Halbleiter notwendige Reinheit erzielt das Zonenschmelzverfahren. Der Anteil der Verunreinigungen in Reinst-Germanium liegt unter 10^{-10}.

Ge-Einkristalle (Durchmesser bis zu 12 cm, Längen über ein Meter) werden aus der Schmelze gezogen: Ein kleiner Ge-Kristall (Impfling) taucht dazu in die Oberfläche der Schmelze und wird unter Drehung sehr langsam herausgezogen. Der Ziehvorgang findet in einer inerten Schutzatmosphäre (N_2, He) oder im Vakuum statt.

Die Weltproduktion von Ge beträgt etwa 50–100 t/a.

Verwendung: Optische Elemente (Linsen, Prismen, Fenster) der Ultrarot-Spektroskopie verbrauchen etwa 50% des erzeugten Ge, häufig in Form von Einkristallen. Ge ist das wichtigste Element in der Halbleiterindustrie, die etwa 25% der Ge-Produktion aufnimmt. Weitere Verwendung als Katalysator und als Legierungsbestandteil.

Eine Germanium-Niob-Aluminium-Legierung wird bereits bei 20,7 K supraleitend und dient zur Herstellung von Magneten mit sehr hohen Feldstärken. Steigende Bedeutung hat Ge als Dotiersubstanz für SiO_2-Lichtleiter.

Wichtige **Verbindungen**

Germaniumdioxid GeO_2 ist ein weißes Pulver der Dichte 6,28 g/cm^3, das in zwei kristallinen und in einer amorphen, glasartigen Modifikation auftritt. Unterhalb 1049 °C ist es tetragonal, oberhalb hexagonal. Es ist löslich in Wasser, Salzsäure und in Alkalilaugen. Herstellung durch Hydrolyse von $GeCl_4$ oder durch Rösten von Ge oder GeS_2. GeO_2 ist die wichtigste Ausgangssubstanz für die industrielle Gewinnung von Ge. Direkt wird GeO_2 auch als Katalysator benutzt, weiterhin als Zusatz zu Gläsern, um deren Brechungsindex zu vergrößern.

Germanate – z. B. Na_2GeO_3, Mg_2GeO_4 – entstehen beim Zusammenschmelzen von GeO_2 und Metalloxiden; sie entsprechen im Aufbau den Silicaten. Gläser, in denen die SiO_2-Gruppen durch GeO_2-Gruppen ersetzt sind, haben einen besonders hohen Brechungsindex. Verwendung für Weitwinkellinsen und Objektive für Lichtmikroskope.

Germane Ge_nH_{2n+2} sind Germaniumwasserstoffe und entsprechen im formalen Aufbau den Silanen. Durch fraktionierte Destillation lassen sich die einzelnen Hydride trennen: Monogerman GeH_4, Digerman Ge_2H_6 und Trigerman Ge_3H_8. Oberhalb 300 °C zerfallen die Germane. Verwendung zum Aufbringen dünner Ge-Schichten mit Hilfe thermischer Zersetzung.

Germaniumorganische Verbindungen dienen als Chemotherapeutika gegen Bakterien.

Sn 111	Sn 112	Sn 113	Sn 114	Sn 115	Sn 116	Sn 117	Sn 118	Sn 119	Sn 120	Sn 121	Sn 122	Sn 1
35,3 min	1,0	115,1 d	0,66	0,35	14,4	7,6	24,1	8,6	32,8	50 a	4,7	12
β^+,γ		γ								β^-,γ		β^-

Die wichtigsten Nuklide des Zinns

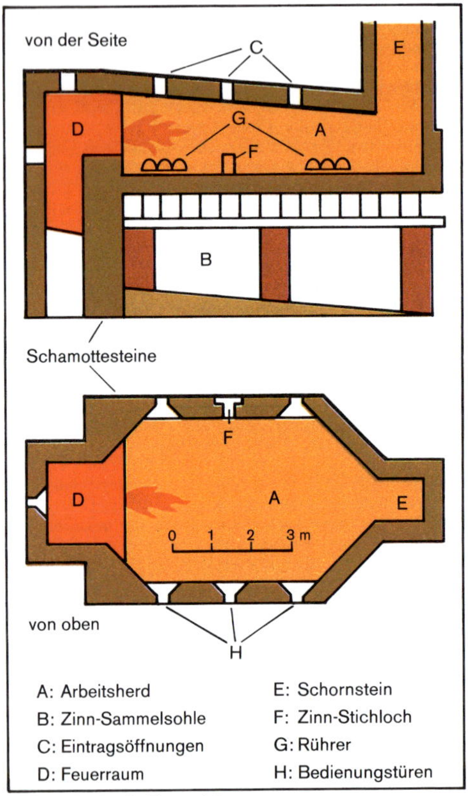

Flammofen für die Zinnverhüttung

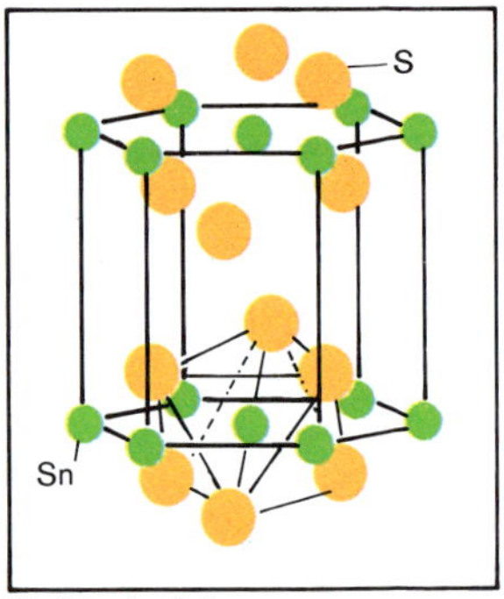

Struktur des SnS_2

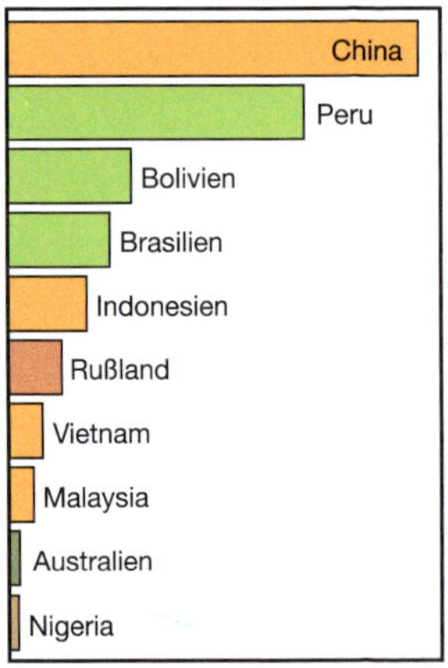

Die wichtigsten Sn-Produzenten (2003)

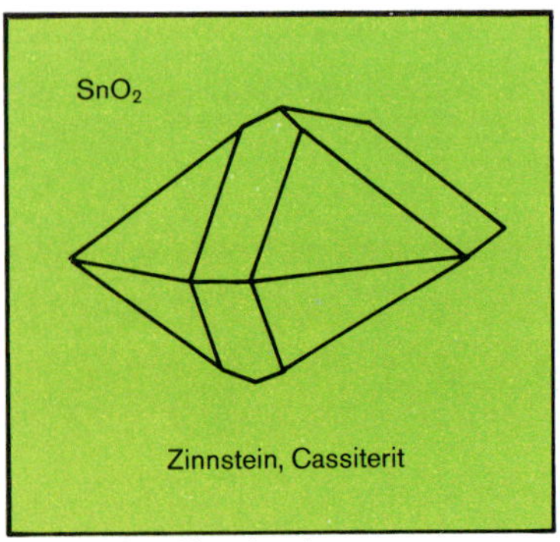

Das wichtigste Zinnmineral

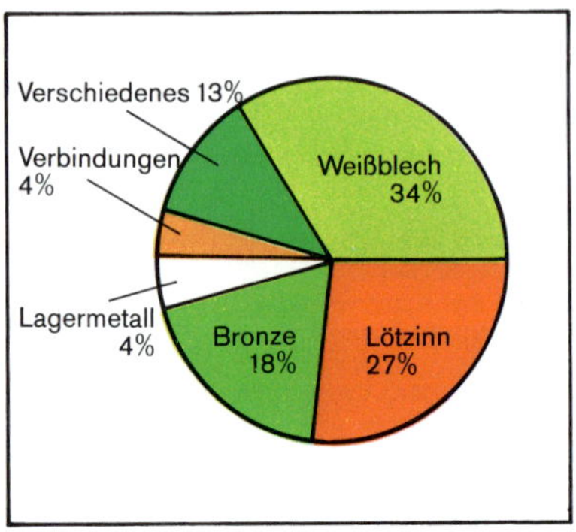

Industrieller Zinnverbrauch

Zinn (Elementsymbol: Sn) ist das 4. Element der 4. Hauptgruppe des Periodensystems. Das Symbol ist abgeleitet von lat. stannum = Zinn. Sn ist schon sehr lange bekannt; in Mesopotamien fertigte man Waffen und Werkzeuge aus Zinnbronzen, PLINIUS beschreibt eine Zinn-Blei-Legierung, und die Römer verzinnten bereits die Innenseiten von Kupfergefäßen.

Eigenschaften: Zinn ist ein silberweißes, glänzendes, weiches (Mohssche Härte: 1,8) Schwermetall. Zwei Modifikationen des Zinns sind bekannt: β-Zinn *(weißes Zinn)* ist eine metallische Modifikation mit tetragonalem Gitter. α-Zinn *(graues Zinn)* ist eine graue, vergleichsweise leichte Modifikation mit pulverförmiger, feinkristalliner Struktur. Für die praktische Verwendung ist es ohne Bedeutung. Unterhalb 13,2 °C geht die β-Modifikation sehr langsam in die α-Modifikation über. Spuren von α-Zinn beschleunigen die Umwandlung erheblich *(Zinnpest)*.

$$\beta\text{-Zinn} \xrightarrow{t < 13{,}2\,°C} \alpha\text{-Zinn} \qquad \Delta H = +2{,}1\ \text{kJ}.$$

Die rel. Atommasse ist 118,69; es gibt 10 stabile Sn-Nuklide, von denen ^{120}Sn mit 32,8 % am häufigsten ist. Die Halbwertszeiten der 32 instabilen Sn-Nuklide liegen zwischen 4 ms und $1 \cdot 10^5$ a (^{126}Sn).

Zinn hat einen für Metalle niedrigen Schmelzpunkt (232 °C), der Flüssigkeitsbereich ist groß (Δt = 2038 °C). Sn ist sehr dünnflüssig und dringt leicht in Spalten und Poren ein. Biegt man einen Zinnstab, so erzeugt die interne Kristallreibung das *Zinngeschrei.* Wird β-Zinn geätzt, so erscheinen an der Oberfläche eisblumenartige Zeichnungen (moiriertes Zinn).

Die Elektronenkonfiguration ist [Kr] $(4d)^{10}$ $(5s)^2$ $(5p)^2$, die Oxidationszahlen sind +4 und +2. Bei Raumtemperatur ist Zinn in Luft und Wasser sehr beständig. Wird es stark erhitzt, so verbrennt es mit hell-weißem Licht zu *Zinnasche.*

$$Sn + O_2 \rightarrow SnO_2 \qquad \Delta H = -582\ \text{kJ}.$$

Gegen schwache Säuren und Basen ist Sn beständig, starke Säuren und Basen lösen Sn unter Wasserstoffentwicklung auf:

$$\alpha\text{-}Sn + 4\,HCl \rightarrow SnCl_4 + 2\,H_2$$

$$\beta\text{-}Sn + 2\,HCl \rightarrow SnCl_2 + H_2.$$

Mit freien Halogenen reagiert Sn zu Tetrahalogeniden, ähnliche Reaktionen laufen mit S und P ab. Sn formt mit den meisten Metallen intermetallische Verbindungen.

Organozinn-Verbindungen stabilisieren PVC-Kunststoffe gegen UV-Licht.

Weder das Metall noch seine anorganischen Verbindungen (mit Ausnahme von SnH_4) sind giftig. Organische Sn-Verbindungen können dagegen sehr toxisch sein. Triorganozinn-Verbindungen sind Enzym-Gifte und sollten nicht in die Umwelt gelangen. Der Mensch nimmt täglich ca. 10 mg Sn mit der Nahrung auf und scheidet es unverändert aus.

Nachweis: Toluol-3,4-dithiol fällt aus Sn-Lösungen einen roten Niederschlag aus. Zweiwertiges Sn reagiert in saurer Lösung mit H_2S zu braunem Sulfid, vierwertiges Zinn zu gelbem Sulfid.

Vorkommen: Sn steht an 30. Stelle der Elementhäufigkeit. Der Anteil an der Erdrinde beträgt rund 0,004 Gewichtsprozent. Es tritt selten gediegen auf. Hauptvorkommen als rötlichbrauner Kassiterit, Zinnstein SnO_2, einem Erz der Dichte 7,1 g/cm³. Auch Stannin, Zinnkies Cu_2FeSnS_4 besitzt wirtschaftliche Bedeutung. Hauptvorkommen: China, Peru, Brasilien, Thailand, Malaysia.

Gewinnung: Zinnstein wird im gebrochenen Erz zuerst durch Schlämmen angereichert. Das Konzentrat enthält rund 75 % SnO_2, wird geröstet, anschließend mit Koks erhitzt und im Flammofen zum Metall reduziert:

$$SnO_2 + 2\,C \rightarrow Sn + 2\,CO \qquad \Delta H = +360\ \text{kJ}.$$

Die im Rohzinn noch vorhandenen Verunreinigungen, vor allem Fe, werden abgetrennt, indem man die Temperatur des Rohzinns geringfügig über dessen Schmelzpunkt erhöht. Zinn läuft dann ab, die anderen Bestandteile bleiben in der Schlacke – dieser Vorgang heißt *Seigern.* Die Reinheit kann durch anschließende Elektrolyse noch verbessert werden.

Große Bedeutung hat die *Rückgewinnung von Zinn* aus Blechabfällen. Die Entzinnung von Weißblech deckt rund $^1/_4$ des Sn-Bedarfs. Die Abfälle werden in Gegenwart von Nitraten in Natronlauge gelöst. Es entsteht Natriumstannat, aus dem das Zinn durch Elektrolyse extrahiert wird. Auch die direkte Elektrolyse von mit Zinn überzogenen Metallresten ist möglich. In diesem Falle entsteht an den Elektroden *Zinnschwamm.*

Weltproduktion Zinn: ca. 0,19 Mill. t/a, davon China 0,06 Mill. t/a. Deutschland verbraucht rund 20000 t/a.

Verwendung: Nur β-Zinn spielt wirtschaftlich eine Rolle. Reines Zinn wird direkt nur in kleinen Mengen verbraucht (Anodenmetall, Kondensatoren, Einsätze für Flaschenverschlüsse). Die Beständigkeit gegen schwache Säuren und Basen sowie die Ungiftigkeit bestimmen die Verwendung als Schutzschicht für Metalle. Die Hälfte des erzeugten Zinns dient dem Verzinnen von Eisenblech *(Weißblech)* für die Konservenindustrie. Der Überzug entsteht durch elektrolytisches Auftragen oder durch Tauchen. Als Material für Verpackungsfolien (Stanniol) ist Sn heute weitgehend von Al verdrängt. Wird fl. Sn mit fl. Glas überschichtet, so entstehen sehr plane Glasoberflächen (Pilkington-Verfahren). Sn ist ein wichtiger Legierungsbestandteil: Bronzen (Cu–Sn), Weichlote (*Lötzinn:* 64 % Sn, 36 % Pb, Schmelzpunkt: 181 °C), Lagermetalle (30 % Sn, Sb, Cu), Letternmetall (bis zu 15 % Sn). Lediglich 5–10 % der Sn-Produktion wird zu Sn-Verbindungen weiterverarbeitet.

Wichtige **Verbindungen**

Zinn(II)-chlorid $SnCl_2$ bildet klare Kristalle, die an Luft langsam zu Zinn(IV)-chlorid $SnCl_4$ oxidieren. $SnCl_2$ entsteht durch Auflösen von metallischem Zinn in Salzsäure:

$$Sn + 2\,HCl \rightarrow SnCl_2 + H_2 \qquad \Delta H = -326\ \text{kJ}.$$

Es kristallisiert als wasserlösliches Zinnsalz $SnCl_2 \cdot 2\,H_2O$, Entwässerung bei Rotglut im HCl-Strom. $SnCl_2$ ist ein starkes Reduktionsmittel.

Zinn(II)-hydroxid $Sn(OH)_2$ ist ein weißes Pulver. Das Hydroxid ist amphoter, d. h. mit Säuren bildet es Sn(II)-Salze, mit Basen *Stannate (II),* auch Stannite genannt.

Zinnwasserstoff SnH_4 ist ein giftiges Gas. Oberhalb 150 °C zerfällt es rasch und bildet auf den Gefäßwänden einen *Zinnspiegel:*

$$SnH_4 \rightarrow Sn + 2\,H_2 \qquad \Delta H = -163\ \text{kJ}.$$

Zinndisulfid (Musivgold) SnS_2 bildet durchscheinende, goldglänzende Blättchen. Es dient als Zinnbronze für Anstriche.

Pb 202	Pb 203	Pb 204	Pb 205	Pb 206	Pb 207	Pb 208	Pb 209	Pb 210	Pb 211	Pb 212	Pb 213	Pb 21
3,62 h	52,1 h	1,4	$1{,}4 \cdot 10^7$ a	24,1	22,1	52,4	3,25	22,3 a	36,1 min	10,64 h	10,2 min	26
γ	γ		ε				β^-	β^-, γ	β^-, γ	β^-, γ	β^-	β^-

Die wichtigsten Nuklide des Bleis

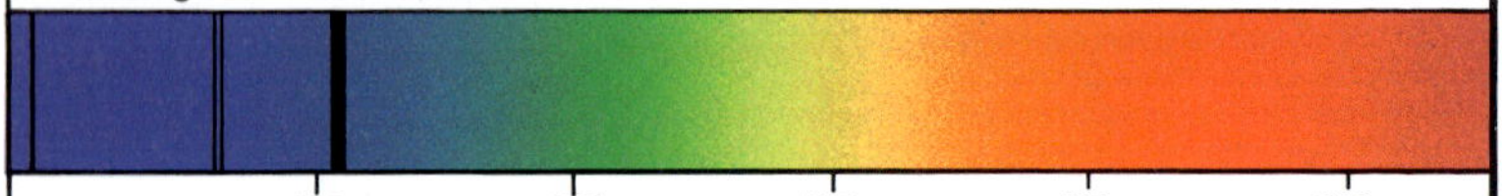

Die Hauptlinien des Bleis

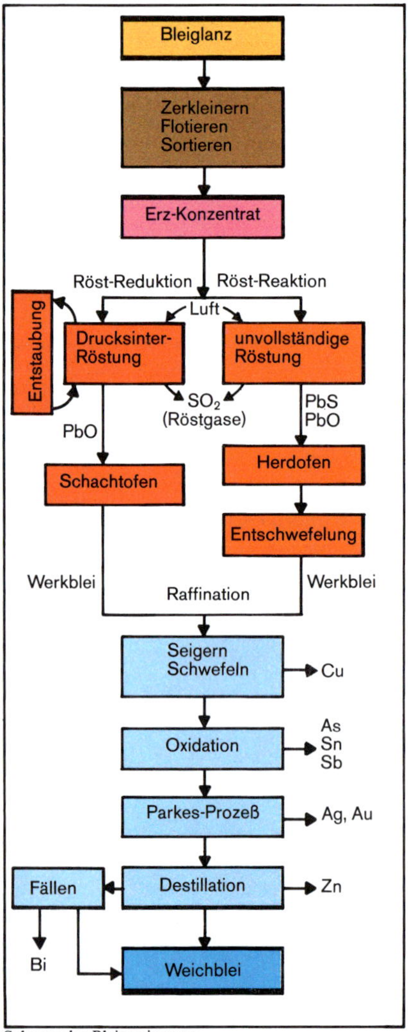

Schema der Bleigewinnung

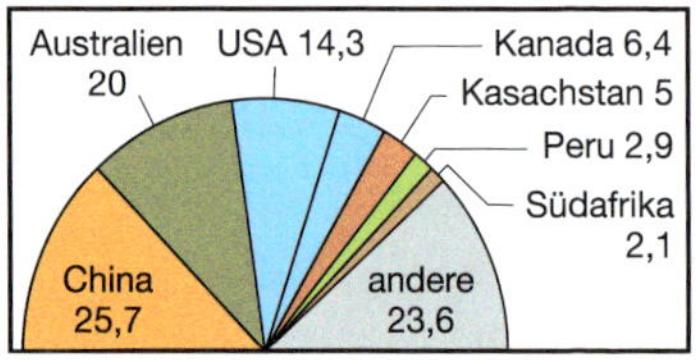

Bleierzvorräte der Welt (in %) (2003)

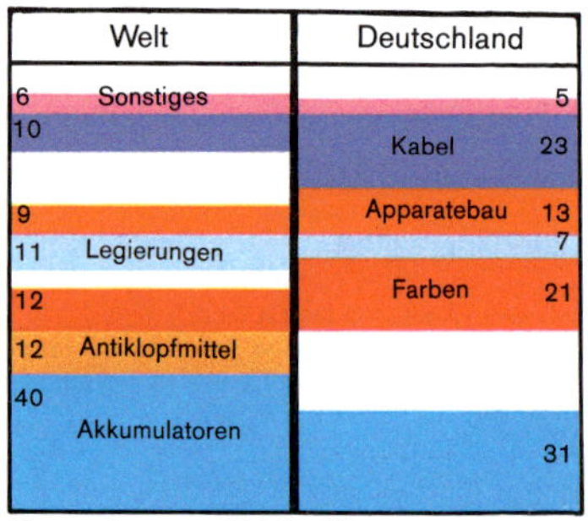

Verwendung von Blei (in %)

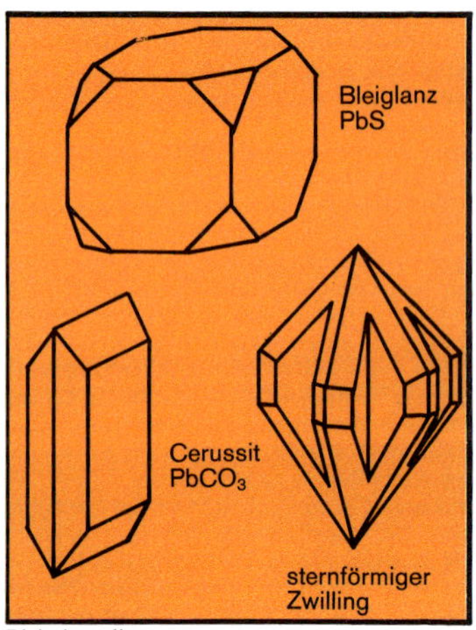

Bleimineralien

Blei (Elementsymbol: Pb) ist das 5. Element der 4. Hauptgruppe des Periodensystems. Der Name ist abgeleitet von lat. plumbum = Blei. Bereits die alten Ägypter kannten das Blei, die Römer nutzten es in großem Umfang als Gebrauchsmetall, vorwiegend für Wasserleitungen. Verglichen mit Kupfer spielte Blei jedoch stets nur eine untergeordnete Rolle. Mit Beginn des 20. Jh. änderte sich das: Die chemische Industrie und die Metallurgie verbrauchten große Mengen. Bis 1925 war Blei das wichtigste aller Nichteisenmetalle. Heute liegt seine Gewinnung nach Al, Cu und Zn an 4. Stelle.

Eigenschaften: Blei ist ein bläulich-weißes, glänzendes Schwermetall geringer Festigkeit und Elastizität. Das Metallgitter ist eine kubisch-dichteste Kugelpackung. Blei ist das weichste aller technisch verwandten Schwermetalle, auf Papier hinterläßt es einen grauen Strich. Die rel. Atommasse ist 207,2; von den 4 stabilen Pb-Isotopen überwiegt ^{208}Pb. Die Halbwertszeiten der 35 instabilen Pb-Isotope liegen zwischen 4,5 ms und $1{,}4 \cdot 10^7$ a (^{205}Pb). Blei ist das Endprodukt der drei natürlichen radioaktiven Zerfallsreihen.

Das Metall bildet an der Luft sofort eine stumpfe, graue Schutzschicht aus basischen Bleicarbonaten, die eine weitere Korrosion verhindert. Feinverteiltes Blei entzündet sich von selbst an der Luft. Elektrische und thermische Leitfähigkeit sind gering.

Die Elektronenkonfiguration ist [Xe] $(4f)^{14}$ $(5d)^{10}$ $(6s)^2$ $(6p)^2$, die Oxidationszahlen sind +2 und +4. Pb^{IV}-Ionen gehen leicht in Pb^{II}-Ionen über und sind daher ein starkes Oxidationsmittel.

In Gegenwart von O_2 greift Wasser Pb an:

$$2\,Pb + O_2 + 2\,H_2O \rightarrow 2\,Pb(OH)_2.$$

Hartes Wasser dagegen bildet an der Pb-Oberfläche einen dichten Überzug schwerlöslicher basischer Bleicarbonate $Pb(OH)_2 \cdot 2\,PbCO_3$. Schutzschichten entstehen auch in verdünnter Schwefelsäure und Flußsäure. Angegriffen wird dagegen Pb von konzentrierter Schwefelsäure, verdünnter Salpetersäure, Salzsäure, organischen Säuren (z. B. Essigsäure) und von heißen Basen.

Beim Erhitzen oxidiert Pb stufenweise:

Blei → (gelbe) Bleiglätte PbO → (rote) Mennige Pb_3O_4. In der Wärme verbindet sich Pb mit Schwefel und mit Halogenen.

Bei der Elektrolyse von Pb-Verbindungen scheidet sich Pb als verästelte, kristalline Masse *(Bleibaum)* oder als *Bleischwamm* an der Kathode ab. Bei Zugabe von Gelatine zum Elektrolyten bildet das Blei einen gleichmäßigen Kathodenbelag.

Toxikologie: Die chronische Aufnahme kleiner Bleimengen in Form von Staub, Dampf oder Rauch führt zu gefährlichen *Bleivergiftungen* (Inaktivierung der Enzyme für die Häm-Synthese, des Farbstoffs der roten Blutkörperchen). Seit 1887 ist die regelmäßige Untersuchung aller Bleiarbeiter gesetzliche Vorschrift. Inzwischen sind Bleivergiftungen selten, wenn, dann vorwiegend durch organische Verbindungen wie z. B. *Tetraethylblei* (TEL), das von der Haut resorbiert wird. Gebleites Benzin enthält 0,05 % TEL. Trinkwasser darf maximal 0,01 mg Pb/l und Luft maximal 0,2 mg Pb/m^3 enthalten.

Nachweis: H_2S fällt aus saurer Lösung schwarzes Bleisulfid PbS aus. Quantitativer Nachweis durch Elektrolyse salpetersaurer Lösung und Wägung des abgeschiedenen PbO_2.

Vorkommen: Der Anteil von Blei an der Erdrinde beträgt etwa 0,0018 Gewichtsprozent. Stellenweise tritt es gediegen auf, z. B. in schwedischen Eisenerzen und in Goldseifen. Bleimineralien sind stets zweiwertig und zumeist in Gangsystemen angereichert.

Wichtige *Bleimineralien:* Bleiglanz (Galenit) PbS ist das wirtschaftlich bedeutendste Mineral. Es ist häufig mit Zinkerzen vergesellschaftet und bildet graphitfarbene, metallisch glänzende, würfelförmige Kristalle. Andere wirtschaftlich wichtige Mineralien sind: Anglesit $PbSO_4$, Weißbleierz (Cerussit) $PbCO_3$, Buntbleierze $Pb_5(PO_4)Cl$ und Bleisulfosalze (z. B. Boulangerit $Pb_5Sb_4S_{11}$).

Die Hauptvorkommen liegen in Australien, China, Rußland, USA und Kanada.

Gewinnung: Fast ausschließlich aus sulfidischen Erzen. Da der Metallgehalt der Roherze bei 5 % liegt, reichert man ihn vor der Verhüttung durch Zerkleinern, Flotieren und Entwässern an. Das Konzentrat enthält 50–60 % Blei; es gibt zwei Verfahren für seine Verhüttung:

Röst-Reduktions-Verfahren: Die feinkörnigen Flotationskonzentrate werden durch Erhitzen im Luftstrom möglichst vollständig abgeröstet (totrösten) und dabei gleichzeitig gesintert, da die anschließende Reduzierung stückiges Material erfordert. Das Konzentrat liegt auf einem Wanderrost. Der Röstvorgang wird durch eine Zündflamme eingeleitet und durch Hindurchsaugen oder -drücken von Luft bei etwa 1000 °C in Gang gehalten. Als Zwischenprodukt entsteht $PbSO_4$, das zu PbO weiterreagiert. Gesamtvorgang:

$$2\,PbS + 3\,O_2 \rightarrow 2\,PbO + 2\,SO_2.$$

Das Nebenprodukt SO_2 wird der Schwefelsäureherstellung zugeführt. Große Drucksintermaschinen rösten bis zu 200 t PbS pro Tag ab. Das beim Rösten entstehende Sintergut wird anschließend in Bleischachtöfen mit Koks zum Metall reduziert:

$$PbO + CO \rightarrow Pb + CO_2.$$

Das noch unreine Blei *(Werkblei)* sammelt sich im unteren Teil des Ofens und fließt kontinuierlich ab, die Schlacke wird fortlaufend abgezogen.

Röst-Reaktions-Verfahren: Es kommt in erster Linie für hochprozentige PbS-Konzentrate in Frage und beruht auf der Umsetzung von Bleioxid mit Bleisulfid unter Bildung von metallischem Blei. Der Bleiglanz wird zuerst unvollständig geröstet,

$$3\,PbS + 3\,O_2 \rightarrow PbS + 2\,PbO + 2\,SO_2$$

und die Reaktionsprodukte werden unter Luftabschluß noch weiter erhitzt:

$$PbS + 2\,PbO \rightarrow 3\,Pb + SO_2.$$

Werkblei enthält bis zu 10 % fremde Bestandteile, vor allem Cu, Sn, Sb, As und Edelmetalle. In der anschließenden *Bleiraffination* werden die wertvollen Bestandteile – vor allem Silber – entweder selektiv durch pyrometallische Verfahren (90 % aller Anlagen) oder elektrolytisch entfernt. Für die Wirtschaftlichkeit ist die Entsilberung des Werkbleies wichtig. *Weichblei* (etwa 99,7 % rein), das Endprodukt der Raffination, wird zu Barren und Platten vergossen.

Weltproduktion Blei: (2003) 3,1 Mill. t/a. Hauptproduzenten: Australien (22,2 %), China (21,1 %), USA (13,9 %).

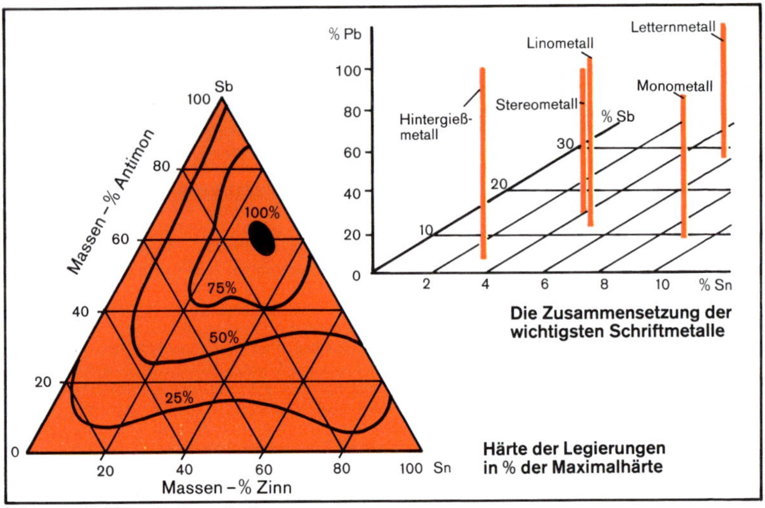

Härte von Blei-Zinn-Antimon-Legierungen

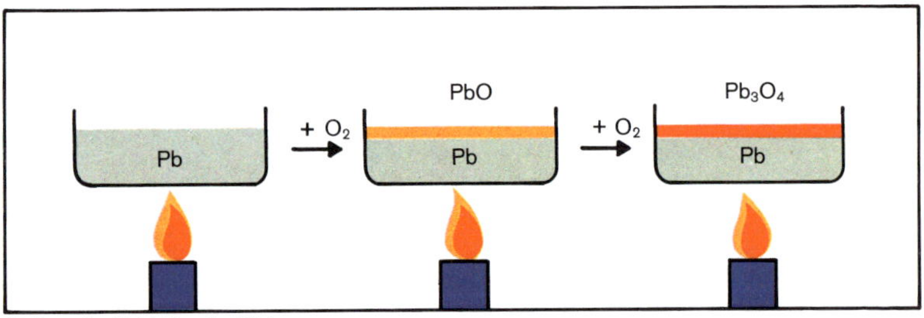

Stufenweise Oxidation des Bleis

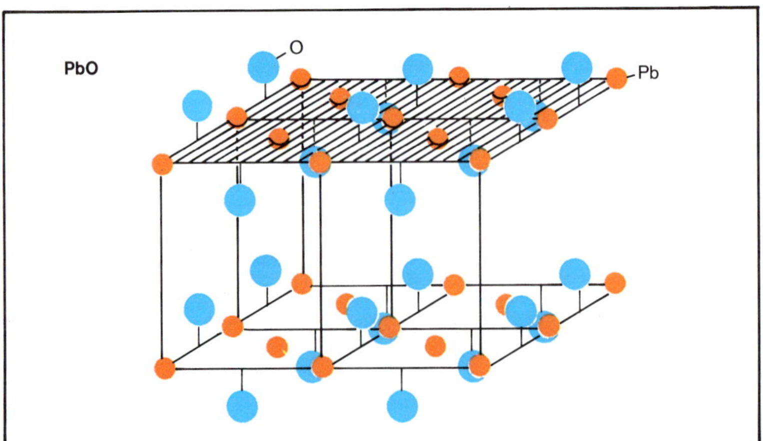

Kristallgitter von Blei(II)-oxid

Verwendung: Vorwiegend in legierter Form. Etwa 60% der Weltproduktion nehmen die elektrischen Akkumulatoren auf, rund 10% gehen in die Ummantelungen elektrischer Kabel. Weitere Verwendungen: Dichtungen und Abdeckungen im Bauwesen, Schallschutz für Maschinen, chemischer Apparatebau, Herstellung von Farbpigmenten und Antiklopfmitteln (TEL), Abschirmmaterial gegen Strahlungen.

Wichtige **Legierungen und Verbindungen**

Bleilegierungen verbessern die mechanischen Eigenschaften des Bleis nur unwesentlich; für die praktische Verwendung von Bleilegierungen sind geringe Härte, niedriger Schmelzpunkt und Korrosionsbeständigkeit ausschlaggebend.

Pb-Sb-Legierungen, Hartblei, stehen an erster Stelle aller Pb-Legierungen. Geringe Verunreinigungen an Cu und As sowie die Lagerzeit beeinflussen die Härte erheblich. Verwendung in erster Linie als Gitter in Akkumulatoren, Kabelmäntel, Wasserleitungsrohre, säurefeste Apparaturen.

Pb-Sn-Legierungen sind vor allem Lagermetalle und Lote.

Pb-Sn-Sb-Legierungen sind nach DIN 16512 genormt und dienen in erster Linie als Schriftmetall (Letternmetall). Der Pb-Gehalt liegt bei 70–90%.

Bleioxide:

Bleioxid (Bleiglätte) PbO tritt in zwei Modifikationen auf: Rotes, tetragonales Lithargit entsteht durch Oxidation von geschmolzenem Blei an Luft:

$2\,Pb + O_2 \rightarrow PbO_{rot} \qquad \Delta H = -219$ kJ.

Oberhalb 488 °C wandelt sich Lithargit in das gelbe, rhombische Massicolit um:

$PbO_{rot} \rightarrow PbO_{gelb} \qquad \Delta H = +1{,}68$ kJ.

Die gelbe Modifikation ist bei Raumtemperatur metastabil. Gelbes PbO ist besser wasserlöslich als rotes. Mit Säuren reagiert PbO zu neutralen und basischen Salzen, Reduktionsmittel führen es in der Wärme in das Metall über. PbO ist Ausgangsstoff für viele Bleisalze.

Bleidioxid, β-PbO_2 ist ein schwarz-braunes, stark oxidierendes Pulver mit tetragonaler Feinstruktur. Schon bei geringer Erwärmung spaltet es Sauerstoff ab:

$2\,PbO_2 \rightarrow 2\,PbO + O_2 \qquad \Delta H = +58{,}7$ kJ.

In Wasser ist es praktisch unlöslich, in Säuren geringfügig, in Kalilauge gut löslich.

α-PbO_2 ist die rhombische Hochtemperaturmodifikation.

Entsteht auch bei anodischer Oxidation des Pb im Bleiakkumulator.

Mennige Pb_3O_4 ist ein leuchtend rotes Pulver mit tetragonaler Kristallstruktur. Sie kann als Blei(II)-Salz der Orthobleisäure H_4PbO_4 betrachtet werden. Beim Erhitzen wird Mennige dunkel, oberhalb 550 °C zersetzt sie sich unter Sauerstoffabspaltung:

$2\,Pb_3O_4 \rightarrow 6\,PbO + O_2 \qquad \Delta H = +123$ kJ.

Mennige entsteht beim Erhitzen von feinverteiltem Bleioxid an Luft. Im Gemisch mit Leinöl dient Mennige als Antirostanstrich.

Es existiert auch eine schwarze Modifikation.

Blei(II)-chlorid $PbCl_2$ kristallisiert in weißen, seidenglänzenden Nadeln oder Prismen. Die erstarrte Schmelze ist schneidbar *(Hornblei).* $PbCl_2$ ist Ausgangsstoff für Bleichromat.

Bleinitrat $Pb(NO_3)_2$ bildet große, klare, kubische Kristalle und zerfällt oberhalb 470 °C:

$2\,Pb(NO_3)_2 \rightarrow 2\,PbO + 4\,NO_2 + O_2.$

Herstellung durch Auflösen von Pb, PbO_2 oder $PbCO_3$ in heißer Salpetersäure. Verwendung als Sauerstoffträger in Pyrotechnik und Zündholzindustrie.

Bleisulfat $PbSO_4$ findet sich in der Natur in Form rhombischer, glasklarer Kristalle (Anglesit, Vitriolbleierz). Unlöslich in Wasser, löslich in konzentrierten Säuren und Alkalibasen. Herstellung durch Umsetzen von PbO mit H_2SO_4 in wäßriger Lösung. Verwendung als Verdünnungsmittel für Bleichromate und als Substrat für Farblacke. Basische Bleisulfate (z.B. $3\,PbO \cdot PbSO_4 \cdot H_2O$) sind wichtige Wärmestabilisatoren in Vinylharzen.

Bleisulfid (Bleiglanz) PbS kristallisiert kubisch zu metallisch glänzenden Würfeln und Oktaedern. Es löst sich in verdünnter Salpetersäure und konzentrierter Salzsäure. Darstellung durch Erhitzen von Blei in Schwefelatmosphäre oder durch Ausfällen mit H_2S aus Bleiacetatlösung (tiefschwarzer Niederschlag). Der bei weitem größte Teil des Bleiglanzes dient der Gewinnung von metallischem Blei. Photoelektrische Zellen nutzen die Halbleitereigenschaften des PbS.

Bleicarbonat $PbCO_3$ kommt in der Natur als Cerussit (Weißbleierz) vor. Es ist leicht löslich in Säuren und Alkalibasen. Oberhalb 315 °C zerfällt es in giftige basische Carbonate (z.B. $Pb(OH)_2 \cdot 2\,PbCO_3$), die als Bleiweiß für Anstriche und in Keramiken dienen.

Bleichromat $PbCrO_4$ bildet die gelbroten Kristalle des Rotbleierzes. Als Chromgelb ist es trotz seiner Giftigkeit eine wichtige Malerfarbe.

Bleitetraethyl (TEL) $(C_2H_5)_4Pb$ ist eine farblose, ölige Flüssigkeit mit süßlichem Geruch. Sie ist wasserunlöslich, mischt sich jedoch mit organischen Lösungsmitteln. Technische Herstellung im Autoklaven bei 80 °C:

$$4\,NaPb + 4\,C_2H_5Cl \rightarrow (C_2H_5)_4Pb + 4\,NaCl + 3\,Pb.$$

TEL ist in kleinen Zusätzen zu Benzin ein Antiklopfmittel für Ottomotoren. Der Weltverbrauch ist auf <100000 t/a gesunken. Wegen der Toxizität und der Umweltgefährdung durch die Zersetzungsprodukte ist der Verbrauch an TEL stark rückläufig.

Wasserlöslichkeit der Pb-Verbindungen:

	Löslichkeit
Nitrate, Chlorate, Acetate	gut
Chloride	gering
Sulfide, Sulfate, Phosphate	unlöslich
Carbonate, Halogenide	

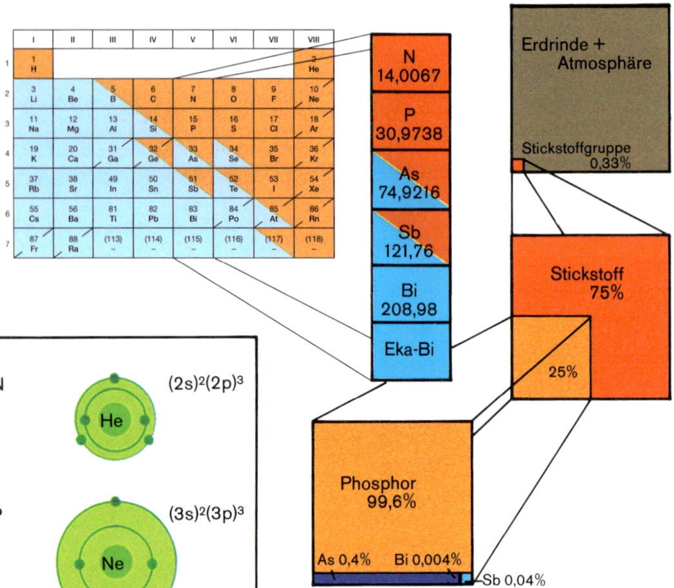

Die Stickstoffgruppe und ihre Elementhäufigkeit in der Erdrinde einschließlich Atmosphäre

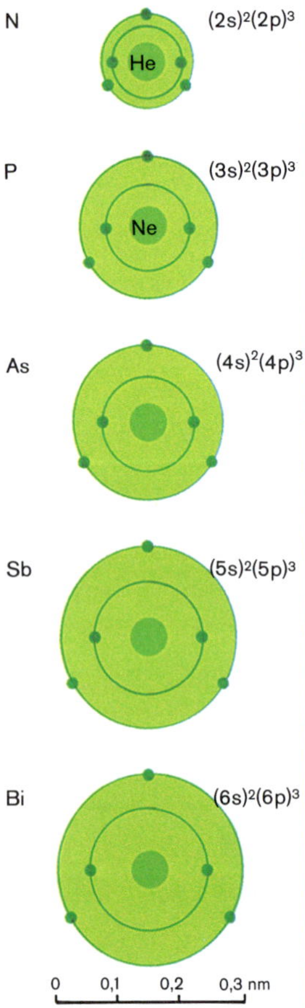

Valenzkonfiguration

N	P	As	Sb	Bi

- metallischer Charakter wächst →
- Affinität zu elektroneg. Elementen →
- ← Affinität zu elektropos. Elementen
- ← Säurecharakter der Oxide sinkt
- Salzcharakter der Halogenide steigt →

$NG + H_2O \longrightarrow$ keine Reaktion

$4\,NG + 3O_2 \longrightarrow NG_4O_6$ (Ausn.: Bi_2O_3, NO, P_4O_{10})

$2\,NG + 3\,(\text{Halogen})_2 \longrightarrow 2\,NG(\text{Halogen})_3$ (Ausn.: N, PF_5)

$NG_2 + 3H_2 \longrightarrow 2\,NGH_3$ (direkt nur bei N)

$2\,NG + 3S \longrightarrow NG_2S_3$ (nur für As, Sb, Bi)

$NG + OH^- \longrightarrow$ Oxi-Anion (z. B. $(H_2PO_2)^-$, $(AsO_2)^-$)

NG_4O_6 + Säure $\longrightarrow NGO^+ + H_2O$

Reaktionen der Gruppenelemente (*NG*)

Die fünf chemischen Elemente Stickstoff (N), Phosphor (P), Arsen (As), Antimon (Sb) und Bismut (Bi) bilden die 5. Hauptgruppe des Periodensystems. Eine Forschergruppe in Dubna (Rußland) erzeugte 2004 einen Atomkern des 6. Elements der Stickstoffgruppe: Element 115. Die Halbwertszeit beträgt 90 ms. Eine Schweizer Gruppe konnte Anfang 2006 die Entdeckung bestätigen. Ein endgültiger Name steht noch nicht fest.

Die Elemente dieser Gruppe sind untereinander sehr verschieden, denn die Trennungslinie zwischen Metallen und Nichtmetallen teilt sie in der Mitte. Die *Elektronenkonfiguration* der Stickstoffgruppe zeigt 5 Valenzelektronen. Mit wachsender Protonenzahl nimmt die Tendenz der beiden äußeren s-Elektronen zu, eine reaktionsträge, abgeschlossene Unterschale zu bilden.

Die **Eigenschaften** der Elemente innerhalb der Gruppe sind sehr unterschiedlich, betrachtet man die häufigsten Modifikationen. Das Anfangsglied, der Stickstoff, hat physikalisch und chemisch wenig gemein mit dem Endglied, dem Bismut. Stickstoff ist bei Raumtemperatur ein zweiatomiges Gas, das erst bei −195,8 °C verflüssigt, Bismut dagegen ein niedrig schmelzendes Schwermetall. Die Härten der Elemente sind dagegen untereinander bei weitem nicht so verschieden wie z. B. in der benachbarten Kohlenstoffgruppe.

Mit Ausnahme von Bi treten alle Gruppenelemente in mehreren allotropen Modifikationen auf.

Der *Metallcharakter* innerhalb der Gruppe nimmt von N nach Bi zu. N ist noch ein reines Nichtmetall, die schwarze Modifikation des Phosphors und die grauen des Arsens und Antimons zeigen metallischen Charakter, Antimon ist ein Halbmetall und Bismut ein Metall. Auch der nach As sinkende Schmelzpunkt verweist auf den sich verstärkenden metallischen Charakter innerhalb der Gruppenelemente: die festere kovalente Bindung macht mehr und mehr der weniger festen metallischen Bindung Platz.

Die Ionisierungspotentiale sind ungewöhnlich hoch, weil die p-Orbitale zur Hälfte gefüllt und damit besonders stabil sind.

Gegenüber elektropositiven Elementen (Wasserstoff, Metallen) sind die Elemente der 5. Hauptgruppe stets in der 3. Oxidationsstufe, mit den elektronegativen Elementen (O, S, Halogene) dagegen in der 3. und 5. Oxidationsstufe. Mit wachsender Protonenzahl überwiegt dann die Oxidationszahl +3. So ist z. B. die Phosphor(III)-Säure H_3PO_3 im Unterschied zu H_3BiO_3 ein Reduktionsmittel, das Bismut(V)-oxid Bi_2O_5 im Unterschied zu P_2O_5 ein Oxidationsmittel. Für elektropositive Liganden sinkt die Stabilität der Verbindungen in der 3. Oxidationsstufe mit der Protonenzahl *Z*, z. B. ist Bismutwasserstoff BiH_3 instabiler als Ammoniak NH_3. Verbindungen mit elektronegativen Liganden verhalten sich umgekehrt; ihre Stabilität wächst mit *Z*.

N_2, P_{weiss}, P_{rot}, As_{gelb}, Sb_{gelb} sind Isolatoren, $P_{schwarz}$, As_{grau}, Sb_{grau} und Bi zeigen eine geringe elektrische Leitfähigkeit.

Keines der Gruppenelemente reagiert mit Wasser oder nicht oxidierenden Säuren. Mit Ausnahme von N_2 reagieren alle Gruppenelemente mit oxidierenden Säuren (HNO_3, H_2SO_4). Bei Reaktionen mit O_2 zeigen sie die Oxidationszahl +3 (Ausnahme: N_2, das die Oxide N_2O, NO, NO_2, N_2O_5 bildet). P, As und Sb und ihre Verbindungen sind giftig.

Verbindungen: Die Trihalogenide der Gruppenelemente (Ausnahme: NF_3) reagieren mit Wasser zu den entsprechenden Halogenwasserstoffsäuren:

Beispiel: $BiCl_3 + H_2O \rightarrow BiOCl + 2\,HCl$.

Der *saure Charakter* der Hydroxide verringert sich mit wachsendem *Z*: $As(OH)_3$ ist noch schwach sauer, $Sb(OH)_3$ amphoter, während $Bi(OH)_3$ bereits basischen Charakter hat. In ihrer fünfwertigen Form sind die Gruppenelemente alle Säurenbildner; der saure Charakter sinkt mit wachsendem *Z*: HNO_3 ist eine starke Säure, $HBiO_3$ eine schwache.

Vorkommen: Die Elemente der Stickstoffgruppe haben einen Anteil von 0,33 % am Aufbau der Erdrinde einschließlich Wasser- und Lufthülle. Die Mineralien der Stickstoffgruppe sind in erster Linie Sauerstoff- und Schwefelverbindungen. N (als N_2), As, Sb und Bi kommen teilweise als reine Elemente vor.

Gewinnung: In erster Linie durch direkte Reduktion der Oxide mit Kohlenstoff oder durch Röstreduktion der Schwefelverbindungen.

Verwendung: In reiner Form werden lediglich N_2 (Inertgas beim Schweißen und Konservieren), Sb (Halbleiter) und P (Pyrotechnik) benutzt. Luftstickstoff ist die wichtigste Rohstoffbasis für die Synthese von Düngemitteln nach dem Haber-Bosch-Verfahren. Phosphorverbindungen sind weitverbreitete Dünger sowie Wasch- und Reinigungsmittel. Arsenverbindungen dienen der Schädlingsbekämpfung. Die Verwendung von metallischem Antimon oder Bismut ist sehr begrenzt, als Legierungsbestandteile spielen sie jedoch eine wichtige Rolle.

Physikalische Eigenschaften

	N	P	As	Sb	Bi
Protonenzahl	7	15	33	51	83
Schmelzpunkt in °C	– 209,86	44,1 (w.)	817 (27 bar)	630,74	271,3
Siedepunkt in °C	– 195,8	280 (w.)	616 (subl.)	1635	1580
Dichte in g/cm³	1,027 (f.) 0,808 (fl.) 0,00125 (gas.)	1,823 (w.) 2,20 (r.) 2,67 (s.)	1,97 (g.) 5 (s.) 5,72 (gr.)	6,69 (gr.)	9,45
Ionenradius (3 –) in nm	0,171	0,212	0,222	0,245	0,25
1. Ionisierungspotential in eV	14,54	11,0	9,81	8,64	7,29
Mohssche Härte	–	0,5 (w.)	3,5 (gr.)	3 (gr.)	2,5

w. = weiß, s. = schwarz, g. = gelb, gr. = grau, r. = rot, subl. = sublimiert, f. = fest, fl. = flüssig, gas. = gasförmig

N 12	N 13	N 14	N 15	N 16	N 17	N 18	N 19
11 ms	9,96 min	99,64	0,36	7,13 s	4,17 s	0,63 s	0,4 s
β^+, γ	β^+			β^-, γ	β^-, γ	β^-, γ	β^-

Die Nuklide des Stickstoffs

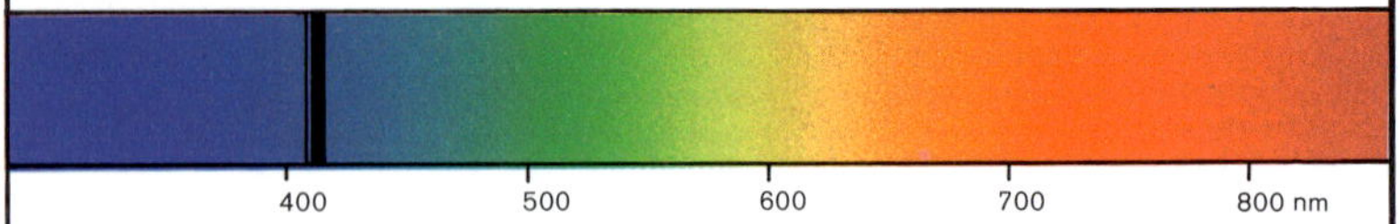

Die Hauptlinien des Stickstoffs

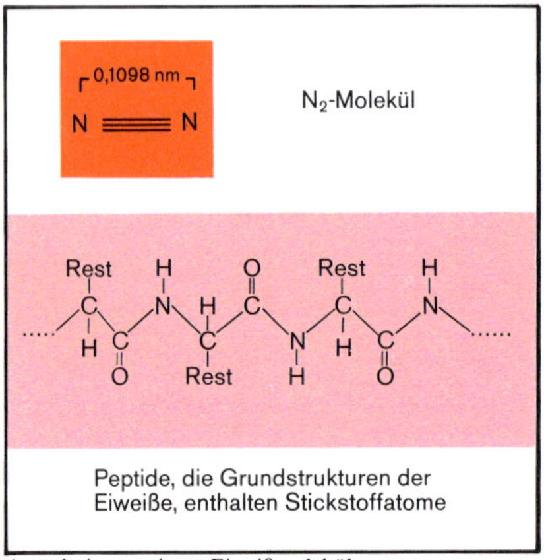

Ausschnitt aus einem Eiweißmolekül

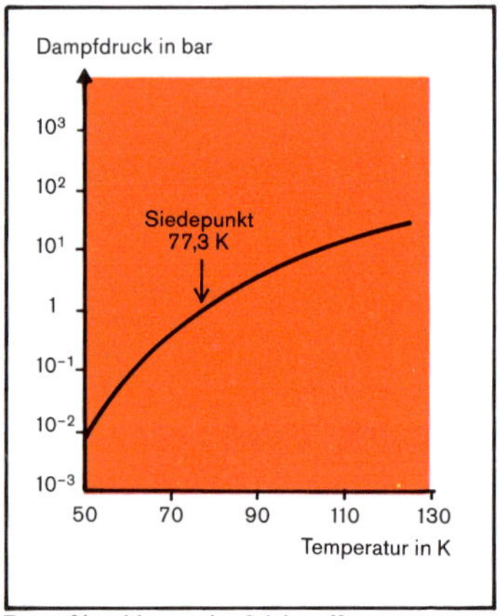

Dampfdruckkurve des Stickstoffs

Biologische Stickstoffixierung

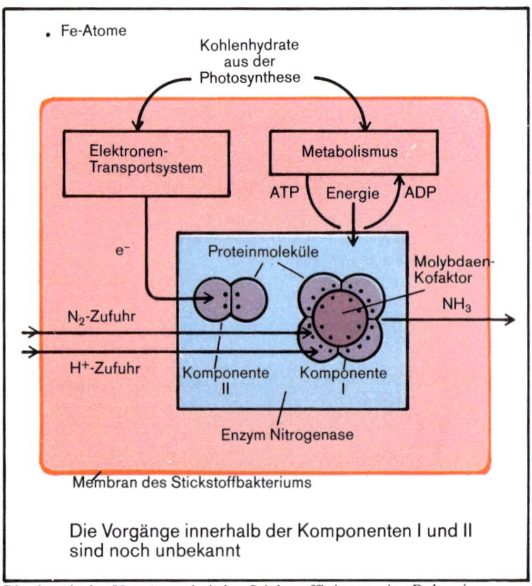

Biochemische Vorgänge bei der Stickstoffixierung im Bakterium

Stickstoff (Elementsymbol: N) ist das 1. Element der 5. Hauptgruppe des Periodensystems. Das Elementsymbol ist abgeleitet von lat.: nitrogenium = Salpeterbildner und wurde von J. CHAPTAL (1756–1832) eingeführt. LAVOISIER (1743–94) nannte den Stickstoff *Azote* (= ohne Leben); daher stammen die noch heute benutzten Wortstämme für Azide, Azane, Hydrazin, Azotierung usw.
Obwohl Stickstoff mit der Luft allgegenwärtig ist, wurde er wegen seiner Reaktionsträgheit erst 1772 von C. SCHEELE und DAVID RUTHERFORD erkannt und isoliert. Die erste Stickstoff-Verflüssigung gelang 1877 durch L. CAILLETET.

Eigenschaften: Stickstoff ist bei Raumtemperatur ein farb-, geruch- und geschmackloses, nicht brennbares, diamagnetisches Gas. Gasförmiger Stickstoff ist leichter als Luft, flüssiger gleicht äußerlich dem Wasser, fester bildet farblose Kristalle.
Die rel. Atommasse ist 14,0067. Es gibt zwei stabile Isotope: ^{14}N (99,64 %) und ^{15}N (0,36 %). Die Halbwertszeiten der 6 instabilen N-Isotope liegen zwischen 11 ms (^{12}N) und 9,96 min (^{13}N).

Fester Stickstoff tritt in allotropen Modifikationen auf: *β-Stickstoff* (ϱ = 0,876 g/cm³) ist eine hexagonal-dichteste Kugelpackung von N_2-Molekülen unterhalb von −209,99 °C und *α-Stickstoff* (ϱ = 1,03 g/cm³) ist eine kubisch-dichteste Kugelpackung unterhalb von −237,54 °C.

$$\beta\text{-}N_2 \xrightarrow{t<-273{,}54\,°C} \alpha\text{-}N_2.$$

Bei 0 °C lösen sich 0,023 Vol.-% N_2 in Wasser. Die Wasserlöslichkeit von O_2 ist doppelt so groß, so daß der O_2-Partialdruck in Gewässern höher liegt als der des N_2. Ein wichtiger Faktor für Wasserlebewesen.
Die blauvioletten und orangen Farbtöne bei Sonnenaufgang sind auf atomare Phänomene des atmosphärischen Stickstoffs zurückzuführen.
Die Elektronenkonfiguration ist [He] $(2s)^2$ $(2p)^3$, die Oxidationszahlen sind +1 bis +5 und −1 bis −3.

Atomarer Stickstoff N ist sehr reaktionsfreudig. Darstellung z. B. durch Glimmentladungen in einer N_2-Atmosphäre. Bereits bei Raumtemperatur verbindet sich N mit Metallen und Nichtmetallen.

Beispiel: $2\,N + 3\,Mg \rightarrow Mg_3N_2$
$\Delta H = -1409$ kJ.

Distickstoff N_2 ist ein außerordentlich stabiles Molekül.

$N \equiv N \rightarrow 2\,N \qquad \Delta H = +946{,}8$ kJ.

N_2 ist entsprechend reaktionsträge und bildet bei Raumtemperatur lediglich mit einigen Alkali und Erdalkali Nitride.

Beispiel: $N_2 + 3\,Mg \rightarrow Mg_3N_2$
$\Delta H = -461{,}9$ kJ.

Erst bei höheren Temperaturen entstehen mit Metallen, Metalloxiden und Kohlenstoff Nitride. Technisch wichtige Reaktionen laufen mit Wasserstoff und Sauerstoff ab:

$N_2 + 3\,H_2 \rightleftharpoons 2\,NH_3 \qquad \Delta H = -92{,}3$ kJ
$N_2 + O_2 \rightleftharpoons 2\,NO \qquad \Delta H = +180{,}8$ kJ.

Nachweis: in Gasgemischen durch fraktionierte Abkühlung, in anorganischen Verbindungen als Ammoniak und in organischen Verbindungen durch die Kjeldahlsche Methode.

Vorkommen: Der Anteil an den obersten Erdschichten einschließlich Luft- und Wasserhülle beträgt 0,25 Gewichtsprozent. N tritt elementar nur in ganz hohen Schichten der Atmosphäre auf – Spaltung von N_2 durch die UV-Strahlung der Sonne. In Form von N_2 ist Stickstoff der Hauptbestandteil (78,08 Vol.-%) der Luft. Stickstoffmineralien sind relativ selten, lediglich von *Natriumnitrat* (Chilesalpeter) $NaNO_3$ existieren größere Vorkommen. N ist ein wichtiger Bestandteil der Eiweiße und kommt daher in Pflanzen und Tieren vor. Ertragreiche Böden enthalten bis zu 30 t/ha Stickstoffverbindungen. Zwischen den obersten Erdschichten und der Lufthülle findet ein ständiger *Stickstoffkreislauf* statt.

Gewinnung: LAVOISIER stellte N_2 durch Überleiten von Luft über glühendes Kupfer dar. Der Sauerstoff wird als Oxid gebunden, Stickstoff und Edelgase verbleiben.

$4\,N_2 + O_2 + 2\,Cu \rightarrow 4\,N_2 + 2\,CuO.$

Reiner Stickstoff wird beim Erhitzen von Ammoniumnitrit freigesetzt:

$$[NH_4]NO_2 \xrightarrow{70\,°C} N_2 + 2\,H_2O.$$

Hochreiner Stickstoff entsteht bei der thermischen Spaltung (Temperatur rund 1000 °C) von Ammoniak NH_3 in Gegenwart von Ni-Pulver.
Großtechnisch gewinnt man Stickstoff durch Luftverflüssigung. In der Regel stören die Verunreinigungen durch Edelgase nicht. Eine andere technische Gewinnungsmethode ist die Verbrennung des Luftsauerstoffs mit Kohle:

$4\,N_2 + O_2 + C \rightarrow 4\,N_2 + CO_2$
(vollst. Verbrennung)
$4\,N_2 + O_2 + 2\,C \rightarrow 4\,N_2 + 2\,CO$
(unvollst. Verbrennung).

Die entstehenden Kohlenoxide werden ausgewaschen. N_2 bleibt zurück.
Stickstoff gelangt in grünen Gasflaschen (150 bar) in den Handel. Die deutsche Jahresproduktion beträgt knapp 3 Millionen Tonnen.

Verwendung: N_2 dient als inertes Schutzgas beim Schweißen, in der Halbleiterproduktion, beim Tiefgefrieren von Lebensmitteln, zum Verdrängen der Luft aus teilweise gefüllten Treibstofftanks und als Treibgas in Sprühdosen und Feuerlöschern. Flüssiger Stickstoff ist ein wichtiges Kühlmittel. Großtechnisch ist Stickstoff ein bedeutender Rohstoff für die Synthese von Stickstoffoxiden, Amiden, Cyaniden und Nitriden. Stickstoffdünger sind unentbehrlich in der modernen Landwirtschaft.

Biologische Stickstoffixierung: Pflanzen haben einen großen Stickstoffbedarf, da die Bausteine des Eiweißes, die Aminosäuren, mindestens ein N-Atom enthalten. Obwohl N_2 in der Luft in großen Mengen zur Verfügung steht, können die Pflanzen ihn nicht direkt aufnehmen. Das gelingt nur jenen (vorwiegend Schmetterlingsblütlern), die mit Stickstoffbakterien eine Symbiose eingehen. Diese Bakterien bilden direkt aus dem Luftstickstoff Ammoniak. Der Prozeß dieser Stickstoffixierung ist noch nicht in allen Einzelheiten geklärt. Jährlich führen die Stickstoffbakterien rund 150 Millionen Tonnen Ammoniak dem Boden zu.

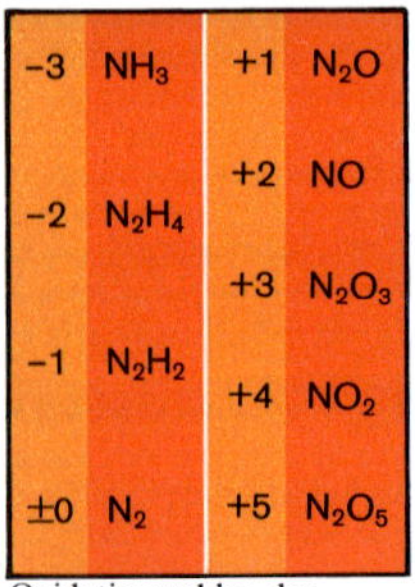

Oxidationszahlen des Stickstoffs

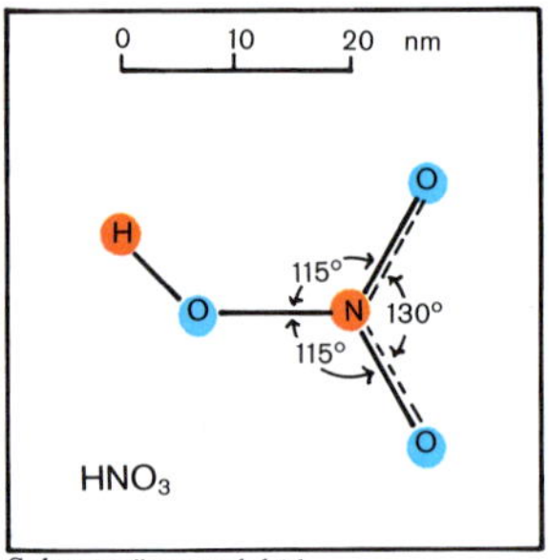

Salpetersäuremolekül im Dampfzustand

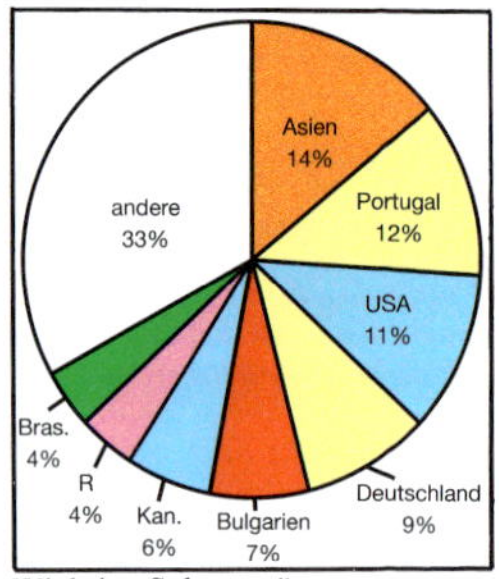

Wichtige Salpetersäurehersteller

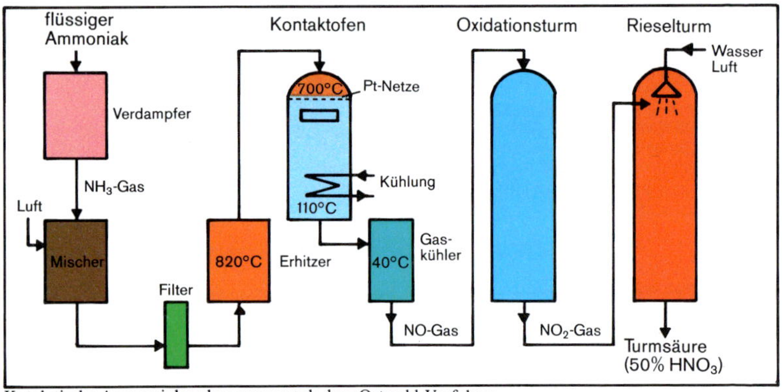

Katalytische Ammoniakverbrennung nach dem Ostwald-Verfahren

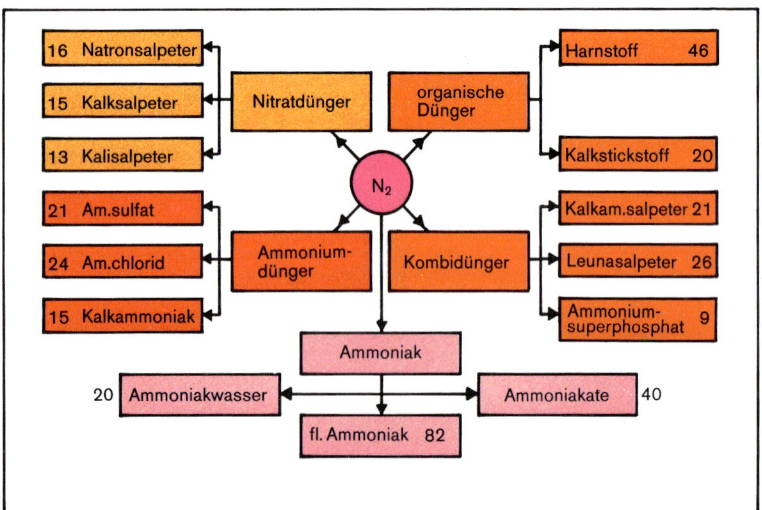

Wichtige Stickstoffdünger und ihr Reinstickstoffgehalt (in %)

Wichtige **Verbindungen**

Ammoniak NH_3 ist ein farbloses, stechend riechendes, diamagnetisches Gas, leichter als Luft. Flüssiger Ammoniak (Siedepunkt: −33,3 °C) ist über Wasserstoffbrücken assoziiert und ein gutes Lösungsmittel. Wegen seiner hohen Verdampfungswärme (1371 kJ/kg) diente es früher als Kühlmittel, wird jedoch inzwischen weitgehend durch Freon (Fluorchlorkohlenwasserstoff) ersetzt.

Bei Energiezufuhr (erwärmen, UV) zerfällt NH_3 in seine Elemente. Ammoniak löst sich sehr gut in Wasser, bei 0 °C 1176 l NH_3 pro l H_2O. Dabei entsteht schwach basische Ammoniak-Lösung (veraltet: Salmiakgeist) durch Bildung des Ammonium-Ions NH_4^+

$NH_3 + HOH \rightleftharpoons + NH_4^+ + OH^-$ $\quad p_k = 4{,}75.$

Bei hohen Temperaturen verbrennt Ammoniak:

$4\,NH_3 + 3\,O_2 \rightarrow 2\,N_2 + 6\,H_2O$

$\Delta H = -\,1268$ kJ.

Werden die H-Atome von NH_3 nacheinander durch Metalle ersetzt, so entstehen *Amide* (einwertig), *Imide* (zweiwertig) und *Nitride* (dreiwertig).

Beispiele: $NaNH_2$, $CaNH$, Mg_3N_2.

Großchemische Gewinnung durch den 1913 entwikkelten Haber-Bosch-Prozeß. Ursprünglich diente als Ausgangsmaterial Luft und Wasser, heute überwiegend ein (Ammoniak-)Synthesegas aus N_2, H_2 im Stoffmengenverhältnis 1:3.

Verwendung vor allem in der Düngemittelproduktion (Ammoniumsalze, Kalkstickstoff, Harnstoff), auch als Grundchemikalie für andere Verbindungen.

Synthesegas ist ein Gemisch aus H_2 und CO, bzw. H_2 und N_2. Heute hergestellt vorwiegend aus entschwefelten Erdgasen und Erdölrückständen, aber auch noch aus der Kohlevergasung.

NH_3 ist in grauen Stahlflaschen im Handel.

Die Weltproduktion wird auf 125 Mill. t/a geschätzt, die deutsche liegt bei 14 Mill. t/a.

Hydrazin (Diamin) N_2H_4, ($H_2N{-}NH_2$) ist eine ölige, farblose, giftige und an Luft rauchende Flüssigkeit ($\varrho = 1{,}00$ g/cm^3). Hydrazin riecht nach Ammoniak, hat basischen Charakter und ist ein starkes Reduktionsmittel. Bei höheren Temperaturen zerfällt es explosionsartig:

$3\,N_2H_4 \rightarrow 4\,NH_3 + N_2 \quad \Delta H = -\,336{,}8$ kJ.

Darstellung durch Oxidation von Ammoniak in der *Raschig-Synthese* oder Synthese in Gegenwart von Aceton (Bayer-Verfahren). Verwendung als Reduktionsmittel, Lösungsmittel für organische Salze und in der Schädlingsbekämpfung.

Eine flüssige Mischung aus Hydrazin und N_2O_4 dient als energiereicher *Raketentreibstoff:*

$2\,N_2H_4 + N_2O_4 \rightarrow 3\,N_2 + 4\,H_2O$

$\Delta H = -\,1227$ kJ.

Hydrazin ist möglicherweise karzinogen.

Stickstoffoxide liegen in neun Verbindungen vor; bei Raumtemp. sind nur NO und NO_2 stabil.

Distickstoffmonoxid (Stickoxydul) N_2O (vgl. S. 35, Mesomerie) ist ein farbloses, süßlich riechendes Gas, gut löslich in Wasser. Unter dem Namen *Lachgas* dient es als leichtes Narkosemittel, unterhält jedoch nicht die Atmung. Mit Ammoniak bildet es ein explosives Gemisch:

$3\,N_2O + 2\,NH_3 \rightarrow 4\,N_2 + 3\,H_2O$

$\Delta H = -\,1013$ kJ.

Stickstoffmonoxid (Stickoxid) NO, (N = O) ist ein farbloses, giftiges, sehr reaktionsfähiges Gas, das im festen Zustand (Schmelzpunkt: −151,8 °C) als N_2O_2, (O = N−N = O) vorliegt. Mit Sauerstoff bildet es braune, giftige NO_2-Dämpfe (nitrose Gase):

$2\,NO + O_2 \rightarrow 2\,NO_2 \quad \Delta H = -\,114{,}3$ kJ.

Stickstoffdioxid NO_2 ist ein braunrotes, korrodierendes Gas. Es schädigt die Atmungsorgane. NO_2 ist ein starkes Oxidationsmittel.

Salpetersäure HNO_3 ist in wasserfreier Form eine farblose Flüssigkeit ($\varrho = 1{,}52$ g/cm^3), die bereits bei Raumtemperatur am Licht unter Bildung von NO_2 zerfällt *(rote rauchende Salpetersäure)*. Die gelblichrote Färbung von HNO_3 beruht auf gelöstem NO_2. Sie färbt die meisten Eiweißstoffe gelb.

HNO_3 ist ein sehr starkes Oxidationsmittel und löst unter NO-Entwicklung Cu, Ag und Hg auf. Au und Pt werden nicht angegriffen, so daß eine 50 % HNO_3-Lösung *(Scheidewasser)* ein Gold-Silbergemisch trennt. Al, Cr und Fe bilden eine oberflächliche Schutzschicht (Passivierung der Metalle) und sind daher in HNO_3 beständig. *Königswasser* ist eine 1:3 Mischung aus konz. HNO_3 und konz. Salzsäure; es löst auch Edelmetalle auf. In wäßriger Lösung ist HNO_3 eine starke Säure:

$HNO_3 + H_2O \rightarrow H_3O^+ + NO_3^- \quad p_k = -\,1{,}44.$

Die Salze der Salpetersäure heißen *Nitrate,* sind wasserlöslich und spalten beim Erhitzen O_2 ab.

Konzentrierte Salpetersäure ist das azeotrope Gemisch aus HNO_3 und H_2O; bei 121,8 °C erreicht HNO_3 mit 69,2 % die höchste Konzentration.

Techn. Herstellung der Salpetersäure durch katalyt. Verbrennung von Ammoniak an Platinnetzen im Luftüberschuß oder in reinem O_2 bei 800–950 °C.

Ostwald-Verfahren:

$4\,NH_3 + 7\,O_2 \rightarrow 4\,NO_2 + 6\,H_2O$

$\Delta H = -\,1135$ kJ.

Das NO_2 setzt sich in Rieseltürmen mit Wasser und Luft zu Salpetersäure um:

$4\,NO_2 + 2\,H_2O + O_2 \rightarrow 4\,HNO_3.$

HNO_3 wird in großen Mengen zur Herstellung von Nitraten, zum Nitrieren organischer Verbindungen und als Oxidationsmittel verbraucht. Die Weltproduktion wird auf rund 60 Millionen t/a geschätzt.

Salpetrige Säure HNO_2 ist nur in verdünnter wäßriger und kalter Lösung beständig. Beim Erwärmen und beim Konzentrieren zerfällt sie:

$3\,HNO_2 \rightarrow HNO_3 + 2\,NO + H_2O.$

HNO_2 ist eine schwache Säure; ihre Salze heißen Nitrite. Gewinnung durch Umsetzen von Nitriten mit Säuren. Großtechnische Verwendung vorwiegend in der Farbstoffherstellung.

Natriumazid NaN_3 ist ein Salz der Stickstoffwasserstoffsäure N_3H. Es bildet farblose Kristalle und dient als bakterizides Mittel in der Konservierung von Wein. Bereits 50 mg lösen Atemlähmung aus.

Stickstoffdüngemittel enthalten N als wesentlichen Pflanzennährstoff und fördern vor allem die Massenwüchsigkeit. Bewertung nach dem Gehalt an Reinstickstoff. Gewinnung in erster Linie aus der Luft über das im Haber-Bosch-Verfahren synthetisierte Ammoniak. Weltproduktion: Über 85 Millionen t/a Reinstickstoff.

P 28	P 29	P 30	P 31	P 32	P 33	P 34	P 35	P 36	P 37	P 38	
268 ms	4,2 s	2,5 min	100	14,3 d	25,3 d	12,4 s	47,4 s				
β^+, γ	β^+	β^+		β^-	β^-	β^-, γ	β^-, γ				

Die Nuklide des Phosphors

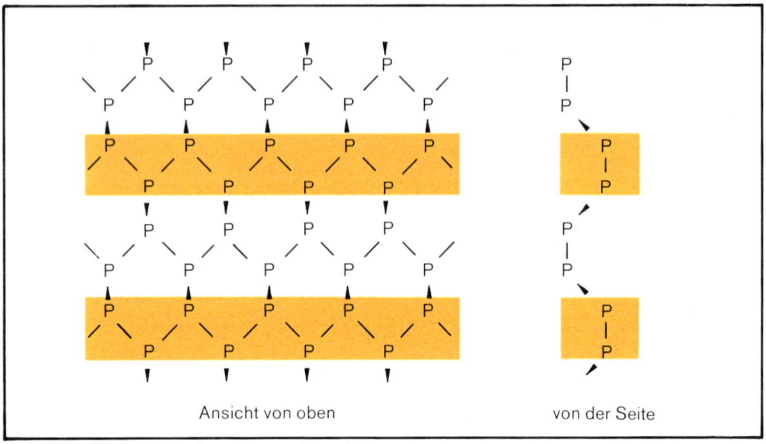

Räumliche Gitterstruktur des schwarzen Phosphors

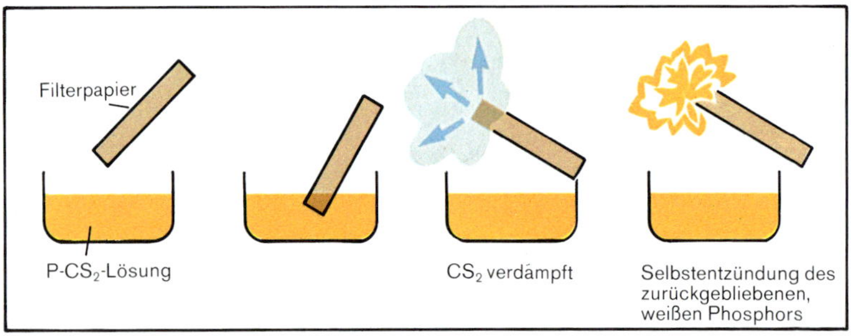

Versuch zur Selbstentzündung von weißem Phosphor

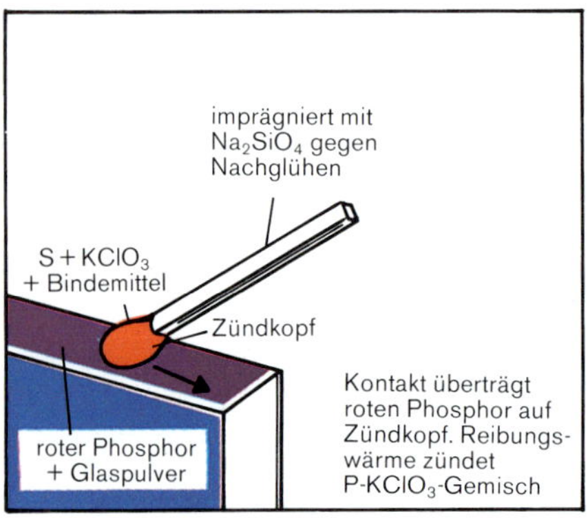

Vorgänge beim Sicherheitszündholz

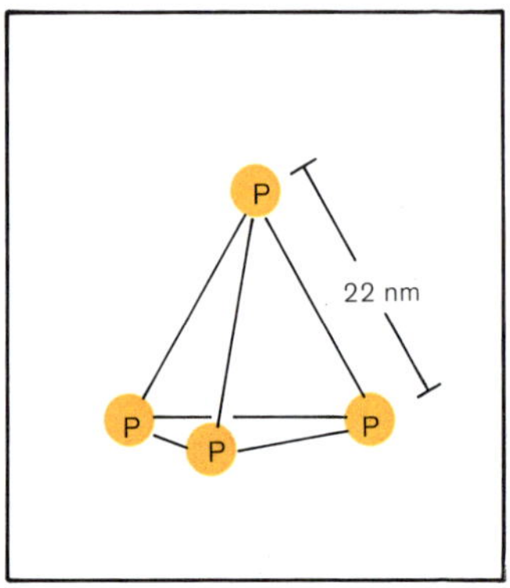

Struktur des weißen Phosphors

Phosphor (Elementsymbol: P) ist das 2. Element der 5. Hauptgruppe des Periodensystems. Der Name ist abgeleitet von griech. phosphorus = Lichtträger. HENNIG BRAND entdeckte 1669 den Phosphor, als er auf der Suche nach dem Stein der Weisen eingedampften Harn stark erhitzte. Die Modifikationen des Phosphors unterscheiden sich untereinander deutlicher als z. B. die Anfangselemente der Alkaligruppe.

Eigenschaften: P tritt in 3 allotropen Hauptmodifikationen auf, von denen bei Zimmertemperatur nur die schwarze thermodynamisch stabil ist. Die Umwandlungsgeschwindigkeiten der metastabilen Modifikationen sind jedoch sehr klein.

$P_{weiss} \rightarrow P_{rot} \rightarrow P_{schwarz}$.

Die rel. Atommasse ist 30,97362; es gibt nur ein stabiles Isotop (^{31}P). Die Halbwertszeiten der 21 instabilen P-Isotope liegen zwischen 1,6 ms und 49 d.

Die Elektronenkonfiguration ist [Ne] $(3s)^2$ $(3p)^3$, die Oxidationszahlen sind +5, +3 und −3.

Weißer (gelber) *Phosphor* ist eine wachsweiche, durchscheinende Masse, deren frische Oberflächen gelblich erscheinen. In allen Phasen ist die kleinste Struktureinheit des Phosphors ein P_4-Tetraeder; erst oberhalb 2000 °C zerfällt die Hälfte dieser Bausteine in P_2. Fest existiert P in kubischer (α-Phosphor, ϱ = 1,82 g/cm³) und hexagonaler Modifikation (β-Phosphor, ϱ = 1,88 g/cm³). An Luft entzündet er sich selbst und brennt mit gelbweißer Flamme unter Bildung von weißem P_2O_5-Rauch. Aufbewahrung und Handhabung von P erfolgt unter Wasser.

Weißer P ist ein Isolator. Er leuchtet im Dunkeln an der Luft durch die Umwandlung des oberflächlich gebildeten P_2O_3 in das stabile P_2O_5 (Chemolumineszenz):

$$4\,P + 3\,O_2 \rightarrow 2\,P_2O_3$$

$$P_2O_3 + O_2 \rightarrow P_2O_5 + h\nu.$$

Flüssiger weißer P (Schmelzpunkt: 44,1 °C) raucht unter Wärmeentwicklung und Bildung von P_2O_5. Weißer P löst sich gut in Carbondisulfid CS_2 und Phosphortrichlorid, er ist praktisch unlöslich in Wasser. Chemisch ist er außerordentlich reaktionsfähig und ein starkes Reduktionsmittel. Besonders heftige Reaktionen mit Schwefel und mit den Halogenen.

Weißer Phosphor ist sehr *giftig,* bereits 0,05 g sind tödlich. Die chronische Aufnahme kleiner Mengen führt zu Knochennekrose.

Roter Phosphor ist ein dunkelrotes, amorphes Pulver, das sich nicht selbst entzündet und erst oberhalb 260 °C brennt. Er ist praktisch unlöslich und daher nicht giftig. Herstellung in Kugelmühlen aus weißem Phosphor durch Erhitzen unter Luftabschluß auf über 250 °C oder durch langsame Umwandlung an Licht bei Raumtemperatur.

Roter P ist weniger reaktionsfähig als weißer, bildet jedoch mit starken Oxidationsmitteln wie z. B. Kaliumchlorat $KClO_3$ Mischungen, die bei geringer Energiezufuhr (z. B. durch Reibung) explodieren.

Violetter (Hittorfscher) *Phosphor* ist violettstichig rot und kristallisiert in einem Schichtgitter zu glimmerartig spaltbaren Kristallen. Nicht giftig, keine Hauptmodifikation.

Schwarzer Phosphor ist grau, glänzt metallisch, ist schuppig wie Graphit und leitet Strom und Wärme gut. Die Struktur besteht aus Doppelschichten gewellter Sechsringebenen. Chemisch ähnelt er dem roten Phosphor. Entstehung aus weißem P bei sehr hohen Drücken oder bei Normaldruck mit Katalysatoren und Impfkristallen aus schwarzem P.

[^{32}P]Phosphor ist ein β^--Strahler mit einer Halbwertszeit von 14,3 d. Da viele am Stoffwechsel beteiligten Verbindungen P enthalten, eignet er sich als radioaktiver Indikator (Tracer).

Nachweis: Die Mitscherlich-Probe ist hochempfindlich; untere Nachweisgrenze: 0,06 mg P in 200 cm³ Wasser. Der gelöste P wird durch Destillation ausgetrieben, schlägt sich an einer gekühlten Fläche nieder, kommt dort mit Luft in Berührung und leuchtet im Dunkeln.

Vorkommen: Der Anteil an der Erdrinde liegt zwischen 0,12 und 0,09 Gewichtsprozent (die Angaben schwanken). P tritt nie elementar auf und kommt in erster Linie als Phosphat vor. In den Kleinlebewesen der Meere ist P stark angereichert. Calciumphosphat ist ein wichtiger Bestandteil der Knochen und Zähne der Wirbeltiere. Der Mensch benötigt eine tägliche Zufuhr von rund 1 g in Form von Phosphorverbindungen.

Wichtige *Phosphormineralien* sind Fluorapatit $Ca_5(PO_4)_3F$, Phosphorit $3\,Ca_3(PO_4)_2 \cdot Ca(OH, F, Cl)_2$, Vivianit (Blaueisenerz) $Fe_3(PO_4)_2 \cdot 8\,H_2O$, Pyromorphit (Buntbleierz) $Pb_5Cl(PO_4)_3$ und Türkis $CuAl_6[(OH)_2PO_4]_4 \cdot 4\,H_2O$. Andere Phosphorvorkommen sind die Guano-Lager der Meeresvögel und der P-Gehalt einiger Eisenerze (Minette, Magnetit). Die Hauptvorkommen liegen in Peru, Marokko, USA und Rußland. Die Welt-Rohphosphatförderung lag 2003 bei 146 Mill. t.

Gewinnung: In erster Linie elektrothermisch aus Phosphaten im trockenen Aufschluß: Gemahlenes Rohphosphat wird mit Koks und Quarzsand gemischt und im Elektroofen bei rund 1400 °C umgesetzt:

$$Ca_3(PO_4)_2 + 3\,SiO_2 + 5\,C \rightarrow 3\,CaSiO_3 + 5\,CO + 2\,P$$

$$\Delta H = +\,1543\ \text{kJ}.$$

Der Stromverbrauch beträgt etwa 13 kWh/kg Phosphor.

Die heißen Ofengase werden entstaubt und stufenweise auf rund 50 °C abgekühlt. Weißer P tropft ab und wird unter Wasser gesammelt. Durch Erhitzen kann weitere Umformung in roten P erfolgen. Die Weltproduktion an P liegt bei rund einer Million t/a, davon etwa 1 % roter P. P wird 99,9 % rein (in Stangenform) gehandelt.

Verwendung: Etwa 85 % des hergestellten Phosphors wird zu Phosphorsäuren und Phosphaten (Waschmittel) verarbeitet. Phosphorkupfer, Sicherheitszündhölzer (roter P), militärische Brandstoffe und künstliche Nebel, Material für Halbleiter. Nur die weiße und rote Modifikation spielen wirtschaftlich eine Rolle.

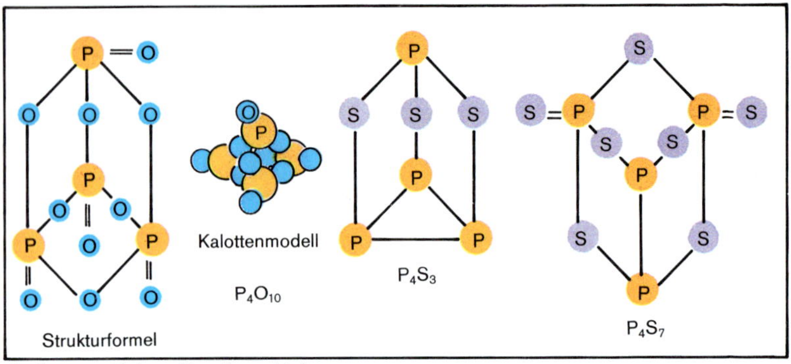

Struktur verschiedener Phosphorverbindungen

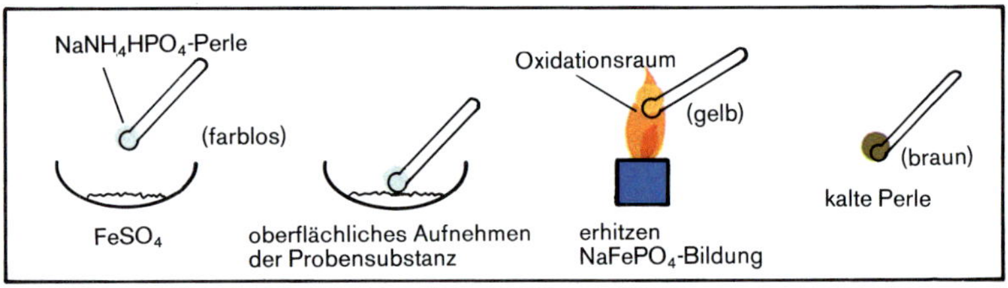

Verwendung der Phosphorsalzperle zur qualitativen Prüfung auf Eisen

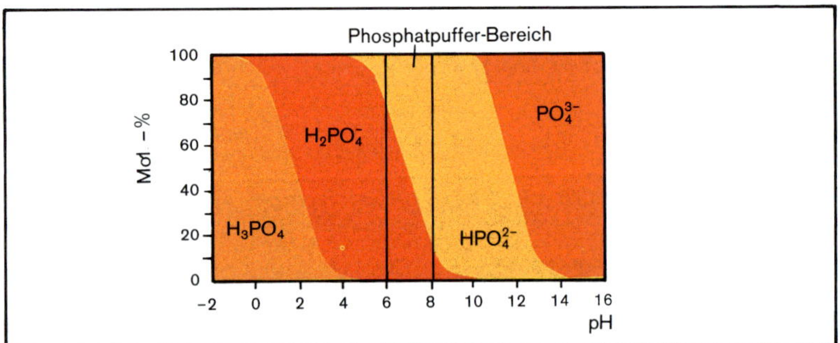

Abhängigkeit der Ionenkonzentration vom pH-Wert einer Phosphorsäure(Phosphat)lösung

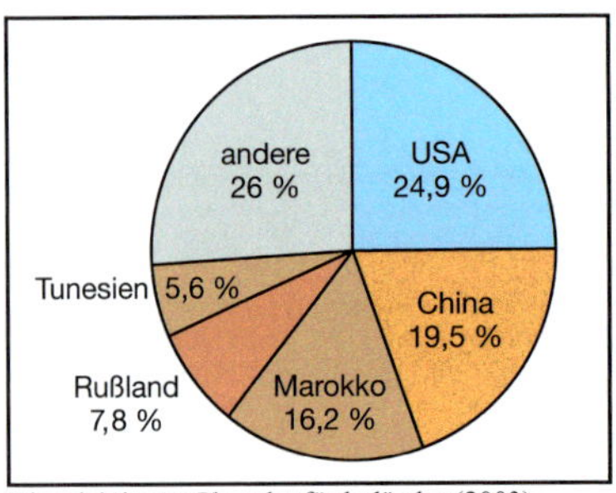

Die wichtigsten Phosphatförderländer (2003)

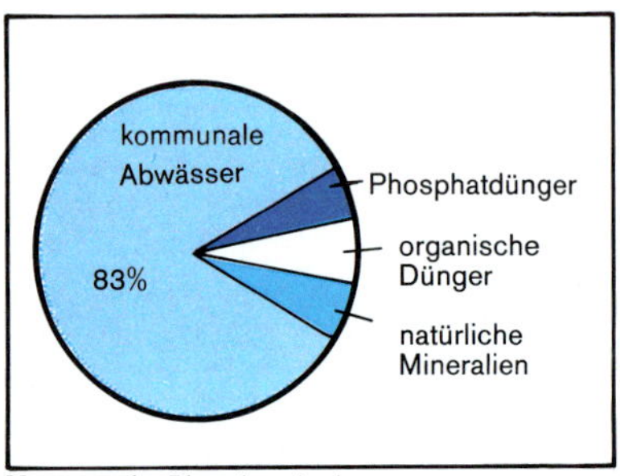

Ursprung der Phosphate in den Gewässern Deutschlands

Wichtige **Verbindungen**

Phosphorwasserstoff (Phosphin) PH_3 ist ein farbloses, »nach Carbid« riechendes und sehr giftiges Gas – tödliche Dosis: 0,036 Vol.-%. PH_3 verbrennt an der Luft bei 150 °C zu Phosphorsäure. PH_3 dient als Räucherungsmittel für Getreide und zur Dotierung von Halbleitern.

Phosphorpentoxid P_2O_5 ist ein weißes, schneeartiges Pulver. In fester und flüssiger Phase liegt ein dimeres Molekül vor: $(P_2O_5)_2$. Es gibt (mindestens) 4 feste und 2 flüssige Modifikationen. Auf Grund seiner starken Wasseranziehung zerfließt P_2O_5 an Luft und bildet über Zwischenstufen Orthophosphorsäure:

$$(P_2O_5)_2 + 6\,H_2O \rightarrow 4\,H_3PO_4.$$

Technische Herstellung durch Verbrennen von weißem Phosphor in eisernen Trommeln bei genügender Sauerstoffzufuhr:

$$4\,P + 5\,O_2 \rightarrow 2\,P_2O_5 \qquad \Delta H = -\,1494\ \text{kJ}.$$

Als Zwischenprodukt der Phosphorsäure-Herstellung ist es das einzige Phosphoroxid mit technischer Bedeutung. Direkte Verwendung als Trocknungsmittel und zur Wasserabspaltung aus organischen Molekülen.

Sauerstoffsäuren des Phosphors sind in erster Linie Orthosäuren (H_3PO_n), Metasäuren (HPO_{n-1}), [n = 2, 3, 4], und $H_4P_2O_n$, [n = 4, 5, 6, 7].

Orthophosphorsäure (Phosphor(V)-säure) H_3PO_4 bildet farblose, wasserklare, harte und sehr gut wasserlösliche Kristalle. R. Boyle beschrieb sie bereits 1680. Es ist eine dreibasische, mittelstarke Säure. Entsprechend den einzelnen Dissoziationsstufen bildet sie primäre (Dihydrogenphosphate), sekundäre (Hydrogenphosphate) und tertiäre (Phosphate) Orthophosphate:

$$H_3PO_4 \rightarrow H^+ + H_2PO_4^- \qquad p_{k_1} = 2{,}16$$
$$H_2PO_4^- \rightarrow H^+ + HPO_4^{2-} \qquad p_{k_2} = 7{,}21$$
$$HPO_4^{2-} \rightarrow H^+ + PO_4^{3-} \qquad p_{k_3} = 12{,}3.$$

In der Natur kommen vorwiegend tertiäre Orthophosphate vor.

Heiße wasserfreie Orthophosphorsäure greift auch Edelmetalle an.

Herstellung von Phosphorsäure durch Elektroschmelzen von Phosphat mit Koks und Quarzsand und anschließendem Verbrennen des weißen Phosphors. Das entstehende P_2O_5 wird in 80 % H_3PO_4 absorbiert, die ihrerseits fortlaufend mit Wasser verdünnt wird. Nettovorgang:

$$P_2O_5 + 3\,H_2O \rightarrow 2\,H_3PO_4.$$

Phosphorsäure ist meist als 85 % (sirupartige) Lösung im Handel.

Verwendung zur Herstellung von Phosphaten, in der Arzneimittelproduktion, als Säuerungsmittel.

Phosphonsäure $H_2[PHO_3]$ (früher: phosphorige Säure) bildet farblose, leicht wasserlösliche Kristalle. La Sage beschrieb sie bereits 1777. Es ist eine zweibasige, mittelstarke Säure folgender Struktur:

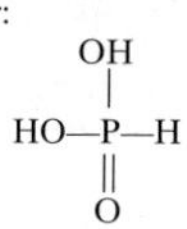

Sie bildet zwei Reihen von Salzen: primäre (Hydrogenphosphonate) und sekundäre Phosphonate. $H_2[PHO_3]$ ist ein starkes Reduktionsmittel. Im trocknen Zustand reduziert sie sich selbst zu Orthophosphorsäure und Diphosphor(V)-oxid (Disproportionierung):

$$4\,H_2[PHO_3] \rightarrow 3\,H_3PO_4 + PH_3.$$
$$4\,H_2[PHO_3] \rightarrow (P_2O_5)_2 + 2\,H_2O + 4\,H_2$$

Phosphonsäure ist meist als 70 %-Lösung im Handel.

Phosphorsalzperlen dienen wie Boraxperlen als qualitative Vorprobe auf Metalloxide: Das Ende eines heißen Magnesiastäbchens wird in Phosphorsalz (Natrium-ammonium-hydrogenphosphat) gedrückt und in der Flamme zu einer klaren Natriummetaphosphatperle geschmolzen.

$$(NH_4)NaHPO_4 \rightarrow NaPO_3 + H_2O + NH_3.$$

Man feuchtet die Perle an, nimmt damit die zu prüfende Substanz auf und erhitzt sie in der Oxidations- oder Reduktionsflamme des Bunsenbrenners. $NaPO_3$ löst in der Hitze Metalloxide und vertreibt leichter flüchtige Säuren aus ihren Salzen. Dabei treten charakteristische Färbungen auf.

Farben der kalten Phosphorsalz- und Boraxperlen

Farbe	nach Erhitzen in der Oxidationsflamme	Reduktionsflamme
rot	Cu, Sn	Nb, Ti, Cu
gelb	Fe, Mo, U, V	
grün	Cr	Cr, Mo, U, V
blau	Co, Cu	Co, Nb, W
violett	Mn	Nb
schwarz		Pd

Phosphorsulfide entstehen durch Zusammenschmelzen von rotem P und S: P_4S_3, P_4S_5, P_4S_6, P_4S_7 und P_4S_{10}. Nur P_4S_3 (Zündmasse für Streichhölzer) und P_4S_{10} (Ausgangssubstanz für Schmierstoffe, Insektizide und zum Schwefeln von organischen Verbindungen) haben technische Bedeutung.

Phosphatdünger sind wichtige Nährstoffe der Pflanzen; ihr Nährstoffgehalt wird in Prozenten von P_2O_5 angegeben.

Calciumorthophosphat $Ca_3(PO_4)_2$ kommt in den Mineralien Phosphorit und Apatit vor. Es ist wasserunlöslich und wird deshalb mit Schwefelsäure zu Superphosphat [primäres Calciumorthophosphat $Ca(H_2PO_4)_2$ und Gips $CaSO_4 \cdot 2\,H_2O$] aufgeschlossen. Erfolgt der Aufschluß mit Phosphorsäure, so entsteht Doppelsuperphosphat (prim. und sek. Calciumorthophosphate). Beides sind schnellwirkende Düngemittel; sie werden seit 1850 in großen Mengen erzeugt.

Ammoniumphosphate [vorwiegend Diammoniumorthophosphat $(NH_4)_2HPO_4$] sind meist Bestandteile von Mischdüngemitteln. Herstellung durch Einleiten von NH_3 in Phosphorsäurelösung. *Thomas-Mehl* ist ein Nebenprodukt der Eisenerzeugung. Der Hauptbestandteil $Ca_5[SiO_4(PO_4)_2]$ ist wasserunlöslich und wird erst von den organischen Säuren der Pflanzenwurzel aufgeschlossen.

Die deutsche Landwirtschaft verbraucht jährlich rund 1,5 Millionen t Phosphatdünger (gemessen als P_2O_5). Den besorgniserregenden Anstieg der Phosphate in den Gewässern rufen nicht die Dünger, sondern die kommunalen Abwässer hervor.

As 68	As 69	As 70	As 71	As 72	As 73	As 74	As 75	As 76	As 77	As 78	As 79	As 80
2,7 min	15 min	53 min	64 h	26,0 h	80,3 d	17,77 d	100	26,4 h	38,8 h	1,5 h	8,2 min	15,2
β^+, γ	β^+, γ	β^+, γ	β^+, γ	β^+, γ	γ,	β^+, γ, β^-		β^-, γ	β^-, γ	β^-, γ	β^-, γ	β^-, γ

Die wichtigsten Nuklide des Arsens

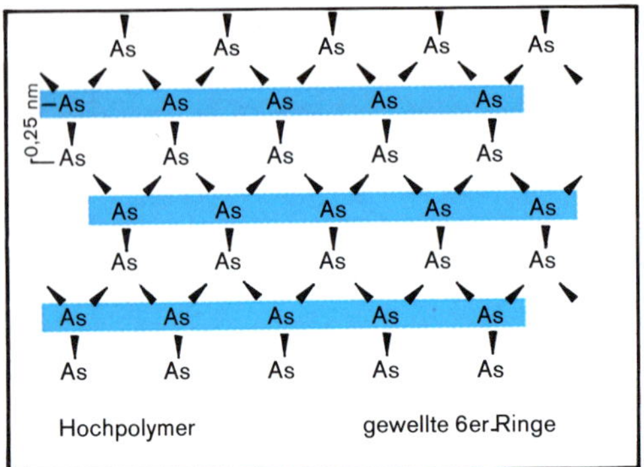

Gitterstruktur des grauen Arsens

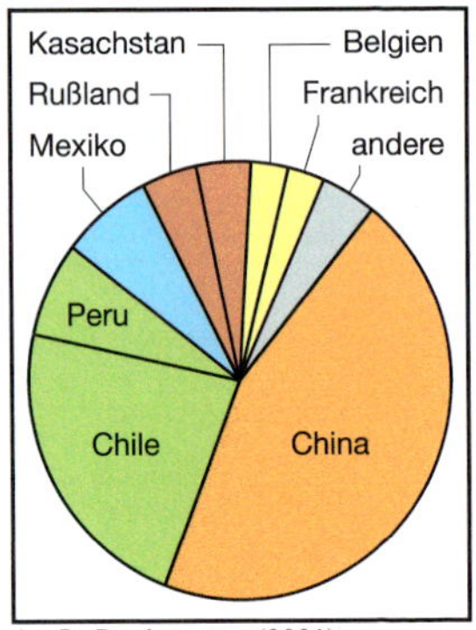

As_2O_3-Produzenten (2001)

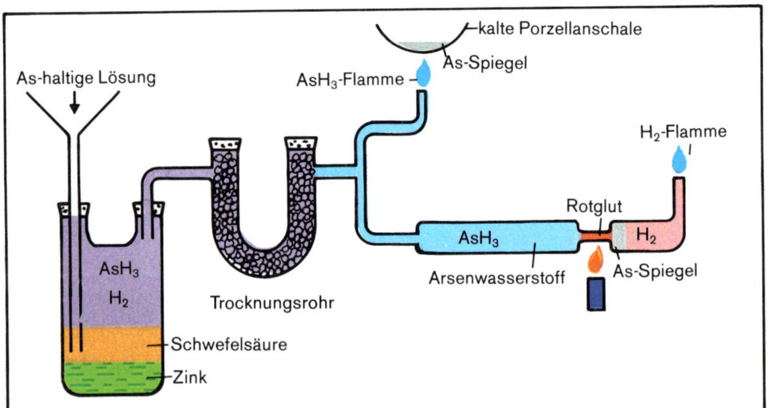

Die Marsh-Probe auf Arsen

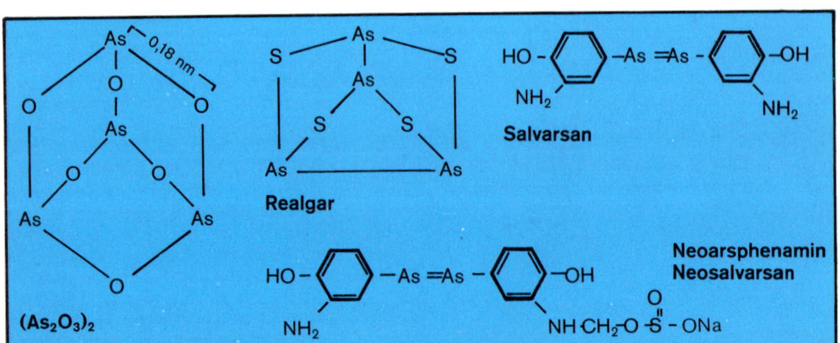

Strukturen wichtiger Arsenverbindungen

Arsen (Elementsymbol: As) ist das 3. Element der 5. Hauptgruppe des Periodensystems. Der Name ist abgeleitet von griech. arsenikos = kühn. Die Sulfide des Arsens waren bereits ARISTOTELES (384–322 v. Chr.) bekannt. ALBERTUS MAGNUS stellte das Element 1250 dar, PARACELSUS (1493–1541) führte Arsen in die Heilkunde ein.

Eigenschaften: Die rel. Atommasse ist 74,9216; es gibt nur ein stabiles Isotop (^{75}As). Die Halbwertszeiten der 32 instabilen Isotope liegen zwischen 8,8 ms und 80,3 d (^{73}As).

Die Elektronenkonfiguration ist [Ar] $(3d)^{10}$ $(4s)^2$ $(4p)^3$, die Oxidationszahlen sind +5, +3 und −3. Das optische Spektrum enthält im UV-Bereich bei 230 nm einige intensive Spektrallinien. As liegt im Übergangsbereich zwischen Metall und Nichtmetall; die stabile Modifikation hat metallischen Charakter.

Graues Arsen (α-Form) bildet eine stahlgraue, metallisch glänzende, spröde Masse trigonaler Kristalle; es ähnelt dem schwarzen Phosphor. Bis zu 800 °C liegt es als As_4-Molekül vor, oberhalb 1700 °C nur noch als As_2. Ab 615 °C sublimiert As als gelber Dampf. Bei längerem Stehen an Luft wird graues As schwarz. Die elektrische Leitfähigkeit entspricht der der Metalle.

Gelbes Arsen ist eine durchsichtige, wachsweiche kristalline Masse. Die Moleküle bilden ähnlich dem weißen Phosphor eine Tetraeder-Konfiguration. Es entsteht durch plötzliches Abkühlen von As-Dampf und geht bei geringer Energiezufuhr (Belichtung, Erwärmen) in die graue Modifikation über. Gelbes As ist ein Nichtmetall, gut löslich in Carbondisulfid.

Amorphes Arsen ist schwarz und tritt in mehreren Formen (β, γ, δ) auf. Es sind nichtmetallische Modifikationen, die oberhalb 270 °C in graues As übergehen.

As verbrennt an der Luft mit blau-weißer Flamme. Der weiße Rauch aus giftigem Arsentrioxid riecht nach Knoblauch:

$$4\,As + 3\,O_2 \rightarrow 2\,As_2O_3 \qquad \Delta H = -\,658\text{ kJ}.$$

Drei Arsenoxide sind bekannt: As_2O_3, As_2O_5 und As_2O_4. Beim Mischen mit Schwefel und anschließendem Erhitzen bildet As je nach den Mengenverhältnissen unterschiedliche, wasserunlösliche Sulfide: As_4S_4, As_4S_6, As_4S_{10}. Verbindungen zwischen Metallen und As heißen Arsenide.

Toxikologie: Metallisches As scheint nicht giftig zu sein, doch geht es leicht in das giftige As_2O_3 (Arsenik) über. Die As-Verbindungen sind praktisch alle giftig, da sie zumeist As_2O_3-Verunreinigungen enthalten. Vergiftungserscheinungen: schwere Durchfälle, Lähmungen, Haarausfall. As wird in Leber, Nieren, Haut, Haaren und Nägeln gespeichert und über den Harn ausgeschieden. Langsam steigende Dosen gewöhnen den Organismus an das Gift (Arsenikesser). As gilt bereits in Spuren als karzinogen.

Nachweis durch die Marsh-Probe: In einem Gasentwicklungsgefäß erzeugt man durch Einwirken von Schwefelsäure auf Zink Wasserstoff und gießt in das gleiche Gefäß die zu prüfende Lösung. Enthält sie As, so bildet sich Arsenwasserstoff AsH_3, der nach Trocknung ein heißes Gebiet passiert. Dort zerfällt AsH_3, das As schlägt sich als dunkler, glänzender Arsenspiegel nieder, der Wasserstoff verbrennt. Der *Arsenspiegel* löst sich in Hypochlorit-Lösung, im Unterschied zu einem auf gleiche Weise entstehenden Antimonspiegel. (Nachweisgrenze: 100 ng.)

Vorkommen: Der As-Anteil an der Erdrinde beträgt etwa 0,00055 Gewichtsprozent. As ist in Spuren weit verbreitet, manchmal tritt es gediegen auf (Scherbenkobalt, Arsenolamprit).

Wichtige *Arsenmineralien* sind: Arsenkies FeAsS, Arsenikalkies $FeAs_2$, Auripigment As_2S_3, Realgar As_4S_4 und Glanzkobalt CoAsS.

Die Hauptvorkommen liegen in Rußland, Schweden, Frankreich, Mexiko und Chile. Gewinnung zumeist aus den Nebenprodukten der Verhüttung sulfidischer Erze. Die anfallenden Arsenoxide werden mit Kohle bei 500–800 °C reduziert:

$$2\,As_2O_3 + 3\,C \rightarrow As_4 + 3\,CO_2.$$

As entweicht als Gas.

Verwendung in der Halbleiterproduktion (Dotierungsmaterial) und in der Xerographie. Das Metall ist ein wichtiger Legierungsbestandteil, z. B. in Pb-Sb-As-Legierungen für Batterie-Gitter. As-Verbindungen dienen vor allem der Schädlingsbekämpfung.

Wichtige **Verbindungen**

Arsenwasserstoff (Arsan) AsH_3 ist ein farbloses, sehr giftiges, nach Knoblauch riechendes Gas. Es entsteht z. B. bei der Marsh-Probe oder aus Zinkarsenid und Salzsäure:

$$As_2Zn_3 + 6\,HCl \rightarrow 2\,AsH_3 + 3\,ZnCl_2.$$

Beim Erhitzen zerfällt AsH_3:

$$2\,AsH_3 \rightarrow 2\,As + 3\,H_2 \qquad \Delta H = -\,133\text{ kJ}.$$

Arsentrioxid (weißes *Arsenik*) As_2O_3 ist eine weiße, geruchlose Substanz in zwei kristallinen und einer amorphen Modifikation. Oberhalb 200 °C verflüchtigt es sich als $(As_2O_3)_2$. Natürliches Vorkommen als Arsenblüte. Reindarstellung durch Verbrennen von As:

$$4\,As + 3\,O_2 \rightarrow 2\,As_2O_3 \qquad \Delta H = -\,658\text{ kJ}.$$

Technische Darstellung durch Abrösten von Arsenpyrit:

$$2\,FeAsS + 5\,O_2 \rightarrow Fe_2O_3 + 2\,SO_2 + As_2O_3.$$

Arsenik ist sehr giftig; tödliche Dosis (sehr unterschiedlich): 0,1 g. As_2O_3 ist Ausgangssubstanz zur Herstellung aller As-Verbindungen. Verwendung zur Schädlingsbekämpfung, als Herbizid und in der Glasindustrie. Weltproduktion rund 70 000 t/a.

Arsensulfide:

Arsensulfid (Realgar, Rauschrot) As_4S_4 ist eine rote, glasartige Masse, die beim Erhitzen schwarz wird.

Arsentrisulfid (Auripigment, Rauschgelb) As_2S_3 ist eine zitronengelbe, in Wasser und Säuren unlösliche und daher ungiftige Masse; sie wird beim Erhitzen rot. Verwendung als Farbe (Königsgelb).

Arsensäure $H_3AsO_4 \cdot H_2O$ bildet rhombische, zerfließende Kristalle. Es ist eine mittelstarke, dreibasige, oxidierende Säure mit sehr großer Wasserlöslichkeit: 6,3 kg pro l. Die Salze heißen Arsenate und dienen zur Schädlingsbekämpfung, z. B. Calciumarsenat (Neutralsalz) $Ca_3(AsO_4)_2 \cdot 3\,H_2O$.

Sb 115	Sb 116	Sb 117	Sb 118	Sb 119	Sb 120	Sb 121	Sb 122	Sb 123	Sb 124	Sb 125	Sb 126	Sb
32,3 min	60 min	2,8 h	5,0 h	38,5 h	5,76 d	57,3	4,2 min	42,7	20 min	2,77 a	19 min	3,85
β^+, γ	β^+, γ	β^+, γ	β^+, γ	γ, e^-			e^-		e^-	β^-, γ	β^-, γ	β^-, γ

Die Nuklide des Antimons

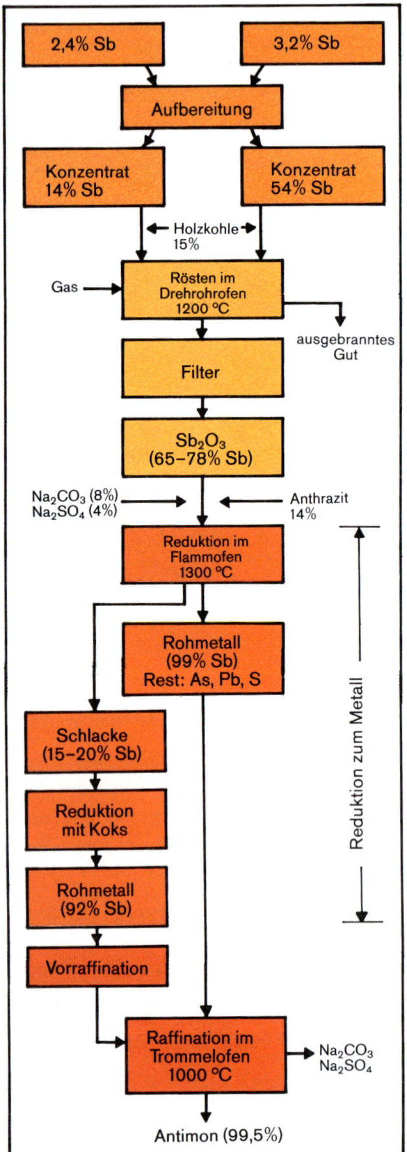

Antimongewinnung aus armen Erzen

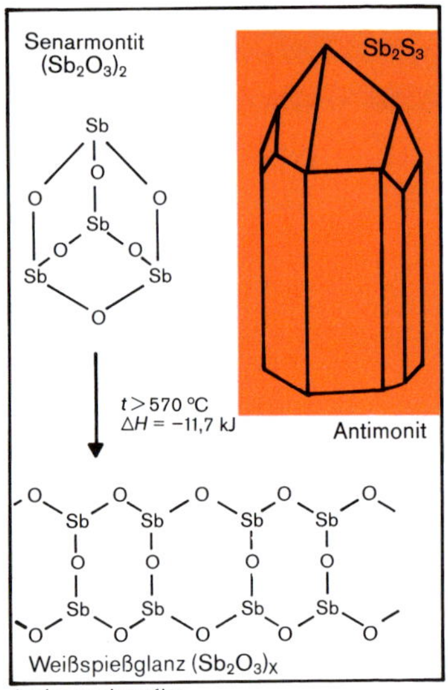

Antimonmineralien

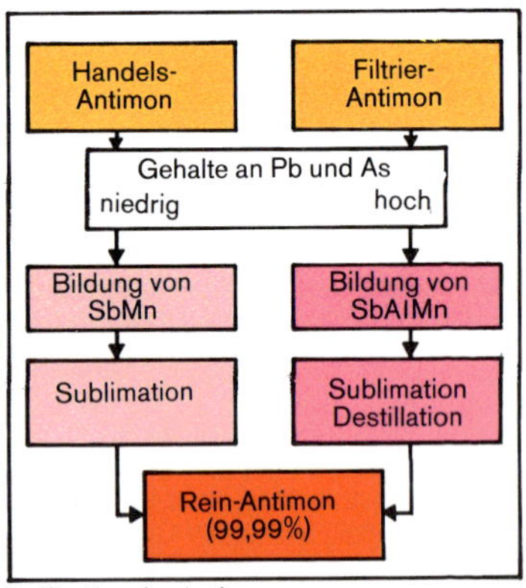

Raffination des Antimons

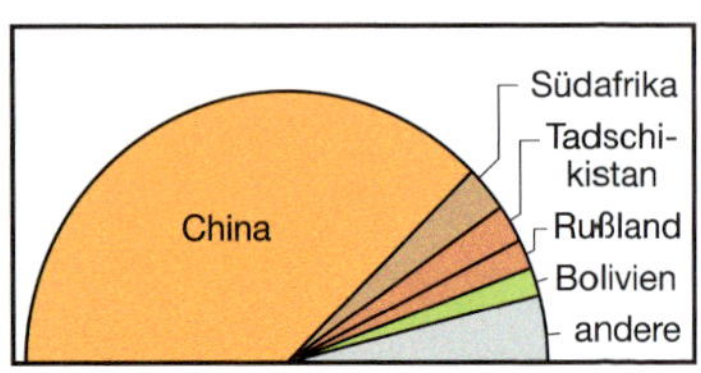

Antimonmetall-Produzenten (2003)

Antimon (Elementsymbol: Sb) ist das 4. Element der 5. Hauptgruppe des Periodensystems. Der Ursprung des Namens ist unbekannt; CONSTANTINUS AFRICANUS erwähnte »Antimonium« bereits 1050. Die lateinische Bezeichnung »Stibium« geht auf PLINIUS d. Ä. (23–79 n. Chr.) zurück und bedeutet Zeichen, Markierung. Antimontrisulfid war bereits im alten Ägypten bekannt; es wurde in Salben als Schminke und Augenmittel benutzt. Die erste Beschreibung einer Darstellung des Metalls stammt von 1604.

Eigenschaften: Sb ist ein weiß-glänzendes, grob-kristallines Halbmetall. Es ist sehr spröde und läßt sich leicht zu Pulver zermahlen. Wie die anderen Elemente der 5. Hauptgruppe bildet auch Sb mehrere Modifikationen. Gelbes und schwarzes Antimon gehen beim Erhitzen in die stabile halbmetallische graue Modifikation über. Das Gitter gleicht dem des grauen Arsens.

Die rel. Atommasse beträgt 121,75; es gibt zwei stabile Sb-Isotope: ^{121}Sb und ^{123}Sb. Die Halbwertszeiten der 35 instabilen Sb-Isotope liegen zwischen 37 ms und 2,77 a (^{125}Sb). Die Elektronenkonfiguration ist [Kr] $(4d)^{10}$ $(5s)^2$ $(5p)^3$, die Oxidationszahlen sind +5, +3 und −3. Das optische Spektrum enthält im nahen UV einige intensive Spektrallinien. Die elektrische Leitfähigkeit beträgt etwa 4 % der des Kupfers. Im Vergleich mit Metallen ist Sb ein schlechter Wärmeleiter. Flüssiges Sb expandiert beim Erstarren.

An Luft und im Wasser ist Antimon bei Raumtemperatur beständig. Antimon ist löslich in heißer konzentrierter Schwefelsäure, Salpetersäure, Phosphorsäure und Königswasser. Mit Halogenen reagiert es heftig bereits bei Raumtemperatur. Sb bildet Legierungen mit den meisten Metallen.

Toxikologie: Sb gilt als Reizstoff für Haut, Schleimhaut und Magen-Darm-Trakt. SbH_3 ist so giftig wie Arsenwasserstoff. Als Toleranzgrenze für den Staub von Sb und Sb-Verbindungen gilt 0,5 mg pro m^3 Luft.

Nachweis mit Hilfe der Marsh-Probe; im Gegensatz zum Arsenspiegel löst Hypochlorit den gebildeten *Antimonspiegel* nicht. Chemischer Nachweis: Hydrogensulfid fällt Sb in salzsaurer Lösung als orangefarbenes Sulfid aus.

Vorkommen: Sb ist ein sehr seltenes Element. Der Anteil an der Erdrinde beträgt etwa 0,00007 %. Sb tritt selten gediegen auf, meist zusammen mit As als Allemontit. Es gibt mehr als 100 Sb-Mineralien, das mit Abstand wichtigste ist Antimonglanz (Stibnit, Grauspießglanz, Antimonit) Sb_2S_3 (rund 72 % Sb-Gehalt), gefolgt von Valentinit Sb_2O_3, Cervantit $Sb_2O_4 \cdot H_2O$ und Rotspießglanz (Kermesit) Sb_2S_2O. Die Hauptvorkommen liegen in China, Südafrika, Bolivien, Kirgisien, Mexiko, Türkei und Bosnien. Die deutschen Vorkommen sind unbedeutend.

Gewinnung: Das Erz (überwiegend Antimonglanz) wird durch Zerkleinern aufbereitet und durch Flotation angereichert. Dann wird es bei 550–600 °C geschmolzen (seigern); das niedrig schmelzende, relativ schwere (ϱ = 4,64 g/cm^3) Sb_2S_3 fließt am Boden des Seigertiegels als Antimonium crudum aus. Das Metall wird durch anschließende Röstreduktion oder Röstreaktion des Sulfids gewonnen:

Rösten im Drehofen:

$2\ Sb_2S_3 + 9\ O_2 \rightarrow 2\ Sb_2O_3 + 6\ SO_2$

$\Delta H = -2876$ kJ.

Reduktion mit Kohlenstoff im Flammofen oder im Kurztrommelofen:

$2\ Sb_2O_3 + 3\ C \rightarrow 4\ Sb + 3\ CO_2$.

Röstreaktion im Schachtofen:

$2\ Sb_2O_3 + Sb_2S_3 \rightarrow 6\ Sb + 3\ SO_2$.

Anschließend Raffination des Rohmetalls durch Sublimation oder im Zonenschmelzverfahren für höchste Reinheit.

Weitere Gewinnung aus Zwischenprodukten bei der Pb- und Cu-Verhüttung, im steigenden Maße auch durch Aufarbeiten von Abfällen.

Die Weltproduktion liegt bei rund 70 000 t/a (stark schwankend).

Verwendung direkt als Metall ist wegen der ungünstigen mechanischen Eigenschaften sehr selten. Die Hälfte der Produktion dient als Härtungsbestandteil in Legierungen oder zur Herstellung von Halbleitern. Der Rest wird für Antimonverbindungen benötigt.

Im Mittelalter war Sb Bestandteil vieler Arzneien, insbesondere von Brechmitteln und schweißtreibenden Tinkturen.

Wichtige **Verbindungen**

Antimonwasserstoff (Stibin) SbH_3 ist ein unangenehm riechendes, giftiges Gas. Es entsteht beim Einwirken von Säuren auf das Metall. Es ist sehr instabil und zerfällt leicht an Oberflächen. Wird das Gas entzündet, so zerfällt es explosionsartig:

$2\ SbH_3 \rightarrow 3\ H_2 + 2\ Sb \qquad \Delta H = -290{,}6$ kJ.

Antimontrisulfid (Antimonglanz) Sb_2S_3 bildet grauschwarze, metallisch glänzende, langstielige Kristalle. Es existiert eine orangerote Modifikation, die bei geringer Energiezufuhr in die schwarze übergeht.

$Sb_2S_3(\text{rot}) \rightarrow Sb_2S_3(\text{schwarz})$

$\Delta H = +27{,}7$ kJ.

Sb_2S_3 ist löslich in starken Säuren. Es ist die wichtigste Ausgangssubstanz zur Herstellung von Sb und Sb-Verbindungen. Direkte Verwendung: Zündmassen von Streichhölzern, Pyrotechnik, Rubingläser, Tarnanstriche.

Antimontrichlorid (Antimonbutter) $SbCl_3$ ist eine farblose, sehr weiche und hygroskopische Masse. Herstellung aus den Elementen bei 200 °C. Verwendung als Zwischenprodukt für andere Sb-Verbindungen, als Katalysator und als Reagenz auf Vitamin A.

Antimontrifluorid SbF_3 ist eine farblose, an Luft zerfließende, leicht flüchtige Substanz. Verwendung als Beizmittel (Patentsalz), Fluorierungsmittel und in der Töpferei.

Antimontrioxid (Antimonweiß) Sb_2O_3 ist ein weißes, kristallines, wasserunlösliches Pulver. Beim Erwärmen wird es gelb, beim Abkühlen wieder weiß. Es tritt in zwei Modifikationen auf:

$\text{oktaedr. Senarmontit} \xrightarrow{t > 570\,°C} \text{rhomb. Antimonblüte}$

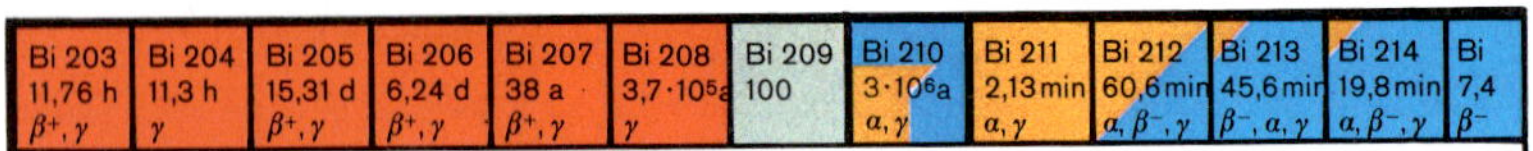

Nuklide des Bismuts

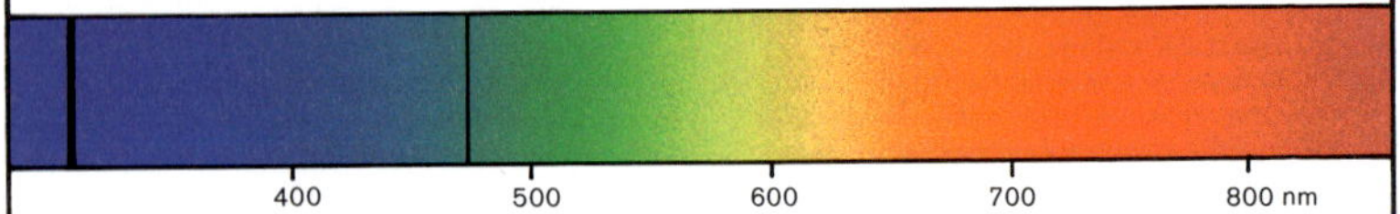

Die Hauptlinien des Bismuts

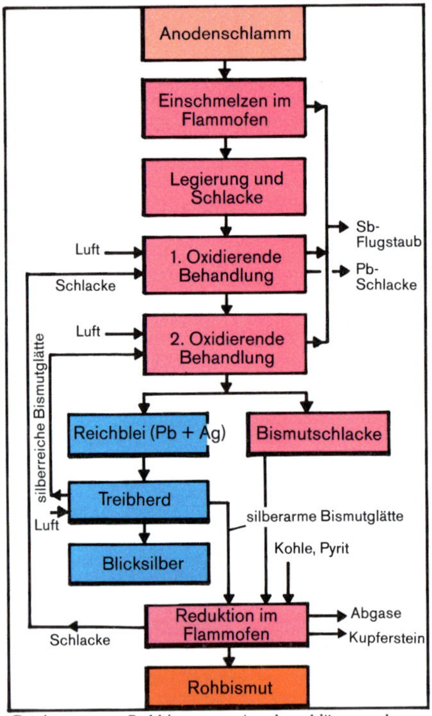

Gewinnung von Rohbismut aus Anodenschlämmen der Pb- und der Cu-Elektrolyse

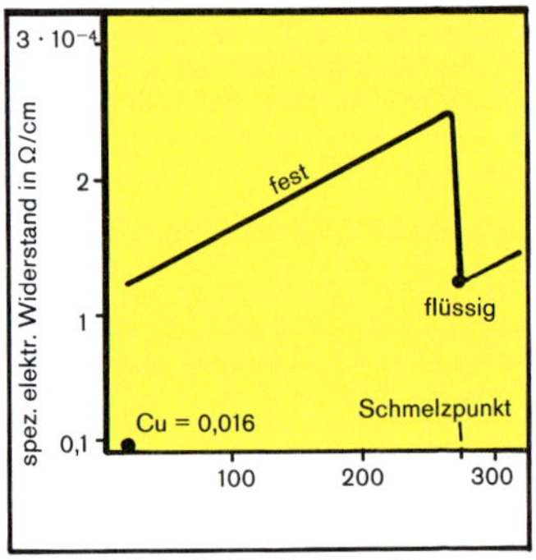

Der elektrische Widerstand von Bi

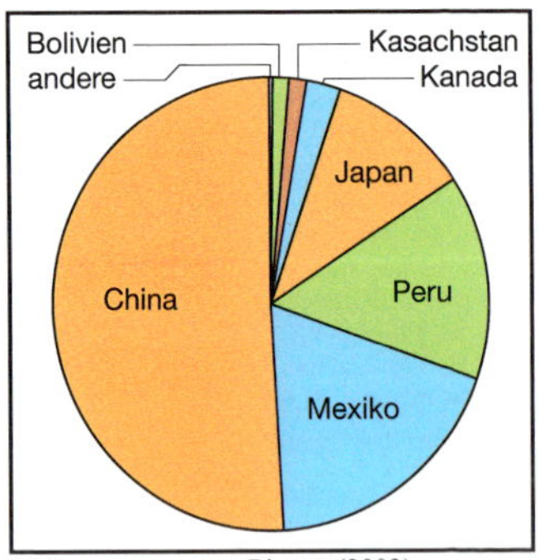

Welterzeugung von Bismut (2003)

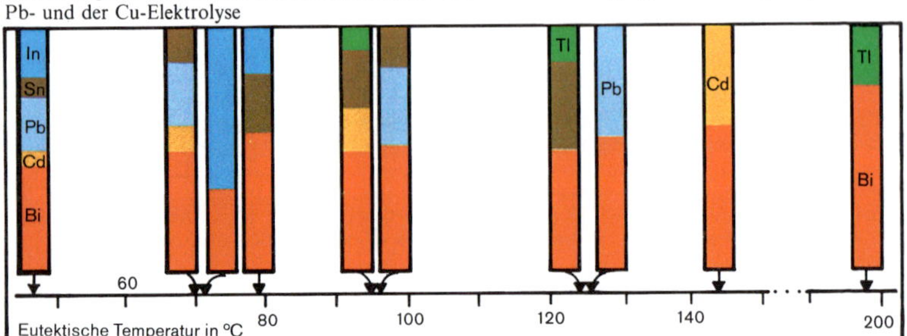

Wichtige eutektische Mehrstofflegierungen des Bismuts

Bismut (Wismut; Elementsymbol: Bi) ist das 5. und letzte Element der 5. Hauptgruppe des Periodensystems. Der (veraltete) Name Wismut stammt aus dem Deutschen und wurde bereits im 13. Jahrhundert im Erzgebirge, dem Entdeckungsort des Bismuts, benutzt. AGRICOLA (1494–1555) beschrieb die Gewinnung von Bi-Erzen und latinisierte den Namen des Metalls zu »Bismutum«. KARL SCHEELE und TORBERN BERGMAN erkannten 1775 Bismut als separates Element. Eine nennenswerte Bi-Industrie gibt es erst seit 1860.

Eigenschaften: Bi ist ein rötlich-weißes, glänzendes, sprödes Schwermetall, es bildet grobe rhomboedrische Kristalle. Die Gitterstruktur entspricht der des metallischen Arsens. Die Schichten sind bereits so dicht gepackt, daß fast ein Metallgitter vorliegt. Im Gegensatz zu den anderen Gruppenelementen existiert nur eine Modifikation. Die rel. Atommasse ist 208,9804; es gibt nur ein stabiles Bi-Isotop (^{209}Bi). Die Halbwertszeiten der 34 instabilen Bi-Isotope liegen zwischen 3 ms und $3 \cdot 10^6$ a (^{210}Bi).

In feuchter Luft bildet Bi an der Oberfläche einen Oxidüberzug, in trockener ist es stabil. Von allen festen Metallen hat Bi die geringste Leitfähigkeit für Strom und Wärme. Es ist stark diamagnetisch. Beim Erstarren *expandiert* Bi um 3,3%. Der Einfangsquerschnitt für thermische Neutronen ist ungewöhnlich klein.

Die Elektronenkonfiguration ist [Xe] $(4f)^{14}$ $(5d)^{10}$ $(6s)^2$ $(6p)^3$, die Oxidationszahlen sind +3 und +5.

Chemisch betrachtet hat Bi fast Edelmetallcharakter. Es ist unlöslich in Wasser, Salzsäure und verdünnter Schwefelsäure; von Salpetersäure und heißer, konz. Schwefelsäure wird es angegriffen. Bei Rotglut verbrennt Bi zu gelbem Bismuttrioxid. Bi-Pulver reagiert sehr heftig mit den Halogenen. Die Legierungen des Bi weisen einen besonders niedrigen Schmelzpunkt auf.

Toxikologie: Die toxischen Eigenschaften des Bismuts liegen zwischen denen von Sb und Pb; die Aufnahme größerer Mengen des Elements führt zu unspezifischen Metallvergiftungen, insbesondere der Mund- und Dickdarmschleimhäute. Im Gegensatz zu organischen Bi-Komplexen stellen die anorganischen Verbindungen wegen ihrer Wasserunlöslichkeit keine akuten Gifte dar.

Nachweis: Qualitativ durch Ausfällen mit KI und 1,8-Hydroxichinolin; es entsteht ein intensiv roter Niederschlag. Die quantitative Analyse erfolgt über Bismut(III)-sulfid Bi_2S_3.

Vorkommen: Bi ist ein seltenes Element; der Anteil an der Erdrinde beträgt etwa $3 \cdot 10^{-6}$ Gewichtsprozent. Bi tritt gelegentlich auch gediegen auf. Es gibt zahlreiche Bi-Mineralien, die meisten sind wirtschaftlich ohne Bedeutung.

Wichtige *Bismutmineralien* sind Bismutglanz (Bismutin) Bi_2S_3, Selenbismutglanz Bi_2Se_3. Bismutocker (Bismit) Bi_2O_3 und Eulytin $Bi_4(SiO_4)_3$.

Die Hauptvorkommen liegen in Bolivien, Mexiko, Peru und China. Vorkommen in Deutschland: Erzgebirge, Schwarzwald.

Gewinnung: Vorwiegend als Nebenprodukt bei der Verhüttung von Pb-, Cu-, Sn-, Ag- und Au-Erzen. Für die direkte Gewinnung aus Bi-Mineralien werden unterschiedliche Verfahren eingesetzt; zumeist muß das Erz vorher angereichert werden, z. B. durch Flotation.

Oxidische Erze werden im Flammofen mit Kohle reduziert:

$$2\,Bi_2O_3 + 3\,C \rightarrow 4\,Bi + 3\,CO_2.$$

Sulfidische Erze werden vorwiegend abgeröstet:

$$2\,Bi_2S_3 + 9\,O_2 \rightarrow 2\,Bi_2O_3 + 6\,SO_2$$

und dann mit Kohlenstoff zum Metall reduziert, analog der Gewinnung von Antimon.

Rohbismut wird durch oxidierendes Schmelzen von Beimengungen befreit. Höchstreinigung im Zonenschmelzverfahren führt zu Verunreinigungen $<10^{-3}$%.

Die Hauptproduzenten sind Peru, China, Mexiko, Japan und Kanada. Die Weltproduktion liegt bei ca. 5000 t/a.

Verwendung mit Ausnahme in der Kerntechnik nur selten als reines Metall. Bi ist vorwiegend Bestandteil niedrig schmelzender Legierungen. Als Katalysator in der Kunstfaserproduktion, zur Herstellung von Permanentmagneten (MnBi-Legierung »Bimanol«), für thermoelektrische Elemente und Kosmetika spielt Bi eine Rolle. Zur pharmazeutischen Verwendung muß Bi praktisch frei von As, Te, Ag und Pb sein.

Bismutlegierungen sind häufig niedrig schmelzende Eutektika. Legierungen mit weniger als 48% Bi schrumpfen beim Erstarren, jene mit mehr als 55% expandieren. Herstellung durch Zusammenschmelzen der Komponenten. Manche Bi-Legierungen schmelzen bereits in heißem Wasser, z. B. *Woodsches Metall:* 50% Bi, 25% Pb, 12,5% Cd und 12,5% Sn. Verwendung der Legierungen als Verschluß von automatischen Feuerlöschanlagen, Schmelzsicherungen und Formen.

Wichtige **Verbindungen**

Bismuthydroxid $Bi(OH)_2$ ist ein weißes, flockiges Material, das bei Erwärmen stufenweise in Bismuttrioxid übergeht:

$$2\,Bi(OH)_3 \rightarrow 2\,BiO(OH) + 2\,H_2O$$
$$\rightarrow Bi_2O_3 + 3\,H_2O.$$

Bismuttrioxid Bi_2O_3 ist eine pulverförmige Substanz, gelb in der Kälte und rotbraun in der Hitze. Bi_2O_3 ist unlöslich in Wasser, löslich in starken Säuren und hochkonzentrierten Laugen. Verwendung für Gläser mit hoher Lichtbrechung und für farbige Glasuren.

Bismut(III)-sulfid Bi_2S_3 ist eine stahlgraue bis zinnweiße, kristalline Substanz und kommt in der Natur als Bismutglanz vor. Herstellung durch Erhitzen der Elemente:

$$2\,Bi + 3\,S \rightarrow Bi_2S_3 \qquad \Delta H = -\,143\text{ kJ}.$$

Bismutum subnitricum (Magisterium bismuti) ist ein basisches Nitrat $BiO(NO_3)$, $Bi_2O_2(OH)$ (NO_3), es dient als mildes Darmdesinfiziens sowie zur Wund- und Hautbehandlung.

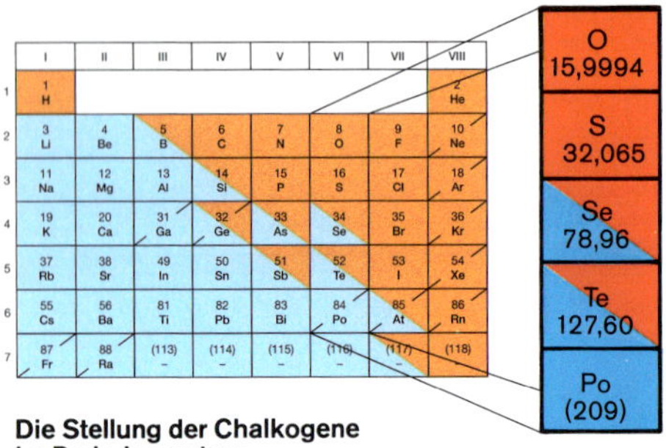

Die Stellung der Chalkogene im Periodensystem

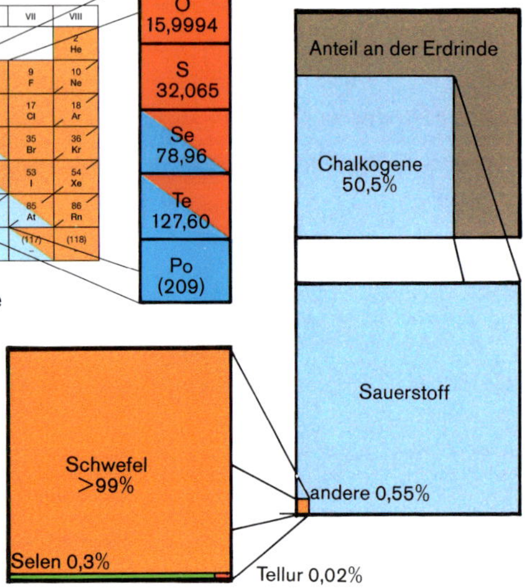

Die Elementhäufigkeit der Chalkogene in der Erdrinde

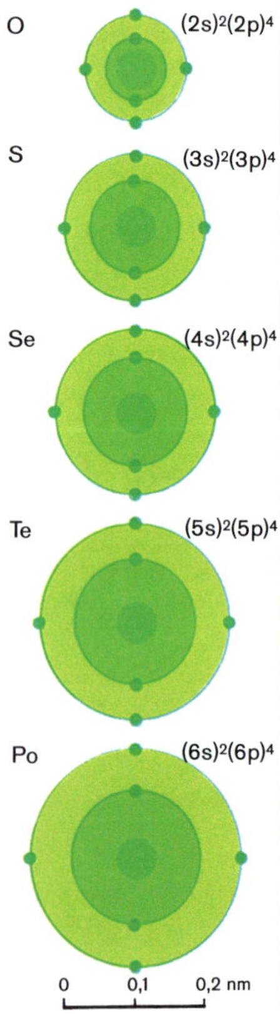

Valenzkonfiguration (maßstäblich)

O	S	Se	Te	Po
13,614 eV →	1. Ionisierungspotential fällt →			8,43 eV
1,27 g/cm³ →	Dichte (fest) wächst →			9,20 g/cm³
0,074 nm →	Atomradius wächst →			0,153 nm
0,140 nm →	Ionenradius wächst →			0,230 nm
−218,75°C →	Schmelzpunkt wächst →		449,8°C	254°C
−182,97°C →	Siedepunkt wächst →		1390°C	962°C

$Ch + H_2O \longrightarrow$ keine Reaktion

$Ch + O_2 \longrightarrow ChO_2$ (zusätzlich: SO_3)

$Ch + 3F_2 \longrightarrow ChF_6$ (Ausnahme: O)

$2\,Ch + Cl_2 \longrightarrow Ch_2Cl_2$ (Ausnahme: O)

$Ch + H_2 \longrightarrow H_2Ch$ (Ausnahme: Te)

$3\,Ch + 4\,HNO_3 \longrightarrow 3\,ChO_2 + 2\,H_2O + 4\,NO$

$ChO_3 + H_2O \longrightarrow H_2ChO_4$ (Ausnahme: O, H_4TeO_6)

Eigenschaften der Elemente der Chalkogene (*Ch*)

Die fünf chemischen Elemente Sauerstoff (O), Schwefel (S), Selen (Se), Tellur (Te) und Polonium (Po) bilden die 6. Hauptgruppe des Periodensystems. Der Name »Chalkogene« ist aus dem Griechischen abgeleitet und bedeutet »Erzbildner«, denn die Oxide und Sulfide sind wesentlich am Aufbau der Erdrinde beteiligt. Nach ihrem Anfangselement heißt die 6. Hauptgruppe auch Sauerstoff-Gruppe. Polonium wird manchmal von den Chalkogenen ausgenommen, da es lediglich ein kurzlebiges Zwischenprodukt der radioaktiven Zerfallsreihen ist.

Die Elektronenkonfiguration der Chalkogene zeigt 6 Valenzelektronen. Mit wachsender Ordnungszahl nimmt die Tendenz der beiden äußeren s-Elektronen zu, eine reaktionsträge, abgeschlossene Unterschale zu bilden.

Die chemischen und physikalischen **Eigenschaften** innerhalb der Gruppe unterscheiden sich nur graduell, obwohl O und S Nichtmetalle sind und der metallische Charakter bei Se, Te und Po immer stärker hervortritt; sie bilden auch analog zusammengesetzte Verbindungen. Außer Po treten die Elemente in mehreren Modifikationen auf. Sauerstoff hebt sich chemisch von den anderen Gruppenelementen deutlicher ab, da er leichter p_π–p_π-Doppelbindungen eingeht.

Beispiele: O = C = O ist stabil, S = C = S ist polymerisierbar, Se = C = Se polymerisiert leicht, sowohl Te = C = Te als auch Po = C = Po sind unbekannt.

Rein äußerlich sind die Gruppenelemente allerdings sehr verschieden: Sauerstoff ist ein leichtes, diatomisches Gas, Polonium ein festes einatomiges Schwermetall. O und S sind Nichtmetalle, Se und Te weisen unterschiedliche Modifikationen – unter ihnen metallene – auf, Po ist bereits ein typisches Metall.

Die Elemente der Gruppe haben meist die Oxidationszahlen −2, +4 und +6. Mit wachsender Protonenzahl gewinnt die Oxidationszahl 4 an Bedeutung, mit fallender die 6 (Ausnahme: Sauerstoff zeigt fast durchweg die Oxidationszahl −2). Die maximale Koordinationszahl steigt von 6 bei Schwefel auf 8 bei Tellur.

Die *Beständigkeit* analoger Verbindungen mit elektropositiven Elementen sinkt mit wachsendem *Z;* so ist z. B. H_2Po sehr instabil verglichen mit H_2O. Die reduzierende Wirkung der Chalkogenwasserstoffe wächst von O zu Po, die Oxidationsfähigkeit der Chalkogene dagegen steigt von Po nach O.

Der *Säurecharakter* der Chalkogenoxide sinkt mit wachsender Protonenzahl; so ist z. B. Schwefelsäure H_2SO_4 eine sehr starke Säure, Tellursäure H_6TeO_6 eine sehr schwache. Der Säurecharakter der Chalkogenwasserstoffe steigt dagegen mit der Ordnungszahl. Die *Wasserstoffverbindungen* der Chalkogene sind (Ausnahme: H_2O) giftige und übel riechende Gase. Keines der Gruppenelemente reagiert mit Wasser. Als einziges Chalkogen reagiert Schwefel mit Basen (Disproportionierung in die Oxidationszahlen −2 und +4). Mit Ausnahme von Sauerstoff reagieren alle Elemente der Gruppe mit konz. Salpetersäure. Mit O_2 bilden sie Dioxide, z. B.

$$Se + O_2 \rightarrow SeO_2 \qquad \Delta H = -226\ \text{kJ}.$$

Die Dioxide ihrerseits reagieren mit Wasser zu Oxisäuren, z. B.

$$SeO_2 + H_2O \rightarrow H_2SeO_3.$$

Metalle reagieren mit den Gruppenelementen zu binären Verbindungen (Oxide, Sulfide, Selenide und Telluride), deren Beständigkeit von O nach Po abnimmt. Die binären Wasserstoffverbindungen sind (Ausnahme: O) in wäßriger Lösung alle schwache Säuren, z. B.:

$$H_2S \rightleftharpoons HS^- + H^+.$$

Toxikologie: O, S und Te zeigen nur in hohen Konzentrationen giftige Wirkungen, Se und seine Verbindungen sind teilweise außerordentlich giftig.

Vorkommen: Die Chalkogene enthalten das häufigste Element der Erde: Sauerstoff hat einen Anteil von 50,5 Gewichtsprozent am Aufbau der Erdrinde. Die anderen Gruppenelemente sind sehr viel seltener. Polonium ist außerordentlich selten. Sein Anteil an der Erdrinde beträgt etwa $2{,}1 \cdot 10^{-14}$ Gewichtsprozent. Die meisten Mineralien der Gruppe sind Sulfide, Sulfate und Oxide. Alle Gruppenelemente kommen auch gediegen vor.

Gewinnung: Sauerstoff wird direkt der Luft entnommen, die anderen Elemente – soweit sie nicht in reiner Form gewonnen werden – durch Reduktion der Oxide. Se und Te werden überwiegend aus Nebenprodukten industrieller Großprozesse (Bleikammerschlamm, Anodenschlamm) extrahiert. Po wurde früher aus Uranpechblende (Po-Gehalt: $3 \cdot 10^{-6}$ Gewichtsprozent) abgetrennt, heute entsteht es in Kernreaktoren durch Bestrahlen von Bi mit Neutronen.

Verwendung: Sauerstoff ist die Grundlage der Verbrennungsprozesse und damit auch des Metabolismus der Lebewesen. Zusammen mit Schwefel ist Sauerstoff eines der Basiselemente für zahllose industrielle Verfahren: Se und Te werden überwiegend als Halbleiter eingesetzt. Po hat keine praktische Bedeutung.

Physikalische Eigenschaften

	O	S	Se	Te	Po
Protonenzahl	8	16	34	52	84
Schmelzpunkt in °C	− 218,75	112,8 (rh.) 119,0 (mo.)	220,5 (gr.)	449,8	254
Siedepunkt in °C	− 182,97	444,6	685 (gr.)	1390	962
Dichte in g/cm³	0,001429 (gas.) 1,14 (fl.)	2,07 (rh.) 1,957 (mo.)	4,79 (gr.) 4,26 (r.)	6,24 (gr.)	9,32 (α)
Ionenradius (2^-) in nm	0,140	0,184	0,198	0,221	0,230
1. Ionisierungspotential in eV	13,614	10,357	9,75	9,01	8,43

gas. = gasförmig, fl. = flüssig, rh. = rhombisch, mo. = monoklin, gr. = grau, r. = rot, α = kubische Form.

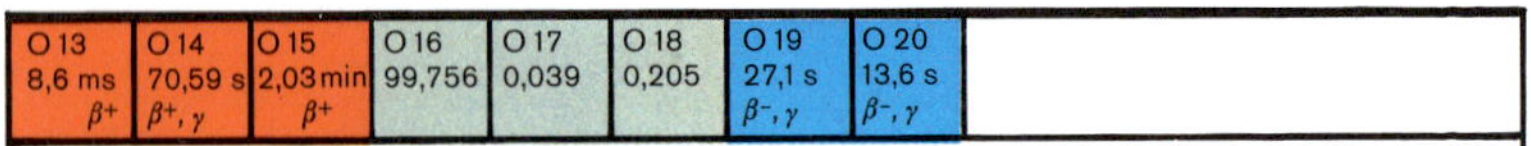

Die Nuklide des Sauerstoffs

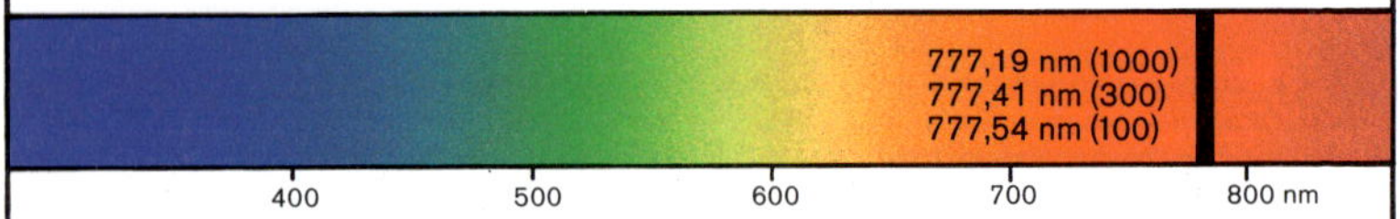

Die Hauptlinien des Sauerstoffs

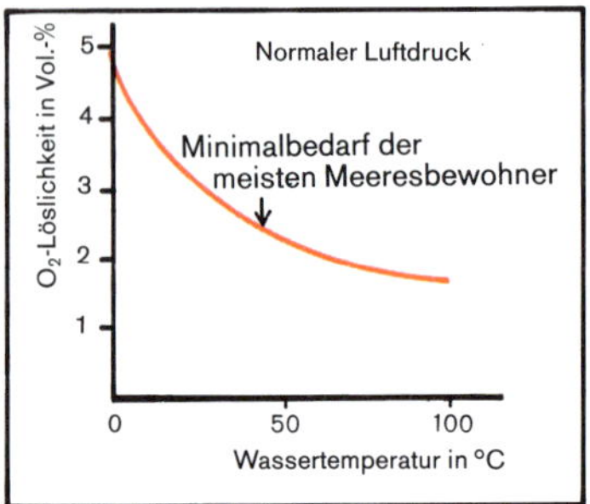

Sauerstofflöslichkeit in Wasser

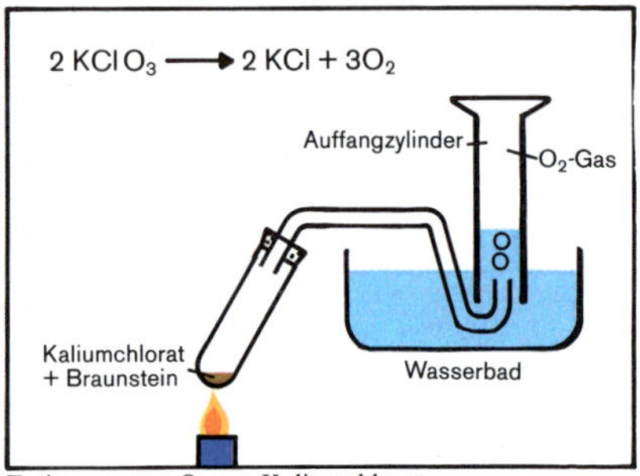

Freisetzen von O_2 aus Kaliumchlorat

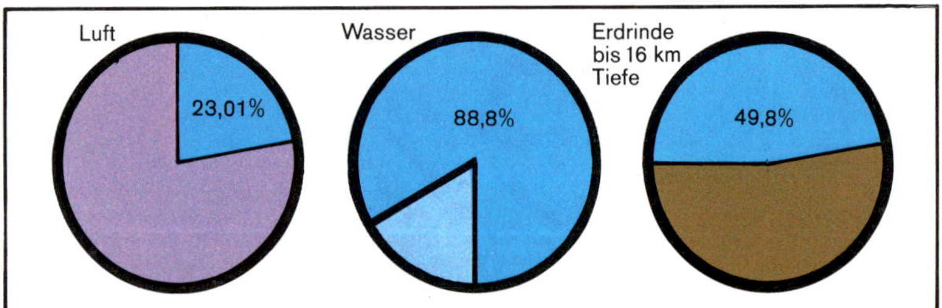

Natürliche Sauerstoffgehalte in Gewichtsprozenten

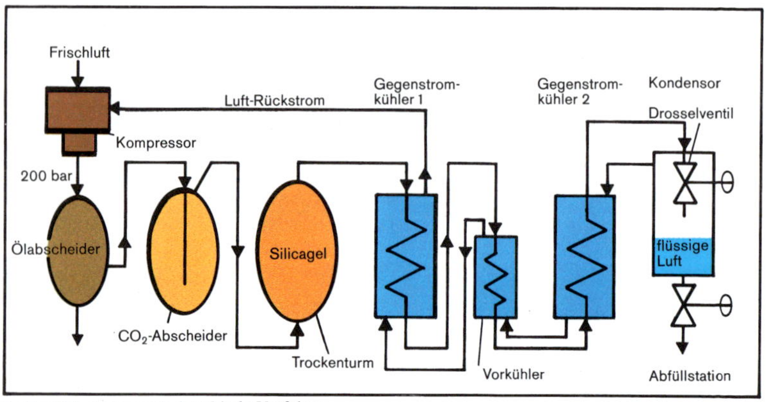

Luftverflüssigung nach dem Linde-Verfahren

Sauerstoff (Oxygen; Elementsymbol: O) ist das 1. Element der 6. Hauptgruppe des Periodensystems. Das Symbol ist abgeleitet von lat. oxygenium = Säurebildner. K. SCHEELE und J. PRIESTLEY entdeckten 1772 das Element bei der Untersuchung von Verbrennungsvorgängen. LAVOISIER (1743–94) erkannte die Bedeutung des Sauerstoffs für alle Lebensprozesse. LOUIS CAILLETET und RAOUL PICTET verflüssigten 1877 erstmalig das neue Element. Die industrielle Großproduktion begann 1902 durch CARL VON LINDE mit Hilfe der Luftverflüssigung. Bis 1961 war Sauerstoff das Bezugselement für die rel. Atommasse (heute ist es C-12).

Eigenschaften: Sauerstoff ist ein farb-, geruch- und geschmackloses, paramagnetisches Gas. Sauerstoff tritt in zwei Modifikationen auf: als Disauerstoff O_2 und Trisauerstoff, Ozon O_3. Wird im folgenden Sauerstoff allgemein erwähnt, so ist O_2 gemeint.

Bei Raumtemperatur ist O_2 schwerer als Luft. Die rel. Atommasse ist 15,9994; es gibt 3 stabile O-Isotope: ^{16}O, ^{17}O und ^{18}O. Die Halbwertszeiten der 10 instabilen Isotope liegen zwischen 8,6 ms (^{13}O) und 2,03 min (^{15}O).

Flüssiges O_2 ist hellblau; fester Sauerstoff tritt in drei temperaturabhängigen Modifikationen auf:

α-O_2	β-O_2	γ-O_2
monoklin	rhomboedrisch	kubisch
0–23,88 K	23,88–43,80 K	43,80–54,36 K
1,40 g/cm^3	1,39 g/cm^3	1,32 g/cm^3

Die *Wasserlöslichkeit* nimmt mit steigender Temperatur ab, ein für alle Wasserlebewesen wichtiger Vorgang. Bei 20 °C lösen sich maximal 3,03 Vol.-% Sauerstoff in Wasser.

Die Elektronenkonfiguration ist [He] $(2\,s)^2$ $(2\,p)^4$, die Oxidationszahlen sind –2 und (sehr selten) –1.

O_2 bildet mit allen Elementen unter Energieabgabe Oxide, teilweise auch Peroxide. Dieser Vorgang heißt *Verbrennung* und ist in reinem Sauerstoff lebhafter als in Luft; in flüssigem O_2 erfolgt er oft explosionsartig, insbesondere wenn die Substanz eine große Oberfläche hat (z. B. Pulver).

Beispiele:

$$C + O_2 \rightarrow CO_2 \qquad \Delta H = -394\ \text{kJ}$$
$$4\,P + 5\,O_2 \rightarrow 2\,P_2O_5 \qquad \Delta H = -1494\ \text{kJ}$$
$$2\,Ca + O_2 \rightarrow 2\,CaO \qquad \Delta H = -636\ \text{kJ}.$$

Die unerwünschte Oxidation der Metalle (Rosten, Korrodieren) ist wirtschaftlich von größter Bedeutung. Langsame Oxidationsprozesse innerhalb von Fermentsystemen liefern die Energie für alle Lebensprozesse.

Atmungsgase müssen mindestens 7 % O_2 enthalten. Einatmen von reinem O_2 über längere Zeiten hinweg ist schädlich, die Zufuhr von reinem O_2 unter Druck ruft bereits nach kurzer Zeit Kreislaufstörungen hervor.

Nachweis sehr geringer Mengen Sauerstoff mit Hilfe der Gaschromatographie; für die kontinuierliche Messung wird der Paramagnetismus der O_2-Moleküle ausgenutzt. Der spektroskopische Nachweis erfolgt über die drei eng benachbarten Linien im roten Bereich des Spektrums: 777,1928 nm, 777,4138 nm und 777,5433 nm.

Vorkommen: Sauerstoff steht an 1. Stelle der Elementhäufigkeit; der Anteil an der Erdrinde (einschließlich Luft- und Wasserhülle) beträgt 50,5 Gewichtsprozent. Im Universum ist Sauerstoff das dritthäufigste Element.

Die Lufthülle der Erde enthält rund 10^{15} t O_2. Der durch Oxidation entzogene Sauerstoff wird durch die Photosynthese der grünen Pflanzen an die Luft zurückgegeben (rund $3 \cdot 10^{11}$ t/a). Kreislauf des Sauerstoffs s. S. 65. Der Sauerstoffgehalt der Atmosphäre ist konstant innerhalb von 0,1 %. In den Gesteinen (z. B. Quarz SiO_2, Dolomit $CaCO_3 \cdot MgCO_3$, Kalifeldspat $K[AlSi_3O_8]$) ist etwa tausendmal mehr Sauerstoff gebunden als im H_2O der Weltmeere. Lebewesen bestehen überwiegend aus gebundenem Sauerstoff, der Mensch z. B. zu $^2/_3$.

Fast der gesamte Luftsauerstoff und der in Wasser gelöste Sauerstoff resultieren aus der Photosynthese.

Gewinnung: Rund 99 % des industriellen Sauerstoffbedarfs wird durch Luftverflüssigungsanlagen gedeckt, der Rest stammt aus der Elektrolyse von Wasser als Nebenprodukt der H_2-Gewinnung.

Fraktionierung (Rektifikation) der flüssigen Luft in ihre Hauptbestandteile O_2 und N_2: Es liege eine flüssige Mischung aus 60 % O_2 und 40 % N_2 vor. Diese siedet bei –190,6 °C; der Dampf enthält dann 70 % N_2, die Flüssigkeit wird entsprechend sauerstoffreicher. Das Sieden wird unterbrochen, wenn der O_2-Gehalt etwa 75 % erreicht. Die Flüssigkeit wird abgetrennt und verdampft. Aus dem Dampf entsteht beim anschließenden Kondensieren eine sehr sauerstoffreiche Flüssigkeit (90 % O_2). Durch wiederholte Fraktionierung verbleibt im Destillationsrückstand reines O_2, im Destillat reines N_2.

Moderne Rektifikationsanlagen liefern bis zu 2500 t O_2/d.

Unwirtschaftlich ist inzwischen das *Brinsche Bariumperoxid-Verfahren:* Bariumoxid wird bei 500 °C in BaO_2 umgewandelt, das oberhalb 700 °C den Sauerstoff wieder abgibt.

$$2\,BaO + O_2 \underset{700\,°C}{\overset{500\,°C}{\rightleftarrows}} 2\,BaO_2.$$

Sauerstoff wird in blauen Stahlflaschen (mit Linksgewinde) unter 200 bar Druck geliefert, größere Mengen auch in Spezialkesselwagen und über Fernleitungen. Die Weltproduktion liegt bei 10^8 t/a.

Verwendung: Der überwiegende Anteil des industriell gewonnenen Sauerstoffs wird beim autogenen Schweißen verbraucht, sowie für technische Großprozesse: Hochöfen, Elektrostahlöfen, Kohleveredlung, thermische Crackverfahren, Synthesegase, Salpetersäureherstellung, Raketentreibstoffe, Atmungsgeräte und Sauerstofftherapie sind weitere Anwendungen.

Physiologie: Im Organismus übernimmt das zweiwertige Eisen im Hämoglobinmolekül den Transport des O_2 von den Lungen zu den Zellen. Dort wird der Sauerstoff von Fermentsystemen aufgenommen und unterhält die lebenswichtigen Verbrennungsvorgänge. Ein Mensch verbraucht rund 300 kg O_2/a.

Wachsende Bedeutung gewinnt O_2 bei der biologischen Abwasserreinigung (Begasung mit O_2).

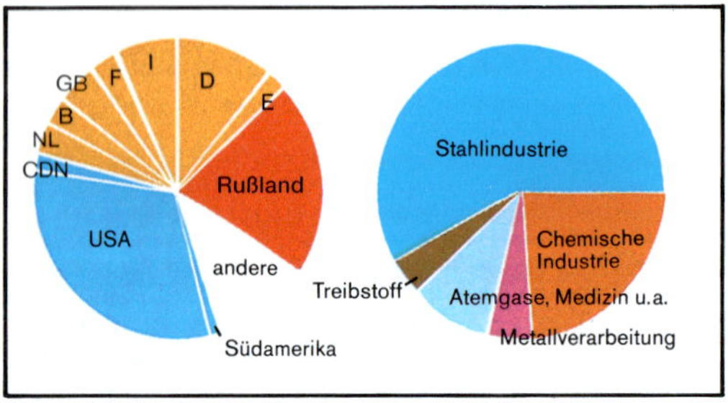

Die wichtigsten Sauerstoffproduzenten und -verbraucher

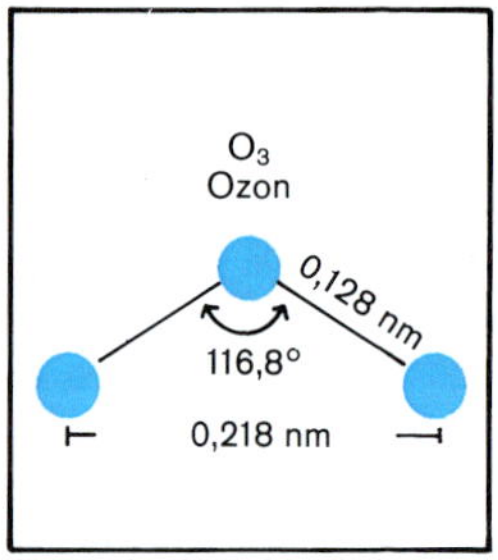

Gestalt des Ozon-Moleküls

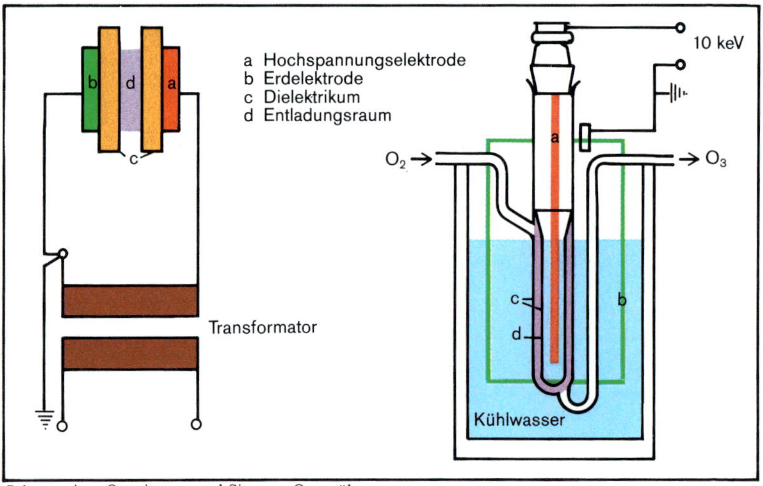

Schema eines Ozonisators und Siemens-Ozonröhre

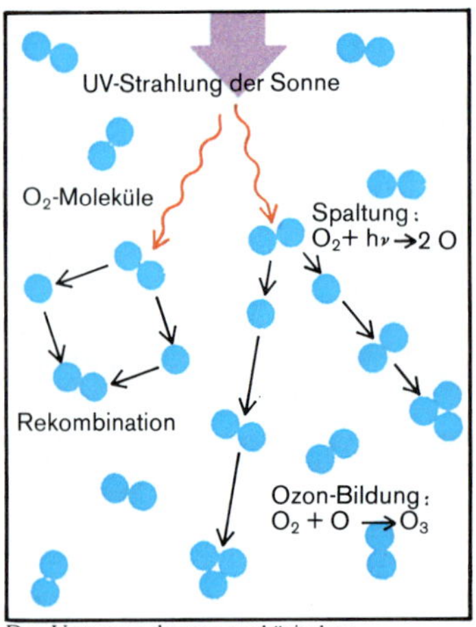

Der Ursprung des atmosphärischen Ozon (in rund 25 km Höhe)

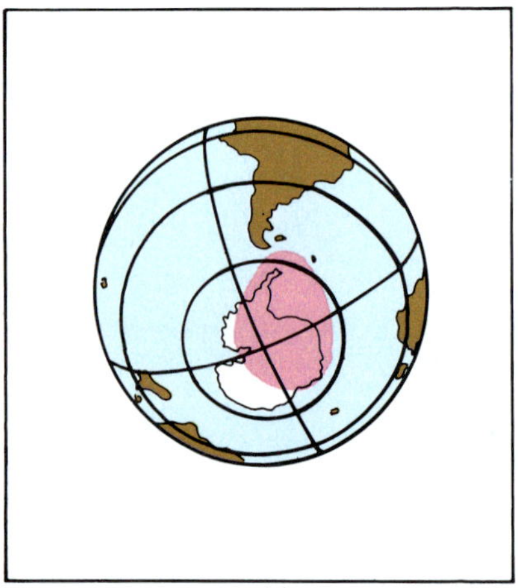

Das Ozonloch über der Antarktis am 23.9.1992

Wichtige **Verbindungen**

Ozon (Trisauerstoff) O_3, eine der beiden stabilen Modifikationen des Sauerstoffs, wurde 1839 durch CHRISTIAN SCHÖNBEIN entdeckt. J. L. SORET bewies 1863 die Strukturformel O_3, WERNER VON SIEMENS stellte ab 1857 größere Mengen Ozon her. Der Name ist abgeleitet von griech. ozein = riechen.

Ozon ist ein bläuliches, charakteristisch riechendes, sehr giftiges, diamagnetisches Gas. Flüssiges Ozon ist dunkelblau, festes eine violette, kristalline Masse.

Physikalische Eigenschaften:

Dichte, gasförmig: 0,00214 g/cm³
flüssig: 1,46 g/cm³
fest: 1,571 g/cm³
Siedepunkt: – 111,9 °C
Schmelzpunkt: – 192,5 °C

Das Molekül ist – im Gegensatz zu O_2 – nicht paramagnetisch. Bei 253,7 nm weist es ein starkes optisches Absorptionsmaximum auf. O_3 ist kinetisch metastabil, bei Energiezufuhr (UV-Strahlung, Erwärmung) zerfällt es rasch:

$2\,O_3 \rightarrow 3\,O_2 \qquad \Delta H = -285{,}8\ \mathrm{kJ}.$

O_2/O_3-Gemische sind hochexplosiv.

Ozon ist nur wenig wasserlöslich: 0,57 g/l bei 20 °C. Durch die Abgabe von atomarem Sauerstoff ist O_3 ein sehr starkes Oxidationsmittel und wirkt keimtötend. Luft/Ozon-Gemische greifen Metalle an.

O_3-Konzentrationen von rund 10^{-6} Vol.-% führen zu Schleimhautreizungen, höhere zu Lungenödemen. Das Gas riecht noch in 1:500000 Verdünnung. MAK-Wert: 0,18 mg/m³. Der qualitative *Nachweis* erfolgt über die Blaufärbung einer wäßrigen KI-Stärkelösung:

$2\,KI + O_3 + H_2O \rightarrow 2\,KOH + I_2 + O_2.$

Quantitativer Nachweis mit Hilfe der UV-Spektrometrie. Als max. zuläss. Konz. am Arbeitsplatz gilt 0,2 mg/m³ für einen achtstündigen Arbeitstag. Die Geruchsschwelle liegt bei ca. 0,03 mg/m³.

Vorkommen: Die Luft enthält rund $3 \cdot 10^{-6}$ Vol.-% O_3, in 25 km Höhe erreicht die Ozon-Konzentration einen Maximalwert: $2 \cdot 10^{-5}$ Vol.-%. In Bodennähe wird O_3 rasch durch Reduktion zerstört. Das atmosphärische Ozon entsteht durch Spaltung von O_2-Molekülen durch die ultravioletten Strahlen der Sonne:

$O_2 \rightarrow 2\,O \qquad \Delta H = +499\ \mathrm{kJ}$

und anschließende Reaktion des atomaren Sauerstoffs mit den O_2-Molekülen:

$O_2 + O \rightarrow O_3 \qquad \Delta H = -106{,}6\ \mathrm{kJ}.$

Das in der Atmosphäre ständig gebildete Ozon absorbiert die langwellige UV-Komponente des Sonnenlichts, spielt eine wichtige Rolle im Wärmehaushalt der Atmosphäre und schützt die Organismen an der Erdoberfläche vor dieser lebensgefährdenden Strahlung. Seit 1986 werden über den Polen großflächige Löcher in der Ozonschicht beobachtet *(Ozonloch).*

Erhöhte O_3-Konzentrationen treten in Gebieten mit starker Abgasentwicklung (Stickstoff- und Schwefeloxide) auf. Die Ozonkonzentration in verkehrsreichen Städten erreicht rund 0,2 mg/m³.

Gewinnung im Ozonisator durch elektrische Entladungen in Sauerstoff und anschließende Trennung der Gase durch fraktionierte Verflüssigung. Die theoretische Ausbeute beträgt 1,22 kg O_3/kWh, doch liegt der erreichbare Wirkungsgrad zwischen 10 und 20 %. O_3 entsteht teilweise auch als Nebenprodukt bei der Elektrolyse von Wasser. Der Strompreis bestimmt weitgehend den Ozonpreis.

Verwendung zum Desodorieren und Desinfizieren, bei der Trinkwasseraufbereitung und in Bleichmitteln.

Wasserstoffperoxid (veraltet: Wasserstoffsuperoxid) H_2O_2 ist eine farblose, relativ zähe Flüssigkeit, die zu farblosen, nadelförmigen Kristallen erstarrt.

Physikalische Eigenschaften:

Dichte: 1,448 g/cm³
Siedepunkt: 150,2 °C
Schmelzpunkt: – 0,43 °C
Sublimationspunkt: 37 mbar, 69,7 °C

H_2O_2 ist eine metastabile Verbindung; sie zerfällt durch Autooxidation:

$2\,H_2O_2 \rightarrow 2\,H_2O + O_2 \qquad \Delta H = -196\ \mathrm{kJ}.$

Bei Raumtemperatur ist die Zerfallsgeschwindigkeit sehr gering, Wärmezufuhr oder Katalysatoren vergrößern sie erheblich. H_2O_2 ist eine sehr schwache Säure, ihre Salze heißen Peroxide.

Durch die Abgabe von atomarem Sauerstoff

$H_2O_2 \rightarrow H_2O + O$

ist H_2O_2 ein starkes *Oxidationsmittel.*

Wasserstoffperoxid oxidiert z. B. schweflige Säure zu Schwefelsäure,

$H_2SO_3 + H_2O_2 \rightarrow H_2SO_4 + H_2O$

Mangan(II)-oxid zu Braunstein,

$MnO + H_2O_2 \rightarrow MnO_2 + H_2O$

Iodwasserstoff zu Iod,

$2\,HI + H_2O_2 \rightarrow I_2 + 2\,H_2O.$

Nachweis durch die Gelbfärbung einer (ansonsten farblosen) TiO_2-Lösung.

Technische *Gewinnung* durch Hydrolyse von Dihydrogen-disulfat

$H_2S_2O_8 + 2\,H_2O \rightarrow H_2O_2 + 2\,H_2SO_4$

und anschließende fraktionierte Destillation.

H_2O_2 wird in Polyethylenflaschen aufbewahrt.

Verwendung als Bleichmittel (in wäßriger Lösung oder als Natriumperborat $NaBO_3 \cdot 4\,H_2O$) und Desinfektionsmittel [3 % oder 30 % *(Perhydrol)* wäßrige Lösung].

Natriumperoxid Na_2O_2 ist ein farbloses (hellgelb durch Verunreinigungen), sehr hygroskopisches und stark oxidierendes Pulver. Es löst sich in Wasser unter Sauerstoffentwicklung:

$2\,Na_2O_2 + 2\,H_2O \rightarrow 4\,NaOH + O_2.$

Herstellung durch Verbrennen von Na an Luft im Gegenstromverfahren:

$2\,Na + O_2 \rightarrow Na_2O_2 \qquad \Delta H = -505\ \mathrm{kJ}.$

Na_2O_2 wird für Bleichbäder in der Industrie benutzt und ist Ausgangssubstanz zur Darstellung anderer Peroxide.

S 29	S 30	S 31	S 32	S 33	S 34	S 35	S 36	S 37	S 38
187 ms	1,22 s	2,61 s	95,0	0,75	4,2	87,4 d	0,015	5,1 min	2,83 h
β^+	β^+, γ	β^+, γ				β^-		β^-, γ	β^-, γ

Nuklide des Schwefels

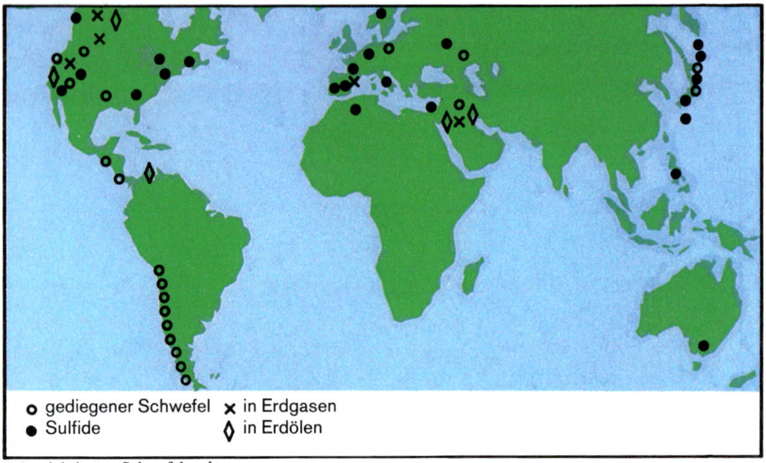

Die wichtigsten Schwefelvorkommen

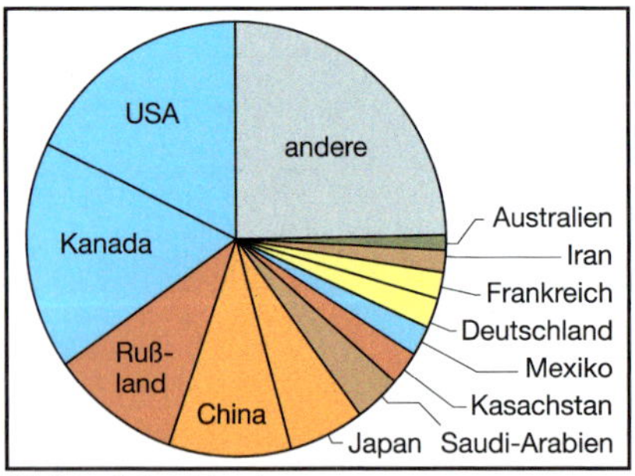

Wichtige Schwefelproduzenten

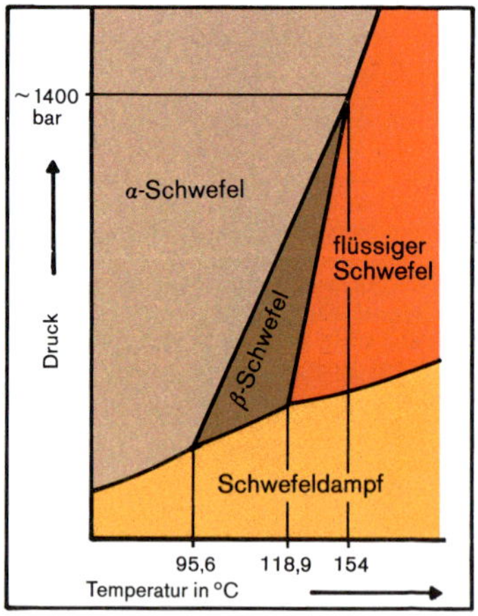

Zustandsdiagramm (nicht maßstäblich)

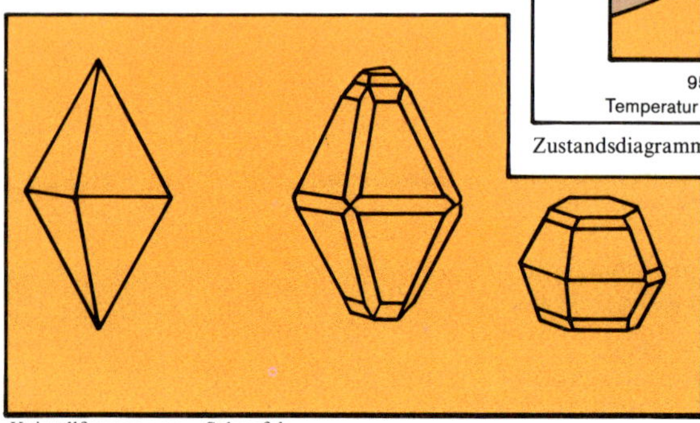

Kristallformen von α-Schwefel

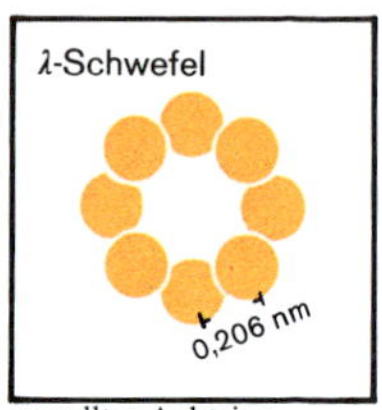

gewelltes Achtring-
molekül

Schwefel (Sulfur; Elementsymbol: S) ist das 2. Element der 6. Hauptgruppe des Periodensystems. Der Name ist abgeleitet von lat. sulphur = Schwefel. S war bereits im Altertum bekannt. Im 2. Jahrt. v. Chr. verwendeten die Ägypter S zum Bleichen und zur Farbenherstellung; HOMER erwähnt ihn als Desinfektionsmittel. Seit dem 12. Jh. nahm die Bedeutung sprunghaft zu, da Schwefel Bestandteil des Schwarzpulvers ist. Wegen seiner vielen Modifikationen dauerte es lange, bis 1777 ANTOINE DE LAVOISIER Schwefel als Element erkannte.

S und O sind unterschiedlicher als die entsprechenden homologen Paare N/P und C/Si, weil S kaum p_π–p_π-Doppelbindungen ausbildet. Der Doppelbindung O = O entspricht z. B. ein Achterring S_8. Andererseits kann Schwefel p_π–d_π-Doppelbindungen bilden, und es treten größere maximale Koordinationszahlen auf.

Eigenschaften: S ist ein geruchloses, gelbes Nichtmetall, das in zahlreichen, noch nicht vollständig aufgeklärten Modifikationen auftritt. Die Basisstruktur ist ein gewellter Achterring.

α-Schwefel, rhombischer Schwefel, ist die einzige thermodynamisch stabile Modifikation (ϱ = 2,06 g/cm^3). Er bildet gelbe, spröde, rhombische Kristalle, deren Grundstruktur aus 16 Achterringen besteht. Er ist wasserunlöslich, leicht löslich in Hydrogensulfid und Iodoform.

β-Schwefel, monokliner Schwefel, entsteht langsam oberhalb 95,6 °C aus *α*-Schwefel. Er bildet helle, nadelartige, monokline Kristalle mit einer Grundstruktur aus 6 Achterringen (ϱ = 1,96 g/cm^3). Er ist gelb, wasserunlöslich, doch leicht löslich in Hydrogensulfid.

$$\alpha\text{-Schwefel} + \xrightarrow[95{,}6\,°\text{C}]{+0{,}33\,\text{kJ}} \beta\text{-Schwefel}$$

λ-Schwefel, cyclo-Oktaschwefel, entsteht oberhalb 118,9 °C aus *β*-Schwefel. Es ist eine hellgelbe, durchsichtige Schmelze, in der der Schwefel noch immer als Achterring vorliegt. Löslich in Carbondisulfid.

μ-Schwefel, catena-Polyschwefel steht mit *λ*-Schwefel im Gleichgewicht; sein Anteil wächst mit steigender Temperatur und überwiegt oberhalb 159 °C. *μ*-Schwefel ist dunkelbraun, harzartig zäh und besteht aus langen S-Molekülketten mit helixartiger Struktur. Unlöslich in Carbondisulfid. Bei 444,6 °C siedet der mit steigender Temperatur immer dünnflüssiger werdende *μ*-Schwefel.

$$\xrightarrow{118{,}9\,°\text{C}} \lambda\text{-Schwefel} \rightleftharpoons \mu\text{-Schwefel} \xrightarrow{444{,}6\,°\text{C}}.$$

Schwefelblume, Schwefelblüte, ist ein feines, gelbes Pulver. Es schlägt sich auf kühlen Flächen nieder, die mit Schwefeldampf in Berührung kommen.

Schwefeldampf ist je nach Temperatur gelb oder orangefarben. In der Nähe des Siedepunktes besteht er noch aus S_8-Molekülen, mit steigender Temperatur zerfallen die Ringe stufenweise. Oberhalb 1800 °C liegen bereits einzelne S-Atome vor.

Plastischer Schwefel ist die unterkühlte, hellbraune Schmelze, die bei raschem Abschrecken aus flüssigem Schwefel entsteht; zusammengesetzt aus *λ*- und *μ*-Schwefel und löslich in Pyridin. Plastischer Schwefel härtet zu festem *μ*-Schwefel aus.

Die rel. Atommasse des Schwefels ist 32,06; es gibt 4 stabile S-Isotope: ^{32}S, ^{33}S, ^{34}S und ^{36}S. Die Halbwertszeiten der 28 instabilen S-Isotope liegen zwischen 2,3 ms und 87,4 d (^{35}S).

S ist ein sehr schlechter Wärme- und Stromleiter. Die Elektronenkonfiguration ist [Ne] $(3\,s)^2$ $(3\,p)^4$, die Oxidationszahlen sind −2, +4 und +6. S bildet leicht Ringe und Ketten und reagiert beim Erwärmen mit fast allen Elementen (Ausnahme: Au, Pt, Edelgase). S ist stabil in wäßriger Salzsäure. Oxidierende Säuren und Alkalilaugen greifen Schwefel an. Schwefel ist nicht giftig, es sei denn, er reagiert lokal zu H_2S oder SO_2.

^{35}S (veralteter Name: Radioschwefel) ist ein reiner β^--Strahler mit einer Halbwertszeit von 87,4 d und wird in Kernreaktoren durch Neutroneneinfang in Schwefel erzeugt. ^{35}S dient als radioaktiver Indikator zur Verfolgung von Vorgängen bei der Vulkanisierung, der Entschwefelung, beim Waschen und im Eiweißmetabolismus.

Nachweis mit Hilfe der *Heparprobe:* Eine Sodaperle wird am Magnesiastäbchen geschmolzen und in die zu prüfende Substanz getaucht. Anschließend Erhitzen in der Oxidationsflamme des Bunsenbrenners, um störende Substanzen zu verflüchtigen. Dann Schmelzen der Perle in der reduzierenden Flamme. Ist Schwefel vorhanden, so hinterläßt die angefeuchtete Perle auf einem blanken Silberblech einen schwarzen Fleck von Silbersulfid Ag_2S.

Die Hauptlinien im Spektrum des Schwefels liegen bei 469,413 nm; 921,291 nm; 922,811 nm, 923,749 nm.

Vorkommen: S steht an 13. Stelle der Elementhäufigkeit. Der Anteil an der Erdrinde beträgt etwa 0,048 Gewichtsprozent. Schwefel tritt sowohl gediegen als auch gebunden in sedimentären Lagerstätten und vulkanischen Ablagerungen auf. Kohlen enthalten 1–2 % S, Erdöl bis zu 3 %. Erdgase und Schwefelquellen bringen gasförmiges H_2S zutage. Auch organische Substanzen (z. B. Eiweiße) enthalten S.

Wichtige *Schwefelmineralien* sind: Eisenkies (Schwefelkies, Pyrit) FeS_2, Kupferkies $CuFeS_2$, Bleiglanz PbS, Zinkblende ZnS, Gips $CaSO_4 \cdot 2\,H_2O$, Anhydrit $CaSO_4$, Bittersalz $MgSO_4 \cdot 7\,H_2O$, Kieserit $MgSO_4 \cdot H_2O$, Schwerspat $BaSO_4$, Cölestin $SrSO_4$ und Glaubersalz $Na_2SO_4 \cdot 10\,H_2O$.

Die geschätzten, abbauwürdigen S-Vorkommen betragen: $1{,}5 \cdot 10^9$ t in Pyriten, 10^9 t in Erdölen und Erdgasen, $1{,}5 \cdot 10^8$ t gediegen. Große Lagerstätten in: Sizilien, Polen, Irak, USA, Mexiko und Kanada.

Gewinnung:

Gediegener Schwefel: In den sizilianischen Schwefelgruben enthält das geförderte Gestein 10–40 % Schwefel, der durch Wärmezufuhr in Meilern ausgeschmolzen wird. Reinigung des Rohschwefels durch Destillation. Bleibt die Temperatur in den anschließenden Kondensationskammern unter dem Schmelzpunkt des Schwefels, so schlägt sich Schwefelblüte nieder, anderenfalls sammelt sich der Schwefel flüssig am Boden und erstarrt in Formen als Stangenschwefel.

Das *Frasch-Verfahren* wurde um 1900 von HERMANN FRASCH entwickelt, um Schwefellager in Texas und Louisiana in einigen hundert Metern Tiefe auszubeuten. Es beruht auf dem Aus-

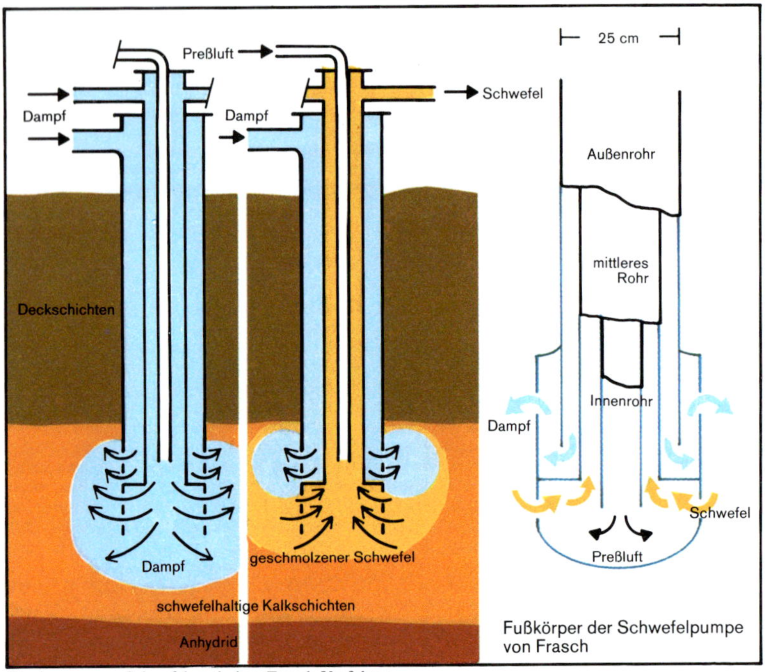

Gewinnung von Schwefel nach dem Frasch-Verfahren

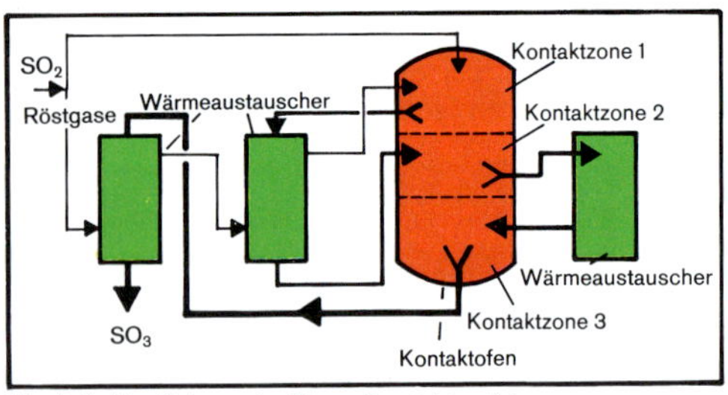

Vereinfachtes Schema des Doppelkontaktverfahrens

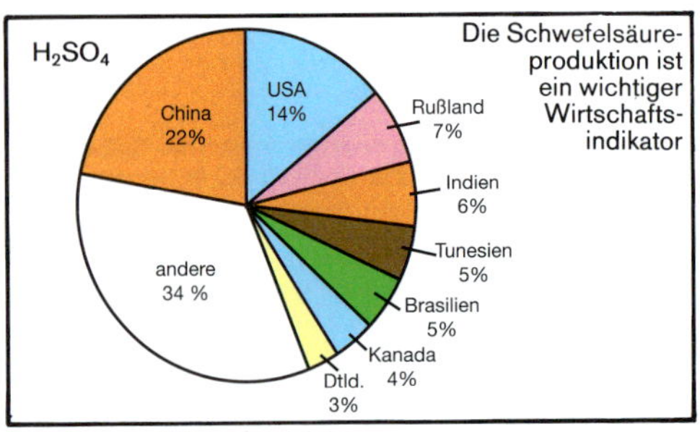

Relative Schwefelsäureproduktion

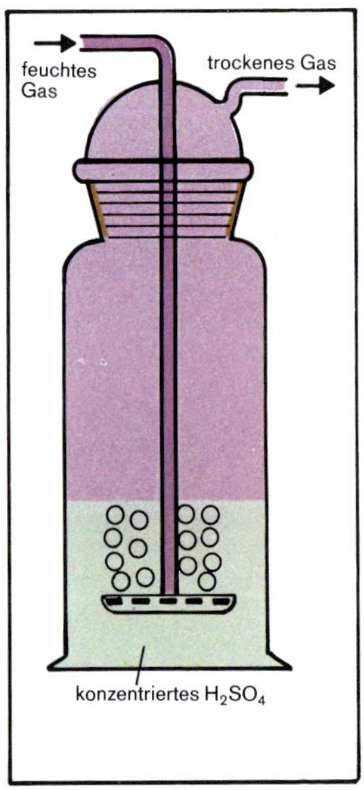

Trocknen von Gasen in der Waschflasche

schmelzen unter Tage mit überhitztem Wasserdampf: Drei koaxial angeordnete Rohre werden in das Bohrloch eingeführt. Am Fuß ist das äußere Rohr perforiert, durch die Löcher tritt von oben eingepreßter überhitzter Wasserdampf (rund 180 °C) in das Schwefellager. 10–15 t Dampf schmelzen eine Tonne Schwefel. Durch das innerste Rohr wird heiße Preßluft (rund 40 bar) eingeblasen, die dann den geschmolzenen Schwefel im mittleren Rohr zutage treibt.

Der gegenseitige Abstand der Bohrlöcher ist etwa 100 m; jedes Bohrloch fördert bis zu 300 t/Tag. Der erstarrte Schwefel ist so rein, daß er direkt an die Verbraucher verschickt werden kann. Gediegener Schwefel wird heute vorwiegend nach dem Frasch-Verfahren abgebaut.

Rekuperationsschwefel aus Hydrogensulfid: Je nach dem Ursprung des H_2S (Kokereigas, Erdgas, Synthesegas, Heizgas) werden verschiedene Verfahren eingesetzt, deren Wirtschaftlichkeit nicht nur durch den gewonnenen Schwefel bestimmt ist: Aus technischen Gründen und zum Umweltschutz muß der Schwefel aus den Industriegasen auf jeden Fall entfernt werden.

Das in Prozeßgasen vorhandene oder direkt aus Erdgas extrahierte Hydrogensulfid wird beispielsweise mit Luft in Gegenwart von Katalysatoren (z. B. Bauxit) verbrannt:

$$6\,H_2S + 3\,O_2 \rightarrow 6\,S + 6\,H_2O$$
$$\Delta H = -\,1329\ \text{kJ}.$$

Rekuperationsschwefel ist sehr rein (bis zu 99,5 %). Die Schwefelgewinnung aus Erdgas nimmt zu.

Aus Schwefeldioxid: Röstgase und Konvertergase enthalten sehr viel SO_2, das aus Gründen der Luftreinhaltung und der Wirtschaftlichkeit reduziert wird. Die Reduktion erfolgt in mit Koks beschickten heißen Generatoren:

$$SO_2 + C \rightarrow S + CO_2.$$

Ein Großteil der Weltproduktion kommt aus gediegenen Schwefelvorkommen, mehr als 25 % werden aus Erdgas, Industriegasen und Erdöl gewonnen, der Rest stammt überwiegend aus Röstgasen. Die Weltproduktion hat sich seit der Jahrhundertwende mindestens verfünfzigfacht und beträgt gegenwärtig etwa 60 Millionen t/a.

Verwendung: Schwefel ist neben Salz, Kalk, Kohle und Erdöl einer der fünf Basisrohstoffe der chemischen Großindustrie. Etwa 85 % der S-Produktion dienen der Schwefelsäureherstellung. Rund 10 % wird in reiner Form benutzt: Vulkanisation (μ-S), Zündhölzer, Fungicide, Farben, Schwarzpulver, medizinische Präparate.

Wichtige **Verbindungen**

Schwefelwasserstoff (Sulfan) H_2S ist ein farbloses, übel riechendes, sehr giftiges Gas. Schmelzpunkt: −85,60 °C, Siedepunkt: −60,75 °C. Das Molekül zerfällt bei hohen Temperaturen in seine Bestandteile (zu 75 % bei 1700 °C).

An Luft verbrennt H_2S je nach Sauerstoffzufuhr:

$$2\,H_2S + 3\,O_2 \rightarrow 2\,SO_2 + 2\,H_2O$$

oder

$$2\,H_2S + O_2 \rightarrow 2\,S + 2\,H_2O.$$

Toxikologie: H_2S ist so giftig wie Blausäure. Es lähmt das Atemzentrum und blockiert die Atmungsfermente. Lokal wirkt es stark schleimhautreizend. Tödliche Konzentration: 2 mg pro l Luft.

Natürliches *Vorkommen* in Schwefelquellen. Als Fäulnisprodukt organischer Substanzen setzen es aerobe Bakterien beim Abbau von Aminosäuren frei. Darstellung aus den Elementen:

$$H_2 + S \rightarrow H_2S \qquad \Delta H = -\,20{,}7\ \text{kJ}.$$

Industriell dienen als Ausgangssubstanzen Wassergas, Synthesegas und Kokereigase. H_2S wird bei der Darstellung in kalten schwachen Basen absorbiert, die ihrerseits H_2S beim Erwärmen reversibel abgeben. Labordarstellung im Kippschen Apparat aus Eisensulfid (Magnetkies) und Salzsäure:

$$FeS + 2\,HCl \rightarrow FeCl_2 + H_2S.$$

Das entweichende Gas ist häufig mit H_2 verunreinigt.

Schwefelwasserstoffwasser ist die wäßrige Lösung (etwa 0,1 molar bei Raumtemperatur) von H_2S. Es zerfällt leicht an Luft und Licht unter Schwefelabscheidung. Es ist eine sehr schwache zweibasige Säure:

$$H_2S \rightleftharpoons H^+ + HS^- \rightleftharpoons 2\,H^+ + S^{2-}$$

($K_1 = 1{,}02 \cdot 10^{-7}$; $K_2 = 1{,}3 \cdot 10^{-13}$; bei 25 °C).

H_2S ist eine sehr schwache zweibasige Säure, ihre Salze heißen Sulfide (z. B. Natriumsulfid Na_2S). Die Alkali-, Erdalkali- und Al-Sulfide sind leicht wasserlöslich, die Metallsulfide sind schwer löslich.

Schwefelammonium ist eine anfänglich farblose Lösung aus 2 mol NH_3 und 1 mol Schwefelwasserstoffwasser, die an Luft zu gelbem Schwefelammon polymerisiert. Verwendung in der Analyse zum Nachweis von Metallionen, die dann als Sulfide ausfallen. In saurer H_2S-Lösung fallen aus: As, Sb, Sn, Hg, Pb, Bi und Cu; mit basischem Schwefelammon fallen aus: Ni, Co, Fe, Mn und Zn.

Natriumsulfid Na_2S bildet hygroskopische, quadratische Prismen $Na_2S \cdot 9\,H_2O$ und löst sich mit stark alkalischer Reaktion in Wasser. Herstellung durch Reduktion von Natriumsulfat mit Kohle bei 700–1000 °C:

$$Na_2SO_4 + 4\,C \rightarrow Na_2S + 4\,CO.$$

Verwendung als Reduktionsmittel in der organischen Chemie.

Polysulfide (Polysulfane) H_2S_n (n = 2, 3, 4, . . .) sind gelbe bis braunrote Flüssigkeiten. Sie mischen sich nicht mit Wasser, lösen sich jedoch in Carbondisulfid und Benzol. Sie bilden Kettenmoleküle:

H—S—S—H (Disulfan) H—S—S—S—H (Trisulfan)

H—S—S—S—S—S—H (Pentasulfan)

deren Alkaliderivate sich zu Ringen schließen.

Thermodynamisch sind die Polysulfane instabil; das Gleichgewicht

$$xH_2S_n \rightleftharpoons xH_2S + \frac{x(n-1)}{8}\,S_8$$

ist weit nach rechts verschoben.

Bereits Spuren von Alkalilaugen zersetzen die Polysulfide:

$$H_2S_n \rightarrow H_2S + (n-1)S.$$

Darstellung durch Zusammenschmelzen von Alkalisulfiden mit Schwefel bei 500 °C unter Luftabschluß.

Carbondisulfid CS_2 ist eine farblose, giftige, widerlich riechende, stark lichtbrechende, feuergefährliche Flüssigkeit. Schmelzpunkt: −111,6 °C, Siedepunkt: 46,25 °C. Unter hohem Druck entsteht ein schwarzer, polymerer Feststoff $(CS_2)_x$. CS_2 ist ein sehr gutes Lösungsmittel für S, P, Br, I und organ. Substanzen. Bei chronischer Einwirkung kleiner Mengen treten Kopfschmerz, Sehstörungen und Lähmungen auf.
Darstellung durch Überleiten von Schwefeldampf über glühende Holzkohle:

$2\,S + C \rightarrow CS_2 \qquad \Delta H = +\,89{,}8\ kJ.$

Verwendung: Lösungsmittel, Schädlingsbekämpfung, Vulkanisation, Extraktion von Fetten, Viskoseherstellung.

Schwefelhalogenide liegen als Di-, Tetra- und Hexahalogenide vor. Es sind Gase oder Flüssigkeiten, deren chemische Stabilität mit wachsender Atommasse abnimmt.
Beispiele:

Schwefeldifluorid SF_2 ist ein farbloses Gas mit vorwiegend dimeren Molekülen S_2F_4.

Schwefeltetrafluorid SF_4 ist ein farbloses, sehr giftiges Gas. Verwendung als Fluorierungsmittel.

Schwefelhexafluorid SF_6 ist ein farb- und geruchloses, nicht brennbares Gas. Darstellung aus den Elementen:

$S + 3\,F_2 \rightarrow SF_6 \qquad \Delta H = -\,1222\ kJ.$

Das Gas ist so inert wie N_2 und wird daher häufig als Isoliergas (z. B. in elektr. Hochspannungsgeräten) eingesetzt.

Wird das S-Atom in den Schwefelhalogeniden durch Schwefelketten ersetzt, so entstehen *Halogenpolysulfane.*

Beispiel: Einleiten von Chlor in heißen Schwefel führt zu Chlorpolysulfanen Cl_2S_n mit $n \leqq 100$. Es sind ölige, orangefarbene, beißend riechende Flüssigkeiten mit spiralig gewundenen Kettenmolekülen.

Schwefeldioxid SO_2 ist ein farbloses, giftiges, stechend riechendes Gas. Schmelzpunkt: −75,48 °C, Siedepunkt: −10,02 °C. Die Wasserlöslichkeit ist groß: 40 l SO_2 in 1 l H_2O bei 20 °C. Im flüssigen Zustand ist SO_2 ein gutes Lösungsmittel. Das Molekül O = S = O bildet einen Winkel von 119,5 °C. Es entsteht durch Verbrennen von Schwefel an Luft:

$S + O_2 \rightarrow SO_2 \qquad \Delta H = -\,297{,}3\ kJ$

oder durch Rösten schwefelhaltiger Erze im Luft- oder Sauerstoffstrom, z. B.

$4\,FeS_2 + 11\,O_2 \rightarrow 2\,Fe_2O_3 + 8\,SO_2$
$\Delta H = -\,3312\ kJ.$

Die Wärmeentwicklung ist so groß, daß sich der Röstprozeß selbst unterhält.
Verwendung in erster Linie für die Schwefelsäureproduktion. Da die Verdampfungsenergie sehr groß ist (330 kJ/kg), dient flüssiges SO_2 als Kühlmedium in Kälteaggregaten. Weitere Nutzung als Desinfektionsmittel, in der Schädlingsbekämpfung (Schwefeln) und zum Bleichen.
Transport in Stahlflaschen und Kesselwagen.

Schweflige Säure H_2SO_3 entsteht durch Einleiten von SO_2 in Wasser:

$SO_2 + H_2O \rightleftharpoons H_2SO_3.$

Das Gleichgewicht liegt weitgehend auf der linken Seite. H_2SO_3 ist nicht in konzentrierter Form darstellbar.

Zwei Strukturen der schwefligen Säure sind bekannt:

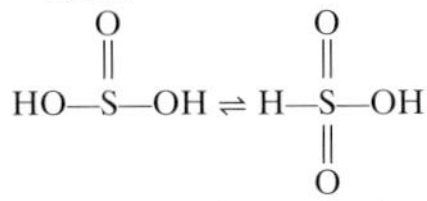

H_2SO_3 ist eine zweibasige, mittelschwache Säure:

$H_2SO_3 \rightleftharpoons H^+ + HSO_3^- \rightleftharpoons 2\,H^+ + SO_3^{--}$
$(K_1 = 1{,}54 \cdot 10^{-2};\ K_2 = 1{,}02 \cdot 10^{-7}).$

Sie bildet zwei Reihen von Salzen: Sulfite und Hydrogensulfite (Bisulfite):

Die *Sulfite* sind schwer löslich in Wasser (Ausnahme: Alkali- und Ammoniumsulfite).

Die *Bisulfite* sind leicht wasserlöslich und nur in Lösung beständig; z. B. zerfällt Natriumbisulfit in Natriumpyrosulfit $Na_2S_2O_5$:

$2\,NaHSO_3 \rightarrow Na_2S_2O_5 + H_2O.$

Calciumhydrogensulfit $Ca(HSO_3)_2$ löst Ligninstoffe und spielt daher eine wichtige Rolle in der Zellstoffherstellung.

H_2SO_3 ist ein gutes Reduktionsmittel aufgrund des Bestrebens, in Schwefelsäure überzugehen.

Luftverschmutzung: Bei der Verbrennung von Kohle, Heizöl und Benzin entsteht SO_2, das sich zu H_2SO_3 umsetzt. Die schweflige Säure oxidiert an der Luft zu Schwefelsäure, die dann gelöst in den Wassertröpfchen der Luft als starkes Korrosionsmittel wirkt: Steinfraß, Eisenzerfall. Gesetzlicher Grenzwert: 0,60 mg SO_2 pro m^3.

Schwefeltrioxid SO_3 tritt in drei Modifikationen auf:

α- und β-SO_3 bilden weiße, glänzende, verfilzte Nadeln der Moleküle $(SO_3)_n$ und $(SO_3)_m$ mit $m > n > 3$, beim Schmelzen (62,2°C bzw. 30,5 °C) zerfallen sie zu $(SO_3)_3$ und SO_3. Das feste SO_3 im Handel ist ein Gemisch aus α- und β-Form.

γ-SO_3 ist eine eisartige, durchscheinende, vorwiegend aus $(SO_3)_2$-Molekülen aufgebaute Masse. Sie schmilzt bei 16,86 °C. Unterhalb Raumtemperatur geht diese Modifikation langsam in die α- und β-Form über.

Die Sauerstoffatome innerhalb des SO_3-Moleküls bilden ein gleichseitiges Dreieck mit S = O-Doppelbindungen. Das $(SO_3)_3$-Molekül liegt als gewellter Sechserring, $(SO_3)_n$ als gewinkelte Kette vor.
SO_3 ist stark hygroskopisch und raucht an feuchter Luft durch Bildung von Schwefelsäuretröpfchen; es ist ein starkes Oxidationsmittel. Mit Wasser reagiert SO_3 unter starker Wärmeentwicklung zu Schwefelsäure:

$\beta\text{-}SO_3 + H_2O \rightarrow H_2SO_4 \qquad \Delta H = -\,73{,}7\ kJ.$

SO_3 kann nicht durch direkte Verbrennung von S hergestellt werden, da SO_3 in der Wärme zerfällt. Technische Gewinnung bei 400–600 °C aus Schwefeldioxid:

$2\,SO_2 + O_2 \rightarrow 2\,SO_3 \qquad \Delta H = -\,198\ kJ.$

Die Reaktionsgeschwindigkeit muß durch Katalysatoren (Vanadiumoxid, Platin) beschleunigt werden.
Gewinnung im Labor durch Entwässern von konz. Schwefelsäure (erwärmen mit Phosphorpentoxid P_2O_5)

$H_2SO_4 \rightarrow SO_3 + H_2O$

oder durch Erhitzen von rauchender Schwefelsäure (Lösung von SO_3 in H_2SO_4).

SO_3 ist Zwischenprodukt der Schwefelsäureproduktion.

Schwefelsäure (Acidum sulfuricum) H_2SO_4 ist eine farb- und geruchlose, ölige Flüssigkeit. Sie war bereits den arabischen Alchimisten im 10. Jh. bekannt und ist seit dem 15. Jh. in Europa als Vitriolöl eingeführt. Sie ist stark wasseranziehend und beliebig mischbar mit Wasser. Die Konzentration der Schwefelsäure wird über ihre Dichte gemessen.

Schwefelsäure bei 20 °C

Dichte in g/cm^3	Konzentration in %
1,000	0,2609
1,100	14,73
1,200	27,72
1,300	39,68
1,400	50,50
1,500	60,17
1,600	69,09
1,700	77,63
1,800	87,69
1,841	98,3

Das azeotrope Gemisch (98,3 % H_2SO_4, 1,7 % H_2O) siedet bei 338 °C.

Rauchende Schwefelsäure (Oleum, Vitriolöl) enthält gelöstes SO_3 und ist dadurch braun gefärbt.

Achtung: Wegen der starken Wärmeentwicklung beim Vermischen mit Wasser darf H_2SO_4 nur durch Eingießen der Säure in Wasser unter Rühren verdünnt werden! Umgekehrt vermischt wird ein Teil der Schwefelsäure verspritzen, die ätzende Wirkung führt auf der Haut zu Brandblasen.

Schwefelsäure ist eine zweibasige, starke Säure:

$H_2SO_4 \rightleftharpoons H^+ + HSO_4^- \rightleftharpoons 2\,H^+ + SO_4^{--}$

($K_1 \approx 1$; $K_2 = 1{,}3 \cdot 10^{-2}$).

Sie bildet zwei Reihen von Salzen: Sulfate und Hydrogensulfate (früher: Bisulfate).

Die *Sulfate* sind meist wasserlöslich (Ausnahme: Ba-, Sr-, Pb-, Ca-Sulfate).

Die *Hydrogensulfate* zerfallen bei Erhitzen über Pyrosulfate in Sulfate und Schwefelsäure:

$2\,NaHSO_4 \rightarrow Na_2S_2O_7 + H_2O$

$Na_2S_2O_7 \rightarrow Na_2SO_4 + SO_3$.

Diese Eigenschaft wird im Schmelzaufschluß ausgenutzt, um sonst schwer angreifbare Metalloxide zu lösen.

Heiße konz. Schwefelsäure raucht ab:

$$H_2SO_4 \xrightarrow{450\,°C} SO_3 + H_2O \qquad \Delta H = +\,177\ kJ.$$

Bei 450 °C ist die Aufspaltung fast vollständig. Konzentrierte Schwefelsäure ist ein starkes Oxidationsmittel. Qualitativer und quantitativer Nachweis von Sulfat-Ionen durch Barium-Ionen, die zu einem weißen, in Wasser und Säuren unlöslichen Niederschlag aus Bariumsulfat $BaSO_4$ führen.

Gewinnung: Ausgangssubstanz ist stets SO_2, das durch Rösten sulfidischer Erze oder durch Verbrennen von Schwefel entsteht.

SO_2 wird dann katalytisch zu SO_3 oxidiert und mit H_2SO_4 zu Dischwefelsäure $H_2S_2O_7$ umgesetzt. Durch Zugabe von Wasser entsteht:

$$H_2S_2O_7 + H_2O \rightarrow 2\,H_2SO_4.$$

Das *Bleikammerverfahren* wurde bereits 1746 eingeführt, heute ist es veraltet und unwirtschaftlich. Es beruht darauf, daß ein heißes SO_2-Luft-Gemisch im Glover-Turm nitrose Gase (NO, NO_2) aufnimmt und in mit Blei ausgekleideten Kammern bei 40–90 °C katalytisch SO_3 bildet, das sich seinerseits mit eingespritztem Wasser zu H_2SO_4 umsetzt. Die entstehende Kammersäure dient entweder direkt der Sulfatgewinnung oder wird durch Eindampfen konzentriert.

Beim *Kontaktverfahren* gelangen die entstaubten und gewaschenen Röstgase (SO_2, Luft) nach Vorheizung auf 450–500 °C in den Kontaktofen und dort in Berührung mit dem körnigen Katalysator, vorwiegend Vanadiumpentoxid V_2O_5. Das gebildete SO_3 wird von konz. Schwefelsäure aufgenommen, aus der man die in den Handel kommende Schwefelsäure abzweigt. Dieses Verfahren wurde nach 1901 von R. Knietsch ausgearbeitet und wird heute – mit Verbesserungen wie dem Bayerschen *Doppelkontaktverfahren* – fast ausschließlich verwandt.

Die Weltproduktion übersteigt 180 Millionen t/a, die deutsche beträgt 4,2 Mill. t (2004); Schwefelsäure ist eins der wichtigsten Produkte der chemischen Industrie. Verwendung vor allem in der Produktion von mineralischen Düngemitteln (Ammoniumphosphate, Superphosphate), Sprengstoffen, Zellwolle, Kunstseiden, Farben und Gläsern und zum Aufschluß von Titanmineralien; ist auch als Akkusäure und als Reagenz wichtig.

Handelsformen	Konzentration in %	Dichte in g/cm^3
Verdünnte Schwefelsäure	16	1,11
Akkumulatorsäure	30	1,27
Kammersäure	70	1,55
Gloversäure	80	1,71
konz. Schwefelsäure	98,3	1,841

Im Labor dient Schwefelsäure – neben ihrer Verwendung als Chemikalie – als wasserentziehendes Mittel zum Trocknen von Gasen *(Waschflasche)* sowie flüssiger und fester Substanzen *(Exsiccator)*.

Thioschwefelsäure (Dischwefel(II)-säure) $H_2S_2O_3$ ist eine farblose, ölige Flüssigkeit, die nur bei sehr niedrigen Temperaturen oder in organischen Lösungsmitteln beständig ist. Sie zerfällt im wasserfreien Medium oberhalb −78 °C:

$H_2S_2O_3 \rightarrow H_2S + SO_3$.

In Gegenwart von Wasser geht die Reaktion weiter und kolloidaler Schwefel fällt aus:

$H_2S + SO_3 \rightarrow H_2SO_3 + S$.

$H_2S_2O_3$ ist eine starke zweibasige Säure; sie bildet nur Thiosulfate, die sauren Salze sind unbeständig.

Natriumthiosulfat $Na_2S_2O_3 \cdot 5\,H_2O$ bildet durchsichtige, farblose, wasserlösliche Prismen, die an Luft verwittern und bei 48,5 °C im eigenen Kristallwasser schmelzen.

Hauptsächliche Verwendung als Fixiersalz in der Photographie zum Herauslösen der verbliebenen Silberhalogenide und als *Antichlor* in der Bleicherei zum Entfernen von Chlor.

Se 72 8,5 d ε, γ	Se 73 7,1 h β^+, γ	Se 74 0,9	Se 75 120 d ε, γ	Se 76 9,0	Se 77 7,5	Se 78 23,5	Se 79 $6{,}5 \cdot 10^4$a β^-	Se 80 50	Se 81 18 min β^-, γ	Se 82 9,0	Se 83 69 s β^-, γ	Se 8 3,1 m β^-, γ
Te 119 16 h β^+, γ	Te 120 0,09	Te 121 16,8 d γ	Te 122 2,4	Te 123 0,87	Te 124 4,6	Te 125 7,0	Te 126 18,7	Te 127 9,35 h β^-, γ	Te 128 31,8	Te 129 33,6 d β^-, γ	Te 130 34,5	Te 25 β^-, γ

Die wichtigsten Nuklide von Selen und Tellur

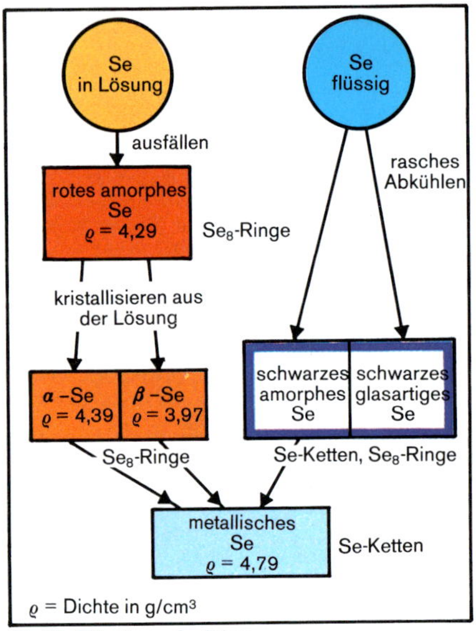

Die Modifikationen des Selens

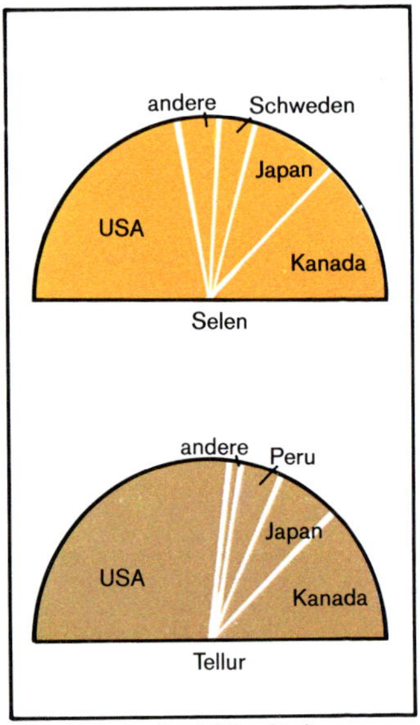

Die wichtigsten Produktionsländer

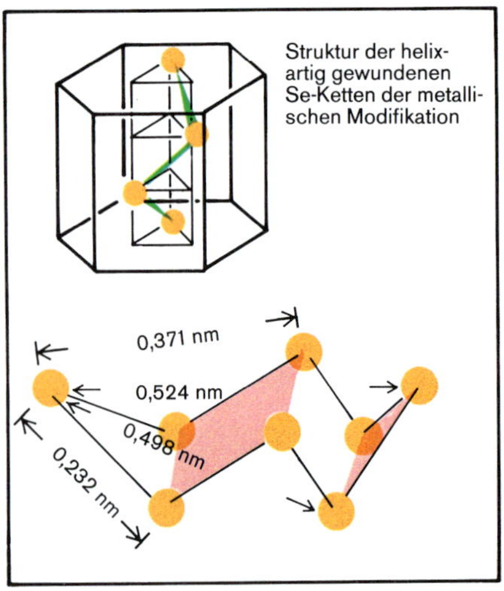

Strukturen des Selens

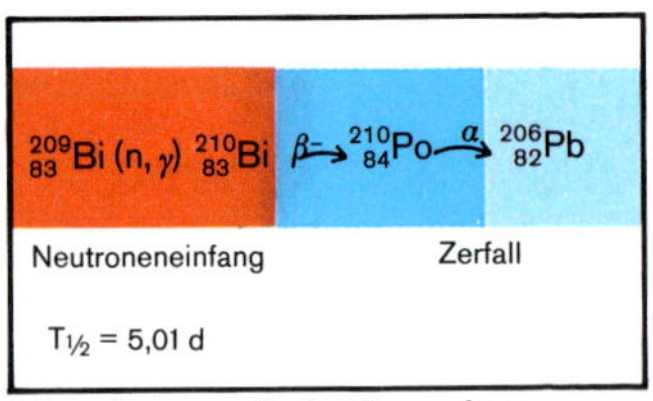

Herstellung von Po im Kernreaktor

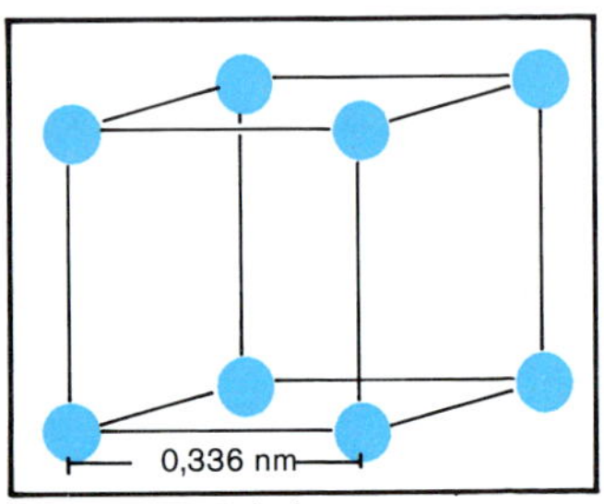

Struktur des α-Poloniums

Selen (Elementsymbol: Se) ist das 3. Element der 6. Hauptgruppe. Der Name ist abgeleitet von griech. selene = Mond. J. J. BERZELIUS entdeckte das Element 1817 im Bleikammerschlamm.

Eigenschaften: Se tritt in 6 Modifikationen auf:

Graues, hexagonales, metallisches Se ist aus helixartig gewundenen Se-Ketten aufgebaut. (ϱ = 4,79 g/cm^3, Smp.: 220,5 °C, Sdp.: 684,8 °C). Es ist die stabilste Modifikation. Metallisches Se ist ein lichtempfindlicher Halbleiter.

Rotes Se (α-, β- und amorphe Modifikationen) besteht aus Se_8-Ringen. Es ist ein Nichtleiter, löslich in Carbondisulfid.

Schwarzes glasartiges Se wird oberhalb 60 °C zuerst elastisch und bei noch höheren Temperaturen plastisch. Es entspricht dem λ-Schwefel.

Schwarzes amorphes Se entspricht dem μ-Schwefel.

Flüssiges Se ist schwarz. Se-Dampf gelb. Die rel. Atommasse ist 78,96, es gibt 6 stabile Isotope. Die Halbwertszeiten der 29 instabilen Se-Isotope liegen zwischen 9 ms und 6,5 · 10^4 a (^{79}Se). Seit 1873 ist bekannt, daß Se seinen elektrischen Widerstand bei Belichtung ändert.

Die Elektronenkonfiguration ist [Ar] (3 d)^{10} (4 s)^2 (4 p)^4, die Oxidationszahlen sind +4, seltener +6 und −2.

Toxikologie: Se-Verbindungen sind sehr giftig. Sie schädigen die Nervenschaltstellen (Synapsen). Vergiftungssymptome: Schwere Schleimhautreizungen, Lungenödeme und Hautschäden. Maximal zulässige Konzentration: 0,1 mg Se pro m^3 Luft.

Nachweis: Überführen mit HNO_3 in selenige Säure H_2SeO_3, und quantitatives Ausfällen als rotes Selen mit SO_2 aus salzsaurer Lösung.

Vorkommen: Der Se-Anteil an der Erdrinde beträgt etwa 10^{-5} %. In kleinsten Mengen tritt Se auch gediegen auf. Se-Mineralien sind sehr selten und stets mit Schwefelmineralien vergesellschaftet: Clausthalit PbSe, Naumannit Hg_2Se. Pflanzen (vor allem Getreide, Gräser) reichern Se an.

Gewinnung überwiegend als Nebenprodukt der elektrolytischen Kupferproduktion. Anodenschlamm enthält bis zu 8 % Cu- und Ag-Selenide, aus denen Se durch Abrösten extrahiert wird. Selen reichert sich im Flugstaub beim Rösten sulfidischer Erze an, da SeO_2 im Gegensatz zum gasförmigen SO_2 fest ist. Im Bleikammerschlamm der Schwefelsäuregewinnung kommen bis zu 3 % gediegenes Se vor. Das Metall wird durch Salpetersäure in SeO_2 überführt, extrahiert und mit SO_2 reduziert:

$$SeO_2 + 2\,SO_2 \rightarrow Se + 2\,SO_3.$$

Für höchste Reinheit wird Se mehrfach im Vakuum destilliert.

Die wichtigsten Produzenten sind USA und Kanada. Jahresproduktion: einige Tausend Tonnen.

Verwendung: Halbleiterbau, Xerographie, Glasindustrie (Entfärben grüner Flaschengläser, Tönen von Glasscheiben). In Gleichrichtern wird Se inzwischen weitgehend durch Si ersetzt. Wesentlicher Bestandteil von Nervenkampfgasen.

Wichtige **Verbindungen**

Selenwasserstoff H_2Se ist ein übelriechendes, farbloses und giftiges Gas. Es entsteht aus den Elementen bei rund 400 °C oder durch Zersetzen von Seleniden durch Salzsäure. H_2Se ist bei 280 °C beständig, bei Normaltemperatur metastabil. Wäßriges H_2Se ist eine stärkere Säure als H_2S.

$$H_2Se \rightleftharpoons H^+ + HSe^- \rightleftharpoons 2\,H^+ + Se^{--}$$

($K_1 = 1{,}88 \cdot 10^{-4}$; $K_2 \approx 10^{-11}$).

H_2Se bildet Hydrogenselenide und Selenide.

Selensäure H_2SeO_4 ist eine farblose kristalline, hygroskopische Substanz, die bei 59,9 °C schmilzt. Die wäßrige Lösung ist eine sehr starke, oxidierende Säure; sie löst Gold und Platin auf.

Tellur (Elementsymbol: Te) ist das 4. Element der 6. Hauptgruppe. Der Name ist abgeleitet von latein. tellus = Erde. MÜLLER VON REICHENSTEIN entdeckte das Element 1782.

Eigenschaften: Te tritt in zwei Modifikationen auf: *Braunes,* amorphes Te geht bereits bei Zimmertemperatur in die kristalline, metallische Modifikation über. *Metallisches* Te ist ein Halbleiter, silberfarbenglänzend und sehr spröde (ϱ = 6,24 g/cm^3, Smp.: 449,8 °C, Sdp.: 1390 °C). Die Grundstruktur ist hexagonal und aus helixartig um parallele Gitterachsen angeordnete Ketten aufgebaut. Die rel. Atommasse ist 127,60. Es gibt 8 stabile Isotope. Die Halbwertszeiten der 29 instabilen Te-Isotope liegen zwischen 0,06 ms und 33,6 d (^{129}Te). Te löst sich in oxidierenden Säuren und Alkalilaugen. Flüssiges Te greift Fe, Cu und rostfreien Stahl an. Te und seine Verbindungen sind giftig, aber nicht so stark wie Se. Die Elektronenkonfiguration ist [Kr] (4 d)^{10} (5 s)^2 (5 p)^4, die Oxidationszahlen sind +4, seltener +6 und −2.

Nachweis: In konzentrierter schwefelsaurer Lösung fällt Te als rotes Tellursulfit $TeSO_3$ aus.

Vorkommen: Der Te-Anteil an der Erdrinde beträgt 2 · 10^{-7} %. Te kommt auch gediegen in Begleitung von Au und Ag vor. Te-Mineralien sind sehr selten: Tellurbismutit Bi_2Te_3, Tellurit TeO_2.

Gewinnung entsprechend dem Se aus Anodenschlämmen. Die wichtigsten Erzeugerländer sind USA, Kanada und Peru. Die Jahresproduktion ist weniger als tausend Tonnen.

Verwendung in erster Linie als Metall: Legierungsbestandteil von Stahl, Gußeisen, Cu und Pb; Vulkanisierungsmittel, Halbleiter, Photozellen.

Tellurverbindungen entsprechen denen des Se.

Polonium (Radium F) (Elementsymbol: Po) ist das 5. Element der 6. Hauptgruppe. MARIE CURIE entdeckte es 1898; ihr zu Ehren benannte man es nach ihrer Heimat. Po ist ein silberweißes, glänzendes Schwermetall und liegt bis 100 °C als kubisches α-Po vor, oberhalb als rhomboedrisches β-Po. Po ist säurelöslich, H_2S fällt es als schwarzes Poloniumsulfid PoS aus. Chemisch ähnelt Po dem Te und dem Bi.

Po ist *radioaktives* Zwischenprodukt aller Zerfallsreihen und außerordentlich selten. Die Gewinnung aus der Uranpechblende (Gehalt etwa 10^{-9} %) ist heute ersetzt durch Elementumwandlung im Kernreaktor.

Verwendung findet praktisch nur ^{210}Po, ein α-Strahler mit der Halbwertszeit 138,38 d. Es dient als Wärmequelle für thermoelektrische Batterien in Satelliten.

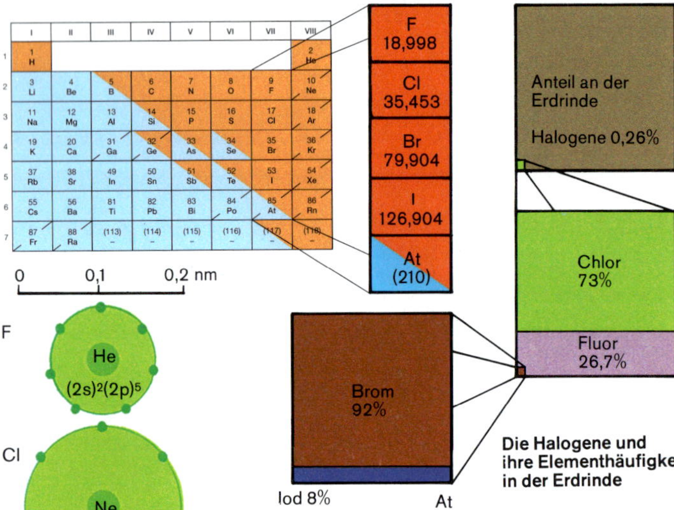

Die Halogene und ihre Elementhäufigkeit in der Erdrinde

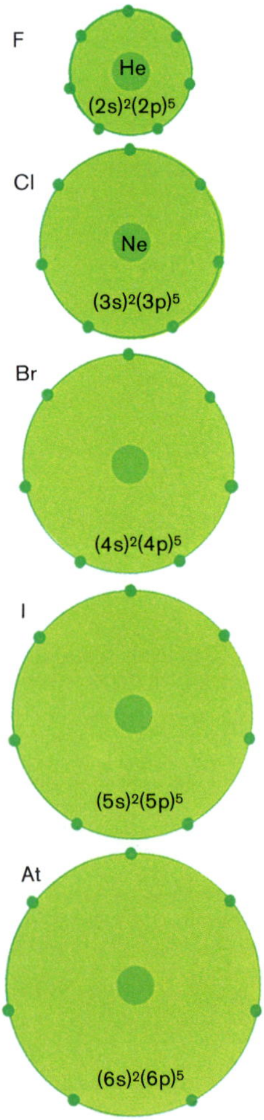

Valenzkonfiguration

F Cl Br I At

17,418 eV — 1. Ionisierungspotential fällt → 9,5 eV

0,001696 g/cm³ — Dichte wächst → 4,942 g/cm³

0,072 nm — Atomradius wächst → 0,140 nm

0,136 nm — Ionenradius wächst → 0,216 nm

−219,62 °C — Schmelzpunkt steigt → 302 °C

−188,14 °C — Siedepunkt steigt → 337 °C

$Hl_2 + H_2O \longrightarrow H^+ + Hl^- + HOHl$ (Ausnahme: F_2)

$Hl_2\ O_2 \longrightarrow$ keine direkte Reaktion

$Hl_2 + H_2 \longrightarrow 2\ HHl$ (Halogenwasserstoffe)

Hl_2 + Metall $\longrightarrow$ Metallhalogenide

$HHl + H_2O \longrightarrow H_3O^+ + Hl^-$

$NaHl + H_2SO_4 \longrightarrow HHl + NaHSO_4$ (Ausnahme: NaI)

Eigenschaften der Halogene (*Hl*)

Die fünf chemischen Elemente Fluor (F), Chlor (Cl), Brom (Br), Iod (I) und Astat (At) bilden die 7. Hauptgruppe des Periodensystems. Der Name *Halogene* (aus dem Griechischen) bedeutet: »Salzbildner«: die Halogen-Metall-Verbindungen haben viel mit Salz (Kochsalz) gemeinsam. In manchen Darstellungen wird Astat von den Halogenen ausgenommen, da es lediglich als kurzlebiges Zwischenprodukt der radioaktiven Zerfallsreihen auftritt.

Die Elektronenkonfiguration zeigt 7 Valenzelektronen. Da nur ein Elektron zur Edelgaskonfiguration fehlt, sind die Halogene bes. reaktionsfreudig.

Die chemischen und physikalischen **Eigenschaften** innerhalb der Gruppe sind sehr ähnlich und regelmäßig untereinander abgestuft.

Beispiele: F ist ein Gas, Cl ein leicht zu verflüssigendes Gas, Br eine Flüssigkeit und I und At sind bei Raumtemperatur fest. Die Farben vertiefen sich: F ist farblos, Cl gelbgrün, Br rotbraun und I bereits grau-schwarz.

Zwischen F und Cl ist die Abstufung ausgeprägter als unter den restlichen Halogenen.

Beispiele: AgF ist wasserlöslich, AgCl, AgBr und AgI sind schwerlöslich. Fluorwasserstoff $(HF)_n$ ist in Ketten über H-Brücken assoziiert, die anderen Halogenwasserstoffe sind bei Raumtemperatur monomolekular.

Die Halogene sind, bis auf Astat, das ein Halbmetall ist, Nichtmetalle, doch treten mit wachsendem *Z* metall. Tendenzen hervor; so glänzt z. B. Iod metallisch und leitet den elektr. Strom.

Die Elemente der Gruppe haben vorwiegend die Oxidationszahl −1, es treten aber auch +1, +3, +5 und +7 auf. Die maximale Koordinationszahl ist 7. Die Festigkeit der Bindungen zwischen gleichen Halogenatomen sinkt vom Cl zum I: Cl_2 ist sehr stabil, während Iod bei hohen Temperaturen weitgehend atomar vorliegt. Es gibt auch Interhalogenverbindungen, z. B. Bromchlorid BrCl, Chlortrifluorid ClF_3.

Die allgemeine Reaktionsfähigkeit der Halogene wächst umgekehrt proportional mit *Z* und erreicht in F ein Maximum: Fluor ist das reaktionsfreudigste aller Elemente. Die Wasserstoffhalogenide lösen sich in Wasser, Alkohol und Ether zu Säuren, deren Stärke von HF nach HI zunimmt. Sie können durch direkte Reaktionen aus den Elementen hergestellt werden, üblicherweise setzt man sie jedoch aus ihren Metallsalzen frei, z. B.:

$NaF + H_2SO_4 \rightarrow HF + NaHSO_4$.

Sauerstoffverbindungen aller Halogene sind bekannt, z. B. Cl_2O, ClO_2, Cl_2O_7. Sie werden indirekt dargestellt; außer I_2O_5 sind alle Halogenoxide thermisch instabil. Die Affinität zum Sauerstoff wächst in Richtung Iod. Das schwerere Halogen setzt daher das leichtere aus seinen Sauerstoffverbindungen frei, z. B.

$2\,KClO_3 + I_2 \rightarrow 2\,KIO_3 + Cl_2$.

Die Halogene (Ausnahme: F) lösen sich in Wasser und reagieren mit Wasser. Zum Beispiel hydratisiert Cl_2 und reagiert außerdem:

$Cl_2 + 2\,H_2O \rightarrow H_3O^+ + Cl^- + HOCl$.

Die Metalle der Hauptgruppen und einige aus den Nebengruppen reagieren mit den Halogenen zu Metallhalogeniden. Die Chloride, Bromide und Iodide sind fast alle wasserlöslich, die Fluoride (Ausnahme: Alkalifluoride) überwiegend schwerlöslich in Wasser.

Toxikologie: Die Halogene sind alle giftig, in erster Linie durch ätzende Wirkung auf Atmungsorgane und Haut. Einige Halogenverbindungen (z. B. Fluoride, Chlorate, Bromate) sind starke Blutgifte.

Vorkommen: Die Halogene liegen im Mittelbereich der Häufigkeitsverteilung der Elemente. Astat ist außerordentlich selten, die gesamte Erdrinde enthält wahrscheinlich weniger als 30 g.

Die meisten Mineralien der Gruppenelemente sind Alkali- und Erdalkalihalogenide. Chlor und Brom kommen in kleinen Mengen auch elementar vor. Das Meerwasser enthält große Mengen gelöster Halogen-Ionen. F, Cl und I sind wichtige Spurenelemente im Tier- und Pflanzenreich.

Gewinnung: F und Cl werden durch Elektrolyse ihrer Salzschmelzen freigesetzt, Br wird vorwiegend durch Oxidation von Bromiden und I durch Reduktion von Iodaten gewonnen. Astat wurde bisher nur künstlich dargestellt durch Bestrahlen von Bismut mit α-Teilchen.

Verwendung: Elementar wird nur Chlor in großen Mengen weltweit bei der Trinkwasseraufbereitung eingesetzt. Halogenverbindungen finden vielfache Anwendungen, bes. die des Chlors. F-Verbindungen spielen eine Rolle in der Kerntechnik, bei der Herstellung temperaturstabiler Kunststoffe und in Kühlmitteln. In der organ. Chemie und in der Medizin sind Br und I wichtige Elemente.

Halogenierung (Halogenation) ist die Überführung von Verbindungen in reine Halogenide, ein sehr wichtiger Prozeß in der organ. Chemie. Er erfolgt z. B. durch Addition an ungesättigte Verbindungen:

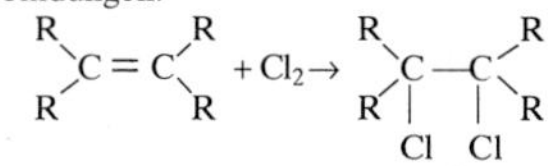

oder durch Substitution: Austausch eines Atoms oder einer Gruppe durch ein Halogen. In der Halogenierung werden die Halogene als Element, Halogensäuren, Salze oder Nichtmetallverbindungen eingesetzt.

Physikalische Eigenschaften

	F	Cl	Br	I	At
Protonenzahl	9	17	35	53	85
Schmelzpunkt in °C	– 219,62	– 100,98	– 7,2	113,5	302
Siedepunkt in °C	– 188,14	– 34,05	58,78	184,35	337
Dichte in g/cm³	0,001696 1,51 (fl.)	0,003214 1,56 (fl.)	3,14 0,00759 (g.)	4,942 0,01127 (g.)	
Ionenradius (1⁻) in nm	0,136	0,181	0,195	0,216	
1. Ionisierungspotential in eV	17,418	13,01	11,84	10,454	9,5

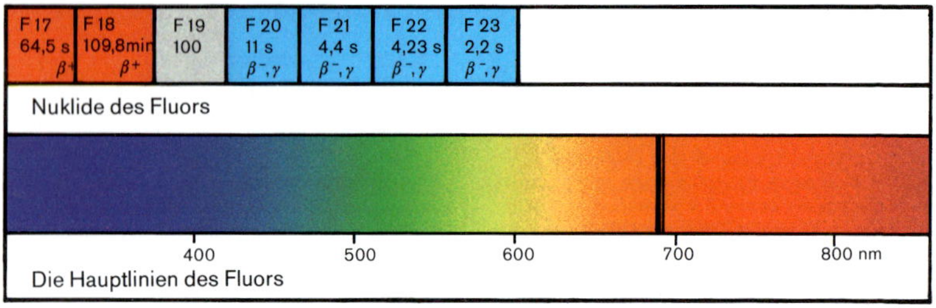

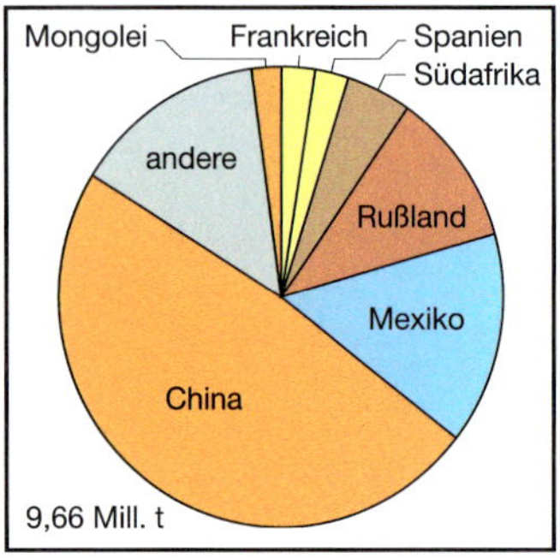

Flußspat-Produktion (2003)

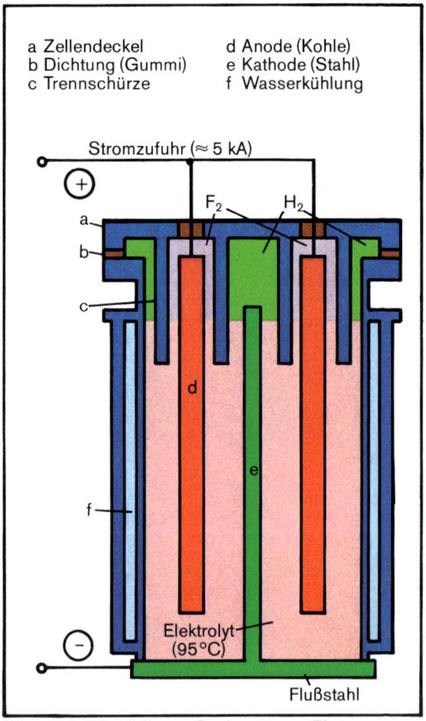

Wassergekühlte Zelle zur Gewinnung von Fluor

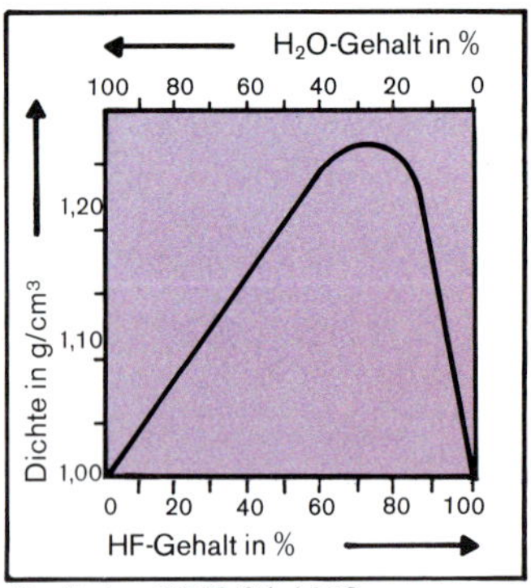

Das System HF/H_2O bei 0 °C

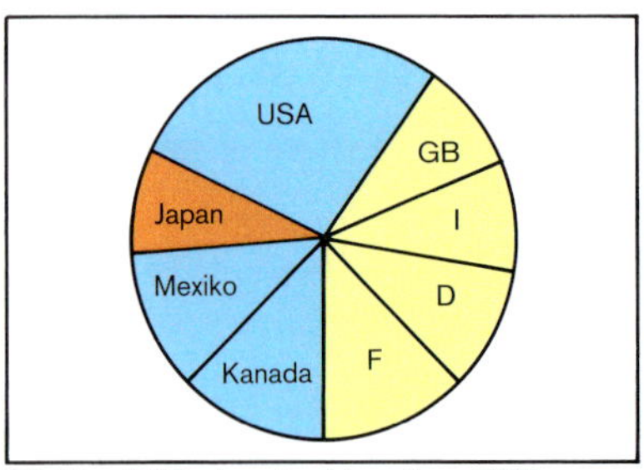

Wichtige HF-Produzenten (ohne ehem. GUS)

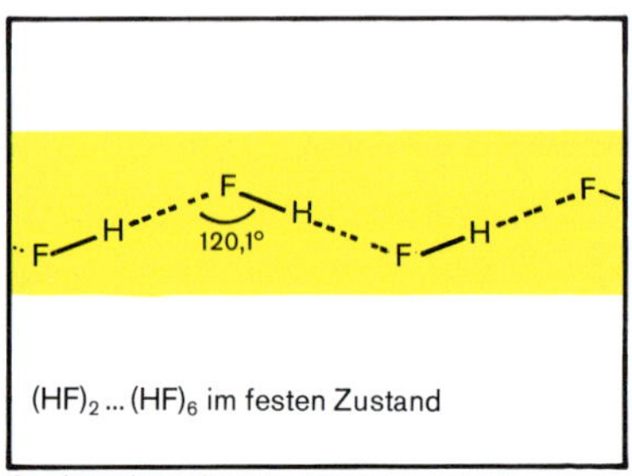

Struktur des polymeren Fluorwasserstoffs

Fluor (Elementsymbol: F) ist das 1. Element der 7. Hauptgruppe (Halogene) des Periodensystems. Der Name ist abgeleitet von lat. fluor = das Fließen, denn das bedeutendste Fluormineral – Flußspat – wird seit alters her den Erzen als Flußmittel zugesetzt. HENRI MOISSAN entdeckte das Element 1886.

Eigenschaften: F ist ein in dünnen Schichten farbloses, sonst schwach gelbliches, korrodierendes und giftiges dimeres Gas mit durchdringendem Geruch. Die rel. Atommasse ist 18,99840; es gibt nur ein stabiles Isotop: ^{19}F. Die Halbwertszeiten der 7 instabilen F-Isotope liegen zwischen 1,1 ms und 109,8 min (^{18}F). F ist *feuergefährlich,* Fluor-Brände können praktisch nicht gelöscht werden.

Die Elektronenkonfiguration ist [He] $(2\,s)^2$ $(2\,p)^5$, die Oxidationszahl ist – 1.

F ist eins der stärksten Oxidationsmittel und das reaktionsfreudigste aller Elemente. Bei Raumtemperatur reagiert es sehr heftig mit H_2, S, P, C, Alkalimetallen, Erdalkali, insbesondere wenn die Substanzen in feinverteilter Form vorliegen. Die Reaktionen mit den meisten organischen Stoffen sind so heftig, daß eine Fluorierung dieser Moleküle nur auf indirektem Wege oder bei sehr niedrigen Temperaturen möglich ist. Viele Metalle bilden mit F eine oberflächliche, passivierende Schutzschicht, die sich jedoch in der Wärme auflöst. Dem Wasser und dem Ammoniak entzieht F den Wasserstoff:

$$2\,H_2O + 2\,F_2 \rightarrow 4\,HF + O_2 \qquad \Delta H = -514\,kJ$$

$$2\,NH_3 + 3\,F_2 \rightarrow 6\,HF + N_2$$

Fluor reagiert sogar mit Edelgasen, z. B. zu Kryptonhexafluorid KrF_6.

Toxikologie: F und viele Fluoride sind giftig; bereits bei einer Konzentration von 0,01 % setzt Reizwirkung ein. Die maximal zulässige Konzentration am Arbeitsplatz ist 0,2 mg/m³.

Fluormoleküle schädigen den Pflanzenwuchs und müssen aus techn. Abgasen entfernt werden.

Nachweis: Qualitativ durch die *Wassertropfenprobe:* Die zu prüfende Substanz wird mit der dreifachen Menge SiO_2 in einem geschlossenen Bleitiegel vermischt und mit H_2SO_4 übergossen. Bei schwachem Erwärmen entwickelt sich gasförmiges SiF_4, das aus einem Loch im Tiegeldeckel entweicht. Über dieses Loch hält man einen schwarzen Glasstab, an dem ein Wassertropfen hängt. Das SiF_4 reagiert mit Wasser zu SiO_2 und HF, das SiO_2 bildet eine weiße Gallerte. Quantitativer Nachweis durch Ausfällen als CaF_2.

Vorkommen: Der Anteil an der Erdrinde beträgt etwa 0,028 Gewichtsprozent. F tritt nicht elementar auf. In geringen Konzentrationen sind Fluorverbindungen weit verbreitet. Meerwasser enthält etwa 1,2 mg Fluorid pro l, Süßwasser rund 0,2 mg/l. F ist ein wichtiges Spurenelement; Zähne und Knochen enthalten etwa 0,001 % Fluorid.

Wichtige *Fluormineralien* sind: Flußspat CaF_2, Kryolith Na_3AlF_6, Apatit $Ca_5(PO_4)_3F$, Chiolith $Na_5[Al_3F_{14}]$ und Topas $Al_2[SiO_4]$ $(OH, F)_2$. Die Weltvorräte an Flußspat werden auf 135 Millionen t geschätzt. Die größten Reserven an Fluor liegen als Verunreinigungen (Fluorapatit) in Phosphaten vor.

Gewinnung durch Schmelzflußelektrolyse bei mittleren Temperaturen (70–130 °C) von wasserfreien Kaliumhydrogenfluoriden KF · 3 HF:

$$2\,HF \rightarrow H_2 + F_2 \qquad \Delta H = +543\,kJ.$$

Neuerdings und mit steigender Bedeutung wird Fluor auch als Nebenprodukt der Phosphorsäure- und Superphosphatproduktion gewonnen.

Eine großtechnische Produktion gibt es erst seit 1939 (Manhattan-Projekt); inzwischen erreicht die Weltjahresproduktion rund 20 000 t. Transport in Stahlflaschen (27,4 bar) oder flüssig in dreifach geschichteten Tanks, deren innere Wandung aus Monelmetall besteht.

Verwendung zur Herstellung von UF_6, der Ausgangssubstanz bei der Uran-Isotopentrennung durch Diffusion (etwa 60 % der F-Erzeugung). Produktion des Dielektrikums SF_6, von Flußsäure HF, Hochtemperaturkunststoffen. Fluorchlor-Kohlenwasserstoffe dienen als Kühlflüssigkeiten und zur Fluorierung von Trinkwasser. F_2 und Hydrazin N_2H_4 bilden einen hochenergetischen Raketentreibstoff.

Fluoridierung von Trinkwasser: Solange die Zähne wachsen, braucht der Mensch eine Fluorid-Zufuhr von rund 1,8 mg pro Tag, eine Menge, die häufig in der Nahrung nicht vorhanden ist. Da Kariesbefall bei Populationen mit fluorhaltigen Trinkwässern nicht beobachtet wird, setzt man mancherorts dem Trinkwasser Fluor in Form von Na_2SiF_6, NaF und HF in Konzentrationen von 1 mg/l zu.

Wichtige **Verbindungen**

Fluorwasserstoff HF bzw. $(HF)_n$ ist eine chemisch sehr stabile, hygroskopische und farblose Flüssigkeit ($\varrho = 0{,}958$ g/cm³, Sdp.: 19,9 °C, Smp.: – 83,1 °C). HF ist nur bei hohen Temperaturen monomer, sonst liegt Fluorwasserstoff als Gemisch assoziierter Moleküle $(HF)_2, \ldots, (HF)_6$ vor. Die wäßrige Lösung von HF heißt *Flußsäure* (Fluorwasserstoffsäure); sie ist eine schwache Säure,

$$HF + H_2O \rightleftharpoons H_3O^+ + F^-,$$

ihre Salze heißen Fluoride.

HF ist giftig; die maximal zulässige Konzentration in Atemluft beträgt 2 mg/m³.

Flußsäure bildet zahlreiche Komplexverbindungen. Sie greift Silicat- und Boratgläser an:

$$SiO_2 + 4\,HF \rightarrow SiF_4 + 2\,H_2O.$$

Die ätzende Wirkung auf Glas wurde bereits 1670 beschrieben.

Flußsäure löst Zellulose vollständig auf, greift jedoch Lignin nicht an, ein Vorgang, auf dem die industrielle Holzverzuckerung beruht.

Herstellung von Flußsäure durch Aufschluß von Flußspat mit H_2SO_4 in Drehrohröfen:

$$CaF_2 + H_2SO_4 \rightarrow 2\,HF + CaSO_4.$$

Aufbewahrung in Kunststoffbehältern.

Die Weltproduktion beträgt rund 1,5 Millionen t/a.

Verwendung: Glasätzerei, Oberflächenbehandlung von Fe, Al und Halbleitern, Herstellung organischer Fluoride.

Flußspat (Calciumfluorid) CaF_2 bildet farblose, kubische Kristalle, die jedoch meist durch Verunreinigungen gefärbt sind. Die Hauptvorkommen liegen in Mexiko, China, Indien und Südafrika. CaF_2 wurde bereits im Altertum den Erzen als Flußmittel zugesetzt. Reines CaF_2 (optischer Spat) verwendet die optische Industrie für Linsen und Prismen. CaF_2 ist Rohstoff für die Herstellung von Flußsäure und anderer Fluorverbindungen.

Cl 32	Cl 33	Cl 34	Cl 35	Cl 36	Cl 37	Cl 38	Cl 39	Cl 40	Cl 41
298 ms	2,47 s	1,53 s	75,77	$3 \cdot 10^5$ a	24,23	37,18 min	56 min	1,35 min	34 s
β^+, γ	β^+, γ	β^+		β^-		β^-, γ	β^-, γ	β^-, γ	β^-, γ

Nuklide des Chlors

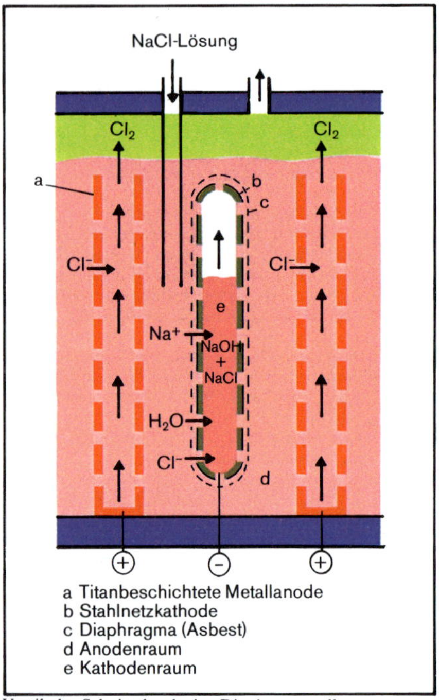

Vertikaler Schnitt durch eine Diaphragmazelle

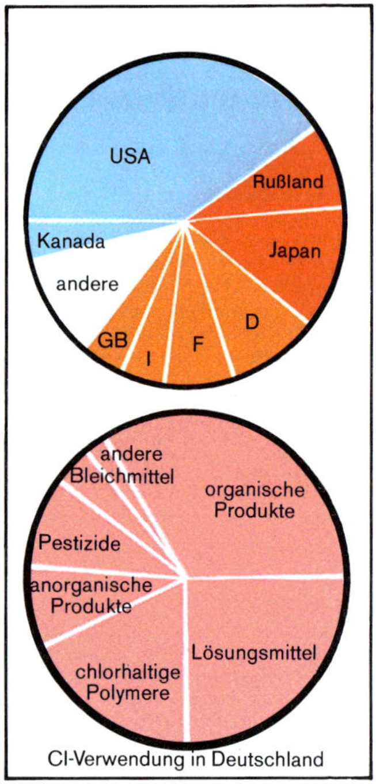

Cl_2-Produktion und Verwendung

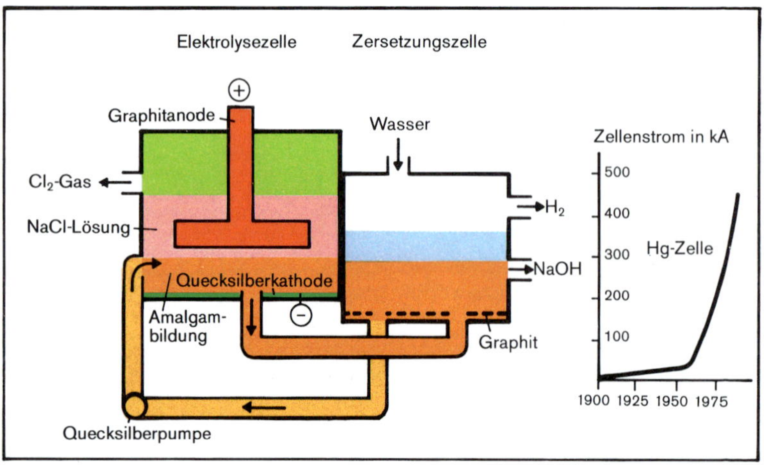

Quecksilberverfahren in der Chloralkali-Elektrolyse und Strombedarf einer Zelle

Chlor (Elementsymbol: Cl) ist das 2. Element der 7. Hauptgruppe des Periodensystems. Der Name ist abgeleitet von griech. chloros = gelbgrün, der Farbe des Chlorgases. H. DAVY erkannte 1810 das bereits vor ihm dargestellte Gas als neues Element. Chlor ist ein so wichtiger Rohstoff, daß die Produktionshöhe als Indikator für den industriellen Entwicklungsstand eines Landes gilt.

Eigenschaften: Cl ist ein gelbgrünes, stechend riechendes Gas. Es ist zweiatomig und wesentlich schwerer als Luft ($\varrho = 0{,}003214$ g/cm^3). Chlor bildet in fester Form blaßgelbe, rhombische Kristalle. Die rel. Atommasse ist 35,453. Es gibt zwei stabile Cl-Isotope: ^{35}Cl und ^{37}Cl. Die Halbwertszeiten der 20 instabilen Cl-Isotope liegen zwischen 5,8 ms und $3{,}0 \cdot 10^5$ a (^{36}Cl).

Die Elektronenkonfiguration ist [Ne] $(3\,s)^2$ $(3\,p)^5$, die Oxidationszahlen sind -1, $+1$, $+3$, $+5$ und $+7$.

Cl ist gut wasserlöslich (2,3 l Cl_2 in 1 l H_2O bei Raumtemperatur); das dabei entstehende *Chlorwasser* wird in braunen Flaschen aufbewahrt, um einen Zerfall unter dem Einfluß von Licht zu verhindern. Unterhalb 10 °C bildet hydratisiertes Cl im Wasser grüngelbes Chloreis. Andere Lösungsmittel für Cl sind: Dischwefeldichlorid, Salzsäure, Tetrachlormethan, Chlorbenzol, Eisessig und Nitrobenzol. Holzkohle, Aktivkohle und Kieselgur adsorbieren größere Mengen Chlor.

Chlor ist chemisch sehr aktiv, es reagiert mit den meisten Elementen (Ausnahmen: N, O, C). Na-Metall reagiert z. B. im Chlorstrom bei 100 °C:

$$2\,Na + Cl_2 \rightarrow 2\,NaCl \qquad \Delta H = -823{,}2\text{ kJ}.$$

Bei Raumtemperatur reagiert Cl mit H_2 sehr langsam. Unter dem Einfluß von Licht oder oberhalb 250 °C erfolgt jedoch die Reaktion explosionsartig (*Chlorknallgas*-Reaktion):

$$Cl_2 + H_2 \rightarrow 2\,HCl \qquad \Delta H = -184{,}9\text{ kJ}.$$

Eine entsprechende photochemische Reaktion läuft auch mit Carbonmonooxid ab; es entsteht das sehr giftige Phosgen:

$$Cl_2 + CO \rightarrow COCl_2.$$

Feuchtes Chlor greift unter Chloridbildung fast alle Metalle an (Ausnahme: Ta). Mit trockenem Chlorgas reagieren die Metalle erst oberhalb der Zündtemperatur (Fe: 140 °C, Ni: 500 °C, Cu: 200 °C, Ti: 20 °C). Cl ersetzt in organischen Verbindungen leicht den Wasserstoff; es entstehen dann – bei teilweise sehr heftigen Reaktionen – Chlorcarbonwasserstoffe.

Überschüssiges Chlor wird mit *Antichlor* (Natriumthiosulfat) entfernt:

$$4\,Cl_2 + Na_2S_2O_3 + 5\,H_2O \rightarrow 2\,NaHSO_4 + 8\,HCl.$$

Toxikologie: Cl reizt die Schleimhäute. Wegen der großen Wasserlöslichkeit werden vor allem die oberen Luftwege angegriffen. Die Geruchsschwelle liegt bei 0,2 mg/l und die maximal erlaubte Konzentration am Arbeitsplatz beträgt 1,5 mg/m^3. Da Cl sich im Körper sofort zu Chlorid-Ionen umsetzt, zeigen geringe Chlorkonzentrationen keine Giftwirkung. Die *Chlorierung* von Trink- und Badewasser ist daher gänzlich ungefährlich. Der typische Schwimmbadgeruch ist nicht der von Chlor, sondern der von hypochloriger Säure.

Nachweis: Qualitativ durch Blaufärbung von Iodkalium-Stärke-Papier, quantitativ durch Ausschütteln mit KI-Lösung und Titrieren des ausgeschiedenen Iods. Nachweis im Trinkwasser. Photometrie der Gelbfärbung nach Reaktion mit o-Toluidin in salzsaurer Lösung.

Vorkommen: Der Anteil an der Erdrinde beträgt 0,19 Gewichtsprozent. Elementares Cl tritt nur manchmal in vulkanischen Gasen zutage. Die Verbindungen des Cl sind vorwiegend Chloride. Meerwasser enthält 2,9 % Alkalichloride und 0,3 % Magnesiumchlorid. Im Magensaft liegt 0,3–0,5 % Salzsäure HCl vor.

Wichtige *Chlormineralien* sind: Steinsalz NaCl, Sylvin KCl, Carnallit $KMgCl_3 \cdot 6\,H_2O$, Bischofit $MgCl_2 \cdot 6\,H_2O$ und Kainit $KClMg(SO_4) \cdot 3\,H_2O$.

Gewinnung seit 1892 überwiegend durch Elektrolyse wäßriger Chloralkalilösungen, z. B.:

$$2\,NaCl + 2\,H_2O \rightarrow Cl_2 + H_2 + 2\,NaOH\,(aq.)$$
$$\Delta H = +446{,}6\text{ kJ}.$$

Wegen der möglichen Rückreaktion muß eine Vermischung der Reaktionsprodukte verhindert werden. Zwei Verfahren dominieren bei der Chlor-Produktion:

Das *Quecksilberverfahren* wurde 1892 von H. J. CASTNER und C. KELLNER entwickelt. Anoden tauchen in eine stetig zufließende Sole (ca. 310 g NaCl/l). Das an ihren Oberflächen gebildete Cl_2 wird mit der verarmten Sole abgezogen und entweicht dann als Gas. Durch die Elektrolysezelle fließt Quecksilber, das als Kathode geschaltet ist. Die abgeschiedenen Alkalimetallatome formen mit dem Hg ein Amalgam sehr geringer Konzentration (0,3 %) und fließen aus der Zelle in den Zersetzer ab. Dort reagiert das Alkalimetall mit dem Zersetzerwasser unter Bildung sehr reiner Alkalibase und H_2. Das Hg fließt in die Zelle zurück. Moderne Hg-Zellen arbeiten mit elektr. Strömen bis zu 500 000 A. Die Umweltgefährdung durch quecksilberhaltige Abwässer und Abluft führt langsam zur Aufgabe dieses Verfahrens.

Das *Diaphragmaverfahren* wurde 1890 von der GRIESHEIM AG entwickelt. Ein gasdurchlässiges Diaphragma (z. B. aus Asbestmaterial) unterteilt die Elektrolysezelle in einen Anodenraum und einen Kathodenraum (im Inneren der Anode). Sole (270 g NaCl/l) strömt kontinuierlich in den Anodenraum, das Chlorgas entweicht an den mit Titan beschichteten Graphitanoden nach oben. Im Anodenraum herrscht ein hydrostatischer Überdruck, der dafür sorgt, daß das an der Kathode gebildete H_2 und die Base mitsamt der verarmten Sole im Inneren der Kathode verbleiben und von dort abgezogen werden können. Eindampfen trennt anschließend Sole und Base.

Moderne Diaphragmazellen produzieren bis zu 30 t Cl_2 pro Tag.

Beide Verfahren sind gleich wirtschaftlich, doch hat wegen der besseren Energieausnutzung und der geringeren Umweltgefährdung die Diaphragmazelle Vorteile.

Neuerdings gewinnt die *Elektrolyse von* HCl-*Gas* – einem Nebenprodukt vieler industrieller Prozesse – für die Chlorgewinnung an Bedeutung:

$$2\,HCl \rightarrow H_2 + Cl_2 \qquad \Delta H = +184{,}3\text{ kJ}.$$

Die Elektrolyse läuft in zahlreichen parallel geschalteten Zellen ab, auch hier sind die Reaktionsräume jeweils durch Diaphragmen getrennt.

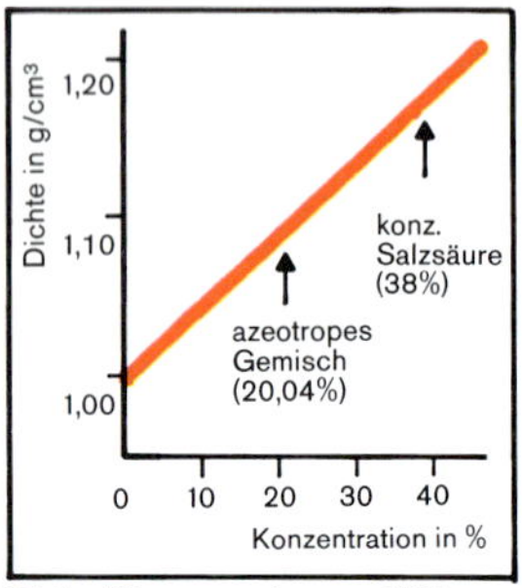

Dichte/Konzentration von HCl

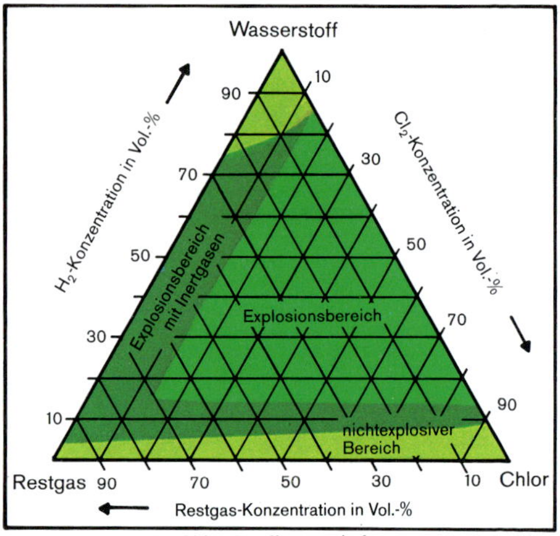

Explosivgrenzen des Chlor-Knallgasgemisches

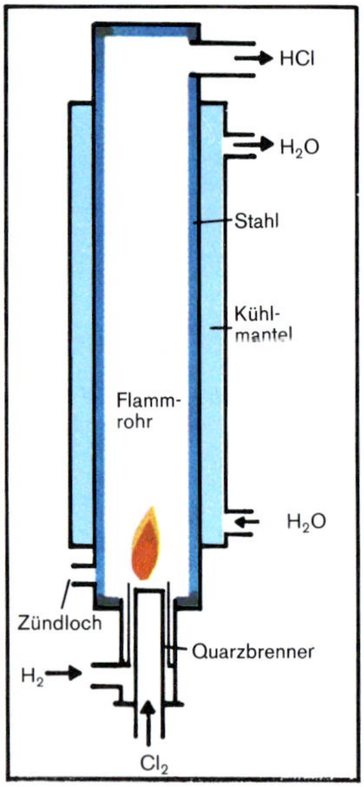

Herstellung von hochreinem HCl

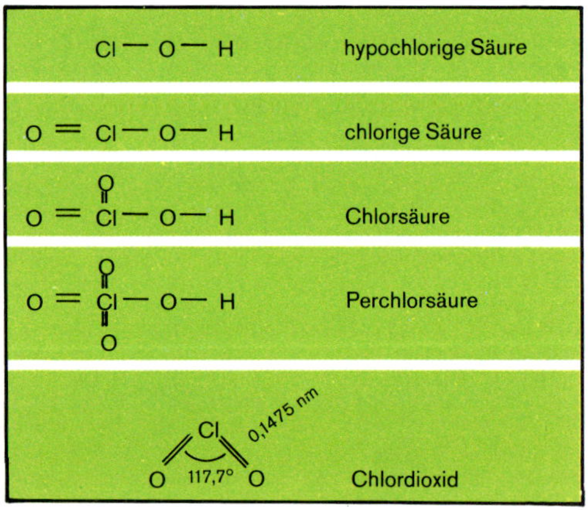

Struktur einiger Chlor-Sauerstoff-Verbindungen

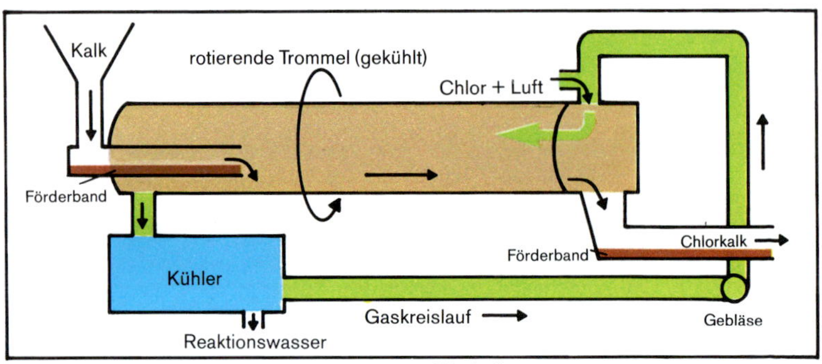

Drehrohranlage zur kontinuierlichen Herstellung von Chlorkalk

Chlor entsteht weiterhin als Nebenprodukt bei der Gewinnung von Alkalimetallen und Erdalkali. Die Weltproduktion an Cl liegt bei rund 43 Millionen t/a, die deutsche bei 4 Mill. t/a. Die Verarbeitung erfolgt meist an Ort und Stelle. Gehandelt wird Chlor in grauen Stahlflaschen (flüssig, bei 4–7 bar) und in druckfesten Kesselwagen.

Verwendung vorwiegend als Rohstoff der Großchemie. Rund 15 % dienen zur Herstellung von Salzsäure, Bleichlaugen und anorganischen Verbindungen. 7 % werden für das Bleichen von Papier und Zellstoffen benutzt (in Ländern mit hoher Papierproduktion bis zu 80 %). Die restlichen 78–80 % dienen der Chlorierung organischer Substanzen (Pestizide, Waschmittelrohstoffe, Farben, Vinylchlorid, Tetrachlorkohlenstoff, Kunststoffe).

Chlorbleichen: Bei der Reaktion

$$2\,H_2O + 2\,Cl_2 \rightarrow 4\,HCl + O_2$$

entsteht beim Zerfall des Zwischenproduktes HOCl besonders reaktionsfähiger Sauerstoff. Dieser zerstört Farbstoffe und Mikroorganismen oxidativ. Darauf beruht die bleichende und desinfizierende Wirkung des feuchten Chlors (Entfärben von Jute, Papier, Baumwolle, Entkeimen von Trink- und Abwässern). In der Textilindustrie wird Chlorbleichen mehr und mehr durch Wasserstoffperoxidbleichen ersetzt, da das Chlor die Materialien angreift und überschüssiges Chlor anschließend entfernt werden muß.

Wichtige **Verbindungen**

Salzsäuregas, Chlorwasserstoff HCl ist ein farbloses, an feuchter Luft rauchendes Gas mit stechendem Geruch (ϱ = 0,001639 g/cm^3, Sdp.: −85,05 °C, Smp.: −114,22 °C). HCl ist seit dem 15. Jh. bekannt, in Fumarolen kommt es auch in der Natur vor. Im trokkenen Zustand ist es chemisch wenig aktiv. HCl löst sich gut in Alkohol und Ether, besonders gut in Wasser (bei 0 °C 507 l HCl pro l H_2O).

Salzsäure, Chlorwasserstoffsäure ist die wäßrige Lösung von HCl. Sie ist eine starke Säure; ihre Salze heißen Chloride.

$$HCl + H_2O \rightleftharpoons H_3O^+ + Cl^-$$

Die gesättigte wäßrige Lösung bei 15 °C enthält 42,7 % HCl und hat die Dichte 1,21 g/cm^3. 38 %ige Salzsäure heißt *konzentrierte Salzsäure;* sie raucht an feuchter Luft. Herstellung früher meist aus Kochsalz und Schwefelsäure (Röstgase, Luft und Wasserdampf) in der Wärme. Salzsäure entsteht heute vor allem als Nebenprodukt bei der Chlorierung organischer Verbindungen.

$$Cl_2 + RH \rightarrow HCl + RCl \qquad (R = \text{Organylrest}).$$

Herstellung hochreiner HCl aus den Elementen im Quarzbrenner:

$$H_2 + Cl_2 \rightarrow 2\,HCl \qquad \Delta H = -\,184{,}9\ \text{kJ}.$$

Die deutsche Salzsäureproduktion beträgt 2 Mill. t/a.

Chlordioxid ClO_2 ist ein gelbgrünes bis orangefarbenes, giftiges Gas von durchdringendem Geruch (ϱ = 0,0024 g/cm^3, Sdp.: 9,7 °C, Smp.: −59 °C). Tödliche Dosis: 60 mg/m^3; maximal zulässige Konzentration am Arbeitsplatz: 0,3 mg/m^3.

ClO_2 zerfällt explosionsartig:

$$2\,ClO_2 \rightarrow Cl_2 + 2\,O_2 \qquad \Delta H = -\,102{,}7\ \text{kJ}.$$

Herstellung – wegen der explosiven Eigenschaften nur am Ort der Verwertung – durch Reduktion von Chloraten, z. B.

$$2\,NaClO_3 + H_2SO_4 + SO_2 \rightarrow 2\,ClO_2 + 2\,NaHSO_4.$$

Verwendung in wäßriger Lösung als Bleichmittel in der Zellstoff- und Textilindustrie und in der Trinkwasseraufbereitung.

Sauerstoffsäuren des Chlors:

Hypochlorige Säure HClO ist eine sehr schwache, farblose Säure; sie ist nur in wäßriger Lösung bekannt. Am Licht zerfällt sie:

$$2\,HClO \rightarrow 2\,HCl + O_2 \qquad \Delta H = -\,77{,}9\ \text{kJ}.$$

Herstellung durch Einleiten von Cl_2 in eine wäßrige Aufschlämmung von Quecksilber(II)-oxid:

$$2\,Cl_2 + H_2O + 3\,HgO \rightarrow 2\,HClO + HgCl_2 \cdot 2\,HgO.$$

(HgO dient zum Binden von HCl, da das Gleichgewicht im *Chlorwasser*

$$Cl_2 + H_2O \rightleftharpoons HCl + HClO$$

praktisch ganz auf der linken Seite liegt.)

HClO ist ein starkes Oxidationsmittel; auf der Sauerstoffentwicklung beruht die bleichende und desinfizierende Wirkung. Diese Eigenschaft wird bereits seit 1785 genutzt: Die Chlorbleiche »Eau de Javel« wurde durch Einleiten von Cl_2 in Kalilauge hergestellt.

Chlorkalk ist ein weißes, lockeres, leicht nach Chlor riechendes Pulver. Es entsteht durch Einwirkung von Chlor auf festes Calciumhydroxid:

$$5\,Ca(OH)_2 + 2\,Cl_2 \rightarrow CaCl_2 \cdot Ca(OH)_2 \cdot H_2O + Ca(ClO)_2 \cdot 2\,Ca(OH)_2 + H_2O.$$

Der aktive Bestandteil ist Calciumhypochlorit $Ca(ClO)_2$. Das *wirksame Chlor* ist der Gehalt an mit HCl entwickeltem Cl_2. Handelsüblicher Chlorkalk enthält 36–38 % aktives Chlor. Verwendung als Bleichmittel in Papier- und Textilindustrie und als Desinfektionsmittel. Die Bedeutung ist allerdings durch den steigenden Einsatz von flüssigem Chlor gesunken.

Chlorsäure $HClO_3$ ist eine starke Säure

$$HClO_3 \rightleftharpoons H^+ + ClO_3^- \qquad p_K = -\,2{,}7$$

und ein so wirksames Oxidationsmittel, daß ein eingetauchter Holzspan spontan brennt. Nur ihre Salze, die Chlorate, haben technische Bedeutung.

Natriumchlorat $NaClO_3$ bildet farblose, wasserlösliche, kubische Kristalle. Gemische mit leicht oxidierbaren Substanzen (z. B. P, S, organischen Verbindungen) explodieren bereits bei geringer Energiezufuhr (z. B. durch Reibung). Herstellung durch Elektrolyse von wäßriger Kochsalzlösung: Das an der Anode gebildete Cl_2 reagiert in Anodennähe zu Hypochlorit, das seinerseits durch anodische Oxidation in Chlorat übergeht. Verwendung zu 70 % für die ClO_2-Produktion, Oxidationsmittel in der Textilindustrie und Metallurgie. Ausgangssubstanz für andere Chlorate.

Kaliumchlorat $KClO_3$ ähnelt dem $NaClO_3$. Es dient als Sauerstoffträger in Sicherheitszündhölzern und Sprengstoffen.

Perchlorsäure $HClO_4$ ist eine farblose, ölige, hygroskopische, an der Luft rauchende, sehr starke Säure. Es ist die einzige wasserfreie Chlorsauerstoffsäure. $HClO_4$ ist ein sehr starkes Oxidationsmittel und zersetzt sich bei Erwärmung explosionsartig. Die verdünnte Säure ist stabiler. Handelsform: 72 %. Perchlorsäure dient als Treibmittel für Feststoffraketen.

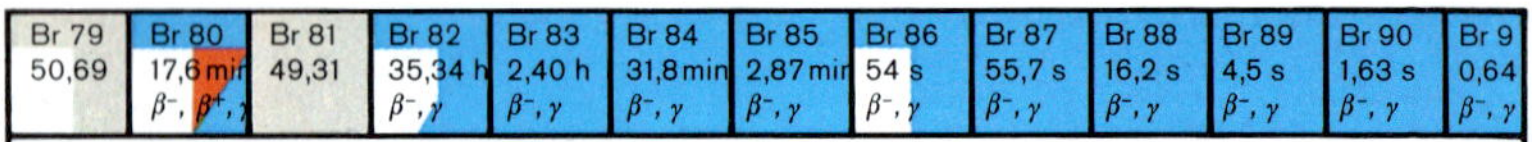

Die wichtigsten Nuklide des Broms

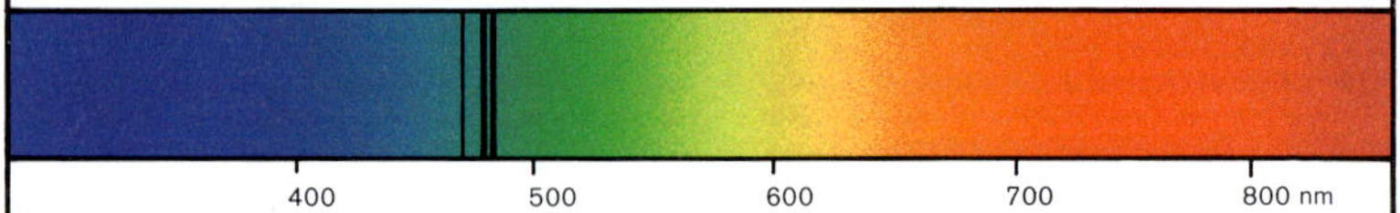

Die Hauptlinien des Broms

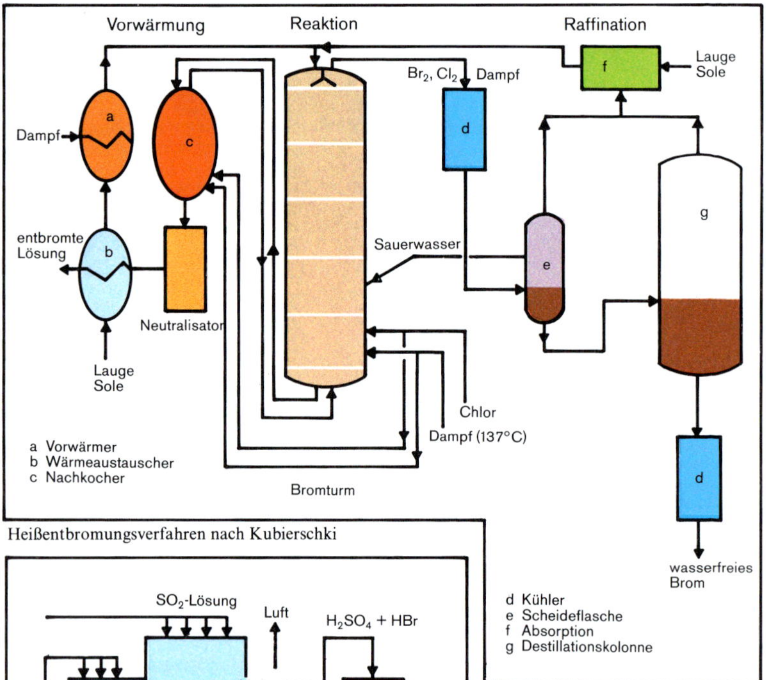

Heißentbromungsverfahren nach Kubierschki

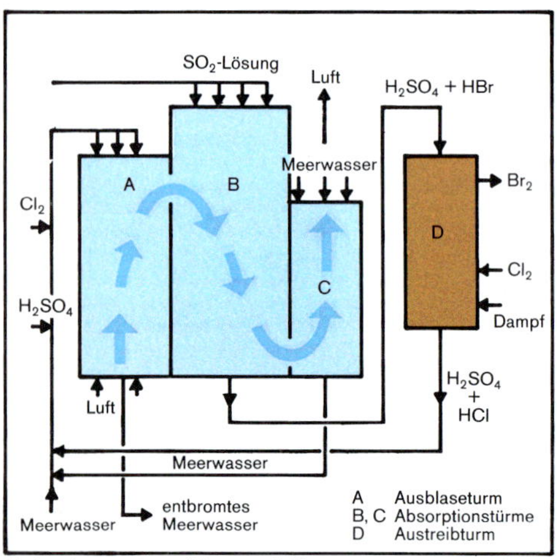

Kaltentbromungsverfahren nach Dow

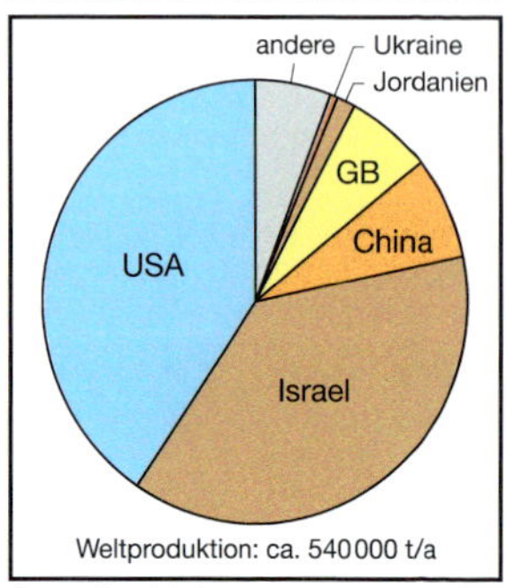

Brom-Produktionsländer

Brom (Elementsymbol: Br) ist das 3. Element der 7. Hauptgruppe des Periodensystems. Der Name ist abgeleitet von griech. bromos = Gestank. Obwohl schon vorher von J. v. Liebig dargestellt, erkannte erst A. J. Balard es 1826 als neues Element.

Eigenschaften: Br ist eine dunkel- bis schwarz-rote, unangenehm stechend riechende Flüssigkeit. Geruchsschwelle an Luft: 1,3 mg Br pro m^3. Festes Brom ist dunkel, mit fallender Temperatur hellt es zu einem gelborangen Farbton auf. Gasförmiges Br ist orange bis rotbraun gefärbt und bis etwa 1500 °C überwiegend dimolekular. Es ist rund fünfmal schwerer als Luft. Br ist neben Quecksilber das einzige bei Raumtemperatur flüssige Element.

Die rel. Atommasse ist 79,916. Es gibt zwei stabile Br-Isotope: ^{79}Br und ^{81}Br. Die Halbwertszeiten der 31 instabilen Isotope liegen zwischen 28 ms und 2,38 d (^{77}Br).

Die Elektronenkonfiguration ist [Ar] $(3d)^{10}$ $(4s)^2$ $(4p)^5$, die Oxidationszahlen sind −1, +1, +3, +5 und +7.

Br löst sich nur mäßig in Wasser (0,035 l Br in 1 l Wasser bei Raumtemperatur). Es entsteht (rotes) *Bromwasser,* dessen Br an Licht unter Sauerstoffentwicklung zu Bromid reduziert wird:

$$2\,Br_2 + 2\,H_2O \rightarrow 4\,H^+ + 4\,Br^- + O_2.$$

In vielen organischen Lösungsmitteln (z. B. CCl_4, CS_2) ist Brom gut löslich. Br und Cl mischen sich in jedem Verhältnis.

Brom ist chemisch nicht so aktiv wie Chlor; es ist nur ein mittelstarkes Oxidationsmittel. In feuchter Umgebung reagiert es mit den meisten Metallen (Ausnahme: Ta). Trockenes Br reagiert sehr viel langsamer.

Br reduziert Ammoniak zu Stickstoff:

$$3\,Br_2 + 8\,NH_3 \rightarrow 6\,NH_4Br + N_2$$
$$\Delta H = -879{,}2\ \text{kJ}.$$

Mit organischen Molekülen reagiert Br durch Addition an Mehrfachbindungen (*Bromierung*), z. B.:

$$H_2C = CH_2 + Br_2 \rightarrow BrCH_2 - CH_2Br.$$

Toxikologie. Brom ruft auf der Haut schwere Verätzungen hervor. Eingeatmet reizen bereits die geringsten Konzentrationen. Schon in der Verdünnung 1:1000 wirkt Br tödlich. Br-Verbindungen sind noch giftiger als die entsprechenden des Chlors. Methylbromid CH_3Br ist ein Nervengift; tödliche Konzentration: 0,035 %.

Nachweis durch quantitatives Ausfällen als Silberbromid und anschließende gravimetrische Bestimmung.

Vorkommen: Der Anteil des Br an der Erdrinde beträgt 0,0006 Gewichtsprozent; das Meer enthält die größten Vorräte. Im Gestein kommt Br meist zusammen mit Cl vor.

Br ist Bestandteil des Farbstoffs der Purpurschnecke.

	Gehalt an Br in kg/m^3
Gestein	0,001
Meerwasser	0,0065
Ssassyksee (Schwarzes Meer)	0,28
Searles Lake (USA)	0,85
Sebhka el Melch (Tunesien)	2,5
Totes Meer	4–6
Wasser aus Ölquellen	4
Steinsalz	5–40

Brommineralien sind selten; sie sind meist mit Silbererzen vergesellschaftet: Bromargyrit AgBr, Embolit Ag(Br,Cl), Iodembolit Ag(Br,I).

Gewinnung vorwiegend aus bromhaltigen Laugen der Kaliindustrie, aus Meerwasser oder Salzseen. Die Ausgangssubstanzen weisen stets einen sehr großen Cl-Gehalt auf.

Das vorwiegend eingesetzte *Heißentbromungsverfahren* wurde 1906 von Kubierschki entwickelt: Im Bromturm werden Dampf und Chlor der heißen Lauge oder Sole entgegengeführt. Das Chlor oxidiert das Bromid, Bromgas entweicht:

$$MgBr_2 + Cl_2 \rightarrow MgCl_2 + Br_2.$$

Anschließend Kondensation, Reinigung und Destillation. Zum Schluß wird das Brom in einer Entwässerungsanlage getrocknet.

Mit Schwefelsäure und Chlor versetztes Meerwasser strömt beim *Kaltentbromungsverfahren* in Ausblastürmen gegen Luft. Brom und Chlor werden dabei ausgeblasen, Br anschließend mit Sodalösung gewaschen und aus der Lösung mit Schwefelsäure und Dampf freigesetzt.

Darstellung im Labor durch Einwirken von Schwefelsäure und Braunstein auf Kaliumbromid KBr. Handelsübliches Br ist mit Wasser gesättigt (≈ 0,07 %) und enthält stets Spuren von HBr. Transport in emaillierten oder verbleiten Behältern.

Verwendung: 80 % der Produktion dienen der Herstellung von 1,2-Dibromethan, einem Kraftstoffzusatz, der Bleioxidablagerungen an den Ventilen verhindert. Steigende Bedeutung als Flammschutzmittel für Kunststoffe. Schädlingsbekämpfung, Desinfizieren von Schwimmbädern, Arzneimittel, Farben, Feuerlöschmittel, Photoindustrie (AgBr).

Wichtige **Verbindungen**

Bromwasserstoff HBr ist ein farbloses, an feuchter Luft rauchendes, schleimhautreizendes Gas (ϱ = 0,00364 g/cm^3, Smp.: −86,9 °C, Sdp.: −66,8 °C). Gewinnung aus den Elementen bei 500 °C

$$H_2 + Br_2 \rightarrow 2\,HBr \qquad \Delta H = -103\ \text{kJ}$$

oder als Nebenprodukt bei der Bromierung. Gehandelt wird HBr in Druckflaschen als 33 %-Lösung in Eisessig. Verwendung als Katalysator und zur Herstellung von Bromiden.

Bromwasserstoffsäure ist die wäßrige Lösung von HBr. Maximale Löslichkeit: 612 l HBr in 1 l H_2O. Die farblose Lösung wird an Luft gelb. Eine der stärksten Säuren; ihre Salze heißen Bromide.

Kaliumbromid KBr bildet farblose, wasserlösliche, kubische Kristalle. Herstellung aus HBr und KOH-Lösung. Verwendung als Verzögerer bei der photograph. Entwicklung und als Sedativum in der Medizin (nur noch selten).

1,2-Dibromethan $BrCH_2–CH_2Br$ (ϱ = 1,539 g/cm^3. Smp.: 9,9 °C, Sdp.: 131,7 °C) wirkt schleimhautreizend und in höheren Konzentrationen narkotisch. Herstellung durch Anlagerung von Brom und Ethylen an zwei verschiedenen Stellen in Dibromethan. Verwendung im Gemisch mit Bleitetraethyl oder Methyl-Ethyl-Bleiverbindungen als Antiklopfmittel für Kraftstoffe.

Flammschutzmittel auf Brombasis (z. B. Hexabrombenzol, Hexabromcyclododecan) werden Kunststoffen zugesetzt. Sie werden dadurch schwerentflammbar oder selbstlöschend.

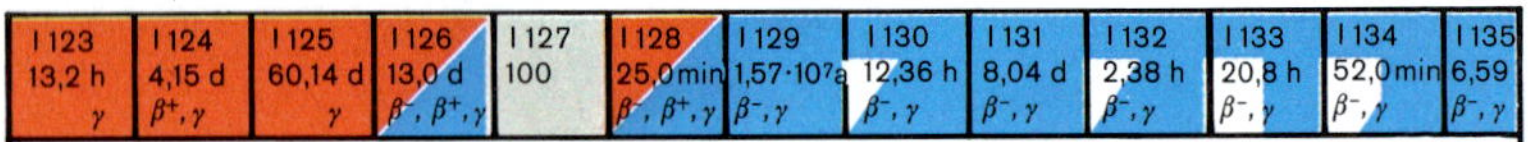

Die wichtigsten Nuklide des Iods

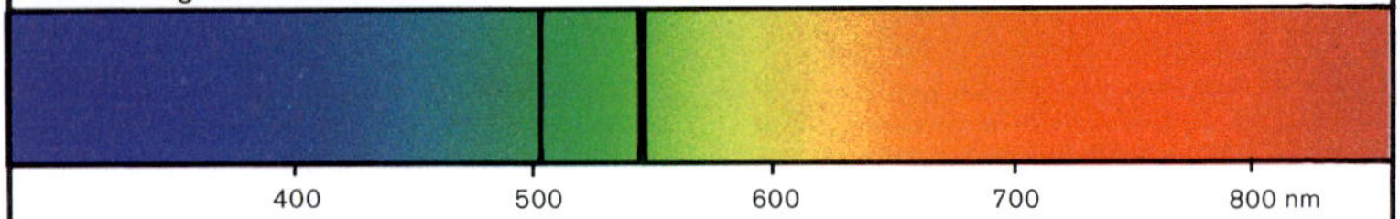

Die Hauptlinien des Iods

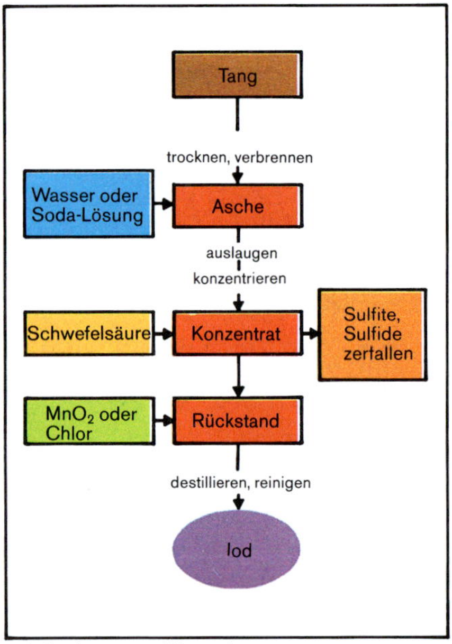

Iod-Gewinnung aus Meeresalgen

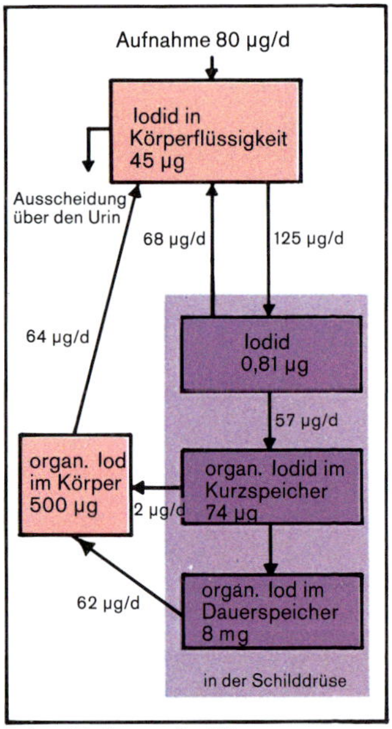

Iod und Iodumsatz im Körper

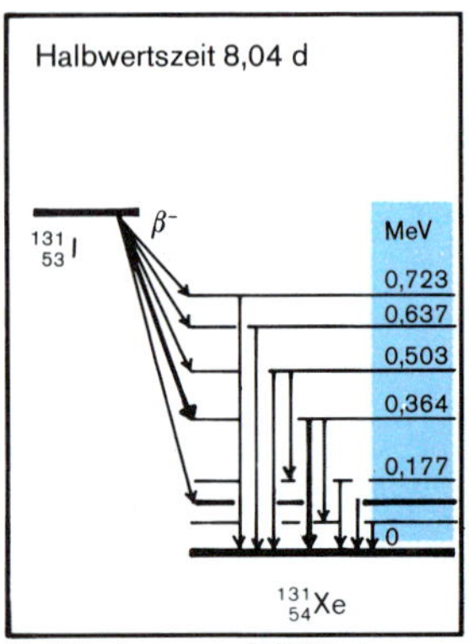

Zerfallsschema von $[^{131}I]$Iod

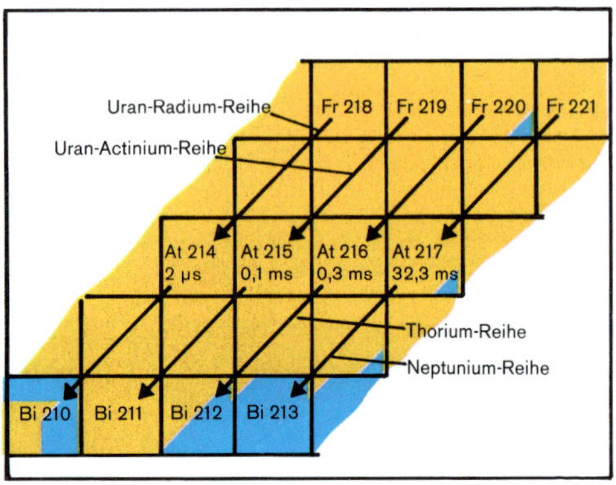

Astat als kurzlebiges α-Zerfallsprodukt der radioaktiven Familien

Iod (Elementsymbol: I), **Jod,** ist das 4. Element der 7. Hauptgruppe des Periodensystems. Der Name ist abgeleitet von griech. ioeides = veilchenfarben. B. COURTOIS entdeckte Iod 1811 beim Verarbeiten von Seetang, doch erst J. L. GAY-LUSSAC identifizierte 1814 die violetten Kristalle als ein noch unbekanntes Element. Mitte des 19. Jahrhunderts gewann Iod große Bedeutung als Reagenz zur Darstellung neuer Verbindungen.

Eigenschaften: Iod bildet violett-schwarze, schuppige, metallisch glänzende Kristalle. Im flüssigen Zustand ist Iod braun. Die rel. Atommasse ist 126,9045. Es gibt nur ein stabiles Isotop: ^{127}I. Die Halbwertszeiten der 37 instabilen Isotope liegen zwischen 0,1 ms und $1{,}57 \cdot 10^7$ a (^{129}I).

Die Elektronenkonfiguration ist [Kr] $(4d)^{10}(5s)^2(5p)^5$, die Oxidationszahlen sind −1, +1, +5 und (seltener) +3 und +7.

Im Gegensatz zu F und Br bildet I leicht Koordinationsverbindungen (Koordinationszahlen: 6, 7).

Iod ist chemisch weniger aktiv als Cl und Br; es ist ein mildes Oxidationsmittel. Mit Ausnahme der Edelgase sowie S und Se geht es mit allen Elementen Verbindungen ein. Mg-Metall ist gegen Iod bis 600 °C beständig. Iod sublimiert merklich bereits bei Raumtemperatur. Die Wasserlöslichkeit ist gering (nur 0,35 % bei Raumtemperatur). Organische Flüssigkeiten lösen Iod sehr viel besser, z. B. Ethylen: 33,7 %, Ethylalkohol: 27,2 %, Carbondisulfid: 19,7 %, Benzol: 16,4 %.

Iodwasser:

$I_2 + 2\,H_2O \rightarrow HIO + H_3O^+ + I^-$.

Der Iodgehalt hängt vom pH-Wert ab: Bei pH = 5 ist er 99 %, für pH = 8 sinkt er auf 12 %. Die Hypoiodsäure im Iodwasser dissoziiert in H^+-Ionen und IO^--Hypoiodit-Ionen. Es ist ein Desinfektionsmittel.

Iod ist ein wichtiges *Spurenelement.* Der Mensch braucht täglich für die Synthese des Schilddrüsenhormons eine Zufuhr von etwa 0,2 mg. Seit 1819 ist bekannt, daß Iodmangel zur Kropfbildung führt. In manchen iodarmen Gegenden wird dem Trinkwasser Iod zugegeben.

Nachweis durch Blaufärbung bei der Iodstärkereaktion. In kleinen Mengen ist die Blaufärbung quantitativ, so daß der Iodgehalt colorimetrisch bestimmt werden kann. Die Reaktion ist reversibel bei vorsichtigem Erwärmen.

Vorkommen: Der Anteil an der Erdrinde beträgt $6{,}1 \cdot 10^{-6}$ Gewichtsprozent. I tritt nicht elementar auf. In geringen Konzentrationen ist es weit verbreitet. Mineralquellen enthalten bis zu 70 mg Iod pro l. Braunalgen, Schwämme, Austern und Fische reichern Iod selektiv aus dem Meerwasser an, bei der Braunalge bis zu 0,45 % der Trockensubstanz. Die Schilddrüse des Menschen speichert Iodverbindungen.

Wichtige *Iodmineralien* sind Lautarit $Ca(IO_3)_2$ und Dietzeit $7\,Ca(IO_3)_2 \cdot 8\,CaCrO_4$; das letztere ist Bestandteil des Chilesalpeters (bis zu 0,3 %). Die Weltvorräte betragen etwa 3 Millionen t, davon 1 Million t im Chilesalpeter.

Gewinnung als Nebenbestandteile (Iodate) aus Chilesalpeter. Ebenfalls aus Wasser und Solen, zum Teil aus Erdöl- und Erdgaslagerstätten: Die heiße Lake wird mit Salzsäure angesäuert und das Iod mit Chlor freigesetzt.

Die Extraktion aus Algenasche ist die älteste Methode; sie hat heute noch lokale Bedeutung. Anteil an der Gesamtproduktion: 2 %.

Die Weltproduktion liegt bei 14000 t/a; Chile ist der Haupterzeuger.

Verwendung: Katalysator in der Gummiherstellung, Stabilisator für Kunststoffe, in Farben und Pharmazeutika, zur Desinfektion und in der Photographie. [^{131}I]Iod dient der radioaktiven Markierung bei Schilddrüsenuntersuchungen und in der Schilddrüsen-Therapie. Iod und seine Salze sind Desinfektionsmittel für Schwimmbäder und Trinkwasser.

Iodtinktur ist eine braune 7 %-Iod-Lösung in Alkohol (+ 3 % KI). Es ist eines der ältesten Desinfektionsmittel.

Die Iodzahl spielt in der org. Chemie eine Rolle:

Iodzahl ist diejenige Menge Halogen in g Iod, die unter festgelegten Bedingungen (DIN 53241) an 100 g der Probe angelagert sind. Die Iodzahl kennzeichnet den Gehalt an ungesättigten Fettsäuren in der Probe.

Iodtabletten (KI) sollen bei Einnahme nach Reaktorunfällen die Inkorporation von radioaktivem Iod verhindern.

Wichtige **Verbindungen**

Kaliumiodid KI bildet farblose, wasser- und alkohollösliche, würfelförmige Kristalle. Es ist die wichtigste Iodverbindung. Herstellung aus Iod, Wasser, Eisenspänen und Kaliumcarbonat.

Iodwasserstoff HI ist ein farbloses, stechend riechendes, an feuchter Luft rauchendes Gas (Smp.: −50,9 °C, Sdp.: −35,4 °C). Herstellung aus Ioddampf und H_2 bei 500 °C über Platinasbest. Die wäßrige Lösung ist braun und wird als 43 %ige Säure gehandelt.

Iodoform (Triiodmethan) CHI_3 bildet gelbe, hexagonale Tafeln von durchdringendem, süßlichem Geruch. Es ist schwerlöslich in Wasser, löslich in Alkohol. Herstellung durch Elektrolyse wäßrig-alkoholischer Lösungen von Alkaliiodiden in Gegenwart von Alkalicarbonaten. Wegen der Vergiftungsmöglichkeiten dient Iodoform nicht mehr als Desinfektionsmittel.

Astat (Elementsymbol: At) ist das 5. und letzte Element der 7. Hauptgruppe des Periodensystems. Der Name ist abgeleitet von griech. astatos = unbeständig. D. R. CORSON, K. R. MACKENSIE und E. SEGRÉ synthetisierten 1940 das Element durch Bestrahlen von Bismut mit α-Teilchen:

$^{209}Bi(\alpha, 2n)^{211}At$.

In der Natur kommt At als kurzlebiges Zwischenprodukt der radioaktiven Zerfallsreihen vor. Alle 39 Isotope des At sind instabil; die Halbwertszeiten liegen zwischen 0,12 µs und 8,3 h (^{210}At). Die Gesamtmenge in der Erdrinde ist geringer als 30 g.

At ist fest, der metallische Charakter ist stärker ausgeprägt als der des Iod. Wie überhaupt die Eigenschaften des Astat sich kontinuierlich aus denen der anderen Halogene ergeben.

Eine praktische Verwendung hat Astat bisher nicht.

Cu 57	0,18 s	β^+
Cu 58	3,2 s	β^+, γ
Cu 59	81 s	β^+, γ
Cu 60	23 min	β^+, γ
Cu 61	3,3 h	β^+, γ
Cu 62	9,76 min	β^+
Cu 63	69,1	
Cu 64	12,7 h	β^-, β^+
Cu 65	30,9	
Cu 66	5,1 min	β^-, γ
Cu 67	61,9 h	β^-, γ
Cu 68	30 s	β^-, γ
Cu 6	3,0	β^-, γ

Die wichtigsten Nuklide des Kupfers

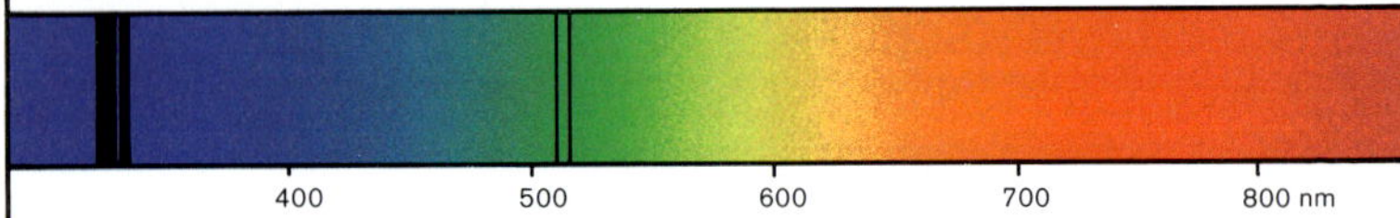

Die Hauptlinien des Kupfers

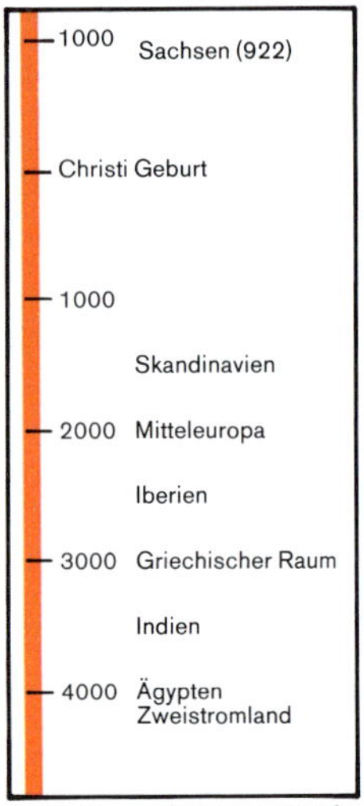

Erste Verwendung von Kupfer in der Alten Welt

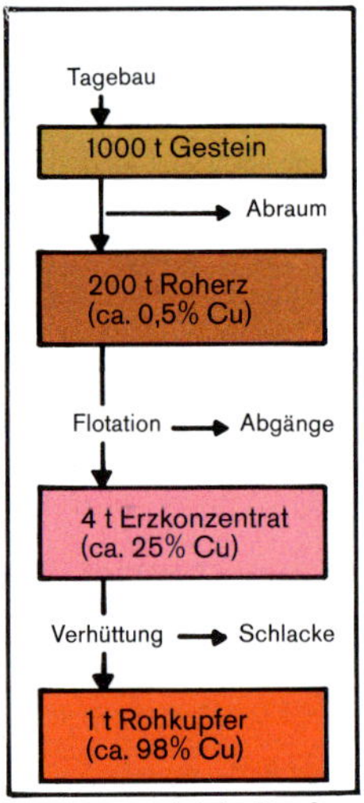

Anreicherung bei der Kupfergewinnung (Durchschnitt)

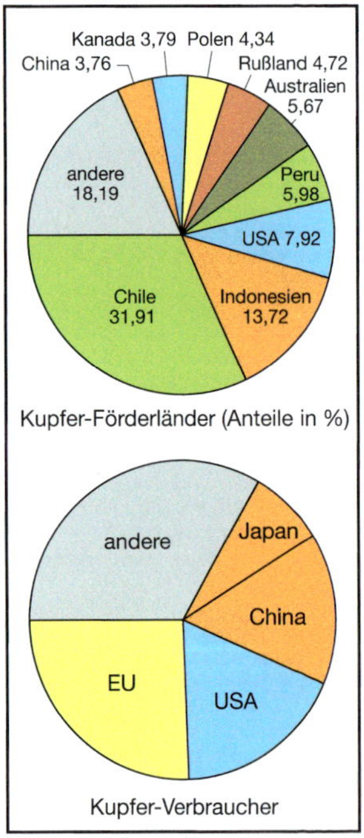

Weltkupferwirtschaft

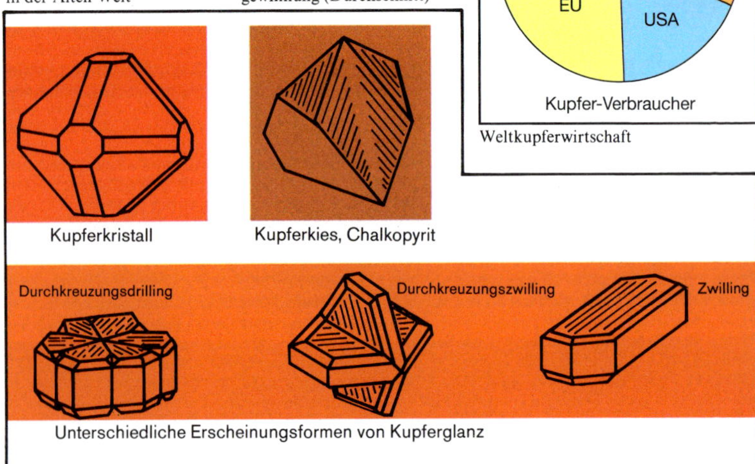

Einige Kupfermineralien

Die **Kupfergruppe** ist die 1. Nebengruppe des Periodensystems. Sie umfaßt die drei Münzmetalle Kupfer (Cu), Silber (Ag) und Gold (Au) sowie Roentgenium (Rg). Das Mengenverhältnis dieser Elemente in der Natur ist 1000:20:1:0.
Im folgenden werden ausschließlich die Eigenschaften der ersten drei Gruppenelemente, also Cu, Ag und Au, betrachtet, denn das lediglich synthetisierte Roentgenium liegt nur in wenigen Atomen vor. Wegen des sehr viel höheren Ionisierungspotentials für die 1. Ionisierungsstufe unterscheiden sich die ersten drei Elemente dieser Gruppe deutlich von denen der benachbarten Gruppen: Es sind edle Metalle, hochschmelzend, kommen gediegen vor, haben relativ kleine Atomradien, mit *Z* sinkende Reaktionsfähigkeit, bilden überwiegend wasserunlösliche Verbindungen und zeigen große Neigung zur Komplexbildung. Cu, Ag und Au sind untereinander unbegrenzt mischbar.

Physikalische Eigenschaften

	Cu	Ag	Au
Protonenzahl	29	47	79
Dichte in g/cm³	8,96	10,50	19,32
Schmelzpunkt in °C	1083,4	961,93	1064,43
Siedepunkt in °C	2595	2212	3080
Atomradius im Metallgitter in nm	0,1278	0,1445	0,1442
1. Ionisierungspotential in eV	7,724	7,574	9,223
spez. elektr. Widerstand bei 0 °C in $10^{-8} \Omega \cdot m$	1,67	1,49	2,06

Kupfer (Elementsymbol: Cu) ist das 1. Element der 1. Nebengruppe des Periodensystems. Der Name ist abgeleitet von lat. cuprum = Kupfer; eine Bezeichnung, die zurückgeht auf »aes cyprium« = Erz aus Zypern. Gediegenes Kupfer war bereits vor 5000 Jahren in Südanatolien in Gebrauch. Etwa 4500 v. Chr. entstanden Kupferbergwerke im Sinai. In Mitteleuropa begann der Kupferbergbau 922 n. Chr. in Frankenberg (Sachsen). Das erste Kupfer-Monopol errichteten um 1500 die Fugger. Heute ist Kupfer eines der wichtigsten Gebrauchsmetalle. Wegen der außerordentlichen Preissteigerungen wird versucht, es durch andere Werkstoffe zu ersetzen.
Eigenschaften: Cu ist ein hellrotes, relativ weiches, zähes, dehnbares Schwermetall, das in kubisch dichtester Kugelpackung (Cu-Typ) kristallisiert. Neben Gold ist es das einzige farbige Metall.
Die Elektronenkonfiguration ist [Ar] $(3d)^{10}(4s)^1$. Durch Abgabe des einzelnen s-Elektrons bildet sich das Kupfer(I)-Ion mit abgeschlossener M-Schale (18 Elektronen). Von der alternativen Elektronenkonfiguration [Ar] $(3d)^9(4s)^2$ leitet sich das Kupfer(II)-Ion ab. Die rel. Atommasse ist 63,546; es gibt zwei stabile Cu-Isotope: ^{63}Cu und ^{65}Cu. Die Halbwertszeiten der 12 instabilen Cu-Isotope liegen zwischen 0,18 s (^{57}Cu) und 61,9 h (^{67}Cu).

An der Luft oxidiert die Metalloberfläche langsam zu rotem Cu_2O, das eine weitergehende Oxidierung verhindert.
Patina ist eine festhaftende grüne, passivierende Schutzschicht. Sie besteht in Städten aus basischem Kupfercarbonat $CuCO_3 \cdot Cu(OH)_2$ (CO_2-Gehalt der Luft), in Industrienähe aus basischem Kupfersulfat $CuSO_4 \cdot Cu(OH)_2$ (SO_2-Gehalt der Abgase) oder in Meeresnähe aus basischem Kupferchlorid $CuCl_2 \cdot 3\,Cu(OH)_2$ (Cl^--haltiger Sprühnebel).
Die elektrische und thermische Leitfähigkeit ist die größte nach Silber. Bereits geringe Verunreinigungen erhöhen jedoch den Widerstand erheblich. Das Kupferion ist vorwiegend ein ein- oder zweifach geladenes Kation; die Oxidationszahlen +3 und +4 sind ebenfalls bekannt. Das erste Ionisierungspotential ist relativ hoch; Cu gilt als Halbedelmetall.
Cu bildet leicht Komplexe, z. B. $Cu(NH_3)_2^+$, $Cu(CN)_2^-$.
Geschmolzenes Cu löst H_2 und O_2 gut; Wasserdampf, N_2, CO und CO_2 sind dagegen unlöslich in Cu.
Das Metall wird direkt nur von oxidierenden Säuren (Salpetersäure, heiße konzentrierte Schwefelsäure) angegriffen:

$$3\,Cu + 8\,HNO_3 \rightarrow 3\,Cu(NO_3)_2 + 4\,H_2O + 2\,NO$$
$$Cu + 2\,H_2SO_4 \rightarrow CuSO_4 + 2\,H_2O + SO_2.$$

In Gegenwart von O_2 reagieren auch andere Säuren mit Cu. Schwefelhaltige Substanzen korrodieren Cu.
Aus seinen Salzlösungen wird Cu durch unedle Metalle (z. B. Fe, Mg) abgeschieden; dieser Vorgang heißt *Zementation:*

$$Cu^{++} + Fe \rightarrow Cu + Fe^{++}.$$

Es entsteht *Zementkupfer.*
Kupfer ist ein wichtiges *Spurenelement* für Pflanzen und Lebewesen. Bekannte Mangelerscheinungen bei Pflanzen: Heidemoorkrankheit des Getreides. Der menschliche Körper enthält etwa 150 mg Cu; sein Tagesbedarf liegt bei 2 mg. Cu ist für den Menschen recht verträglich. Vergiftungen sind selten, da größere Mengen Brechwirkung zeigen (Brechmittel: 5%ige Kupfersulfat-Lösung). Cu^{++}-Ionen sind ein starkes Gift für Mikrolebewesen (z. B. Bakterien, Algen, Kleinpilze).
Nachweis: Qualitativ durch die intensive grüne Flammenfärbung. Quantitativer Nachweis durch Ausfällen mit H_2S. Der schwarze Sulfid-Niederschlag wird an Luft geglüht und anschließend das Cu(II)-oxid gewichtsanalytisch bestimmt.
Vorkommen: Der Anteil an der Erdrinde beträgt etwa 0,005 Gewichtsprozent. Cu tritt auch gediegen auf, häufig in großen Brocken: Rekordfund in Michigan (USA): 420 t. Die wichtigsten Kupfererze sind Sulfide, Oxide und Carbonate. Die meist vorhandenen Begleitmetalle (z. B. Fe, Ni, Pb, Ag, Au) sind wesentlich für die Wirtschaftlichkeit der Kupfergewinnung.
Wichtige *Kupfermineralien* sind Kupferkies (Chalkopyrit) $CuFeS_2$, Buntkupfererz (Bornit) Cu_3FeS_3, Cubanit $CuFe_2S_3$, Kupferglanz (Chalkosin) Cu_2S, Rotkupfererz (Cuprit) Cu_2O, Malachit $Cu_2(OH)_2(CO_3)$ und Kupferlasur (Azurit) $Cu_3(OH)_2(CO_3)_2$.
Die Hauptvorkommen liegen in den USA, Kanada, Rußland, Chile, Peru, Papua-Neuguinea, Australien und Sambia. Das wichtigste Vorkommen in Deutschland (Mansfelder Kupferschiefer) ist mittlerweile erschöpft. Die weltweiten Kupferreserven werden auf 474 Mill. t geschätzt.

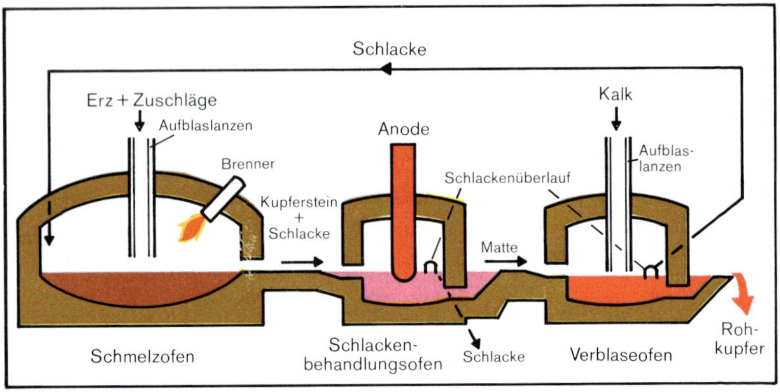

Mitsubishi-Verfahren der kontinuierlichen Kupferverhüttung

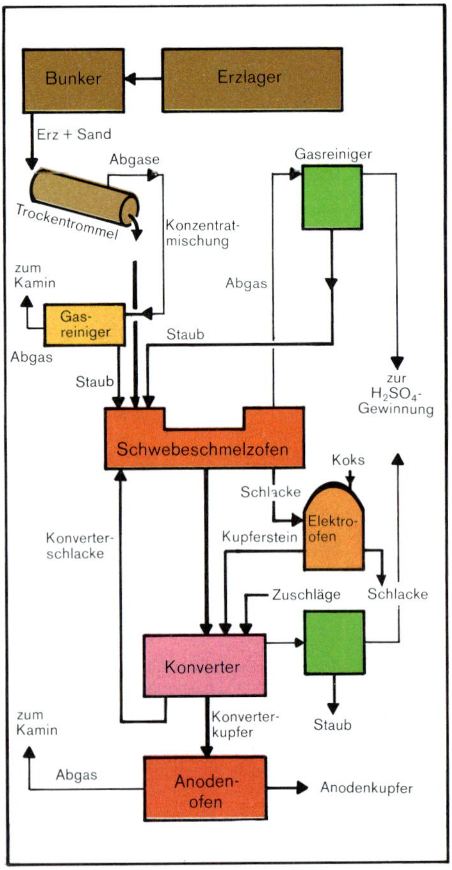

Verfahrensschema einer modernen Kupferhütte mit Schwebeschmelzprozeß

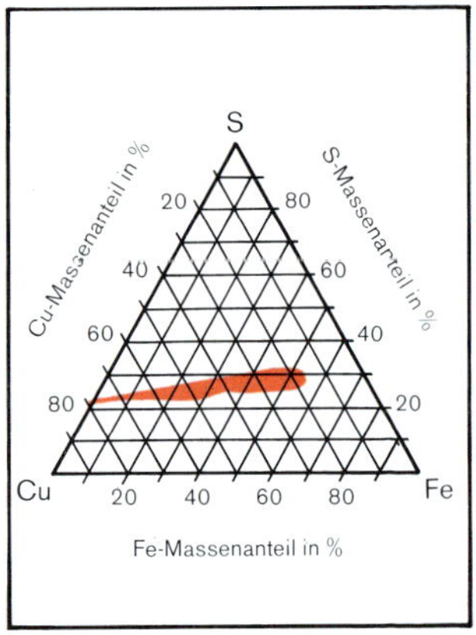

Bereich der Kupfersteine (Matten)

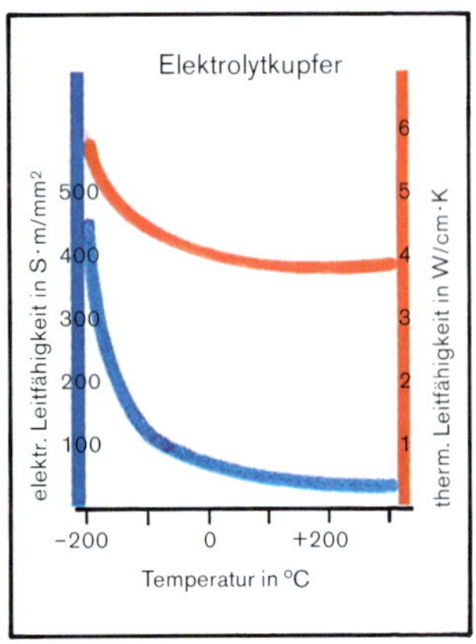

Thermische und elektrische Eigenschaften

Gewinnung: Die meisten der heute verarbeiteten Erze enthalten im Durchschnitt nur 1 % Cu; sie werden daher zuerst angereichert, vorwiegend durch Flotation. Rund 40 % des gewonnenen Kupfers entfällt bereits auf die Rückgewinnung aus Altkupfer und Abfällen. Die Art der Kupferverhüttung richtet sich nach dem Ausgangsmaterial und dem Standort. Wirtschaftlichkeit – vor allem Energieeinsparung –, Umweltfreundlichkeit und Betriebssicherheit sind wesentliche Kriterien.

Das Hauptproblem bei der Kupfergewinnung ist der Schwefel, denn im Mittel fällt für jede Tonne Kupfer mindestens eine Tonne Schwefel in Form von Sulfid-Konzentraten an. 80 % des Primärkupfers stammt aus armen Sulfiderzen, die folgende Verarbeitungsgänge bis zum *Kupferstein* ($Cu_2S + FeS$) erfordern: Aufbereitung, Röstung, Schmelzmetallurgie:

Aufbereitung (physikalisch vorbereitender Prozeß) kommt in erster Linie für arme sulfidische Erze in Frage, gewinnt aber auch zunehmende Bedeutung für oxidische Kupfererze. Die Aufbereitung erfolgt praktisch nur noch durch Flotation in der Nähe des Bergwerks. Die Flotation erfüllt zweierlei Aufgaben: Anreicherung der Kupfersulfide in einem feinkörnigen Flotationskonzentrat oder, bei komplexeren Erzen, Trennung in verschiedene Fraktionen mit selektiv angereicherten Metallgehalten. Arbeitsablauf: Grobzerkleinerung, Grobklassierung (durch Siebe), Feinzerkleinerung, Feinklassierung (durch Hydrozyklone), Hauptsortierung (durch Vor-Flotation in Konzentrat und Abgänge), Nachsortierung des Konzentrats (durch Reinigungs-Flotation) und Nachsortierung der Abgänge (durch Nach-Flotation). Sedimentation oder Filtration trennen die flüssigen und festen Phasen. Die Korngrößenverteilung liegt zwischen 0,25 und 0,01 mm. Der Kupfergehalt des getrockneten Konzentrats beträgt meist 20–30 %; das entspricht einer Anreicherung auf etwa das Fünfzigfache.

Röstung (chemisch vorbereitender Prozeß) in Röstöfen. Neuere Anlagen sind fast ausschließlich Wirbelschichtreaktoren, in denen die Partikel nur wenige Sekunden verweilen. Sie liefern ein pulverförmiges Röstgut. Wegen der großen Anzahl der beteiligten Elemente und der vielfältigen Reaktionsmöglichkeiten bleibt der Gesamtröstprozeß unübersichtlich. Im wesentlichen werden die Erze zwischen 500 °C und 900 °C ganz oder teilweise abgeröstet:

$$2\,CuFeS_2 + O_2 \rightarrow Cu_2S + 2\,FeS + SO_2$$
$$FeS_2 + O_2 \rightarrow FeS + SO_2.$$

Bei den exothermen Hauptreaktionen verbrennt der Schwefel zu SO_2, und die Sulfide verbrennen zu Oxiden:

$$2\,Cu_2S + 3\,O_2 \rightarrow 2\,Cu_2O + 2\,SO_2 \qquad \Delta H = -769\ \text{kJ}.$$

Die Röstgase enthalten vor allem SO_2, aus dem als Nebenprodukt in Kontaktanlagen Schwefelsäure gewonnen wird.

Die *Schmelzmetallurgie* trennt eine leichtere oxidische Phase (Schlacken der Dichte 3–4 g/cm^3) von einer schwereren sulfidischen Phase (*Kupferstein, Matte* der Dichte 4–6 g/cm^3):

Bildung der Matte:

$$Cu_2O + FeS \rightarrow Cu_2S + FeO$$

Bildung der Schlacke:

$$2\,FeO + SiO_2 \rightarrow Fe_2SiO_4.$$

Das Schmelzen erfolgt in Schacht-, Flamm- oder Elektroöfen. In neuerer Zeit setzt sich das autogene Schwebschmelzen durch.

Im *autogenen Suspensions-Schmelzverfahren* reagiert das feinverteilte Material unter Ausnutzung der Reaktionswärme.

Die Schlacke fließt aus dem flüssigen Gemisch oben ab; sie wird zu sehr hartem Schotter und zu Pflastersteinen verarbeitet. Der Kupferstein wird am Boden des Ofens abgestochen.

In einem Konverter wird die gewonnene Matte bei rund 1000 °C durch Einblasen von Luft und Zuschlag von Quarzsand zuerst von Eisensulfid und -oxid befreit *(Verblaserrösten).*

$$2\,FeS + 3\,O_2 \rightarrow 2\,FeO + 2\,SO_2 \qquad \Delta H = -938\ \text{kJ}.$$
$$2\,FeO + SiO_2 \rightarrow Fe_2SiO_4 \qquad \Delta H = +5{,}9\ \text{kJ}.$$

Anschließend entsteht *Rohkupfer* über Zwischenstufen entsprechend der Summenreaktion:

$$3\,Cu_2S + 3\,O_2 \rightarrow 6\,Cu + 3\,SO_2 \qquad \Delta H = -653\ \text{kJ}.$$

Das Rohkupfer enthält 94–97 % Cu; die Beimengungen umfassen auch die Edelmetalle.

Die diskontinuierliche Kupferverhüttung wird stellenweise bereits durch kontinuierliche Methoden (Rösten, Matte-Schmelzen und Verblaserrösten) abgelöst, z. B. im *Mitsubishi-Verfahren.*

Die Reinigung des Rohkupfers erfolgt zweistufig: Raffinationsschmelzen und anschließende elektrolytische Raffination.

Beim *Raffinationsschmelzen* (Feuerraffination) reagiert Rohkupfer in Flammöfen mit schlackenbildenden Zuschlägen. Zn, Pb, As und Sb entweichen, Fe und Ni verschlacken. Noch vorhandenes Cu_2O wird mit Kohle reduziert. Das entstehende *Garkupfer* ist 99 % rein und enthält noch die Edelmetalle.

Zur *elektrolytischen Raffination* (s. S. 56) hängt das Garkupfer als große Anodenplatte (90 cm · 70 cm · 4 cm) in schwefelsaurer Kupfersulfatlösung. Feinkupferbleche dienen als Kathode. Bei Stromfluß (Stromdichte bis 300 A/m^2, Badspannung bis 0,3 V, Verbrauch etwa 0,2 kWh pro kg Elektrolytkupfer) geht Kupfer an der Anode in Lösung. An der Kathode schlägt sich reines Cu nieder. Ein Teil der unedlen Beimengungen bleibt in Lösung, die anderen sammeln sich im Anodenschlamm (rund 1 % des Anodengewichts). Elektrolytkupfer ist bis zu 99,99 % rein. 80 % des Primärkupfers ist Elektrolytkupfer.

Die Weltproduktion an Kupfer beträgt ca. 14 Mill. t/a.

Die führenden Kupferproduzenten sind Chile, die USA, Indonesien, Australien und Peru.

Verwendung: Mehr als 50 % der Kupfererzeugung verbrauchen Elektrotechnik und Elektronik als Leitungsmaterial. Wegen des hohen Preises tritt mehr und mehr Ersatzmaterial wie z. B. Aluminium an seine Stelle. Nur 2 % dienen zur Herstellung von Kupferverbindungen, vorwiegend Kupfersulfat. Der Rest des erzeugten Kupfers wird zu Legierungen für Rohre, Apparaturen, Installationsmaterial, Münzen, Galvanotechnik und Munition verarbeitet.

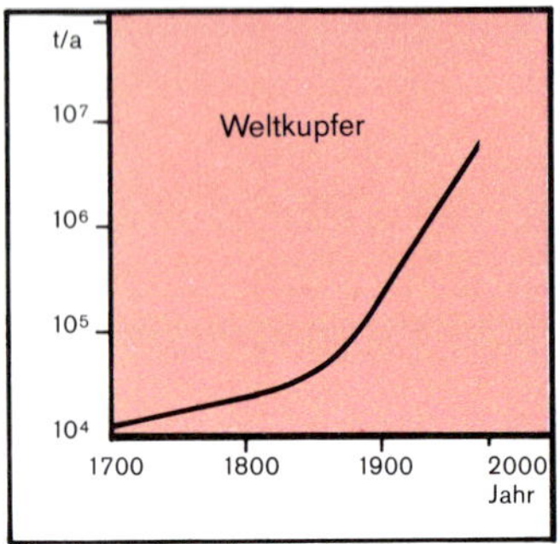

Kupferinhalt der Weltförderung

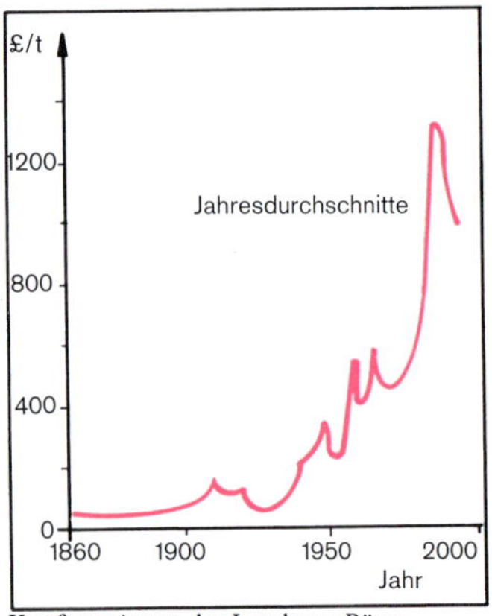

Kupferpreise an der Londoner Börse

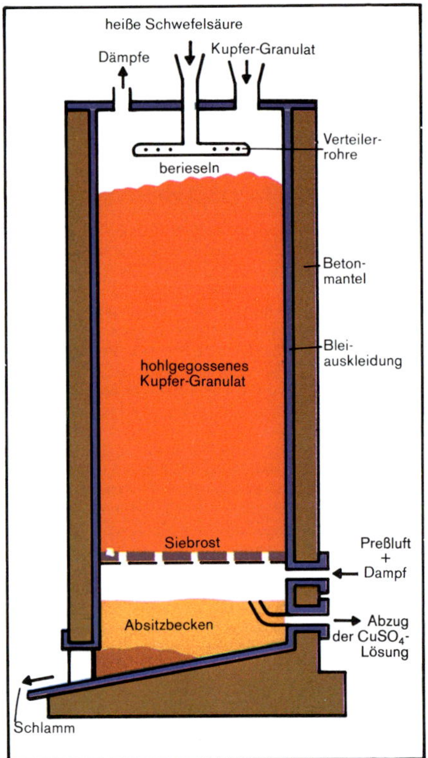

Herstellung von Kupfersulfat im Oker-Turm

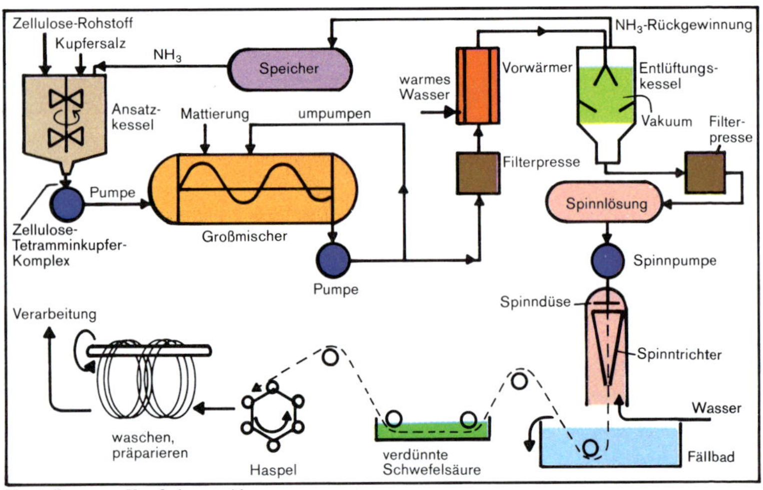

Herstellung von Kupferkunstseide

Bedeutende **Kupferlegierungen:**

Name	Bestandteile
Rotmessing (Tombak)	bis 20 % Zn
Gelbmessing	20–40 % Zn
Weißmessing	80 % Zn
Phosphorbronze (Kanonenbronze)	7 % Sn, 0,5 % P
Siliciumbronze	1–2 % Si
Glockenbronze	20–25 % Sn
Aluminiumbronze	5–12 % Al
Lagermetall	15 % Pb, 7 % Sn
Konstantan	40 % Ni
Neusilber (Alpaka)	20 % Ni, 20 % Zn
Monelmetall	65–70 % Ni

Wichtige **Verbindungen**

Kupfer(II)-sulfat $CuSO_4$ ist in seiner Pentahydratform $CuSO_4 \cdot 5\,H_2O$, *Kupfervitriol,* das technisch wichtigste Kupfersalz. Es bildet wasserlösliche, lasurblaue, trikline Kristalle ($\varrho = 2{,}284$ g/cm^3) und kommt in der Natur als Chalkanthit vor. $CuSO_4 \cdot 5\,H_2O$ ist fast unlöslich in Ethanol und schwerlöslich in Methanol. Die wäßrige Lösung reagiert sauer (pH < 4,2).

Beim Erwärmen gibt Kupfervitriol Wasser ab, oberhalb 200 °C wird es zu weißem, wasserfreiem $CuSO_4$. Herstellung entweder aus metallischen Vorstoffen (z. B. Zementkupfer, Altkupfer), Endlaugen der Kupfer-Elektrolyse oder aus Kupfer-Erzen, -Verbindungen und -Rückständen.

Oker-Verfahren: Lösen zu Kupfer-Granulat mit heißer verdünnter Schwefelsäure bei Luftzufuhr:

$$2\,Cu + O_2 + 2\,H_2SO_4 + 3\,H_2O \rightarrow 2\,CuSO_4 \cdot 5\,H_2O.$$

Je 1000 kg Endprodukt werden verbraucht:

265 kg Cu
410 kg H_2SO_4
600 m^3 Luft
800 kg Dampf
40 kWh.

Reinigung durch Dekantieren, Filtrieren und Kristallisieren.

Verwendung vorwiegend in der Landwirtschaft als in Kalkmilch oder Sodalösung gelöstes Fungizid, als Unkrautvertilger und zum Beizen von Saatgut. Weiterhin ist es Flotationsreagenz für zinksulfidhaltige Erze, dient in der Galvanotechnik zur Herstellung dicker Cu-Überzüge und zum Metallisieren von Kunststoffen. Es ist Ausgangssubstanz für eine Vielzahl von Farbstoffen.

Kupfer(I)-oxid Cu_2O bildet gelbe bis karminrote Kristalle (Smp.: 1229 °C; Sdp.: 1800 °C; $\varrho = 5{,}8$–$6{,}2$ g/cm^3); bei Erwärmung herrscht rot vor. In der Natur kommt Cu_2O als Rotkupfererz (Cuprit) und als Kupferblüte vor. Unlöslich in Wasser, disproportioniert Cu_2O in verdünnten Säuren zu metallischem Cu und Kupfer(II)-Salzen. Salzsäure bildet mit Cu_2O Kupfer(I)-chlorid. Cu_2O wird entweder thermisch (Oxidation von Cu an Luft bei 900 °C), chemisch (Fällen oder Umsetzen von Kupfer(I)-Verbindungen mit Alkali- oder Erdalkalihydroxiden) oder elektrolytisch (anodische Oxidation von Cu in Alkali- oder Erdalkalichlorid-Elektrolyten) hergestellt. Verwendung als Pigment für Antibewuchsanstriche bei Schiffen, in der Schädlingsbekämpfung und als Katalysator. Glasflüsse und Emaille werden durch Zusatz von etwa 0,25 % Cu_2O rot gefärbt (Aventurin-Glas).

Die *Fehlingsche Probe* dient zum Nachweis von reduzierenden Substanzen, insbesondere Zucker. Sie beruht auf der charakteristischen roten Farbe von gefälltem Cu_2O aus einem alkalischen Cu(II)-Komplex: Fehlingsche Lösung ist eine tiefblaue alkalische Komplexlösung von Kupfer(II)-sulfat und Seignettesalz $KNaC_4H_4O_6$. Zucker reduziert das zweiwertige Kupfer zu einwertigem:

$$2\,Cu^+ + 2\,OH^- \rightarrow Cu_2O + H_2O.$$

Die Fehlingsche Lösung wird vor der Zuckerprobe frisch angesetzt und zusammen mit der zu prüfenden Lösung kurz erhitzt. In Gegenwart von Zucker fällt aus der blauen Lösung rotes Cu_2O aus. Verwendung in erster Linie zum Nachweis von Zucker im Harn.

Kupfer(II)-oxid CuO bildet schwarze bis braunschwarze, wasserunlösliche Kristalle (Smp.: 1336 °C; $\varrho = 6{,}48$ g/cm^3). In der Natur kommt es als Tenorit vor. CuO löst sich gut in Säuren und Ammoniumcarbonat-Lösungen. In der Wärme reduzieren H_2, C, CO und organische Verbindungen CuO zu metallischem Cu.

Darstellung im Labor durch Erhitzen von feinverteiltem Cu an Luft bis zu 850 °C:

$$2\,Cu + O_2 \rightarrow 2\,CuO.$$

Technische Herstellung durch Umsetzen von Kupfer(II)-Verbindungen mit Alkali- oder Erdalkalihydroxiden. Das dabei gleichzeitig gebildete $Cu(OH)_2$ wandelt sich in der Hitze zu CuO um.

Verwendung als Ausgangsprodukt für andere Cu-Verbindungen, zur Schwarz-, Grün- und Blaufärbung von Glas und Email, als Katalysator, in optischen Gläsern, zum Entschwefeln von Erdöl und als Kupferdünger.

Kupfer(I)-chlorid CuCl bildet weiße, glänzende, wasserlösliche Kristalle (Smp.: 422 °C; Sdp.: 1367 °C; $\varrho = 4{,}14$ g/cm^3), löslich in konzentrierter Salzsäure und in Ammoniak. In der Natur kommt es als Nautokit vor. An trockner Luft ist CuCl beständig, bei Feuchtigkeit ist es lichtempfindlich und oxidiert unter Grünfärbung zum Oxichlorid:

$$4\,CuCl + O_2 + 2\,H_2O \rightarrow 4\,Cu(OH)Cl.$$

Gewinnung aus den Elementen oder als Nebenprodukt bei der Hydrometallurgie. Verwendung in gelöster Form zur Absorption von CO.

Kupferseide (Kupfer-Reyon) ist ein sehr feiner, seidenähnlicher Chemiefaserstoff. Herstellung: Gebleichte, flockenförmige Zellulose wird in Schweizers Reagenz (Ammoniakwasser + $Cu(OH)_2$) gelöst. Es bildet sich ein Zellulose-Tetraamminkupfer-Komplex. Die gereinigte Lösung wird durch Spinndüsen in das Fällbad aus heißem Wasser gedrückt. In verdünnter Schwefelsäure wird anschließend das $Cu(OH)_2$ aus dem Faden herausgelöst. Der aufgewickelte Faden läßt sich wie Baumwolle färben. Verwendung für Kleiderfutterstoffe, Unterwäsche und Strümpfe.

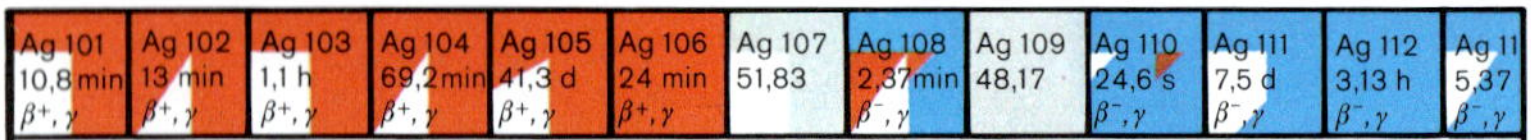

Die wichtigsten Nuklide des Silbers

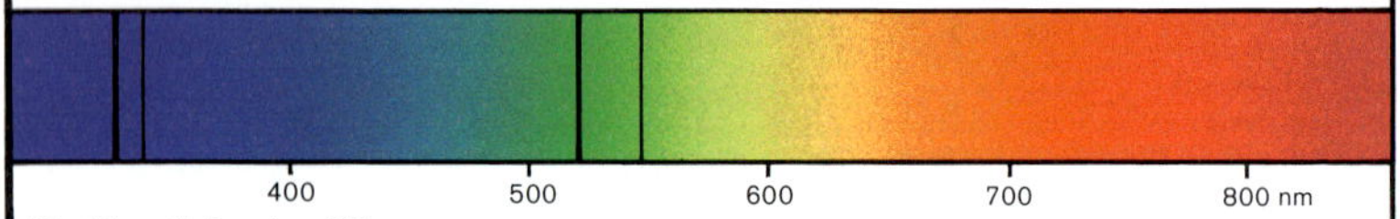

Die Hauptlinien des Silbers

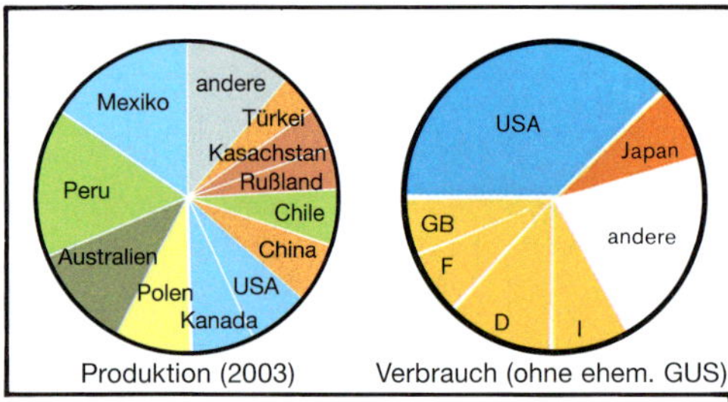

Weltwirtschaft des Silbers

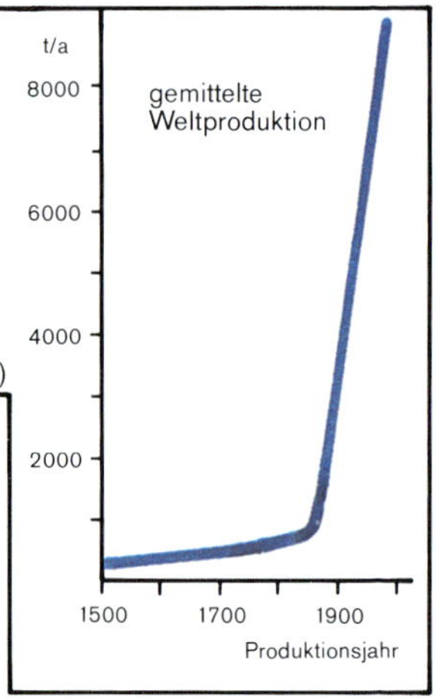

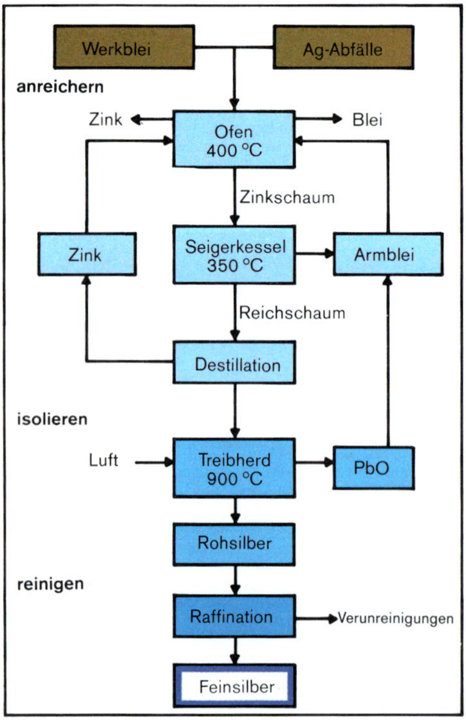

Silbergewinnung aus armen Rohstoffen

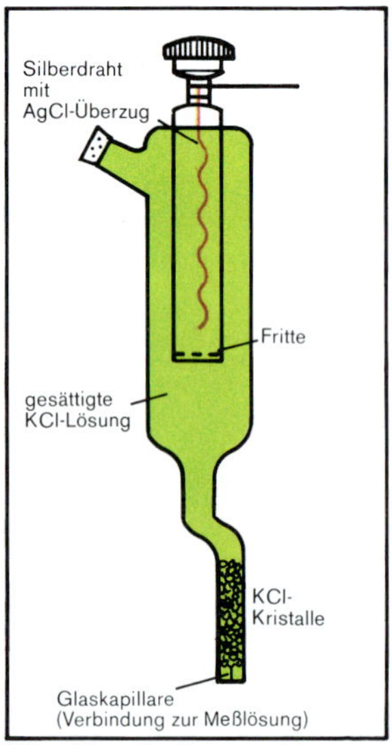

Silber-Silberchlorid-Bezugselektrode

Silber (Elementsymbol: Ag) ist das 2. Element der 1. Nebengruppe des Periodensystems. Das Elementsymbol ist abgeleitet von lat. argentum = Silber. (Den gleichen Ursprung hat der Ländername Argentinien.) Silber gehört zu den am längsten bekannten Elementen. Der älteste datierbare Silberschmuck stammt aus dem 4. Jahrtausend v. Chr. In Kleinasien wurde bereits im 3. Jahrtausend v. Chr. Silber aus Ag-Pb-Erzen geschmolzen. Die ersten deutschen Silbergruben entstanden im 9. Jahrhundert im Lahn- und Sieg-Gebiet.

Eigenschaften: Ag ist ein weißglänzendes, weiches und sehr dehnbares Edelmetall mit oktaedrischer Kristallstruktur. Silberdampf hat eine blaue Farbe, kolloidal verteiltes Silber erscheint dunkelgrau bis schwarz.

Die Elektronenkonfiguration ist [Kr] $(4d)^{10}(5s)^1$. Die rel. Atommasse ist 107,868. Es gibt zwei stabile Ag-Isotope: ^{107}Ag und ^{109}Ag. Die Halbwertszeiten der 38 instabilen Ag-Isotope liegen zwischen 7 ms und 92 a.

Silber ist der beste aller elektrischen und thermischen Leiter. Es ist außerordentlich duktil und kann daher zu sehr dünnen Fäden ausgezogen oder zu Folien gewalzt werden. Flüssiges Silber nimmt bis zum Zwanzigfachen seines Volumens an Sauerstoff auf. Beim Erstarren entweicht O_2 unter *Spratzen.*

Ag ist chemisch weniger aktiv als Kupfer. Die Oxidationszahlen sind +1, seltener +2 und +3.

Ag ist beständig in sauberer Luft, Wasser, Ätzalkali (bis 550 °C) und in nicht oxidierenden Säuren. Das *Anlaufen* von Silber geht auf den H_2S-Gehalt der Luft zurück (Ag_2S ist schwarz):

$$4\,Ag + 2\,H_2S + O_2 \rightarrow 2\,Ag_2S + 2\,H_2O.$$

Ag ist löslich in Salpetersäure, warmer konzentrierter Schwefelsäure und Cyanidlösungen (durch Komplexbildung).

Toxikologie: Ag-Ionen wirken selbst in geringster Konzentration keimtötend. Daher verwendet man kolloidale Ag-Lösungen (z. B. Protargol) zur Desinfizierung und silbernes Besteck beim Essen. Silbersalze sind nicht giftig. Bei sehr hohen Dosen tritt lediglich kosmetische Schädigung ein: irreversible, blaugraue Verfärbung der Haut.

Nachweis: Lösen in HNO_3 und quantitatives Fällen als AgCl mit HCl.

Vorkommen: Der Anteil an der Erdrinde beträgt $6 \cdot 10^{-6}$ Gewichtsprozent. Es ist rund zwanzigmal häufiger als Gold. Ag kommt auch gediegen vor, z. T. in großen Brocken.

Wichtige *Silbermineralien* sind: Silberglanz (Argentit) Ag_2S, Kupfersilberglanz (Stromeyerit) CuAgS, Hornsilber AgCl, Fahlerz $(Cu, Ag)_3(Sb, As)S_3$ und Silberantimonglanz (Miargyrit) $AgSbS_2$.

Die Hauptvorkommen liegen in den USA (Nevada), Mexiko, Peru, Kanada, Australien und China.

Gewinnung: Nur etwa 20 % des Rohsilbers wird aus Silbererzen gewonnen. Das meiste stammt aus Nebenprodukten wie z. B. Werkblei.

Silbererze werden fein gemahlen und unter Durchlüftung mit 0,2 %iger Natriumcyanidlösung NaCN ausgelaugt *(Cyanidlaugerei).* Aus dem komplexen Silbercyanid $Na[Ag(CN)_2]$ in der klaren Lauge wird das Silber durch Zink ausgefällt:

$$2\,Na[Ag(CN)_2] + Zn \rightarrow 2\,Ag + Na_2[Zn(CN)_4].$$

Das ausgefällte Silber wird durch Filterpressen abgetrennt und zu Rohsilber (95 % rein) zusammengeschmolzen.

Werkblei fällt bei der Bleigewinnung aus Bleiglanz an; es enthält bis maximal 1 % Ag. Die Anreicherung des Ag erfolgt zumeist durch ein bereits 1850 von PARKES eingeführtes Verfahren *(Parkesieren):* Geschmolzenem Werkblei wird 1–2 % Zn zugegeben. Beim Abkühlen unter 400 °C trennen sich wegen der Dichteunterschiede Pb und Zn in zwei Schichten. Das Silber löst sich dabei vollständig im Zink, wird zusammen mit dem auf dem Blei schwimmenden Zinkschaum abgetrennt und im Seigerkessel bis über den Schmelzpunkt des Bleis erwärmt. Von der Oberfläche des *Armbleis* wird der *Reichschaum* abgeschöpft und das Zink anschließend abdestilliert. Es entsteht *Reichblei* (bis zu 25 % Ag), das dann unter Luftzufuhr im Flammofen oxidiert (Treibarbeit). Das edle Ag bleibt unverändert, Pb bildet PbO und wird kontinuierlich abgezogen, bis die Oxidschicht auf dem flüssigen Ag aufreißt *(Silberblick).* Dieses Rohsilber heißt *Blicksilber.*

Das Rohsilber wird elektrolytisch (wie beim Cu) gereinigt; es entsteht 99,9 %iges Feinsilber. Meist erfolgt erneute Reinigung bis auf 99,999 %.

Die Weltproduktion an Ag beträgt etwa 18 000 t/a und liegt unter dem Silberverbrauch (2003: 26 700 t). Altsilber und Vorräte ersetzen die Fehlmenge. Die führenden Produzenten sind Mexiko, Peru, Australien, Polen, Kanada, USA und China.

Verwendung etwa zur Hälfte in legierter Form für Gebrauchsgegenstände und Schmuck. Der *Feingehalt* von Silberwaren wird in Promille Ag angegeben. Sterlingsilber ist beispielsweise 925 fein, d. h. es enthält 925 ‰ = 92,5 % Ag; der Rest ist meist Kupfer.

Versilberte Gegenstände sind sehr beständig an Luft. Galvanische Versilberung erfolgt in einer $K[Ag(CN)_2]$-Lösung und ergibt einen polierbaren Überzug. Rund 30 % der Ag-Produktion verbraucht die Photoindustrie. Weitere Verwendungen: Chemischer Apparatebau, Spiegel, Zahnersatz, elektrische Kontakte, Münzrohstoffe, elektrische Batterien.

Wichtige **Verbindungen**

Silbernitrat $AgNO_3$ bildet rhombische, leicht wasserlösliche Kristalle. Es wirkt oxidierend und ätzend auf der Haut. Medizinische Verwendung als *Höllenstein* zur Beseitigung von Wucherungen. $AgNO_3$ ist Ausgangssubstanz für alle anderen Ag-Verbindungen.

Silberhalogenide AgCl, AgBr, AgI fallen beim Mischen von Silbersalzlösung und Halogenidlösung als käsige, weiße (AgCl), gelblich-weiße (AgBr) bzw. gelbe (AgI) Niederschläge aus. Sie sind löslich in Thiosulfat- und Cyanidlösung. An Licht zerfallen sie durch photochemische Zersetzung in Silber und Halogen; darauf beruht die Photographie. Beispiel:

$$2\,AgBr \rightarrow 2\,Ag + Br_2.$$

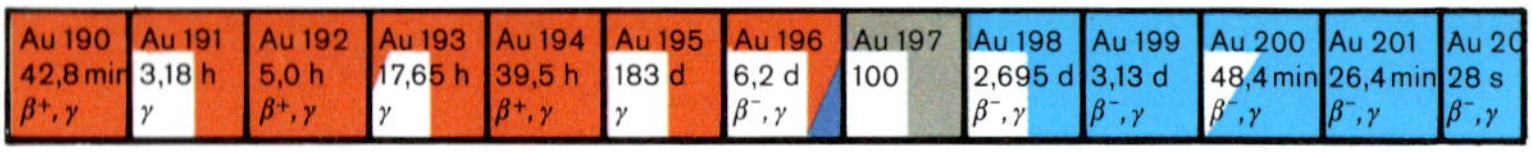

Die wichtigsten Nuklide des Goldes

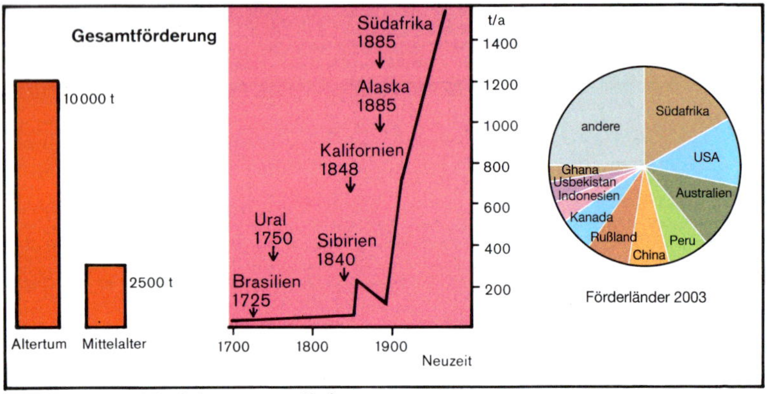

Goldförderung und Entdeckungen neuer Vorkommen

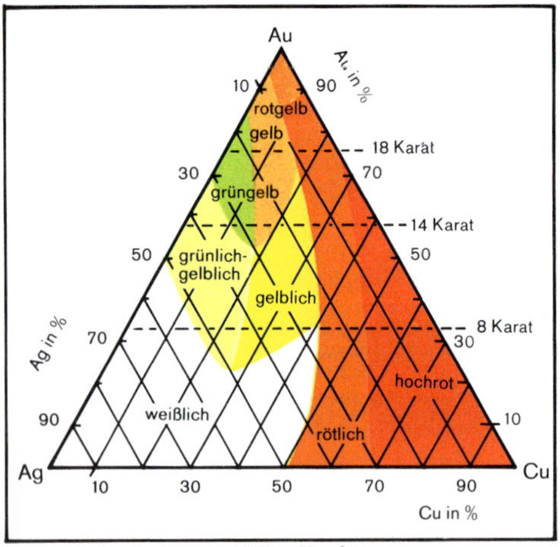

Farbfelder im System Gold-Silber-Kupfer

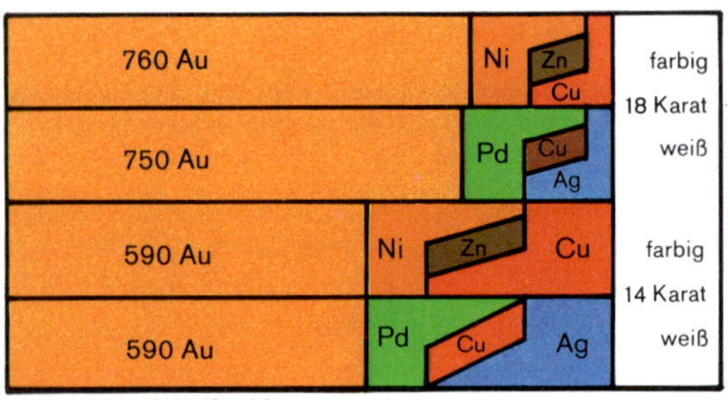

Farbgold und Weißgold

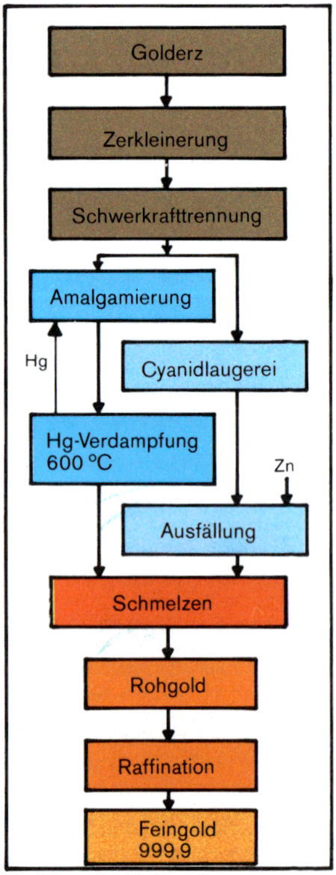

Verfahren der Goldgewinnung

Gold (Elementsymbol: Au) ist das 3. Element der 1. Nebengruppe des Periodensystems. Das Elementsymbol ist abgeleitet von lat. aurum = Gold. Das älteste datierbare verarbeitete Gold stammt aus dem Ägypten des 5. Jahrtausend v. Chr. Es war vor allem Gold aus Nubien, das bereits 2700 v. Chr. in Ägypten zur ersten Goldwährung führte.

Eigenschaften: Au ist ein rötlich-gelbes, weiches und sehr dehnbares Edelmetall mit kubisch-flächenzentriertem Gitter. Neben Cu ist es das einzige farbige Metall. Goldfolie erscheint in der Durchsicht blau-grün.

Die Elektronenkonfiguration ist [Xe] $(4f)^{14}(5d)^{10}(6s)^1$. Die rel. Atommasse ist 196,9665. Es gibt nur ein stabiles Goldisotop: ^{197}Au. Die Halbwertszeiten der 28 instabilen Au-Isotope liegen zwischen 0,14 s (^{175}Au) und 183 d (^{195}Au).

Gold ist ein guter thermischer und elektrischer Leiter; die Leitfähigkeit beträgt etwa 70 % der des Silbers. Es ist das dehnbarste aller Metalle und läßt sich bis auf 10^{-5} cm Dicke auswalzen *(Blattgold)*. Gold ist sehr gut polierbar und ein Reflektor für ultrarotes Licht.

Gold ist chemisch sehr beständig. Die Oxidationszahlen sind +1 und +3, seltener +2.

Gold wird angegriffen von Chlorgas, Alkalicyaniden und Natriumthiosulfatlösungen in Gegenwart von Sauerstoff und von Halogenwasserstoffsäuren kombiniert mit Oxidationsmitteln (z. B. *Königswasser:* 1 Vol. konz. Salpetersäure + 3 Vol. konz. Salzsäure). In Abwesenheit von Oxidationsmitteln ist Gold gegen geschmolzenes Ätzalkali beständig.

Nachweis: Qualitativ als *Cassiusscher Goldpurpur:* Die wäßrige Au-Lösung wird in eine schwach saure Zinn(II)-chloridlösung eingeführt:

$$2\,Au^{3+} + 3\,Sn^{2+} + 6\,H_2O \rightarrow 2\,Au + 3\,SnO_2 + 12\,H^+.$$

Es entsteht eine intensiv rote Adsorptionsverbindung von kolloidalem Au und kolloidalem Zinn(IV)-oxid. Quantitativ bewährt sich neben anderen Methoden die Atomabsorptionsspektroskopie.

Vorkommen: Der Anteil an der Erdrinde beträgt rund 5 mg/t Gestein. Es tritt hauptsächlich gediegen als feine Körner, aber auch in größeren Brocken auf (Frei-Gold). Der bisher größte Goldklumpen (Nugget) stammt aus Australien und wiegt 236 kg. Die Vorkommen sind überwiegend mit Quarz oder Pyrit verbunden und enthalten meist auch Silber. Unterteilung der Vorkommen in: Quarzadern, Konglomerate *(Berg-Gold),* Einschlüsse in Erze und Seifen-Gold (Sekundärlager aus Verwitterungsprodukten goldhaltiger Gesteine). In den Weltmeeren ist bis zu $1 \cdot 10^{-8}$ g Au pro m^3 gelöst, zumeist als Goldchlorid.

Goldmineralien sind praktisch nur die Telluride: Calaverit (Krennerit) $AuTe_2$, Sylvanit, Schrifterz (Au, Ag)Te_4 und Kalgoorlit (Au, Ag)$_2$Te.

Die Hauptvorkommen liegen in Südafrika, Australien, Rußland, Peru und den USA.

Gewinnung ursprünglich durch Auswaschen von Goldseifen und -sanden. Der bergbaumäßige Abbau von Konglomeraten ist bereits im 3. Jahrt. v. Chr. in Nubien nachgewiesen; inzwischen dominiert diese Methode. Beim Berg-Gold wird das Edelmetall durch Schwerkrafttrennung, Amalgamierung oder Cyanidlaugerei als Rohgold extrahiert und anschließend zu Feingold raffiniert.

Schwerkraftaufbereitung: Das zerkleinerte und mit Wasser vermischte Golderz fließt auf einer geneigten Ebene einem Gummiförderband mit feinen Querrillen entgegen. Die dichteren Partikel bleiben in den Rillen zurück und werden mit Wasser heruntergespült.

Amalgamierung: Das Goldkonzentrat gleitet über geneigte Kupferbleche, deren Oberflächen mit Quecksilber amalgiert sind. Das Gold verbleibt als Amalgam, das Wasser spült die tauben Beimengungen weg. Das Amalgam wird periodisch abgekratzt und das Hg in Retorten bei 600 °C abdestilliert. Goldschwamm bleibt zurück. Die Ausbeute liegt bei nur 70 %.

Cyanidlaugerei ist seit 1890 in Gebrauch und das dominierende Verfahren: Das zerkleinerte Golderz wird mit einer schwach alkalischen (0,02 %igen) $Ca(OH)_2$-Lösung mit Kalium- oder Natriumcyanid – unter Durchmischung mit Preßluft – gelaugt:

$$4\,Au + 8\,NaCN + O_2 + 2\,H_2O \rightarrow 4\,Na[Au(CN)_2] + 4\,NaOH.$$

Anschließend fällen Zinkspäne das herausgelöste Gold:

$$2\,Na[Au(CN)_2] + Zn \rightarrow Na_2Zn(CN)_4 + 2\,Au.$$

Der Niederschlag wird getrocknet, geröstet und mit einem Borax/Silicat-Flußmittel geschmolzen. Die Begleitmetalle (z. B. Pb, Fe, Zn) oxidieren, verschmelzen zu Silicaten und Boraten und fließen als Schlacken ab.

Das *Rohgold* wird entweder durch den Miller-Prozeß (Chlorierung der Verunreinigungen durch Einleiten von Cl_2 in das geschmolzene Rohgold) oder durch elektrolytische Raffination gereinigt.

Der *Feingehalt* des Goldes wird in ‰ oder Karat (24 Karat = 1000 ‰) angegeben.

Die Weltproduktion beträgt rund 2500 t/a (Tendenz fallend); dazu kommen noch 200 t/a aus Altgold.

Die Hauptproduktionsländer sind Südafrika, USA, Australien, China, Peru, Rußland und Indonesien.

Verwendung in erster Linie als Schmuckmetall (ca. 50 %); ferner für chemische Geräte, in der Elektronik, als Zahngold, in der Pharmazeutik, als Münzmaterial und für Ultrarot-Reflektoren. Gold wird wegen der geringen natürlichen Härte meist legiert, vor allem mit Ag und Cu.

Das Goldgewicht wird in Feinunzen = 31,1 g angegeben.

Goldverbindungen sind überwiegend instabil und zerfallen bei Erwärmung; Goldkomplexe sind beständiger.

Kaliumdicyanoaurat(I) (Kaliumgoldcyanid) $K[Au(CN)_2]$ ist eine farblose, sehr giftige, wasserlösliche Substanz. Herstellung durch anodische Auflösung von Au in wäßriger Kaliumcyanid-Lösung. Verwendung zur galvanischen und stromlosen Badvergoldung, insbesondere von elektrischen Bauteilen und Schmuckstücken.

Roentgenium (Elementsymbol: Rg) ist das 4. Element der Kupfergruppe. 1994 wurden einige Atome Rg durch Kernverschmelzung in Darmstadt aus Bi-209 und Ni-64 synthetisiert.

Zn 62	Zn 63	Zn 64	Zn 65	Zn 66	Zn 67	Zn 68	Zn 69	Zn 70	Zn 71	Zn 72	Zn 73	Zn 7
9,13 h	38,4 min	48,9	244 d	27,8	4,1	18,6	56 min	0,62	2,4 min	46,5 h	23,5 s	98 s
β^+, γ	β^+, γ		β^+, γ				β^-, γ		β^-, γ	β^-, γ	β^-, γ	β^-, γ

Die wichtigsten Nuklide des Zinks

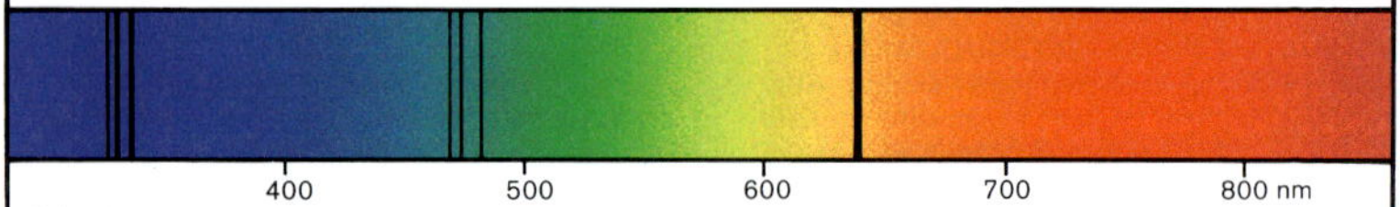

Die Hauptlinien des Zinks

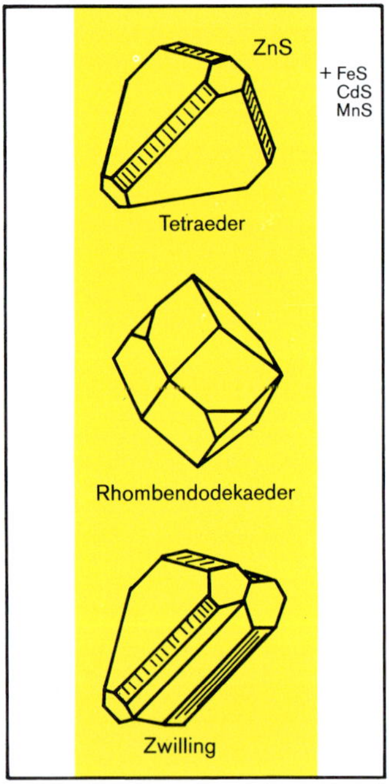

Formen der Zinkblende (α-ZnS)

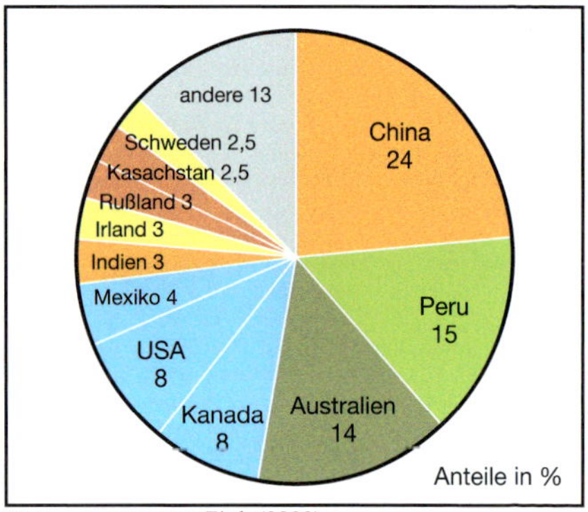

Welterzeugung von Zink (2003)

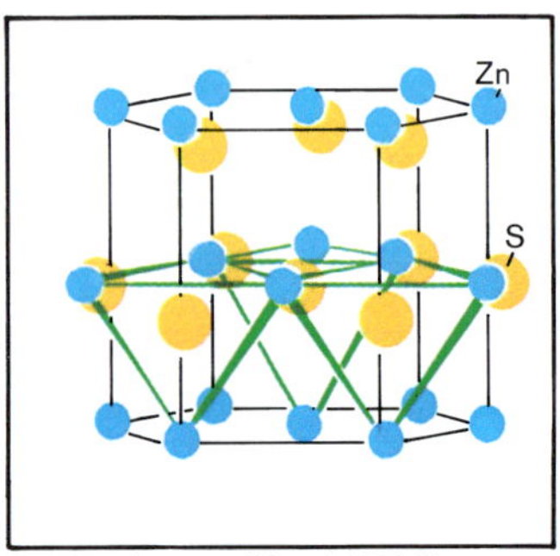

Gitterstruktur von Würtzit (β-ZnS)

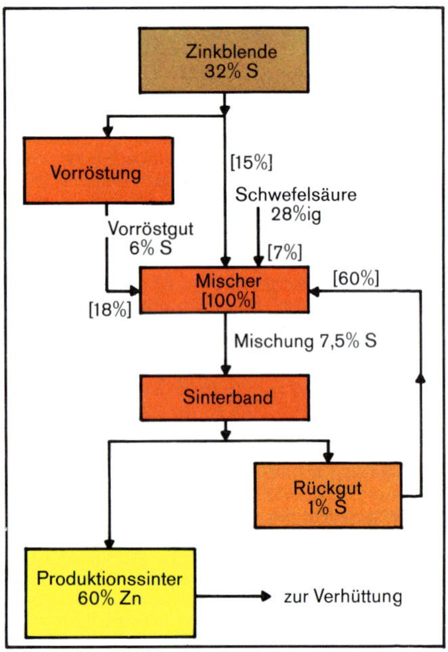

Schema einer Zinkblendenröstanlage

Die **Zinkgruppe** ist die 2. Nebengruppe des Periodensystems. Sie umfaßt die Metalle Zink (Zn), Cadmium (Cd) und Quecksilber (Hg). Das Mengenverhältnis dieser Elemente in der Natur ist 600:1:1. Die beiden s-Elektronen auf den Außenschalen bilden eine besonders stabile Konfiguration. Daraus resultiert eine gewisse Ähnlichkeit mit den Elementen der 2. Hauptgruppe (Erdalkali). Dennoch sind die Unterschiede erheblich: Wesentlich edlerer Charakter (zunehmend mit der Protonenzahl), niedrigere Schmelz- und Siedepunkte, kleinere Ionenradien und damit stärkerer kovalenter Charakter der Bindungen, meist wasserunlösliche Verbindungen und größere Neigung zur Komplexbildung.
Zn und Cd sind untereinander ziemlich ähnlich; Hg unterscheidet sich wesentlich von Zn und Cd.
Am 9. Febr. 1996 erzeugte eine Arbeitsgruppe am Schwerionenbeschleuniger in Darmstadt das schwerste Element der Zinkgruppe durch die Kernreaktion Pb + Zn → Element 112.

Physikalische Eigenschaften

	Zn	Cd	Hg
Protonenzahl	30	48	80
Dichte in g/cm^3	7,133	8,65	13,546
Schmelzpunkt in °C	419,58	320,0	– 38,87
Siedepunkt in °C	907	767	356,58
Atomradius im Metallgitter in nm	0,1333	0,1490	0,1503
Ionenradius in nm	0,074	0,097	0,110
1. Ionisierungspotential in eV	9,391	8,991	10,43

Zink (Elementsymbol: Zn) ist das 1. Element der 2. Nebengruppe des Periodensystems. Der Name ist abgeleitet von »Zinken«, einem mittelalterlichen Ausdruck für die zackenartigen Ansätze von Bleierzen an Schmelzöfen. Zinklegierungen werden bereits von HOMER und auch in der Bibel erwähnt. Händler brachten im frühen Mittelalter das kostbare Metall aus China und Indien nach Europa; AGRICOLA (1494–1555) erwähnt es in seinem Hüttenbuch. ANDREAS MARGGRAF errichtete 1749 eine der ersten europäischen Zinkhütten. Seit 1820 wird Zn im industriellen Maßstab produziert; heute ist es nach Aluminium und Kupfer eines der wichtigsten Nichteisenmetalle.

Eigenschaften: Zink ist ein blauweißes, glänzendes Metall mit gestrecktem hexagonalem Gitter. Es tritt in drei Modifikationen auf:

$$\alpha\text{-Zn} \xrightarrow{175\,^\circ C} \beta\text{-Zn} \xrightarrow{300\,^\circ C} \gamma\text{-Zn}.$$

Bei Raumtemperatur ist das Metall spröde. Zwischen 100–150 °C wird es leicht formbar und oberhalb 250 °C so brüchig, daß es leicht pulverisiert. Kondensiert Zn-Dampf in Gegenwart von N_2 oder CO_2, so entsteht *Zinkstaub,* der wegen seiner großen Oberfläche sehr reaktionsfähig ist. Aufgrund des gestreckten Metallgitters sind die mechanischen Eigenschaften von Zn anisotrop. Thermische und elektrische Leitfähigkeit betragen nur 27 % der des Kupfers.
Die Elektronenkonfiguration von Zn ist [Ar] $(3d)^{10}(4s)^2$. Die rel. Atommasse ist 65,38. Es gibt 5 stabile Zn-Isotope: ^{64}Zn, ^{66}Zn, ^{67}Zn, ^{68}Zn und ^{70}Zn. Die Halbwertszeiten der 27 instabilen Zn-Isotope liegen zwischen 4,3 ms und 244 d (^{65}Zn). Die Oxidationszahl ist +2.
An Luft entsteht an der Oberfläche des Zinks eine dünne farblose Schicht aus basischen Zinkcarbonaten und Zinkoxid, die eine weitere Reaktion des Metalls verhindert. Die Schutzschicht haftet sehr gut, weil ihr Ausdehnungskoeffizient mit dem des Metalls übereinstimmt. Zn entzündet sich oberhalb 500 °C und verbrennt mit charakteristischer blaugrüner Flamme:

$$2\,Zn + O_2 \rightarrow 2\,ZnO \qquad \Delta H = -\,698\ kJ.$$

Wegen seiner Schutzschicht ist Zn beständig in Süß- und Salzwasser. Halogene greifen das Metall erst bei höheren Temperaturen an. Säuren und Basen reagieren unter Freisetzung von Wasserstoff, z. B.:

$$Zn + 2\,HCl \rightarrow ZnCl_2 + H_2.$$

Bei sehr reinem Zn ist die Reaktionsgeschwindigkeit gering.
Wäßrige Lösungen von NaCl, Na_2SO_4 und $CaSO_4$ lösen das Metall auf.

Zn ist ein wichtiges *Spurenelement* und ist erst in großen Mengen giftig. Es ist Aktivator für Enzyme und beeinflußt das Körperwachstum. Der menschliche Körper enthält 2–4 g Zn.

Nachweis: Spektralanalytisch. Chemische Methoden: Fällen aus ammoniakalischer Lösung durch NH_4HS als ZnS und anschließende Wägung. Oder: Lösen in Ammoniumeisen(III)-sulfat-Lösung und Titration des dabei reduzierten Eisens mit Kaliumpermanganat.

Vorkommen: Der Anteil an der Erdrinde beträgt rund 0,0058 %. Zinkerze sind weit verbreitet. Sie enthalten meist Begleitmetalle (z. B. Pb, Cu, Fe), die die Wirtschaftlichkeit des Abbaus stark beeinflussen. Die wichtigsten Zinkerze liegen in magmatischen Lagerstätten vor. Sedimentäre Vorkommen (z. B. Galmei-Lager) entstanden aus der Verwitterung primärer Lager.
Wichtige *Zinkmineralien* sind Zinkblende (Sphalerit) ZnS, Wurtzit, eine hexagonale Hochtemperaturkonfiguration des ZnS, Zinkspat (edler Galmei) $ZnCO_3$, Kieselzinkerz (Kieselgalmei) $Zn_2SiO_4 \cdot H_2O$, Willemit Zn_2SiO_4 und Rotzinkerz (Zinkit) ZnO.
Die Hauptvorkommen liegen in China, Kanada, Australien, USA, Mexiko, Peru, Japan, Simbabwe, Marokko, Irland, Polen, Finnland und Bulgarien.
Die abbauwürdigen Reserven (Zn-Gehalt >40 kg/t Erz) werden auf mindestens 200 Millionen t geschätzt.

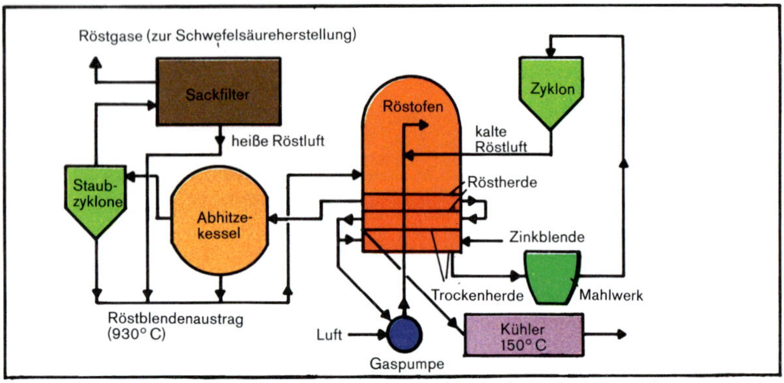

Schema einer Schweberöstanlage zur Herstellung von Zinkblende als Ausgangsmaterial für die Zinkelektrolyse

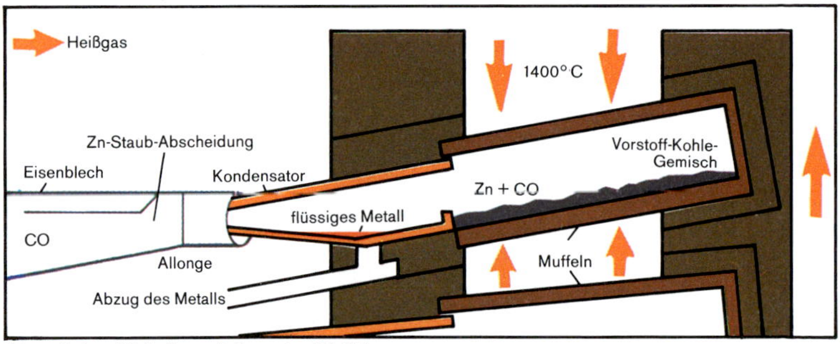

Oberteil eines Zinkofens mit liegenden Muffeln

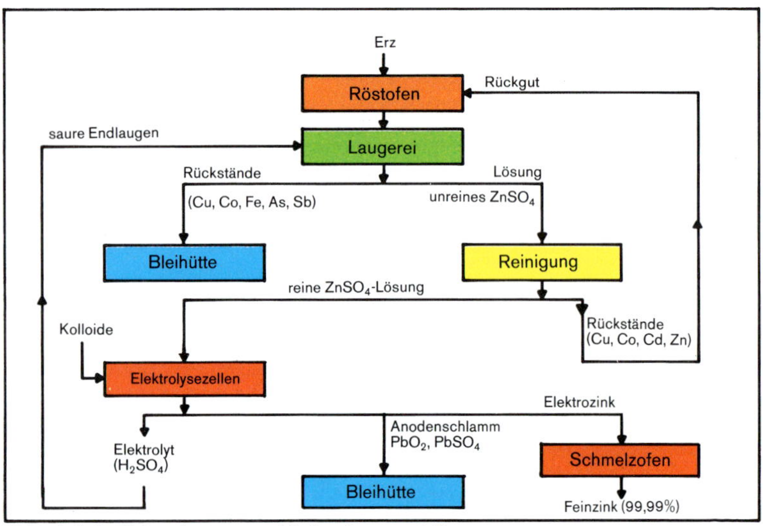

Elektrolytische Zinkgewinnung aus oxidischen Ausgangsstoffen

Gewinnung erfolgt überwiegend aus Zinksulfiden; zinkhaltige Schlacken und Gichtstaub spielen ebenfalls eine Rolle. Die zerkleinerten Vorstoffe werden zuerst durch Flotation angereichert und anschließend mit Hilfe sehr unterschiedlicher Röstverfahren (Herd-, Schwebe-, Wirbelschicht- oder Sinterröstung) in Oxide überführt:

$2\,ZnS + 3\,O_2 \rightarrow 2\,ZnO + 2\,SO_2$

$\Delta H = -\,879$ kJ.

Das Nebenprodukt SO_2 wird der Schwefelsäure-Herstellung zugeführt. Die entstandenen Röstblenden werden durch Zinkdestillation oder durch elektrolytische Verfahren zu Metall weiterverarbeitet.

Zinkdestillationsverfahren: ZnO wird in geschlossenen Reaktionsräumen (Muffeln) bei 1200–1400 °C durch C bzw. CO reduziert:

$ZnO + C \rightarrow Zn + CO$

$ZnO + CO \rightarrow Zn + CO_2$.

Die Röstgase führen das gasförmige Zinkmetall mit, das außerhalb der Muffel zu flüssigem Metall kondensiert. Es entsteht *Hüttenzink,* das noch durch fraktionierte Destillation von Begleitmetallen gereinigt werden muß. Pro t Metall werden etwa 2 t Brennstoff verbraucht. Die eingesetzten thermischen Verfahren sind sehr unterschiedlich in Ofenkonstruktion, Energiequellen und Prozeßablauf.

Elektrolyseverfahren: Die oxidischen Vorstoffe werden in schwefelsaurer Zinksulfatlösung (Zellensäure) gelöst. Die sorgfältig gereinigte Lösung wird neutralisiert und elektrolysiert. Zn scheidet sich an der Kathode ab, die Säure geht in den Prozeß zurück:

$2\,ZnSO_4 + 2\,H_2O \rightarrow 2\,Zn + 2\,H_2SO_4 + O_2$.

Es entsteht reines *Kathodenzink* (Feinzink), das in Induktionsöfen zu Blöcken umgeschmolzen wird. Pro t Metall verbraucht die Elektrolyse rund 4000 kWh.

Zinkstaub wird entweder als Nebenprodukt dem Zinkdestillationsverfahren entnommen oder durch Anblasen von flüssigem Metall durch mechanische Zerstäubung gewonnen.

Die Zinkqualitäten sind durch DIN 1706 festgelegt. Mehrere Sorten Feinzink (99,95–99,995 % rein) und Hüttenzink (97,5–99,5 % rein) mit unterschiedlichen metallischen Beimengungen werden klassifiziert.

Gehandelt wird das Metall meist in 25 kg schweren Blöcken. Die Weltproduktion beträgt etwa 9,1 Millionen t/a. Die Hauptproduzenten sind China, USA und Kanada. Die deutsche Produktion liegt bei ca. 0,36 Mill. t/a.

Verwendung zum großen Teil in legierter Form für Gußstücke, zum Oberflächenschutz *(verzinken)* von Eisenblechen, Eisendrähten und Gebrauchsgegenständen (Wasserrinnen, Eimer, Wannen, Folien zum Dachdecken usw.). Die chemische Industrie benötigt große Mengen Zinkstaub als Reduktionsmittel. Im Vergleich mit dem Metall spielen die Zinkverbindungen eine untergeordnete Rolle.

Zinklegierungen enthalten vor allem Al und Cu. Beide Beimengungen (bis zu 7,5 %) steigern die Festigkeit des Metalls erheblich. Zusätze von Magnesium (bis zu 0,05 %) verbessern die Korrosionsbeständigkeit. Verwendung in Maschinenbau, Transportwesen, Kraftfahrzeugindustrie und Lagerwerkstoffen.

Wichtige **Verbindungen**

Zinkoxid ZnO ist ein wasserunlösliches, farbloses, in der Hitze gelbes Pulver (Schmelzpunkt = 1975 °C; $\varrho = 5{,}6$ g/cm^3). Die natürlichen Vorkommen als Rotzinkerz (Zinkit) sind selten. Technische Herstellung durch Verbrennen von Zinkdampf an Luft. Verwendung als lichtbeständiges Weißpigment (Zinkweiß), Füllstoff bei Kautschukwaren, in Zinksalben und als Ausgangssubstanz für andere Zinkverbindungen.

Zinksulfid ZnS (Sublimationstemperatur = 1180 °C; $\varrho = 3{,}98$ g/cm^3) kommt in der Natur als kubische Zinkblende oder – relativ selten – als hexagonaler Wurtzit vor. Das weiße, kristalline Pulver ist fast wasserunlöslich. Herstellung durch Fällen aus wäßriger Zinksalzlösung mit Ammoniumsulfid $(NH_4)_2S$. Geringe Verunreinigungen mit Cu oder Ag führen nach Belichtung zur Phosphoreszenz. In dünnen Schichten aufgetragen dient ZnS als Leuchtschicht für Bildschirme. Gemischt mit $BaSO_4$ ist ZnS eine weiße Malerfarbe (Lithopone).

Zinksulfat $ZnSO_4$ ist ein weißes, wasserlösliches Pulver (Schmelzpunkt = 600 °C; $\varrho = 3{,}54$ g/cm^3). Es zerfällt beim Erhitzen über 770 °C:

$2\,ZnSO_4 \rightarrow 2\,ZnO + 2\,SO_2 + O_2$.

Herstellung durch Auflösen von Zn in verdünnter Schwefelsäure:

$Zn + H_2SO_4 \rightarrow ZnSO_4 + H_2$

oder durch Rösten von Zinkblende:

$ZnS + 2\,O_2 \rightarrow ZnSO_4$.

Aus seiner wäßrigen Lösung kristallisiert $ZnSO_4$ als farbloses, rhombisches *Zinkvitriol* $ZnSO_4 \cdot 7\,H_2O$. Verwendung in der Färberei, in Lithoponen und als Holzimprägnierungsmittel. Es ist die Ausgangssubstanz für die Herstellung von Elektrolysezink.

Zinkate, Hydroxozinkate sind Koordinationsverbindungen des Zinks, die Zn als Zentralatom eines Anionenkomplexes enthalten.

Beispiele: Natriumtrihydroxozinkat $Na[Zn(OH)_3]$ und Bariumhexahydroxozinkat $Ba_2[Zn(OH)_6]$.

Die wasserlöslichen Komplexe entstehen beim Versetzen von Zinksalzlösungen mit überschüssigem Alkali oder Erdalkali. Verwendung als Oberflächenschutz gegen das Eindringen von Feuchtigkeit.

Zink-Akkumulator. Gasdichte Zink/Nickeloxid-Zellen dienen als langlebige Speicher für elektrische Energie. Negative Elektrode ist eine auf einem Gitter aufgetragene Zn-Paste, positive gesintertes Ni. Als Elektrolyt dient verdünnte KOH mit Zusätzen. Reaktionen bei Ent- und Aufladen:

$Zn + H_2O \rightleftarrows ZnO + H_2$

$2\,NiOOH + H_2 \rightleftarrows 2\,Ni(OH)_2$

Die Klemmenspannung beträgt 1,65 V, die Energiedichte 100 Wh/kg.

Cd 105	Cd 106	Cd 107	Cd 108	Cd 109	Cd 110	Cd 111	Cd 112	Cd 113	Cd 114	Cd 115	Cd 116	Cd 1
55 min	1,2	6,5 h	0,9	453 d	12,4	12,8	24,0	12,3	28,8	53,38 h	7,6	2,42
β^+, γ		β^+, γ		ε						β^-, γ		β^-, γ

Die wichtigsten Nuklide des Cadmiums

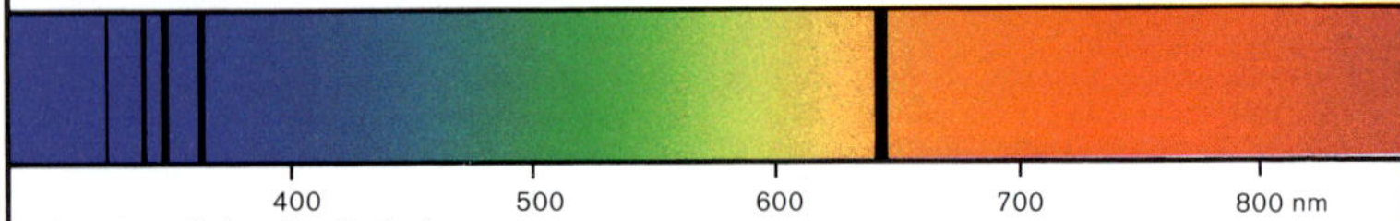

Die Hauptlinien des Cadmiums

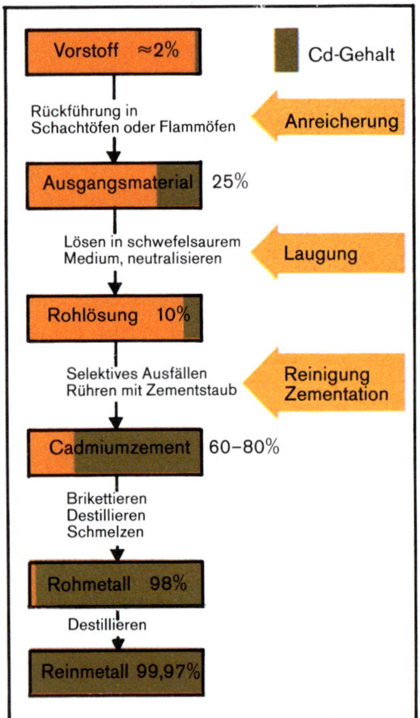

Cd-Extraktion aus Flugstäuben der Bleigewinnung

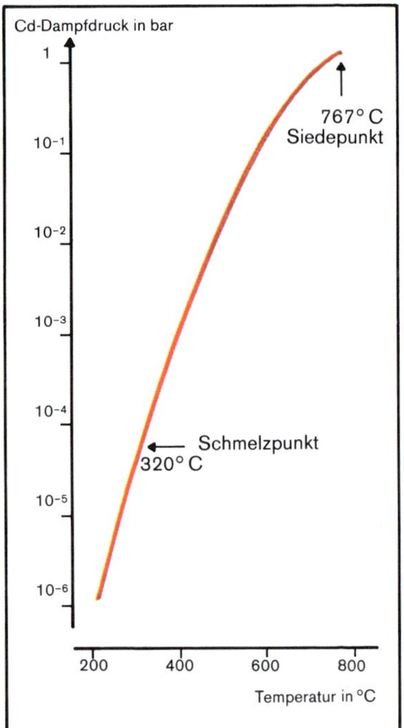

Dampfdruckkurve von Cadmium

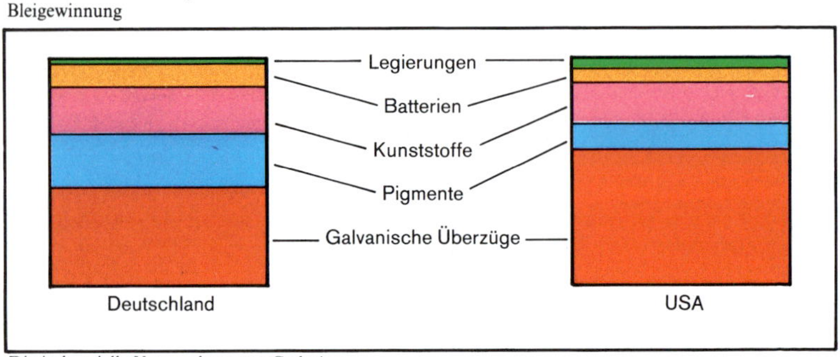

Die industrielle Verwendung von Cadmium

Cadmium (Elementsymbol: Cd) ist das 2. Element der 2. Nebengruppe des Periodensystems. Der Name ist abgeleitet von »Cadmia«, einer alten Bezeichnung für das Zinkerz Galmei, aus dem FRIEDRICH STROHMEYER 1817 das neue Element extrahierte. Cd erwies sich schnell als nützlicher Bestandteil von Legierungen, so daß bereits zehn Jahre später die erste Cadmiumhütte den Betrieb aufnahm.

Eigenschaften: Cd ist ein silberweißes, glänzendes und dehnbares Schwermetall mit einer dem Zink entsprechenden Gitterstruktur. Die Mohssche Härte beträgt 2,0. Das Metall knirscht beim Biegen.

Die Elektronenkonfiguration ist [Kr] $(4d)^{10}(5s)^2$. Die rel. Atommasse ist 112,40. Es gibt 8 stabile Cd-Isotope. Die Halbwertszeiten der 35 instabilen Cd-Isotope liegen zwischen 9,3 ms und 453 d (^{109}Cd). Der Einfangquerschnitt für thermische Neutronen liegt bei rund 2400 barn für das natürliche Isotopengemisch. Der elektrische Widerstand ist viermal so groß wie der des Kupfers.

Cd ist beständig an Luft; nach längerer Zeit verliert es jedoch seinen Glanz. Bei Erwärmen bildet es eine geschlossene Oxidschicht. Es verbrennt mit rotgelber Flamme und gibt dabei braunen, sehr giftigen Cadmiumoxid-Rauch ab:

$$2\,Cd + O_2 \rightarrow 2\,CdO \qquad \Delta H = -\,513\ kJ.$$

Cd hat die Oxidationszahl +2. Cadmiumsalze neigen zur Komplexbildung, vorwiegend mit der Koordinationszahl 4. Al und Zn fällen Cd aus seinen Salzlösungen aus. Einige Cadmiumverbindungen (z. B. Silicate, Borate) fluoreszieren und phosphoreszieren. Cadmium ist unlöslich in Basen, leicht löslich in verdünnter Salpetersäure und schwer löslich in Salz- oder Schwefelsäure.

Cd ist die Metallkomponente der Urease und wird vom menschl. Körper in der Leber gespeichert.

Toxikologie: Cd und seine Verbindungen sind sehr giftig. Gewebetoxikologisch ist es dem Pb und Hg gleichgestellt. *CdO-Rauch* ist so gefährlich wie Phosgen; in geringen Konzentrationen führt Einatmen zu anhaltendem Fieber *(Gießereifieber),* in größeren zu Lungenödemen. Nachweis einer Cd-Vergiftung durch Harnanalyse. Die maximal zulässige Konzentration am Arbeitsplatz für CdO-Rauch ist 0,05 mg/m^3, für CdO-Staub 0,1 g/m^3.

Besonders wichtig für den Umweltschutz ist inzwischen die Reinigung der Abwässer und Abgase der cadmiumverarbeitenden Industrie.

Nachweis: Qualitativ und quantitativ durch Fällen mit H_2S als gelbes CdS und anschließende Wägung.

Vorkommen: Der Anteil an der Erdrinde beträgt etwa $3 \cdot 10^{-5}$ Gewichtsprozent. Cd kommt nicht gediegen vor.

Cadmiummineralien sind Cadmiumblende (Greenockit) CdS, Otavit $CdCO_3$ und Monteponit CdO. Keines der Mineralien kommt in abbauwürdigen Mengen vor.

Gewinnung ausschließlich als Nebenprodukt, vor allem der Zn-, Cu- und Pb-Verhüttung. In erster Linie aus Flugstäuben, die beim Rösten sulfidischer Erze entstehen und aus den Laugen der Zinkelektrolyse. Die Rückgewinnung aus Cd-haltigen Fabrikationsabfällen und Schrotten (z. B. Batterieplatten) ist ebenfalls wichtig (Sekundärcadmium).

Hydrometallurgische Gewinnung: Anreicherung der Flugstäube bis auf mindestens 7–10 % Cd und anschließende Laugung, in der Regel im schwefelsauren Medium. Die Lösung enthält neben Cd noch Zn und geringe Konzentrationen an As, Sb, Cu, Ni und anderen Elementen, die nacheinander ausgefällt werden. Durch Einrühren von Zinkstaub fällt das Cd elementar aus, es *zementiert.* Aus dem »Zement« wird Cd in der Regel durch Destillation bei etwa 400 °C oder durch Sprühverdampfung abgetrennt.

Elektrolytische Gewinnung: Laugung der Reinigungsrückstände der Zinkelektrolyse durch Zellensäure. Neutralisieren der Lösung und Ausfällen der Verunreinigungen (vor allem Pb, Cu und As). Elektrolysieren in Kunststoffbehältern mit Blei-Anoden und rotierenden Al-Kathoden. Die Badspannung liegt bei 3,5 V, die Stromdichte bei 200 A/m^2. Die Cadmiumniederschläge werden abgezogen und umgeschmolzen.

Beide Verfahren führen zu 99,97 % reinem Cd. Die Weltproduktion an Cd beträgt etwa 17 000 t/a und steigt nur entsprechend der Zn-Produktion. Das Metall wird in Stengeln, Platten und Linsen gehandelt.

Verwendung in erster Linie für galvanische Überzüge (Rostschutz für Eisen), Akkumulatoren, Gleichrichter, als Stabilisator von Kunststoffen und in Farbpigmenten. In Kernreaktoren steuern Cadmium-Kontrollstäbe den Fluß thermischer Neutronen. Cd ist Bestandteil vieler Legierungen (Lagermetalle, Lote). Geringe Zusätze von Cd verleihen dem Gold besonderen Glanz. Das Weston-Normalelement enthält eine Cd-Elektrode.

Wichtige **Verbindungen**

Cadmiumoxid CdO ist entweder ein gelbrotes bis schwarzbraunes, amorphes Pulver, oder es kristallisiert zu tiefroten bis schwarzglänzenden kubischen Kristallen. Verwendung in der Galvanotechnik, als Katalysator (Hydrierungen, Methansynthese) und in der Herstellung von Emaille und beim Sintern.

Cadmiumhydroxid $Cd(OH)_2$ ist ein farbloses Pulver mit hexagonalem Schichtgitter. Herstellung durch Fällen aus salpetersaurer Lösung. Verwendung in der Galvanotechnik und bei der Fabrikation negativer Elektroden für Ni-Cd-Akkumulatoren.

Cadmiumchlorid $CdCl_2$ ist leicht wasserlöslich und bildet farblose rhombische Kristalle. Herstellung durch Lösen von Cd-Metall in Salzsäure und anschließendes Eindampfen. Verwendung in Galvanotechnik (Cadmierung), Photographie, Färberei und als Absorptionsmittel für H_2S.

Cadmiumstearat $[CH_3(CH_2)_{16}COO]_2Cd$ ist ein weißes fettiges Pulver. Es verbessert Licht- und Wetterbeständigkeit von Kunststoffen auf PVC-Basis.

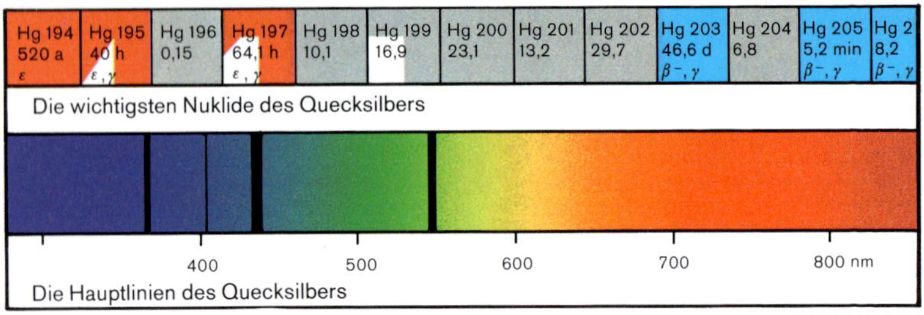

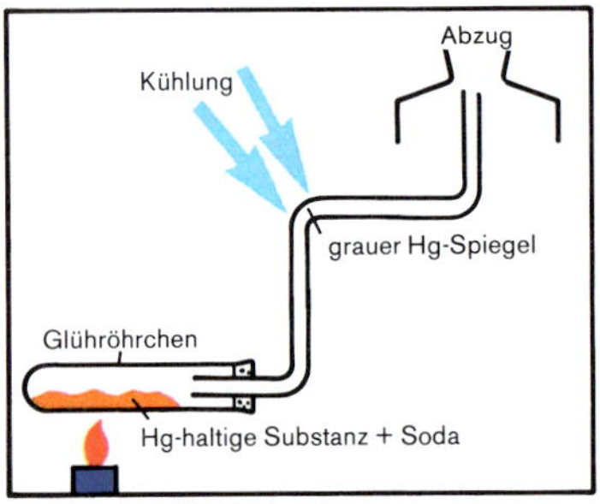

Qualitativer Hg-Nachweis

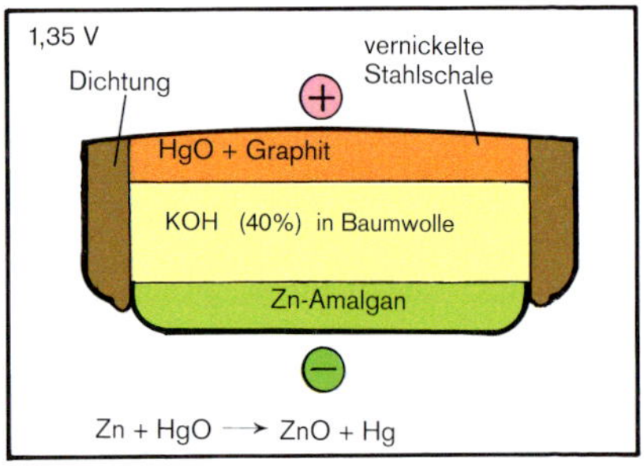

Quecksilberoxid-Zelle (Querschnitt)

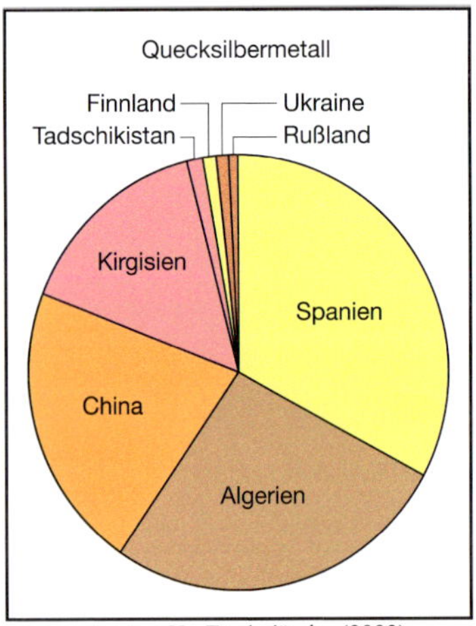

Die wichtigsten Hg-Förderländer (2003)

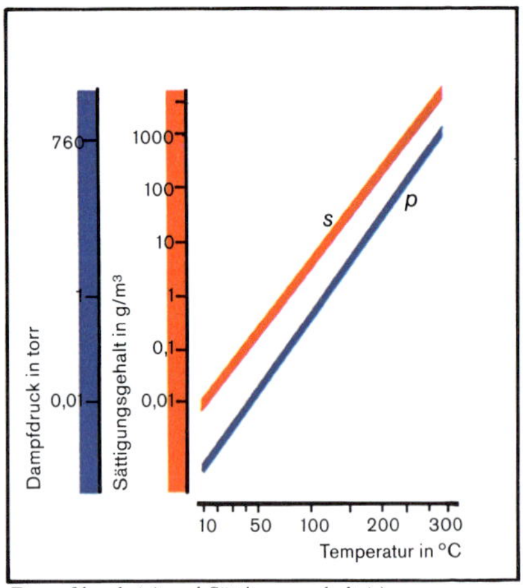

Dampfdruck (p) und Sättigungsgehalt (s) von Hg in Luft

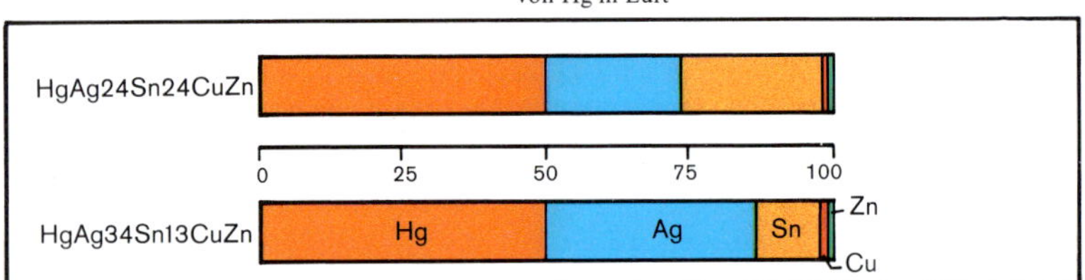

Amalgame für Zahnfüllungen

Quecksilber (Elementsymbol: Hg) ist ein Element der 2. Nebengruppe. Der deutsche Name beschreibt das Verhalten des flüssigen Metalls, der englische (mercury) und der französische (mercure) ist abgeleitet von Merkur, dem eiligen Gott der Händler. Das Elementsymbol stammt von lat. hydrargyrum = Wassersilber. Schon vor rund 4500 Jahren kannten Chinesen und Ägypter sowohl Hg als auch Zinnober (HgS); bereits THEOPHRAST (um 300 v. Chr.) erwähnt die Quecksilbergruben in Almaden (Spanien).

Eigenschaften: Hg ist eine silbrige, leicht bewegliche Flüssigkeit und das einzige bei Raumtemperatur flüssige Metall. Im festen Zustand ist es weich und dehnbar. Hg-Dampf ist atomar. Wegen seiner hohen Oberflächenspannung benetzt Hg die meisten Substanzen nicht. Geringe Verunreinigungen, z. B. eine Oxidhaut, reduzieren die Oberflächenspannung erheblich.

Die Elektronenkonfiguration ist [Xe] $(4f)^{14}(5d)^{10}(6s)^2$. Die rel. Atommasse ist 200,59. Es gibt 7 stabile Hg-Isotope. Die Halbwertszeiten der 35 instabilen Hg-Isotope liegen zwischen 0,3 ms und 520 a (^{194}Hg).

Hg ist ein schlechter Wärmeleiter. Da der Wärmeausdehnungskoeffizient linear ist über einen weiten Bereich, dient Hg als Thermometersubstanz. Die elektrische Leitfähigkeit beträgt rund 2 % der des Kupfers. Reines Hg ist beständig an Luft, unreines überzieht sich mit einer grauen Oxidhaut. Beim Erwärmen entsteht Hg-Oxid, das jedoch bei steigender Temperatur wieder zerfällt:

$$2\,Hg + O_2 \xrightarrow{300-350\,°C} 2\,HgO \xrightarrow{>400\,°C} 2\,Hg + O_2.$$

Hg hat die Oxidationszahlen +1 und +2, die einwertigen Verbindungen sind bimolekular, z. B. Hg_2Cl_2.

Chemisch ähnelt Hg den Edelmetallen. Es ist beständig in verdünnter Salz- und Schwefelsäure, löslich in heißer Schwefelsäure, Salpetersäure und Königswasser. Viele Metalle (wichtige Ausnahme: Fe) lösen sich in Hg und bilden flüssige, teigige oder feste *Amalgame.*

Toxikologie: Hg-Dampf (maximal zulässige Konzentration: 0,05 mg/m^3 Luft) und Hg-Verbindungen (Ausnahme: HgS) sind sehr giftig, das Metall selbst nicht. Aufnahme durch die Haut oder den Magen-Darm-Trakt. Symptome: Kopfschmerz, Zahnfleischbluten, Störungen des Nervensystems. Gefährlich ist die Verunreinigung von Gewässern, da Hg-Verbindungen in Fischen akkumulieren (Minamata-Krankheit in Japan). 0,5 mg pro kg Fisch gelten in der Nahrung als harmlos.

Nachweis: Geringe Mengen – besonders in Wasser – spektroskopisch, sonst durch quantitatives Fällen als Hg_2Cl_2 oder HgS. Werden Hg-Verbindungen in einem Röhrchen zusammen mit Soda erhitzt, so kondensiert an kühlen Stellen ein grauer Hg-Spiegel.

Vorkommen: Der Anteil an der Erdrinde beträgt etwa $4 \cdot 10^{-5}$ Gewichtsprozent. In geringen Konzentrationen ist Hg weit verbreitet. Elementar tritt es als im Gestein eingeschlossene Tröpfchen auf.

Wichtigstes *Quecksilbermineral* ist Quecksilbersulfid (Zinnober) HgS. Livingstonit $HgS \cdot 2\,Sb_2S_3$, Quecksilberhornerz (Kalomel) Hg_2Cl_2, Tiemannit HgSe und Coloradoit HgTe sind wirtschaftlich unbedeutend. Die Hauptvorkommen liegen in Spanien (Almaden), Kirgisien, China, Rußland und Finnland.

Gewinnung: Fast ausschließlich aus HgS (Hg-Gehalt: 86,2 %). Vorkommen mit 0,5 % HgS-Gehalt sind noch abbauwürdig. Gewinnung auf trockenem Wege: Das feingemahlene Erz fällt in Öfen bei etwa 700 °C einem Luftstrom entgegen:

$$HgS + O_2 \rightarrow Hg + SO_2 \qquad \Delta H = 189{,}7\ kJ.$$

Oberhalb 737 °C zerfällt Zinnober:

$$HgS \rightarrow Hg + S.$$

Das meiste Hg entweicht dampfförmig, wird kondensiert und in eisernen Behältern gesammelt. Der Rest kondensiert zusammen mit Staub, Teer und Verunreinigungen zu einem feuchten Schlamm, dem *Stupp.* Der Stupp wird mit Ätzalkali gemischt und das metallische Hg herausgepreßt. Das gewonnene Hg ist sehr rein (99,99 %).

Hg wird in eisernen Flaschen gehandelt; das traditionelle Maß ist *flask* oder *Flasche* gleich 34,5 kg. Die Weltproduktion liegt bei etwa 9000 t/a.

Verwendung: Bereits PARACELSUS verschrieb 1527 in Salben feinverteiltes Hg oder HgO als Heilmittel *(graue Salbe)* gegen Syphilis. Große Mengen Hg werden für die Chloralkali-Elektrolyse und als Pigment (Zinnober) verbraucht.

Weitere Verwendung in: elektrischen Batterien, Thermometern, Barometern, Gleichrichtern, Diffusionspumpen, Antibewuchsfarben, Katalysatoren, Hg-Dampflampen, bei Gewinnung der Edelmetalle und als Treibgas für Dampfturbinen.

Amalgame sind Quecksilberlegierungen. In flüssiger Form sind es echte Lösungen der Legierungsmetalle in Hg; teigige oder feste Amalgame sind Gemenge oder intermediäre Phasen.

Wichtigste Verwendung: Verspiegeln, Feuervergolden. DIN EN 21559 beschreibt Zusammensetzung und Qualitätsanforderungen von Zahnamalgamen.

Wichtige **Verbindungen**

Quecksilbersulfid, Zinnober (hexagonal, rot), Metacinnabarit (kubisch, schwarz) HgS ist das bei weitem wichtigste Hg-Erz. Es ist unlöslich in Wasser und verdünnten Säuren. Verwendung neben der Hg-Herstellung als scharlachrotes Pigment und Bestandteil von Leuchtstoffen.

Quecksilberoxid HgO ist je nach Korngröße ein rotes oder gelbes, wasserunlösliches Pulver. Verwendung: Ausgangssubstanz für andere Hg-Verbindungen, Antibewuchsanstriche, Katalysatoren.

Quecksilber(I)-chlorid (Kalomel) Hg_2Cl_2 ist ein weißes, feinkristallines Pulver. Es sublimiert und dunkelt am Licht durch Disproportionierung in $HgCl_2$ und Hg. Verwendung: Kalomelelektroden, Schädlingsbekämpfung, Pyrotechnik, Katalysatoren.

Quecksilber(II)-chlorid (Sublimat) $HgCl_2$ bildet farblose bis weiße kristalline Pulver oder Massen. Gut löslich in Wasser und Alkohol; sehr giftig. Verwendung: Desinfizierung, Beizen von Saatgut (weitgehend eingestellt).

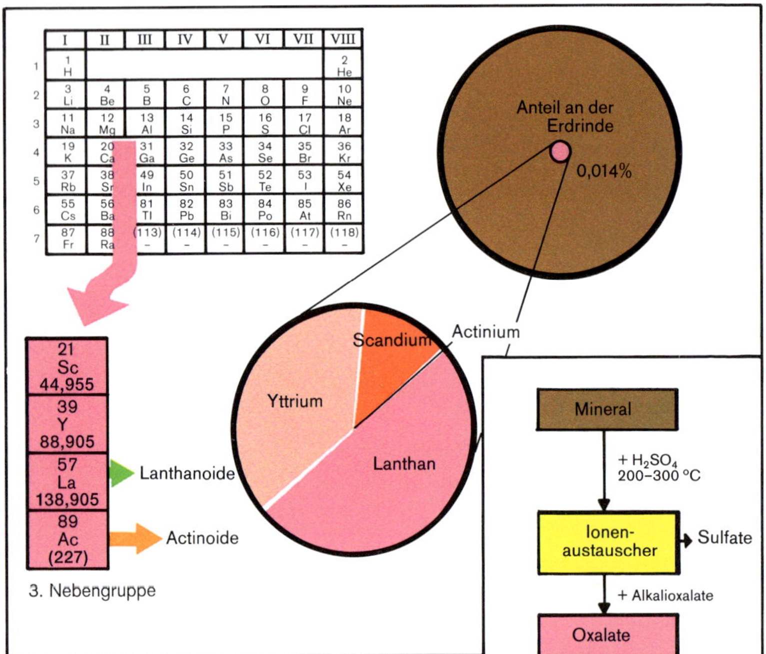

Die Elemente der Scandiumgruppe und ihre Häufigkeit in der Erdrinde

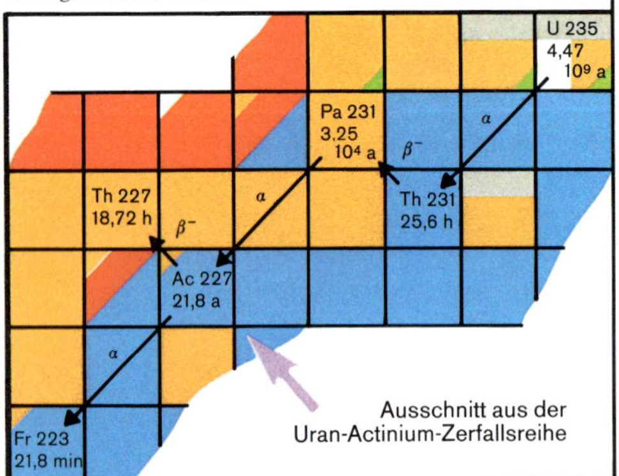

Entstehung und Zerfall des ^{227}Ac

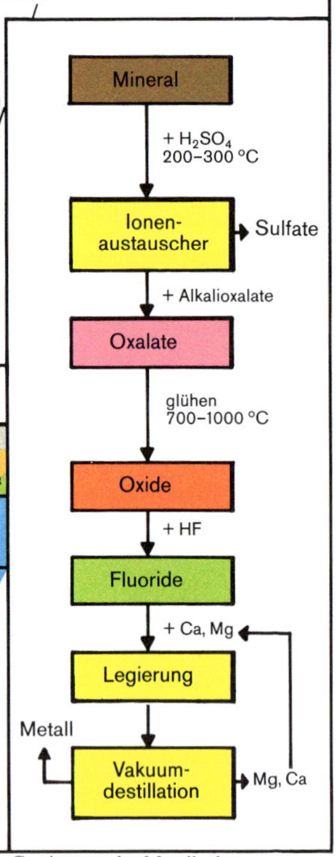

Gewinnung der Metalle der Scandiumgruppe (Schema)

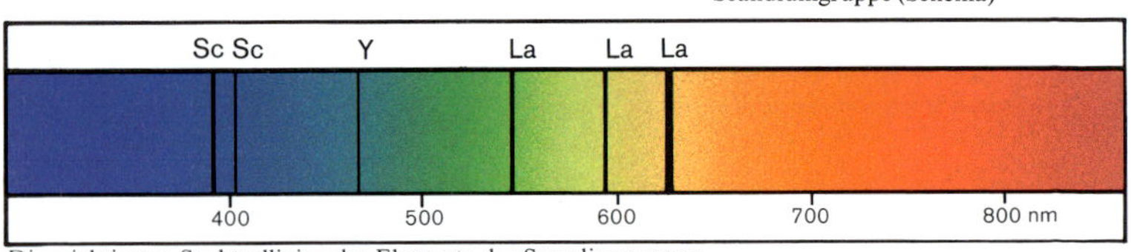

Die wichtigsten Spektrallinien der Elemente der Scandiumgruppe

Die Scandiumgruppe ist die 3. Nebengruppe des Periodensystems. Sie umfaßt die Metalle Scandium (Sc), Yttrium (Y), Lanthan (La) und Actinium (Ac). Das Mengenverhältnis dieser Elemente in der Natur ist $2:5:7:10^{-10}$ (La wird auch unter die Lanthanoide gezählt, Ac unter die Actinoide).
Von den drei Valenzelektronen gehören zwei zur s-Schale und eins zur nächstniedrigeren d-Schale. Die Elemente der Scandiumgruppe sind chemisch den Metallen der 3. Hauptgruppe ähnlich. Wegen ihrer großen chemischen Verwandtschaft untereinander ist die Analyse sehr schwierig. Im allgemeinen erfolgt der Nachweis physikalisch, durch Absorptions- und Emissionsspektroskopie.
Elektrochemisch sind die Elemente der Scandiumgruppe weniger edel als Al und die Metalle der 2. Nebengruppe, jedoch edler als die Elemente der 2. Hauptgruppe. Innerhalb der Gruppe sinkt der edle Charakter von Sc zum Ac. Die Oxidationszahl ist durchweg +3.
Die Hydroxide sind stärker basisch als die der Erdalkali, die Basizität wächst mit *Z:* $Sc(OH)_3$ ist eine sehr schwache Base, $La(OH)_3$ eine starke. Die Oxide der Gruppe reagieren teilweise sehr heftig mit Wasser zu Hydroxiden. Die Wasserlöslichkeit der Sulfate sinkt mit wachsender Protonenzahl.
Mit Ausnahme von Y ist die wirtschaftliche Bedeutung der Gruppenelemente sehr gering.
Die weiteren Elemente der Untergruppen Lanthanoide (15 Elemente von La bis Lu) und Actinoide (15 Elemente von Ac bis Lr) werden separat beschrieben (S. 217 ff. und S. 222 ff.).

Physikalische Eigenschaften

	Sc	Y	La	Ac
Protonenzahl	21	39	57	89
Dichte in g/cm^3	2,989	4,472	6,145	10,07
Schmelzpunkt in °C	1539	1523	920	1050
Siedepunkt in °C	2832	3337	3454	3300
Atomradius im Metallgitter in nm	0,1606	0,1776	0,1807	0,1878
Ionenradius in nm	0,081	0,093	0,115	0,118
1. Ionisierungspotential in eV	6,538	6,377	5,614	4,919

Scandium (Elementsymbol: Sc) ist das von MENDELEJEW 1871 vorhergesagte *Eka-Bor.* Entdeckt wurde es 1879 von LARS NILSON im Mineral Gadolinit; er benannte das Element nach seiner skandinavischen Heimat. Die Darstellung des Metalls gelang erst 1937.
Eigenschaften: Sc ist ein dem Al ähnliches, silberweißes und relativ weiches Leichtmetall. An Luft ist es recht beständig; es läuft erst nach einiger Zeit gelb-rosa an. Die Elektronenkonfiguration ist $[Ar](3d)^1(4s)^2$. Die rel. Atommasse ist 44,9559. Es gibt nur ein stabiles Isotop (^{45}Sc). Die Halbwertszeiten der 28 instabilen Sc-Isotope liegen zwischen 3 ms und 83,8 d (^{46}Sc). Sc hat die Oxidationszahl +3. Es reagiert mit den meisten Säuren zu farblosen Lösungen. Sc gibt dem Beryll seine blaue Farbe. Über die Toxikologie des Sc ist nichts bekannt.
Vorkommen: Sein Anteil an der Erdrinde beträgt etwa $5 \cdot 10^{-4}$ Gewichtsprozent. Das Element ist in geringen Konzentrationen weit verbreitet, aber nur ein Sc-Mineral ist bekannt: Scandiumsilicat (Thortveitit) $(Y, Sc)_2[Si_2O_7]$. Manche, sehr seltene Mineralien wie Wiikite, Wolframit und Bazzite enthalten auch Sc.
Gewinnung aus Scandiumsilicaten oder als Nebenprodukt bei der Uran-Verhüttung, z. B. aus Davidit, einem australischen, vorwiegend aus Eisentitanat bestehenden Mineral mit 0,02 % Sc_2O_3-Gehalt. Darstellung durch Umsetzen zum Chlorid und Schmelzflußelektrolyse von wasserfreiem $ScCl_3$. Reinigung durch Abdestillieren der Verunreinigungen.
Gesamtproduktion einige hundert kg Sc-Metall, vor allem in Australien und Kanada. Verkauf als Draht oder Barren, eingeschlossen in Argon. Verwendung in der Kerntechnik und als Zusatz zu Lichtquellen. Wirtschaftlich unbedeutend.

Yttrium (Elementsymbol: Y) wurde 1794 von JOHAN GADOLIN in dem Mineral Ytterbit (Gadolinit) entdeckt.
Eigenschaften: Y ist ein silberweißes, glänzendes und gut formbares Leichtmetall. Es kristallisiert in zwei Modifikationen:

$$\text{hexagonal} \xrightarrow{>1460\,°C} \text{kubisch-dichteste Packung.}$$

Die Elektronenkonfiguration ist $[Kr]\,(4d)^1(5s)^2$. Die rel. Atommasse ist 88,9059. Es gibt nur ein stabiles Isotop (^{89}Y). Die Halbwertszeiten der 37 instabilen Y-Isotope liegen zwischen 11 ms und 106,6 d (^{88}Y). An Luft ist Y stabil. Oberhalb 470 °C verbrennt es mit rötlich-weißer Flamme (bei großer Oberfläche, z. B. Y-Späne, auch spontan bei Raumtemperatur):

$$4\,Y + 3\,O_2 \rightarrow 2\,Y_2O_3.$$

Im Chlorstrom verbrennt es bereits bei 200 °C:

$$2\,Y + 3\,Cl_2 \rightarrow 2\,YCl_3.$$

Vorkommen: Sein Anteil an der Erdrinde beträgt $3 \cdot 10^{-3}$ Gewichtsprozent. Wichtige *Yttriumminera-lien* sind: Gadolinit (Ytterbit) $Y_2FeBe_2[SiO_4]_2O_2$, Thalenit $Y_2[Si_2O_7]$ und Xenotim YPO_4. Y kommt praktisch in allen Mineralien der Lanthanoide vor. Hauptvorkommen: Brasilien, Indien, China und Rußland.
Relativ häufig im Mondgestein.

Gewinnung in erster Linie aus Monazitsanden (Y-Gehalt: 3 %). Ausgangsmaterial ist Y_2O_3, das man in Drehöfen mit HF zu YF_3 umsetzt. Bei der Reduktion des YF_3 mit Ca- und Mg-Metall entsteht eine Y–Mg–Ca-Legierung, aus der Y bei ca. 1000 °C im Vakuum abdestilliert wird. Die Produktion von Y_2O_3 liegt bei 600 t/a.
Verwendung in erster Linie als mit Eu aktiviertes Y_2O_3 und YVO_4 für die rote Komponente in den Bildröhren der Farbfernsehempfänger. Y-Co-Legierungen dienen als Permanentmagnete. *Yttriumgranat* $Y_3Al_5O_{12}$ ist sehr hart (Mohssche Härte: 8,5) und als künstlicher Diamant bekannt. Y-Metall ist ein Reaktorwerkstoff. *Yttriumoxid* Y_2O_3 bildet farblose Kristalle oder weiße Pulver, schwerlöslich in Wasser. Herstellung durch Glühen von Y, $Y_2(CO_3)_3$ oder $Y(NO_3)_3$. Keramische Werkstoffe aus Y, Ba und CuO – z. B. $(LaBa)_2CuO_2$ – werden bei Temperaturen um 100 K supraleitend und könnten in Zukunft eine überragende Rolle in der Elektrotechnik spielen.

Lanthan (Elementsymbol: La) wurde 1839 von CARL GUSTAF MOSANDER entdeckt; erst 1923 gelang die Darstellung des reinen Metalls. Der Name ist abgeleitet von griech. lanthanein = verborgen sein.
Eigenschaften: La ist ein silbriges, weiches und dehnbares Schwermetall. Drei Modifikationen sind bekannt:

$$\alpha\text{-La (hex.)} \xrightarrow{310\,^\circ C} \beta\text{-La (kub.flz.)} \xrightarrow{863\,^\circ C} \gamma\text{-La (kub.rz.)}.$$

Die Elektronenkonfiguration ist [Xe] $(5d)^1(6s)^2$. Die rel. Atommasse ist 138,9055. Von den beiden stabilen La-Isotopen überwiegt ^{139}La mit 99,91 % bei weitem ^{138}La. Die Halbwertszeiten der 30 instabilen La-Isotope liegen zwischen 24 ms und $1{,}35 \cdot 10^{11}$ a (^{138}La).
La ist sehr reaktionsfreudig und oxidiert sofort oberflächlich an Luft. Es reagiert mit vielen Elementen direkt. Von Wasser wird es sogleich angegriffen. Das Element und seine Verbindungen sind schwach giftig.
Vorkommen: Der Anteil von La an der Erdrinde beträgt etwa $1{,}7 \cdot 10^{-3}$ Gewichtsprozent. Als Begleitmetall kommt La vor allem in Monazit $(Ce,Th)[(P,Si)O_4]$ und in Cersilicaten vor. Gewonnen wird La durch Schmelzflußelektrolyse von $LaCl_3$ und Reinigung mit Hilfe von Ionenaustauschern.
Verwendung mit anderen Seltenen Erdmetallen in Legierungen und als Zusatz in intensiven Lichtquellen.

Lanthanoxid La_2O_3 ist leicht löslich in Säuren. Es wird Gläsern als Stabilisator gegen Basen zugesetzt. Wegen des hohen Schmelzpunktes (2750 °C) dient geglühtes La_2O_3 als Tiegelmaterial und für optische Gläser hoher Brechzahl.

Actinium (Elementsymbol: Ac) wurde 1899 von ANDRÉ DEBIERNE in der Pechblende entdeckt. Der Name ist abgeleitet von griech. aktinoeis = strahlend.
Eigenschaften: Ac ist ein silberweißes, an Luft sofort oxidierendes Schwermetall. Chemisch ist es dem La sehr ähnlich. Die Elektronenkonfiguration ist [Rn] $(6d)^1(7s)^2$. Die rel. Atommasse ist 227,028. Es gibt kein stabiles Ac-Isotop; die Halbwertszeiten der 23 Ac-Isotope liegen zwischen 0,04 µs und 21,8 a (^{227}Ac).
Vorkommen: Da Ac nur als Zwischenprodukt der radioaktiven Zerfallsreihen auftritt, ist es sehr selten (z. B. nur $1{,}5 \cdot 10^{-5}$ Gewichtsprozent in der Pechblende). Gewinnung entweder aus Pechblende und anschließender Reduktion von AcF_3 mit Li-Dampf bei 1200 °C oder durch Bestrahlen von Radium im Kernreaktor:

$$^{226}Ra(n,\gamma)\,^{227}Ra \xrightarrow{\beta^-} {}^{227}Ac.$$

Verwendung als radioaktives Präparat, vor allem zusammen mit den Tochtersubstanzen als α-Strahlenquelle.

Physikalische Eigenschaften der Lanthanoide (Lanthan-Werte s. S. 215)

	Protonenzahl	Dichte in g/cm³	Schmelzpunkt in °C	Siedepunkt in °C	Atomradius im Metallgitter in nm	Ionenradius in nm	1. Ionis.-Potential in eV
Ceriterden							
Ce	58	6,773	798	3426	0,1825	0,1034	6,54
Pr	59	6,773	935	3520	0,1820	0,1013	5,76
Nd	60	7,003	1016	3067	0,1814	0,0995	6,31
Pm	61	7,264	1042	3000	0,1810	0,0981	
Sm	62	7,502	1072	1794	0,1802	0,0964	5,6
Eu	63	5,245	826	1597	0,1995	0,0950	5,67
Gd	64	7,886	1312	3267	0,1787	0,0938	6,16
Yttererden							
Tb	65	8,253	1356	2480	0,1763	0,0923	6,74
Dy	66	8,559	1407	2562	0,1752	0,0908	6,82
Ho	67	8,78	1470	2695	0,1743	0,0894	
Er	68	9,066	1522	2862	0,1734	0,0881	6,08
Tm	69	9,318	1545	1725	0,1724	0,0869	5,81
Yb	70	6,972	816	1193	0,1940	0,0858	6,22
Lu	71	9,8404	1656	3315	0,1718	0,0848	6,15

Die **Lanthanoide** (Lanthaniden) bilden eine Untergruppe der 3. Nebengruppe des Periodensystems. Sie umfassen die 15 auf das Barium folgenden Elemente. Innerhalb der Gruppe lassen sich zwei Subgruppen unterscheiden: 1. *Ceriterden:* Die Oxide von Cer (Ce), Praseodym (Pr), Neodym (Nd), Promethium (Pm), Samarium (Sm), Europium (Eu) und Gadolinium (Gd). 2. *Yttererden:* Die Oxide von Terbium (Tb), Dysprosium (Dy), Holmium (Ho), Erbium (Er), Thulium (Tm), Ytterbium (Yb) und Lutetium (Lu).

Metalle der Seltenen Erden, Seltenerdmetalle heißen die um Sc und Y erweiterten Lanthanoide.

4f-Metalle werden die um La und Lu verringerten Lanthanoide genannt.

JOHAN GADOLIN entdeckte 1794 im Mineral Ytterbit ein neues Element und nannte es Yttererde. Neun Jahre später fand JÖNS JAKOB BERZELIUS im Mineral Cerit ein verwandtes Element; er nannte es Ceriterde. Erst 1839 gelang es CARL GUSTAF MOSANDER, Yttererde und Ceriterde weiter aufzuspalten und zu zeigen, daß beide aus einer Anzahl chemisch außerordentlich eng verwandter Elemente bestehen. 1945 wurde das noch fehlende Element 61 (Promethium) als Bruchstück der Uran-Spaltung isoliert.

Eigenschaften: Die Lanthanoide sind silberglänzende, an Luft sofort oxidierende, reaktionsfreudige Metalle. Sie kristallisieren meist in dichtester Kugelpackung. Die Elemente unterscheiden sich untereinander vorwiegend im Aufbau der drittäußersten, also der 4. Elektronenschale. Das hat nur sehr geringen Einfluß auf die chemischen Eigenschaften; die Lanthanoide sind daher untereinander außerordentlich ähnlich. Innerhalb der Lanthanoide beobachtet man eine schwache Periodizität, am deutlichsten bei den dreifach geladenen Ionen:

La^{3+}	Ce^{3+}	Pr^{3+}	Nd^{3+}	Pm^{3+}	Sm^{3+}	Eu^{3+}
	Tb^{3+}	Dy^{3+}	Ho^{3+}	Er^{3+}	Tm^{3+}	Yb^{3+}

Diese Periodizität spiegelt sich z. B. in der Farbe der Ionen, dem Atomvolumen, den Dichten, Schmelzpunkten, Verdampfungswärmen und in den magnetischen Momenten der Lanthanoide wider.

Im allgemeinen sind jedoch die Eigenschaften der Lanthanoide aperiodisch, d. h. sie ändern sich stetig von einem zum nächsten Gruppenelement. Das ist besonders deutlich in der Lanthanoidenkontraktion, der Abnahme der Ionenradien mit wachsender Ordnungszahl, hervorgerufen durch die steigende Kernladung und die daraus resultierende festere Bindung der Elektronen.

Die Lanthanoide zersetzen Wasser und Säuren unter H_2-Entwicklung. Sie reagieren leicht mit H_2, Cl_2, O_2 und N_2. Die Lanthanoide haben alle die Oxidationszahl +3; +2 tritt zusätzlich bei Sm, Eu, Tm und Yb auf. +4 bei Ce, Pr, Nd, Tb und Dy. Die Basizität der Hydroxide sinkt mit wachsendem *Z*, amphotere Hydroxide werden nicht beobachtet. Mit H_2 entstehen feste, schwarze Hydridphasen *(Lanthanoid)* H_{2-3}. Halogene formen im allgemeinen Trihalogene; bei Ce, Pr, Tb und Dy werden Tetrafluoride beobachtet. Die Reaktion mit O_2 führt zu Oxiden: *(Lanthanoid)*$_2O_3$; Ausnahme: CeO_2. Die Nitride *(Lanthanoid)*N besitzen Kochsalzgitter-Struktur. Die dreifach geladenen Lanthanoid-Ionen sind in wäßriger Lösung hydratisiert, z. B. $[Gd(H_2O)_6]^{3+}$.

Die Schwerlöslichkeit der Lanthanoidenoxalate ist charakteristisch und dient zur Abtrennung von anderen Elementen.

Physikalische Eigenschaften: s. Tab. S. 216.

Nachweis: Qualitativ werden die Lanthanoide meist als ganze Gruppe nachgewiesen, z. B. durch Ausfällen mit Oxalsäure bzw. Ammoniumoxalaten aus neutraler oder schwach saurer Lösung. Der quantitative Nachweis erfolgt in hochauflösenden optischen Spektrometern oder über das Röntgenspektrum.

Vorkommen: Die meisten »Seltenen Erden« sind gar nicht so selten. Ihr Anteil an der Erdrinde beträgt zusammen etwa 0,02 Gewichtsprozent. Wegen ihrer relativ großen Ionenradien sind sie meist nicht in die Gitterstruktur der gesteinsbildenden Mineralien eingebaut, sondern erscheinen in eigenen, kristallisierten Phasen (Erstarrungsgesteine, kristallisierte Schiefer). Ihre große Ähnlichkeit untereinander führt zu isomorpher Vertretbarkeit, d. h. sie kommen meist gemeinsam vor. Lanthanoide mit gerader Protonenzahl sind häufiger als jene mit ungeradem *Z*.

Wichtige *Mineralien* sind für die leichten Lanthanoide: Monazit (Ce,Th) $[(P,Si)O_4]$ und Bastnäsit (Ce, La, Dy)CO_3F; für die schweren Lanthanoide: Thalenit $Y_2[Si_2O_7]$ und Thortveitit $(Y,Sc)_2[Si_2O_7]$.

Leicht zugänglich sind sekundäre Ablagerungen wie *Monazitsande.* Typische Zusammensetzung:

Ce_2O_3	35%	Sm_2O_3	3%
La_2O_3	15%	Yttererden	4%
Pr_6O_{11}	10%	P_2O_5	26%
Nd_2O_3	5%	SiO_2	2%

Hauptlagerstätten in Skandinavien, Indien, Rußland, USA, Dem. Rep. Kongo und Südafrika.

Gewinnung in erster Linie aus Monazitsanden, Bastnäsit und den Abgängen aus der Urangewinnung.

Die pulverisierten Ausgangssubstanzen werden in der Hitze mit konzentrierter Schwefelsäure behandelt. Es entstehen Lanthanoidensulfate, die mit Eiswasser herausgelöst und bei einem geeigneten pH-Wert durch Oxalsäure ausgefällt werden. Durch Erhitzen gehen die Oxalate in Oxide über.

Die Trennung der einzelnen Lanthanoide erfolgte früher durch vielfaches Umkristallisieren und Fällen. Heute ist diese mühsame Methode durch Separation im *Ionenaustauscher* ersetzt:

Es werden zwei Effekte ausgenutzt: 1. Die mit dem Ionenradius (also von Lu zum Ce) wachsende Tendenz zum Ionenaustausch in organischen Harzen (z. B. sulfonsaures Polystyrol). 2. Die vom Ce zum Lu wachsende Neigung der Lanthanoide, anionische Komplexe zu bilden.

In der von oben beschickten Austauschersäule reichern sich die schweren Lanthanoide unten, die leichten oben an. Anschließend wird die beladene Säule mit einem Komplexbildner (z. B. Citronensäure, Ammoniumcitrat) ausgewaschen. Die unten gespeicherten Lanthanoide werden leichter in lösliche Komplexe überführt und tropfen zu Anfang heraus. Bei optimaler Einstellung der Trennprozesse erscheinen die Lanthanoide in umgekehrter Reihenfolge ihrer Protonenzahl.

Die von FRANK HAROLD SPEDDING seit 1947 entwickelte Ionenaustauscher-Methode liefert spektralreine Lanthanoiden-Ionen in Kilogramm-Mengen.

57 La 138,91	58 Ce 140,12	59 Pr 140,91	60 Nd 144,24	61 Pm (145)	62 Sm 150,4	63 Eu 151,96	64 Gd 157,25
	65 Tb 158,93	66 Dy 162,50	67 Ho 164,93	68 Er 167,26	69 Tm 168,93	70 Yb 173,04	71 Lu 174,97

Die Lanthanoide

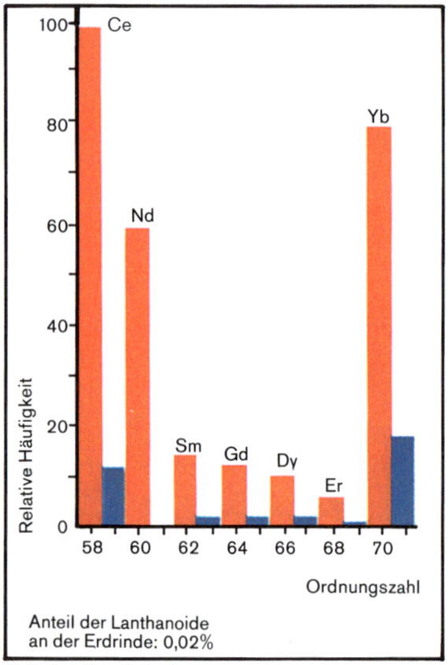

Relative Häufigkeit

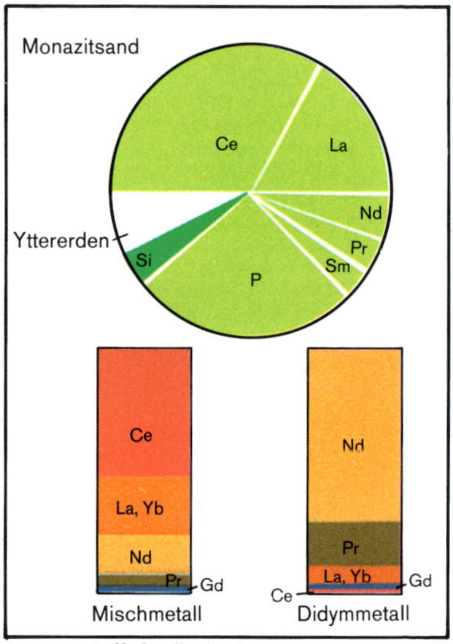

Ausgangsstoffe für die Gewinnung

Barium	$_{56}$Ba	[Kr] $(4d)^{10}$	$(5s)^2$ $(5p)^6$	$(6s)^2$	
Lanthan	$_{57}$La	[Kr] $(4d)^{10}$	$(5s)^2$ $(5p)^6$ $(5d)^1$	$(6s)^2$	
Cer	$_{58}$Ce	[Kr] $(4d)^{10}$ $(4f)^2$	$(5s)^2$ $(5p)^6$	$(6s)^2$	
Praseodym	$_{59}$Pr	[Kr] $(4d)^{10}$ $(4f)^3$	$(5s)^2$ $(5p)^6$	$(6s)^2$	
Neodym	$_{60}$Nd	[Kr] $(4d)^{10}$ $(4f)^4$	$(5s)^2$ $(5p)^6$	$(6s)^2$	Ceriterden
Promethium	$_{61}$Pm	[Kr] $(4d)^{10}$ $(4f)^5$	$(5s)^2$ $(5p)^6$	$(6s)^2$	
Samarium	$_{62}$Sm	[Kr] $(4d)^{10}$ $(4f)^6$	$(5s)^2$ $(5p)^6$	$(6s)^2$	
Europium	$_{63}$Eu	[Kr] $(4d)^{10}$ $(4f)^7$	$(5s)^2$ $(5p)^6$	$(6s)^2$	
Gadolinium	$_{64}$Gd	[Kr] $(4d)^{10}$ $(4f)^7$	$(5s)^2$ $(5p)^6$ $(5d)^1$	$(6s)^2$	
Terbium	$_{65}$Tb	[Kr] $(4d)^{10}$ $(4f)^9$	$(5s)^2$ $(5p)^6$	$(6s)^2$	Lanthanoide
Dysprosium	$_{66}$Dy	[Kr] $(4d)^{10}$ $(4f)^{10}$	$(5s)^2$ $(5p)^6$	$(6s)^2$	
Holmium	$_{67}$Ho	[Kr] $(4d)^{10}$ $(4f)^{11}$	$(5s)^2$ $(5p)^6$	$(6s)^2$	
Erbium	$_{68}$Er	[Kr] $(4d)^{10}$ $(4f)^{12}$	$(5s)^2$ $(5p)^6$	$(6s)^2$	Yttererden
Thulium	$_{69}$Tm	[Kr] $(4d)^{10}$ $(4f)^{13}$	$(5s)^2$ $(5p)^6$	$(6s)^2$	
Ytterbium	$_{70}$Yb	[Kr] $(4d)^{10}$ $(4f)^{14}$	$(5s)^2$ $(5p)^6$	$(6s)^2$	
Lutetium	$_{71}$Lu	[Kr] $(4d)^{10}$ $(4f)^{14}$	$(5s)^2$ $(5p)^6$ $(5d)^1$	$(6s)^2$	
Hafnium	$_{72}$Hf	[Kr] $(4d)^{10}$ $(4f)^{14}$	$(5s)^2$ $(5p)^6$ $(5d)^2$	$(6s)^2$	
Tantal	$_{73}$Ta	[Kr] $(4d)^{10}$ $(4f)^{14}$	$(5s)^2$ $(5p)^6$ $(5d)^3$	$(6s)^2$	

Elektronenkonfiguration

Darstellung der Metalle durch Metallothermie mit Na, Ca, Mg oder La in inerter Atmosphäre. Wird ein Lanthanoidengemisch als wasserfreies Chlorid der Schmelzflußelektrolyse unterworfen, so entsteht *Mischmetall.* Wurde vorher aus dem Chloridgemisch Cer abgereichert, so erhält man *Didymmetall:*

	Mischmetall	Didymmetall
Ce	53%	0,2%
Nd	16%	72%
Pr	5%	18%
Gd	2%	2%
La + Yb	24%	7,8%

Verwendung überwiegend als Katalysator zum Cracken von Erdöl. Weiterhin: Leuchtstoffe für Farbfernseher, Zusätze für Hg- und Leuchtstofflampen zur Verbesserung der Lichtspektren, Feuersteine, Legierungen, Spezialgläser, Regelstäbe für Kernreaktoren.

Lanthan s. S. 216

Cer (Elementsymbol: Ce) wurde 1803 von M. H. Klaproth entdeckt und nach dem Planetoiden Ceres benannt. Die erste Darstellung als Metall gelang 1875. Cer ist von allen Lanthanoiden am häufigsten; es hat einen Anteil an der Erdrinde von etwa $4{,}3 \cdot 10^{-3}$ Gewichtsprozent. Vier stabile Cer-Isotope sind bekannt. Es ist ein graues, glänzendes, dehnbares und an Luft unbeständiges Schwermetall mit der rel. Atommasse 141,12 und den Oxidationszahlen +3 und (seltener) +4. Vier Modifikationen treten auf:

$$\alpha\text{-Cer} \xrightarrow{-196\,°\mathrm{C}} \beta\text{-Cer} \xrightarrow{-23\,°\mathrm{C}} \gamma\text{-Cer} \xrightarrow{726\,°\mathrm{C}} \delta\text{-Cer.}$$

Cer ist das reaktionsfreudigste aller Lanthanoide und entzündet sich bereits bei geringer Energiezufuhr. Es reagiert schnell in heißem Wasser und ist unter Reaktion löslich in Alkohol und Säuren. Die Oxide sind wichtige Bestandteile der Gasglühstrümpfe und von selbstreinigenden Öfen. Poliermittel für Gläser, Zusatz zu Lichtbögen. Katalysator, Bestandteil von (Fe, Al)-Legierungen, Kernreaktorwerkstoff.

Praseodym (Elementsymbol: Pr) wurde 1885 durch Auer von Welsbach aus der Ceriterde Didym dargestellt; der Name bedeutet »grünes Didym«. Sein Anteil an der Erdrinde ist etwa $5 \cdot 10^{-4}$ Gewichtsprozent. Es gibt nur ein stabiles Pr-Isotop (^{141}Pr). Pr ist ein weiches, silbriges und dehnbares Schwermetall mit der rel. Atommasse 140,9077 und den Oxidationszahlen +3 und (seltener) +4.
Aufbewahrung in leichtem Mineralöl. An Luft bildet Pr eine grüne, abblätternde Oxidschicht. Das Oxid Pr_2O_3 ist ungewöhnlich stark lichtbrechend. Verwendung in Elektroden für Lichtbogenanlagen, zum Gelbfärben von Gläsern und Emaille.

Neodym (Elementsymbol: Nd) wurde 1885 durch Auer von Welsbach aus der Ceriterde Didym abgetrennt; der Name bedeutet »neues Didym«. Erste Reindarstellung 1925. Nd steht an 32. Stelle der Elementhäufigkeit; mit einem Anteil an der Erdrinde von etwa $2{,}2 \cdot 10^{-3}$ Gewichtsprozent ist es häufiger als Blei und Zinn. Nd ist ein silbrigglänzendes, schwach giftiges Schwermetall mit der rel. Atommasse 144,24 und den Oxidationszahlen +3 und (seltener) +4. Zwei Modifikationen sind bekannt:

$$\text{hexagon. Nd} \xrightarrow{860\,°\mathrm{C}} \text{kub.raumz. Nd}$$

Relativ reaktionsfreudig, bildet Nd an Luft eine abblätternde Oxidschicht. Aufbewahrung in leichtem Mineralöl. Verwendung: Färben von Glas (violett bis rot und grau), astronomische Absorptionsfilter. Als Spurenbeimischung aktiver Bestandteil des Nd-YAG-Lasers. Emaille-Farbstoffe. Bestandteil von Sonnenschutzgläsern.

Promethium (Elementsymbol: Pm) wurde 1945 von J. A. Marinsky, L. E. Glendenin und C. D. Coryell aus Spaltprodukten des Uran isoliert. Benannt nach Prometheus, der (in der griech. Sage) den Menschen das Feuer brachte. Pm ist radioaktiv; es besitzt keine stabilen Isotope. Die Halbwertszeit des langlebigsten Isotops (^{145}Pm) beträgt 17,7 a. Über das Metall ist wenig bekannt, da es bisher nur in geringen Mengen dargestellt wurde. ^{147}Pm (Halbwertszeit 2,62 a) findet Verwendung als weicher β-Strahler zur Dikkenmessung und in Isotopenbatterien.

Samarium (Elementsymbol: Sm) wurde 1879 von Lecoq de Boisbaudran in dem Uran-Tantal-Mineral Samarskit entdeckt. Erste Reindarstellung durch E.-A. Demarçay 1901. Der Anteil an der Erdrinde liegt bei $6 \cdot 10^{-4}$ Gewichtsprozent. Es gibt 7 stabile Sm-Isotope. Sm ist ein hellsilbernes, an Luft relativ beständiges Schwermetall mit der rel. Atommasse 150,36 und den Oxidationszahlen +3 und (seltener) +2. Zwei Modifikationen treten auf:

$$\alpha\text{-Samarium} \xrightarrow{917\,°\mathrm{C}} \beta\text{-Samarium.}$$

Bereits oberhalb 150 °C verbrennt Sm an Luft. Verwendung als Neutronenabsorber in Kernreaktoren, Infrarotabsorber in Gläsern und zum Dotieren von Laserkristallen. $SmCO_2$ ist ein außerordentlich stabiler Permanentmagnet.

Die Sm-Nd-Altersbestimmungsmethode beruht auf dem α-Zerfall des ^{147}Sm. Es gelingt, Gesteine mit einem Alter um 10^{11} a zu datieren.

Europium (Elementsymbol: Eu) wurde 1901 von E.-A. Demarçay entdeckt. Eu ist ein seltenes Lanthanoid. Sein Anteil an der Erdrinde beträgt etwa $1 \cdot 10^{-4}$ Gewichtsprozent. Es gibt zwei stabile Eu-Isotope.
Eu ist ein silberweißes, dehnbares und bleiweiches Schwermetall mit der rel. Atommasse 151,96 und den Oxidationszahlen +3 und (seltener) +2. Eu ist neben Ce das reaktionsfreudigste aller Lanthanoide. Es oxidiert sofort an Luft und färbt die Flamme rot. Mit Wasser reagiert es ähnlich wie Ca. Es ist ein guter Neutronenabsorber und Bestandteil von Reaktorregelstäben. Eu dient als Aktivator in Szintillationskristallen, in Farbfernsehbildröhren und als Material in Lasern.

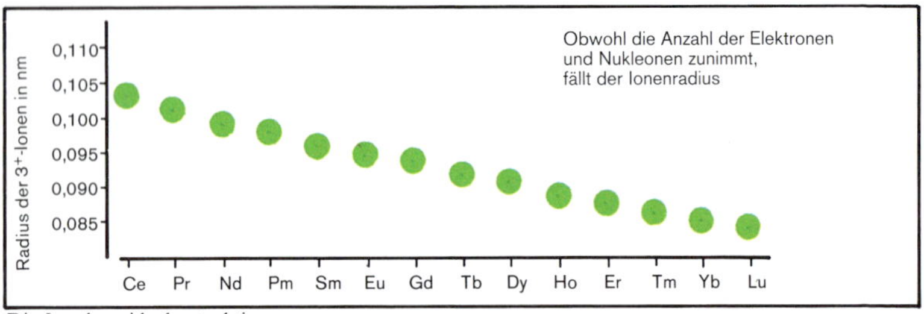

Die Lanthanoidenkontraktion

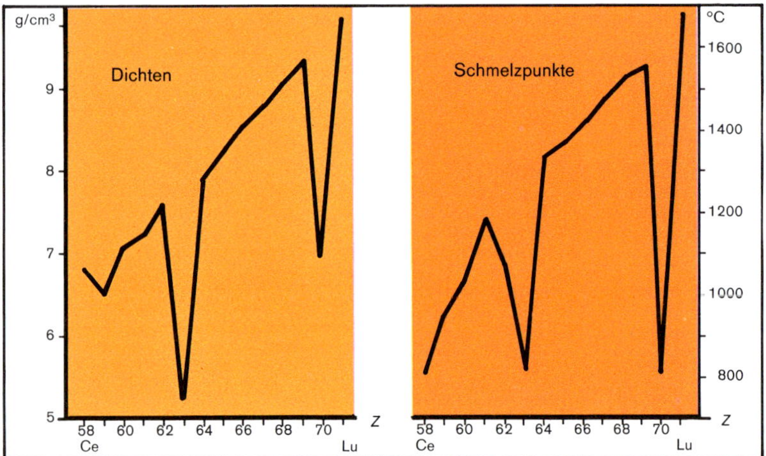

Dichte und Schmelzpunkt der Lanthanoide

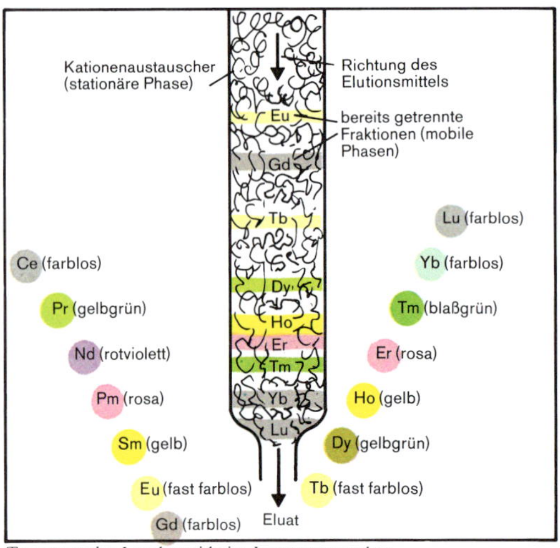

Trennung der Lanthanoide im Ionenaustauscher. Farben der dreifach geladenen Lanthanoiden-Ionen

	Wellenlänge in nm
Cer	253
Praseodym	444
Neodym	522; 575; 740
Samarium	402
Europium	394
Gadolinium	273
Terbium	219
Dysprosium	350; 911
Holmium	416; 537
Erbium	379; 523
Ytterbium	973

Wichtige Absorptionslinien der Lanthanoide

Gadolinium (Elementsymbol: Gd) wurde 1880 von JEAN DE MARIGNAC entdeckt und nach JOHAN GADOLIN benannt. Sein Anteil an der Erdrinde beträgt etwa $6 \cdot 10^{-4}$ Gewichtsprozent. Es gibt 7 stabile Gd-Isotope. Gd ist ein silberglänzendes, weiches und dehnbares Schwermetall mit der rel. Atommasse 157,25 und der Oxidationszahl +3. Zwei Modifikationen sind bekannt:

$$\alpha\text{-Gadolinium} \xrightarrow{1262\,°\mathrm{C}} \beta\text{-Gadolinium}.$$

An trockner Luft ist Gd relativ stabil, an feuchter Luft oxidiert es in sich ablösenden Schuppen. Es reagiert nur langsam mit Wasser und löst sich in verdünnten Säuren. ^{155}Gd und ^{157}Gd haben die höchsten bekannten Einfangquerschnitte für thermische Neutronen: 61000 bzw. 254000 barn. Gd ist ferromagnetisch; sein Curie-Punkt liegt bei 16°C. Verwendung in Hochtemperaturlegierungen, Supraleitern, Magneten und elektronischen Bauteilen.

Terbium (Elementsymbol: Tb) wurde 1843 von CARL MOSANDER im Mineral Ytterbit gefunden und nach dem Ort Ytterby benannt. Sein Anteil an der Erdrinde ist etwa $8 \cdot 10^{-5}$ Gewichtsprozent. Es gibt nur ein stabiles Tb-Isotop (^{159}Tb). Tb ist ein silbergraues, dehnbares und sehr weiches Schwermetall mit der rel. Atommasse 158,9254 und den Oxidationszahlen +3 und (seltener) +4. Zwei Modifikationen sind bekannt:

$$\alpha\text{-Terbium} \xrightarrow{1315\,°\mathrm{C}} \beta\text{-Terbium}.$$

Gewinnung aus Monazitsanden (0,03 % Tb-Gehalt). Tb ist relativ stabil an Luft. Verwendung in Lasern, Leuchtstoffen, Halbleitern, als Kristallstabilisator für Hochtemperatur-Brennstoffzellen und in der Beschichtung für MO-Disks.

Dysprosium (Elementsymbol: Dy) wurde 1886 von LECOQ DE BOISBAUDRAN entdeckt und nach seiner schwierigen Abtrennung (griech. dysporos = schwierig) benannt. Sein Anteil an der Erdrinde ist etwa $4{,}2 \cdot 10^{-4}$ Gewichtsprozent. Es gibt 7 stabile Dy-Isotope. Dy ist ein hellglänzendes, silbriges und weiches Schwermetall mit der rel. Atommasse 162,50 und den Oxidationszahlen +3 und (seltener) +4. Zwei Modifikationen sind bekannt:

$$\alpha\text{-Dysprosium} \xrightarrow{1360\,°\mathrm{C}} \beta\text{-Dysprosium}.$$

An Luft ist Dy recht beständig. In Mineralsäuren löst es sich unter Wasserstoffentwicklung. Lediglich in der Kerntechnik findet Dy vereinzelt Verwendung.

Holmium (Elementsymbol: Ho) wurde 1879 von PER CLEVE isoliert. Der Name geht auf Stockholm, die Heimat Cleves, zurück. Der Anteil von Ho an der Erdrinde ist etwa $1 \cdot 10^{-4}$ Gewichtsprozent. Es gibt nur ein stabiles Ho-Isotop (^{165}Ho).
Ho ist ein metallisch schimmerndes, weiches und geschmeidiges Schwermetall mit der rel. Atommasse 164,9304 und der Oxidationszahl +3. Ho ist stabil an trockner Luft, oxidiert aber rasch bei höherer Temperatur und an feuchter Luft. Seine magnetischen Eigenschaften sind ungewöhnlich. Verwendung als Aktivator in Farbfernsehschirmen.

Erbium (Elementsymbol: Er) wurde 1843 von CARL MOSANDER in Oxidform isoliert; Namensgebung nach der Stadt Ytterby. 1879 gelang es, das Metall darzustellen. Der Anteil an der Erdrinde ist etwa $2{,}5 \cdot 10^{-4}$ Gewichtsprozent. Es gibt 6 stabile Er-Isotope.
Er ist ein silbernes, metallisch glänzendes, weiches und dehnbares Schwermetall mit der rel. Atommasse 167,26 und der Oxidationszahl +3. An Luft ist es relativ stabil. Verwendung als Legierungsbestandteil, in der Kerntechnik und zum Färben (rosa) von Gläsern und Emaille.

Thulium (Elementsymbol: Tm) wurde 1879 zusammen mit Holmium von PER CLEVE entdeckt und nach dem alten Namen für Skandinavien benannt. Tm ist das seltenste aller Lanthanoide und als Metall erst seit 1950 erhältlich. Der Anteil an der Erdrinde ist etwa $2 \cdot 10^{-5}$ Gewichtsprozent. Es gibt nur ein stabiles Tm-Isotop (^{169}Tm). Tm ist ein silbergraues, weiches, schmiegsames Schwermetall mit der rel. Atommasse 168,9342 und den Oxidationszahlen +3 und (seltener) +2. Es ist ziemlich stabil an trockner Luft, muß aber vor Feuchtigkeit geschützt werden. Wegen des hohen Preises nur geringe Verwendung, möglicherweise als Strahlenquelle (^{170}Tm, ^{171}Tm) und in Ferriten für die Elektronik.

Ytterbium (Elementsymbol: Yb) wurde 1907 von AUER VON WELSBACH in der Yttererde entdeckt. Erst 1937 als Metall dargestellt. Der Anteil an der Erdrinde ist etwa $4 \cdot 10^{-3}$ Gewichtsprozent. Es gibt 7 stabile Yb-Isotope. Yb ist ein hellsilbriges, weiches und dehnbares Schwermetall mit der rel. Atommasse 173,04 und den Oxidationszahlen +3 und (seltener) +2. Neben den beiden Formen

$$\alpha\text{-Ytterbium} \xrightarrow{798\,°\mathrm{C}} \beta\text{-Ytterbium}$$

ist noch eine Hochtemperaturmodifikation bekannt. Gewinnung aus Monazitsanden. Yb ist relativ stabil an trockner Luft, wird von Wasser langsam angegriffen und löst sich leicht in Mineralsäuren. α-Yb wird unter hohem Druck zum Halbleiter. Es dient als Legierungsbestandteil für rostfreie Stähle.

Lutetium (Elementsymbol: Lu) wurde 1907 von GEORGES URBAIN und AUER VON WELSBACH entdeckt. Es ist heute nach dem alten Namen für Paris (Lutetia) benannt; vor 1949 galt auch der Name *Cassiopeium* (Cp). Das Metall ist außerordentlich schwierig zu separieren; es gelang in kleinen Mengen erst nach 1950. Der Anteil an der Erdrinde liegt bei $7 \cdot 10^{-5}$ Gewichtsprozent. Es gibt zwei stabile Lu-Isotope. Lu ist ein silberweißes Schwermetall mit der rel. Atommasse 174,97 und der Oxidationszahl +3. Bisher wird Lu nur als Katalysator in der Erdölindustrie verwendet.

89 Ac (227)	90 Th 232,04	91 Pa 231,04	92 U 238,03	93 Np 237,05	94 Pu (242)	95 Am (243)	96 Cm (247)
	97 Bk (247)	98 Cf (251)	99 Es (252)	100 Fm (257)	101 Md (258)	102 No (259)	103 Lr (260)

Die Actinoide

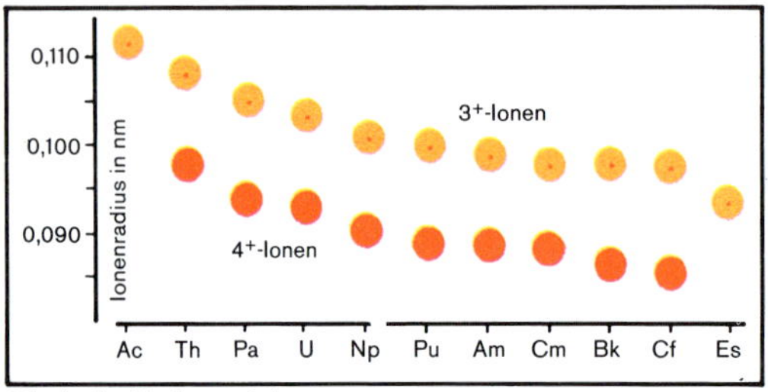

Die Actinoidenkontraktion

104 Rf Rutherfordium	105 Db Dubnium	106 Sg Seaborgium	107 Bh Bohrium	108 Hs Hassium	109 Mt Meitnerium

Neue Transfermium-Elemente

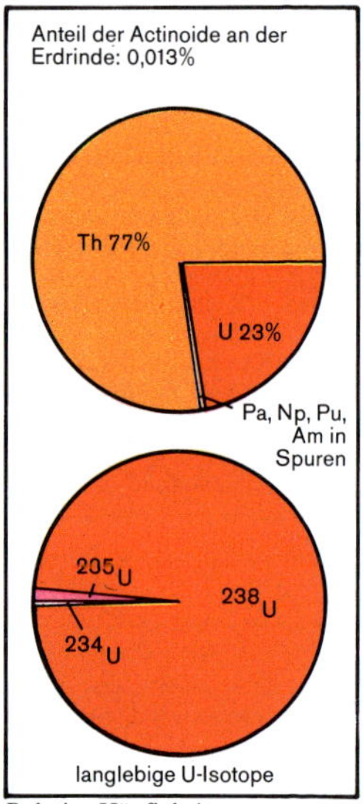

Relative Häufigkeit

	Radium	$_{88}Ra$	[Xe] (4f)^{14}	(5d)^{10}	(6s)^2 (6p)^6	(7s)^2
	Actinium	$_{89}Ac$	[Xe] (4f)^{14}	(5d)^{10}	(6s)^2 (6p)^6 (6d)^1	(7s)^2
Actinoide	Thorium	$_{90}Th$	[Xe] (4f)^{14}	(5d)^{10}	(6s)^2 (6p)^6 (6d)^2	(7s)^2
Actinoide	Protactinium	$_{91}Pa$	[Xe] (4f)^{14}	(5d)^{10} (5f)^2	(6s)^2 (6p)^6 (6d)^1	(7s)^2
Actinoide	Uran	$_{92}U$	[Xe] (4f)^{14}	(5d)^{10} (5f)^3	(6s)^2 (6p)^6 (6d)^1	(7s)^2
Actinoide	Neptunium	$_{93}Np$	[Xe] (4f)^{14}	(5d)^{10} (5f)^4	(6s)^2 (6p)^6 (6d)^1	(7s)^2
Actinoide	Plutonium	$_{94}Pu$	[Xe] (4f)^{14}	(5d)^{10} (5f)^6	(6s)^2 (6p)^6	(7s)^2
Actinoide	Americium	$_{95}Am$	[Xe] (4f)^{14}	(5d)^{10} (5f)^7	(6s)^2 (6p)^6	(7s)^2
Actinoide	Curium	$_{96}Cm$	[Xe] (4f)^{14}	(5d)^{10} (5f)^7	(6s)^2 (6p)^6 (6d)^1	(7s)^2
Actinoide	Berkelium	$_{97}Bk$	[Xe] (4f)^{14}	(5d)^{10} (5f)^9	(6s)^2 (6p)^6	(7s)^2
Actinoide	Californium	$_{98}Cf$	[Xe] (4f)^{14}	(5d)^{10} (5f)^{10}	(6s)^2 (6p)^6	(7s)^2
Actinoide	Einsteinium	$_{99}Es$	[Xe] (4f)^{14}	(5d)^{10} (5f)^{11}	(6s)^2 (6p)^6	(7s)^2
Actinoide	Fermium	$_{100}Fm$	[Xe] (4f)^{14}	(5d)^{10} (5f)^{12}	(6s)^2 (6p)^6	(7s)^2
Actinoide	Mendelevium	$_{101}Md$	[Xe] (4f)^{14}	(5d)^{10} (5f)^{13}	(6s)^2 (6p)^6	(7s)^2
Actinoide	Nobelium	$_{102}No$	[Xe] (4f)^{14}	(5d)^{10} (5f)^{14}	(6s)^2 (6p)^6	(7s)^2
Actinoide	Lawrencium	$_{103}Lr$	[Xe] (4f)^{14}	(5d)^{10} (5f)^{14}	(6s)^2 (6p)^6 (6d)^1	(7s)^2
	Rutherfordium	$_{104}Rf$	[Xe] (4f)^{14}	(5d)^{10} (5f)^{14}	(6s)^2 (6p)^6 (6d)^2	(7s)^2
	Dubnium	$_{105}Db$	[Xe] (4f)^{14}	(5d)^{10} (5f)^{14}	(6s)^2 (6p)^6 (6d)^3	(7s)^2

Transactinoide

Elektronenkonfiguration

Die **Actinoide** – auch Actiniden oder Elemente der Actiniumreihe genannt – bilden eine Untergruppe der 3. Nebengruppe des Periodensystems. Es sind die 15 auf das Radium folgenden Elemente: Actinium (Ac), Thorium (Th), Protactinium (Pa), Uran (U), Neptunium (Np), Plutonium (Pu), Americium (Am), Curium (Cm), Berkelium (Bk), Californium (Cf), Einsteinium (Es), Fermium (Fm), Mendelevium (Md), Nobelium (No) und Lawrencium (Lr).

Die in der ersten Hälfte des 20. Jahrhunderts entdeckten Elemente mit $Z > 100$ werden auch Transfermium-Elemente genannt.

Bis 1940 waren erst Th, Pa und U bekannt; sie schienen die jeweiligen Endglieder der 4., 5. und 6. Nebengruppen zu sein. Erst nach der Synthetisierung von Neptunium und Plutonium bewies 1944 G. T. Seaborg, daß sie die Anfangsglieder einer den Lanthanoiden homologen Gruppe bilden. Das nach der Ordnungszahl auf Lr folgende Element Rutherfordium ist dagegen eindeutig ein Mitglied der 4. Nebengruppe.

Die Elemente mit $Z > 92$ heißen **Transurane.** Die erst in der 2. Hälfte des 20. Jahrhunderts entdeckten Elemente mit $Z > 103$ werden auch **Transactinoide** genannt; es sind jedoch keine Actinoide, sondern Mitglieder der Nebengruppen 4 bis 8.

Eigenschaften: Die Actinoide sind durchweg silberweiße, an Luft sofort oxidierende, reaktionsfreudige Metalle. Sie sind alle radioaktiv, doch haben die leichten Actinoide zum Teil sehr lange Halbwertszeiten, z. B. ^{238}U mit $4{,}51 \cdot 10^9$ a. Die Elemente unterscheiden sich untereinander vorwiegend im Aufbau der drittäußersten, also der 5. Elektronenschale. Das hat nur geringen Einfluß auf die chemischen Eigenschaften; die Actinoide sind daher untereinander sehr ähnlich. Wegen der Übereinstimmung im Aufbau der äußeren Elektronenschalen sind die chemischen Eigenschaften der Actinoide denen der Lanthanoide sehr ähnlich. Da jedoch die 5f-Elektronen weniger fest gebunden sind als die 4f-Elektronen der Lanthanoide, weisen die einzelnen Actinoide meist mehr Oxidationsstufen auf.

Innerhalb der Actinoide beobachtet man eine schwache Periodizität; sie spiegelt sich z. B. in der Farbe der dreifach geladenen Ionen und in den magnetischen Momenten wider. Im allgemeinen ändern sich die Eigenschaften von einem zum nächsten Gruppenelement stetig. Das ist besonders deutlich bei der *Actinoidenkontraktion,* der Abnahme der Radien der dreifach geladenen Ionen mit wachsender Protonenzahl *Z,* hervorgerufen durch die steigende Kernladung und die daraus resultierende festere Bindung der Elektronen.

Die Actinoide zersetzen Wasser und Säuren unter H_2-Entwicklung. Sie reagieren leicht mit H_2, Cl_2, O_2 und N_2. In ihren Verbindungen zeigen die Actinoide sehr unterschiedliche Oxidationszahlen. Die Oxidationszahl +3 ist jedoch bei allen vertreten. Die Basizität der Hydroxide $(\mathit{Actinoid})^{III}(OH)_3$ sinkt mit wachsendem *Z.* Von den Verbindungen sind besonders stabil die (festen) Oxide der 4. Oxidationsstufe, z. B. ThO_2, PuO_2. Reaktion mit H_2 führt zu festen Hydridphasen mit Zusammensetzungen $(\mathit{Actinoid})H_2$ und $(\mathit{Actinoid})H_3$. Die Fluoride, Hydroxide und Oxalate der Actinoide^{III} und Actinoide^{IV} sind unlöslich in Wasser. Besonders wichtig sind die drei (festen) *Hexafluoride* UF_6, NpF_6 und PuF_6. Sie verdampfen im Vakuum bereits bei Raumtemperatur. Die Hexafluoride dienen im gasförmigen Zustand als Ausgangsmaterial für die Isotopentrennung.

Nachweis der langlebigen Actinoide über das Röntgenspektrum, ansonsten durch die Produkte des radioaktiven Zerfalls, insbesondere mit Hilfe der Energie der emittierten α-Strahlung.

Vorkommen: Außer Th und U sind die Actinoide außerordentlich selten. Lediglich Ac, Th, Pa, U, Np, Pu und Am kommen als Mitglieder radioaktiver Zerfallsreihen in der Natur vor. Sie treten in den Uranmineralien auf. Th ist Begleiter der Lanthanoide und daher auch in Monazitsanden zu finden. Die Hauptlagerstätten sind in der Dem. Rep. Kongo, Kanada, Tschech. Republik, USA und Südafrika.

Physikalische Eigenschaften (Actinium s. S. 215)

	Protonenzahl	Dichte in g/cm³	Schmelzpunkt in °C	Siedepunkt in °C	Atomradius im Metallgitter in nm	Ionenradius in nm	1. Ionis.-Potential in eV
Th	90	11,72	1750	4790	0,1798	0,0984 (4+)	5,620
Pa	91	15,37	1568		0,1606	0,0944 (4+)	5,334
U	92	18,95	1132	3818	0,139	0,0929 (4+)	5,414
Np	93	20,25	640	3902	0,131	0,0913 (4+)	5,493
Pu	94	19,84	641	3232	0,1513	0,0896 (4+)	5,113
Am	95	13,67	994	2607	0,1730	0,0888 (4+)	5,655
Cm	96	13,51	1340		0,1744	0,0886 (4+)	5,667
Bk	97	13,25	986		0,1767	0,0935 (3+)	5,493
Cf	98	15,1	980		0,186	0,0976 (3+)	5,409
Es	99		860		0,186	0,0928 (3+)	5,480
Fm	100						5,551
Md	101						5,624
No	102						5,697
Lr	103						4,312

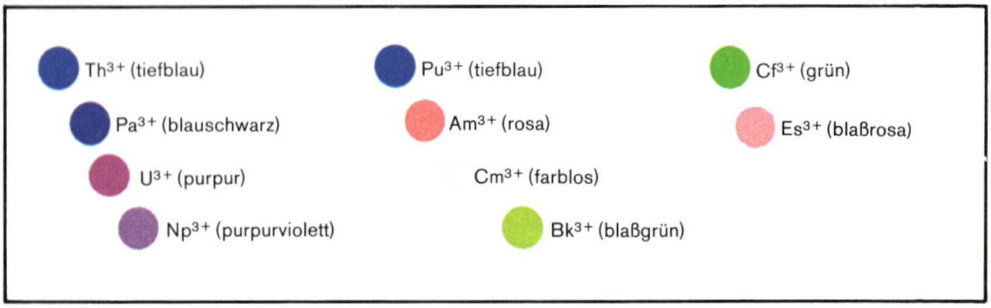

Die Farben der dreifach geladenen Actinoiden-Ionen

Pa 227 38,3 min α, γ	Pa 228 26 h α, γ	Pa 229 1,4 d α	Pa 230 17,4 d α, β^-, γ	Pa 231 32 500 a α, γ	Pa 232 1,32 d β^-, γ	Pa 233 27,0 d β^-, γ	Pa 234 6,75 h β^-, γ	Pa 235 24,2 min β^-, γ	Pa 236 9,1 min β^-, γ	Pa 237 8,7 min β^-, γ	Pa 238 2,3 min β^-, γ
Th 226 31 min α, γ	Th 227 18,72 d α, γ	Th 228 1,913 a α, γ	Th 229 7340 a α, γ	Th 230 77 000 a α	Th 231 25,6 h β^-, γ	Th 232 $1,4 \cdot 10^{10}$ a α	Th 233 22,3 min β^-, γ	Th 234 24,10 d β^-, γ	Th 235 6,9 min β^-, γ	Th 236 37,5 min β^-, γ	

Die wichtigsten Protactinium- und Thorium-Nuklide

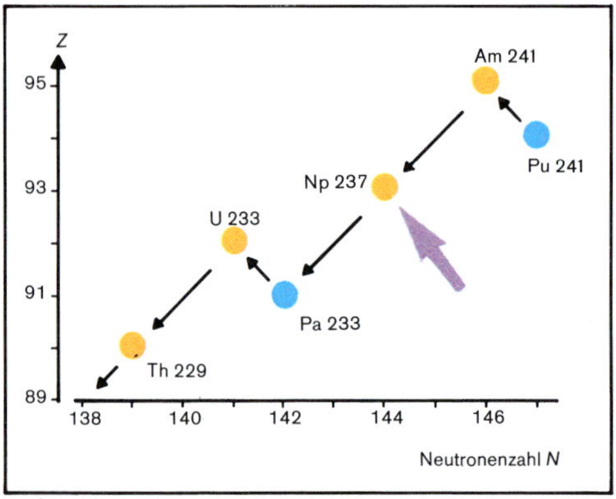

Anfangsglieder der Neptunium-Zerfallsreihe

	Wellenlänge in nm
Th	360,1 401,9
U	355,2 367,3 424,2

Absorptionslinien von Th und U

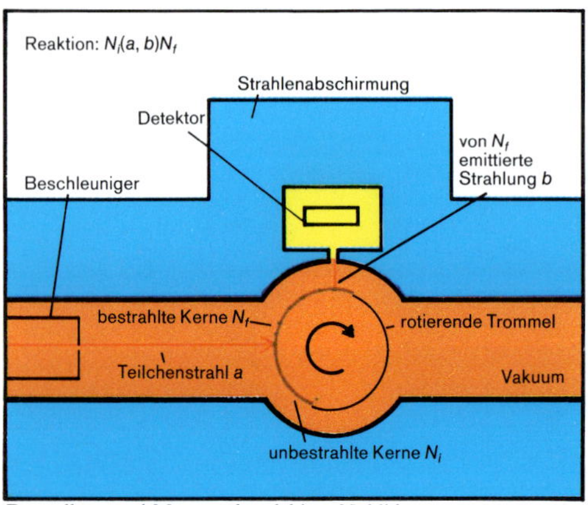

Darstellung und Messung kurzlebiger Nuklide

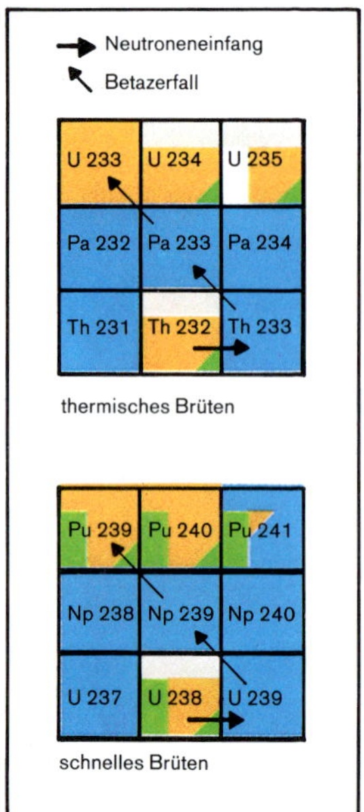

Schema zur Herstellung von ^{233}U und ^{239}Pu im Brutreaktor

Gewinnung in erster Linie aus Uranerzen und deren Abgängen. Als Zwischenprodukt tritt meist das Actinoidenoxid auf, das dann (z.B. durch Ca, Mg oder La) zum Metall reduziert wird. Die Transurane werden durch künstliche Elementumwandlung im Kernreaktor oder in Teilchenbeschleunigern dargestellt. Ausgangssubstanzen zur Gewinnung wägbarer Mengen sind Uran oder Plutonium, z.B. durch Beschuß mit im Zyklotron beschleunigten Ionen der Elemente H, He, C, N, O und Ne

$U + H \rightarrow Np$	$Pu + H \rightarrow Am$
$U + He \rightarrow Pu$	$Pu + He \rightarrow Cm$
$U + C \rightarrow Cf$	$Pu + C \rightarrow Fm$
$U + N \rightarrow Es$	$Pu + O \rightarrow No$
$U + O \rightarrow Fm$	
$U + Ne \rightarrow No$	

Die Trennung der einzelnen Actinoide geht meist in zwei Stufen vor sich:

1. Abtrennen von den Lanthanoiden, die als Produkte der direkt ausgelösten oder spontanen Kernspaltung im Mineral ebenfalls vorhanden sind. Vorwiegend werden leichtlösliche Actinoiden-Chloro-Komplexe mit Hilfe von LiCl-Lösung gebildet.
2. Trennung der Actinoide untereinander im Ionenaustauscher entsprechend der Trennung der Lanthanoide.

Bei der Trennung von U, Np, Pu und Am kann man auch ausnutzen, daß die einzelnen Oxidationsstufen unterschiedlich stabil sind und daher verschieden reagieren. Auch Trennung durch Lösungsmittelextraktion und fraktionierte Fällung ist möglich.

Verwendung im industriellen Maßstab finden lediglich Th, U und Pu, in erster Linie als Brennstoff in Kernreaktoren und als Bombenmaterial (U, Pu).

Actinium s. S. 216

Thorium (Elementsymbol: Th) wurde 1828 von J. J. Berzelius entdeckt und nach dem nordischen Gott Thor benannt. Th ist von allen Actinoiden das häufigste (etwa dreimal häufiger als Uran). Es steht an 38. Stelle der Elementhäufigkeit und hat einen Anteil an der Erdrinde von etwa 0,001 %. Alle Th-Isotope sind radioaktiv. In der Natur kommt Th als ^{232}Th (Halbwertszeit: $1{,}405 \cdot 10^{10}$ a), dem Anfangsglied der Thorium-Zerfallsreihe, vor. Reines Thorium ist ein silberweißes, an Luft stabiles, glänzendes und relativ weiches Schwermetall mit der rel. Atommasse 232,0381 und den Oxidationszahlen +4 und (seltener) +2 und +3. Zwei Modifikationen treten auf:

$$\alpha\text{-Thorium} \xrightarrow{1345\,°C} \beta\text{-Thorium}.$$

Pulverisiertes Th entzündet sich selber an Luft und verbrennt mit heller, weißer Flamme. Es löst sich in Salzsäure, wird aber von anderen Säuren und von Wasser nur langsam angegriffen. ThO_2 hat den höchsten Schmelzpunkt aller Oxide (3300 °C).

Vorkommen in Thorit $ThSiO_4$, Thorianit $(Th, U)O_2$ und in Monazit $(Ce, Th)[(P, Si)O_4]$. Hauptlagerstätten in Indien, Sri Lanka, Brasilien und Kanada.

Gewinnung in erster Linie aus Monazitsanden durch Aufschließen mit heißer konzentrierter Schwefelsäure und Ausfällen als Oxalat. Das Metall wird durch Reduktion von ThO_2 mit Ca, durch Schmelzflußelektrolyse von $ThCl_2$ oder durch Reduktion von $ThCl_4$ mit Ca oder einem Alkalimetall dargestellt.

Verwendung als *Brutstoff* in Brüterreaktoren zur Herstellung von ^{233}U (Neutroneneinfang und anschließender Zerfall in ^{233}U):

$^{232}Th(n,\gamma)^{233}Th$	(HWZ: 22,3 min)
$^{233}Th \xrightarrow{\beta^-} {}^{233}Pa$	(HWZ: 27,0 d)
$^{233}Pa \xrightarrow{\beta^-} {}^{233}U$	(HWZ: $1{,}59 \cdot 10^5$ a)

In Oxidform wird Th in Gasglühstrümpfen, als Legierungsmetall, in Gläsern und als Katalysator beim Cracken von Erdöl eingesetzt.

Protactinium (Elementsymbol: Pa) wurde 1918 von Otto Hahn und Lise Meitner in der Pechblende entdeckt. Sie nannten das neue Element Protoactinium (Ur-Actinium). 1949 wurde der Name zu Protactinium verkürzt. Erst 1934 gelang A. v. Grosse die Darstellung des Metalls durch thermische Zerlegung von PaI_5. Pa ist eines der seltensten Elemente. Es steht an 85. Stelle der Elementhäufigkeit und hat einen Anteil an der Erdrinde von nur etwa $5 \cdot 10^{-11}$ Gewichtsprozent. Alle Pa-Isotope sind radioaktiv. In der Natur kommt nur ^{231}Pa (Halbwertszeit 32 500 a; α-Strahler) vor; es ist ein Zwischenprodukt der Uran-Actinium-Zerfallsreihe.

Pa ist ein hellmetallisch glänzendes, geschmeidiges und sehr giftiges Schwermetall mit der rel. Atommasse 231,0359. Die Oxidationszahlen sind +5 und +4, seltener auch +3 und +2. Unterhalb 1,4 K wird Pa supraleitend. Vorkommen in Uranmineralien, vor allem in Uranpecherz ($Pa:U = 1:10^7$). Darstellung aus den Abgängen der Urangewinnung durch thermische Spaltung des Chlorids oder Iodids. Pa ist sehr selten und teuer.

Uran (Elementsymbol: U) wurde 1789 von M. H. Klaproth in Form von UO_2 in der Pechblende entdeckt. Der Name Uran ist abgeleitet von dem acht Jahre zuvor entdeckten Planeten Uranus. Die Darstellung des Metalls gelang erst 1841 durch E. Péligot. Vor der Entdeckung der Kernspaltung 1938 spielte das Metall eine untergeordnete Rolle.

Eigenschaften: U ist ein giftiges, äußerlich dem Eisen ähnliches, sehr dichtes, aber nicht sehr hartes Schwermetall mit der rel. Atommasse 238,029. Drei Gitterstrukturen sind bekannt:

$$\alpha\,(\text{rhomb.}) \xrightarrow{667\,°C} \beta\,(\text{tetrag.}) \xrightarrow{772\,°C} \gamma\,(\text{kub.}).$$

Alle Isotope des Urans sind radioaktiv. Die Halbwertszeit des häufigsten Isotops ^{238}U beträgt allerdings $4{,}51 \cdot 10^9$ a. ^{238}U ist die Muttersubstanz der Uran-Radium-Zerfallsreihe, ^{235}U das der Uran-Actinium-Zerfallsreihe.

Das Metall läuft an Luft an; in pulverisierter Form entzündet es sich selbst. Oberhalb 700 °C verbrennt U zu U_3O_8, einem Mischoxid ($UO_2 \cdot 2\,UO_3$). Die Oxidationszahlen sind +4 und +6, seltener +3 und +5. U ist löslich in Salz- und Salpetersäure, langsam löslich in Wasser:

$$U + 2\,H_2O \rightarrow UO_2 + 2\,H_2.$$

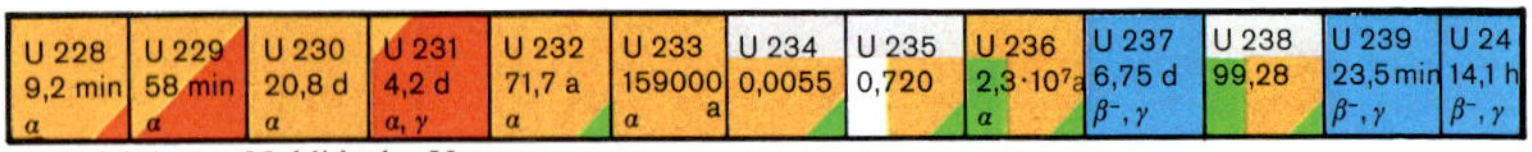

Die wichtigsten Nuklide des Urans

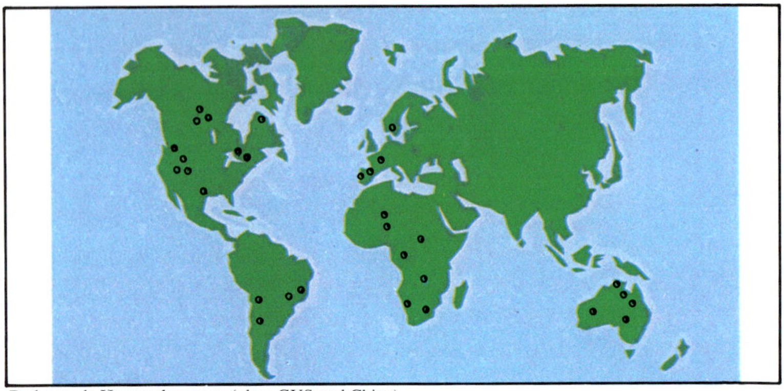

Bedeutende Uranvorkommen (ohne GUS und China)

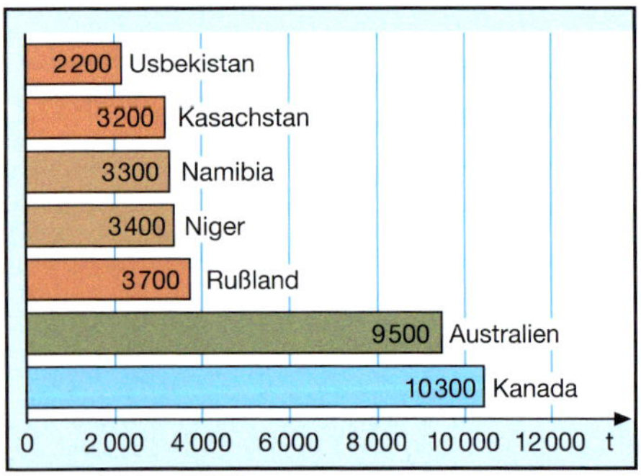

Uranproduktion (2003)

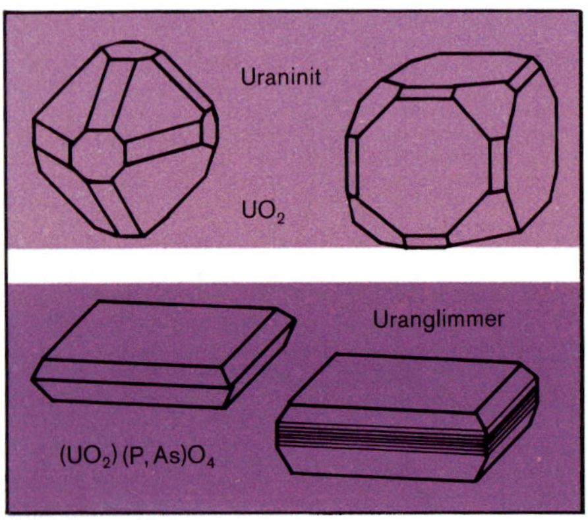

Kristalle von Uranerzen

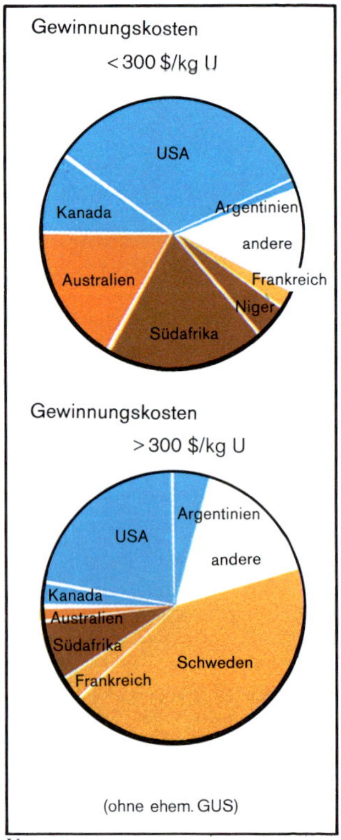

Uranreserven

Alkalien greifen Uran nicht an. Mit N_2 bildet U bei 1000 °C ein braunes Nitrid U_3N_4. Das mit H_2 bei 3000 °C entstehende schwarze Hydrid UH_3 zerfällt beim Erhitzen in feinverteiltes Uran.
Uranhydroxid ist amphoter:

$$UO_4^{2-} + 2\,H^+ \rightleftharpoons UO_2(OH)_2 \rightleftharpoons UO_2^{2+} + 2\,OH^-.$$

UO_4^{2-}-Ionen bilden *Uranate,* UO_2^{2+}-Ionen *Uranyle.*
Toxikologie: U und seine Verbindungen sind gefährlich wegen ihrer chemischen Toxizität und ihrer Radioaktivität. Maximal erlaubte Konzentration in Luft: 0,05 mg/m^3 für lösliche Verbindungen und 0,25 mg/m^3 für unlösliche. Maximal erlaubte Belastung im Körper: 7,4 kBq für lösliche Verbindungen, 330 Bq für unlösliche.
Nachweis: Ausfällen mit $(NH_4)_2S$ als braunes Uranylsulfid UO_2S oder Ausfällen mit Urotropin (Hexamin). Die einzelnen Uranisotope werden mit Hilfe kernphysikalischer Meßmethoden qualitativ und qantitativ gemessen.
Vorkommen: Der Anteil an der Erdrinde beträgt etwa 0,0003 Gewichtsprozent. In der Natur tritt vor allem das Isotop ^{238}U (99,28 %) auf; ^{235}U (0,72 %) und ^{234}U (0,0055 %) sind wesentlich seltener. Uran kommt niemals elementar vor.

Die intensive Suche nach dem 2. Weltkrieg hat mehr als 150 Uranmineralien erbracht; sie sind häufig mit Th und den Lanthanoiden vergesellschaftet. Stets enthalten sie auch die Zwischen- und Endprodukte der radioaktiven Zerfallsreihen, vor allem Ra und Pb.

Der Abbau von Uranerzen ist ab einem UO_2-Gehalt von mehr als rund 0,1 % wirtschaftlich. Das trifft jedoch nur auf wenige Lagerstätten zu.
Das wichtigste *Uranmineral* ist Uranpecherz. Es enthält zwei Varianten: *Uranpechblende (Pechblende),* eine traubige, bräunlich bis schwarze, metallisch oder fettig glänzende Masse (UO_2) und die kristallisierte Form *Uraninit* (U_3O_8). Andere wichtige Uranmineralien sind: Uranglimmer [z. B. $Cu(UO_2)_2(PO_4)_2 \cdot 8\,H_2O$] und Carnotit $K_2(UO_2)_2(VO_4)_2 \cdot 3\,H_2O$. Manche Ölschiefer enthalten bis zu 1 % U. In 1 m^3 Meerwasser sind 3–4 mg U gelöst.
Die gesicherten Reserven abbauwürdigen Urans betragen etwa 1,55 Millionen t.
Die Hauptvorkommen liegen in Australien, Kasachstan, Kanada, Rußland, Namibia und Usbekistan.
Gewinnung: Zuerst erfolgt eine Anreicherung der Erze durch unterschiedliche physikalische Prozesse (z. B. Flotation), anschließend Extraktion von $UO_2(NO_3)_2$ aus wäßriger Lösung mit Hilfe organischer Lösungsmittel. Eindampfen der Lösung und Glühen ergibt U_3O_8, das mit Hilfe von H_2 zu UO_2 und dann in der Hitze mit HF zu *grünem Salz* UF_4 umgesetzt wird. Darstellung des Metalls durch Schmelzflußelektrolyse von Kalium-Uranpentafluorid KUF_5 oder von Kalium-Uranhexachlorid K_2UCl_6. Die Uranoxide werden mit Hilfe von Ca, Al oder C zum Metall reduziert.
Die Weltproduktion an Uran beträgt etwa 35 000 t/a.
Verwendung in erster Linie als Brennstoff in Kernreaktoren und zum Brüten von Plutonium und (seltener) anderer Transurane. Das abgetrennte Uranisotop ^{235}U dient als Bombenmaterial und als Zusatz im Natururan für Kernreaktorbrennstäbe. Die ältere Verwendung als Ausgangssubstanz für die Ra-Gewinnung ist von untergeordneter Bedeutung. Geringe Mengen dienen zum Färben von Gläsern und Keramiken (gelb, orange, schwarz).
Abgereichertes Uran dient als extrem schwerer Ballaststoff (Dichte etwa 20 t/m^3).

Wichtige **Verbindungen**
Uranhexafluorid UF_6 bildet farblose, rhombische, flüchtige und sehr giftige Kristalle. Der Dampfdruck bei 25 °C beträgt bereits 0,15 bar. Es ist ein starkes Fluorierungsmittel und bildet Fluorokomplexe des Typus UF_7^- und UF_8^{--}. UF_6 dient in erster Linie der großtechnischen Trennung der Uranisotope nach dem Gasdiffusions-Verfahren. Auch für die elektromagnetische Separierung wird UF_6 verwandt.

Uran(IV,VI)-oxid U_3O_8 ist ein dunkelgrünes, giftiges, wasserunlösliches Pulver. Es löst sich in Säuren und zerfällt oberhalb 900 °C:

$$U_3O_8 \rightarrow 3\,UO_2 + O_2.$$

U_3O_8 bildet sich beim Glühen von UO_2 und UO_3 an Luft. In der Natur kommt es als Uranpecherz vor.

Urandioxid UO_2 bildet schwarze, wasserunlösliche, sehr giftige Kristalle, löslich in Salpetersäure und konz. Schwefelsäure. In gepreßter Form (pellets) dient es als Brennstoff-Füllung in den Brennstäben der Kernreaktoren.

Neptunium (Elementsymbol: Np) wurde 1940 von E. M. McMillan und P. H. Abelson als erstes Transuran synthetisiert:

$$^{238}_{92}U(n,2n)^{237}_{92}U \xrightarrow{\beta^-} {}^{237}_{93}Np.$$

Der Name geht auf den Planeten Neptun, gewissermaßen ein »Transuranus-Planet«, zurück. Np ist eines der seltensten Elemente. Es steht an 88. Stelle der Elementhäufigkeit und hat einen Anteil an der Erdrinde von nur etwa 10^{-15} Gewichtsprozent. Alle Np-Isotope sind radioaktiv. In der Natur kommt Np als ^{237}Np (Halbwertszeit $2{,}14 \cdot 10^6$ a; α-Strahler) vor; es ist ein Zwischenprodukt der mit ^{241}Pu beginnenden Neptunium-Zerfallsreihe.
Np ist ein silbriges, glänzendes, geschmeidiges Schwermetall mit der rel. Atommasse 237,0482. Oxidationszahlen +3, +4 und +5, seltener +6 und +7. Drei Gitterstrukturen sind bekannt:

$$\alpha\,(\text{rhomb.}) \xrightarrow{280\,°C} \beta\,(\text{tetrag.}) \xrightarrow{577\,°C} \gamma\,(\text{kub.}).$$

Gewinnung als Nebenprodukt in Kernreaktoren (etwa 1 kg Np/a pro 100 MW Reaktorleistung). Verwendung in Neutronendetektoren.

Plutonium (Elementsymbol: Pu) wurde 1940 von G. T. Seaborg, E. M. McMillan, J. W. Kennedy und A. C. Wahl als zweites Transuran synthetisiert:

$$^{238}_{92}\text{U}(\text{d},2\text{n})^{238}_{93}\text{Np} \xrightarrow{\beta^-} {}^{238}_{94}\text{Pu}.$$

Der Name geht auf den äußersten Planeten, Pluto, zurück. Pu ist nach Am das seltenste Element. Es steht an 94. Stelle der Elementhäufigkeit und hat einen Anteil an der Erdrinde von weniger als 10^{-21} Gewichtsprozent. Alle Pu-Isotope sind radioaktiv. ^{241}Pu (Halbwertszeit 14,89 a; β-, α-Strahler) ist die Muttersubstanz der Neptunium-Zerfallsreihe.
Pu ist ein graues, stumpfes, *extrem giftiges* Schwermetall, das an der Luft gelblich anläuft. Es tritt in sechs allotropen Modifikationen auf. Oxidationszahlen +3 bis +7, sehr selten +2 und +8. Durch seine starke α-Aktivität gibt das Metall merklich Wärme ab. Pu ist löslich in Salzsäure und Perchlorsäure. Aus Strahlenschutzgründen darf 1 m^3 Luft maximal 1 PuO_2-Teilchen von 1 µm Durchmesser enthalten.
Bei der Handhabung größerer Mengen Pu ist zu beachten, daß bei Überschreiten der kritischen Masse eine Kettenreaktion beginnt (^{239}Pu: 7,6 kg; zum Vergleich: ^{233}U: 7,5 kg; ^{235}U: 22,8 kg).

Das mit Abstand wichtigste Pu-Isotop ist ^{239}Pu (Halbwertszeit 24100 a; α-Strahler). Es hat einen besonders hohen Wirkungsquerschnitt für die Kernspaltung und dient als Bombenmaterial. Großtechnische Herstellung in Brutreaktoren durch Neutroneneinfang:

$$^{238}_{92}\text{U}(\text{n},\gamma)\,^{239}_{92}\text{U} \xrightarrow{\beta^-} {}^{239}_{93}\text{Np} \xrightarrow{\beta^-} {}^{239}_{94}\text{Pu}.$$

In den Reaktoren der Welt werden rund 20 t/a Pu erzeugt. Allein die USA verfügt über einen ^{239}Pu-Vorrat von mehr als 100 t. Als Folgeprodukt des Neutroneneinfangs in Uran kommt ^{239}Pu in winzigen Mengen (Pu : U = 10^{-12} : 1) auch in Uranmineralien vor.

Ausgangsmaterial zur Herstellung von Transuranen. ^{238}Pu ist Energiequelle für Satelliten.
Toxikologie: Pu ist nicht nur ein gefährlicher α-Strahler (Einlagerung im Knochenmark), sondern auch chemisch äußerst toxisch. Maximal erlaubte Konzentration in Luft: $3 \cdot 10^{-5}$ Mikrogramm/m^3.

Americium (Elementsymbol: Am) wurde 1944 von G. T. Seaborg, R. A. James, L. O. Morgan und A. Ghiorso im Kernreaktor synthetisiert:

$$^{239}_{94}\text{Pu}(\text{n},\gamma)^{240}_{94}\text{Pu}(\text{n},\gamma)^{241}_{94}\text{Pu} \xrightarrow{\beta^-} {}^{241}_{95}\text{Am}.$$

Der Name entstand in Analogie zum Europium, das die gleiche Elektronenkonfiguration der drei äußeren Schalen besitzt. Am steht an letzter Stelle der Elementhäufigkeit. In der Natur kommt ^{241}Am (Halbwertszeit 433 a; α- und γ-Strahler) als Zwischenprodukt der mit ^{241}Pu beginnenden Neptunium-Zerfallsreihe vor. Alle Am-Isotope sind radioaktiv. ^{243}Am hat mit 7370 a die längste Halbwertszeit.
Am ist ein hellsilbernes, glänzendes, geschmeidiges Schwermetall, das in zwei Konfigurationen (hexagonal, kubisch) auftritt. Oxidationszahlen +2 bis +7. Am emittiert die dreifache Strahlenmenge wie Radium. Es baut sich bevorzugt in die Knochensubstanz ein *(Knochensucher)*, 0,02 Mikrogramm ^{241}Am im Körper gelten noch als unschädlich. Am entsteht in kleinen Mengen durch mehrfachen Neutroneneinfang als Nebenprodukt im Kernreaktor (ca. 300 kg/a). ^{241}Am dient als tragbare Quelle für Gammastrahlung (60 keV, 25 keV).
Am-Be bildet eine transportable Neutronenquelle.

Curium (Elementsymbol: Cm) wurde 1944 als drittes Transuran (noch vor dem Am) von G. T. Seaborg, R. A. James, L. O. Morgan und A. Ghiorso im Zyklotron synthetisiert:

$$^{239}_{94}\text{Pu}(\alpha,\text{n})^{242}_{96}\text{Cm}.$$

Benannt zu Ehren von Pierre und Marie Curie. Cm kommt nicht in der Natur vor. Alle Cm-Isotope sind radioaktiv. ^{247}Cm hat mit $1{,}6 \cdot 10^7$ a die längste Halbwertszeit.
Cm ist ein silberweißes Schwermetall; es ähnelt sehr dem Gadolinium. Oxidationszahlen +3 und (selten) +4.
Aufgrund seiner starken Radioaktivität strahlt 1 mg ^{242}Cm drei Watt Wärmeenergie ab. Cm baut sich bevorzugt in die Knochensubstanz ein *(Knochensucher)*, 0,002 Mikrogramm ^{244}Cm im Körper gelten als noch unschädlich. Cm entsteht in kleinen Mengen als Nebenprodukt in Kernreaktoren. Verwendung als Wärmequelle in thermoelektrischen Batterien.

Berkelium (Elementsymbol: Bk) wurde 1949 von S. G. Thompson, A. Ghiorso und G. T. Seaborg im Zyklotron synthetisiert:

$$^{241}_{95}\text{Am}(\alpha,2\text{n})^{243}_{97}\text{Bk}.$$

Der Name ist abgeleitet von Berkeley, einem Campus der University of California. Bk kommt nicht in der Natur vor. Alle Bk-Isotope sind radioaktiv. ^{247}Bk hat mit 1380 a die längste Halbwertszeit. Erst 1958 gelang die Darstellung des silbrigen Schwermetalls. Oxidationszahlen +3 und +4. Bk baut sich bevorzugt in die Knochensubstanz ein *(Knochensucher)*. 0,0004 Mikrogramm gelten noch als unschädlich. Bk entsteht in sehr kleinen Mengen (Mikrogramm) als Nebenprodukt in Kernreaktoren. Anwendungen sind nicht bekannt.

Californium (Elementsymbol: Cf) wurde 1950 von S. G. Thompson, K. Street, A. Ghiorso und G. T. Seaborg im Zyklotron synthetisiert:

$$^{242}_{96}\text{Cm}(\alpha,\text{n})^{245}_{98}\text{Cf}.$$

Es ist benannt nach dem amerikanischen Bundesstaat. Cf kommt nicht in der Natur vor. Alle Cf-Isotope sind radioaktiv. ^{251}Cf hat mit 900 a die längste Halbwertszeit. Cf ist ein silberweißes Schwermetall mit den Oxidationszahlen +3 und +4. Cf wird aus Pu milligrammweise durch vielfachen Neutroneneinfang hergestellt. Es baut sich bevorzugt in die Knochensubstanz ein *(Knochensucher)*. Verwendung in erster Linie als tragbare Neutronenquelle (^{252}Cf; Halbwertszeit 2,64 a) für die Aktivierungsanalyse.

Einsteinium (Elementsymbol: Es) wurde 1952 von einer amerikanischen Forschergruppe aus den Überresten der ersten thermonuklearen Explosion isoliert. Es entstand durch vielfachen Neutroneneinfang im Uran und ist benannt zu Ehren von ALBERT EINSTEIN (1879–1955). Einsteinium kommt nicht in der Natur vor. Alle Es-Isotope sind radioaktiv, ^{252}Es hat mit 1,3 a die längste Halbwertszeit. 1961 gelang die Darstellung des silbrigen Schwermetalls und einiger seiner Verbindungen in Mengen von Nanogramm. Oxidationszahlen +3 und (seltener) +2. Es wird im Kernreaktor aus Pu oder durch Bestrahlen von Uran mit beschleunigten Kohlenstoff-Kernen gewonnen.

Fermium (Elementsymbol: Fm), früher: Centurium, wurde 1953 durch eine Arbeitsgruppe des Nobel-Instituts in Stockholm synthetisiert:

$$^{238}_{92}\text{U} + ^{16}_{8}\text{O} \rightarrow ^{250}_{100}\text{Fm} + 4\,\text{n}.$$

Ein Jahr zuvor hatte bereits eine amerikanische Arbeitsgruppe ^{255}Fm aus den Rückständen der Wasserstoffbombenexplosion isoliert, doch wurde das Ergebnis nicht publiziert. Es ist benannt zu Ehren von ENRICO FERMI (1901–54). Fm kommt nicht in der Natur vor. Alle Fm-Isotope sind radioaktiv. ^{257}Fm hat mit 100,5 d die längste Halbwertszeit. Oxidationszahlen +3, (seltener) +2. Fm wird in Spuren sowohl durch vielfachen Neutroneneinfang in U oder Pu als auch durch Beschuß schwerer Atomkerne mit leichten Ionen dargestellt.

Mendelevium (Elementsymbol: Md) wurde 1955 durch A. GHIORSO, B. G. HARVEY, G. R. CHOPPIN, S. G. THOMPSON und G. T. SEABORG im Zyklotron durch Beschuß von Es mit α-Teilchen synthetisiert:

$$^{253}_{99}\text{Es}(\alpha, \text{n})^{256}_{101}\text{Md}.$$

In den ersten Experimenten entstand jeweils nur ein (!) Atom Md. Es ist benannt zu Ehren von DMITRI MENDELEJEW (1834–1907). Md kommt nicht in der Natur vor. Alle Md-Isotope sind radioaktiv. ^{258}Md hat mit 56 d die längste Halbwertszeit. Oxidationszahlen +2 und +3.

Nobelium (Elementsymbol: No) wurde erstmalig 1958 eindeutig von A. GHIORSO, T. SIKKELAND, J. R. WALTON und G. T. SEABORG am HILAC-Beschleuniger in Kalifornien synthetisiert:

$$^{244}_{96}\text{Cm} + ^{12}_{6}\text{C} \rightarrow ^{252}_{102}\text{No} + 4\,\text{n}.$$

Ältere Experimente anderer Arbeitsgruppen waren nicht reproduzierbar. Es ist benannt zu Ehren von ALFRED NOBEL (1833–96). No kommt nicht in der Natur vor. Alle No-Isotope sind radioaktiv. ^{259}No hat mit 58 min die längste Halbwertszeit. Oxidationszahlen +2 und +3.

Lawrencium (Elementsymbol: Lr) wurde 1959 von A. GHIORSO, T. SIKKELAND, A. E. LARSH und R. M. LATIMER am HILAC-Beschleuniger synthetisiert:

$$^{252}_{98}\text{Cf} + ^{11}_{5}\text{B} \rightarrow ^{257}_{103}\text{Lr} + 6\,\text{n}.$$

Es ist benannt zu Ehren von ERNEST LAWRENCE (1901–58). In russischen Publikationen wird Lr auch Joliotium zu Ehren von FRÉDÉRIC JOLIOT (1900–58) genannt. Lr kommt nicht in der Natur vor. Alle Lr-Isotope sind radioaktiv. ^{269}Lr hat mit 4,7 h die längste Halbwertszeit. Die Oxidationszahl ist +3.

Die **Transactinoide** $Z > 103$ werden mit Hilfe von Kernreaktionen bzw. Kernverschmelzungen in kleinsten Mengen erzeugt. Sie sind alle kurzlebig radioaktiv.
Bisher wurden die folgenden Transactinoide (Transfermium-Elemente) synthetisiert:
Rutherfordium (Element 104), s. S. 233.
Dubnium (Element 105), s. S. 237.
Seaborgium (Element 106), s. S. 243.
Bohrium (Element 107), s. S. 247.
Hassium (Element 108), s. S. 249.
Meitnerium (Element 109), s. S. 249.
Darmstadtium (Element 110), s. S. 263.
Roentgenium (Element 111), s. S. 205.
Die Elemente 112 bis 115 und das Element 118 wurden inzwischen mit Hilfe von Kernreaktionen erzeugt (teilweise nur einzelne Atome); solange ihre Entdeckung nicht von der IUPAC bestätigt worden ist, tragen sie noch keine endgültigen Namen.
Das 1999 in Dubna erzeugte Element 114 mit der Nukleonenzahl 289 hat eine Halbwertszeit von ca. 30 s. Dieses Element ist besonders interessant, weil sein Isotop 298 das Zentrum der Stabilitätsinsel innerhalb der Transfermium-Elemente sein sollte.

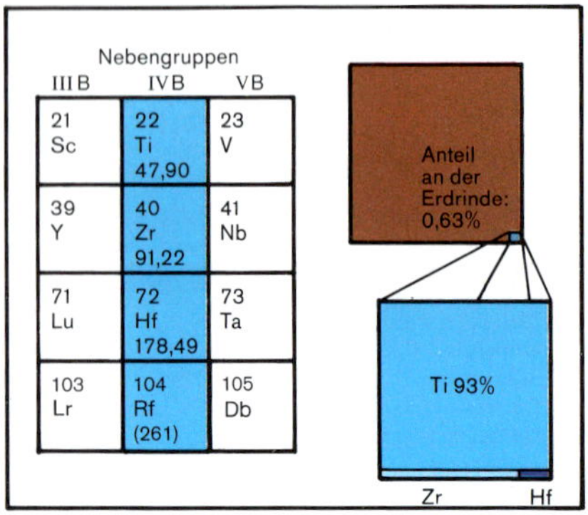

Die Titangruppe und ihre Elementhäufigkeit

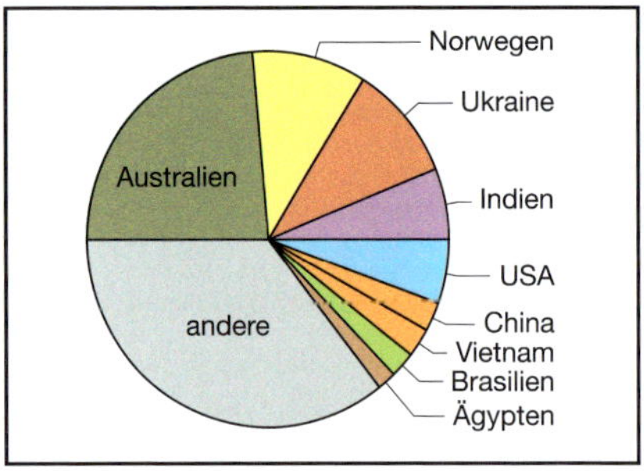

Wichtige Titanmetall-Produzenten

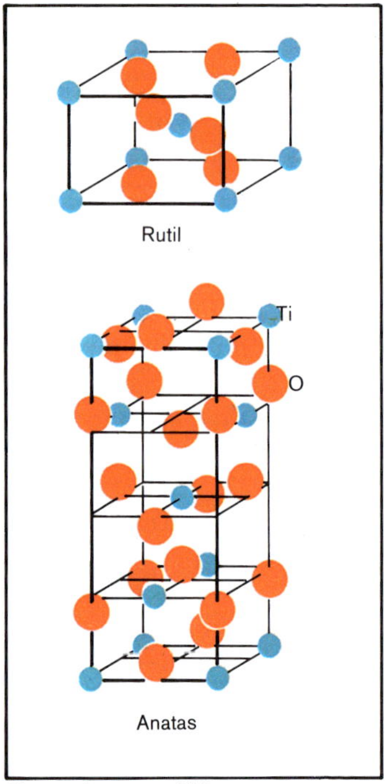

Gitterstrukturen von TiO_2

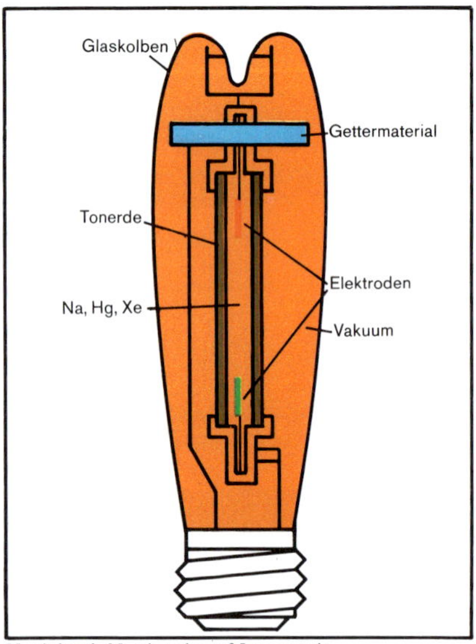

Hochdruck-Natriumdampf-Lampe mit Zr- oder Hf-Getter

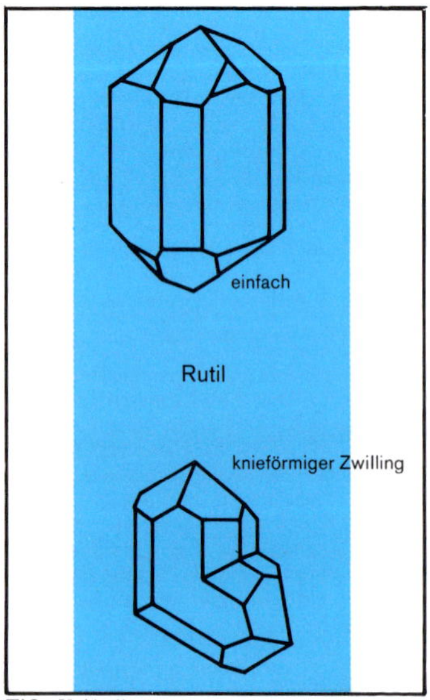

TiO_2-Kristalle

Die **Titangruppe** ist die 4. Nebengruppe des Periodensystems. Sie umfaßt die Metalle Titan (Ti), Zirconium (Zr), Hafnium (Hf) und das Transfermium-Element Rutherfordium (Rf). Das Mengenverhältnis dieser Elemente in der Natur ist 1500:50:1:0. Von den vier Valenzelektronen gehören jeweils 2 zur äußersten besetzten s-Schale und 2 zur äußersten besetzten, darunter liegenden d-Schale. Die chemischen Eigenschaften dieser hochschmelzenden Metalle schließen sich – abgesehen von der um 1 höheren Oxidationszahl – sehr eng an die der 3. Nebengruppe an. Auch zur 4. Hauptgruppe besteht nahe Verwandtschaft.

Wegen des eingeschobenen Ausbaus der 4f-Schale bei den Lanthanoiden ist der Unterschied der Kernladungen zwischen Zr und Hf (32 Einheiten) bedeutend größer als der zwischen Zr und Ti (18 Einheiten). Das führt zu einer weitgehenden Übereinstimmung der Atom- und Ionenradien von Zr und Hf und damit zu sehr enger chemischer Verwandtschaft. Zr und Hf sind sich ähnlicher als jedes andere Paar innerhalb einer Gruppe und daher extrem schwierig zu trennen. Elektrochemisch sind die Elemente der Titangruppe unedler als die der 4. Hauptgruppe. Das wirkt sich bei Raumtemperatur jedoch nicht aus, da an der Oberfläche eine passivierende Oxidschicht entsteht. Aus diesem Grunde reagieren die Elemente erst bei höheren Temperaturen mit den Nichtmetallen. Die häufigste Oxidationszahl ist +4, die Tendenz zu +3 und +2 nimmt in Richtung steigender Protonenzahlen stark ab.

Der basische Charakter der Oxide wächst vom noch sauren TiO_2 zum alkalischen HfO_2.

Vorkommen in Eruptivgesteinen und deren Korrosionsprodukten. Von wirtschaftlicher Bedeutung sind gegenwärtig lediglich Ti und Zr.

Physikalische Eigenschaften

	Ti	Zr	Hf	Rf
Protonenzahl	22	40	72	104
Dichte in g/cm^3	4,506	6,508	13,31	18
Schmelzpunkt in °C	1677	1855	2227	2100
Siedepunkt in °C	3262	4400	4600	5500
Atomradius im Metallgitter in nm	0,1448	0,1590	0,1564	0,16
Ionenradius (4+) in nm	0,068	0,074	0,075	0,078
1. Ionisierungspotential in eV	6,818	6,835	7,003	

Titan (Elementsymbol: Ti) ist das 1. Element der 4. Nebengruppe des Periodensystems. WILLIAM GREGOR entdeckte 1791 das Element als TiO_2, doch gelang die erste Reindarstellung des Metalls erst 1922 durch VAN ARKEL. M. H. KLAPROTH wählte 1795 den Namen nach den mythologischen Titanen. Ti war lange Zeit lediglich ein Kuriosum, bis 1938 W. KROLL ein Verfahren zur industriellen Herstellung der Metalle der Titangruppe entwickelte.

Eigenschaften: Ti ist ein silberweißes, dehnbares Leichtmetall. Die Elektronenkonfiguration ist [Ar] $(3d)^2(4s)^2$. Die rel. Atommasse ist 47,90. Es gibt 5 stabile Ti-Isotope. Die Halbwertszeiten der 26 instabilen Ti-Isotope liegen zwischen 2,7 ms und 47 a (^{44}Ti). Ti ist ein guter elektrischer Leiter; je größer die Reinheit, desto höher die elektrische Leitfähigkeit. Wärmeleitfähigkeit und -ausdehnung sind relativ gering. Die mechanische Festigkeit ist etwa halb so groß wie die von Stahl. Zwei Modifikationen des Metallgitters sind bekannt:

$$\alpha\text{-Ti (hexagonal)} \xrightarrow{882\,°C} \beta\text{-Ti (kubisch)}.$$

Ti ist zwar sehr unedel, bildet aber sofort eine *passivierende Oxidhaut,* so daß das Metall sehr korrosionsbeständig ist. Unter hohem Druck löst sich die Oxidhaut auf; Ti verbrennt dann an Luft und auch in einer N_2-Atmosphäre. Bei höheren Temperaturen reagiert Ti mit den meisten Nichtmetallen, z. B. oberhalb 800 °C mit N_2 zu Titannitrid:

$$2\,Ti + N_2 \rightarrow 2\,TiN.$$

Die Oxidationszahlen sind +4, seltener +2 und +3 (z. B. in TiN).

Vierwertiges Ti bildet Komplexe mit vielen Liganden, z. B. H_2O, Cl^- und F^-.

Ti ist bei Raumtemperatur in den meisten Säuren und Basen unlöslich. Leicht löslich ist es dagegen in heißer Salz- und in Flußsäure (unter Bildung des Komplexes $[TiF_6]^{2-}$).

Ti und seine Verbindungen sind nicht giftig. Das Metall ist physiologisch inert.

Nachweis: Angesäuerte Ti-Lösungen färben sich bei Zugabe von H_2O_2 intensiv orangerot. Quantitativer Nachweis durch Ausfällen und Wägung als TiO_2.

Vorkommen: Ti steht an 10. Stelle der Elementhäufigkeit. Der Anteil an der Erdrinde beträgt 0,43 Gewichtsprozent. Ti tritt niemals elementar auf. Es ist ein sehr häufiges Element, doch kommt es überwiegend in geringen Konzentrationen vor. Primärvorkommen in Eruptivgesteinen, häufig mit Eisenerzen vergesellschaftet. Wirtschaftlich bedeutend sind vor allem sekundäre Lagerstätten (Küstensande, Seifen).

Wichtige *Titanmineralien* sind: Ilmenit (Titaneisenerz) $FeTiO_3$, Titandioxid (in den drei Modifikationen Rutil, Anatas, Brookit) TiO_2, Titanit (Sphen) $CaTi[SiO_4]O$ und Perowskit $CaTiO_3$.

Die Hauptvorkommen liegen in Australien, Südafrika, USA, Indien und der Ukraine.

Gewinnung in erster Linie aus rutilhaltigen Sanden. Aufschluß der Ti-Konzentrate mit Chlor:

$$TiO_2 + 2\,Cl_2 + C \rightarrow TiCl_4 + CO_2.$$

Anschließend Reduktion nach dem Kroll-Verfahren bei 800 °C unter einer inerten Argon-Atmosphäre:

$$TiCl_4 + 2\,Mg \rightarrow Ti + 2\,MgCl_2 \quad \Delta H = -480\ kJ.$$

Es entsteht schwarzer Titanschwamm, der in Öfen eingeschmolzen und anschließend durch Vakuumdestillation oder im Zonenschmelzverfahren gereinigt wird.

Wegen der hohen Investitionskosten (etwa das Vierfache jener für Al-Gewinnung) ist Ti trotz weitverbreiteter Vorkommen ein teurer Baustoff. Aus diesem Grunde spielt die Rückgewinnung aus Titanschrott eine wichtige Rolle.

Die Weltproduktion an Ti-Metall beträgt etwa 3 Mio. t/a.; sichere Weltvorräte: 266 Mill. t.

Verwendung in erster Linie als Bestandteil hochfester, leichter und temperaturbeständiger Legierungen mit Al, Mo, Mn und Fe. Titanstähle sind extremen Beanspruchungen (wie z.B. in Turbinenschaufeln) gewachsen. Im Schiffs- und Reaktorbau wird zunehmend Ti eingesetzt. Größte Verbraucher sind Luft- und Raumfahrt. Einer noch weitergehenden Verwendung steht der rel. hohe Preis im Wege.

Wichtige **Verbindungen**

Titandioxid TiO_2 ist ein gelblich-weißes, kristallines Pulver; in der Natur kommt es vorwiegend als Rutil vor. Größere Kristalle dienen als relativ weiche Diamantimitationen. TiO_2 ist ein sehr guter Infrarot-Reflektor. Hauptverwendung (mit Zusätzen an $BaSO_4$) als Titanweiß, eine deckende, sehr beständige Farbe. Ausgangssubstanz für die Metallgewinnung. Mondgestein besteht bis zu 10 % aus TiO_2. Die Nebenprodukte bei der Herstellung von TiO_2 sind gefährlich für die Meeresbewohner und dürfen seit 1989 nicht mehr im Meer versenkt werden.

Titancarbid TiC bildet grau-schwarze, glänzende und sehr harte Kristalle. Es leitet den elektrischen Strom gut und ist säurefest. Herstellung durch Brennen eines TiO_2-Graphit-Gemischs bei 2000–3000 °C im Graphitofen. Verwendung in Schneidwerkzeugen.

Titan(IV)-chlorid $TiCl_4$ ist eine klare, rauchende und stechend riechende Flüssigkeit, leicht zersetzbar mit Wasser:

$$TiCl_4 + 2\,H_2O \rightarrow TiO_2 + 4\,HCl.$$

Es bildet bereitwillig Additionsverbindungen und dient als Katalysator zur Polymerisation von Ethylen. Ausgangssubstanz für künstliche Nebel.

Zirconium (Elementsymbol: Zr) ist das 2. Element der 4. Nebengruppe des Periodensystems. Der Name ist abgeleitet von arab. zargun = goldfarben, die Bezeichnung für den Edelstein Zirkon, in dem M. H. KLAPROTH 1789 das Element entdeckte. J. J. BERZELIUS gelang 1824 die erste Reindarstellung.

Eigenschaften: Zr ist ein helles, glänzendes und dehnbares Schwermetall, das äußerlich dem rostfreien Stahl ähnelt. Die Mohssche Härte beträgt nur 3,0. Es sind zwei Gittermodifikationen bekannt:

$$\alpha\text{-Zr (hexagonal)} \xrightarrow{870\,°C} \beta\text{-Zr (kubisch)}.$$

Die Elektronenkonfiguration ist [Kr] $(4d)^2(5s)^2$. Die rel. Atommasse ist 91,22. Es gibt 5 stabile Zr-Isotope. Die Halbwertszeiten der 35 instabilen Zr-Isotope liegen zwischen 7,3 ms und $1{,}5 \cdot 10^6$ a (^{93}Zr).

Zr ist ein sehr guter Wärmeleiter; die elektrische Leitfähigkeit beträgt etwa 4 % der des Kupfers. Der Einfangquerschnitt für thermische Neutronen ist sehr klein.

Wegen der oberflächlich gebildeten *Oxidhaut* ist Zr außerordentlich beständig gegen Säuren, Basen und gegen Meerwasser. Löslich in Flußsäure und Königswasser. Zr-Pulver verbrennt spontan an der Luft mit hohen Temperaturen zu Nitriden, Oxiden und Oxinitriden. Die Oxidationszahlen sind +4, seltener +2 und +3. Mit Cl_2 reagiert Zr bei Rotglut zu $ZrCl_4$. Zr und seine Verbindungen sind nicht giftig.

Nachweis quantitativ durch Fällen mit Ammoniak als $Zr(OH)_4$ und Überführen in ZrO_2. Zirconylchlorid $ZrOCl_2 \cdot 8\,H_2O$ kristallisiert in charakteristischen, dünnen Nadeln.

Vorkommen: Der Anteil an der Erdrinde beträgt etwa 0,016 Gewichtsprozent. Zr tritt nicht elementar auf. Es ist in geringen Konzentrationen weit verbreitet in Eruptivgesteinen und in deren Verwitterungsprodukten.

Wichtige *Zirconiummineralien:* Zirkon (Alvit) $ZrSiO_4$ und Zirkonerde (Baddeleyit, Brasilit) ZrO_2. Die Hauptvorkommen liegen in Australien, Südafrika, USA, Brasilien und der Ukraine.

Gewinnung in erster Linie aus den Sanden (Seifen) sekundärer Lagerstätten durch Reduktion des Chlorids mit Mg nach dem Kroll-Verfahren. Die Abtrennung des stets vorhandenen Hafniums ist sehr schwierig. Einschmelzen des gewonnenen Zr-Schwamms in Elektroöfen; das Rohmaterial dient dabei als sich selbst verbrauchende Elektrode. Das Metall enthält meist 1–3 % Hf. Zr wird als Schwamm oder in Barren gehandelt.

Die Weltproduktion an Zr-Metall beträgt etwa 1,12 Mill. t/a, knapp die Hälfte stammt aus Australien.

Verwendung in erster Linie in Glasuren für die keramische Industrie und im Reaktorbau. Die Hüllen der Brennstoffelemente bestehen aus einer hafniumfreien Zr-Legierung (Zr > 90 %). Weitere Verwendung in der chemischen Industrie und im Schiffsbau als korrosionsfester Baustoff. Schußfester Stahl ist mit Zr legiert. Gettermaterial in Hochdrucklampen, Füllstoff in Blitzbirnen (etwa 50 000 Füllungen pro kg Zr). Zr-Nb-Legierungen dienen zum Bau von supraleitenden Magneten.

Wichtige **Verbindungen**

Zirconiumdioxid ZrO_2 ist ein weißes, kristallines Pulver; es kommt in der Natur als Zirkonerde vor. ZrO_2 ist säuren- und laugenfest, hochschmelzend und hat einen sehr großen Brechungsindex. Verwendung als Schleifmittel, weißes Farbpigment für Porzellan, feuerfeste Gerätschaften und als synthetischer Edelstein (Zirkon; Diamantimitation).

Zirconiumsilicat $ZrSiO_4$ bildet vorwiegend gelbe und braune Kristalle der Mohsschen Härte 7,5. In der Natur kommt es in Eruptivgesteinen und in Sanden als Zirkon vor. Klare, gelbrote Kristalle von $ZrSiO_4$ werden bereits in der Bibel als Edelstein Hyacinth erwähnt. Die Vorkommen sind meist mit U und Th vergesellschaftet. Wichtigstes Ausgangsmaterial für die Gewinnung von Zr-Metall.

Hafnium (Elementsymbol: Hf) ist das 3. Element der 4. Nebengruppe des Periodensystems. Der Name ist abgeleitet von »Hafnia«, der lat. Bezeichnung für Kopenhagen. D. COSTER und G. v. HEVESY entdeckten 1923 nach Hinweisen von NIELS BOHR das Element in Zirconiummineralien. Hf wird erst seit 1952 industriell hergestellt.
Eigenschaften: Hf ist ein stark glänzendes, dehnbares Schwermetall. Wegen der fast gleich großen Atom- und Ionenradien ähnelt es sehr dem Zr; seine Dichte ist allerdings doppelt so groß. Die mechanischen Eigenschaften sind anisotrop und hängen weitgehend von der Reinheit ab. Die Elektronenkonfiguration ist $[Xe]\ (4f)^{14}(5d)^2(6s)^2$. Zwei Gittermodifikationen sind bekannt:

$$\alpha\text{-Hf (hexagonal)} \xrightarrow{1760\,°C} \beta\text{-Hf (kubisch).}$$

Die rel. Atommasse ist 178,49. Es gibt 5 stabile Hf-Isotope. Die Halbwertszeiten der 31 instabilen Hf-Isotope liegen zwischen 25 ms und $2 \cdot 10^{15}$ a (^{174}Hf). Der Einfangquerschnitt für thermische Neutronen ist hoch, etwa 600 mal größer als der von Zr. Hf bildet eine dünne, sehr korrosionsbeständige Oxidhaut an seiner Oberfläche. Hf verbrennt erst oberhalb 300 °C mit O_2, reagiert aber bereits bei niedrigen Temperaturen mit trockenem Cl_2. Als Pulver oder Schwamm kann sich Hf spontan an Luft entzünden. Die Oxidationszahl ist überwiegend +4. Es ist beständig in den meisten Säuren und Basen, löslich in Flußsäure.
Hf und seine Verbindungen sind nicht giftig.
Vorkommen: Der Anteil an der Erdrinde beträgt etwa $4{,}2 \cdot 10^{-4}$ Gewichtsprozent. Hf tritt nicht elementar auf. In geringen Konzentrationen ist es in Eruptivgesteinen und deren Verwitterungsprodukten (vor allem in Küstensanden) als Begleiter des Zirconiums (0,05–2 %) weit verbreitet. Hauptvorkommen in Zirkon $ZrSiO_4$ zu etwa 1–2 % als HfO_2. Hauptlagerstätten an den Küsten von Australien, Indien, Sri Lanka, USA und Mosambik.
Nachweis: Röntgenspektroskopisch.
Gewinnung stets als Nebenprodukt der Zirconiumdarstellung in zwei Stufen:

1. Abtrennung von Zr: Überführen des Erzkonzentrats in siliconfreie, lösliche Salze ($ZrCl_4$, $HfCl_4$) durch direkte Chlorierung bei 1050 °C. Trennung beider Chloride in Form ihrer $POCl_3$-Komplexe durch die unterschiedlichen Verdampfungstemperaturen und die verschiedene Löslichkeit in organischen Lösungsmitteln oder mit Hilfe von Ionenaustauschern.
2. Reduktion des separierten $HfCl_4$ nach dem Kroll-Verfahren und Raffination des Hf-Schwamms durch Vakuumdestillation. Das Metall ist meist mit 4,5 % Zr verunreinigt.

Die Weltproduktion an Hf-Metall beträgt rund 100 t/a.

Verwendung als Material für Regelstäbe in Kernreaktoren aufgrund des hohen Einfangquerschnitts für thermische Neutronen und weil bei den dabei ablaufenden Kernumwandlungen erneut Isotope mit hohen Einfangquerschnitten entstehen. Füllung für Blitzlampen mit besonders hoher Lichtausbeute. Gettersubstanz für Hochdrucklampen. Bestandteil (etwa 2 %) hochschmelzender und hochfester Nb-, Ta-, Mo- und U-Legierungen.

Hf-Verbindungen haben nur sehr geringe wirtschaftliche Bedeutung.

Rutherfordium (Elementsymbol: Rf), früher Unnilquadium, ist das letzte Element der 4. Nebengruppe des Periodensystems. Das Element ist benannt nach ERNEST RUTHERFORD (1871–1937).
Rf wurde 1969 von einer Arbeitsgruppe in Berkeley durch Kernreaktion synthetisiert:

$$^{249}_{98}\text{Cf} + {}^{12}_{6}\text{C} \rightarrow {}^{257}_{104}\text{Rf} + 4\,\text{n}.$$

Bisher gelang es, 14 Isotope des instabilen Elements zu synthetisieren. Die Halbwertszeiten liegen zwischen 0,03 ms und 10 min (^{263}Rf). Die chemischen Eigenschaften gleichen denen des Hf. Ein festes, sublimierbares Tetrachlorid, analog dem $HfCl_4$, ist inzwischen nachgewiesen.

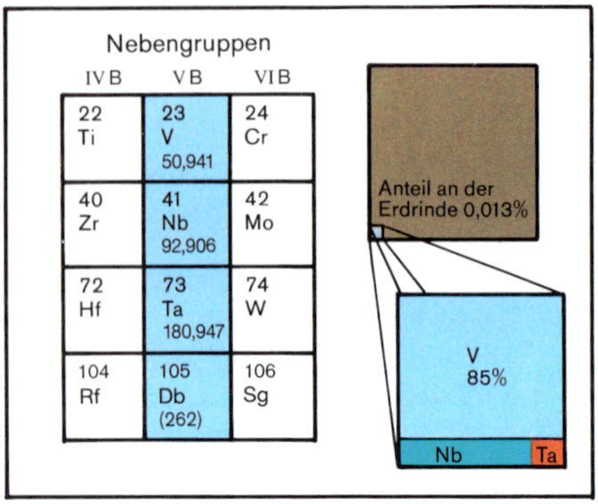

Die Stellung der Vanadiumgruppe und ihre Elementhäufigkeit in der Erdrinde

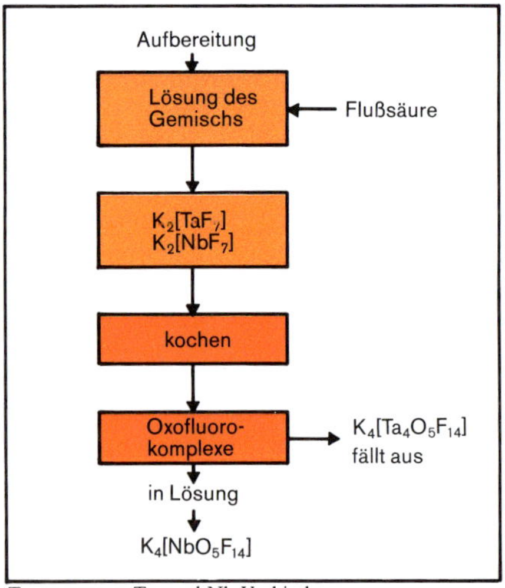

Trennung von Ta- und Nb-Verbindungen

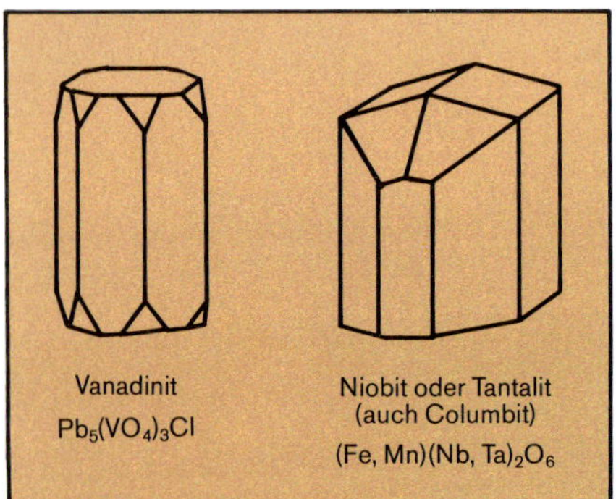

Mineralien der Gruppenelemente

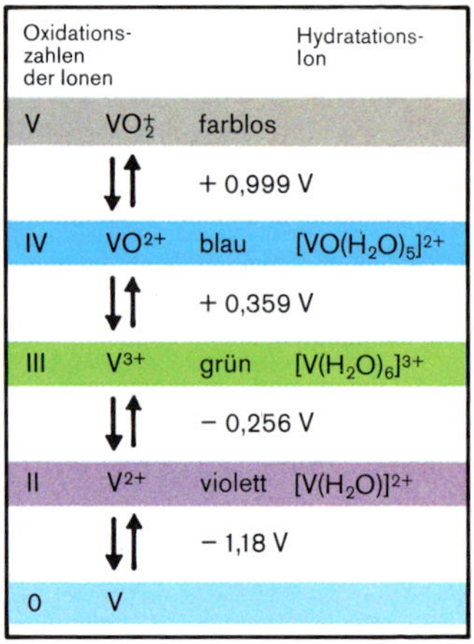

Farben und Oxidationspotentiale der Vanadium-Ionen in wäßriger Lösung

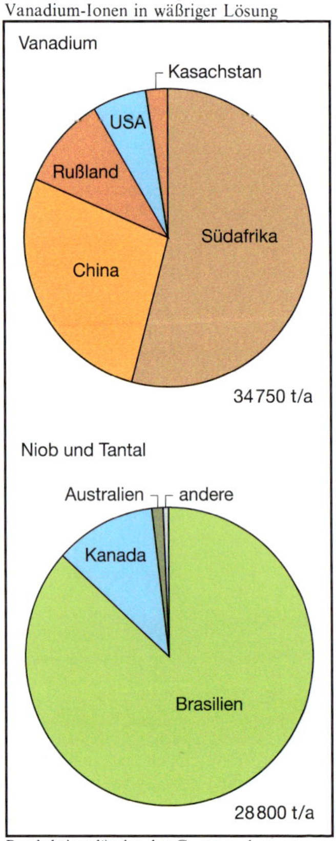

Produktionsländer der Gruppenelemente

Die **Vanadiumgruppe** ist die 5. Nebengruppe des Periodensystems. Sie umfaßt die Schwermetalle Vanadium (V), Niob (Nb), Tantal (Ta) und das Transactinoid Dubnium (Db). Nach ihren Pentoxiden werden die Gruppenelemente auch *Erdsäuren* genannt. Das Mengenverhältnis dieser Elemente in der Natur ist 33:5:1:0. Mit der 5. Hauptgruppe verbindet die Vanadiumgruppe vor allem die maximale Oxidationszahl +5. Die fünf Valenzelektronen gehören teils zur äußersten besetzten s-Schale, teils zur nächst inneren d-Schale. Die Stabilität der fünfwertigen Verbindungen nimmt mit steigendem *Z* zu. Wie bei der benachbarten Titangruppe, so führt auch hier der Einschub der Lanthanoide zu einem relativ großen Unterschied der Kernladungen zwischen Nb und Ta. Die daraus folgende weitgehende Übereinstimmung der Atom- und Ionenradien dieser beiden Elemente führt zu enger chemischer Verwandtschaft von Nb und Ta, wenn auch nicht im gleichen Ausmaß wie zwischen Zr und Hf. Aus diesem Grunde erfolgt der Nachweis meist spektroskopisch.

Wichtige Spektrallinien der Vanadiumgruppe (Wellenlänge in nm)

Vanadium	Niob	Tantal
318,341	358,027	331,116
318,398	405,894	331,884
318,540	407,973	340,666
437,924	410,092	
438,472	412,381	
	415,248	

Die Verbindungen des Nb und Ta weichen nach Formel und Struktur merklich von denen des Vanadiums ab.

Entsprechend ihrer Stellung im Periodensystem müßten die Elemente der Vanadiumgruppe sehr unedel sein. Eine sehr dichte Oxidhaut führt jedoch bis zu mittleren Temperaturen zu ausgeprägter chemischer Reaktionsträgheit. Lediglich mit Flußsäure bilden die Elemente lösliche Komplexe; Alkalischmelzen überführen sie in Vanadate, Niobate und Tantalate. Die Gruppenelemente sind amphoter, doch überwiegt der saure Charakter ihrer Verbindungen.

Physikalische Eigenschaften

	V	Nb	Ta	Db
Protonenzahl	23	41	73	105
Dichte in g/cm^3	6,092	8,581	16,677	
Schmelzpunkt in °C	1919	2468	2996	
Siedepunkt in °C	3400	4740	5425	
Atomradius im Metallgitter in nm	0,1311	0,1429	0,143	
Ionenradius (5 +) in nm	0,059	0,069	0,068	
1. Ionisierungspotential in eV	6,74	6,88	7,88	

Vanadium (Elementsymbol: V), veralteter Name: Vanadin, ist das 1. Element der 5. Nebengruppe des Periodensystems. Es ist benannt nach »Vanadis«, einem Beinamen der nordischen Göttin Freya. MANUEL DEL RIO entdeckte 1801 das neue Element in Bleierzen, hielt es aber später für verunreinigtes Chrom. 1830 entdeckte NILS SEFSTRÖM in schwedischen Eisenerzen ein neues Element, WÖHLER bewies dessen Identität mit dem von DEL RIO gefundenen. Erste Reindarstellung 1869 durch H. ROSCOE.

Eigenschaften: V ist ein stahlgraues, sehr festes Schwermetall mit kubisch-raumzentriertem Gitter und der Mohsschen Härte 5,0. Die Elektronenkonfiguration ist [Ar] $(3d)^3(4s)^2$. Die rel. Atommasse ist 50,9414. Es gibt 2 stabile V-Isotope, ^{51}V und ^{50}V. Die Halbwertszeiten der 28 instabilen V-Isotope liegen zwischen 4 ms und 330 d (^{49}V). Die elektrische Leitfähigkeit beträgt rund 9 % der des Kupfers.

V ist ein unedles Metall, bildet jedoch an Luft sofort einen Oxidfilm, der die Oberfläche lange Zeit blank hält. Feinverteiltes V-Pulver verbrennt an Luft. Erst bei höheren Temperaturen reagiert V mit den Nichtmetallen.

Die Oxidationszahlen sind +4 und +5, seltener +2 und +3. Die Oxidationsstufen wechseln leicht; daher wirken V-Verbindungen als sauerstoffübertragende Katalysatoren.

V-Ionen in wäßriger Lösung zeigen charakteristische Farben:

V		IV		III		II
VO_2^+	$\longleftrightarrow$	VO^{2+}	$\longleftrightarrow$	V^{3+}	$\longleftrightarrow$	V^{2+}
farblos		blau		grün		schwach violett

Vanadium ist stabil gegen nicht oxidierende Säuren, Basen und gegen Meerwasser; löslich in heißer Salpetersäure, konzentrierter Schwefelsäure und in Königswasser.

Toxikologie: Dauernde Einwirkung von V und seinen Verbindungen ruft chronische Vergiftungen hervor. Größere Dosen lähmen das Atemzentrum. 0,05 mg/m^3 V_2O_5-Dampf gilt als maximal zulässige Konzentration.

Nachweis erfolgt gravimetrisch nach Fällung von Ammoniumtetravanadat $[NH_4]_4V_4O_{12}$ in stark ammoniumchloridhaltiger ammoniakalischer Lösung.

Vorkommen: Der Anteil an der Erdrinde beträgt etwa 0,011 Gewichtsprozent. V tritt nicht elementar auf. Geringe Vorkommen in Eisen-, Kupfer- und Zinkerzen, Tonen, Ackerböden und im Erdöl. Spurenelement in Stickstoffbakterien, Cölenteraten (Hohltieren) und Eichen. Zwar gibt es rund 80 V-Mineralien, doch sind nur wenige Vorkommen abbauwürdig (Konzentrationen >1–2 % V). Das Vorkommen als Beimengungen in Eisenerzen ist praktisch unerschöpflich.

Wichtige *Vanadiummineralien* sind: Patronit VS_4, Vanadinit $Pb_5(VO_4)_3Cl$, Vanadiumglimmer (Roscoelit) $K(Al, V)_2$ $[AlSi_3O_{10}]$ $(OH, F)_2$ und Carnotit $K_2(UO_2)_2$ $(VO_4)_2 \cdot 3\,H_2O$.

Die Hauptvorkommen liegen in China, Südafrika, Rußland und Skandinavien.

Gewinnung: Ausgangsmaterial für die Metallgewinnung ist stets Vanadiumpentoxid V_2O_5, das durch Laugen und Rösten der Rohstoffe entsteht. Ca oder Al reduzieren es bei 950 °C:

$V_2O_5 + 5\,Ca \rightarrow 2\,V + 5\,CaO$.

Großtechnisch bedeutender ist die Gewinnung von *Ferrovanadium* (35–80 % V) durch Reduktion eines Gemischs von Vanadium- und Eisenoxiden mit Kohle im Elektroofen.

Weitere Gewinnung als Nebenprodukt aus den Thomas-Schlacken der Fe-Produktion. V ist Nebenerzeugnis der Erdölverarbeitung, denn es vergiftet die Katalysatoren der Crack-Anlagen und muß daher entfernt werden. Größter V-Erzeuger sind die USA (Nebenprodukt der Urangewinnung aus Carnotit), gefolgt von Rußland, Finnland und Südafrika.

Die Weltproduktion von V liegt bei ca. 63 000 t/a (mehr als 80 % als Ferrovanadium).

Verwendung vorwiegend als Legierungsbestandteil von Stählen und als Katalysator. Geringere Mengen Metall verwendet die Reaktorindustrie für Brennstabhüllen. Nur 4 % des Vanadiums wird zu V-Verbindungen weiterverarbeitet.

Wichtige **Verbindung**

Vanadiumpentoxid V_2O_5 ist ein orangefarbenes, wasserunlösliches, rhombisch-kristallines Pulver. Es hat eine hochmolekulare Blattstruktur ähnlich der der Silicat-Ionen $Si_2O_5^{2-}$. Es ist das beständigste Oxid des Vanadiums und entsteht durch Verbrennen des feinverteilten Metalls oder durch Glühen von V-Verbindungen an Luft. Es bildet leicht kolloidale Lösungen. Beim Erhitzen mit schwachen Reduktionsmitteln wie SO_2 geht es in das tiefblaue Vanadiumdioxid VO_2 über. Beim Glühen im H_2-Strom entsteht grünes Vanadiumtrioxid V_2O_3. Verwendung als Ausgangssubstanz zur V-Metallgewinnung und aller anderen V-Verbindungen. Katalysator, vor allem bei der großtechnischen Schwefelsäureherstellung.

Niob (Elementsymbol: Nb) ist das 2. Element der 5. Nebengruppe des Periodensystems. CH. HATCHETT entdeckte es 1801 und nannte es **Columbium** (Cb). Später hielt er jedoch das neue Element für Tantal, so daß 1844 HEINRICH ROSE es erneut entdeckte und es nach der Tantalustochter Niobe benannte. Die erste Reindarstellung gelang 1905 durch W. v. BOLTON.

Der Name Columbium hält sich noch immer im englischen und französischen Sprachraum.

Eigenschaften: Nb ist ein hellgraues, glänzendes, gut formbares Schwermetall mit kubisch-raumzentriertem Gitter. Bei längerem Verweilen an Luft bildet sich ein bläulicher Schimmer. Die Elektronenkonfiguration ist [Kr] $(4d)^3(5s)^2$. Die rel. Atommasse ist 92,9064. Es gibt nur ein stabiles Nb-Isotop (^{93}Nb). Die Halbwertszeiten der 35 instabilen Nb-Isotope liegen zwischen 17 ms und $3{,}2 \cdot 10^7$ a (^{92}Nb). Die elektrische Leitfähigkeit beträgt etwa 10 % der des Kupfers. Die Sprungtemperatur ist 9,13 K.

Nb bildet eine oberflächliche dichte Oxidschicht, so daß das Element chemisch sehr beständig ist. Oberhalb 200 °C geht die Schutzschicht verloren und Nb reagiert bereitwillig. Nb-Pulver kann sich spontan entzünden. Niob ist unlöslich in Säuren, einschließlich kaltem Königswasser. Lediglich Flußsäure und F_2 greifen Nb unter Komplexbildung an. Geschmolzene Alkalihydroxide bilden mit Nb Niobate. Die Oxidationszahlen sind +2 bis +5. Mit H_2 formt Nb legierungsartige Hydride. Nb und seine Verbindungen sind nicht giftig.

Die Verbindung Nb_3Ge dient als Supraleiter. Sprungtemperatur: 23,2 K.

Nachweis erfolgt in erster Linie spektroskopisch, vor allem über das Röntgenemissionsspektrum. Untere Nachweisgrenze: 0,01 % Nb.

Vorkommen: Der Anteil an der Erdrinde beträgt etwa $1{,}8 \cdot 10^{-3}$ Gewichtsprozent. Nb tritt nicht elementar auf. Nb-Vorkommen sind stets von geringer Konzentration und immer mit Tantal vergesellschaftet. Das wichtigste *Niobmineral* ist Eisenniobat (Niobit, Columbit) (Fe, Mn) $(NbO_3)_2$.

Die Hauptvorkommen liegen in Brasilien (80 %), Kanada, Nigeria, der Dem. Rep. Kongo, Australien und Rußland.

Das Weltvorkommen ist ca. 4,4 Mill. t.

Gewinnung in erster Linie aus Columbit. Wegen der sehr unterschiedlichen Rohstoffe variieren auch die Gewinnungsverfahren. Aus dem Erzkonzentrat werden die Niobverbindungen durch Lösungsmittelextraktion abgetrennt. Die Reduktion des als Vorprodukt dienenden Pentoxids erfolgt meist in zwei Stufen, z. B.:

$Nb_2O_5 + 7\,C \rightarrow 2\,NbC + 5\,CO$
bei 800 °C

$5\,NbC + Nb_2O_5 \rightarrow 7\,Nb + 5\,CO$
bei 2000 °C.

Wegen der großen Affinität des Nb zu O_2 verläuft die zweite Stufe im Vakuum. Das entstandene Nb-Pulver wird zu Barren gesintert.

Die Weltproduktion von Nb beträgt rund 32 800 t/a. Hauptherstellungsländer: Brasilien (90 %), Kanada, Australien und Nigeria.

Verwendung in erster Linie (etwa 90 % der Nb-Erzeugung) in Form von *Ferroniob* (50–70 % Nb) für Stahllegierungen und für hochfeste, temperaturbeständige Legierungen mit Cr, Ni und Co. Nb dient als Baustoff in Raumkapseln und zum Schweißen rostfreier Stähle. Wegen des kleinen Wirkungsquerschnitts für Neutroneneinfang ist es auch Material für Brennstabhüllen. Gettersubstanz. Bestandteil supraleitender Materialien.

Wichtige **Verbindung**

Niobpentoxid Nb_2O_5 ist eine weiße, schwere und reaktionsträge Substanz, nur löslich in Flußsäure und Alkalischmelzen. Es ist amphoter, reagiert aber vorwiegend sauer. Beim Erhitzen im H_2-Strom bildet es schwarzes, wasser- und säurenunlösliches Niobdioxid NbO_2. Verwendung als Ausgangssubstanz zur Gewinnung von Nb und von Niobcarbid NbC, einem sehr harten Werkstoff (Mohssche Härte 9). Katalysator für die Kautschuksynthese, Grundstoff für hochbrechende Gläser und keramische Widerstandskörper.

Tantal (Elementsymbol: Ta) ist das 3. Element der 5. Nebengruppe des Periodensystems. 1802 entdeckte ANDERS EKEBERG das Element in einem schwedischen Mineral. Er benannte es nach dem leidenden Tantalus, wegen der großen Schwierigkeiten, ein Lösungsmittel für das Oxid zu finden. Die erste Reindarstellung des Metalls gelang erst 1903 durch v. BOLTON.

Eigenschaften: Ta ist ein graues, sehr dehnbares und hochschmelzendes Schwermetall mit kubisch-raumzentriertem Gitter und der Mohsschen Härte 6,5. Durch Aufnahme von H_2 oder N_2 wird das Metall brüchig. Die Elektronenkonfiguration ist [Xe] $(4f)^{14}(5d)^3(6s)^2$. Die rel. Atommasse ist 180,9479. Nur ^{181}Ta ist stabil. Das Nuklid ^{180}Ta mit einem Anteil von 0,012 % galt früher als stabil; es zerfällt jedoch mit einer Halbwertszeit von $2 \cdot 10^{13}$ a. Die Halbwertszeiten der 35 anderen instabilen Ta-Isotope liegen zwischen 12 µs und 600 d (^{179}Ta). Die elektrische Leitfähigkeit beträgt 12 % der des Kupfers. Ta ist beständig an Luft, weil es sofort eine sehr stabile, dichte Oxidhaut bildet, die sich erst oberhalb 150 °C auflöst. Feinverteiltes Ta-Pulver verbrennt bereitwillig an Luft. Mit F_2 reagiert Ta unter Komplexbildung bereits bei Raumtemperatur, mit Cl_2 und S erst oberhalb 150 °C.

Die Oxidationszahlen sind +5, seltener +1, +3 und +4. Außer in Flußsäure ist Ta unlöslich in Säuren (einschließlich kaltem Königswasser) und Basen und wird auch von Alkalischmelzen nur langsam angegriffen. Ta und seine Verbindungen sind nicht giftig.

Nachweis erfolgt spektroskopisch; untere Nachweisgrenze: 0,01 % Ta.

Vorkommen: Ta steht an 49. Stelle der Elementhäufigkeit und damit direkt hinter dem Kupfer. Der Anteil an der Erdrinde beträgt etwa 0,00029 Gewichtsprozent. Ta tritt nicht elementar auf. In geringen Konzentrationen ist Ta weit verbreitet, es ist stets mit Nb vergesellschaftet.

Das wirtschaftlich wichtigste *Tantalmineral* ist Eisentantalat (Tantalit) $(Fe,Mn)(Ta,Nb)_2O_6$, das immer zusammen mit dem analogen Nb-Mineral Columbit vorkommt. Erze mit einem Ta-Gehalt von 0,3 % sind bereits abbauwürdig. Die Hauptvorkommen liegen in Australien, der Dem. Rep. Kongo, Brasilien, Thailand, Portugal, Nigeria, Kanada und Rußland.

Gewinnung aus Ta-Nb-Erzen, bei denen der Ta-Gehalt überwiegt. Die Wahl des Aufschlusses hängt vom Rohstoff ab, führt aber nach der schwierigen Abtrennung des Nb meist zu $K_4[Ta_4O_5F_{14}]$.

Anschließend wird das Metall durch Schmelzflußelektrolyse oder durch Reduktion mit Na als Ta-Pulver gewonnen. Ta-Barren werden durch Sintern im Hochvakuum oder durch Einschmelzen im Hochvakuum-Lichtbogenofen hergestellt.

Die Weltproduktion an Ta beträgt etwa 1200 t/a.

Verwendung: Oberflächenmetall für elektrische Kondensatoren, Auskleidungen chemischer Reaktoren, Bestandteil von Stahllegierungen, Flugzeug- und Raketenbau. Rund 10 % der Ta-Produktion dient zur Herstellung von TaC für Schneidwerkzeuge. Als Glühdraht ist Ta weitgehend von Wolfram verdrängt worden. Inzwischen ersetzen rostfreie Stähle häufig das teure Tantal.

Wichtige **Verbindungen**

Tantalpentoxid Ta_2O_5 ist ein weißes, rhombisch kristallisierendes, schweres Salz. Es ist chemisch relativ träge und nur in Flußsäure löslich. Alkalischmelzen überführen es in Tantalate. Bei Weißglut und im Vakuum geht Ta_2O_5 in Ta-Metall über. Erhitzen mit C bei 1900 °C führt zu Tantalcarbid TaC. Verwendung in hochbrechenden Spezialgläsern und als dielektrischer Detektor.

Kaliumfluorotantalat K_2TaF_7 bildet farblose rhombische Nadeln. Es ist ein wichtiges Zwischenprodukt bei der Ta-Gewinnung.

Dubnium (Elementsymbol: Db) ist das letzte Element der 5. Nebengruppe des Periodensystems. Benannt nach dem Forschungszentrum Dubna bei Moskau. Es kommt in der Natur nicht vor, sondern wird durch kernphysikalische Methoden in winzigen Spuren synthetisiert. Soweit geprüft, schließen sich die chemischen Eigenschaften an die des Ta an. Die rel. Atommasse liegt bei 262. Neun Db-Isotope mit Halbwertszeiten zwischen 1,2 s (^{259}Db) und 34 s (^{262}Db) sind bekannt. 1967 synthetisierte eine Arbeitsgruppe in Dubna (Rußland) Db durch folgende Kernreaktion:

$$^{243}_{95}Am + ^{22}_{10}Ne \rightarrow ^{260}_{105}Db + 5\,n.$$

1970 synthetisierte eine Arbeitsgruppe in Darmstadt (Deutschland) das neue Element durch folgende Reaktion:

$$^{249}Cf + ^{15}N \rightarrow ^{260}Db + 4\,n.$$

Die Halbwertszeit des ^{260}Db beträgt 1,5 s.

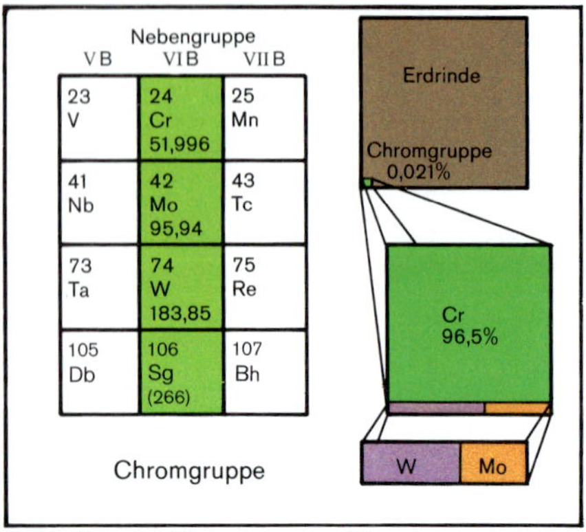

Die Stellung der Chromgruppe und ihre Elementhäufigkeit in der Erdrinde

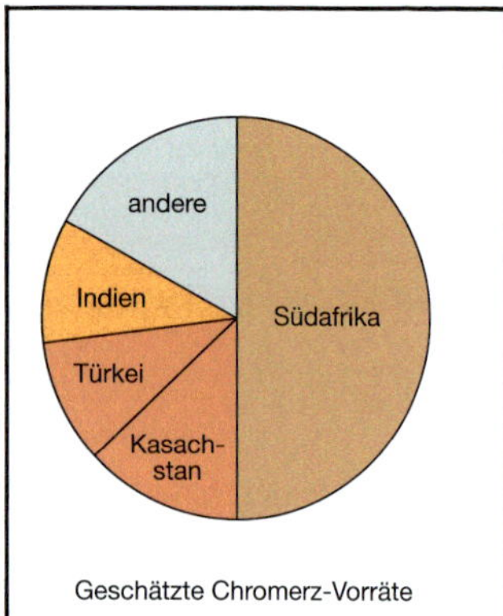

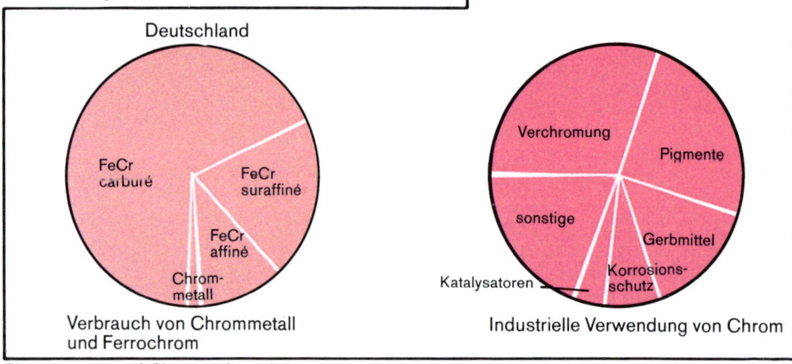

Chromvorräte und Chromverbrauch

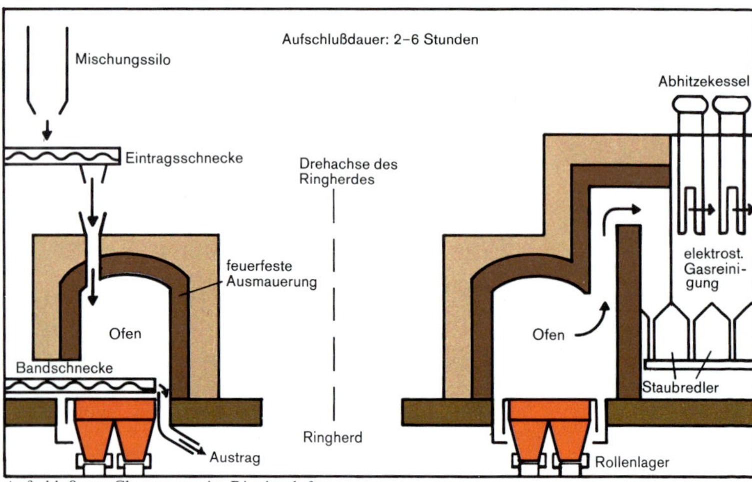

Aufschluß von Chromerzen im Ringherdofen

Die **Chromgruppe** ist die 6. Nebengruppe des Periodensystems. Sie umfaßt die Schwermetalle Chrom (Cr), Molybdän (Mo), Wolfram (W) und das Transactinoid Seaborgium (Sg). Das Mengenverhältnis dieser Elemente in der Natur ist 50:0,85:1:0. Außer der maximalen Oxidationszahl +6 verbindet die Chromgruppe praktisch nichts mit der 6. Hauptgruppe. Von den sechs Valenzelektronen gehören jeweils 4 zur äußersten besetzten d-Schale und 2 zur äußersten besetzten s-Schale. Die Stabilität der sechsten Oxidationsstufe wächst mit steigender Protonenzahl; daher sind die Chromate starke Oxidationsmittel. Die Stabilität der Verbindungen in der 3. Oxidationsstufe sinkt dagegen mit wachsender Protonenzahl. Das Cr^{III} neigt zur Komplexbildung.

Wie bei der benachbarten Vanadiumgruppe, so führt der Einschub der Lanthanoide auch hier zu einem relativ großen Unterschied der Kernladungen zwischen Mo und W. Die daraus folgende, weitgehende Übereinstimmung der Atom- und Ionenradien beider Elemente führt zu einer relativ engen chemischen Verwandtschaft zwischen Mo und W.

Die Elemente der Chromgruppe weisen die höchsten Schmelzpunkte, die geringsten Dampfdrücke und die kleinsten thermischen Ausdehnungskoeffizienten auf. Entsprechend ihrer Stellung im Periodensystem müßten sie relativ unedel sein. Bei Raumtemperatur besitzen sie jedoch eine dichte Oxidschicht, die die Oberfläche gegen chemische Reaktionen passiviert. Die Elemente sind stabil gegen Basen und schwach oxidierende Säuren, mit Alkalischmelzen bilden sie Chromate, Molybdate und Wolframate. Die Verbindungen der Chromgruppenelemente sind überwiegend farbig und finden weitere Verwendung als Pigmente. Die Carbide sind sehr hart, während die Sulfide aufgrund ihrer Schichtgitterstruktur als temperaturstabile Schmiermittel dienen. Die Eisenlegierungen der Chromgruppe sind wesentlicher Bestandteil von Werkzeugstählen.

Physikalische Eigenschaften

	Cr	Mo	W	Sg
Protonenzahl	24	42	74	106
Dichte in g/cm^3	6,93	10,28	19,26	
Schmelzpunkt in °C	1857	2620	3410	
Siedepunkt in °C	2640	5560	5700	
Atomradius im Metallgitter in nm	0,1249	0,1363	0,1370	
Ionenradius (6+) in nm	0,052	0,062	0,062	
1. Ionisierungspotential in eV	6,754	7,10	7,98	

Chrom (Elementsymbol: Cr) ist das 1. Element der 6. Nebengruppe des Periodensystems. Entdeckt wurde es 1797 von LOUIS VAUQUELIN. Es erhielt seinen Namen nach den vielfältigen Farben seiner Verbindungen (griech. chromos = Farbe). Die großtechnische Darstellung des Metalls begann 1898.

Eigenschaften: Cr ist ein silbern glänzendes, zähes und gut formbares Schwermetall; durch Verunreinigungen versprödet es. Zwei Gitterstrukturen sind bekannt: α-Cr ist kubisch-raumzentriert, β-Cr weist eine hexagonal-dichteste Kugelpackung auf. Die Elektronenkonfiguration ist [Ar] $(3d)^5(4s)^1$. Die rel. Atommasse ist 51,996. Es gibt 4 stabile Cr-Isotope. Die Halbwertszeiten der 28 instabilen Cr-Isotope liegen zwischen 5 ms und 27,70 d (^{51}Cr). Die elektrische Leitfähigkeit beträgt 11 % der des Kupfers.

Cr ist beständig an Luft und in Wasser. Starke Oxidationsmittel (z. B. HNO_3) passivieren die Oberfläche durch den Aufbau einer dünnen CrO_3-Schicht. Cr ist dann beständig gegen verdünnte Säuren. Bei erhöhter Temperatur reagiert Cr mit den meisten Nichtmetallen. Die Oxidationszahlen sind +2, +3 und +6, seltener +4 und +5. Die Verbindungen in der 2. Oxidationsstufe reagieren basisch, die in der 3. sind amphoter, die in der 6. sind sauer und gleichzeitig starke Oxidationsmittel. Cr-Ionen neigen zur Komplexbildung mit den Koordinationszahlen 5 und 6. Das ist besonders ausgeprägt beim Cr^{3+} (Koordinationszahl: 6).

Die Sauerstoffverbindungen zeigen typische Farben:

Chromate:	CrO_4^{2-}	gelb
Dichromate:	$Cr_2O_7^{2-}$	orange
Polychromate	$[Cr_nO_{3n+1}]^{2-}$	hochrot
Peroxochromate:	$HCrO_6^-$	violett

Cr ist unlöslich in Basen und oxidierenden Säuren, löslich in Königswasser und Flußsäure. In nichtoxidierenden Säuren löst es sich unter H_2-Entwicklung, z. B.:

$$2\,Cr + 6\,HCl \rightarrow 2\,CrCl_3 + 3\,H_2.$$

Toxikologie: Sechswertiges Chrom ist giftig. Es führt zu Schleimhautentzündungen und Geschwüren, wenn es durch die äußersten Hautschichten eindringt. Es zeigt schwach karzinogene Wirkungen. Maximal erlaubte Konzentration am Arbeitsplatz: 0,1 mg CrO_3/m^3.

Dreiwertiges Chrom ist nicht giftig.

Nachweis: Qualitativ durch die grüne Verfärbung der Boraxperle. Quantitativ durch Ausfällen als rotes Quecksilber(I)-chromat Hg_2CrO_4, anschließendes Glühen zu Cr_2O_3 und Wägung.

Vorkommen: Der Anteil an der Erdrinde beträgt etwa $19 \cdot 10^{-3}$ Gewichtsprozent. Cr tritt nicht elementar auf (Ausnahme: in Meteoriten). Es kommt meist in flözartigen Lagern vor, die in Dezimeter mächtigen Anreicherungen als gebänderte Serien in olivinreichen Gesteinen eingelagert sind. Die Gesamtvorräte der Erde sind ca. 3,6 Mrd. t.

Das wichtigste *Chrommineral* ist Chromeisenstein (Chromit) $FeO \cdot Cr_2O_3$. Rotbleierz (Krokoit) $PbCrO_4$ ist dagegen von geringer Bedeutung. Im Idealfall ist in den Erzen das Verhältnis Cr:Fe wie 2:1, es kann aber bis auf 1:5 absinken. Abbauwürdig sind Vorkommen mit mehr als 40% Cr_2O_3-Gehalt.

Rubin ist ein durch Cr_2O_3 rot gefärbter Korund (α-Al_2O_3).

Die Hauptvorkommen liegen in Südafrika (95%), Kasachstan, Indien, Simbabwe und Finnland. Die gesamte Erzförderung beträgt etwa 18,3 Millionen t/a.

Gewinnung erfolgt praktisch ausschließlich aus Chromit $FeO \cdot Cr_2O_3$. Das Erz wird durch Handklaubung oder Schwerkraftverfahren vom tauben Gestein abgetrennt. Die Metallgewinnung geht aus vom Chrom(III)-oxid Cr_2O_3, das auf chemischem Wege aus dem Erz gewonnen wird.

Die Darstellung des Metalls erfolgt nach zwei Methoden:

1. *Thermitverfahren:*

$$Cr_2O_3 + 2\,Al \rightarrow Al_2O_3 + 2\,Cr$$
$$\Delta H = -\,536{,}7\text{ kJ}.$$

Typischer Ansatz zur Herstellung von 1 t Cr-Metall:

1593 kg Chrom(III)-oxid
578 kg Al-Grieß
137 kg Kalk
11 kg Natriumnitrat

Verläuft die Aluminothermie im Vakuum, so entsteht besonders reines Cr (99–99,3% Cr).

2. *Elektrolytisches Verfahren:*

Elektrolyse von Chrom(III)- oder Chrom(IV)-Lösungen. Die Kathoden bestehen aus Cu oder rostfreiem Stahl, die Anoden aus Pb oder Edelstahl. Der Stromverbrauch ist groß, rund 75 kWh/kg Cr. Elektrolytchrom ist sehr rein, etwa 99,95% Cr.

Das pulverförmige Rohmetall wird gesintert oder im Lichtbogenofen zusammengeschmolzen. Die Metallqualität ist nach DIN 17565 genormt.

Der bedeutendste Cr-Produzent ist Südafrika. Die deutsche Produktion ist unbedeutend.

Verwendung in erster Linie als Ferrochrom (s. u.) zur Legierung von Stählen (Chromstahl, Chromnikkelstahl). Metalle werden durch oberflächliches Verchromen korrosionsbeständig. Die nur 0,3 µm dicke Schicht wird elektrolytisch in einer schwefelsauren Lösung von Chromsäure auf das vorher vernickelte Metall aufgebracht. Cr dient weiterhin zum Grünfärben von Gläsern und Keramiken und als Katalysator.

Ferrochrom FeCr (52–75% Cr-Gehalt) ist die bedeutendste Verwendungsform von Chrom.

Herstellung elektrothermisch aus Chromit in dreiphasigen Elektroschachtöfen mit C oder S als Reduktionsmittel bei 1500–1600 °C:

$$FeO \cdot Cr_2O_3 + 4\,C \rightarrow Fe + 2\,Cr + 4\,CO.$$

Kalkstein und Quarzit werden dem Gemisch zur Schmelzpunkterniedrigung zugeschlagen.

Je nach Kohlenstoffgehalt werden unterschieden:

FeCr suraffiné	max. 0,5% C
FeCr affiné	> 0,5–4% C
FeCr carburé	4,0–10% C

Verwendung fast ausschließlich zur Legierung von Stählen.

Verbrauch in Deutschland: 350 000 t (2003).

Wichtige **Verbindungen**

Natriumdichromat $Na_2Cr_2O_7 \cdot 2\,H_2O$ ist das Salz der nicht wasserfrei vorkommenden Dichromsäure $H_2Cr_2O_7$. Es sind orangerote, monokline und sehr hygroskopische Nadeln. Bereits im 15. Jahrhundert wurde es aus Chromeisenstein gewonnen und als Farbpigment benutzt. Technische Herstellung durch alkalischen, oxidativen Aufschluß von Chromiterzen in zwei Stufen:

1. Oxidierender Aufschluß im Ringherd- oder Drehrohrofen bei 900–1200 °C zu Natriummonochromat:

$$4\,FeO \cdot Cr_2O_3 + 8\,Na_2CO_3 + 7\,O_2 \rightarrow 8\,Na_2CrO_4 + 2\,Fe_2O_3 + 8\,CO_2.$$

Ringherdofen. Eine ringförmige, stählerne Plattform mit feuerfester Auskleidung rotiert. Dieser Herd wird von oben oder von der Seite her beheizt und die Mischung (feingemahlenes Erz, Natriummonocarbonat, Kalk und Magerungsmittel) auf den äußeren Rand aufgetragen. Bei der Drehung transportiert eine Bandschnecke die Mischung nach innen. Austrag des gesinterten Klinkers in der Mitte nach etwa 2–6 Stunden.

2. Das Natriummonochromat wird mit heißem Wasser aus dem Klinker herausgelöst und im Rührwerk mit Schwefelsäure umgesetzt. Die Natriumdichromatlösung wird dann eingedampft.

$$2\,Na_2CrO_4 + H_2SO_4 + H_2O \rightarrow Na_2Cr_2O_7 \cdot 2\,H_2O + Na_2SO_4$$

Verwendung als Ausgangssubstanz für die Herstellung des Metalls und aller Cr-Verbindungen; als Beize und Gerbmittel, in der Lithographie, zur Oberflächenbehandlung von Stählen und anderen Metallen, als Katalysator und Oxidationsmittel.

Chrom(III)-oxid Cr_2O_3 bildet schwarz-grüne, metallisch glänzende, hexagonal-rhombische Kristalle der Mohsschen Härte 9. Es ist unlöslich in Wasser, Säuren, Alkalien und Alkohol. Technische Herstellung durch Reduktion von Natriumdichromat mit Schwefel in Schmelzöfen bei Rotglut:

$$Na_2Cr_2O_7 \cdot 2\,H_2O + S \rightarrow Na_2SO_4 + Cr_2O_3 + 2\,H_2O.$$

Verwendung: Herstellung von Cr-Metall, Farbpigmente für Gläser und Porzellan, grüne Malerfarbe, Katalysator in der organischen Chemie, Poliermittel.

Molybdän (Elementsymbol: Mo) ist das 2. Element der 6. Nebengruppe des Periodensystems. Der Name ist abgeleitet von griech. molybdos = Blei, einer mittelalterlichen Sammelbezeichnung für bleiähnliche, abfärbende Materialien. KARL SCHEELE entdeckte 1778 das Element, die erste Reindarstellung gelang 1781 durch PETER JACOB HJELM.

Eigenschaften: Mo ist ein zinnweißes, hartes, hochschmelzendes und gut formbares Schwermetall mit kubisch-raumzentriertem Gitter. Mo-Pulver ist mattgrau. Die Elektronenkonfiguration ist [Kr] $(4d)^4(5s)^2$. Die rel. Atommasse ist 95,94. Es gibt 7 stabile Mo-Isotope. Die Halbwertszeiten der 29 instabilen Mo-Isotope liegen zwischen 23 ms und 3000 a (^{93}Mo). Die elektrische Leitfähigkeit beträgt 30 % der des Kupfers.

Mo ist beständig an Luft und in nicht oxidierenden Säuren durch Passivierung der Oberfläche. Oxidierende Säuren (z. B. heiße konzentrierte Schwefelsäure, Königswasser, Salpetersäure) und Alkalischmelzen lösen das Metall auf. Mit den Nichtmetallen reagiert Mo erst bei erhöhter Temperatur. Die Oxidationszahlen sind +2 bis +6; die sechswertigen Verbindungen sind am stabilsten. Mo bildet leicht Komplexe mit den Koordinationszahlen 5–9.

Mo ist ein sehr wichtiges *Spurenelement* in Pflanzen, vor allem in Leguminosen. Es aktiviert unter anderem die Eiweißsynthese und die Bindung von Luftstickstoff.

Toxikologie: Mo ist kaum giftig. Die maximal zulässige Konzentration löslicher Mo-Verbindungen am Arbeitsplatz beträgt 0,015 g/m³ Luft.

Nachweis: Qualitativ als tiefblaue kolloidale Lösung bei Zugabe von Zn, H_2S oder SO_2 zu saurer Lösung. Quantitativ durch Fällen als Molybdänsäure und Glühen zu MoO_3.

Vorkommen: Der Anteil an der Erdrinde beträgt $1{,}4 \cdot 10^{-3}$ Gewichtsprozent. Mo tritt nicht elementar auf. Die Vorkommen sind von geringer Konzentration. Das wichtigste *Molybdänmineral* ist Molybdänglanz (Molybdänit) MoS_2. Gelbbleierz (Wulfenit) $PbMoO_4$ und Powellit $Ca(Mo, W)O_4$ sind von geringer Bedeutung. Die Hauptvorkommen liegen in den USA, China, Chile und Peru.

Gewinnung: Etwa 45 % des MoS_2 ist ein Nebenprodukt des Kupferbergbaus. Die Erze enthalten meist nur 0,5–1,5 % Mo und müssen durch Flotation aufbereitet werden. Weiterverarbeitung nach verschiedenen Verfahren, z. B. Abrösten von MoS_2 zu MoO_3 und anschließende Reduktion im heißen Wasserstoffstrom:

$$MoO_3 + 3\,H_2 \rightarrow Mo + 3\,H_2O.$$

Es entsteht ein Mo-Pulver, das teilweise nach Pressen und Sintern zu Barren eingeschmolzen wird. Die Weltproduktion beträgt rund 129 000 t/a. Hauptproduzenten: USA, Chile, China, Peru und Kanada.

Verwendung in erster Linie zum Legieren von Stählen und korrosionsbeständigen Ni-Legierungen. Glühlampenteile, temperaturbeständige Baustoffe für Raketen, Flugzeuge und Turbinenschaufeln, Katalysatoren für die organische Chemie.

Ferromolybdän FeMo (50–85 % Mo) dient zum Legieren von Stählen. Gewinnung in Elektroöfen durch Reduktion einer Mischung aus MoO_3 und Fe_2O_3 mit Kohlenstoff.

Wichtige **Verbindungen**

Molybdän(VI)-oxid MoO_3 ist ein weißes, wasser- und säurenunlösliches Pulver, das sich beim Erhitzen gelb verfärbt. Schichtgitteraufbau aus MoO_6-Oktaedern. Mit Alkalibasen bildet es Molybdate, z. B. Na_2MoO_4. Ausgangssubstanz zur Gewinnung von Mo-Metall und Ferromolybdän.

Molybdän(IV)-sulfid (Molybdänglanz) MoS_2 bildet fettige, grauabfärbende Blättchen. Es ist das wichtigste Mo-Erz. Aufgrund seiner Schichtstruktur ...|SMoS|SMoS|SMoS|... besitzt es (ähnlich dem Graphit) sehr gute Schmiereigenschaften, die auch bei hohen Temperaturen erhalten bleiben. Es ist als »*Molykote*« im Handel.

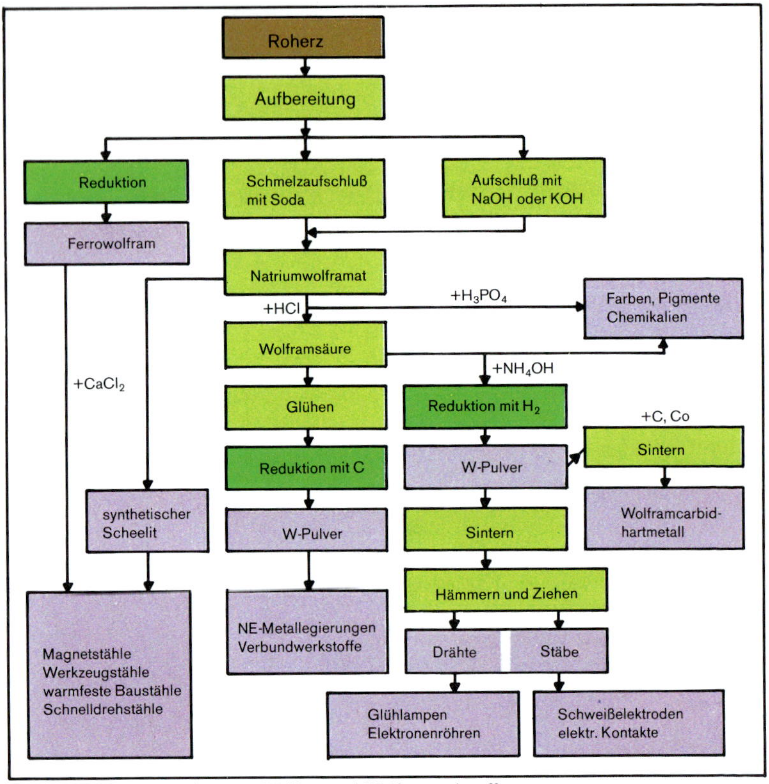

Herstellung und Verwendung von Wolfram und Wolframwerkstoffen

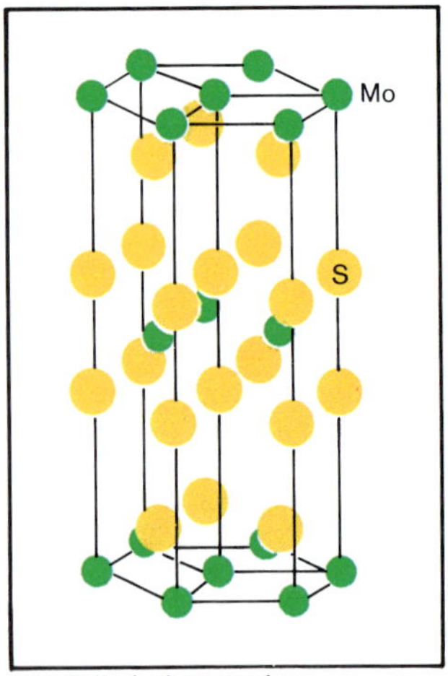

Eine Zelle des hexagonalen Schichtgitters von MoS_2

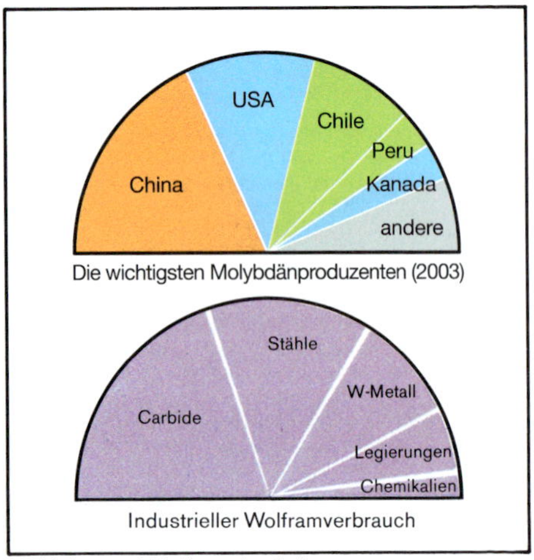

Molybdän- und Wolframwirtschaft

Wolfram (Elementsymbol: W) ist das 3. Element der 6. Nebengruppe des Periodensystems. 1783 isolierten die Brüder D'ELHUJAR das neue Element aus dem Erz Wolframit.

Im französischen und englischen Sprachraum hält sich noch immer der veraltete Name **Tungsten.**

Eigenschaften: W ist ein weiß glänzendes, außerordentlich festes Schwermetall mit kubisch-raumzentriertem Gitter. Bereits geringe Verunreinigungen machen es hart und spröde. W hat den höchsten Schmelzpunkt und den geringsten Dampfdruck aller Metalle. Der thermische Ausdehnungskoeffizient von W stimmt mit dem von Bor-Silicat-Gläsern überein. Die Elektronenkonfiguration ist [Xe] $(4f)^{14}(5d)^4(6s)^2$. Die rel. Atommasse ist 183,85. Es gibt 5 stabile W-Isotope. Die Halbwertszeiten der 32 instabilen W-Isotope liegen zwischen 15 ms und 121 d (^{181}W). Der elektrische Widerstand ist dreimal so groß wie der des Kupfers.

W ist bei Raumtemperatur stabil an Luft. Die passivierende Oxidschicht an der Oberfläche wird nur langsam von Säuren angegriffen, sehr rasch dagegen von einem Gemisch aus Flußsäure und Salpetersäure. In Schmelzen von Alkalihydroxiden löst sich W zu Wolframaten. Erhitzen mit Cl_2 und Br_2 führt zu WCl_6 bzw. WBr_6. Mit B, C, Si und N bildet W sehr harte, hoch schmelzende Einlagerungsverbindungen (Boride, Carbide, Silicide und Nitride). Die Oxidationszahlen sind +2 bis +6.

Toxikologie: Wolfram und seine Verbindungen sind nicht giftig.

Nachweis: Umsetzen von frisch gefälltem Wolfram (VI)-oxihydrat mit Zn, HCl, SnCl, oder Pb in salzsaurer Lösung führt zu leuchtend blauen Wolframoxiden: Wolframblau. Quantitativer Nachweis über WO_3.

Vorkommen: Der Anteil an der Erdrinde beträgt etwa 0,0001 Gewichtsprozent. W tritt nicht elementar, sondern stets als Wolframat auf. Die wirtschaftlich bedeutendsten *Wolframmineralien* sind Wolframit (Mn, Fe)WO_4 und Scheelit (Tungstein) $CaWO_4$. Daneben kommen vor: Scheelbleierz (Stolzit) $PbWO_4$, Wolframocker (Tungstit) $WO_3 \cdot xH_2O$, Hübnerit $MnWO_4$ und Ferberit $FeWO_4$.

Die Hauptvorkommen liegen in China, weitere in Kanada, Südkorea, Bolivien, Kasachstan und Rußland.

Gewinnung: Die Erze haben meist einen WO_3-Gehalt von 0,3–2,5%, der durch mechanische Aufbereitung bis auf rund 70% angereichert wird. Alkalischer Aufschluß der Erze mit Soda im Flammofen und anschließendes Glühen führt zu WO_3.

Reindarstellung des Metalls durch Reduktion von WO_3 mit H_2 oder C bei 1200 °C:

$$WO_3 + 3\,H_2 \rightarrow W + 3\,H_2O.$$

Das gewonnene W-Pulver wird gepreßt und zu Barren gesintert.

Durch Zonenschmelzen und gleichzeitiges Dotieren mit K, Si und Al kann man meterlange stabile *Fäden* (Durchmesser ≈ 0,01 mm) mit internem Stapeldrahtgefüge für die Glühlampenindustrie gewinnen.

Die Hauptproduzenten sind China, Rußland und Kanada. Die Weltproduktion übersteigt 60000 t/a.

Verwendung: Herstellung von Hartmetallen (rund 40%), Elektroden und Glühwendel (etwa 3%), Raketenspitzen, Einsätze für Strahltriebwerke, harte und säurebeständige Legierungen, Kontaktmaterial für elektrische Schalter, Heizelemente (stabil bis 2500 °C Dauertemperatur).

Ferrowolfram FeW (70-85% W) ist eine wichtige Vorlegierung für Spezialstähle. Herstellung durch Zusammenschmelzen von W- und Fe-Erzen mit Kohlenstoff im Elektroofen.

Wichtige **Verbindungen**

Wolframtrioxid (Wolfram(VI)-oxid) WO_3 ist ein intensiv gelbes, kristallines Pulver hoher Dichte ($\varrho = 7{,}14$ g/cm^3). Es wird beim Erwärmen orangefarben, ist unlöslich in Wasser und Säuren und bildet mit Basen Wolframate (z. B. Natriumwolframat Na_2WO_4). Herstellung durch Glühen von W-Verbindungen an Luft. Verwendung als Ausgangssubstanz für die Metallgewinnung und als gelbes Pigment in der Keramikindustrie.

Wolframcarbide W_2C, WC sind graue, metallisch glänzende, hoch schmelzende (2860 °C) Kristalle mit einer Mohsschen Härte >9. Herstellung durch Zusammenschmelzen von W und C oder durch Umsetzen von WO_3 mit C. Verwendung als Härteträger in Hartmetallen für Schneidwerkzeuge.

Widia ist ein Sinterwerkstoff aus WC + 10% Co; es ist extrem hart (**wie Dia**mant) und dient als Diamantersatz in Schneidwerkzeugen.

Wolframdisulfid WS_2 besitzt eine dem MoS_2 ähnliche Schichtgitterstruktur und dient als temperaturbeständiges Schmiermittel.

Seaborgium (Elementsymbol: Sg), früher Unnilhexium, ist das letzte Element der 6. Nebengruppe des Periodensystems. Es kommt in der Natur nicht vor, sondern wird durch kernphysikalische Methoden in geringsten Spuren (praktisch einzelne Nuklide) synthetisiert. Diese Mengen reichten bisher nicht aus, um die chemischen Eigenschaften zu prüfen. Wahrscheinlich schließen sich die Eigenschaften an die des W an. Die Atommasse liegt bei 266. Die Halbwertszeiten der neun instabilen Sg-Isotope liegen zwischen 2,9 ms (^{258}Sg) und 20 s (^{266}Sg).

1974 synthetisierte eine Arbeitsgruppe in Berkeley, Kalifornien, Sg durch folgende Kernreaktion:

$$^{249}_{98}Cf + {}^{18}_{8}O \rightarrow {}^{263}_{106}Sg + 4\,n.$$

Das Element ist benannt nach GLENN SEABORG (1912–99).

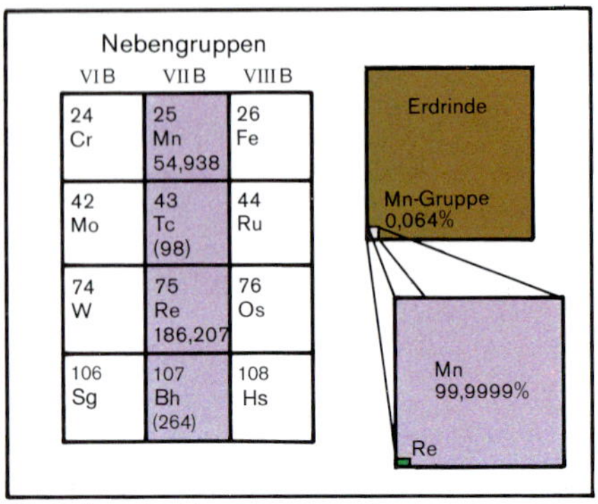

Die Stellung der Mangangruppe und ihre Elementhäufigkeit in der Erdrinde

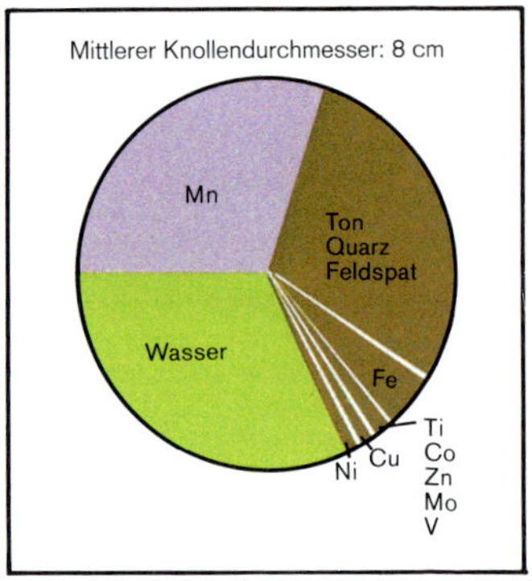

Zusammensetzung einer typischen Manganknolle aus dem Pazifik

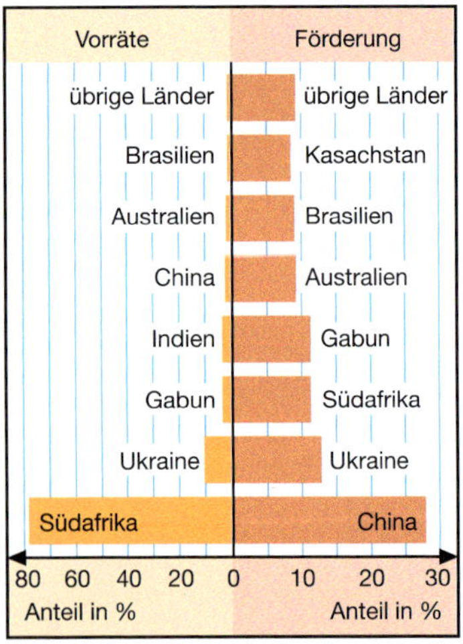

Manganwirtschaft

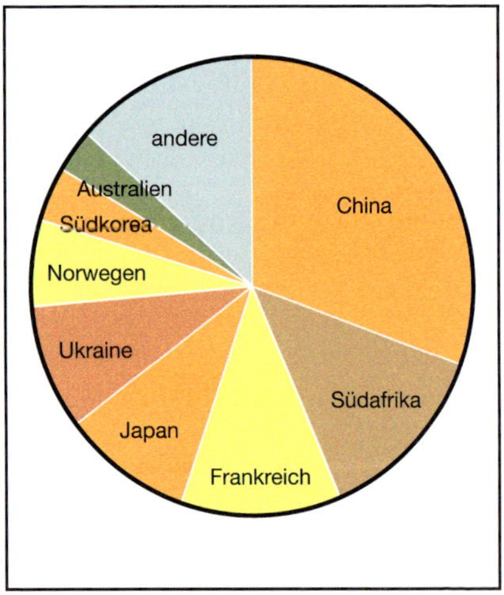

Produzenten von Fe-Mn-Legierungen

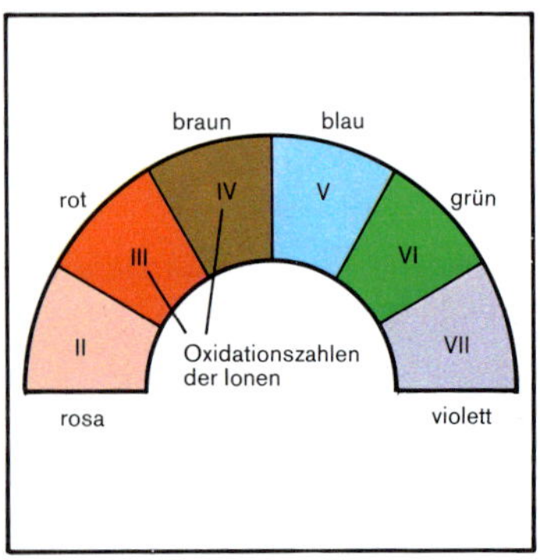

Die Farben der Mn-Ionen

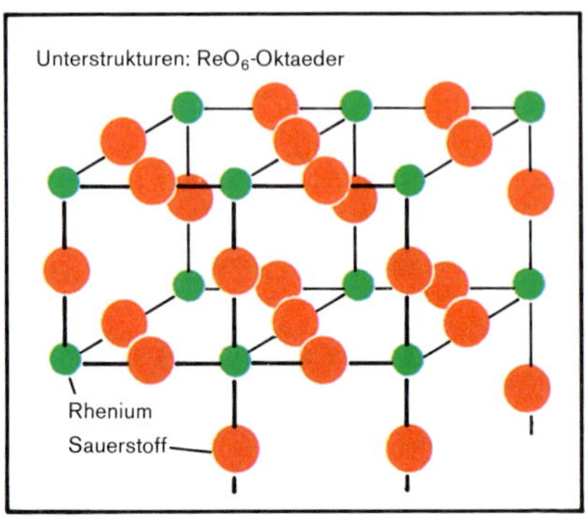

Ausschnitt aus der Gitterstruktur von Rhenium(VI)-oxid ReO_3

Die **Mangangruppe** ist die 7. Nebengruppe des Periodensystems. Sie umfaßt die Schwermetalle Mangan (Mn), Technetium (Tc), Rhenium (Re) und das Transfermium-Element Bohrium (Bh).
Mn ist bei weitem das häufigste Element dieser Gruppe. Das natürliche Verhältnis Mn : Re ist 1 000 000 : 1. Es gibt kein stabiles Tc-Isotop; Bohrium ist radioaktiv und Resultat einer künstlichen Kernverschmelzung.
Der Zusammenhang zu den Nichtmetallen der 7. Hauptgruppe besteht in der maximalen Oxidationszahl +7. Im Gegensatz zur 7. Hauptgruppe benötigen die Elemente der 7. Nebengruppe 11 zusätzliche Elektronen, um eine Edelgaskonfiguration zu erreichen. Von den 7 Valenzelektronen gehören jeweils 5 zur äußersten besetzten d-Schale und 2 zur äußersten besetzten s-Schale. Die Stabilität der zweiwertigen Verbindungen sinkt mit wachsender Protonenzahl, die der siebenwertigen steigt mit der Protonenzahl. Die Permanganate MnO_4^- sind daher starke Oxidationsmittel.
Wie bei der benachbarten Chromgruppe, führt auch hier der Einschub der Lanthanoide zu einem relativ großen Unterschied der Kernladungen zwischen Tc und Re. Daraus resultiert eine weitgehende Übereinstimmung der Atom- und Ionenradien beider Elemente und damit eine relativ enge chemische Verwandtschaft.
Die Elemente der Mangangruppe ähneln den Metallen der 6. und der 8. Nebengruppe; sie sind mit ihnen in der Natur häufig vergesellschaftet.
Bei Raumtemperatur werden die Gruppenelemente nur langsam von Sauerstoff angegriffen, bei erhöhter Temperatur reagieren sie zu Tetraoxiden (z. B. Mn_3O_4).

Physikalische Eigenschaften

	Mn	Tc	Re	Bh
Protonenzahl	25	43	75	107
Dichte in g/cm³	7,44 *(α)* 7,29 *(β)* 7,18 *(γ)*	11,49	21,03	
Schmelzpunkt in °C	1247	2250	3180	
Siedepunkt in °C	1962	4700	5630	
Atomradius im Metallgitter in nm	0,1366	0,1352	0,1371	
Ionenradius (7+) in nm	0,046	0,056	0,056	
1. Ionisierungspotential in eV	7,432	7,28	7,87	

Mangan (Elementsymbol: Mn) ist das erste Element der 7. Nebengruppe des Periodensystems. Der Name ist auf Umwegen von Braunstein MnO_2 abgeleitet, den man früher mit Magnetit verwechselte. JOHANN GOTTLIEB GAHN isolierte 1774 das Element und nannte es Manganesium. Etwa seit der Jahrhundertwende spielt Mn eine bedeutende Rolle in der Stahlindustrie.
Eigenschaften: Mn ist ein helles, eisenähnliches, hartes und sehr sprödes Schwermetall. Die Mohssche Härte beträgt 5,0; die Gitterstruktur ist kubisch. Vier Modifikationen sind bekannt:

$$\alpha\text{-Mn} \xrightarrow{740\,°C} \beta\text{-Mn} \xrightarrow{1070\,°C} \gamma\text{-Mn} \xrightarrow{1160\,°C} \delta\text{-Mn}.$$

Die Elektronenkonfiguration ist $[Ar]\,(3d)^5(4s)^2$. Die rel. Atommasse ist 54,9380. Nur ^{55}Mn ist stabil. Die Halbwertszeiten der 30 instabilen Mn-Isotope liegen zwischen 9 ms und $3{,}7 \cdot 10^6$ a (^{53}Mn). Die elektrische Leitfähigkeit des Metalls beträgt etwa 4 % der des Kupfers.
Mn oxidiert sehr langsam an Luft; beim Erhitzen verbrennt es zu Mn_3O_4. Feinverteiltes Mn kann sich dagegen bereits bei Raumtemperatur entzünden. Die Oxidationszahlen sind +2 bis +7, +2 ist bevorzugt. Mn löst sich in Säuren unter H_2-Entwicklung. Es reduziert oxidierende Säuren, z. B. H_2SO_4 zu H_2SO_3. Bei Raumtemperatur ist die Reaktionsfreudigkeit des Mn mit Nichtmetallen gering, bei erhöhter Temperatur verbindet es sich jedoch mit vielen Elementen. Aus Wasser setzt es langsam H_2 frei. Die Acidität und Oxidationskraft der Oxide wächst mit der Oxidationszahl. MnO ist ein Basenanhydrid, MnO_2 amphoter und Mn_2O_7 ein Säurenanhydrid.

Farben der Mn-Verbindungen:

Oxidationszahl	Farbe	Beispiel
II	rosa	Mangan(II)-chlorid $MnCl_2$
III	rot	Mangan(III)-fluorid MnF_3
IV	braun	Manganit-Ion MnO_4^{4-}
V	blau	Hypomanganat-Ion MnO_3^-
VI	grün	Manganat-Ion MnO_4^{2-}
VII	violett	Permanganat-Ion MnO_4^-

Amethyst ist durch feinverteiltes Mn getönter Quarz: auch Glas kann auf diese Weise gefärbt werden. Mn ist ein wichtiges Spurenelement und spielt eine wichtige Rolle beim Abbau von Vitamin B_1.
Toxikologie: Chronische Aufnahme von Mn-Staub führt zu schweren Stoffwechsel- und Nervenstörungen *(Manganismus)*. Maximal zulässige Konzentration von Mn oder Mn-Verbindungen am Arbeitsplatz: 0,005 g/m³ Luft.
Nachweis: Mn färbt die Boraxperle in der Oxidationsflamme violett. Quantitativer Nachweis durch Ausfällen mit Ammoniumchlorid, -phosphat und Ammoniak als $(NH_4)MnPO_4$, Glühen zum Diphosphat und Wägung.
Vorkommen: Der Anteil an der Erdrinde beträgt rund 0,085 Gewichtsprozent. Mn tritt nicht elementar auf. In seinen Verbindungen ist es weit verbreitet und oft mit Eisenerzen vergesellschaftet. Eisenhaltige Wässer enthalten bis zu 0,5 g Mn/l. Mn ist ein bedeutendes Spurenelement in Böden; für den Men-

schen ist Mn ein wichtiger Cofaktor von Enzymen. Die ausgedehnten Manganknollen-Vorkommen der Tiefsee enthalten etwa 30% Mn, vorwiegend in Form von Mangandihydraten. Gesamtvorkommen ca. $3 \cdot 10^{10}$ t.
Wichtige *Manganmineralien* sind: Pyrolusit (Braunstein) MnO_2, Braunit Mn_2O_3, Manganit $Mn_2O_3 \cdot H_2O$, Hausmannit Mn_3O_4, Manganspat (Rhodochrosit) $MnCO_3$ und Rhodonit $MnSiO_3$.
Die Hauptvorkommen liegen in Südafrika, Australien, Brasilien, Ukraine und Gabun. Die gesicherten Manganerz-Vorräte der Welt betragen etwa 350 Millionen t. Jährlich werden rund 8 Millionen t Mangan gewonnen.
Gewinnung als γ-Mn durch Elektrolyse von $MnSO_4$-Lösung oder als α- und β-Mn aluminothermisch:

$$3\,MnO_2 + 4\,Al \rightarrow 3\,Mn + 2\,Al_2O_3 \quad \Delta H = -1791\ kJ.$$

Da reines Mn nur geringe Verwendung findet, ist die Metallgewinnung unbedeutend.
Verwendung zu 90% in *Fe-Mn-Legierungen* für die Stahlindustrie, die aus einer Mischung von Koks, Mangan- und Eisenerzen im Hochofen hergestellt werden:

Stahleisen	2–5% Mn
Spiegeleisen	5–30% Mn
Ferromangan	30–80% Mn

Mn-Legierungen mit Al und Sb sind ferromagnetisch. Manganlegierungen sind nach DIN 17564 genormt.

Manganin ist eine Legierung aus 83% Cu, 13% Mn und 4% Ni. Es dient als Material für temperaturunabhängige elektrische Präzisionswiderstände.

Die Weltproduktion an Fe-Mn-Legierungen beträgt etwa 3 Millionen t/a.

Wichtige **Verbindungen**
Mangan(IV)-oxid (Mangandioxid, Braunstein) MnO_2 ist ein schwarzes, wasserunlösliches Pulver. Es tritt in fünf Modifikationen auf und kommt in der Natur als *Pyrolusit* vor. Es ist die wirtschaftlich wichtigste Mn-Verbindung.
MnO_2 ist ein amphoteres Oxid und zerfällt beim Erhitzen:

$$12\,MnO_2 \xrightarrow{500\,°C} 6\,Mn_2O_3 + 3\,O_2 \xrightarrow{890\,°C} 4\,Mn_3O_4 + 4\,O_2.$$

Verwendung: Herstellung von Mn-Fe-Legierungen (vor allem von Ferromangan) und Mn-Metall.
Der Rest verteilt sich auf:

Trockenbatterien	25%
MnO, $MnSO_4$ usw.	25%
Ziegel-Pigmente	17%
Oxidationsmittel für U-Gewinnung	10%
Flußmittel für Schweißdrähte	8%
organ. Chemie	5%
Kaliumpermanganat-Herstellung	3%
andere	7%

Mangan-(II)-sulfat $MnSO_4$ ist wasserfrei rein weiß, als Hydrat rosa. Es ist leicht wasserlöslich und wird aus MnO und H_2SO_4 hergestellt. Es ist ein Nebenprodukt der Anilinindustrie. Verwendung als Ausgangssubstanz für Elektrolytmangan, Fungizide, Pigmente, Düngemittel, Viehfutterzusatz und in der Flaschenherstellung.

Kaliumpermanganat $KMnO_4$ besteht aus metallisch schimmernden, purpurnen Prismen; die wäßrige Lösung ist violett. $KMnO_4$ ist ein starkes Oxidationsmittel und zerfällt oberhalb 240 °C unter O_2-Abgabe in MnO_2. Gewinnung aus Braunstein in oxidierender, alkalischer Schmelze. Verwendung für technische Oxidationen, als Bleichmittel, Holzbeize und zum Entfärben von Ölen.

$KMnO_4$ verätzt die Magenschleimhäute und färbt bei Berühren durch Reduktion zu MnO_2 die Haut braun.

Technetium (Elementsymbol: Tc) ist das 2. Element der 7. Nebengruppe des Periodensystems. Es existiert nur im radioaktiven Zustand. Der Name ist abgeleitet von griech. technetos = künstlich, da es C. Perrier und E. Segrè 1937 durch Beschuß von Mo mit Deuterium darstellten. Der veraltete Name *Masurium* (Ma) geht auf Walter Noddack und Ida Noddack-Tacke zurück, die das Element wahrscheinlich schon 1925 röntgenspektroskopisch nachwiesen.
Eigenschaften: Tc ist ein silbergraues, radioaktives Schwermetall mit hexagonal-dichtester Kugelpackung. Stabile Tc-Isotope sind nicht bekannt. Die Elektronenkonfiguration ist $[Kr]\,(4d)^5(5s)^2$. Die rel. Atommasse des Tc liegt bei rund 97. Es gibt 37 instabile Tc-Isotope; die längste Halbwertszeit weist ^{98}Tc mit $4{,}2 \cdot 10^6$ a auf, die kürzeste ist 9 ms. Tc wird bei 11,2 K supraleitend.
Tc gleicht in seinen chemischen Eigenschaften mehr dem Rhenium als dem Mangan. Das Metall oxidiert oberflächlich an feuchter Luft und verbrennt ab etwa 400 °C im O_2-Strom zu hellgelbem Technetium(VII)-oxid Tc_2O_7. Die Oxidationszahlen sind +4 bis +7. Die Verbindungen sind durchweg farbig. Tc ist löslich in Salpetersäure und in Königswasser. Zn fällt aus Tc-Lösungen das Metall aus.
Nachweis mit Hilfe der emittierten Strahlung oder durch quantitatives Fällen als braunes Tc_2S_7 aus stark salzsaurer Lösung mit H_2S.
Vorkommen: Tc kommt in der Natur nur als Spaltprodukt in geringsten Spuren vor. In den Spektren verschiedener Sterntypen ist es nachgewiesen.
Gewinnung: ^{99}Tc wird in kg-Mengen als Nebenprodukt der Kernspaltung in Reaktoren gewonnen. Ein 1000 MW-Reaktor erzeugt täglich rund 40 g ^{99}Tc. Aus den abgebrannten Brennelementen wird Tc als Ammoniumpertechnetat NH_4TcO_4 abgetrennt und mit H_2 zum Metall reduziert.
Verwendung: Keine. Geringe Spuren von Tc verbessern zwar die Korrosionsbeständigkeit von Stahl erheblich, doch verhindert die Radioaktivität den großtechnischen Einsatz. ^{95m}Tc ist ein wichtiger Tracer (HWZ: 61 a).

Rhenium (Elementsymbol: Re) ist das 3. Element der 7. Nebengruppe des Periodensystems. Der Name ist abgeleitet von lat. Rhenus = Rhein. WALTER NODDACK und IDA NODDACK-TACKE wiesen 1925 das als Eka-Mangan bereits vorhergesagte neue Element röntgenspektroskopisch in Mo-Erzen nach. Sie extrahierten zwei Jahre später aus 660 kg Molybdänit 1 g reines Re.

Eigenschaften: Re ist ein helles, glänzendes, hartes Schwermetall sehr hoher Dichte mit hexagonaler Gitterstruktur. Nach W und C hat es den höchsten Schmelzpunkt.

Die Elektronenkonfiguration ist [Xe] $(4f)^{14}$ $(5d)^5$ $(6s)^2$. Die rel. Atommasse ist 186,207. Die Re-Isotope ^{185}Re (37,40 %) und ^{187}Re (62,60 %) sind stabil. Die Halbwertszeiten der 43 instabilen Re-Isotope liegen zwischen 0,6 ms und $4{,}2 \cdot 10^{10}$ a (^{157}Re). Die elektrische Leitfähigkeit ist etwa 9 % der des Kupfers.

Re ist beständig an Luft; oberhalb 400 °C verbrennt es zu Re_2O_7. Die Oxidationszahlen sind +3 bis +7, die niedrigen Oxidationsstufen sind relativ instabil. Mit Ausnahme konzentrierter Schwefelsäure ist Re unlöslich in Säuren.

Nachweis: Re färbt die oxidierende Bunsenflamme fahlgrün. Quantitativer Nachweis durch Spektrometer der Linien 346,047 nm und 488,917 nm.

Vorkommen: Re ist sehr selten. Sein Anteil an der Erdrinde beträgt etwa $1 \cdot 10^{-7}$ Gewichtsprozent. Re tritt nicht elementar auf; Rheniumdisulfit ist das einzige bekannte Mineral. Vorkommen als Sublimat heißer Fumarolengase. Re kommt in geringen Konzentrationen in Molybdänglanz (bis zu 0,2 %), Columbit, Gadolinit und im Mansfelder Kupferschiefer vor.

Gewinnung: Re ist ein Nebenprodukt der Mo-Gewinnung. Es wird als Oxid aus den Röstgasen des Molybdänglanzes ausgewaschen und mit H_2 zu pulverförmigem Re-Metall reduziert.

Die Weltproduktion ist etwa 10 t/a.

Verwendung: Glühdrähte, zusammen mit W als temperaturstabiles Thermoelement (bis 2200 °C), optische Spiegel, Draht in Blitzlampen, sehr stabiler Katalysator in der Petrochemie, Zusatz zu W- und Mo-Legierungen. Katalysator zur Reinigung von Autoabgasen.

Wichtige **Verbindungen**

Rhenium(VII)-oxid (Rheniumheptoxid) Re_2O_7 bildet gelbe, hygroskopische Kristalle. Es ist das beständigste Re-Oxid und löst sich in Wasser zur farblosen, sehr starken Perrheniumsäure $HReO_4$. Herstellung durch Erhitzen von Re-Pulver oder niedriger Re-Oxide an Luft.

Kaliumperrhenat $KReO_4$ bildet wasserunlösliche, farblose, tetragonale Bipyramiden. Es ist die Ausgangssubstanz für alle anderen Re-Verbindungen.

Bohrium (Elementsymbol: Bh), früher: Nielsbohrium, ist das letzte Element der 7. Nebengruppe des Periodensystems; benannt nach NIELS BOHR (1885–1962). Es kommt in der Natur nicht vor, sondern wird durch kernphysikalische Methoden künstlich in winzigsten Spuren erzeugt.

Entdeckt wurde das Element am Schwerionenbeschleuniger in Darmstadt.

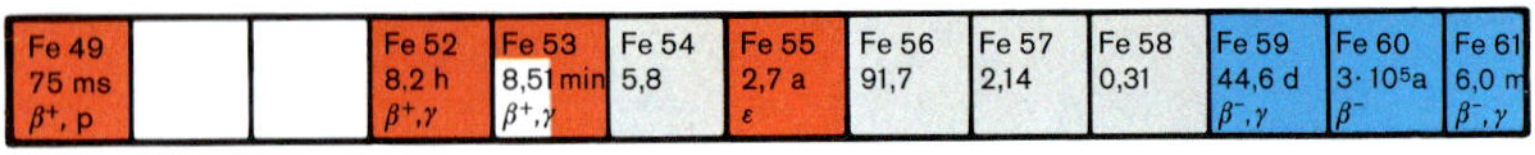

Die Nuklide des Eisens

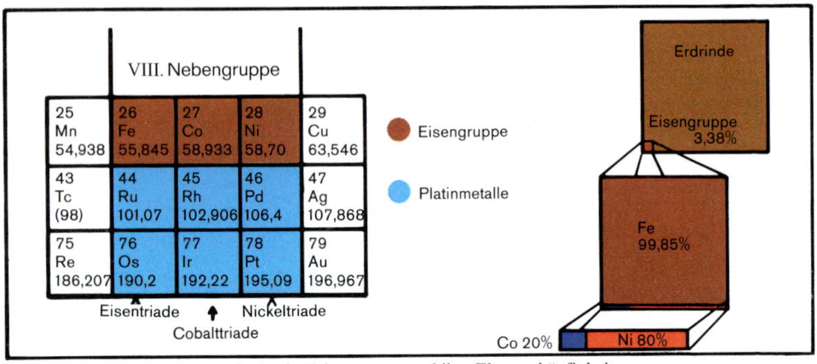

Die Stellung der Eisengruppe in der 8. Nebengruppe und ihre Elementhäufigkeit

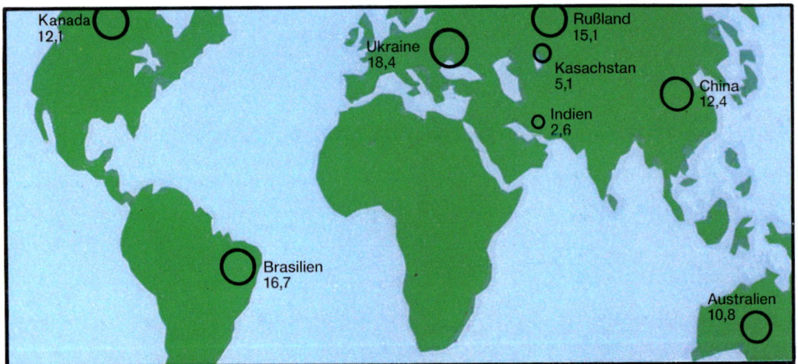

Die wichtigsten Lagerstätten an gegenwärtig abbauwürdigen Eisenerzen (in % Weltanteil)

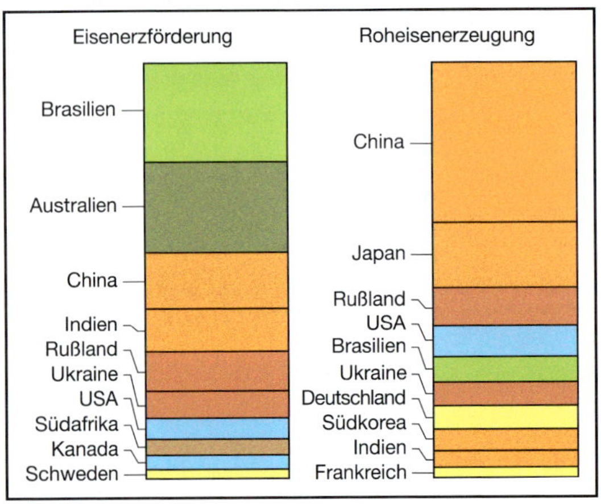

Abbau und Verhüttung von Eisen (2003)

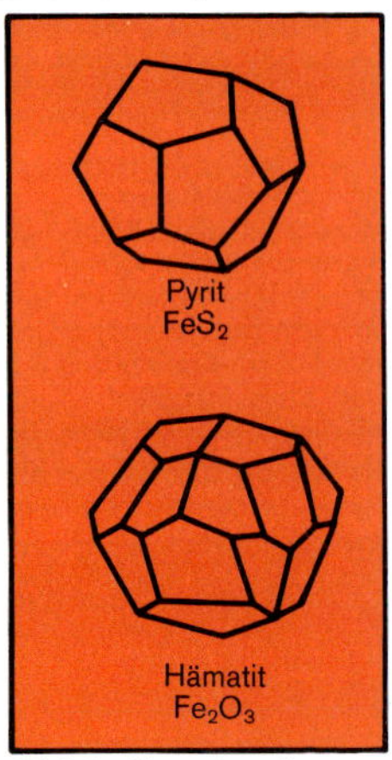

Wichtige Eisenmineralien

Die **Eisengruppe** ist ein Teil der 8. Nebengruppe des Periodensystems. Im Gegensatz zu den vorhergehenden, vertikal angeordneten Elementgruppen umfaßt die Eisengruppe nebeneinander gereihte Elemente. Es sind die Schwermetalle Eisen (Fe), Cobalt (Co) und Nickel (Ni). Die horizontal benachbarten Elemente sind in diesem Falle chemisch ähnlicher als die senkrecht angeordneten. Die vertikalen Spalten in der 8. Nebengruppe heißen *Triaden.* Fe ist das häufigste Element in der Gruppe. Das natürliche Mengenverhältnis dieser Gebrauchsmetalle ist 3400 : 1 : 4.
Die maximale Oxidationszahl der Elemente ist +6 und damit kleiner als die Gesamtanzahl der Außenelektronen. Mit steigendem Z sinkt die Beständigkeit der höchsten Oxidationsstufen (Ni tritt z. B. bereits überwiegend in der 2. Oxidationsstufe auf).
Alle Gruppenelemente sind bei Raumtemperatur beständig, ferromagnetisch und weisen hohe Dichten, Schmelz- und Siedepunkte auf. Sie bilden leicht meist farbige Komplexe.
Mitglieder der Eisengruppe sind auch die Transactinoiden-Elemente 108 **Hassium** (Hs), benannt nach dem deutschen Bundesland Hessen, und 109 **Meitnerium** (Mt) (nach LISE MEITNER, 1878–1968). Beide Elemente stellte erstmalig eine Arbeitsgruppe am Schwerionenbeschleuniger in Darmstadt her. Beispielsweise Hassium durch die Verschmelzungsreaktion $^{208}Pb + ^{58}Fe$.

Physikalische Eigenschaften

	Fe	Co	Ni
Protonenzahl	26	27	28
Dichte in g/cm^3	7,873	8,89	8,902
Schmelzpunkt in °C	1539	1495	1452
Siedepunkt in °C	2750	3870	2730
Atomradius im Metallgitter in nm	0,1241	0,1253	0,1246
1. Ionisierungspotential in eV	7,896	7,86	7,633
spez. elektr. Widerstand bei 20 °C in $10^{-8}\ \Omega \cdot m$	9,71	6,24	6,84

Eisen (Elementsymbol: Fe) ist das erste Element der 8. Nebengruppe des Periodensystems. Der Name ist wahrscheinlich abgeleitet von urkelt. isarnon = Eisen. Das Elementsymbol geht zurück auf lat. ferrum = Eisen. In allerfrühester Zeit diente wahrscheinlich Meteoreisen als Ausgangsmaterial.

Daten zur *Geschichte der Eisengewinnung:*

ca. 1500 v. Chr.	Erzeugung von Eisenschwamm, Holzkohle als Reduktionsmittel.
400 n. Chr.	Errichtung der Eisernen Säule von Delhi (Indien)
ca. 1300	Erzeugung von flüssigem Roheisen und Umwandlung in Schmiedeeisen auf dem Frischherd.
1556	Agricola beschreibt drei Methoden der Eisenverhüttung.
1735	Erster mit Koks beschickter Hochofen.
1860	Frischen von Roheisen zu Rohstahl in der Bessemer-Birne.
1864	Erzeugung von Stahl im Siemens-Martin-Ofen.
1900	Erster Lichtbogenofen zum Schmelzen von Stahl.
1948	Frischen durch Aufblasen von reinem Sauerstoff.
ab 1950	Industrielle Nutzung der direkten Eisenreduktion.
2003	Welt-Rohstahlerzeugung rund 920 Millionen t.

Eigenschaften: Fe ist ein silberweißes, glänzendes, dehnbares und reaktionsfreudiges Schwermetall. Es tritt in drei Modifikationen auf:

$$\alpha\text{-Fe} \xrightleftharpoons{910\,°C} \gamma\text{-Fe} \xrightleftharpoons{400\,°C} \delta\text{-Fe}.$$

α-Fe ist bis zum Curiepunkt (769 °C) ferromagnetisch, γ- und δ-Fe sind paramagnetisch. Kohlenstoffhaltiges Eisen ist permanent magnetisierbar. Fe ist das wichtigste, billigste und mit Abstand am meisten produzierte Metall.
Die Elektronenkonfiguration ist [Ar] $(3d)^6(4s)^2$. Die rel. Atommasse ist 55,847. Es gibt 4 stabile Fe-Isotope. Die Halbwertszeiten der 27 instabilen Fe-Isotope liegen zwischen 6 ms und $3 \cdot 10^5$ a (^{60}Fe). Die elektrische Leitfähigkeit ist 17 % der des Kupfers.
Fe bildet eine passivierende Oxidschicht und ist daher beständig an trockener Luft, trockenem Cl_2, in konzentrierter Schwefelsäure, Salpetersäure und Basen (Ausnahme: heiße Natronlauge). An feuchter Luft und in CO_2- und lufthaltigem Wasser »rostet« Fe: Es bildet eine schuppige, durchlässige Schicht von Eisen(III)-oxidhydrat $Fe_2O_3 \cdot H_2O$.

Rostschutz: Eisen wird haltbar durch Anstreichen (z. B. Ausbildung einer passivierenden Oxidschicht durch Mennige Pb_3O_4). Überzüge aus Zink (verzinktes Eisenblech bildet ein galvanisches Element mit Fe als Kathode) oder Zinn (»Weißblech« besitzt eine dichte Sn-Schicht; wird diese verletzt, so tritt rasche Korrosion ein durch Bildung eines galvanischen Elements mit Fe als Anode). Rostfreie Stähle sind mit Chrom und Nickel legiert.

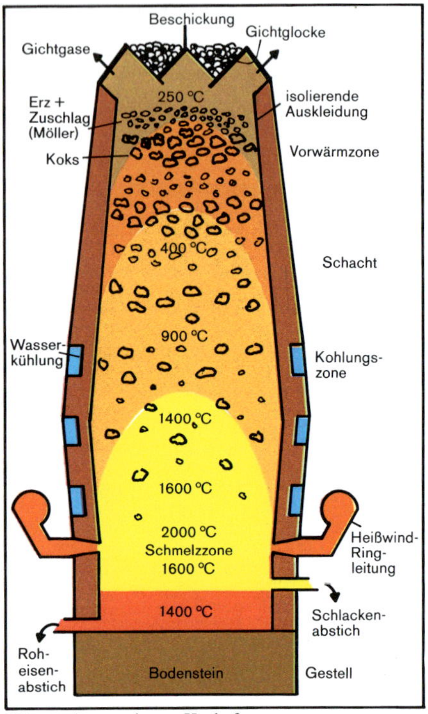

Schema eines modernen Hochofens

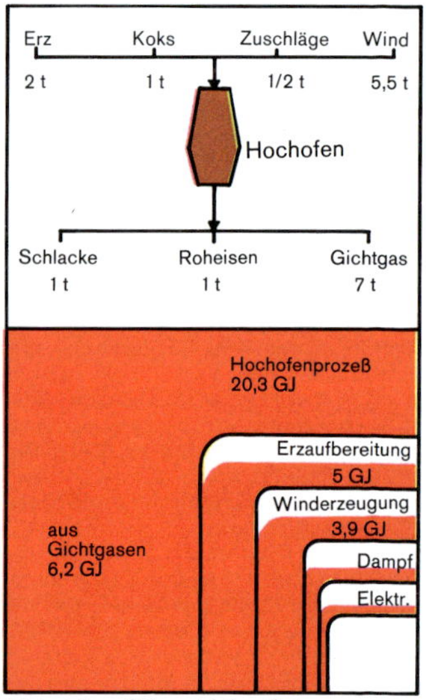

Material- und Energiebilanz beim Hochofenverfahren, bezogen auf 1 t flüssiges Roheisen (1 GJ = 10^9 Joule)

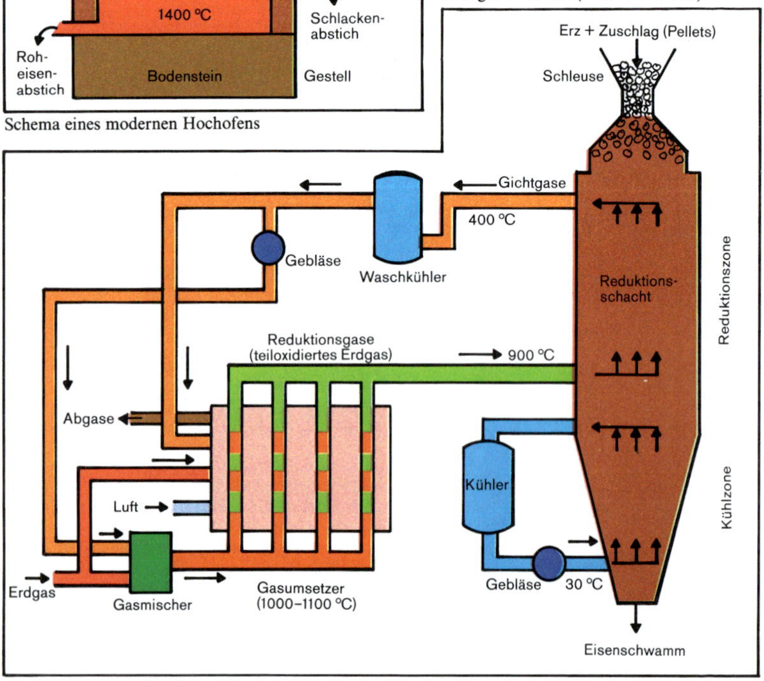

Fließbild einer Korf-Midrex-Anlage

Nicht oxidierende Säuren greifen Eisen unter H_2-Entwicklung an, z. B.:

$Fe + 2\,HCl \rightarrow FeCl_2 + H_2$.

Oberhalb 500 °C ist Fe auch in entgastem Wasser unbeständig:

$3\,Fe + 4\,H_2O \rightarrow Fe_3O_4 + 4\,H_2$.

Die Oxidationszahlen sind +2, +3, +4 und +6. Fe^{II} und Fe^{III} dominieren und gehen leicht ineinander über, so daß Fe(II)-Salze Reduktionsmittel sind und Fe(III)-Salze Oxidationsmittel. Fe^{2+}- und Fe^{3+}-Ionen bilden häufig (meist oktaedrische) Komplexe. Fe ist ein wichtiges Spurenelement, z. B. als Bestandteil des roten Blutfarbstoffs Hämoglobin und des Muskeleiweißes Myoglobin. Der menschliche Körper enthält etwa 4,5 g Fe; der Fe-Tagesbedarf beträgt 12–15 mg.

Toxikologie: Fe ist nicht giftig. Maximal erlaubte Konzentration von Eisenoxidstaub am Arbeitsplatz: 8 mg/m^3.

Nachweis: Eisen(II)-Salzlösungen bilden mit rotem Blutlaugensalz tiefblaue Niederschläge (Turnballs Blau). Eisen(III)-Salzlösungen ergeben mit gelbem Blutlaugensalz ebenfalls tiefblaue Niederschläge (Berliner Blau). Quantitative Analyse durch Fällen mit wäßrigem Ammoniak, Glühen und Wägen des reinen Fe_2O_3.

Vorkommen: Fe steht an 4. Stelle der Elementhäufigkeit. Der Anteil an der Erdrinde beträgt 4,7 Gewichtsprozent. Fe ist damit nach Al das zweithäufigste Metall. Der Erdkern besteht wahrscheinlich überwiegend aus Fe. Gediegenes Fe kommt nur in Meteoriten (bis zu 90 %) vor. Magmatische Vorkommen weisen meist Fe^{II} auf; als Verwitterungsprodukt ist es überwiegend Fe^{III}. Fe-Lagerstätten sind in den vielfältigsten Formen weit verbreitet.

Es gibt mehr als 400 *Eisenmineralien,* doch haben nur die folgenden wesentliche wirtschaftliche Bedeutung:

Hämatit (Roteisenstein, Eisenglanz) α-Fe_2O_3: Trigonales Kristallsystem, bis 65 % Fe-Gehalt. Hauptvorkommen: Brasilien, USA (Oberer See), Spanien, Nordafrika, Deutschland (Dill, Lahn).

Magnetit (Magneteisenstein) Fe_3O_4 (= $FeO \cdot Fe_2O_3$): Kubisches Kristallsystem, bis 70 % Fe-Gehalt, Hauptvorkommen: Schweden, Norwegen, USA, Rußland, Marokko und Kanada.

Siderit (Spateisenstein) $FeCO_3$: Trigonales Kristallsystem, bis 40 % Fe-Gehalt.

Brauneisenstein (Nadeleisenerz, Minette) $Fe_2O_3 \cdot H_2O$: Rhombisches Kristallsystem, bis 62 % Fe-Gehalt.

Pyrit (Eisenkies, Schwefelkies) FeS_2: Kubisches Kristallsystem, bis 46 % Fe-Gehalt.

Die Gesamtvorräte an Eisenerzen werden auf 800 Milliarden t geschätzt, davon sind gegenwärtig 120 Milliarden t abbauwürdig. Die größten Eisenerzvorkommen liegen in der Ukraine, in Rußland, Brasilien, China, Australien und Kasachstan.

Gewinnung: Die Aufbereitung des Eisenerzes erfolgt im wesentlichen durch Flotation oder Magnetabscheidung. Das Erz wird zerkleinert und zum großen Teil pelletiert (Durchmesser: 1–3 cm, je nach Prozeß), um eine möglichst gleichmäßige Korngröße zu erzielen.

Grundvorgang bei der Fe-Gewinnung: Reduktion oxidischer Eisenerze mit Kohlenstoff. Es entsteht Roheisen (Kohlenstoffgehalt >1,7 %, Beimengung 3–10 %), ein sprödes Material, das bei Erhitzen innerhalb eines kleinen Temperaturbereichs erweicht. 80 % des Roheisens wird sofort zu Stahl (Kohlenstoffgehalt < 1,7 %) weiterverarbeitet, einem zähen, schmiedbaren Material, das bei Erhitzen nur langsam erweicht.

Roheisengewinnung erfolgt vorwiegend im Hochofen; daneben erlangen Verfahren der direkten Reduktion steigende Bedeutung. Kokshochöfen erzeugen bis zu 3000 t Roheisen pro Tag.

Hochofenprozeß: Der Gebläseschachtofen ist bis zu 130 m hoch und hat einen kreisförmigen Durchmesser bis zu 14 m. Tagesproduktion bis zu 10 000 t Eisen. Er ist in Form eines Doppelkegels aus feuerfesten Schamottesteinen (Wandstärke etwa 70 cm) gemauert und mit einem Stahlmantel verkleidet. Der obere Kegel, der *Schacht,* ruht auf einem eisernen Tragring. Der untere Kegel, die *Rast,* sitzt auf dem *Gestell,* das seinerseits auf dem feuerfesten *Bodenstein* ruht. Der Hochofen wird von oben, von der *Gicht* her, beschickt und von unten beheizt.

Da die Beschickung beim Niedergehen aufgrund der wachsenden Temperatur expandiert, muß der Durchmesser des Schachts nach unten wachsen. Der Querschnitt der Rast verkleinert sich nach unten, da hier die Beschickung schmilzt und folglich kontrahiert. Der Schacht ist luft-, Rast und Gestell sind wassergekühlt.

Vorgänge im Hochofen: Ein Schrägaufzug beschickt durch die Gicht den Ofen. Dabei wechselt regelmäßig eine Schicht Koks mit einer Schicht Eisenerz ab. Die Zuschläge zum Erz (Kalkstein, Dolomit, Feldspat, Tonschiefer) werden je nach Art der Beimengungen (Gangart) des Erzes gewählt und binden im Verlauf des Hochofenprozesses die Gangarten zu leicht schmelzenden Schlacken.

Die unterste Koksschicht wird durch Einblasen vorgewärmter Luft auf 700–800 °C erhitzt und dann durch sauerstoffreiche Luft (Wind) entzündet. Der Koks verbrennt

$2\,C + O_2 \rightarrow 2\,CO \qquad \Delta H = -\,221{,}3\ kJ$

und die Temperatur im unteren Teil des Hochofens erreicht 1600 °C. Das heiße CO steigt in die darüberliegende Erzschicht auf und reduziert das Eisen(III)-oxid zum Metall:

$Fe_2O_3 + 3\,CO \rightarrow 2\,Fe + 3\,CO_2$.

Die nächste Koksschicht setzt das CO_2 wieder zu CO um:

$CO_2 + C \rightleftharpoons 2\,CO \qquad \Delta H = +\,172{,}7\ kJ$.

Das CO reduziert die nächste Eisenschicht usw. Das in den höheren und kühleren Teil des Schachts steigende CO zerfällt teilweise gemäß

$2\,CO \rightleftharpoons CO_2 + C$.

Der dabei entstehende, feinverteilte Kohlenstoff reduziert direkt das Eisen(III)-oxid

$Fe_2O_3 + 3\,C \rightarrow 2\,Fe + 3\,CO$,

zum Teil löst er sich im Eisen. Dadurch sinkt der Schmelzpunkt des reduzierten Eisens auf 1100–1200 °C; es tropft durch die glühende Koksschicht nach unten. Das glühende Eisen sammelt sich im Gestell unter der leichteren, ebenfalls flüssigen Schlacke. Die Schlackenschicht schützt das gewonnene Eisen gegen die oxidierende Gebläseluft.

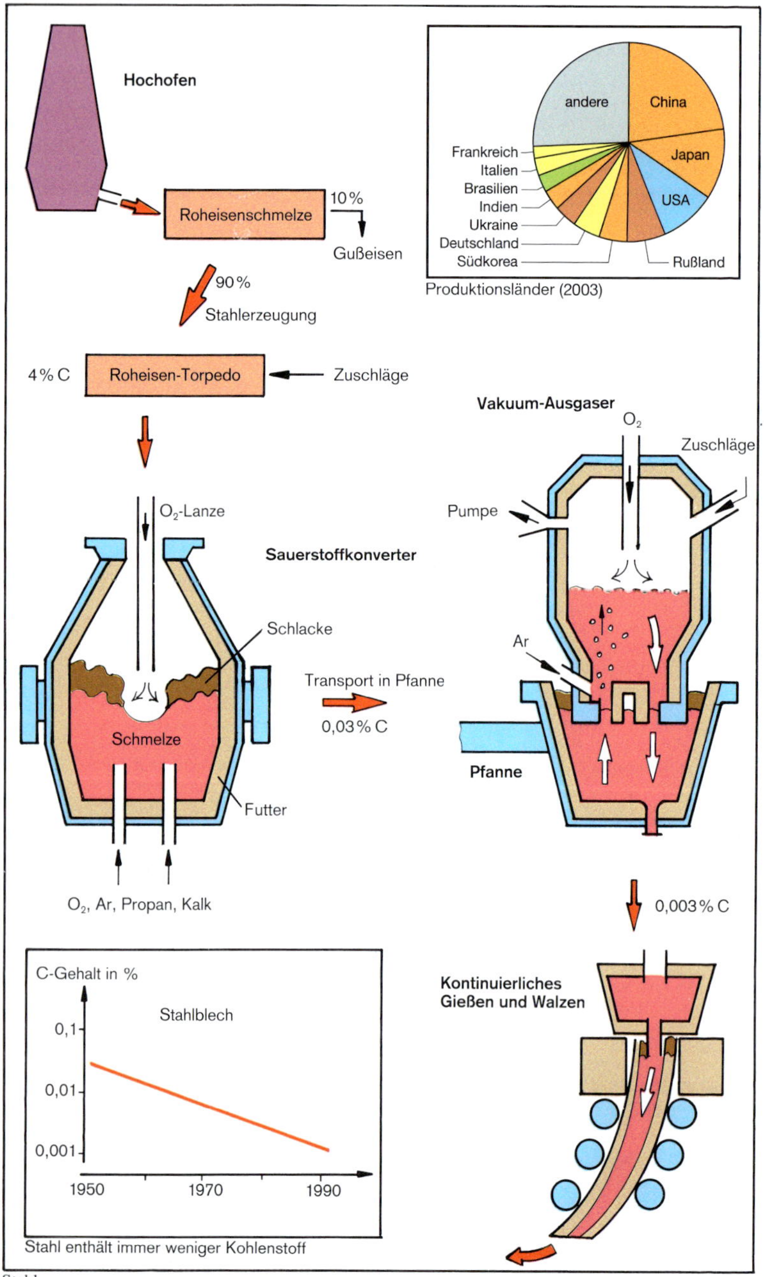
Hochofen
Roheisenschmelze
10 %
Gußeisen
90 %
Stahlerzeugung
andere
China
Japan
USA
Rußland
Frankreich
Italien
Brasilien
Indien
Ukraine
Deutschland
Südkorea
Produktionsländer (2003)
4 % C
Roheisen-Torpedo
Zuschläge
Vakuum-Ausgaser
O_2
Zuschläge
Pumpe
O_2-Lanze
Sauerstoffkonverter
Schlacke
Ar
Transport in Pfanne
0,03 % C
Schmelze
Pfanne
Futter
O_2, Ar, Propan, Kalk
0,003 % C
C-Gehalt in %
Stahlblech
0,1
0,01
0,001
1950
1970
1990
Stahl enthält immer weniger Kohlenstoff
Kontinuierliches
Gießen und Walzen

Stahl

Das CO/CO_2-Gemisch steigt zwar noch höher in den Schacht auf, ist aber für die Reduktion bereits zu kalt und wärmt lediglich die Beschickung auf 200–300 °C vor. Am Oberrand des Hochofens entweichen die Gase als Gicht.

Zusammensetzung der *Gichtgase:*

N_2	52–60 %
CO	25–30 %
CO_2	10–16 %
H_2	1– 4 %
CH_4	bis 4 %

Heizwert rund 4 kJ/m^3

Das Gichtgas betreibt Winderhitzer, Pumpen und Gebläse und dient als allgemeine Energiequelle des Hüttenwerks.

Das flüssige Roheisen im Gestell wird in regelmäßigen Abständen (alle 3–6 h) abgestochen.

Beimengungen des *Roheisens:*

C	2,5–4 %
Si	0,5–3 %
Mn	0,5–6 %
P	bis 2 %
S	0,01–0,05 %

Graues Roheisen entsteht durch langsames Abkühlen des Abstichs, z. B. in Sandformen *(Masselbetten).* Der gelöste Kohlenstoff scheidet sich als Graphit aus. Si-Gehalt > 2 %, Mn-Gehalt < 0,2 %. Ausgangsmaterial für Gußwaren.

Weißes Roheisen entsteht durch schnelles Abkühlen des Abstichs, z. B. in Eisenformen *(Kokillen).*

Der gelöste Kohlenstoff verbleibt als Eisencarbid Fe_3C (Zementit). Mn-Gehalt > 4 %. Si-Gehalt < 0,5 %. Ausgangsmaterial für die Stahlherstellung.

Die *Schlacke* fließt unterhalb der Formebene chargenweise ab. Sie ist ein Ca-Al-Silicat und wird zu Mörtel, Steinen, Eisen-Portland-Zement (EPZ) oder Hochofenzement weiterverarbeitet.

Während beim Hochofenverfahren flüssiges Roheisen entsteht, führen die Verfahren der »direkten Reduktion« zu *Eisenschwamm:* Ein im festen Zustand durch Reduktion mit gasförmigen Reduktionsmitteln aus Eisenerz erzeugtes Eisen. Es hat meist noch die äußere Gestalt des Ausgangsmaterials, ist jedoch wegen des entwichenen Sauerstoffs sehr porös. Eisenschwamm ist nur ein Zwischenprodukt und wird sofort weiterverarbeitet. Hauptvorteil: arbeitet ohne hochwertige Kohle oder Koks. Rund 5 % der Welt-Roheisenproduktion stammt aus Direktreduktionsverfahren, Tendenz steigend.

Direktreduktionsprozeß ist eine traditionelle, aber irreführende Bezeichnung. Die Reduktion ist nicht direkter als im Hochofenprozeß. Es handelt sich um eine Heterogenreaktion: festes Eisenoxid wird mit Gas reduziert. Von den vielen Verfahren ist hier nur das erfolgreichste beschrieben:

MIDREX-Verfahren: Klassifizierte Pellets, Erzgranulate oder Stückerz werden von oben in einen Schachtofen eingeführt. Auf halber Schachthöhe tritt das 900 °C heiße Reduktionsgas ein. Es wird durch katalytisches Umsetzen von Erdgas mit gereinigtem Gichtgas

$$CH_4 + CO_2 \rightarrow 2\,CO + 2\,H_2$$

hergestellt. Das angestrebte Verhältnis $H_2:CO$ im Gas ist 2 : 1.

Der obere Teil des Ofens ist Reduktionszone:

$$Fe_2O_3 + 3\,CO \rightarrow 2\,Fe + 3\,CO_2$$

und

$$Fe_2O_3 + 3\,H_2 \rightarrow 2\,Fe + 3\,H_2O.$$

Das reduzierte Metall sinkt stetig nach unten, gerät in den Gegenstrom der Kühlzone und verläßt den Schachtofen als kalter Eisenschwamm. Dieser enthält rund 95 % Fe und 0,4–2 % C.

Der Wärmebedarf für Reduktionsgaserzeugung und Erwärmung der Beschickung wird durch Verbrennen von etwa 30 % der Gichtgase gedeckt.

Die deutsche Roheisenproduktion liegt bei 29 Mill. t/a, die der Welt bei 1000 Mill. t/a.

Stahlgewinnung: Etwa 90 % des erzeugten Roheisens wird weiterverarbeitet zu schmiedbarem Eisen, genannt *Stahl.* Dieser zeichnet sich chemisch in erster Linie durch einen sehr geringen Kohlenstoffgehalt (< 0,5 %) aus. Die moderne Entkohlung des Roheisens (*Frischen* genannt) von etwa 4 % bis auf < 0,0001 % erfolgt durch Einblasen von Sauerstoff in die flüssige Phase; das entstehende CO entweicht als Gas.

Umwälzende Entwicklungen charakterisieren die Stahlgewinnung seit den achtziger Jahren des 20. Jahrhunderts. Die Schmelze wird jetzt kontinuierlich weiterverarbeitet bis zum Gießen und Walzen. Auch ist es möglich, die Zusammensetzung des Stahls kurzfristig zu verändern, ohne den kontinuierlichen Prozeß zu unterbrechen. Der dadurch ermöglichte außerordentlich niedrige C-Gehalt führt zu leicht verarbeitbaren und hochfesten Stählen.

Windfrischverfahren – die ersten, großtechnisch angewandten sind seit 1855 bekannt – überführen den in der Roheisenschmelze gelösten Kohlenstoff zusammen mit anderen, unerwünschten Verunreinigungen durch Einblasen von Sauerstoff in CO und Oxidschlacken. Moderne Verfahren verwenden zwei Stufen: Sauerstoffkonverter und Ausgaser.

Das abgestochene und flüssige Roheisen wird in den kippbaren, feuerfest ausgekleideten **Konverter** transportiert. Sein Fassungsvermögen beträgt bis zu einigen hundert t. Gekühlte Sauerstofflanzen pressen von oben und von unten O_2 in das Roheisen. Der dabei verbrennende Kohlenstoff erzeugt genügend Wärme, um den Inhalt des Konverters flüssig zu halten. Hinzugefügter Schrott senkt die Temperatur – wegen der notwendigen Schmelzwärme – ab. Gleichzeitig von unten eingeblasenes Argon dient zum Rühren der Schmelze.

Kalkzuschläge binden vorhandenen Phosphor zu Calciumphosphat. Die Auskleidung des Konverters (das Futter) ist in gemahlener Form ein begehrtes Düngemittel (z. B. Thomas-Mehl).

Moderne Konverter nehmen bis 250 t Roheisenschmelze auf und reduzieren den Kohlenstoffgehalt innerhalb von 30 Minuten auf 0,02–0,04 %.

Ist diese Stufe beendet, so entleert der Konverter den Rohstahl in eine Transportpfanne. Diese schwenkt unter den **Ausgaser** und koppelt ein. Aufgrund eines Unterdrucks steigt die Schmelze teilweise in den Ausgaser auf. Drei Vorgänge laufen in dieser 2. Stufe des kontinuierlichen Windfrischverfahrens ab:

1. Der C-Gehalt wird erneut reduziert, diesmal bis auf 0,002–0,0001 %.
2. Entfernen gelöster Gase (vor allem Sauerstoff).
3. Zuschlag von Legierungs-Elementen.

Durch den einen Fuß eingepreßtes Argon erzwingt die Zirkulation der Schmelze durch den unteren Teil des Ausgasers. Der darin herrschende Unterdruck befördert gelöste Gase – in erster Linie CO – über die Pumpleitung nach draußen. Nach einiger Zeit sinkt der CO-Partialdruck nicht mehr, ohne den des Sauerstoffs zu erhöhen: ein unerwünschter Vorgang, da der Sauerstoff später die Legierungs-Zuschläge oxidieren würde. Jetzt schließen die Sauerstofflanzen, Zuschläge von Al binden einen Großteil des gelösten O_2, die Oxide steigen als Schlackenschicht nach oben. Zum Schluß der 2. Stufe steuern Zuschläge die endgültige Zusammensetzung des Stahls. Nun rastet die Transportpfanne aus und schwenkt zur Gießanlage.

Ein Vorläufer des modernen Windfrischverfahrens ist die *Bessemer-Birne,* ein Sauerstoff-Aufblaskonverter. Er wurde mit einigen Tonnen Roheisenschmelze gefüllt, der C-Gehalt des Stahls (wesentlich höher als der moderner Stähle) durch Zugabe von kohlenstoffhaltigem Ferromangan eingestellt (rückkohlen). Ebenfalls veraltet ist das *Herdfrischverfahren* (Siemens-Martin-Verfahren): Flüssiges Roheisen wurde in basisch gefütterte, eiserne und kippbare Tröge (Herde) überführt. Die Oxidation des Kohlenstoffs erfolgte entweder durch sauerstoffhaltige Flammgase, durch den in zugegebenem Schrott enthaltenen Sauerstoff (Rost) oder durch zugeschlagene oxidische Eisenerze. Die so gewonnenen Stähle wurden in Graphittiegeln oder in Lichtbogenöfen (Elektrostahl) nachraffiniert und durch Zusätze legiert, um die gewünschten chemischen und mechanischen Eigenschaften zu erhalten.

Stahllegierung mit Nickel erhöht die Zähigkeit, Chromzusatz die Härte (Chromnickelstahl). Invarstahl enthält 36 % Ni und weist einen sehr geringen Wärmeausdehnungskoeffizienten auf. Rostfreier Stahl (z. B. Nirosta, V2A, V4A) enthält mindestens 10 % Cr, dazu Ni, Mo, Mn u. a. Bei Vorhandensein von O_2 und H_2O bildet sich eine extrem dünne, durchsichtige Oberflächenschicht, die weitere Korrosion verhindert. Legierungen mit Si führen zu säurebeständigen Stählen für Apparaturen der chemischen Großindustrie.

Weltstahlproduktion (2005): 1130 Mill. t. Die wichtigsten Produktionsländer sind (in Mill. t): China (400), EU (190), Japan (110), USA (90), Rußland (60), Südkorea (50) und Deutschland (45).

Verwendung: Fe ist das bei weitem wichtigste Gebrauchsmetall. Es wird nur sehr selten rein verwendet. Neben dem Metall haben auch die Eisenverbindungen eine erhebliche Bedeutung.

Wichtige **Verbindungen**

Eisen(III)-oxid (Ferrioxid) Fe_2O_3 tritt in drei rotbraunen Modifikationen auf; die beiden wichtigsten sind: α-Fe_2O_3, die stabilste und häufigste Form, ist paramagnetisch, kristallisiert in Rhomboedern und tritt in der Natur als Hämatit auf. γ-Fe_2O_3 ist ferromagnetisch, kristallisiert kubisch und entsteht bei vorsichtiger Oxidation von Fe_3O_4:

$$4\,Fe_3O_4 + O_2 \rightarrow 6\,Fe_2O_3.$$

Modifikationsänderung durch Erhitzen:

$$\gamma\text{-}Fe_2O_3 \xrightarrow{>300\,°C} \alpha\text{-}Fe_2O_3.$$

Die Eigenschaften der Ferrioxide hängen weitgehend von der Vorbehandlung ab; z. B. ist nur schwach erhitztes Fe_2O_3 löslich in verdünnten Säuren, geglühtes Fe_2O_3 ist dagegen sehr hart und außer in Flußsäure praktisch unlöslich.

Oberhalb 1200 °C zerfällt das Ferrioxid:

$$6\,Fe_2O_3 \rightarrow 4\,Fe_3O_4 + O_2.$$

Vorkommen als Roteisenstein in unterschiedlichen Erscheinungsformen (Eisenglanz, Hämatit, roter Glaskopf). Es ist ein sehr wichtiges Erz mit 40–65 % Fe-Gehalt.

Verwendung neben der Eisengewinnung als Poliermittel, Anstrich- und Malerfarbe (Venetianischrot), Zusatz von Bohremulsionen, zur Herstellung von Magnetton- und Bildträgern.

Eisen(II, III)-oxid (Ferroferrioxid, Magnetit) Fe_3O_4 kann auch als $Fe_2[FeO_4]$ aufgefaßt werden. Es ist das beständigste Eisenoxid, bildet braun-schwarze Kristalle vom Spinell-Typ, ist stark ferromagnetisch und beständig gegen Säuren und Basen. Fe_3O_4 leitet den elektrischen Strom gut.

Beim Schmieden von glühendem Eisen springt es als Hammerschlag ab.

$$3\,Fe + 2\,O_2 \rightarrow Fe_3O_4.$$

Darstellung durch Glühen von Fe_2O_3 (s. o.) oder durch Überleiten von Wasserdampf über glühendes Eisen:

$$3\,Fe + 4\,H_2O \rightarrow Fe_3O_4 + 4\,H_2 \quad \Delta H = +\,151{,}2\ \text{kJ}.$$

Vorkommen als Magneteisenstein mit 45–70 % Fe-Gehalt. Verwendung neben der Eisengewinnung als Magnetitelektroden für die Chloralkalielektrolyse, Pigment (Eisenoxidschwarz), Poliermittel, Glasfärbemittel und als oberflächliche Schutzschicht für Eisen, um weiteres Rosten zu verhindern.

Eisen(II)-sulfid (Schwefeleisen) FeS bildet metallisch glänzende, hexagonale Kristalle, die im reinen Zustand farblos, sonst aber schwarzbraun sind. Sehr schwer wasserlöslich, leicht löslich in Säuren unter H_2S-Entwicklung.

Darstellung durch Zusammenschmelzen der Elemente

$$Fe + S \rightarrow FeS$$

oder durch thermische Dissoziation von Pyrit

$$FeS_2 \rightarrow FeS + S.$$

Vorkommen als Magnetkies und in Meteoriten als Troilit.

Verwendung im Labor zur H_2S-Darstellung im Kippschen Apparat:

$$FeS + 2\,HCl \rightarrow FeCl_2 + H_2S.$$

Weiterhin zum Fällen von Schwermetallen in hydrometallurgischen Verfahren sowie zum Schwarzfärben von Emaille.

Eisen(II)-sulfat $FeSO_4$ ist ein weißes, wasserunlösliches Pulver. Technisch am wichtigsten ist das aus der wäßrigen Lösung abgeschiedene Hydrat:

Eisenvitriol $FeSO_4 \cdot 7\,H_2O$ bildet blau-weiße, wasserlösliche Prismen. Sie sind häufig durch Fe^{3+}-Ionen hellgrün gefärbt.
Erhitzen unter Luftabschluß führt zur Dehydratisierung:

$$FeSO_4 \cdot 7\,H_2O \xrightarrow{30\,°C} FeSO_4 \cdot 4\,H_2O \xrightarrow{64\,°C} FeSO_4 \cdot H_2O \xrightarrow{450\,°C} FeSO_4.$$

Darstellung durch Oxidation von Schwefeleisen an Luft

$$FeS + 2\,O_2 \rightarrow FeSO_4$$

oder Auflösen von Fe in heißer, verdünnter Schwefelsäure. Technische Gewinnung als Nebenprodukt der Titanoxid-Herstellung und beim Fällen von Zementkupfer aus Kupfersulfatlösung.
Verwendung: Färberei, Tinten, Unkrautvertilgung, Herstellung von Berliner Blau, Desinfektion, Holzimprägnierung, Photographie, blutbildende Präparate, Flockungsmittel zur Wasserreinigung.

Eisen(II)-carbonat $FeCO_3$ ist ein weißes, wasserunlösliches Pulver, das an der Luft zu rotbraunem $Fe(OH)_3$ oxidiert. Es ist löslich in CO_2-haltigem Wasser:

$$FeCO_3 + H_2O + CO_2 \rightarrow Fe(HCO_3)_2.$$

In dieser Form tritt es in Mineralwässern (Stahlwässer, Eisensäuerlinge) auf. Trinkwasser enthält oft $FeCO_3$ als unerwünschten Bestandteil: Reinigung durch Belüften und Abfiltrieren des gebildeten $Fe_2O_3 \cdot H_2O$.
Darstellung durch Versetzen von Eisen(II)-Salzlösungen mit Alkalicarbonaten unter Luftabschluß. Vorkommen als Spateisenstein (Siderit) mit 25–40 % Fe-Gehalt.

Eisenpentacarbonyl $Fe(CO)_5$ ist eine brennbare, gelbe ölige Flüssigkeit (Erstarrungstemperatur: −20,5 °C) mit süßlichem Geruch; giftig, wasserunlöslich und bildet mit Luft explosive Gemische; löslich in Benzol, Ether, Aceton. Es ist ein starkes Reduktionsmittel. Das Molekül bildet eine trigonale Bipyramide, wobei $C \equiv O$ über C an Fe gebunden ist. $Fe(CO)_5$ ist ein typisches, einkerniges Metallcarbonyl. Fe erzielt dabei durch die Aufnahme der CO-Moleküle Edelgaskonfiguration (Kr-Struktur). Oberhalb 60 °C zerfällt Eisenpentacarbonyl in sehr reines Carbonyleisen:

$$Fe(CO)_5 \rightarrow Fe + 5\,CO.$$

Technische Darstellung aus feinverteiltem Fe und CO bei 200 °C und 200 bar:

$$Fe + 5\,CO \rightarrow Fe(CO)_5 \qquad \Delta H = -\,226{,}9\ kJ.$$

Verwendung in erster Linie zur Herstellung von Carbonyleisenpulver, einem besonders reinen Fe für Katalysatoren in der chemischen Industrie und für pharmazeutische Produkte. Es wird nur noch selten als Antiklopfmittel in Treibstoffen verwendet. Die BASF leitete 1926 die Großproduktion ein.

Eisencyanidkomplexe entstehen aus Eisen- und Cyanid-Ionen:

$$Fe^{2+} + 6\,CN^- \rightarrow [Fe(CN)_6]^{4-} \qquad \Delta H = -\,359{,}5\ kJ$$

$$Fe^{3+} + 6\,CN^- \rightarrow [Fe(CN)_6]^{3-} \qquad \Delta H = -\,293{,}7\ kJ.$$

Tetrakalium-hexacyanoferrat(II) (gelbes Blutlaugensalz) $K_4[Fe(CN)_6] \cdot 3\,H_2O$ ist ein sehr stabiler Komplex und bildet gelbe, wasserlösliche, monokline und ungiftige Kristalle. Oberhalb 100 °C wird Kristallwasser abgegeben, bei noch höheren Temperaturen zerfällt der Komplex:

$$K_4[Fe(CN)_6] \rightarrow 4\,KCN + FeC_2 + N_2.$$

Der Trivialname geht auf die veraltete Darstellungsweise zurück: Erhitzen von Blut mit K_2CO_3 und Auslaugen der Schmelze mit Wasser. Die heutigen Ausgangssubstanzen sind Hydrogencyanid HCN, Kalkmilch und $FeCl_2$.
Verwendung zur Stahlhärtung, Herstellung von rotem Blutlaugensalz und Eisencyanblau (Berliner Blau) sowie zum Schönen von Weinen (Farbverbesserung); diese Schönungsstoffe fallen anschließend vollständig aus.

Trikalium-hexacyanoferrat(III) Rotkali, rotes Blutlaugensalz $K_3[Fe(CN)_6]$ bildet dunkelrote, monokline, *giftige* Prismen. Die wäßrige Lösung ist gelb, giftig und unbeständig. Darstellung durch elektrolytische Oxidation von gelbem Blutlaugensalz:

$$2\,K_4[Fe(CN)_6] + 2\,H_2O \rightarrow 2\,K_3[Fe(CN)_6] + 2\,KOH + H_2.$$

Verwendung: Blaupigment für Textilien, oxidierender Bestandteil in der Farbfilmentwicklung, Blaupausen, organische Synthesen.

Co 53	Co 54	Co 55	Co 56	Co 57	Co 58	Co 59	Co 60	Co 61	Co 62	Co 63	Co 64
262 ms	1,5 min	18 h	77,3 d	272 d	70,78 d	100	5,271 a	1,6 h	1,5 min	27,5 s	0,3 s
β^+	β^+, γ	β^+, γ	β^+, γ	ε, γ	β^+ γ		β^-, γ	β^-, γ	β^-, γ	β^-, γ	β^-

Nuklide des Cobalts

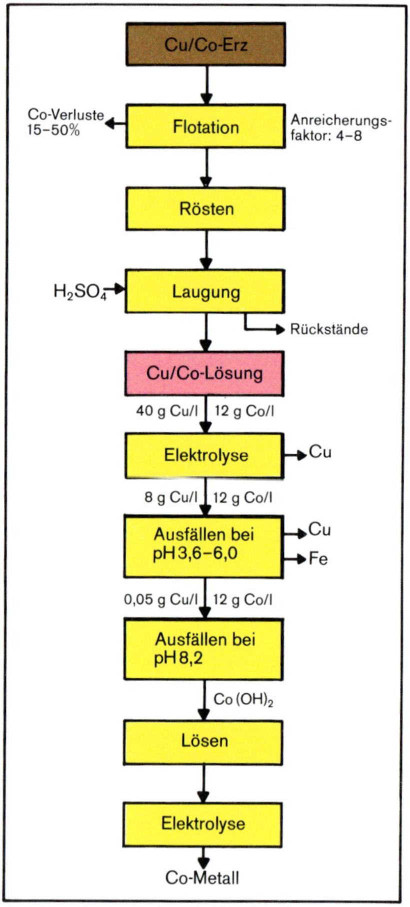

Cobaltgewinnung in den Kupferminen der Dem. Rep. Kongo

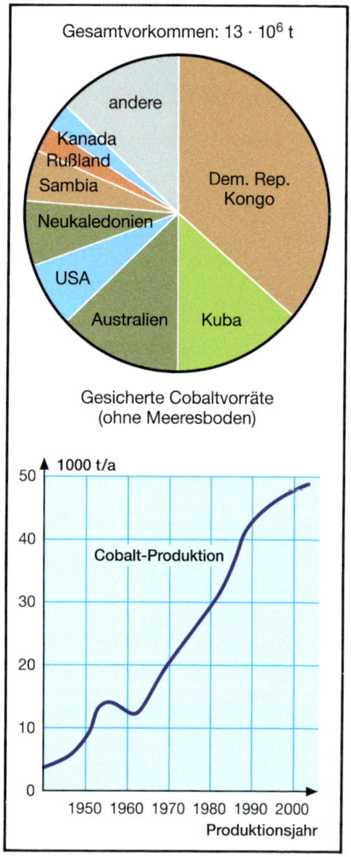

Cobaltvorräte und -produktion

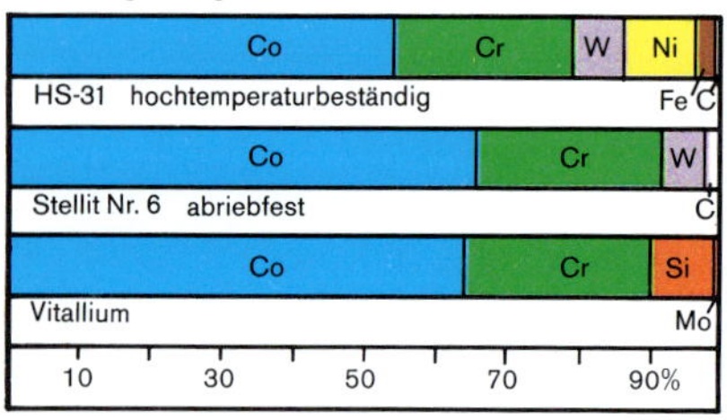

Wichtige Cobaltlegierungen

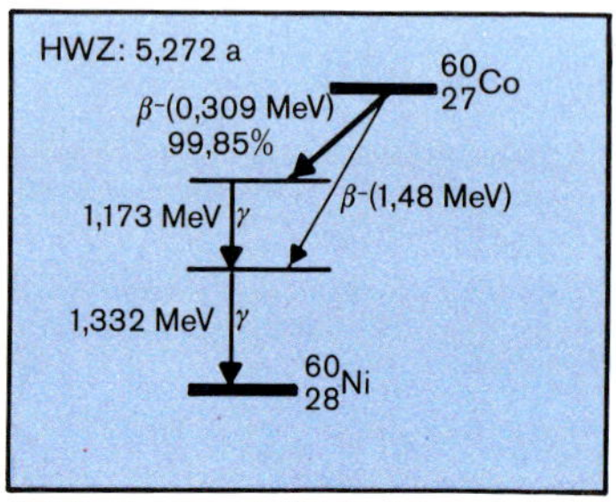

Zerfallsschema von $[^{60}Co]$Cobalt

Cobalt (Elementsymbol: Co) ist ein Element der 8. Nebengruppe (Eisengruppe) des Periodensystems. Der Name ist mit dem Wort Kobold verwandt, denn die mittelalterlichen Metallschmelzer verwechselten die Cobalterze mit den äußerlich ähnlichen Kupfer- und Silbererzen. Sie fühlten sich genarrt, wenn die Verhüttung kein Metall, sondern übelriechende Gase erbrachte. Als »Zaffer« und »Smalte« waren gepulverte K–Co-Silicate im Mittelalter kostbare Handelsgüter zum Färben von Gläsern und Töpferwaren.

GEORG BRANDT isolierte das Element 1735.

Eigenschaften: Co ist ein stahlgraues, glänzendes, sprödes und ferromagnetisches Schwermetall der Mohsschen Härte 5,5. Es tritt in zwei Modifikationen auf: α-Co hat ein hexagonales Metallgitter, β-Co ist kubisch-flächenzentriert.

$$\beta\text{-Co} \xrightarrow{417\,°\text{C}} \alpha\text{-Co}.$$

Magnetische Eigenschaften:

Curie-Temperatur	1121 °C
Induktionskonstante	1,87 Tesla
Anfangspermeabilitäts-Zahl	68
Maximalpermeabilitäts-Zahl	245
Induktivität	0,49 Tesla
Koerzitivkraft	707 A/m

Die Elektronenkonfiguration ist [Ar] $(3d)^7(4s)^2$. Die rel. Atommasse ist 58,9332. Nur das Isotop ^{59}Co ist stabil. Die Halbwertszeiten der 22 instabilen Isotope liegen zwischen 35 ns (^{49}Co) und 5,271 a (^{60}Co). Die elektrische Leitfähigkeit beträgt 26 % der des Kupfers.

Co ist bei Raumtemperatur beständig gegen Luft und Wasser. Co-Pulver kann sich an Luft selbst entzünden. Bei Weißglut verbrennt das Metall zu Co_2O_4. Co reagiert bereitwillig mit den Halogenen und den Elementen der Stickstoffgruppe. Es läßt sich mit vielen Metallen legieren.

Die Oxidationszahlen sind +2 und +3, seltener +1, +4 und +5. Co bildet leicht (meist farbige) Komplexe, z. B. Cobaltiake: Co^{3+}-Ammoniak-Komplexe.

Cobalt ist leicht löslich in verdünnten oxidierenden Säuren; verdünnte, nicht oxidierende Säuren greifen es langsam an. Konzentrierte oxidierende Säuren (z. B. Salpetersäure) bilden eine passivierende Oberflächenschicht.

Co ist Zentralatom in Vitamin B_{12} (Cobaltamine, Korrinoide) und ein wichtiges Spurenelement (therapeutische Dosis: 1 mg/d). Co und seine Verbindungen sind nicht giftig. Die max. zulässige Konzentration am Arbeitsplatz ist 0,0005 g/m^3.

Nachweis: Co färbt die Phosphatperle intensiv blau. Quantitativer Nachweis als Co_3O_4 oder durch Elektrolyse einer Cobaltlösung.

Vorkommen: Der Anteil an der Erdrinde beträgt etwa 0,003 Gewichtsprozent. Co tritt – außer in Meteoriten – nicht elementar auf. In geringen Konzentrationen ist Co weit verbreitet, doch gibt es nur wenige Lagerstätten, in denen es durch geochemische Prozesse oder Verwitterungsvorgänge angereichert ist. Co ist stets mit Ni, aber auch mit Cu und As vergesellschaftet.

Wichtige *Cobaltmineralien* sind: Carrollit $CuS \cdot Co_2S_3$, Linneit (Cobaltkies) Co_3S_4, Smaltit (Speiscobalt) $CoAs_2$ und Cobaltit (Cobaltglanz) CoAsS. Die sulfidischen Erze enthalten nur 0,1–0,3 % Co.

Die Hauptvorkommen liegen in der Dem. Rep. Kongo, Kuba, Marokko, Sambia, Australien, Rußland und Kanada. Co ist in großen Mengen in den Manganknollen der Tiefsee enthalten; allein die Vorkommen im Pazifik werden auf $5 \cdot 10^9$ t geschätzt.

Gewinnung vorwiegend als Nebenprodukt der Kupferverhüttung. Die Co-Mineralien müssen vorher durch Flotation angereichert werden. Zur Gewinnung von 1 t Co werden 500 t Co-Erz benötigt. Aus den Cu/Co-Laugen wird Co elektrolytisch abgeschieden. Aus oxidischen oder sulfidischen Vorstufen kann man das Metall pyro- oder hydrometallisch extrahieren.

Die Weltproduktion von Co beträgt etwa 50 000 t/a, der Hauptproduzent ist (seit 1940) die Dem. Rep. Kongo, gefolgt von Sambia, Australien, Rußland und Kanada.

Verwendung: Co-Verbindungen werden seit dem 3. Jahrt. v. Chr. zum Blaufärben (Kobaltblau) von Glas und Glasuren benutzt.

Reines Co hat nur geringe Bedeutung. 80 % der Produktion geht in Legierungen, der Rest in Co-Verbindungen. Cobaltlegierungen bilden magnetische, hochfeste und temperaturbeständige Stähle. Co dient als vielseitiger Katalysator, z. B. in der Fischer-Tropsch-Synthese. Co-60 ist eine wichtige transportable Strahlenquelle (1,17 und 1,33 MeV γ-Strahlung) in Medizin und Materialprüfung.

Superalloys sind hochtemperaturbeständige Legierungen für heiße Turbinenteile in Düsentriebwerken. Beispiel: Gußlegierung HS-31 (54 % Co, 25,5 % Cr, 10,5 % Ni, 7,5 % W, 2 % Fe, 0,5 % C).

Stellite sind abriebfeste Legierungen. Beispiel: 66 % Co, 26 % Cr, 6 % W, 2 % C.

Vitallin dient als Knochen- und Zahnersatz: 65 % Co, 30 % Cr, 5 % Mo.

Wichtige **Verbindungen**

Cobalt(II, III)-oxid Co_3O_4 bildet blauschwarze, wasserunlösliche, kubische Kristalle. Oberhalb 900 °C zerfallen sie in CoO und O. Verwendung in Glas-, Email- und Porzellanindustrie. Im Handel als »schwarzes Co-Oxid« (verunreinigt mit CoO). Ausgangsprodukt für Katalysatoren und Co-Pulver.

Cobalt(II)-chlorid $CoCl_2 \cdot 6\,H_2O$ ist eine purpurrote, kristalline Substanz. Sie ist leicht löslich in Wasser, Alkohol und anderen Lösungsmitteln. Herstellung durch Auskristallisieren aus der Lösung des Metalls in Salzsäure. Verwendung: Galvanotechnik, Synthese von Vitamin B_{12}, Herstellung von Katalysatoren, Feuchtigkeitsindikator (wasserfrei: blau; mit etwa $6\,H_2O$: rot).

Ni 54		Ni 56	Ni 57	Ni 58	Ni 59	Ni 60	Ni 61	Ni 62	Ni 63	Ni 64	Ni 65	Ni 6
0,05 s		6,1 d	36,0 h	67,76	$7{,}5 \cdot 10^4$ a	26,42	1,16	3,71	100 a	0,95	2,52 h	54,6
		β^+, γ	β^+, γ		ε				β^-		β^-, γ	β^-

Die Nuklide des Nickels

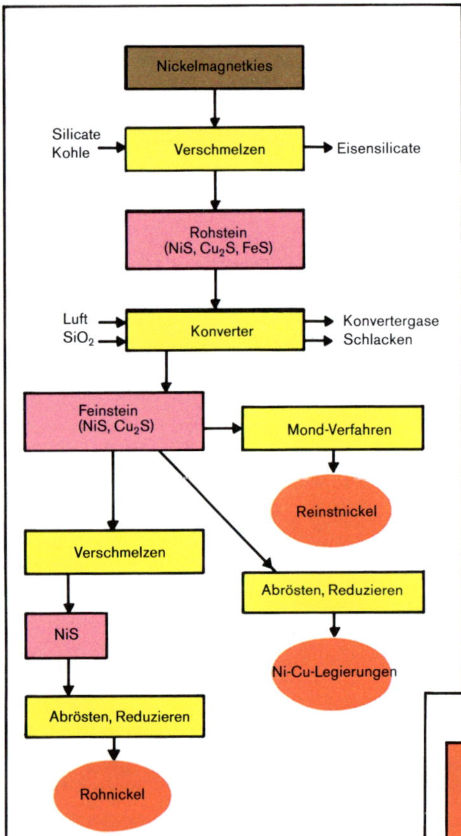

Nickelgewinnung aus sulfidischen Erzen

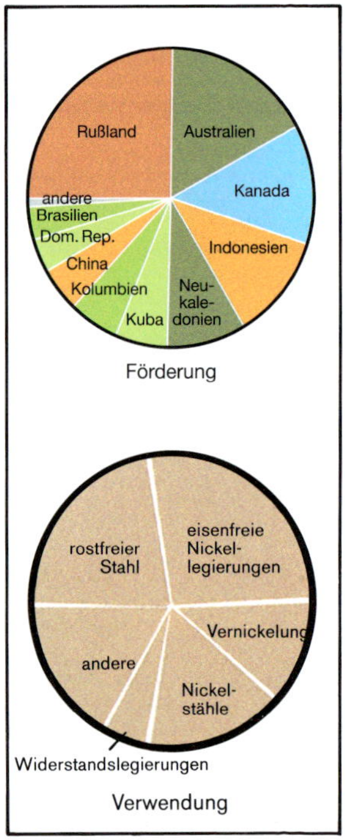

Nickelförderung und -verwendung

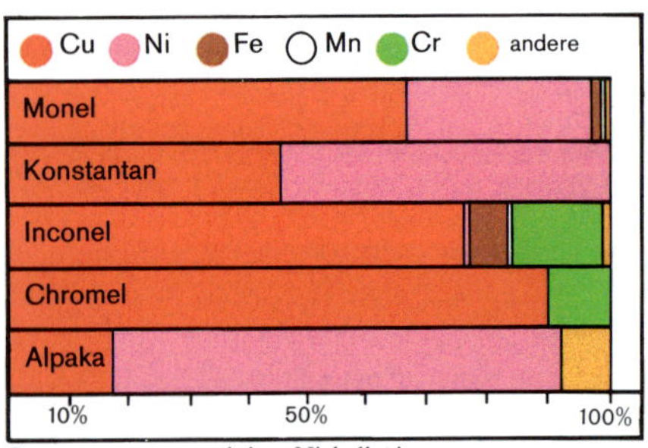

Zusammensetzung einiger Nickellegierungen

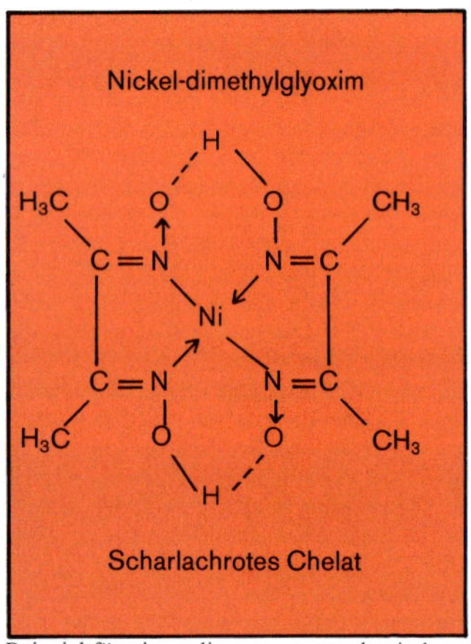

Beispiel für einen diamagnet. quadratisch-ebenen Komplex des zweiwertigen Ni-Ions

Nickel (Elementsymbol: Ni) ist ein Element der 8. Nebengruppe des Periodensystems. Der Name ist abgeleitet vom Erdkobold Nickel, der den Bergleuten die im Mittelalter wertlosen Nickelerze als Kupfererze vorspiegelte. Münzen aus Ni-Cu-Zn-Legierungen sind sowohl aus dem alten China als auch aus Griechenland bekannt. Als erster stellte 1751 A. v. CRONSTEDT das reine Metall dar. Nach Entdekkung der galvanischen Vernickelung 1843 durch MICHAEL FARADAY gewann das Metall rasch an Bedeutung; heute gehört es zu den strategisch wichtigen.

Eigenschaften: Ni ist ein silberweißes, glänzendes, zähes und dehnbares Schwermetall mit kubischdichtestem Metallgitter (β-Nickel). Daneben existiert eine unbeständigere hexagonale Konfiguration (α-Nickel). Ni ist schwach ferromagnetisch, jenseits des Curie-Punktes (353 °C) ist es paramagnetisch. Die Mohssche Härte beträgt 3,8. Das Metall läßt sich mechanisch sehr gut bearbeiten.

Die Elektronenkonfiguration ist [Ar] $(3d)^8(4s)^2$. Die rel. Atommasse ist 58,71. Es gibt 5 stabile Ni-Isotope. Die Halbwertszeiten der 24 instabilen Ni-Isotope liegen zwischen 3 ms und $7{,}5 \cdot 10^4$ a (^{59}Ni). Die elektrische Leitfähigkeit beträgt rund 24 % der des Kupfers.

Ni-Metall ist beständig an Luft und in Wasser. Heißer Ni-Draht verbrennt in reinem Sauerstoff. Ni-Pulver kann sich an Luft selbst entzünden. Das feinverteilte Metall absorbiert CO und H_2 in größeren Mengen; z. B. nimmt 1 kg Ni bis zu 8 l CO auf.

Die Oxidationszahlen sind +2, selten +1, +3 und +4. Ni bildet bereitwillig zahlreiche, meist farbige Komplexe. Die fünffach koordinierten Komplexe des Ni^{II} besitzen Kryptonstruktur.

Ni läßt sich mit den meisten Metallen legieren (Ausnahmen: Pb, Ag, Th, Alkalimetalle). Ni ist unlöslich (durch Passivierung) in konz. oxidierenden Säuren, wird von nichtoxidierenden Säuren langsam angegriffen und löst sich leicht in verdünnter Salpetersäure. Alkalihydroxide greifen Ni auch bei erhöhter Temperatur nicht an.

Ni ist ein wichtiges Spurenelement für den Pflanzenwuchs.

Toxikologie: Das Metall und seine anorganischen Verbindungen gelten als ungiftig. Dauernder Hautkontakt kann allerdings zur »Nickelkrätze« führen. Organische Ni-Verbindungen sind z. T. hochgiftig, z. B. Nickeltetracarbonyl. Ni-Dampf und -staub sind wahrscheinlich karzinogen.

Nachweis quantitativ mit Tschugajeffs Reagenz: Eine einprozentige alkoholische Lösung von Dimethylglyoxim fällt aus ammoniakalischer oder essigsaurer Lösung hochrote, glänzende Nadeln von Nikkeldimethylglyoxim aus.

Vorkommen: Der Anteil an der Erdrinde beträgt etwa 0,008 Gewichtsprozent. Der Erdkern enthält wahrscheinlich große Mengen Ni. Außer in Meteoriten tritt Ni nicht elementar auf. Nickelmineralien sind in geringen Konzentrationen weit verbreitet; abbauwürdige Vorkommen müssen durch geochemische Prozesse mindestens auf 0,5 % Ni-Gehalt angereichert sein. Die Manganknollen der Tiefsee enthalten große Mengen Ni.

Wichtige *Nickelmineralien* sind: Nickelmagnetkies, Pyrrhotin (Gemisch aus Kupferkies $CuFeS_2$ und eisenhaltigem Pentlandit NiS), Garnierit $(Mg, Ni)_3[Si_2O_5](OH)_4$, Gelbnickelkies (Nickelblende) NiS, Rotnickelkies (Nickelit) NiAs, Arsennickelkies NiAsS, Antimonnickel (Breithauptit) NiSb.

Die Hauptvorkommen liegen in Kanada, Rußland, Indonesien, Australien und Kuba. Die Vorkommen bei Sudbury, Kanada, stammen aus einem vor 1,8 Milliarden Jahren eingeschlagenen Meteor. Die Weltreserven an Ni werden auf 63 Mill. t geschätzt.

Gewinnung nach sehr unterschiedlichen Verfahren je nach Erz und Verwendungszweck. Zum Teil werden die als Zwischenprodukte anfallenden Ni-Fe-Legierungen direkt der Stahlerzeugung zugeführt.

Sulfidische Erze werden durch Flotation auf rund 5 % Ni-Gehalt angereichert, mit Zuschlägen (Silicate, Koks) in Schacht- oder Flammöfen geröstet und als *Rohstein* (überwiegend FeS, Cu_2S, NiS) abgestochen. Aus dem Rohstein wird im Konverter das FeS oxidiert und verschlackt; es entsteht *Feinstein* (überwiegend Cu_2S, NiS). Weiterverarbeitung des Feinsteins je nach Zusammensetzung.

Hochdruckcarbonylverfahren, Mond-Verfahren: Feinstein bildet bei 200 bar und rund 200 °C mit CO flüchtiges Nickeltetracarbonyl $Ni(CO)_4$. Die Verunreinigungen werden durch fraktionierte Destillation abgetrennt und das $Ni(CO)_4$ anschließend thermisch zersetzt. Es entsteht hochreines Ni-Pulver.

Oxidische Erze werden aufgearbeitet, bei 700 °C mit H_2 reduziert und in ammoniakalischen Lösungen ausgelaugt. Anschließend elektrolytische Extraktion des Metalls.

Die Weltproduktion beträgt etwa 1,2 Mill. t/a.

Verwendung in erster Linie für rostfreie Stähle, harte, zähe und korrosionsbeständige Legierungen, Überzüge (vernickeln, plattieren), Münzmetalle, Katalysatoren, chem. Apparatebau, Laborgeräte, Thermoelemente, Ni-Cd-Akkumulatoren und magnetische Werkstoffe.

Wichtige **Verbindungen**

Nickeltetracarbonyl $Ni(CO)_4$ ist eine hochgiftige, farblose Flüssigkeit, die oberhalb 180 °C zerfällt. Löslich in Ether und Benzol. $Ni(CO)_4$-Luft-Gemische sind explosiv. Darstellung durch Einwirken von CO auf feinverteiltes Ni bei 50–80 °C. Ausgangssubstanz für Reinstnickel.

Nickel(II)-oxid NiO ist ein graugrünes, kristallines, wasserunlösliches Pulver, löslich in Säuren. In der Natur kommt es als grünes Bunsenit vor. Darstellung durch Glühen von Nickelhydroxid, -nitrat oder -carbonat. H_2 reduziert NiO in der Hitze zu feinverteiltem Metall. Verwendung zum Graufärben von Gläsern und Herstellung von Ni-Katalysatoren für Hydrierungsprozesse.

Nickel(II)-chlorid $NiCl_2$ bildet goldgelbe, glänzende, kubische Kristalle; sie sind wasser- und alkohollöslich. Aus wäßriger Lösung kristallisiert das grüne Hexahydrat $NiCl_2 \cdot 6\,H_2O$. Beim Glühen an Luft entsteht NiO. Darstellung durch Erhitzen von Ni im Chlorstrom. Verwendung: Färben von Keramik, Herstellung von Ni-Katalysatoren, galvanische Vernickelung.

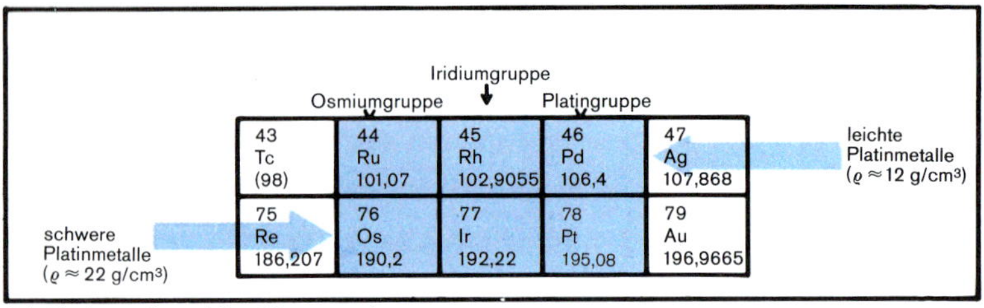

Die Platinmetalle und ihre Untergruppierungen

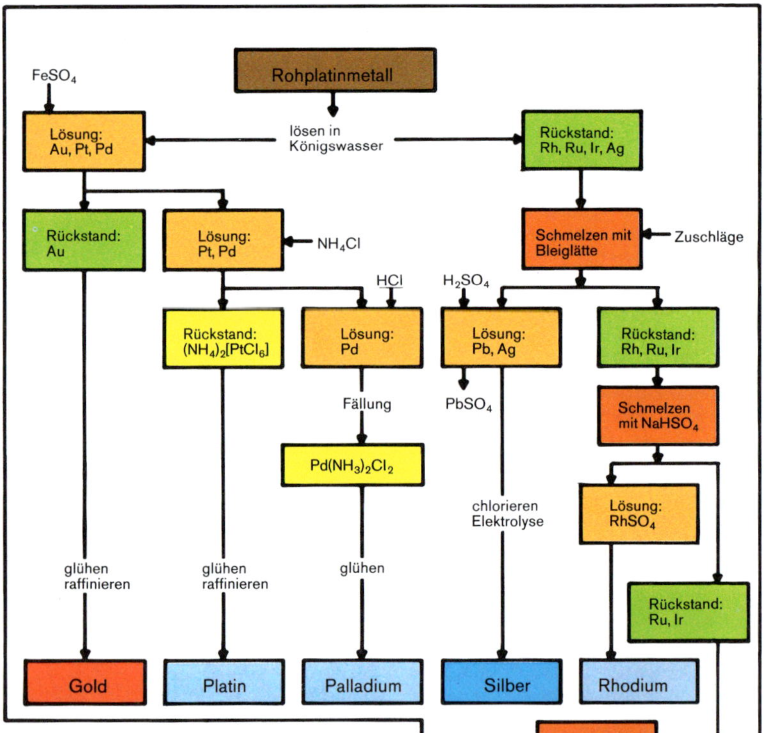

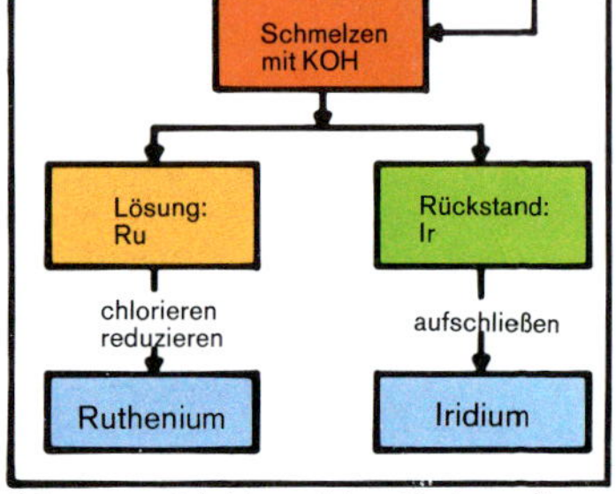

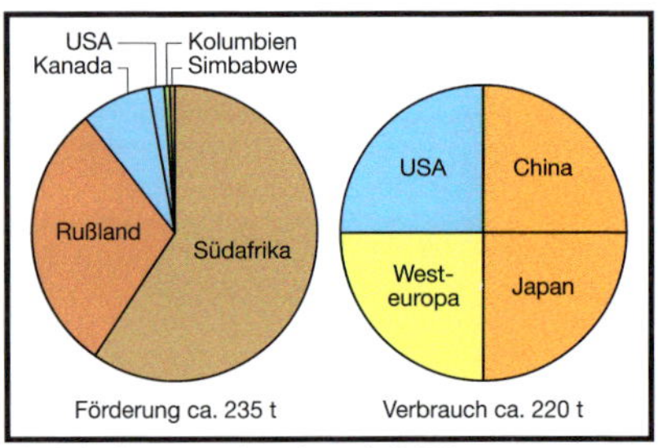

Platinförderung und -verbrauch (2003)

Schema zur Scheidung einiger Platinmetalle

Die **Platinmetalle** sind ein Teil der 8. Nebengruppe des Periodensystems. Man unterscheidet zwei Subgruppen: 1. Leichte Platinmetalle (Dichte rund 12 g/cm³): Ruthenium (Ru), Rhodium (Rh) und Palladium (Pd); 2. Schwere Platinmetalle (Dichte rund 22 g/cm³): Osmium (Os), Iridium (Ir) und Platin (Pt). Zusammen mit Au und Ag (1. Nebengruppe) werden die Platinmetalle als *Edelmetalle* zusammengefaßt. Mit den Elementen der 8. Hauptgruppe (Edelgase) verbindet sie lediglich der edle Charakter; sonst sind sie sehr verschieden (feste Schwermetalle im Vergleich zu gasförmigen Nichtmetallen).
Die Platinmetalle wurden als lästige Begleiter in den Edelmetallminen Kolumbiens entdeckt. J. C. Scaliger beschrieb 1557 als erster das häufigste Gruppenelement, Platin. 1844 isolierte Carl Ernst Claus das letzte und seltenste Mitglied der Platinmetalle, Ruthenium.
Eigenschaften: Die Platinmetalle sind stahlgraue bis silbrige, harte und korrosionsbeständige Schwermetalle. Untereinander unterscheiden sie sich vorwiegend im Aufbau der zweitäußersten Elektronenschalen, also der 4. (leichte Platinmetalle), bzw. der 5. Elektronenschale (schwere Platinmetalle). Das hat nur geringen Einfluß auf die chemischen Eigenschaften; die Platinmetalle sind daher untereinander sehr ähnlich. Ansonsten schließen sie sich in ihren chemischen und physikalischen Eigenschaften den Metallen der 1. und der 7. Nebengruppe und auch denen der Eisengruppe an.
Eine *schwache Periodizität* innerhalb der Subgruppe ist erkennbar:

Ru	Rh	Pd
Os	Ir	Pt

Dichte, Schmelz- und Siedepunkt nehmen von rechts oben (Pd) nach links unten (Os) zu. Die maximalen und die beständigsten Oxidationszahlen sinken von links unten nach rechts oben (Os ist bis zu achtwertig, Pd überwiegend zweiwertig). Der edle Charakter wächst dagegen von links oben nach rechts unten, Pt ist das edelste der Gruppenelemente. Alle Platinmetalle bilden leicht Komplexe von charakteristischer Farbe. Die Hydroxide sind teils schwach basisch, teils schwach sauer, teils amphoter. Die schweren Platinmetalle werden von Mineralsäuren überhaupt nicht, von oxidierenden Säuren nur teilweise angegriffen. Sie lösen sich dagegen bereitwillig (durch Komplexbildung) in alkalischen Oxidationsschmelzen.
Nachweis: chemisch ziemlich aufwendig. Mit UV-Emissionsspektral- und Röntgenfluoreszenzanalyse können noch etwa 0,001 % in Gegenwart weiterer Platinmetalle nachgewiesen werden.

Nachweislinien (Wellenlänge in nm)

Ir	Os	Pd	Pt	Rh	Ru
322,08	290,91	340,46	306,47	343,49	349,89
351,36	305,87	363,47	265,94	369,24	343,67
	326,23		292,98	339,68	
			283,03	365,80	
				332,31	

Vorkommen: Die Platinmetalle sind sehr selten. Ihr Anteil an der Erdrinde beträgt etwa $5 \cdot 10^{-6}$ Gewichtsprozent; Platin überwiegt bei weitem. In den *primären Lagerstätten* liegen sie bevorzugt als Sulfide gemeinsam mit Eisen-, Kupfer-, Nickel- und Chromerzen vor.
Beispiel: Die Nickelvorkommen von Sudbury (Kanada) enthalten pro t Erz: 35 g Pt, 29 g Pd, 3 g Rh, 1,4 g Ru, 0,7 g Ir und 0,03 g Os. Als Ne-

Physikalische Eigenschaften

	Ru	Rh	Pd	Os	Ir	Pt
Protonenzahl	44	45	46	76	77	78
rel. Atommasse	101,07	102,9055	106,4	190,2	192,22	195,08
Valenzkonfiguration	$(4d)^7(5s)^1$	$(4d)^8(5s)^1$	$(4d)^{10}$	$(5d)^6(6s)^2$	$(5d)^7(6s)^2$	$(5d)^9(6s)^1$
Dichte in g/cm³	12,41	12,41	12,02	22,61	22,65	21,45
Schmelzpunkt in °C	2300	1960	1552	3050	2410	1769,3
Siedepunkt in °C	3900	3670	3125	5020	4130	3830
Atomradius im Metallgitter in nm	0,1325	0,1345	0,1376	0,1338	0,1357	0,1388
1. Ionisierungspotential in eV	7,364	7,46	8,33	8,7	9,1	9,0
Elektr. Leitfähigkeit in % der des Kupfers	22	37	15	16	32	16
Mohssche Härte	6,5	6	5	7,5	6,5	4,5

benprodukt der Nickelgewinnung ist die Extraktion dieser geringen Mengen noch wirtschaftlich.

Die *sekundären Lagerstätten* (Platinseifen) entstehen durch Verwitterung der primären. Ausschwemmen und Ablagern der Platinmetalle aufgrund ihrer hohen Dichte führen zu gemeinsamen, meist gediegenen Vorkommen.

Beispiel: Die typischen Platinseifen im Ural enthalten: 85 % Pt, 4 % Ir, 1 % Os, 0,3 % Pd, 0,4 % Rh, 0,2 % Ru und Eisen.

Wichtige Mineralien sind: Sperrylith $PtAs_2$, Cooperit PtS, Braggit (Pt, Pd, Ni)S und Laurit RuS_2. Iridosmium (Sysserskit) bzw. Osmiridium (Newjanskit) sind isomorphe Mischungen von Ir und Os mit Beimengungen von Ru, Pt und Re. Primäre Lager sind vor allem in Südafrika und Kanada (Sudbury/Ontario), während die wichtigsten sekundären im Ural und in Kolumbien liegen. Der wichtigste Platinproduzent (etwa 72 %) ist Südafrika.

Gewinnung: Die Platinmetallerze werden zuerst zu *Rohplatin* (ungefähre Zusammensetzung: 80 % Pt, 10 % Fe + Cu, je 1 % andere Platinmetalle) angereichert. Je nach Vorkommen erfolgt das durch Flotation, Extraktion aus dem Anodenschlamm der Gold- und Nickelreinigung oder durch chlorierende Röstung sulfidischer Mineralien. Rohplatin wird in zwei Legierungen zerlegt:

1. Platin-Iridium (Pt, Ir, Rh, Pd) geht mit Königswasser in Lösung.
2. Osmium-Iridium (Os, Ir, Rh, Ru) ist unlöslich in Königswasser.

Die weitere Trennung erfolgt über zahlreiche Zwischenstufen, sie beruht auf Unterschieden in der Löslichkeit der Komplexsalze und der Beständigkeit der einzelnen Oxidationsstufen.

Eine wichtige Rolle spielt die Rückgewinnung der Platinmetalle in den Scheideanstalten (z. B. DEGUSSA in Deutschland).

Weltgewinnung rund 285 t/a.

Schwamm der Platinmetalle ist eine graue, zusammengesinterte Substanz oder ein graues Pulver. Entstehung bei thermischer Zersetzung der Verbindungen. Wegen seiner großen Oberfläche dient der Schwamm oft als Katalysator.

Mohr der Platinmetalle ist ein sehr feines, schwarzes Pulver. Es entsteht bei der Reduktion von Platinmetall-Lösungen mit organischen Reduktionsmitteln. Es ist bereits bei niedrigen Temperaturen ein sehr aktiver Katalysator; wichtig für die Synthese von Antibiotika und Vitaminen.

Verwendung in erster Linie für harte, korrosionsbeständige Legierungen; auch als Katalysatoren, abriebfeste Werkstoffe, Zahnersatz und Schmuck.

Hauptverbraucherländer: Japan, USA, Rußland, EU.

Ruthenium (Elementsymbol: Ru) wurde 1844 durch Carl Ernst Claus in den Rückständen der Platingewinnung entdeckt. Er benannte es nach seiner Heimat (lat. ruthenia = Rußland). Sein Anteil an der Erdrinde beträgt $2 \cdot 10^{-6}$ Gewichtsprozent (Mineralisches Vorkommen als Laurit RuS_2). 7 stabile und 30 instabile Ru-Isotope sind bekannt. Es ist ein weißes, sprödes Schwermetall und tritt in vier Modifikationen auf. Oxidationszahlen 0 bis +8; +2, +3 und +4 führen zu den stabilsten Verbindungen. Ru ist beständig in kalten und heißen Säuren einschließlich Königswasser. Oxidierende Alkalischmelzen (z. B. $NaOH + Na_2O_2$) lösen es auf. Bei Erhitzen setzt es sich mit O_2 und mit den Halogenen um (z. B. mit Cl_2 zu $RuCl_3$). Legierungen mit Pt und Pd sind sehr hart und dienen als Schalterkontakte. 0,1 % Ru verhundertfacht die Korrosionsbeständigkeit von Titan. Katalysator.

Rhodium (Elementsymbol: Rh) wurde 1803 von William Wollaston aus kolumbianischem Rohplatin isoliert. Der Name geht auf die Farbe vieler Rh-Verbindungen zurück (griech. rhodeos = rosenrot).

Der Rh-Anteil an der Erdrinde liegt bei $1 \cdot 10^{-7}$ Gewichtsprozent. Rh kommt auch gediegen vor. Es ist ein silberweißes, korrosionsfestes und sehr gut reflektierendes Schwermetall. Es gibt nur ein stabiles Rh-Isotop (^{103}Rh) und 34 instabile. Die Oxidationszahlen sind +2 bis +6. Kompaktes Rh ist unlöslich in allen Säuren, pulverisiertes Rh (Rhodiummohr) löst sich in Schwefelsäure und Königswasser. Rh ist löslich in Cyanid-, Alkali- und Sodaschmelzen. Das Metall oxidiert an Luft oberhalb 600 °C zu Rh_2O_3, das bei weiterer Erhitzung zu Rh und O_2 zerfällt. Mit Cl bildet Rh bei Rotglut Chloride. Geschmolzenes Rh löst O_2 und gibt es beim Erstarren unter »Spratzen« wieder ab. Verwendung in harten und beständigen Legierungen zusammen mit Pt und Pd: Spinndüsen, Heizspiralen, Thermoelemente, Kontakte, Überzüge für Spiegel, Katalysatoren und Schmuck. Die Weltproduktion liegt bei 23 t (2003); Hauptproduktionsländer sind Südafrika, Rußland, Kanada und Simbabwe.

Palladium (Elementsymbol: Pd) wurde 1803 von WILLIAM WOLLASTON im kolumbianischen Rohplatin entdeckt. Das Element ist benannt nach dem im Jahr zuvor entdeckten Planetoiden Pallas. Sein Anteil an der Erdrinde beträgt etwa $1 \cdot 10^{-7}$ Gewichtsprozent. Pd ist ein stahlfarbenes, geschmeidiges und an der Luft beständiges Schwermetall. Es läßt sich schmieden und wie Gold zu dünnen Plättchen aushämmern. Es gibt 6 stabile Pd-Isotope und 19 instabile. Die Oxidationszahlen sind +2 und +4.

Pd ist das reaktionsfreudigste aller Platinmetalle. Löslich in Salpetersäure, heißer Schwefelsäure und in Königswasser. Bei Rotglut reagiert Pd mit F_2 und Cl_2 zu Halogeniden. Pd–Ag–Cu-Legierungen sind besonders hart und korrosionsbeständig.

Verhalten gegen Wasserstoff: Heißes Pd-Blech ist völlig durchlässig für H_2. Bei Raumtemperatur nimmt Palladiummohr bis zum 1200fachen seines Volumens an Wasserstoff auf, der dann ein vorzügliches Reduktionsmittel darstellt. Kolloidale Pd-Lösungen absorbieren Wasserstoff bis zum 3000fachen ihres Volumens.

Weltproduktion: ca. 195 t/a.

Verwendung in Platintiegeln (80 % Pt, 20 % Pd), Katalysatoren, elektr. Kontakten, Zahnersatz, Schmucklegierungen (Weißgold ist durch Pd entfärbt).

Palladium(II)-chlorid $PdCl_2 \cdot 2\,H_2O$ ist ein rotbraunes, zerfließendes Salz, das sich leicht zu feinverteiltem, schwarzem Pd (Palladiummohr) reduzieren läßt. Diese Reaktion dient als empfindlicher Nachweis für CO:

$$PdCl_2 + H_2O + CO \rightarrow Pd + 2\,HCl + CO_2.$$

Hauptproduktionsländer sind Rußland, Südafrika, USA und Kanada.

Osmium (Elementsymbol: Os) wurde 1804 von SMITHSON TENNANT in den Rückständen der Platingewinnung entdeckt. Der Name geht zurück auf das stark riechende Tetraoxid (griech. osme = Geruch). Sein Anteil an der Erdrinde liegt bei $1 \cdot 10^{-6}$ Gewichtsprozent. Es gibt 7 stabile Os-Isotope und 38 instabile. Os ist ein blau-weiß glänzendes, sehr hartes und schwierig zu bearbeitendes Schwermetall.

Kompaktes Os ist beständig an Luft; als Pulver oder Schwamm reagiert Os langsam zu giftigem und stark riechendem OsO_4. Os ist löslich in Salpetersäure, heißer Schwefelsäure und in alkalischen Oxidationsschmelzen (z. B. $NaOH + Na_2O_2$). Sauerstofffreie Säuren greifen Os nicht an. In der Hitze reagiert Os mit Cl, F, S und P.

Verwendung vorwiegend in sehr harten Legierungen für Federspitzen, Lager, Injektionsnadeln und elektrische Kontakte.

Osmiumtetraoxid OsO_4 bildet farblose, stark riechende und sehr giftige Kristalle, die schon bei 130 °C verdampfen. Konzentrationen von 10^{-7} g/cm^3 verursachen bereits Haut-, Augen- und Lungenschäden. OsO_4 dient zum Nachweis von Fingerabdrücken und zum Anfärben von Fetten in Präparaten für die Lichtmikroskopie.

Iridium (Elementsymbol: Ir) wurde 1803 von SMITHSON TENNANT in Rückständen der Platingewinnung entdeckt. Der Name charakterisiert die vielfarbigen Verbindungen des Elements (von griech. iris = Regenbogen). Sein Anteil an der Erdrinde liegt bei $1 \cdot 10^{-7}$ Gewichtsprozent. Ir kommt nur gediegen vor. Es gibt 2 stabile Ir-Isotope und 42 instabile.

Ir ist ein weiß-gelbliches, hartes und sprödes Schwermetall; es ist das dichteste aller Elemente. Von allen Metallen ist es am korrosionsbeständigsten. Die Oxidationszahlen sind +3 und +4, seltener +1 und +2. Ir ist chemisch sehr reaktionsträge. Kompakt wird es von keiner Säure angegriffen, löst sich jedoch in einer Schmelze aus KOH und K_2CO_3. Königswasser löst pulverisiertes Ir. Bei Rotglut oxidiert Ir zu schwarzem IrO_2, das oberhalb 1140 °C wieder in seine Bestandteile zerfällt. Ir bildet leicht Komplexe (Koordinationszahl 6).

Verwendung in harten Platinlegierungen, für elektrische Kontakte und Füllhalterspitzen. Der internationale Kilogrammprototyp besteht aus einer Platin-Iridium-Legierung.

Iridosmium, Osmiridium ist eine kristalline, isomorphe Mischung aus Ir und Os (und Beimengungen anderer Pt-Metalle). Vorkommen in Gesteinen sowie in Au- und Pt-Seifen. Grundstoff der Os- und Ir-Gewinnung.

Platin (Elementsymbol: Pt) ist das häufigste und technisch wichtigste aller Platinmetalle, entdeckt 1557 von J. C. SCALIGER. Der Name ist abgeleitet von der Verkleinerungsform für Silber (span. platina = Silberchen). Es steht noch vor dem Gold an 73. Stelle der Elementhäufigkeit; sein Anteil an der Erdrinde ist etwa $5 \cdot 10^{-7}$ Gewichtsprozent. Es gibt 6 stabile und 40 instabile Pt-Isotope.

Pt ist ein silberweißes und geschmeidiges Schwermetall. Der Temperaturausdehnungskoeffizient stimmt mit dem wichtiger Glassorten überein. Pt absorbiert – insbesondere als Platinschwamm – bei Raumtemperatur Wasserstoff bis zum hundertfachen seines Volumens, in geringerem Maße auch Sauerstoff. Beim Erhitzen gibt Pt die absorbierten Gase wieder ab. Darauf beruht seine Wirkung als Katalysator; entdeckt 1817 von HUMPHRY DAVY.

Heißes Pt formt an Luft einen sehr dünnen, schwarzen Überzug aus Platinmonooxid PtO. Die Oxidationszahlen sind +2, +4, +5 und +6.

Pt löst sich in Königswasser (als H_2PtCl_6). Basen, Cyanide, Halogene und Schwefel greifen Pt an. In Gegenwart von Pt vereinigen sich $2\,H_2$ und O_2 explosionsartig. Das Element bildet leicht Legierungen mit Pb und anderen Schwermetallen.

Verwendung vor allem als Katalysator zur Reinigung von Autoabgasen. Auch in hochfesten, temperaturbeständigen Legierungen für Düsen, Raketenspitzen, Heizdrähte, Laborinstrumente, Eichmaße (z. B. Urkilogramm, Urmeter) und Zahnersatz, Glasdurchführungen, Elektroden in der Elektrochemie, elektrische Kontakte, Thermoelemente, Katalysatoren (insbesondere für die Schwefelsäureherstellung).

Dünner Platindraht glüht in Methylalkoholdampf, da er diesen katalytisch in Formaldehyd und Wasserstoff umsetzt. Anwendung: Feuerzeuge, Handwärmer.

Darmstadtium (Elementsymbol: Ds) wurde 1994 in Darmstadt durch Kernverschmelzung synthetisiert. Das Isotop Ds-288 hat eine Halbwertszeit von 56 d (!).

Weiterführende Informationsquellen

Um tiefer in die Einzelheiten der Chemie einzudringen, gibt es zahlreiche Informationsquellen. Es folgt eine kleine, natürliche sehr subjektive Auswahl. Die Angaben der Internet-Adressen erfolgen nach dem Stand März 2006.

Binnewies, Michael; Jäckel, Manfred u. a.: Allgemeine und Anorganische Chemie. Heidelberg 2004

Huheey, James E.; Kelter, Ellen A.; Kelter, Richard L.: Anorganische Chemie. Berlin ^{3}2003

Riedel, Erwin: Anorganische Chemie. Berlin ^{6}2004

Holleman, Arnold Frederick; Wiberg, Egon: Lehrbuch der Anorganischen Chemie. Berlin 1995
Das Standard-Lehrbuch der Allgemeinen und Anorganischen Chemie. Sehr umfangreich, mit vielen Fußnoten, aber gut verständlich. Personen- und Sachregister sind ungewöhnlich ausführlich.

Greenwood, Norman; Earnshaw, Alan: Chemie der Elemente. Weinheim u. a. 1990
Diese Übersetzung aus dem Englischen ist besonders umfangreich und leicht verständlich. Mit sehr attraktiven Abbildungen.

Streitwieser, Andrew; Heathcock, Clayton H.; Kosower, Edward M.: Organische Chemie. Weinheim u. a. ^{2}1994
Bei diesem Buch, das in Deutschland sehr gut eingeführt ist, handelt es sich um eine Übersetzung aus dem Englischen. Es ist leicht verständlich, aber wortreich. Sehr ausführliches Register.

Ullmann's Encyclopedia of Industrial Chemistry. Weinheim u. a. 2004
In diesen 36 Bänden – sie werden auf dem neuesten Stand gehalten – sind alle wichtigen industriellen chemischen Prozesse detailliert dargestellt. Auch die Grundlagenchemie kommt nicht zu kurz. Eine elektronische Ausgabe findet sich im Internet: www.wiley-vch.de.

Karlsruher Nuklidkarte. Hrsg. vom Forschungszentrum Karlsruhe GmbH Technik und Umwelt. 6., korr. Auflage 1998
Stellt in Form einer Wandkarte alle bekannten Elemente und deren Isotope dar, u. a. auch deren relative Häufigkeiten, Halbwertszeiten, emittierte Strahlenarten, Energien usw.

Studienführer Chemie. Hrsg. von der Gesellschaft Deutscher Chemiker. Weinheim ^{5}2000
Alles rund um das Chemiestudium: die verschiedenen Studiengänge, Studienplätze, Universitäten, Fachhochschulen, pädagogische Hochschulen, Berufsbild, Trends usw.

Spektrum der Wissenschaft
Eine monatlich erscheinende, populärwissenschaftliche Zeitschrift, die auch zusammenfassende Beiträge über neue Entwicklungen in der Chemie publiziert. Es ist die deutsche Übersetzung der Zeitschrift ›Scientific American‹ (www.sciam.com). Im Internet findet man die Zeitschrift unter www.wissenschaft-online.de.

Nachrichten aus der Chemie
Diese Mitglieder-Zeitschrift der Gesellschaft Deutscher Chemiker (bekannt als »Blaue Blätter«) publiziert in deutscher Sprache Nachrichten aus der Chemie, interessante Entwicklungen und Trends, Beruf und Karriere, Stellenangebote usw.

Chemical & Engeneering News (C&EN)
Publiziert wird diese englischsprachige Zeitschrift von der American Chemical Society. Präsentiert werden u. a. Neuigkeiten in der Chemie, Übersichtsartikel und ab und an eine Zusammenfassung der Weltproduktionszahlen. Via Internet kommt man sehr schnell an gewünschte Informationen. Hier ist es auch möglich, gezielt Fragen zu stellen: www.pubs.acs.org.

www.webelements.com
Diese Webseite präsentiert die neuesten Informationen zu den chemischen Elementen. Auch weiterführende Literatur wird angegeben.

Register